聚合物分子工程研究进展

郭　佳　陈国颂　李剑锋　彭慧胜　著

科学出版社

北　京

内 容 简 介

本书为庆祝复旦大学高分子科学系成立三十周年编撰，介绍了该系在高分子学科领域取得的一系列重要研究成果。全书共分七章，从复旦大学高分子科学系的历史和现状介绍出发，紧紧围绕聚合物分子工程策略，横跨高分子学科的化学、物理、材料、加工等不同领域，深入阐述了该系在“高分子化学”、“高分子凝聚态物理及其应用”、“高分子组装和生物大分子”、“光电能源高分子”和“高分子加工”等研究方向取得的重要科研进展。在回顾既往的同时站在新起点上，展望“高分子发展新方向”，为学科的新突破标定方向，引领学科发展的国际前沿，并激励高分子人投身于新时代中国特色社会主义建设中。

本书适合于从事高分子学科领域研究的科研工作者和大专院校本科生、研究生阅读，同时也为国内外高分子同仁了解复旦大学高分子科学系概况提供参考。

图书在版编目(CIP)数据

聚合物分子工程研究进展 / 郭佳等著. —北京：科学出版社，2023.8

ISBN 978-7-03-076139-2

Ⅰ. ①聚… Ⅱ. ①郭… Ⅲ. ①聚合物-研究 Ⅳ. ①O63

中国国家版本馆CIP数据核字(2023)第145664号

责任编辑：张 析 / 责任校对：杜子昂
责任印制：吴兆东 / 封面设计：东方人华

科学出版社出版
北京东黄城根北街16号
邮政编码: 100717
http://www.sciencep.com
北京中科印刷有限公司 印刷
科学出版社发行 各地新华书店经销
*
2023年8月第 一 版 开本：720 × 1000 1/16
2024年1月第二次印刷 印张：26 3/4
字数：527 000

定价：198.00元

(如有印装质量问题，我社负责调换)

前　言

20 世纪初，化学界普遍认为具有高分子量的化合物只是小分子聚集成的胶体颗粒。直至 1920 年，德国化学家赫尔曼·施陶丁格（Hermann Staudinger）发表《论聚合》一文，第一次提出小分子可以通过共价键相连形成如今称为高分子的长链，高分子学科由此诞生，至今已走过了 100 多年的发展历程。

我国的高分子科学起步于 20 世纪 50 年代，随着我国各行各业的有序复苏，高分子材料在近代工业中的应用受到广泛重视，高分子科学的研究内容和研究领域得以迅速扩展。由于国家对于高分子工业发展的迫切需要，1958 年复旦大学与中国科学院合作创设高分子化学研究所，于同隐先生出任高分子化学研究所副所长，并兼任化学系高分子教研室主任，主持与领导复旦大学高分子学科工作。研究所设置了高分子化学、高分子物理、高分子工艺和高分子辐射化学四个组。在此后的不断发展过程中，从化学系、材料科学系高分子教研室，再到 1993 年成立高分子科学系，复旦大学高分子学科一直蓬勃发展，有力推动了中国高分子基础和应用研究的进步，培养了大批高分子领域的杰出创新人才。

历经几代高分子学者的艰苦创业和不懈努力，复旦大学高分子学科已基本形成科研装备齐全、基础与应用并进的高分子科学研究与人才培养的重要基地，取得了较为瞩目的发展成就，国际影响力显著增强。在教育教学方面，《高分子物理》教材成为全国通用教材，《高分子物理》课程入选国家精品课程，“高分子材料与工程”专业入选国家级一流本科专业建设点，“‘顶天立地’研究生创新人才培养——‘于同隐模式’的探索与实践”荣获国家级教学成果一等奖。在科学研究方面，承担国家重大科技攻关项目 300 多项，以第一完成人获得国家科学技术进步奖、国家自然科学奖等国家重要科技奖励 4 项，成果多次入选中国科学十大进展、IUPAC 化学领域十大新兴技术。在服务国家重大战略方面，研究成果已广泛应用在航天、航空、国防等关键装备中，突破了系列卡脖子技术，推动了国家核心产业领域的发展。在学术交流方面，搭建高端学术交流平台，举办了系列大型国际学术会议，对于中国高分子科学乃至国际高分子科学发展产生了积极的影响。在平台建设方面，从 1994 年建立“聚合物分子工程开放实验室”，到 2011 年获科技部批准建设“聚合物分子工程国家重点实验室”，始终围绕高分子相关的国家重大需求开展学科前沿导向的基础研究，已成为孕育重大原始创新、解决国家重大战略科技问题的重要力量。总的来说，复旦大学高分子学科的发展，也从一个侧面映射了中国教育科技事业的跨越式发展和历史性成就。

在复旦大学高分子科学系成立三十周年之际，我们组织编写了这部专著，从“聚合物分子工程”的角度概述了我系最近具有重要影响的创新研究进展，主要包括“院系简介”、“高分子化学”、“高分子凝聚态物理及其应用”、“高分子组装和生物大分子”、“光电能源高分子”、“高分子加工”和“高分子发展新方向”七个部分。通过回顾既往的研究成果，站在新的起点上，探索未来的发展路线，为科学突破标定方向。我们将积极响应面向世界科技前沿、面向经济主战场、面向国家重大需求、面向人民生命健康的国家号召，增强责任感和使命感，让高分子学科更好地服务国民经济建设。在自然科学的整体发展中，高分子科学处于多个学科的交汇点上，我们也期望通过与国内外同行更加密切的交流合作，通过高分子学科与能源交通、信息电子、生物医学等学科的交叉融合发展，形成高质量发展的“新动能”，从而推动我国高分子科学在国家发展中发挥更大的作用。

复旦大学高分子科学系将继续发挥高校人才培养和科学研究主力军的作用，致力于培养国际一流的高分子交叉学科人才，努力做出引领世界高分子学科发展的一流研究成果，不断取得新成就、迈向新征程！

全书共 7 章，分别由复旦大学高分子科学系五十四位师生共同完成，感谢他们的辛苦付出和努力，以下是本书执笔教师和研究生：

第 1 章：段郁，刘顺厚，江明。

第 2 章：张和凤，史柏扬，王国伟，何军坡(2.1 节)；陈茂(2.2 节)；董进，潘翔城(2.3 节)。

第 3 章：刘之菡，李剑锋(3.1 节)；尤欣桐，李卫华(3.2 节)；聂泽坤，张红东，李剑锋，唐萍，杨玉良(3.3 节)。

第 4 章：赵晓雅，黄霞芸，陈道勇(4.1 节)；杨翠琴，闫强(4.2 节)；李龙，张倩倩，周平，陈国颂(4.3 节)。

第 5 章：廖萌，孙雪梅，彭慧胜(5.1 节)；李丁可，许晓妍，裴欣洁，彭娟，朱亮亮，魏大程(5.2 节)；黄星晔，张佳佳，石文娟，张波，卢红斌，郭佳(5.3 节)。

第 6 章：汪长春(6.1 节)；王刚，余英丰(6.2 节)。

第 7 章：刘文杰，张丕兰，陈智琪，曾裕文，千海，徐一飞，冯雪岩，高悦，汪莹。

由于人力、物力、水平的限制，本书中定有疏漏之处，敬请同行专家不吝赐教，恳请广大读者批评指正。

复旦大学高分子科学系

2023 年 6 月

目 录

第1章　复旦大学高分子科学系简介

复旦大学高分子学科始于1958年在复旦大学化学系设立的高分子化学专业，于同隐教授担任高分子教研室主任。同时成立吴征铠教授为所长、于同隐教授为副所长的中国科学院复旦大学高分子化学研究所(1958～1962年)(图1.1)。徐凌云、何曼君和叶锦镛等青年教师为创始教研室骨干力量。初期，由于师资力量严重不足，复旦大学将化学系包括江明、董西侠、纪才圭与胡家骢等12名优秀本科生提前毕业充实高分子专业青年教师队伍。此后又有黄秀云、李文俊、府寿宽、平郑骅和李善君等一批毕业生加入复旦大学高分子教研室。

(a)

(b)

图1.1　1958年，成立中国科学院复旦大学高分子化学研究所(a)；于同隐先生(1917～2017年)(b)

复旦大学的高分子学科最初是以高分子合成作为主要方向，并初步开展了耐高温高分子材料的研究。但于同隐很早就认识到，高分子作为一门综合性学科，应有高分子化学、高分子物理和高分子工艺等方向才能形成完整的教学和科研体系。为此，20世纪60年代初，在于同隐带领下，教研室青年教师和研究生认真苦读高分子领域的英文和俄文专著，如：F Billmeyer的《高分子科学教科书》、C Bamford的《自由基聚合动力学》、A Tobolsky的《高分子的性质与结构》，以及M Volkenstein的《高分子构象统计》(俄文)等。与此同时，教研室组织翻译西方高分子科学学术著作和论文，出版了《乙烯类单体与天然橡胶的接枝共聚》和《高聚物的分子量测定》两书(图 1.2)。更重要的是，教研室成员能者为师，互教互学，开设了高分子科学专题讲座，计十七讲。后汇编为《高分子化学专题讲座》，初步搭建了高分子教学体系的框架。“十七讲”是复旦大学高分子学科初期发展的具有重要意义的标志。

图 1.2　编译书籍封面

始于 20 世纪 70 年代末的改革开放使复旦高分子学科进入稳定和快速发展的新时期。1983 年高分子教研室从化学系转入新建的材料科学系。同时也成为国家首批建立的高分子化学与物理专业的硕士点、博士点和博士后科研流动站。自 20 世纪 70 年代末开始，大多数教师都作为访问学者或博士后出国深造，且全部学成后回国；同时有一批自己培养的博士和硕士留校工作，如杨玉良和杜强国等(图 1.3、图 1.4)。这使教研室的力量大为增强。教研室尽最大努力，组织和邀请国外知名高分子学者来系访问讲学。包括 J Flory、M Szwarc、C Bamford、O Vogl、H Ringsdorf 和 M Winnik 等国际顶级科学家，极大地提升了教研室教师的国际视野和促进了高分子学科的国际学术交流。自 80 年代初起，教研室教师开始在国际知名高分子期刊发表论文，至 90 年代初，每年发表国际知名论文数已达二十余篇。这时教研室已在高分子结构和黏弹性、聚合光化学、乳液聚合、多组分聚合物以及蚕丝的结构与功能等研究方向打下坚实基础，开始出现一些接近国际先进水平的成果，形成了以高分子物理为学科优势的科研体系。与此同时，在教材建设方面也有所建树。由何曼君、陈维孝和董西侠编写，于同隐校订并撰写序言的《高分子物理》出版。这是复旦大学高分子学科编撰出版的第一本教科书，是全国最早出版的综合性高分子物理教材，也是最有影响力的高等学校高分子学科教材之一。1983 年，以复旦大学高分子的长期教学实践为基础，于同隐组织编写的第一本实验教材《高分子实验技术》由复旦大学出版社出版，该书编录了 30 个高分子物理实验和 35 个高分子化学实验，该书一经问世即供不应求。1986 年，于同隐、何曼君、卜海山、胡家骢和张玮编著的《高聚物的粘弹性》，作为“高分子科技丛书”之一，由上海科学技术出版社出版，这是国内第一本关于高聚物黏弹性的学术专著(图 1.5)。

图 1.3 于同隐先生与 20 世纪 80 年代早期的研究生在跃进楼前合影

从左至右：程为庄，董描昇，杜强国，徐又一，于同隐，黄骏廉，葛明陶，杨玉良，姜传渔

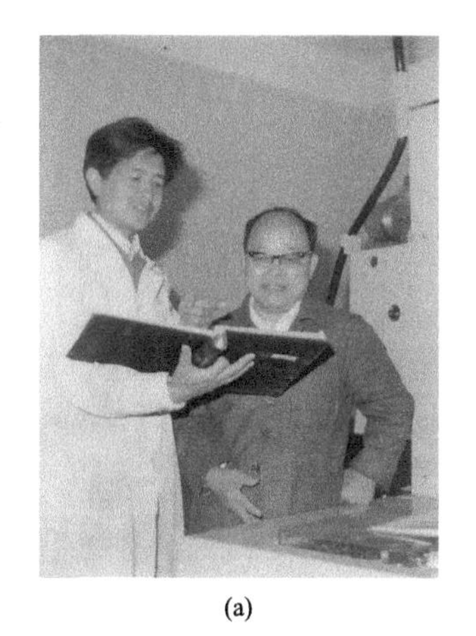

(a)

(b)

图 1.4 20 世纪 80 年代，于同隐先生与江明先生(a)；于同隐先生与杨玉良先生(b)

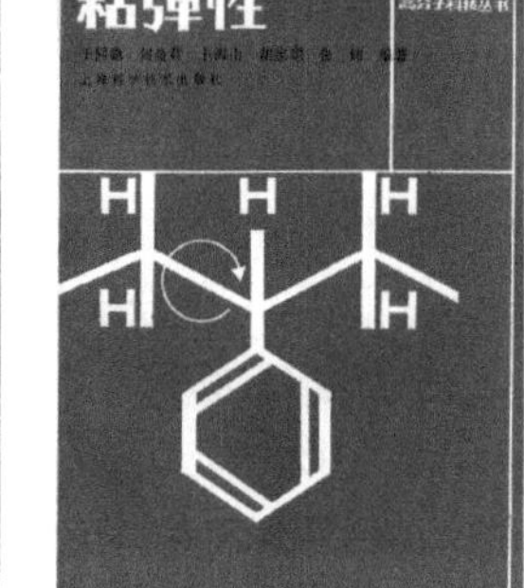

图 1.5 出版书籍封面

基于 80 年代学科建设的积累，复旦大学高分子学科独立建系的条件已经成熟。经教研室教师的努力争取，1993 年 4 月，学校下发通知(图 1.6)，复旦大学高分子科学系与高分子科学研究所正式成立。这是复旦大学高分子学科发展史上具有里程碑意义的大事，首任系主任为杨玉良教授，高分子科学研究所所长为江明教授。杨玉良在成立大会上展望了高分子学科的发展前景，认为复旦大学高分子学科应该是一流的，要达到这一目标，首先要有“一流的精神，一种坚忍不拔、勇往直前、艰苦创业的精神”。

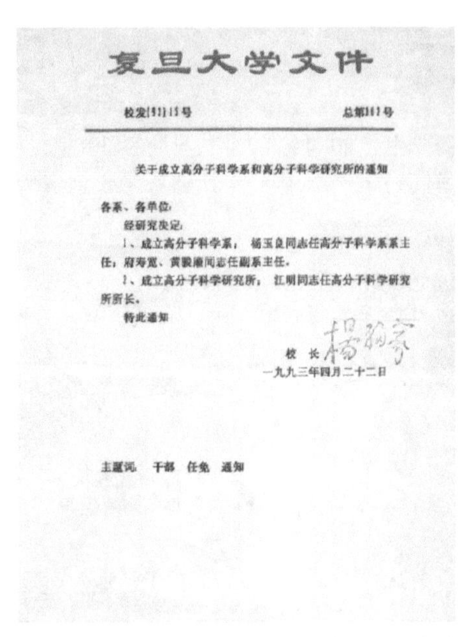

复旦大学文件

校发[93]15号　　　　总第[illegible]号

关于成立高分子科学系和高分子科学研究所的通知

各系、各单位：

经研究决定：

1、成立高分子科学系，杨玉良同志任高分子科学系系主任；府寿宽、黄骏廉同志任副系主任。

2、成立高分子科学研究所，江明同志任高分子科学研究所所长。

特此通知

校　长 杨福家

一九九三年四月二十二日

主题词：干部　任免　通知

图 1.6　1993 年，复旦大学批准成立高分子科学系和高分子科学研究所

基于复旦大学高分子科学系的建设基础，1994 年 2 月，国家教委批准在复旦大学建立“聚合物分子工程开放实验室”。1996 年 6 月，高分子化学与物理专业被评为上海市重点学科。1998 年 5 月，聚合物分子工程开放实验室经统一评估，名列化学与生物组第一。1999 年 9 月，更名为“聚合物分子工程教育部重点实验室”。后由教育部两度推荐参加国家重点实验室评估(1999 年度和 2004 年度)，均被评为“良好”类实验室(图 1.7)。

进入 21 世纪，高分子学科更加蓬勃发展，2002 年和 2007 年入选全国重点学科，继而成为复旦大学“双一流”建设学科。2013 年 12 月，教育部重点实验室经严格评估，升格为“聚合物分子工程国家重点实验室”，并通过建设验收。这是复旦大学高分子学科发展史上另一个里程碑。2014 年 8 月，实验室参加国家重点实验室评估，被评为“良好”类实验室。2017 年 12 月，高分子科学系由 1960 年启用的邯郸校区高分子楼整体搬迁至江湾校区化学-高分子楼，实验室条件得到了

实质性的改变(图 1.8、图 1.9)。

教育部文件

教技[1999]6号

关于公布第一批教育部重点实验室名单的通知

有关高等学校：

高等学校是我国基础研究的主要力量，设在高等学校的国家重点实验室和原国家教委开放研究实验室是我国基础研究的重要基地，为我国的基础研究和高层次人才培养做出了重要的贡献。为了加强和规范对原国家教委开放研究实验室的管理，使这些实验室的名称更加科学，便于其与国际同行进行学术交流，经研究决定北京大学数学与应用数学等38个实验室为第一批教育部重点实验室，现予以公布，实验室名单和实验室主任、学术委员会主任名单及其任期见附件一。

请有关高等学校根据《高等学校开放研究实验室管理办法》(教技[1991]14号文)的精神，加强对这些重点实验室的管理，并为重点实验室创造较好的工作条件。积极支持重点实验室成为我国高水平基础研究的基地，成为培养和吸引高层次人才的基地，成为有影响的国内外学术交流的中心。

1

各重点实验室领导班子和学术委员会要认真按照《高等学校开放研究实验室管理办法》的要求做好实验室的管理和建设工作，进一步重视对年轻学术骨干的培养，充分发挥学术委员会的作用，把握好实验室的研究方向。各位实验室主任在上任后一个月内，请将任期内的发展规划(内容要求见附件二)报送我部科学技术司。

各有关高等学校和重点实验室，要将近年来执行《高等学校开放研究实验室管理办法》的经验和建议及时函告我部科学技术司，以便于制定《高等学校重点实验室管理办法》，促进教育部重点实验室的建设和发展。

附件：一、第一批教育部重点实验室名单和实验室主任、学术委员会主任名单及其任期

二、实验室近期发展规划提纲

一九九九年五月二十八日

主题词：高校　重点　实验室　通知

抄　送：科技部、国家自然科学基金委员会

部内发送：有关部领导，办公厅

录入员：贾丽莉　　校对员：任秀玲　温炼

2

第一批教育部重点实验室名单和实验室主任、学术委员会主任名单及其任期

序号	实验室名称	实验室主任	学术委员会主任	任期	依托大学
1	数学与应用数学教育部重点实验室	张恭庆	姜伯驹	1999年9月-2000年12月	北京大学
2	重离子物理教育部重点	陈佳洱	方守贤	1999年9月-2000年12月	北京大学
3	生物有机与分子工程教育部重点实验室	袁谷	陆熙炎	1999年9月-2004年12月	北京大学
4	破坏力学国家教育部重点实验室	杨卫	黄克智	1999年9月-2000年12月	清华大学
5	单原子分子测控教育部重点实验室	陈欣延	王珩	1999年9月-2000年12月	清华大学
6	生命有机磷化学教育部重点实验室	赵玉芬	翟中和	1999年9月-2004年12月	清华大学
7	结构工程与振动教育部振动实验室	江见鲸	陈肇元	1999年9月-2003年12月	清华大学
8	先进材料教育部重点实验室	潘峰	朱静	1999年9月-2003年12月	清华大学
9	射线束技术与材料改性教育部重点实验室	周宏余	王乃彦	1999年9月-2003年12月	北京师范大学
10	环境演变与自然灾害教育部重点实验室	史培军	石玉林	1999年9月-2000年12月	北京师范大学
11	细胞增殖及调控生物学教育部重点实验室	何大澄	柳惠图	1999年9月-2001年12月	北京师范大学
12	环境断裂教育部重点实验室	乔利杰	褚武扬	1999年9月-2003年12月	北京科技大学
13	高温加工陶瓷与工程陶瓷加工技术教育部重点实验室	吴厚政	雷廷权	1999年9月-2003年12月	天津大学
14	光电信息技术科学教育部重点实验室	郁道银	毋国光	1999年9月-2002年12月	天津大学南开大学
15	生物活性材料教育部重点实验室	张琚	俞耀庭	1999年9月-2001年12月	天津大学南开大学
16	无机合成与制备化学教育部重点实验室	冯守华	倪嘉缵	1999年9月-2004年12月	吉林大学
17	超分子结构与谱学教育部重点实验室	张希	沈家骢	1999年9月-2004年12月	吉林大学
18	符号计算与知识工程教育部重点实验室	刘大有	孙钟秀	1999年9月-2002年12月	吉林大学
19	分子酶学工程教育部重点实验室	张今	许根俊	1999年9月-2004年12月	吉林大学
20	非线性数学模型与方法教育部重点实验室	洪家兴	谷超豪	1999年9月-2000年12月	复旦大学
21	聚合物分子工程教育部重点实验室	杨玉良	江明	1999年9月-2004年12月	复旦大学
22	应用离子束物理教育部重点实验室	承焕生	杨福家	1999年9月-2000年12月	复旦大学
23	海洋地质教育部重点实验室	汪品先	马在田	1999年9月-2000年12月	同济大学
24	固体力学教育部重点实验室	张若京	方如华	1999年9月-2000年12月	同济大学
25	计算机网络和信息集成教育部重点实验室	顾冠群	李三立	1999年9月-2002年12月	东南大学
26	分子与生物分子电子学教育部重点实验室	陆祖宏	韦钰	1999年9月-2002年12月	东南大学
27	洁净煤发电及燃烧技术教育部重点实验室	沈湘林	徐旭常	1999年9月-2003年12月	东南大学
28	胶体与界面化学教育部重点实验室	张春光	薛群基	1999年9月-2004年12月	山东大学

图 1.7　首批教育部重点实验室建设批文

(a)

(b)

图 1.8　1960～2017 年，几代复旦高分子人的科研大本营——复旦大学邯郸校区跃进楼(a)；2017 年高分子科学系整体搬至江湾校区化学-高分子楼(b)

图 1.9　聚合物分子工程国家重点实验室展厅

复旦大学高分子科学系现有教职员工 75 人，其中专任教师 48 人，包括教授/研究员 30 人、副教授/青年研究员 18 人。拥有中国科学院院士 2 人，教育部长江学者特聘教授 4 人，国家杰出青年科学基金获得者 9 人，国家优秀青年科学基金获得者 5 人，海外高层次引进人才 5 人。

复旦大学高分子学科立足世界科技前沿与国家战略需求，经过半个多世纪的发展，已逐步形成高分子物理、高分子化学、高分子工程、智能高分子、生物高分子和光电能源高分子六大研究方向。自 1993 年建系以来，获得国家科技进步奖二等奖 1 项，国家自然科学奖二等奖 3 项，教育部自然科学奖一等奖 1 项，教育部科技进步奖一等奖 3 项、中国石油化工集团科技进步奖一等奖 1 项，以及上海市科技进步奖等省部级奖 10 项。入选中国科学十大进展 1 项、国际纯粹与应用化学联合会化学领域十大新兴技术 2 项。2 个研究团队分别获得国家自然科学基金委员会“创新研究群体科学基金”和教育部“创新研究群体科学基金”。

聚合物分子工程国家重点实验室沿着“分子—化学合成—结构与性能—加工成型—材料及应用”这一聚合物分子工程的构架，在高分子凝聚态物理、大分子组装、生物大分子、纤维电子器件等方面形成具有研究特色的高水平研究成果。同时，密切关注国民经济社会发展和国防建设的需要，发挥理论联系实际特长，在通用高分子的高性能化、特种材料、生物医用材料、能源材料和电子材料等领域取得了重要成果，为国民经济和国防建设做出了贡献。

高分子科学系与聚合物分子工程国家重点实验室建有开放共享、协同攻关的创新平台，2021 年获批建设“上海市聚合物分子工程专业技术服务平台”。目前已拥有 94 台/组、总价值近 2 亿元的各类大型精密仪器与教学设备，涵盖成分鉴定和分子检测、凝聚态结构检测、材料微观形态观测、生物大分子和细胞等体外检测、小动物体内材料检测、材料微制备加工、高分子材料加工成型、高分子材料性能检测八个子平台，实现高分子功能材料的全链条标准化测试和全方位特色技术服务，有力支撑上海乃至全国高分子前沿基础和战略产业的发展，成为技术平台建设的示范基地。

高分子科学系现有本科生 174 人，研究生 427 人，在站博士后和科研助理 73 人。在人才培养中，坚持科教融合、拔尖创新，遵循“基础夯实、前沿引导、分类培养”的理念建设高水平专业课程体系与高质量教材体系，编写教材与专著 35 部，其中《高分子物理》成为全国高分子物理教学通用教材，入选“上海市精品课程”。《高分子实验技术》获“上海市高校优秀教材三等奖”。2012 年入选教育部基础学科拔尖学生培养计划培养基地，2021 年“高分子材料与工程”专业入选国家级一流本科专业建设点，2022 年“‘顶天立地’研究生创新人才培养——‘于同隐模式’的探索与实践”获得上海市优秀教学成果特等奖。近 5 年来，学生获得“互联网+”全国金奖、“挑战杯”全国金奖等国家级奖项 19 项、省部级奖项 21 项、全球创新创业大赛亚军等重要国际奖项 3 项。为国家科技创新发展培养了大批“高精尖缺”的创新人才。

复旦大学高分子科学系与国内外高分子界有广泛和密切的学术交往，学术交流活跃。与美国、德国、英国、日本、荷兰等多个著名大学和研究机构开展合作研究，以全球化高层次创新合作为延伸，形成“世界顶尖科学家合作指导、一流科研机构联合培养、引领性前沿问题国际研讨”的国际化育人模式。广泛支持学生出国交流培养和参加国际学术会议。建系以来成功举办了“东亚高分子学术讨论会”“中德双边高分子会议”，以及系列性的“聚合物分子工程国际学术会议”等高层次国际前沿学术会议，国际影响力不断提升。

经过几代复旦高分子人的持续奋斗，复旦大学高分子科学系已经成为国内一流、国际知名的科学研究与人才培养基地。培育了艰苦创业、团结合作、勇攀高峰的精神，为中国高分子科学的发展做出了重要贡献，未来将继续面向世界科技前沿，立足国家重大需求，踔厉奋发，笃行不怠，为加快实现国家高水平科技自立自强做出新的重要贡献。

第2章 高分子化学

本章将围绕高分子化学，首先概述可控/“活性”聚合在高分子可控和精准合成中的应用研究，包括活性阴离子聚合在拓扑结构和序列结构聚合物合成中的应用以及可控/“活性”聚合机理在复杂结构聚合物合成和在诱导自组装技术中的应用；然后讨论了氟聚合物的合成研究，聚焦于光催化和流动化学可控合成技术，突出了超高分子量含氟聚合物的可控合成；最后围绕有机硼化学在高分子可控和精准合成中的应用研究，介绍了有机硼光催化剂的可控自由基聚合、含硼聚合物的合成与应用和基于有机硼基团的液相合成序列可控聚合物等方面的策略。

2.1 可控/“活性”聚合在高分子可控和精准合成中的应用研究

本节重点介绍复旦大学高分子科学系在复杂结构聚合物和聚合物纳米自组装体方面的一些研究进展。第一部分，重点介绍活性阴离子聚合机理在星形、树枝状、接枝等复杂结构聚合物合成中的应用。第二部分，重点介绍可控/“活性”聚合机理和多种高效的修饰/偶合方法的结合在环形、接枝、星形、多嵌段和序列等复杂结构聚合物合成中的应用。通过这两部分工作，全面介绍多种复杂结构聚合物的设计理念和合成策略，充分展示了可控/“活性”聚合机理在复杂结构聚合物合成中的强大功能。第三部分，重点围绕嵌段聚合物的自组装，介绍各可控/“活性”聚合机理在聚合诱导自组装(PISA)或修饰诱导自组装(MISA)技术中的应用，展示可控/“活性”聚合机理在非均相聚合体系中的新机制和新应用。同时，在介绍各种复杂结构聚合物和聚合物纳米自组装体研究进展的基础上，初步介绍聚合物或自组装体的结构性能关系及潜在应用。

2.1.1 活性阴离子聚合在拓扑结构和序列结构聚合物合成中的应用

阴离子聚合与高分子科学相伴而生，在人工合成橡胶的早期探索中发挥了重要作用。1956年，Szwarc报道了阴离子聚合具有活性特征，并提出了“活性聚合物”的概念[1,2]，激发了20世纪50～70年代对该体系机理、动力学和合成应用方面广泛而深入的研究。迄今为止，尽管其他各种可控/“活性”聚合体系蓬勃发展，阴离子聚合仍然是真正意义上的活性体系，即没有链转移和链终止的链式聚合，在高分子的分子设计中有举足轻重的作用，是高分子精准合成的重要工具[3,4]。

高分子的分子结构包括重复单元的化学结构和组成、序列结构、分子量和分子量分布，以及拓扑结构等[2]。其中，拓扑结构是指高分子链段的连接排布方式[5]，常指非线型连接——即支化和成环，前者包含星状、接枝、高度支化或超支化、树枝状等结构类型。后者包括环状、并双环∞、环链嵌段、聚多环和并多环等类型。而序列结构常见的有无规共聚物、交替共聚物和嵌段共聚物等情况，但更加精确的序列控制合成则鲜有报道[6]。近年来，何军坡课题组利用碳阴离子和多取代双键之间高效的化学计量加成反应，在高分子拓扑结构和精准序列结构的控制合成方面进行了系列研究工作。

2.1.1.1 碳阴离子与1,1-二苯基乙烯(DPE)衍生物的加成化学

在有机锂引发的活性阴离子聚合中，1,1-二苯基乙烯及其衍生物是一类用途广泛的分子。由于位阻的原因，1,1-二苯基乙烯分子不能自聚，但能与有机锂或聚合物锂定量加成，且能够有效降低碳阴离子的亲核反应性，减少副反应的发生，因此，用其衍生物进行大分子设计，具有效率高、结构明确等特点，常用来合成端基功能化聚合物、嵌段共聚物、星形共聚物和接枝共聚物等[1,2,7,8]。

最常见的两种1,1-二苯基乙烯的衍生物是1,3-双(*α*-苯乙烯基)苯(MDDPE)及其1,4-异构体(PDDPE)。这两种衍生物中，阴离子对两种双键的加成能力有明显差别。由于共轭效应的作用，前者两个双键对阴离子加成有大致相等的活性，后者第一个双键加成后，第二个双键的加成能力明显下降[9]。然而，影响加成反应模式的另外一个重要因素是溶剂的极性。McGrath 早先曾提到，在非极性溶剂中倾向于双加成，在极性溶剂中倾向于单加成(图 2.1)[10]。何军坡课题组对1,3-双(*α*-苯乙烯基)苯与仲丁基锂(*s*-BuLi)的加成反应进行了定量研究，发现在非极性溶剂环己烷中，在几乎所有的仲丁基锂/1,3-双(*α*-苯乙烯基)苯比例范围，都得到单加成和双加成的混合物，直到仲丁基锂/1,3-双(*α*-苯乙烯基)苯=2/1(物质的量比)时，获得双加成占比超过98%的产物；在极性溶剂四氢呋喃(THF)中，当仲丁

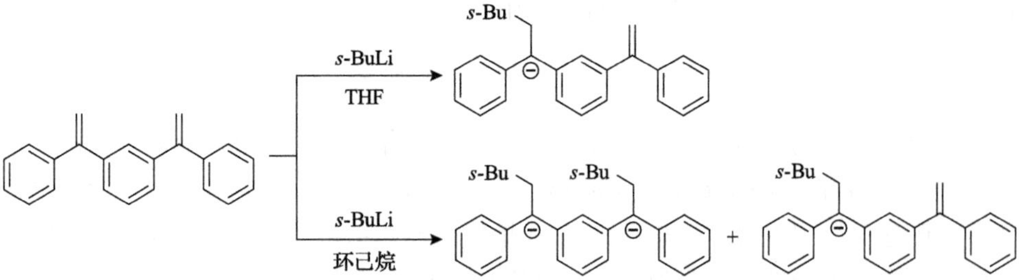

图 2.1 仲丁基锂与1,3-双(*α*-苯乙烯基)苯在四氢呋喃和环己烷中的加成反应[10]

基锂/1,3-双(α-苯乙烯基)苯<1/1 时，只得到单加成产物，且二者等当量时，几乎得到定量的单加成产物，当仲丁基锂/1,3-双(α-苯乙烯基)苯=2/1 时，得到高比例的双加成产物(图 2.2)[11]。因此可以通过控制溶剂的极性和投料比，来控制加成反应的模式，用以合成杂臂星状共聚物[12,13]。

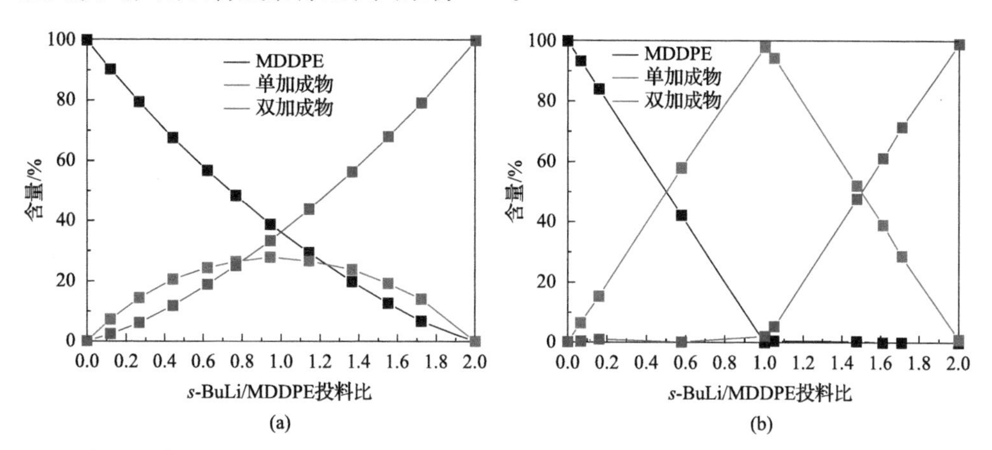

图 2.2 仲丁基锂与 1,3-双(α-苯乙烯基)苯加成反应中不同投料比对应的产物分布[11]

(a)环己烷，45℃；(b)四氢呋喃，约−80℃

有趣的是，1,3-双(α-苯乙烯基)苯和仲丁基锂的单加成产物是一种阴离子型的引发型单体，这是首次制备可稳定存储的活性引发型单体。本单元将介绍何军坡课题组利用此特殊的加成模式，在合成结构可控的支化高分子中的应用。

2.1.1.2 高度支化的活性聚苯乙烯

引发型单体的概念是 Fréchet 等在一篇关于自缩合乙烯基单体聚合(SCVP)制备超支化聚合物的报道中提出的[14]。引发型单体是一类同时包含可聚合双键和(潜在)引发位点的化合物。在加热、光照或催化剂等聚合条件下，引发位点引发同类分子中的双键聚合，生成超支化聚合物。

何军坡课题组所合成的阴离子型的引发型单体具有更为特殊的反应行为。由于位阻的原因，其剩余双键不会被同类分子中的引发位点引发。这一方面使得该引发型单体能够稳定储存，另一方面决定了其不能均聚、只能与其他单体共聚来制备高度支化聚合物。他们首先尝试了将其与苯乙烯共聚，制备高度支化的聚苯乙烯[15]。需要注意的是，该体系需要一个溶剂切换的过程，即在制备单加成产物中使用的四氢呋喃(THF)，在共聚反应前蒸馏除去，置换为干燥的环己烷，否则，在四氢呋喃溶剂中苯乙烯聚合链增长太快，主要形成线型产物；置换为非极性溶剂后，链增长速率降低，与剩余双键加成以及再引发的速率相适配，主要生成支化产物。其聚合机理如图 2.3 所示。

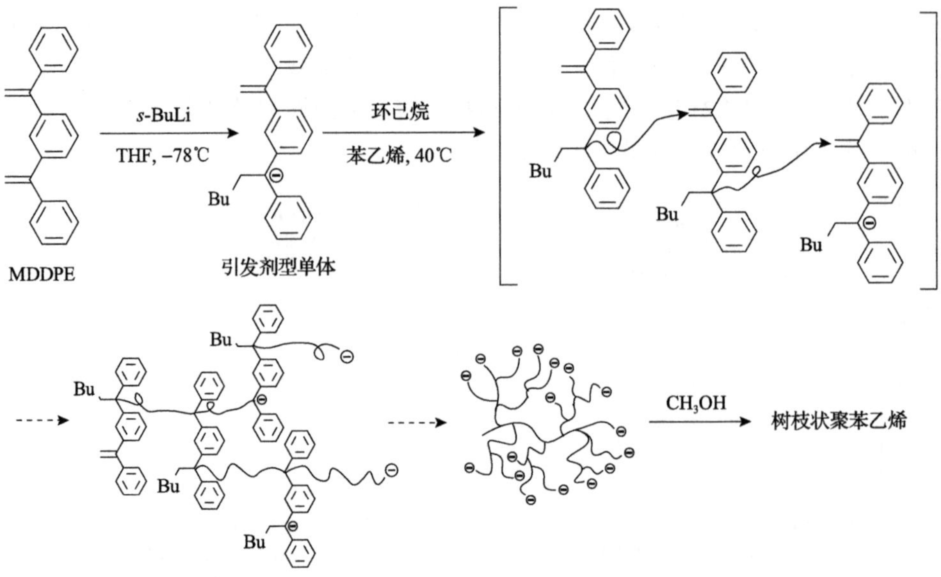

图 2.3　由 1,3-双(α-苯乙烯基)苯合成高度支化聚苯乙烯的机理[15]

应当指出，上述高度支化的聚苯乙烯是一种具有再增长和功能化潜力的活性支化聚合物，能够进一步引发聚合或者与功能化合物反应，制备各种共聚物和功能聚合物。在此基础之上，何军坡课题组进一步合成了阴离子型大分子单体。即用聚异戊二烯活性链(PILi)代替仲丁基锂和 1,3-双(α-苯乙烯基)苯单加成，制备了大分子单体(图 2.4)[16]。通过溶剂切换，在环己烷中与苯乙烯共聚制备了高度支化的嵌段共聚物。接着对聚异戊二烯(PI)链段的双键进行环氧化处理后，再与聚异戊二烯活性链(PILi)或聚苯乙烯活性链(PSLi)进行偶联接枝，制备了高度支化的瓶刷状接枝聚合物。

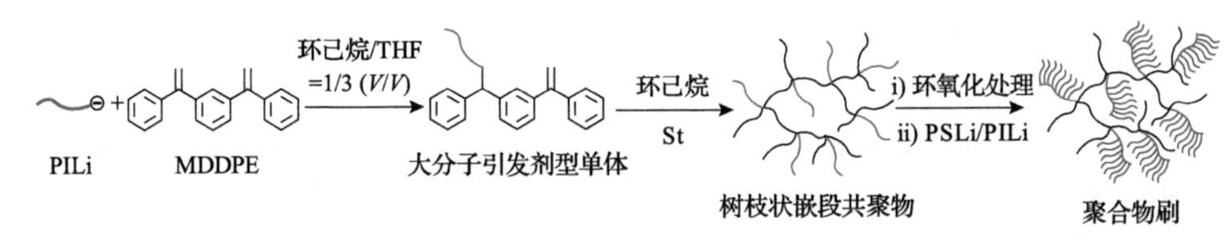

图 2.4　大分子单体合成超支化接枝聚合物的路线图[16]

2.1.1.3　类树枝状聚合物

类树枝状聚合物是一种新型的树枝状聚合物，其相邻代与代之间由一段聚合物链段相互连接[17,18]。因此，其分子量和分子尺寸都大大高于传统的树枝状聚合物，同时具有丰富的官能团以及相对较低的特性黏度。与树枝状聚合物的合成类似，类树枝状聚合物也可以通过收敛法和发散法合成。

何军坡课题组利用上述阴离子型引发剂型单体，发展了一种连续快速合成类树枝状聚合物的策略[11]。如图 2.5 所示，首先通过调节仲丁基锂和 1,3-双（α-苯乙烯基）苯的摩尔投料比，在四氢呋喃中分别制备仲丁基锂和 1,3-双（α-苯乙烯基）苯的单加成物和双加成物。然后，用双加成物引发苯乙烯进行活性阴离子聚合，得到第一代聚苯乙烯双端阴离子活性聚合物（G1.0）；再加入阴离子型引发剂型单体，其双键与 G1.0 末端活性负离子发生加成反应，可得两端各带两个阴离子的聚苯乙烯活性聚合物（G1.5）；然后加入苯乙烯聚合，得到支化的四官能度活性聚合物（G2.0），再加入引发剂型单体进行分叉，将官能度倍增至八阴离子，再引发苯乙烯聚合；如此以交替的方式重复加成/聚合得到类树枝状星形聚苯乙烯，直到第五代（G5.0）。该方法不需要对中间产物进行分离和纯化，极大地提高了合成效率，是一种连续制备类树枝状聚合物的新方法。由于产物是活性的，它可以被用作合成外围官能化类树枝状星形聚合物和类树枝状星形嵌段共聚物的前驱体。但是，在该方法的合成过程中，带有大量负离子的聚合物中间体在非极性溶剂中容易缔合，造成假凝胶现象，需要加入极性添加剂如四甲基乙二胺（TMEDA），缓解假凝胶带来的不利影响。

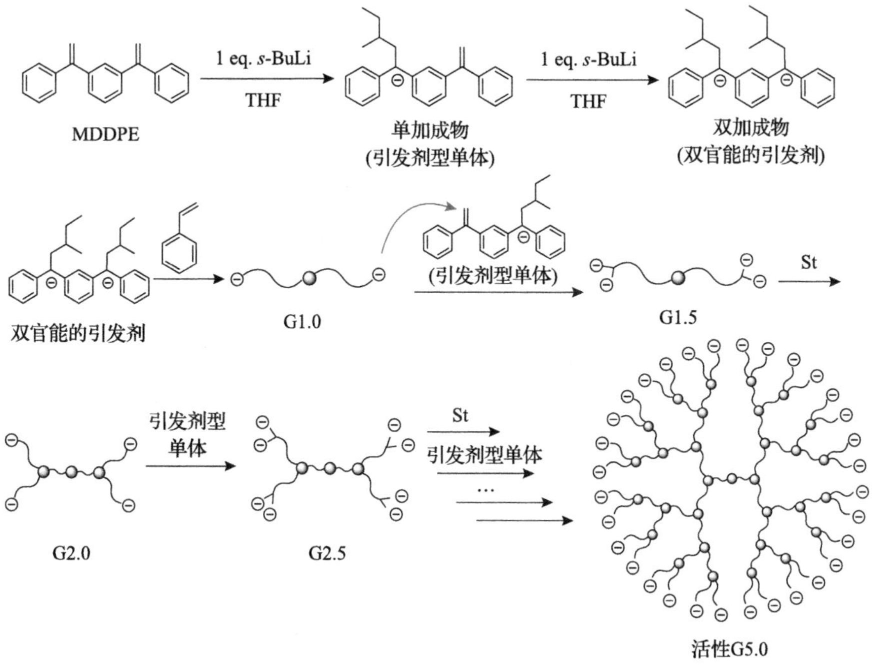

图 2.5 发散法连续合成类树枝状星形活性聚苯乙烯[11]

另外，何军坡课题组还发展了一种发散模式的“末端接枝”方法合成类树枝状聚合物，该方法不受假凝胶的干扰，且不需要特殊结构的功能小分子（图 2.6）[19]。

首先，合成含有低聚异戊二烯(PI)的星形多官能核(G1)，再将聚异戊二烯短链中的双键环氧化。然后用异戊二烯(低聚)与苯乙烯聚合制备的嵌段活性链(聚异戊二烯-*b*-聚苯乙烯)与环氧基团开环偶联，得到同样具有外层聚异戊二烯短链的星形聚苯乙烯(G2)。重复环氧化反应以及开环偶联反应，最终合成了最外层约含有 7000 条聚苯乙烯(PS)分子链的五代类树枝状聚苯乙烯。利用该方法合成类树枝状聚合物时，需要通过沉淀分级除去多余的接枝臂，当接枝臂和产物分子量差别较大时，沉淀分级很容易进行，适用于大量合成聚合物(g 至 100g 级)。且由于接枝数目巨大[一段聚异戊二烯可以引入 3～9 个支链]，因此分子量随代数的增加增长很快，通常第 3 代产物分子量即可达百万左右；虽然不能精确控制接枝数，但由于接枝平均分布在各接枝点和各代之间，因此产物仍能保持较窄的分子量分布。

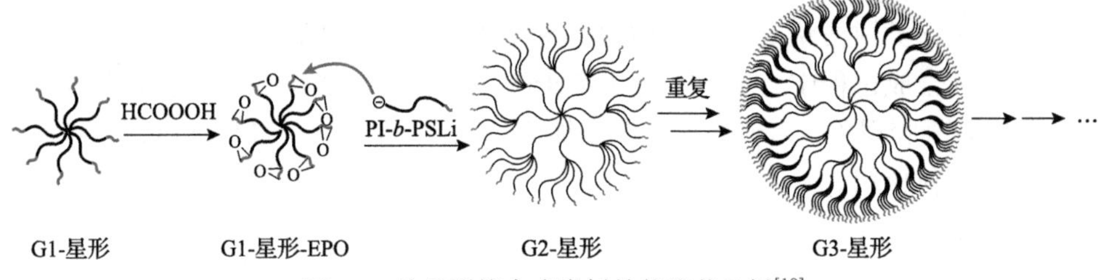

图 2.6　从星形核合成类树枝状聚苯乙烯[19]

上述方法可以推广到两亲性类树枝状高分子的合成。何军坡课题组从三官能团的核 1,3,5-三溴甲基苯(TBB)出发，通过环氧化接枝的方法制备了第 3 代产物，最后用聚(对叔丁氧基苯乙烯)活性链进攻环氧化的第 3 代前体，再将叔丁氧基水解成酚羟基(图 2.7)，得到的两亲性类树枝状分子在碱性水溶液中可以形成稳定的单分子胶束[20]。

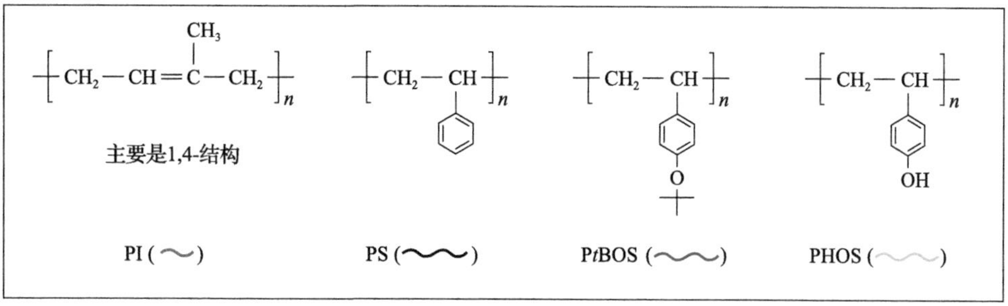

图 2.7 含聚苯乙烯内核和聚(对叔丁氧基苯乙烯)(PHOS)壳的两亲性树枝状聚合物[20]

除了环氧化反应以外，也可以通过引入氯硅烷基来引入接枝位点。何军坡课题组利用特定单体 *p*-(1-丁烯基)苯乙烯的寡聚，在星状聚合物的外围引入双键，并通过硅氢化加成反应引入硅氯基，将其作为接枝位点合成了三代类树枝状聚合物，最后通过烯烃易位反应，制备了内部是疏水性聚苯乙烯、外围是亲水性聚环氧乙烷(PEO)的两亲性类树枝状共聚物(图 2.8)。该产物作为非离子型单分子胶束，可以在水相中催化溴苄的亲核取代和水解反应[21]。

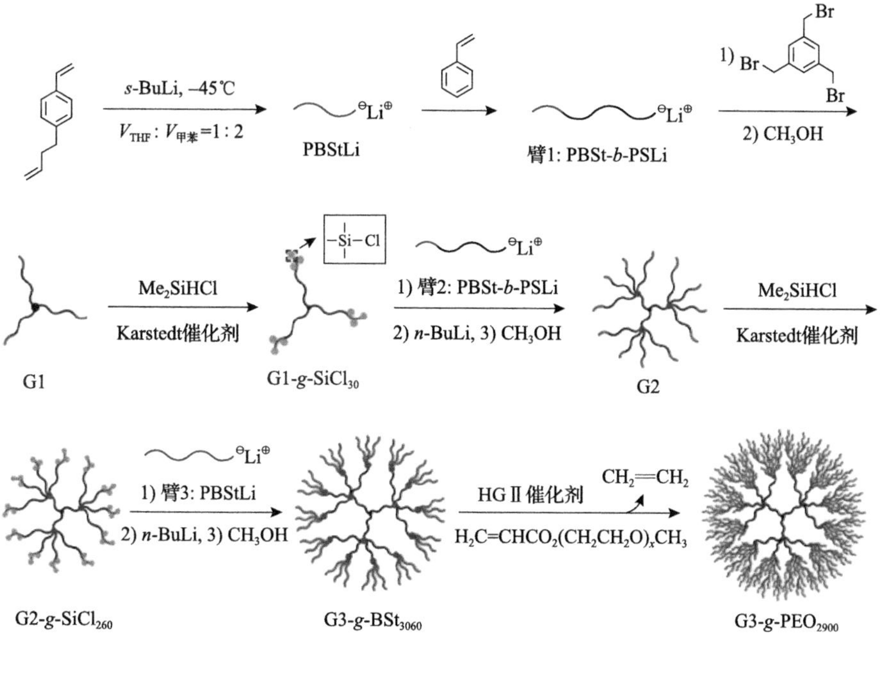

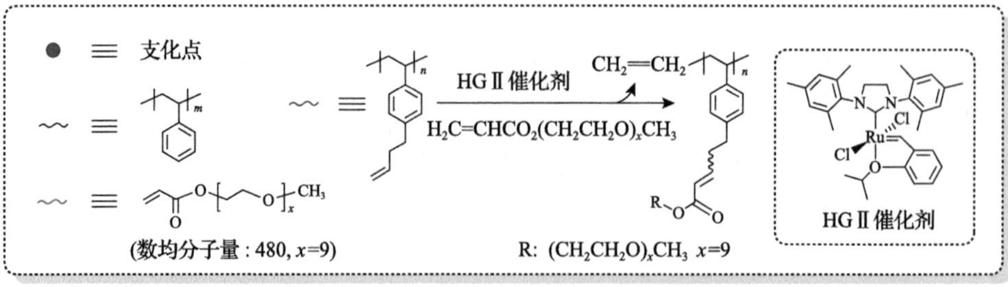

图 2.8　一种两亲性树枝状共聚物的合成路线[21]

何军坡课题组进一步设计并合成了具有多级结构的类树枝状聚合物，即在树枝状分子的每一个支化点，再生长出一个树枝状分子，这种结构特点，使得其每一个分子的官能度大大提升[22]。首先通过活性阴离子聚合、硅氢化反应、硅-氯基团的偶联反应，以迭代发散的方式合成了三代类树枝状聚苯乙烯。通过 1,1-二苯基乙烯型单体在类树枝状聚苯乙烯内部支化点处引入羟基，然后以羟基为出发点，通过高效迭代偶联反应进行分叉，最终得到了内部含有多羟基树枝单元的类树枝聚苯乙烯(图 2.9)。

除发散法外，他们还发展了一种基于阴离子聚合多级偶联的收敛法，合成了内部含多层接枝的类树枝状大分子。首先使用 1,3-双(α-苯乙烯基)苯为偶联剂，合成了“V”形活性链，随后引发异戊二烯聚合，制备了“Y”型活性链，然后加入二乙烯基苯(DVB)偶联，合成了第一代类树枝状分子，然后将内部的聚异戊二烯链通过环氧化反应以及阴离子接枝反应进行迭代接枝，最终可制备分子量高达上亿的星形树状共聚物(图 2.10)[23]。

2.1.1.4　高密度接枝的瓶刷状聚合物

上述合成工作中，聚异戊二烯链的环氧化以及阴离子开环接枝是一种低成本的链支化方法，除了应用于球形的类树枝状聚合物合成中，也可应用于主链接枝，制备高密度接枝的瓶刷状聚合物。

首先制备具有一定分子量的聚异戊二烯链，然后将其剩余双键环氧化，将其与含寡聚聚异戊二烯链段的聚异戊二烯-b-聚苯乙烯活性链进行开环接枝，得到第一代接枝共聚物，然后将聚异戊二烯段进行环氧化，再与活性链进行接枝，如此重复进行，即可得到高密度接枝的聚合物(图 2.11)，其单分子形貌也得到了原子力显微镜观察结果的证实[24]。

2.1.1.5　可控序列结构聚合物的合成

蛋白质、脱氧核糖核酸(DNA)和多糖等天然生物大分子具有均一的分子量和精准的序列结构，构成了生命活动的基本单元。人工合成的聚合物分子量和序列

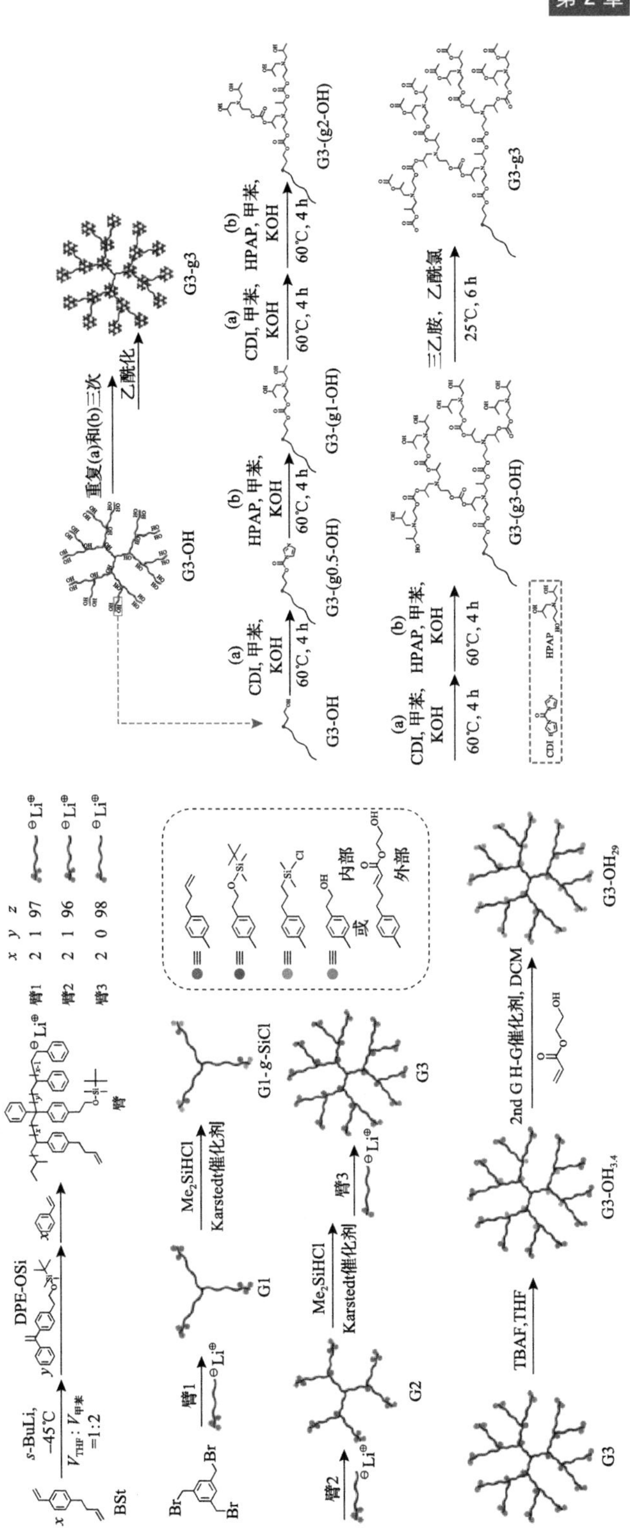

图2.9　内/外羟基功能化类树枝聚苯乙烯合成路线[22]

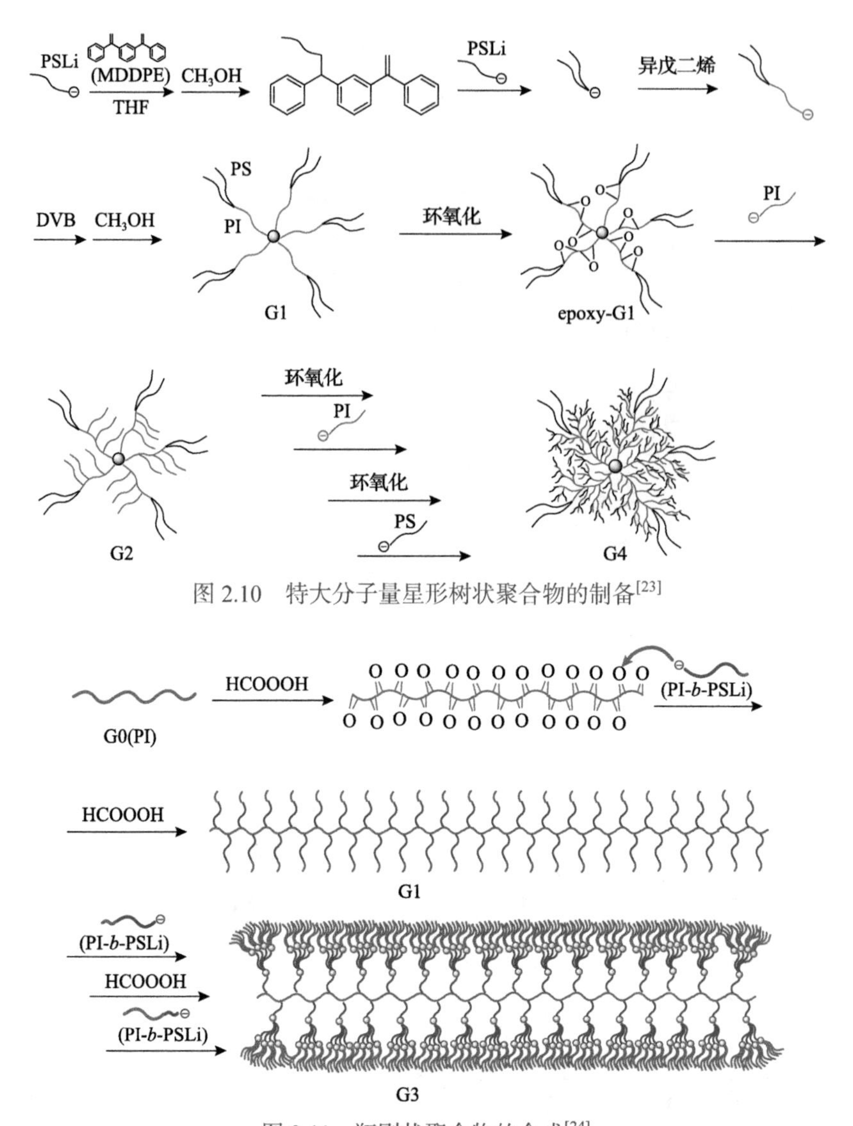

图 2.10 特大分子量星形树状聚合物的制备[23]

图 2.11 瓶刷状聚合物的合成[24]

分布则由统计规律决定，但这些分子参数对聚合物性能具有直接的影响，因此合成具有精准分子量分布和序列分布的聚合物，就成为高分子化学具有挑战性的课题之一[6]。

何军坡课题组发展了一种通过阴离子反应制备具有均一分子量和精确序列结构低聚物的路线。如图 2.12 所示，该路线的特点是使用特别合成的 1,1-二苯基乙烯衍生物作为单体，其中含有可转换为—SiCl 的烷基硅氧基团。在合成中，先将有机锂与 1,1-二苯基乙烯双键定量加成，然后将生成的活性阴离子偶联到双官能团的核上，然后将烷基硅氧基团转化为—SiCl 后，再与另一批次的加成物活性阴离子偶联，如此重复分步进行。每一个循环使分子量增长一个(单向增长)或两个(双向增长)单元，最终得到分子量均一的低聚物[25]。为提高分子量增长效率，可采用模块化增长方式，即将低聚物本身[两端分别含有 1,1-二苯基乙烯和保护的硅氯基团]作为重复单元进行增长，或者通过所谓的迭代指数增长(IEG)，每偶联一步分子量则倍增。

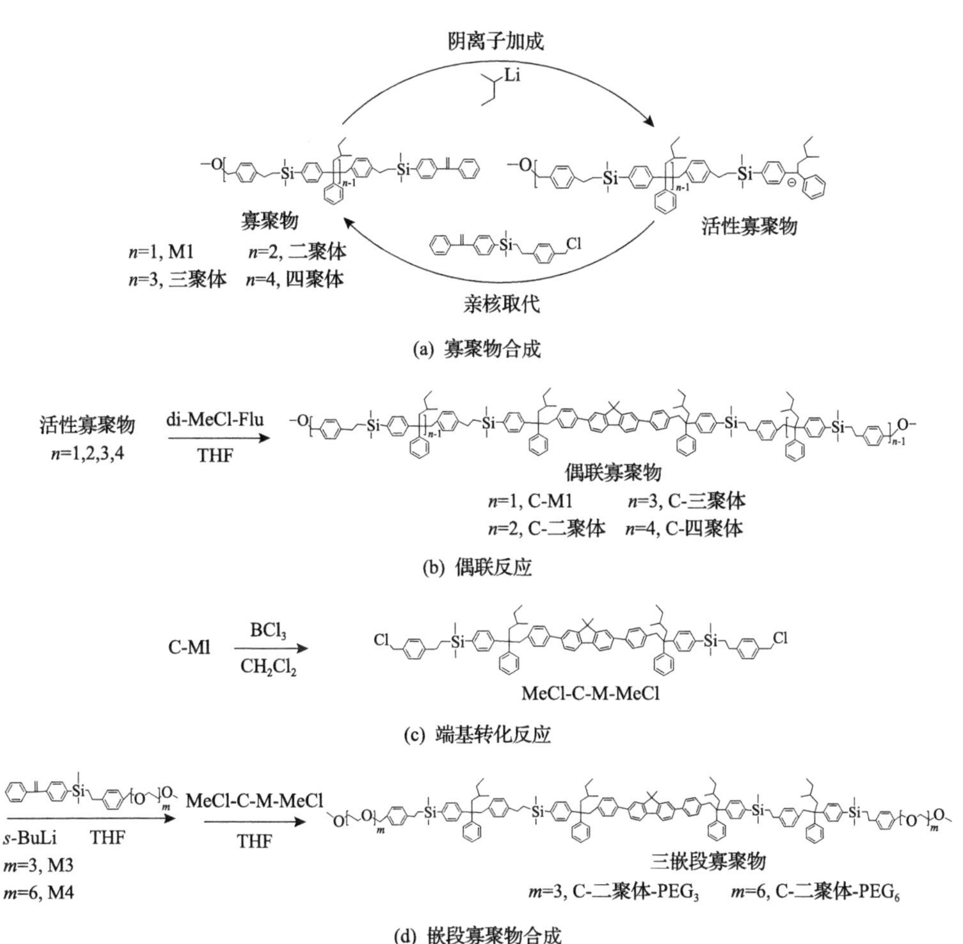

图 2.12 通过阴离子偶联反应制备具有均一分子量和精确序列结构的低聚物[25]

另外，何军坡课题组在合成单体中引入不同的取代基，通过偶联顺序的控制，合成了分子量确定、序列结构明确的低聚物(ABCD)或大环序列化合物(图 2.13)[26]。

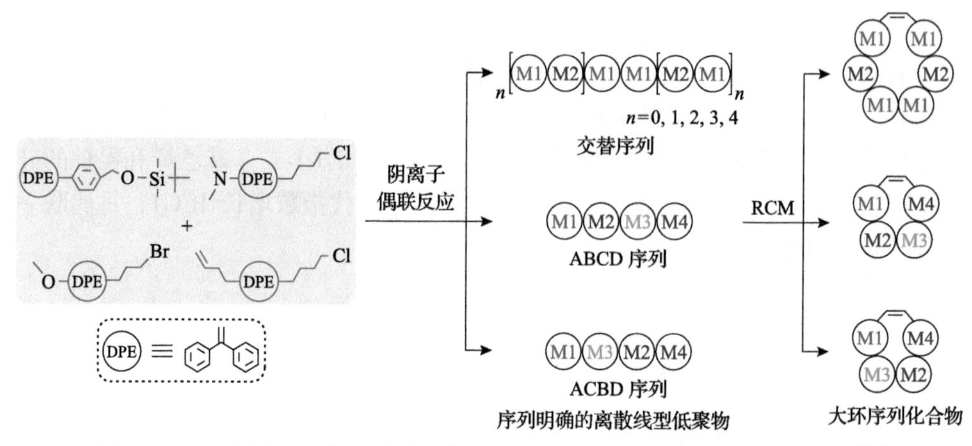

图 2.13　基于阴离子反应的单分散序列精准聚合物及环状聚合物的合成方法[26]

2.1.1.6　具有序列结构的取代聚乙炔的合成

聚乙炔及取代聚乙炔是一类经典的共轭高分子材料，但其制备通常需要催化剂，难以进行分子设计与控制[27-29]。迄今为止，通过阴离子聚合制备结构可控的前驱体，然后进行产物转化制备聚乙炔的研究仍然不多[30,31]。何军坡课题组发展了一种通过 1,3-丁二烯衍生物的阴离子聚合结合后转化制备取代聚乙炔的方法。首先设计合成带有各种取代基的 1,3-丁二烯衍生物，通过阴离子聚合，制备了聚(1,3-丁二烯)衍生物。由于取代基的存在，聚合几乎完全以 1,4-加成方式进行。将剩余双键进行溴化后脱除溴化氢，或者直接与 2,3-二氯-5,6-二氰基-1,4-苯醌(DDQ)共热，即可得取代聚乙炔(图 2.14)[32]。同时，利用阴离子聚合的活性特征，制备取代聚乙炔和聚苯乙烯、聚硅氧烷(PDMS)的嵌段共聚物[33]，以及富勒烯(C_{60})和聚乙炔的杂化分子[34]。

上述方法的一个优势，是可以通过向单体的不同位置引入官能团，制备具有区域选择性、序列规整性的功能化聚乙炔。例如，通过在 2,3-位引入三联苯基、阴离子聚合以及随后的脱氢转化，制备了三联苯功能化的头-头结构的聚乙炔[35]。向 2,3-位引入不同的取代基，如苯基、三苯胺官能团、噻吩基、芘基等，通过阴离子聚合[36](图 2.15、图 2.16)或自由基聚合(图 2.17)[37]以及脱氢，制备了具有交替序列结构和头-头链接的取代聚乙炔[36]。向 1,3-位引入不同的取代基，如苯基和异丙基，该单体的阴离子聚合几乎 100%以 1,4-加成方式进行，脱氢后制备了带有苯基和异丙基交替取代的聚乙炔(图 2.18)[38]。

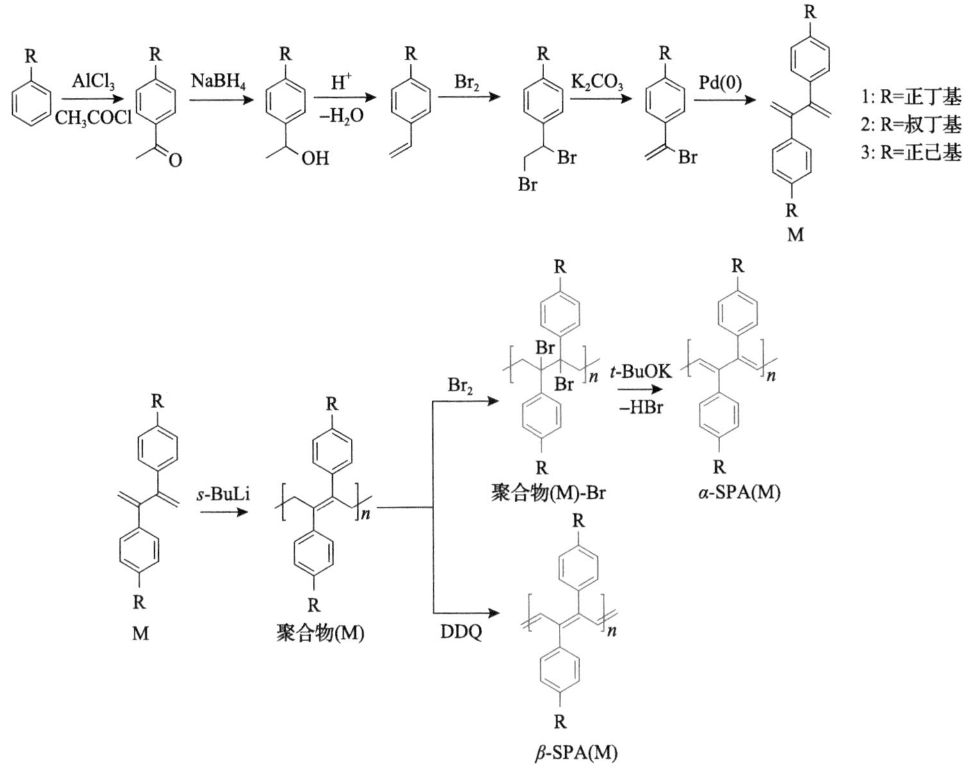

图 2.14 使用阴离子聚合由模板单体合成取代的聚乙炔[32]

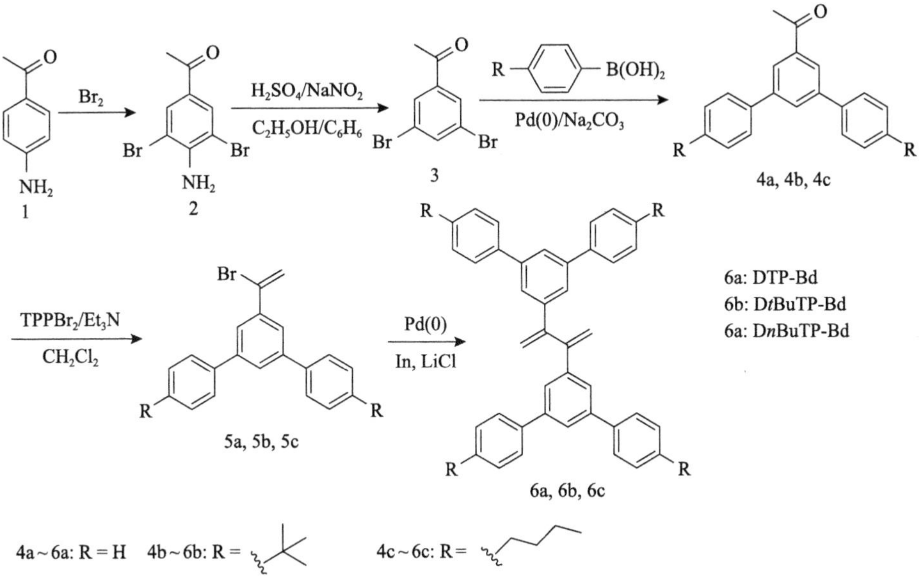

图 2.15 单体的合成步骤[36]

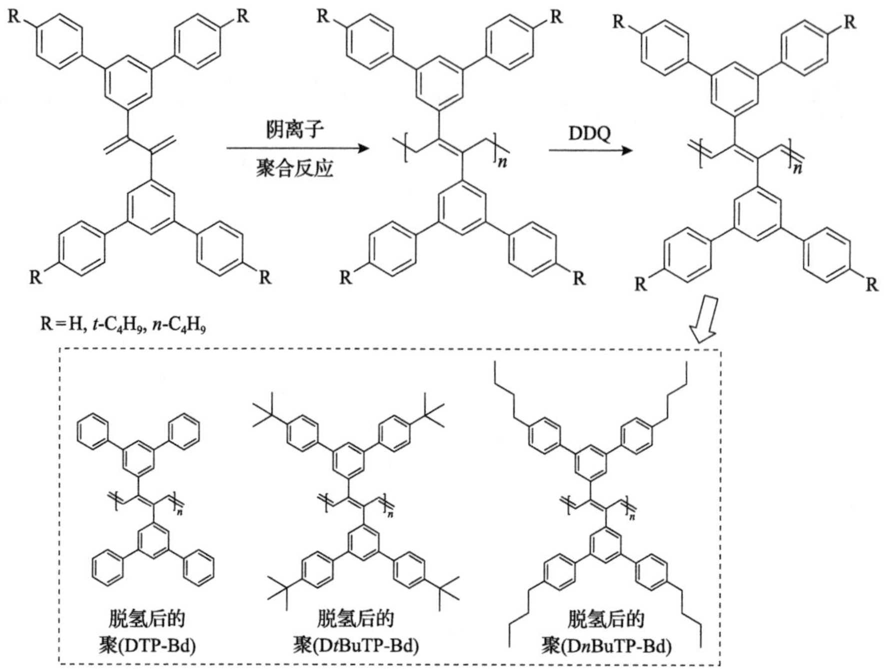

R = H, t-C_4H_9, n-C_4H_9

图 2.16　通过 2,3-二氯-5,6-二氰基-1,4-苯醌脱氢使用前体聚合物转化为头对头聚乙炔[36]

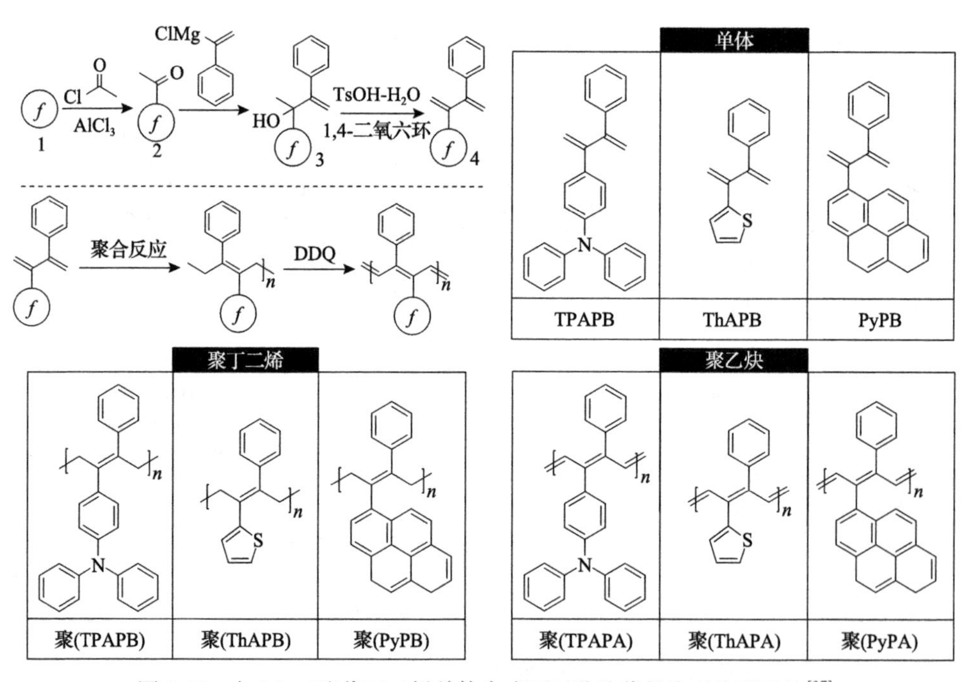

图 2.17　由 2,3-二取代丁二烯单体合成不对称取代的头对头聚乙炔[37]

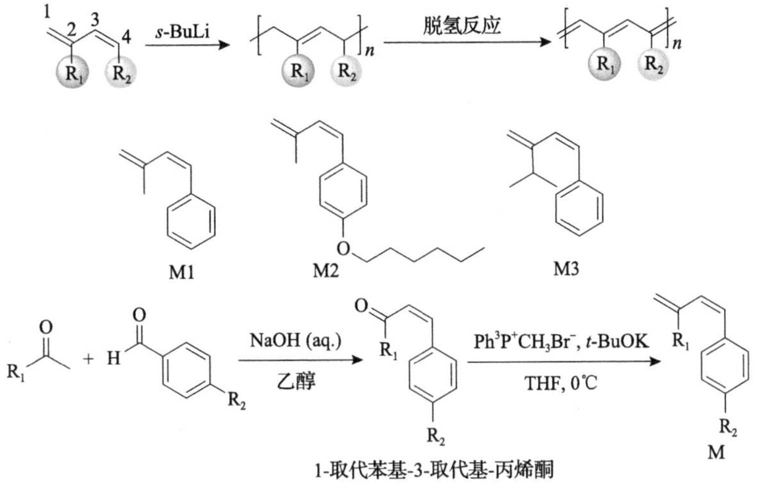
1
2
3
4
s-BuLi
R1
R2
n
脱氢反应
M1
M2
M3
O
NaOH (aq.)
乙醇
H
Ph3P+CH3Br−, t-BuOK
THF, 0℃
1-取代苯基-3-取代基-丙烯酮
M

图 2.18 由烯酮类经由阴离子聚合和脱氢制备 2,4-二取代丁二烯[38]

2.1.1.7 阴离子聚合和可控自由基聚合机理切换合成嵌段共聚物

何军坡课题组探索了将阴离子聚合和可逆加成-断裂链转移(RAFT)聚合结合，制备含聚异戊二烯和聚丙烯酸酯(或丙烯酰胺)链段的、无法通过单一的聚合机理获得的嵌段共聚物。其策略是将阴离子聚合活性链末端转化为硫代硫羰基化合物，从而制备大分子的可逆加成-断裂链转移试剂，再调控可逆加成-断裂链转移聚合以得到嵌段聚合物[39]。

如图 2.19 所示，首先进行异戊二烯的阴离子聚合，聚合结束后将活性链末端用1,1-二苯基乙烯封端，然后加入二硫化碳(CS_2)低温反应，最后原位加入溴代烃进行亲核取代，高效制得大分子可逆加成-断裂链转移试剂：聚异戊二烯(PI-CSSR)。该试剂用于调控丙烯酸酯或丙烯酰胺的聚合，合成了由聚异戊二烯(PI)段和聚丙烯酸酯(聚丙烯酸 2-羟基乙基酯，PHEA)或聚丙烯酰胺(聚 *N*-异丙基丙烯酰胺，PNIPAM)组成的二嵌段或 ABA 型三嵌段共聚物[39]。所得到的嵌段共聚物的特点是两段的链接点由硫代羰基硫基组成，这使得共聚物在强碱的作用下可裂解成均聚物组分，是一种具有可控断裂潜力的嵌段共聚物。

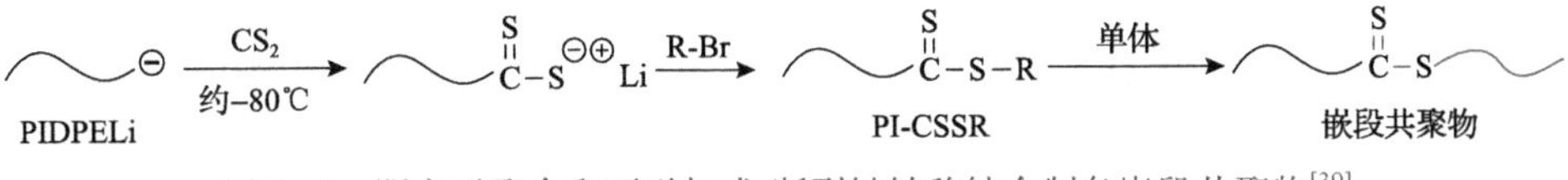
CS2
约−80℃
PIDPELi
S
C−S
Li
R-Br
C−S−R
PI-CSSR
单体
C−S
嵌段共聚物

图 2.19 阴离子聚合和可逆加成-断裂链转移结合制备嵌段共聚物[39]

同样，基于阴离子聚合与可逆加成-断裂链转移聚合的机理转化，成功合成了含有聚异戊二烯、聚苯乙烯以及聚 *N*-异丙基丙烯酰胺段的三嵌段共聚物[22]。通过改变单体的加料顺序，以及改变反应时间和单体的加入量，可获得嵌段序列可控

（ABC、ACB、BAC 型）且链长不同的嵌段共聚物（图 2.20）[40]。与单一的、特定的聚合方法相比，活性阴离子聚合（LAP）与可逆加成-断裂链转移聚合联用，可将阴离子聚合精准控制聚合物分子量和分子量分布的优势与可逆加成-断裂链转移聚合单体可选择范围广的优势充分结合。对于拓展聚合物的种类、控制改变聚合物的结构有一定价值。

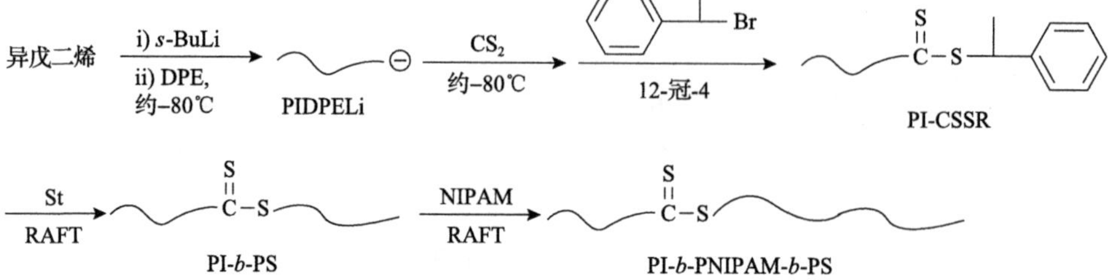

异戊二烯 i) *s*-BuLi ii) DPE, 约−80℃ PIDPELi CS_2 约−80℃ Br 12-冠-4 PI-CSSR

St RAFT PI-*b*-PS NIPAM RAFT PI-*b*-PNIPAM-*b*-PS

图 2.20 通过结合活性阴离子聚合及可逆加成-断裂链转移聚合合成三嵌段聚合物[40]

2.1.2 可控/“活性”聚合机理在复杂结构聚合物合成中的应用

复杂结构聚合物可为理论模拟、新材料开发等相关研究提供可靠的研究模型和原料基础。因此，复杂结构聚合物的成功合成始终是相关课题的源头。自 1956 年 Szwarc 提出“活性”阴离子聚合概念以来[2]，复杂结构聚合物的合成才成为可能。相应地，各种新型可控/“活性”技术的开发也就成为高分子化学领域的研究热点和重点。研究者们先后开发出了多种新型的可控/“活性”聚合技术，包括 1967 年 Calderon 等提出的开环易位聚合（ROMP）[41]，1982 年 Otsu 等提出的引发-转移-终止聚合（Iniferter 聚合）[42]，1983 年 Webster 等提出的基团转移聚合（GTP）[43]，1993 年 Georges 等提出的氮氧稳定自由基聚合（NMRP）[44]，1995 年王锦山和 Matyjaszewski 等提出的原子转移自由基聚合（ATRP）[45]，1998 年 Rizzardo 等提出的可逆加成-断裂链转移聚合[46]等。但是，单一的聚合机理通常难以合成特定的复杂结构聚合物，往往需要组合多种聚合机理；而在多种聚合机理的组合过程中，往往还需要借助于一定的偶合方法或修饰技术。因此，各种高效的偶合方法或修饰技术也相应得到了快速开发和广泛应用，包括巯基和烯基间的巯-烯偶合、叠氮和炔基间的点击（click）偶合、炔基和炔基间的 Glaser 偶联、氮氧稳定自由基和活性自由基间的氮氧自由基偶合（NRC）反应、“活性”阴离子与卤化苄或氯硅烷衍生物间的取代反应、酰氯衍生物与羟基间的酰化反应等。这些可控/“活性”聚合机理和高效偶合方法的有机组合大幅促进了复杂结构聚合物的合成和应用进程。但是，复杂结构聚合物的合成并不是聚合机理和偶合方法的简单加和，针对某种结构和组成的聚合物，往往需要根据相关聚合机理和偶合方法的特征进行个性化的路线设计。近年来，王国伟课题组围绕复杂结构聚合物的合成，开展了系列新单体、新聚合机理、新偶合方法等方面的研究工作，形成了系列复杂结构聚合物的设计理念和合成策略。

2.1.2.1 高效环化方法的开发和环形聚合物的合成研究

环形聚合物是最特殊的一种拓扑结构聚合物，环形结构具有非常高的稳定性和均等性，以及其他结构所不能替代的作用，因而备受研究者们的关注[47-49]。在稀溶液中，环形聚合物较线型对照物具有较小的流体力学体积、较低的黏度、较高的线团密度和较高的溶解性等；在本体中，环形聚合物具有不同于线型对照物的玻璃化转变温度(T_g)、熔融温度(T_m)、微相形态、熔体黏度、热稳定性(降解性)、光电效应和相容性等。但是，环形聚合物的高效合成对化学家们始终是一个挑战，并且是限制其物理性能和应用研究的瓶颈问题。

王国伟课题组重点开发了系列高效的环化方法和环化工艺，并用于环形聚合物的合成研究。最早，他们利用羟基间的威廉姆森(Williamson)反应作为环化方法，结合阴离子开环聚合(ROP)，合成了环形聚(环氧乙烷-*co*-4-缩水甘油基-2,2,6,6-四甲基哌啶氮氧自由基)，成环效率为 60%左右，后续需要非常复杂的分离过程，环形聚合物的收率也非常低[50]。实际上，在环形聚合物的合成中，首位关键的问题是高效环化方法的筛选,高效的环化方法有助于得到高纯度(近 100%)的环形聚合物，进而直接避免环形聚合物的分离纯化问题。随后，他们利用叠氮和炔基间的点击化学作为环化方法，结合原子转移自由基聚合，合成了环形聚(甲基丙烯酸 2-羟乙酯)(PHEMA)，成环效率近 100%[51](图 2.21)。高效的点击化学作为环化方法避免了烦琐的分离纯化工艺，但是，向聚合物两端选择性引入叠氮和炔基团则又往往极具挑战性。经过不断摸索，他们又创新性提出将 Glaser 反应用于环形结构聚合物的合成(图 2.21)。通过对 Glaser 反应条件的优化，成环效率可达 100%，且操作简单、炔基团引入简便，具有很强的普适性。利用 Glaser 反应，结合活性阴离子聚合和开环聚合，王国伟课题组成功合成了系列环形聚环氧乙烷(PEO)、环形聚苯乙烯和环形-[聚苯乙烯-*b*-聚环氧乙烷][52,53]。进一步，利用环形聚(环氧乙烷-*co*-缩水甘油)[P(EO-*co*-Gly)]与环形聚(甲基丙烯酸 2-羟乙酯)(PHEMA)上的羟基合成了太阳形聚合物[50,51,54-56]，通过在环形聚合物上特定位点引入功能基团分别合成了八字形[57,58]、蝌蚪形[59-61]和线型-*b*-环形-*b*-线型[62]等结构的聚合物。最近，利用 Glaser 偶联反应，他们还创新性地将微流反应技术应用于环形聚合物的合成研究(图 2.22)[63]。该技术可实现高纯度(近 100%)、规模化(克级以上)环形聚环氧乙烷的连续合成，证明微流反应技术在环形聚合物合成中具有很好的可行性，该工艺为环形聚合物的合成开辟了一条新途径。进一步，

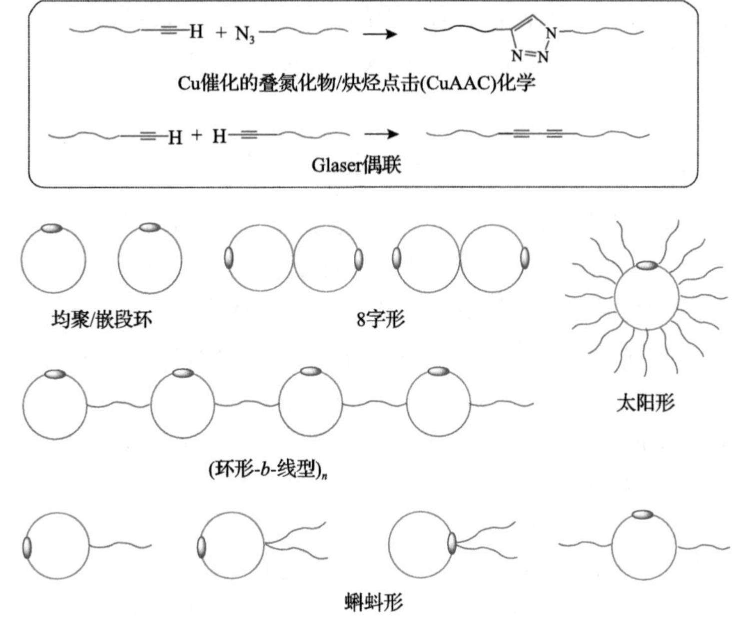

图 2.21　利用点击化学和 Glaser 偶联反应合成的环形聚合物

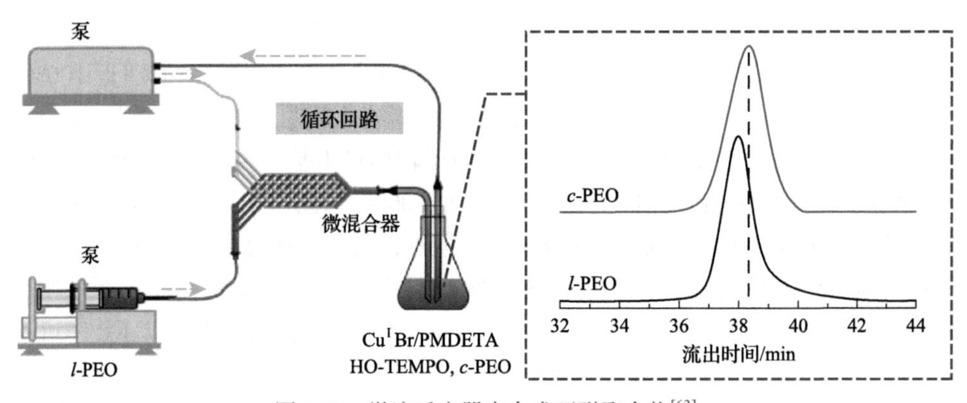

图 2.22　微流反应器中合成环形聚合物[63]

在成功解决聚合物高效成环的基础上，王国伟课题组还初步开展了系列环型聚合物的性能研究。

2.1.2.2　功能性主链聚合物的开发和接枝聚合物的合成研究

接枝共聚物在结构上具有多样性，其侧链可以是嵌段、超支化、“V”形、星形和树枝状结构等；在组成上可以为两亲性、亲水性或亲油性等。这些侧链结构和组成上的可变性赋予了其特殊的性能和用途，使其在生物材料、医药、纳米技术、聚合物复合材料以及超分子科学等领域都具有潜在的应用价值[64,65]。通常，可以采用“从主链接枝法(grafting from)”、“接枝到主链法(grafting onto)”和“大分子单体聚合法(grafting through)”三种策略合成接枝聚合物。但在前两种策略中，主链聚合物的设计和合成通常是关键步骤；主链聚合物不仅为接枝聚合物的合成提供可控的接枝点，还可综合调控目标接枝聚合物的物理性能和潜在用途。

王国伟课题组设计了系列新型主链聚合物，并应用于接枝聚合物的合成研究(图 2.23)。通过利用功能化单体 4-缩水甘油基-2,2,6,6-四甲基哌啶氮氧自由基(GTEMPO)、1-乙氧基乙基-2,3-环氧丙醚(EEGE)和烯丙基缩水甘油醚(AGE)单体,创新性地合成了侧基为羟基、双键或2,2,6,6-四甲基哌啶氮氧自由基(TEMPO)的取代聚醚；利用缩水甘油的开环聚合合成超支化聚缩水甘油(HPG)，利用巯基和烯基间的加成反应选择性将聚异戊二烯 1,2-加成单元上的双键修饰为羟基。这些聚醚、超支化聚缩水甘油和聚异戊二烯主链上的羟基被进一步转化为 2,2,6,6-四甲基哌啶氮氧自由基、溴异丁酰基、叠氮或双硫酯等基团，结合活性阴离子聚合、开环聚合、可逆加成-断裂链转移和原子转移自由基聚合等聚合机理，通过“从主链接枝法(grafting from)”、“接枝到主链法(grafting onto)”技术合成了系列接枝聚合物，如 A-*g*-B 型[66-76]、A-*g*-B_2 型[77,78]、(A-*g*-B)-*b*-(A-*g*-C)-*b*-(A-*g*-B)型[79]、侧链为三杂臂的 A-*g*-[星形(BCD)]型[80]、接枝点被特定长度聚合物隔离的

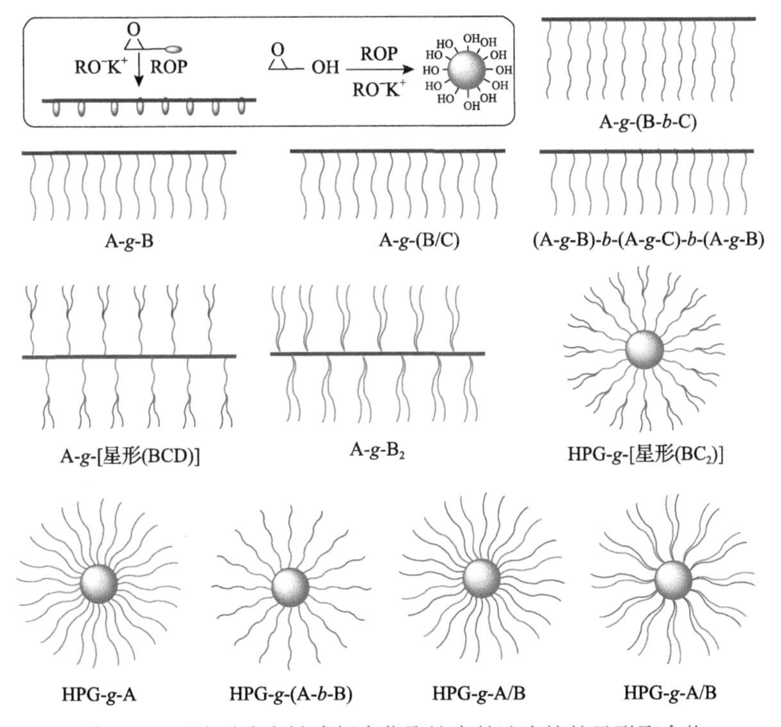

图 2.23 以聚醚为主链或超支化聚缩水甘油为核的星形聚合物

A-*g*-B_2型[81]和 A-*g*-B_4型聚合物[82]，以及超支化聚缩水甘油(HPG)基接枝聚合物[83-91]等。通过这些研究，他们为不同结构和不同组成接枝聚合物的可控制备提供了系列合成思路和合成策略。

进一步，为拓展接枝聚合物的应用研究，王国伟课题组还将功能基团引入接枝聚合物。例如，他们在二氧化硅表面引入原子转移自由基聚合引发剂，引发甲基丙烯酸缩水甘油酯(GMA)单体进行聚合，得到了核-壳结构的纳米复合微球。然后，将聚甲基丙烯酸缩水甘油酯(PGMA)链段上的环氧基团叠氮化，并与炔基官能化的氮氧自由基小分子通过点击化学反应进行 2,2,6,6-四甲基哌啶氮氧自由基的负载，得到了高效、可循环利用的催化剂载体材料(图 2.24)[92]。类似地，他们还将 2,2,6,6-四甲基哌啶氮氧自由基基团引入线型接枝聚合物[93]和超支化聚缩水甘油中[94](图 2.25)；结果证明，2,2,6,6-四甲基哌啶氮氧自由基的接枝密度和接枝位点很大程度上影响其顺磁效应，也为接枝聚合物的潜在应用提供了指导。利用接枝聚合物的高密度和多功能化特点，他们也将钛离子成功引入超支化聚缩水甘油上，结果证明该接枝聚合物具有优异的肽段分离功能(图 2.26)[95]。

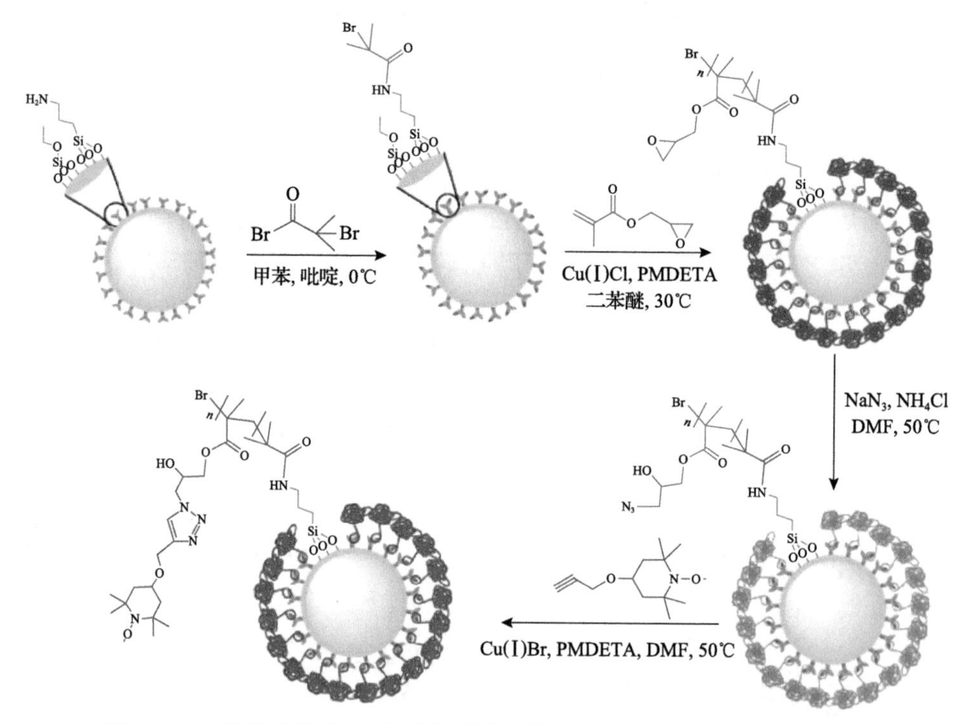

图 2.24　二氧化硅微球-*g*-(聚甲基丙烯酸缩水甘油酯-2,2,6,6-四甲基哌啶氮氧自由基)[SN-*g*-(PGMA-TEMPO)]的合成过程[92]

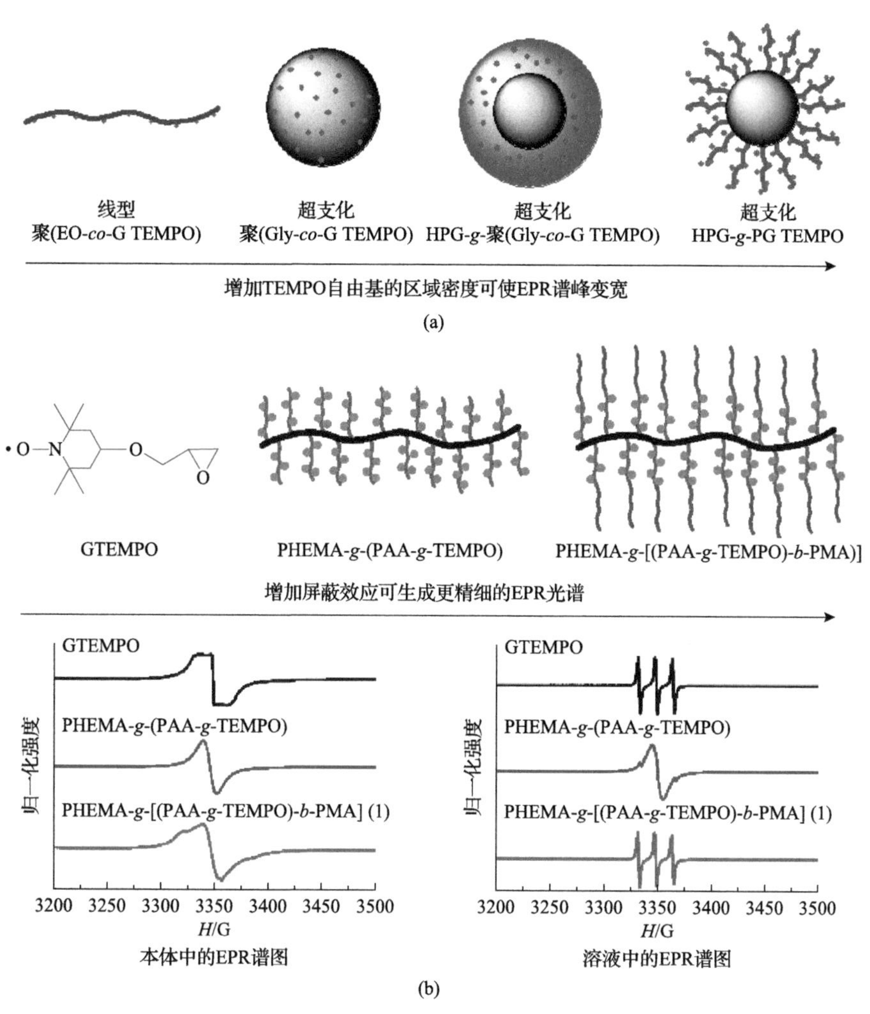

图 2.25　含 2,2,6,6-四甲基哌啶氮氧自由基基团的线形和超支化型接枝聚合物[93,94]

$1G=10^{-4}T$

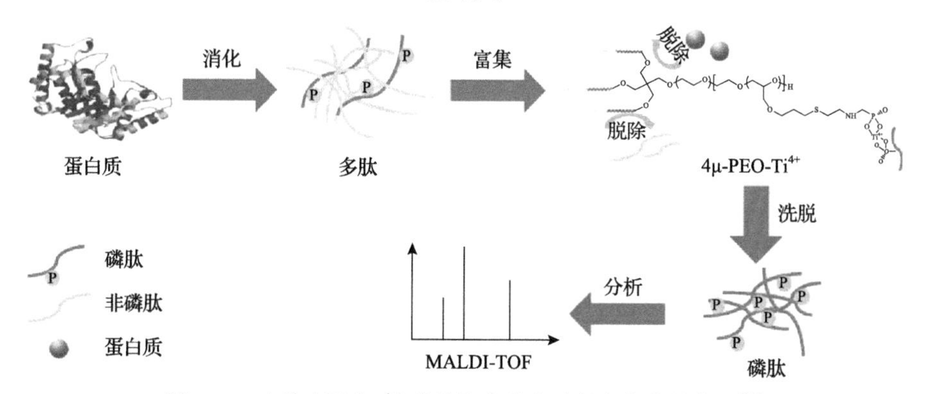

图 2.26　含钛离子(Ti^{4+})接枝聚合物在肽段富集中的应用[95]

2.1.2.3 多官能化引发剂的设计和杂臂星形聚合物的合成研究

杂臂星形聚合物中各嵌段臂受中心连接点的约束,常被赋予特殊的微相分离行为、组装行为和特定的应用价值[96-99]。但是,由于结构、组成和链接方式的高度确定性,杂臂星形聚合物的高效合成也一直是高分子合成领域极具挑战性的研究课题。在杂臂星形聚合物的合成过程中,关键的问题在于多官能化引发剂的设计和合成,且各官能团在后续的可控/“活性”聚合反应中具有很好的兼容性。

王国伟课题组针对杂臂星形聚合物,设计并合成了系列多官能化的大分子或小分子引发剂,并成功应用于新型杂臂星形聚合物的合成研究(图 2.27)。利用聚合物活性种($—C^{-}Li^{+}$)和环氧化合物 1-乙氧基乙基-2,3-环氧丙醚(EEGE)之间的定量反应,合成了同时含一个保护羟基和一个活性羟基的大分子引发剂;利用氨基和烯丙基缩水甘油之间的定量反应合成了同时含四个双键和四个活性羟基的引发剂。进一步,通过对引发剂的功能化衍生,结合活性阴离子聚合、开环聚合、原子转移自由基聚合机理和点击化学、Glaser 偶联、氮氧自由基偶合(NRC)反应成功合成了系列 ABC[43-45]、ABCD[43]、A_2B_2[100,101]、A_4B_4[102]、AB_2[103]、H 形[104,105]、哑铃形[106]、伞形[107]和树枝形[108]等结构的星形聚合物。

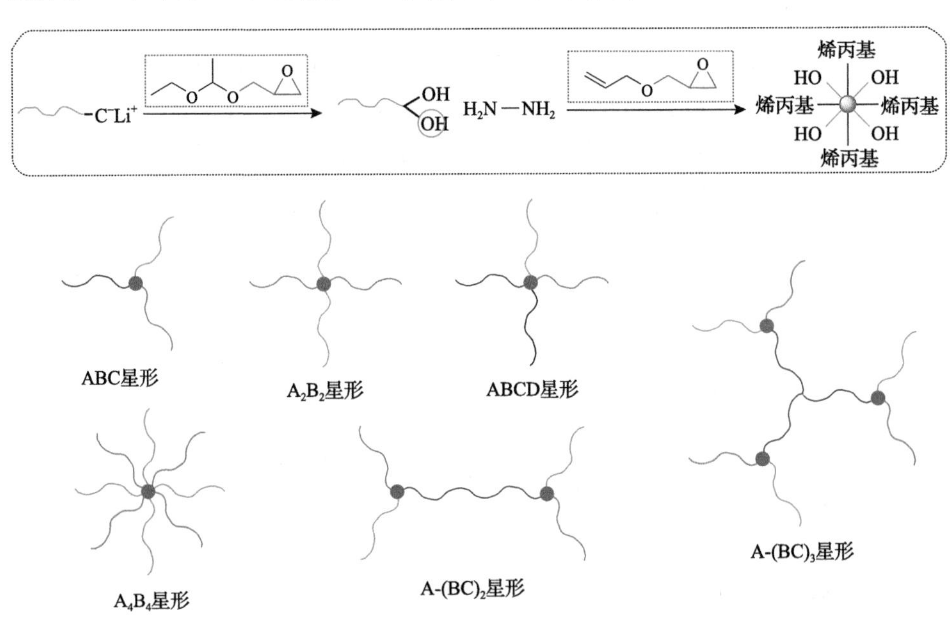

图 2.27 多官能化大分子或小分子引发剂的制备及由其为引发剂合成的星形聚合物

王国伟课题组还对相关聚合物的物理性能进行了初步探究。例如,利用活性阴离子聚合合成了两端各带有 1 个羟基和 1 个双键的聚苯乙烯，然后利用巯基-烯反应，制备了两端各含 2 个羟基的聚苯乙烯和 3 个羟基的聚苯乙烯。最后，利用开环聚合合成了哑铃形聚环氧乙烷(PEO)$_x$-*b*-聚苯乙烯(PS)-*b*-聚环氧乙烷(PEO)$_x$(图 2.28)。对聚合物的结晶行为进行对比研究，结果表明，哑铃形聚环氧乙烷(PEO)$_2$-*b*-聚苯乙烯(PS)-*b*-聚环氧乙烷(PEO)$_2$ 和聚环氧乙烷(PEO)$_3$-*b*-聚苯乙烯(PS)-*b*-聚环氧乙烷(PEO)$_3$ 的结晶速度比线型聚环氧乙烷(PEO)-*b*-聚苯乙烯(PS)-*b*-聚环氧乙烷(PEO)慢，形成的球晶尺寸比聚环氧乙烷(PEO)-*b*-聚苯乙烯(PS)-*b*-聚环氧乙烷(PEO)的小。在保持聚合物具有相同组成的前提下，聚合物的拓扑结构在很大程度上会影响聚合物的物理性能[109]。

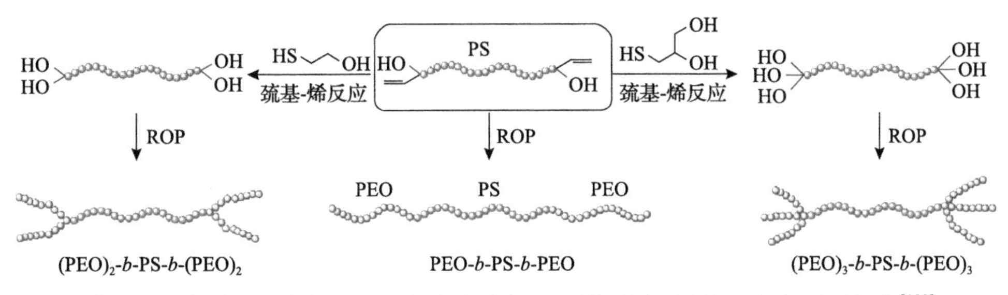

图 2.28 聚环氧乙烷(PEO)$_x$-*b*-聚苯乙烯(PS)-*b*-聚环氧乙烷(PEO)$_x$的合成过程[109]

2.1.2.4 序列和多嵌段结构聚合物的合成研究

综合利用可控/“活性”聚合机理和高效偶合方法，王国伟课题组在多嵌段聚合物和序列结构聚合物的合成方面也开展了系列研究。利用活性阴离子聚合的快引发和快增长，以及活性种在单体“饥饿”状态下始终保持活性的特征，使得各种结构的模型聚合物可被精确合成。他们以正丁基锂($n\mathrm{Bu}^-\mathrm{Li}^+$)为引发剂，利用活性阴离子聚合，结合程序控制的单体加料工艺，保持在单体“饥饿”状态下向聚合体系中连续补加苯乙烯(St)和异戊二烯(Is)单体的混合物，合成系列周期结构共聚物——聚(苯乙烯-*per*-异戊二烯)[110](图 2.29)。结果表明，随[苯乙烯]/[异戊二烯]的增加，聚(苯乙烯-*per*-异戊二烯)和聚(苯乙烯-*ran*-异戊二烯)的玻璃化转变温度(T_g)均有规律地增加，且聚合物的 T_g 遵循规律 $T_{g,聚(苯乙烯\text{-}per\text{-}异戊二烯)}>T_{g,聚苯乙烯(PS)\text{-}b\text{-}聚异戊二烯(PI)}>T_{g,聚(苯乙烯\text{-}ran\text{-}异戊二烯)}$，充分证明单体单元的序列结构对共聚物的物理性能具有重要影响。

利用大分子链上的 2,2,6,6-四甲基哌啶氮氧自由基(TEMPO)对活性自由基进行捕捉，王国伟课题组原创性地提出了氮氧自由基偶合反应(图 2.30)。随后，他们设计并合成了含氮氧自由基(A)或/和卤素(溴或氯)基团(B)的 A_2、AB、B_2 型单体，基于氮氧自由基偶合反应，提出了一种新型的氮氧自由基偶合-逐步聚合(NRC-SGP)

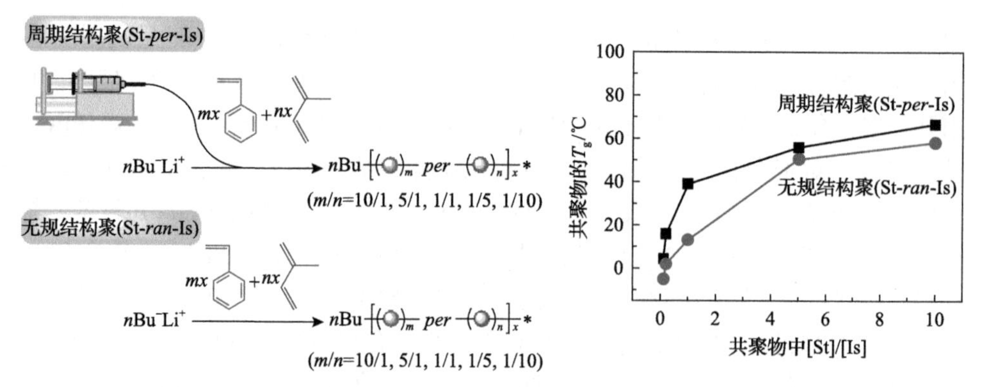

图 2.29　利用单体滴加工艺合成周期和无规结构共聚物的过程[110]

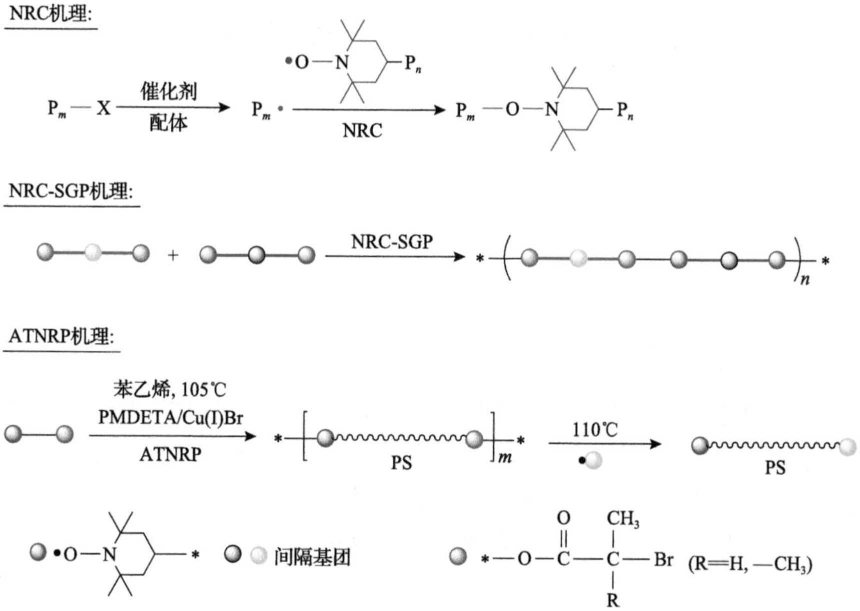

NRC机理:

P_m—X　催化剂/配体 → P_m•　•O—N—P_n　NRC → P_m—O—N—P_n

NRC-SGP机理:

NRC-SGP

ATNRP机理:

苯乙烯, 105℃
PMDETA/Cu(I)Br
ATNRP
PS
110℃
PS

•O—N　间隔基团　*—O—C(=O)—C(CH_3)(R)—Br (R=H, —CH_3)

图 2.30　氮氧自由基偶合、氮氧自由基偶合-逐步聚合和原子转移氮氧自由基聚合反应的机理示意图[111,112]

反应机理。利用氮氧自由基偶合-逐步聚合反应的逐步聚合特征，他们设计并合成了链段中含温度敏感性烷氧基胺键的序列结构聚合物[111]。进一步，他们还提出了原子转移氮氧自由基聚合(ATNRP)反应，并利用它合成了多嵌段聚合物[112]。

利用活性阴离子聚合和开环聚合机理，王国伟课题组还分别合成了具有相同组成但不同序列的 ABA 型和 BAB 型[113,114]聚合物(图 2.31)，以及 ABC 型[115-119]和多嵌段型[120,121]等的嵌段聚合物。通过对其自组装行为和结晶行为的对比研究，进一步发现聚合物链段的序列结构确实对其物理性能产生重要影响，为相关聚合物的应用研究提供了借鉴。

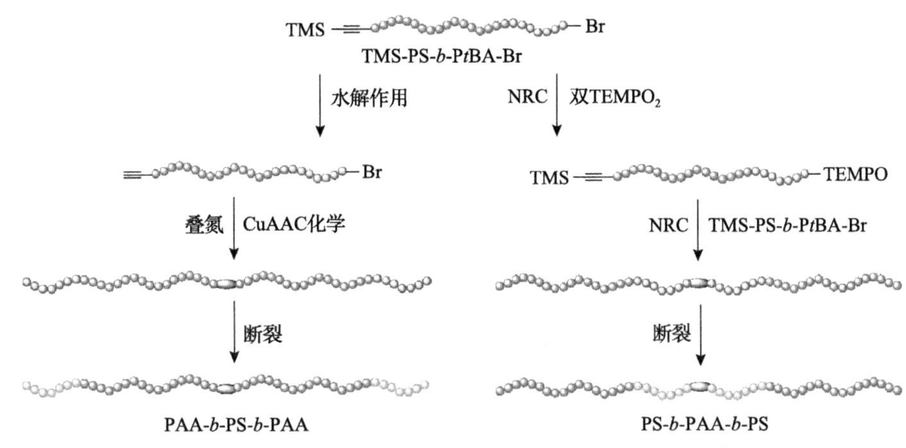

图 2.31 ABA 和 BAB 嵌段聚合物的合成路线图[113]

如上所述，王国伟课题组综合利用多种可控/“活性”聚合机理和高效的偶合/修饰方法，合成了环形、嵌段、接枝、序列结构等的复杂结构聚合物。他们还初步研究了所合成聚合物的物理性能或自组装行为，探究了聚合物的结构、组成和性能之间的关系。通过这些研究工作，他们在为高分子物理学和材料学的相关研究提供特殊原料的同时，也为高分子合成中的方法学提供了系列新思路和新策略。基于王国伟课题组在这些复杂结构聚合物方面的研究进展，*Science China Chemistry*[122]、*Encyclopedia of Polymer Science and Technology*[123]和 *Polymer Chemistry*[124]等期刊分别对他们的部分工作进行了综述报道。

2.1.3 可控/“活性”聚合机理在诱导自组装技术中的应用

在过去的二十多年中，聚合物的自组装技术得到了深入研究和广泛应用。但是，在传统的溶液自组装技术中，往往需要先合成嵌段共聚物；然后将嵌段共聚物溶解在各嵌段的共溶剂中，并通过向聚合物溶液中缓慢滴加某一链段的不良溶剂，降低嵌段共聚物中某一个嵌段的溶解能力，以此来使嵌段共聚物自发进行组装，制备各种形貌(如球状、蠕虫状或囊泡状等)的纳米自组装体。这种传统的自组装技术通常需要在极低浓度[固体含量<1.0%(*w*/*w*)]下进行，且操作步骤烦琐，很难实现纳米自组装体的规模化生产和应用[125]。聚合诱导自组装(PISA)技术作为一种简单、高效的原位合成嵌段共聚物纳米自组装体的方法，在近十五年引起了研究者们的广泛关注，并得到了快速发展[126-133]。在聚合诱导自组装技术中，首先将聚合物大分子引发剂和单体溶解在良溶剂中，随着聚合的进行，所形成

第二链段聚合物的分子量不断增加，且所形成嵌段聚合物在选择性溶剂中的溶解性不断降低，进而驱动嵌段聚合物原位自组装形成各种形貌的纳米自组装体。相对于传统自组装技术，聚合诱导自组装技术可在聚合的同时实现自组装过程，在实现纳米自组装体原位合成的同时，也可以在很高的浓度下［高达 50%(*w*/*w*)］保持纳米自组装体的良好稳定性。聚合诱导自组装技术的发展为各种形貌纳米自组装体的制备提供了一个非常广阔的平台，也为纳米自组装体的广泛应用奠定了可靠的原料基础。

聚合诱导自组装技术的快速发展，主要得益于各种可控/“活性”聚合机理的不断完善和成熟。如前所述，可控/“活性”聚合机理为各种复杂结构聚合物的合成提供了技术保障。同样，可控/“活性”聚合机理也为聚合诱导自组装技术提供了可靠的实现途径；反过来，聚合诱导自组装技术的发展也进一步推动可控/“活性”聚合机理的相关研究。到目前为止，研究者们已将可逆加成-断裂链转移聚合，氮氧稳定自由基聚合(NMRP)，原子转移自由基聚合，以及开环易位聚合(ROMP)等机理成功引入聚合诱导自组装技术中。但相对而言，可逆加成-断裂链转移聚合机理得到了最为广泛的应用，主要原因在于可逆加成-断裂链转移聚合体系中适用单体和溶剂等的种类更为广谱，自组装体系中引发剂、温度、浓度等的筛选窗口更为广泛。但是，可逆加成-断裂链转移聚合体系也有其自身的缺陷，如链转移试剂的制备烦琐，价格昂贵，规模化使用受限等。因此，进一步拓展和发展聚合诱导自组装技术，仍具有重要的理论意义和应用价值，王国伟课题组具体研究了原子转移自由基聚合和活性阴离子聚合在聚合诱导自组装中的应用。

2.1.3.1 原子转移自由基聚合在聚合诱导自组装技术中的应用

在各种可控/“活性”自由基聚合体系中，原子转移自由基聚合体系的催化剂和引发剂最为廉价。但是，传统的原子转移自由基聚合体系通常需要大量的铜盐作催化剂，一度限制了其产业化应用进展。虽然 ppm(1 ppm=10^{-6})铜催化剂用量的原子转移自由基聚合技术早在 2006 年就已经得到了开发，但其在聚合诱导自组装技术中的应用仍属空白。

2016 年，王国伟课题组首次提出将 ppm 用量的铜催化剂引发剂连续再生催化剂原子转移自由基聚合(ICAR-ATRP)引入聚合诱导自组装体系中。以聚乙二醇甲醚甲基丙烯酸酯(POEOMA)为大分子引发剂，甲基丙烯酸苄基酯(BnMA)为第二单体，乙醇为溶剂，通过对聚合温度、固含量、反应时间、催化剂用量、嵌段聚合物聚合度等参数的详细优化和对聚合动力学的跟踪，证明了引发剂连续再生催化剂原子转移自由基聚合在聚合诱导自组装中的可行性(图 2.32)，制备得到了基于聚乙二醇甲醚甲基丙烯酸酯-*b*-聚甲基丙烯酸苄基酯(PBnMA)共聚物的球状、蠕虫状和囊泡状等形貌的纳米自组装体[134]。特殊的是，对于同一个引发剂连续再生催化剂原子转移自由基聚合介导的聚合诱导自组装(ICAR-ATRP-PISA)体系，他们可以选择不同的引发剂组合，在不同温度下实现聚合诱导自组装过程，最终得到不同形貌的纳米自组装体。随后，王国伟课题组还研究了引发剂连续再生催化剂原子转移自由基聚合介导的聚合诱导自组装体系中双组分大分子引发剂对嵌段聚乙二醇甲醚甲基丙烯酸酯-*b*-聚甲基丙烯酸苄基酯自组装行为的影响。结果表明大分子引发剂的分子量和组成也对纳米自组装体的形貌、稳定性产生重要影响[135]。

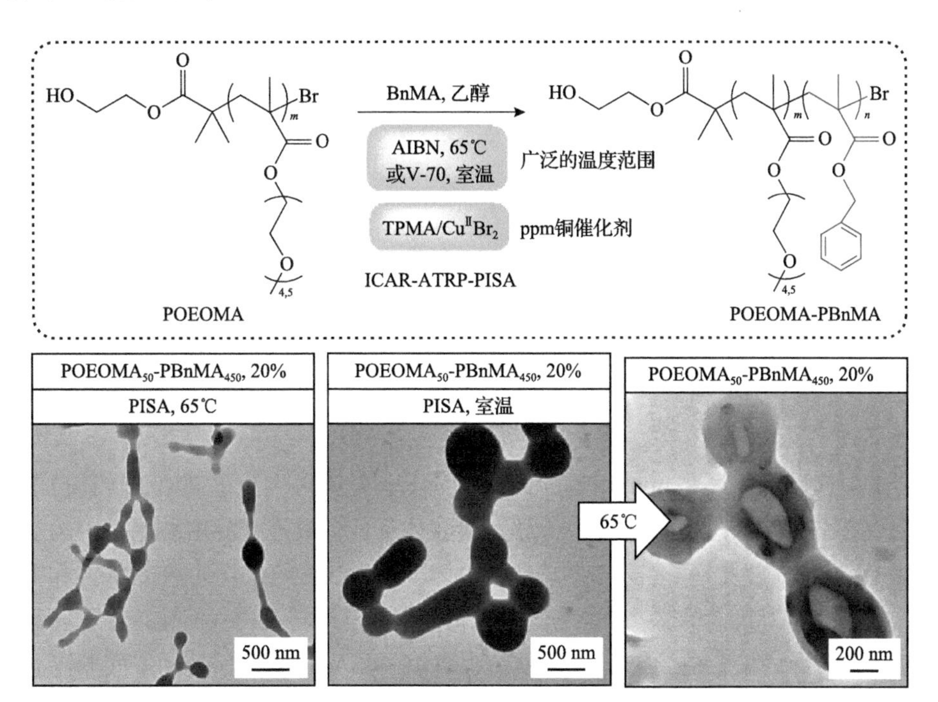

图 2.32 基于嵌段聚合物聚乙二醇甲醚甲基丙烯酸酯-*b*-聚甲基丙烯酸苄基酯的引发剂连续再生催化剂原子转移自由基聚合介导的聚合诱导自组装过程和制备得到纳米自组装体的 TEM 图[134]

在可控/“活性”自由基聚合体系中，由于聚丙烯腈(PAN)具有特殊的溶解性,以及丙烯腈单体和聚丙烯腈自由基的高活性特征,通常难以实现丙烯腈(AN)的可控聚合。王国伟课题组正是利用聚丙烯腈在多数溶剂中的难溶性，以聚乙二醇单甲醚(*m*PEO-Br)为大分子引发剂，丙烯腈为第二单体，乙腈为溶剂，通过引发剂连续再生催化剂原子转移自由基聚合介导的聚合诱导自组装过程制备得到了基于嵌段聚合物聚乙二醇单甲醚(*m*PEO)-*b*-聚丙烯腈的纳米自组装体[136]。进一步，他们还通过高温裂解工艺制备得到了碳纳米粒子(图 2.33)。这一工作进一步证明原子转移自由基聚合介导的聚合诱导自组装(ATRP-PISA)具有很好的广谱性。

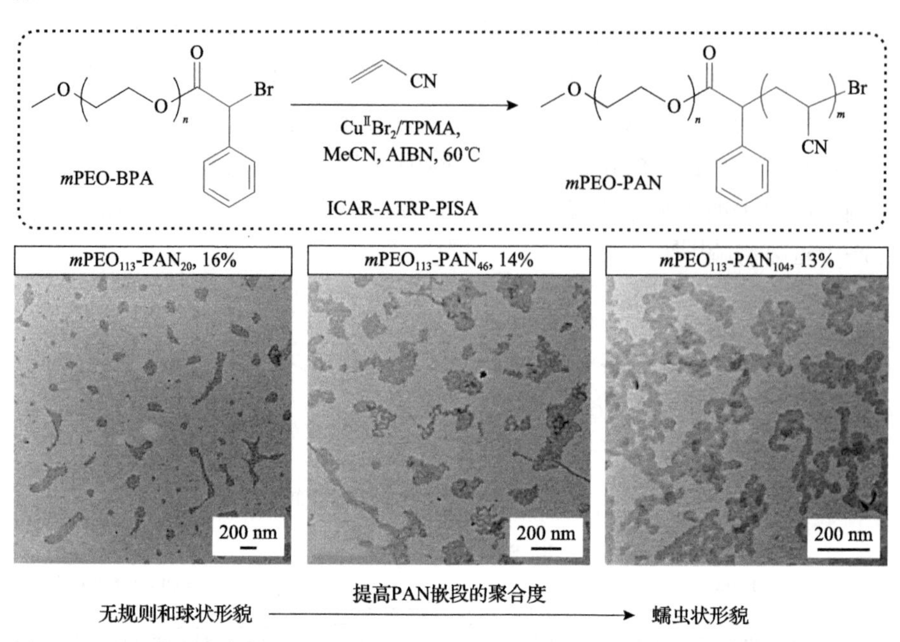

图 2.33　基于嵌段聚合物聚乙二醇单甲醚(*m*PEO)-*b*-聚丙烯腈(PAN)的引发剂连续再生催化剂原子转移自由基聚合介导的聚合诱导自组装过程和制备得到纳米自组装体的 TEM 图[136]

王国伟课题组还将 ppm 用量的铜催化剂电子转移再生活化剂原子转移自由基聚合(ARGET-ATRP)也引入聚合诱导自组装体系。以聚乙二醇甲醚甲基丙烯酸酯(POEOMA-Br)为大分子引发剂，功能性单体甲基丙烯酸缩水甘油酯(GMA)和甲基丙烯酸苄基酯为共聚单体，乙醇为溶剂，充分利用电子转移再生活化剂原子转移自由基聚合介导的聚合诱导自组装(ARGET-ATRP-PISA)体系中所使用辛酸亚锡同时催化丙烯酸酯进行原子转移自由基聚合和催化环氧基团进行开环聚合的双重功能，实现了基于聚乙二醇甲醚甲基丙烯酸酯-*b*-聚(甲基丙烯酸苄基酯-*co*-甲基丙烯酸缩水甘油酯)[Poly(GMA-*co*-BnMA)]纳米自组装体的制备(图 2.34)[137]。在该体系中，正是由于环氧基团发生开环聚合的速率远低于双键发生原子转移自由基聚合的速率，使得他们先完成甲基丙烯酸酯的聚合，再实现环氧基团的交联，原位即可实现纳米自组装体的合成和交联稳定。

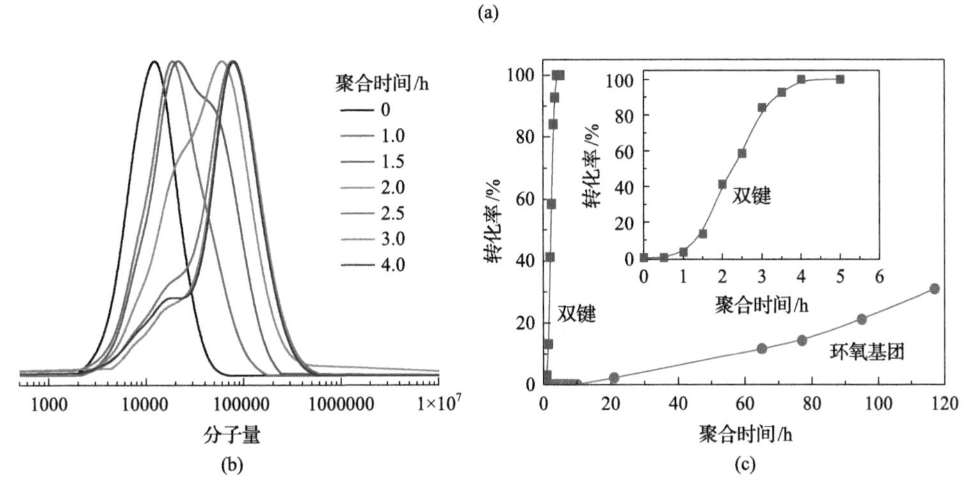

图 2.34　基于聚乙二醇甲醚甲基丙烯酸酯-*b*-聚(甲基丙烯酸苄基酯-*co*-甲基丙烯酸缩水甘油酯)[Poly(GMA-*co*-BnMA)]纳米自组装体的制备

(a)电子转移再生活化剂原子转移自由基聚合介导的聚合诱导自组装和原位交联纳米自组装体的路线图；(b)聚合物的 SEC 曲线图；(c)电子转移再生活化剂原子转移自由基聚合介导的聚合诱导自组装体系的动力学曲线[137]

进一步，为了拓展原子转移自由基聚合介导的聚合诱导自组装中纳米自组装体的实际应用，利用引发剂连续再生催化剂原子转移自由基聚合介导的聚合诱导自组装技术，王国伟课题组将功能性单体甲基丙烯酸缩水甘油酯(GMA)引入纳米自组装体的成核区域。然后，通过甲基丙烯酸缩水甘油酯上环氧基团和巯基丁二酸的开环反应引入羧基基团，并利用甲基丙烯酸缩水甘油酯上环氧基团和乙二硫醇的开环反应对纳米自组装体进行交联稳定。最后，他们还将羧基络合的金属离子原位还原制备得到有机/无机纳米复合粒子(图 2.35)[138]。这项工作证明，由原子转移自由基聚合介导的聚合诱导自组装体系制备的纳米自组装体可以被成功用作有机/无机纳米复合粒子的模板，为纳米材料的规模化制备和

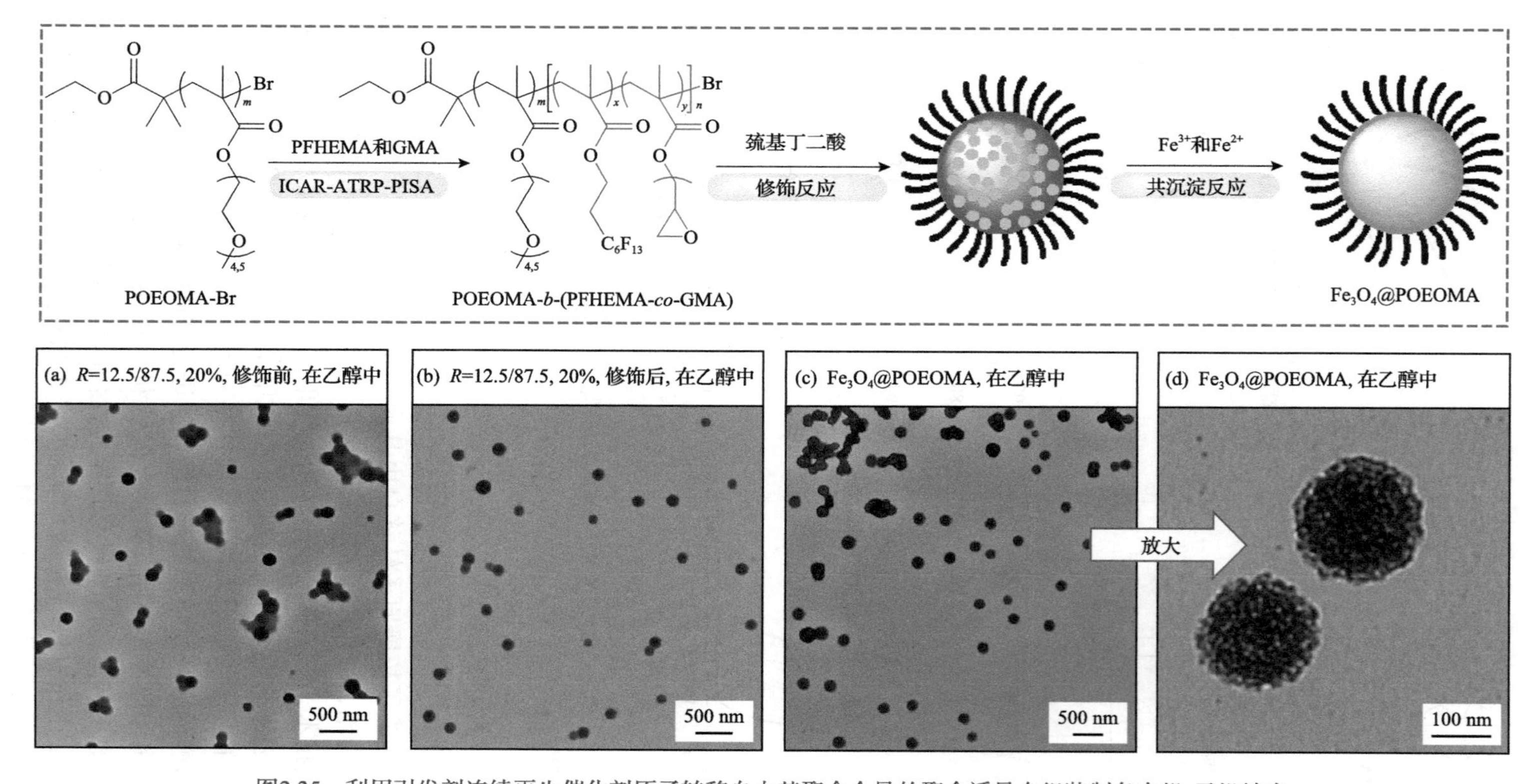

图2.35　利用引发剂连续再生催化剂原子转移自由基聚合介导的聚合诱导自组装制备有机-无机纳米自组装体的过程，以及修饰前后纳米自组装体、有机-无机纳米自组装体的TEM图[138]

应用提供了重要参考。

2.1.3.2　活性阴离子聚合在聚合诱导自组装技术中的应用

王国伟课题组还创新性地将活性阴离子聚合机理成功引入聚合诱导自组装体系。不同于“活性”/可控自由基聚合机理，活性阴离子聚合具有相对简单且易于控制的聚合速率，以及单体转化率高(100%)、聚合物活性种活性高和无副反应等优点，使得活性阴离子聚合在各种模型聚合物的精确合成方面具有重要的优势。同样，将活性阴离子聚合引入聚合诱导自组装技术，也可以实现 100%的单体转化，使聚合物具有可控的组成和结构、可控的交联度和交联点，并使得所制备的纳米自组装体具有可控的形貌、干净无杂质。这些特点为活性阴离子聚合介导的聚合诱导自组装(LAP-PISA)体系所制备纳米自组装体的应用提供了非常可靠的前提条件，具有很大的开发空间。

王国伟课题组以正庚烷为溶剂，少量四氢呋喃为助溶剂，正丁基锂(nBu$^-$Li$^+$)为引发剂，先引发单体异戊二烯(Is)进行阴离子聚合；待单体转化完全后，继续补加单体苯乙烯(St)，通过一锅法工艺，利用活性阴离子聚合介导的聚合诱导自组装过程得到基于嵌段聚合物聚异戊二烯-*b*-聚苯乙烯(PI-*b*-PS)的纳米自组装体(图 2.36)。正是基于活性阴离子聚合对聚合过程的精确可控，他们还利用交联剂二乙烯基苯(DVB)进行原位交联，得到了结构稳定的聚合物纳米自组装体[139]。

和可控/“活性”自由基聚合体系不同，适用于活性阴离子聚合体系且满足聚合诱导自组装体系标准的单体/溶剂组合非常有限。为了拓展活性阴离子聚合介导的聚合诱导自组装体系，利用聚 4-叔丁基苯乙烯(P*t*BS)在正庚烷中优异的溶解性，王国伟课题组筛选并开发了基于全聚苯乙烯的聚 4-叔丁基苯乙烯-*b*-聚苯乙烯的活性阴离子聚合介导的聚合诱导自组装体系(图 2.37)[140]。在此基础上，

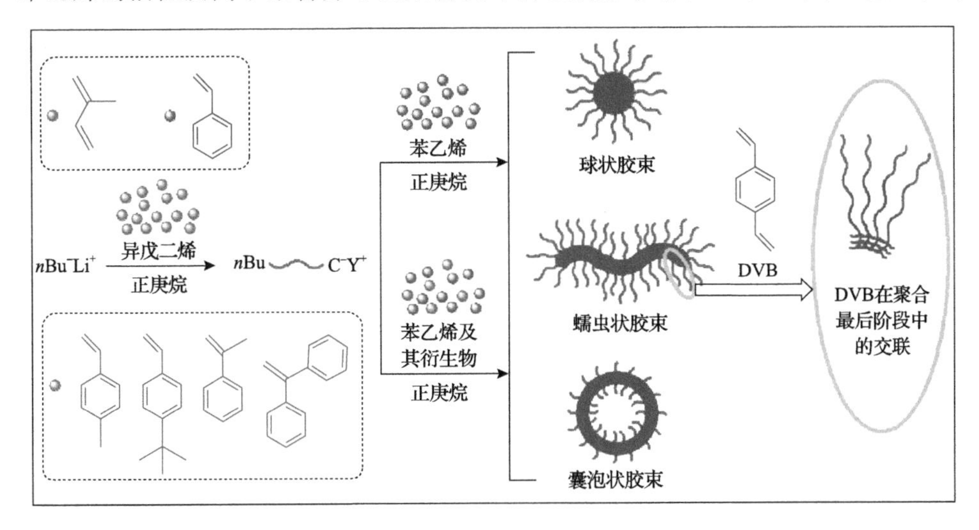

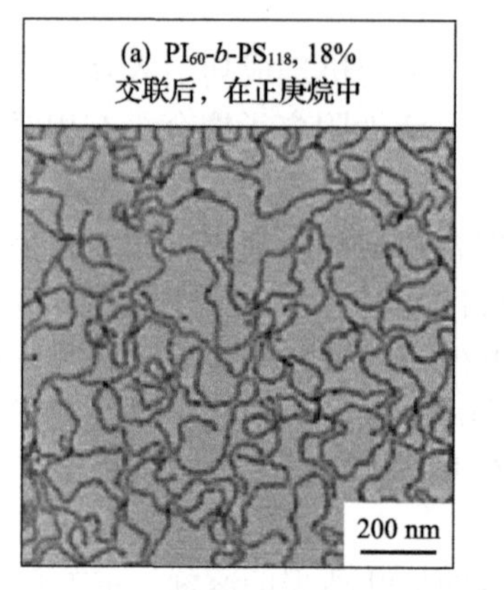

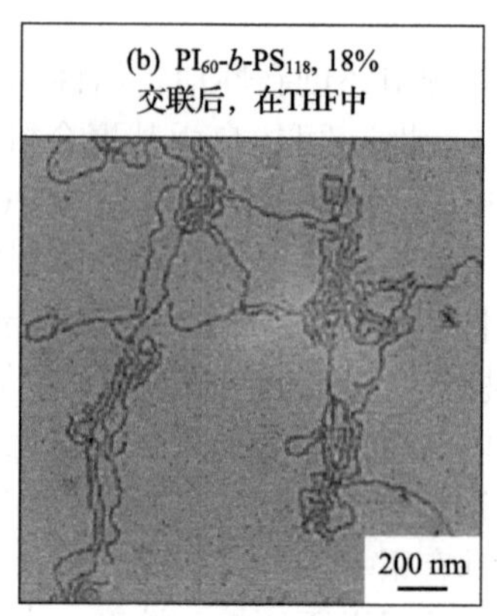

图 2.36 基于嵌段聚合物聚异戊二烯-*b*-聚苯乙烯的活性阴离子聚合介导的聚合诱导自组装过程及由其制备得到的纳米自组装体[139]

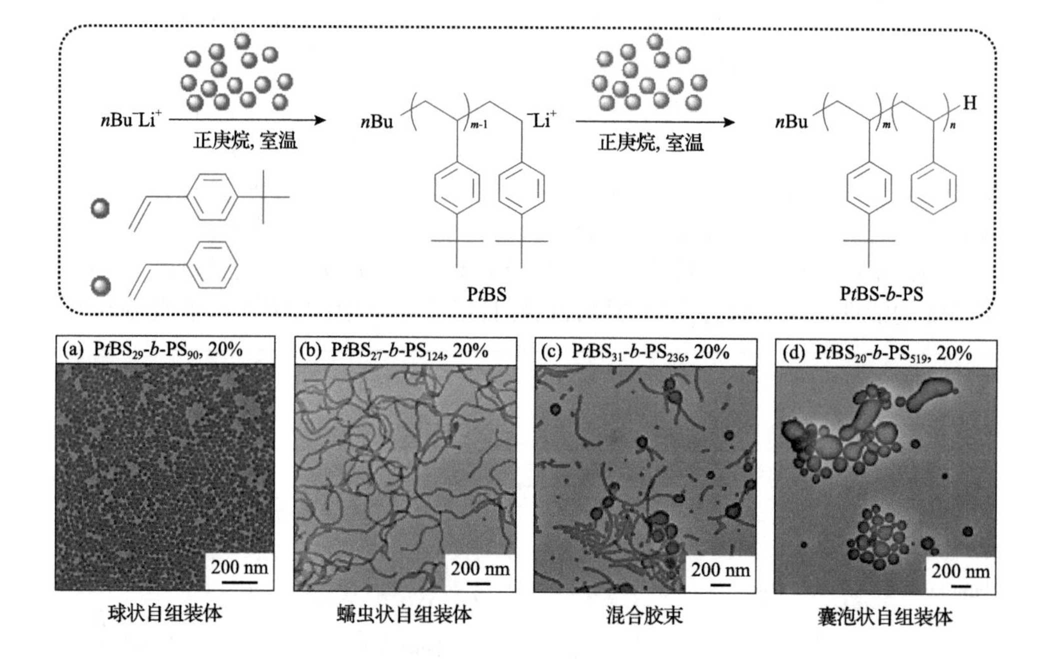

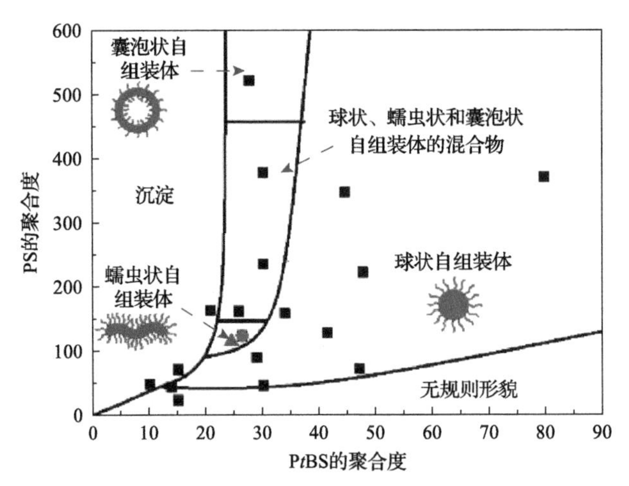

图 2.37 基于嵌段聚合物聚异戊二烯-*b*-聚苯乙烯的活性阴离子聚合介导的聚合诱导自组装过程及由其制备得到的纳米自组装体和形貌分布图[140]

他们开发了聚 4-叔丁基苯乙烯-*b*-聚异戊二烯-*b*-聚苯乙烯组装体的制备工艺及以其为热塑性弹性体的应用研究[$T_{g,聚\ 4-叔丁基苯乙烯}$=133～154℃，$T_{g,聚异戊二烯}$= –65～–54℃，$T_{g,聚苯乙烯}$= 80～100℃]。

王国伟课题组也将 4-叔丁基苯乙烯(*t*BS)、4-甲基苯乙烯(*p*MS)、*α*-甲基苯乙烯(*α*MS)、1,1-二苯基乙烯(DPE)、2-乙烯基吡啶(2-VP)、4-乙烯基吡啶(4-VP)、丙烯酸叔丁酯(*t*BA)、甲基丙烯酸甲酯(MMA)等单体单元分别引入成核链段，也成功实现了活性阴离子聚合介导的聚合诱导自组装体系。特殊的是，利用乙烯基吡啶或丙烯酸酯类单体，实现了核含吡啶或羧基基团的球状、蠕虫状和囊泡状等功能自组装体的制备。含吡啶基团的自组装体可用 1,4-二溴丁烷交联，含丙烯酸叔丁酯的自组装体在进行活性阴离子聚合介导的聚合诱导自组装时因活性中心的副反应即实现了原位交联。随后，利用吡啶或羧基基团与金属离子(Fe^{2+}、Fe^{3+}或Ag^{+})的络合作用和原位还原反应，将四氧化三铁(Fe_3O_4)、银(Ag)等无机纳米粒子引入组装体中，制备得到了有机-无机复合纳米自组装体[141]。进一步，利用活性阴离子聚合体系中单体转化率精确可控的特征，他们使用程序控制的注射泵实现了同步变速、交替匀速和交替变速的单体滴加模式，在合成序列结构聚合物——聚(对叔丁基苯乙烯-*co*-苯乙烯)[P(*t*BS-*co*-S)]的同时实现了活性阴离子聚合介导的聚合诱导自组装过程。结果证明，在控制聚合物聚(对叔丁基苯乙烯-*co*-苯乙烯)[P(*t*BS-*co*-S)]具有相同组成的前提下，通过调控聚合物链段的序列结构也可得到截然不同的组装形貌。

最近，王国伟课题组还进一步拓展了所制备纳米离子的功能化应用。例如，他们首先利用活性阴离子聚合介导的聚合诱导自组装合成了聚异戊二烯-*b*-聚苯乙烯纳米自组装体，并通过二乙烯基苯对纳米自组装体进行交联和稳定。然后，依次将聚异戊二烯嵌段进行溴化和季铵化反应修饰，制备了离子化聚异戊二烯-*b*-聚苯乙烯纳米自组装体。研究结果表明，高聚异戊二烯嵌段含量离子化纳米自组装体具有更高的电导率、高介电常数和介电损耗。在控制聚合物具有相同组成的前提下，与未交联嵌段聚合物聚异戊二烯-*b*-聚苯乙烯体系相比，规则球状结构的纳米自组装体具有更优异的电学性能，主要原因在于稳定的纳米自组装体可为体系提供尺寸可控、规则的离子通道（图 2.38）。这一工作证明，通过调控纳米自组装体中聚异戊二烯链段的含量和纳米自组装体的形貌，可有效调控纳米材料的电学性能[142]。同时，他们也将交联稳定的聚异戊二烯-*b*-聚苯乙烯纳米自组装体与三元乙丙橡胶（EPDM）进行共混改性，同时以炭黑（N550）改性三元乙丙橡胶体系作为对照。初步结果证明，聚异戊二烯-*b*-聚苯乙烯纳米自组装体在增强三元乙丙橡胶的同时也起到了很好的增韧效果，而炭黑（N550）在实现增强时会牺牲材料的韧性（图 2.39）。

2.1.3.3 可控/“活性”聚合机理在修饰诱导自组装技术中的应用

如上所述，在聚合诱导自组装体系中，所使用到的各种“活性”/可控聚合机理对可聚合单体、催化剂都具有一定的选择性和局限性，有时还存在一定量残留单体，一定程度上限制了实际应用。最近，王国伟课题组通过对预先合成的嵌段聚合物进行选择性修饰，在改变聚合物某一链段溶解性的同时也可实现聚合物的自组装过程，他们发展了修饰诱导自组装（MISA）技术。通过 MISA 技术可以把通常难以合成或难以聚合单体的单元引入成核区域，也可把难以共聚合的多元单体的单元同时引入成核区域，还可使复杂结构聚合物实现自组装，同时还可避免低活性单体的残留等问题。同样，与聚合诱导自组装技术类似，修饰诱导自组装技术也可以在高固含量体系［达 20%（*w*/*w*）］中实现。

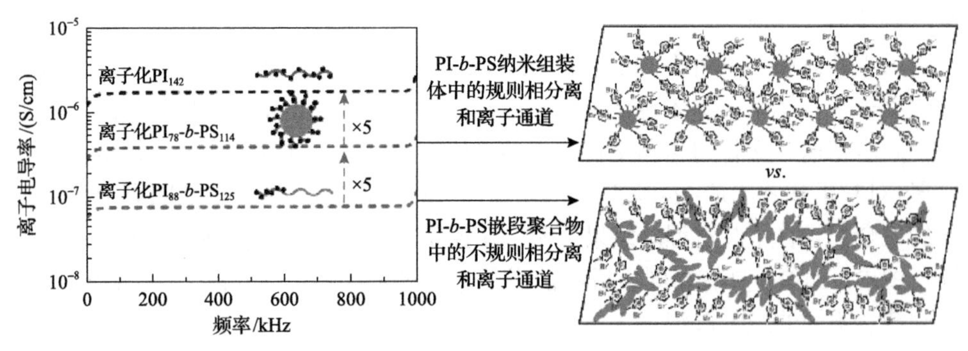

图 2.38 离子化聚异戊二烯-*b*-聚苯乙烯纳米自组装体和嵌段聚合物中离子通道示意图[142]

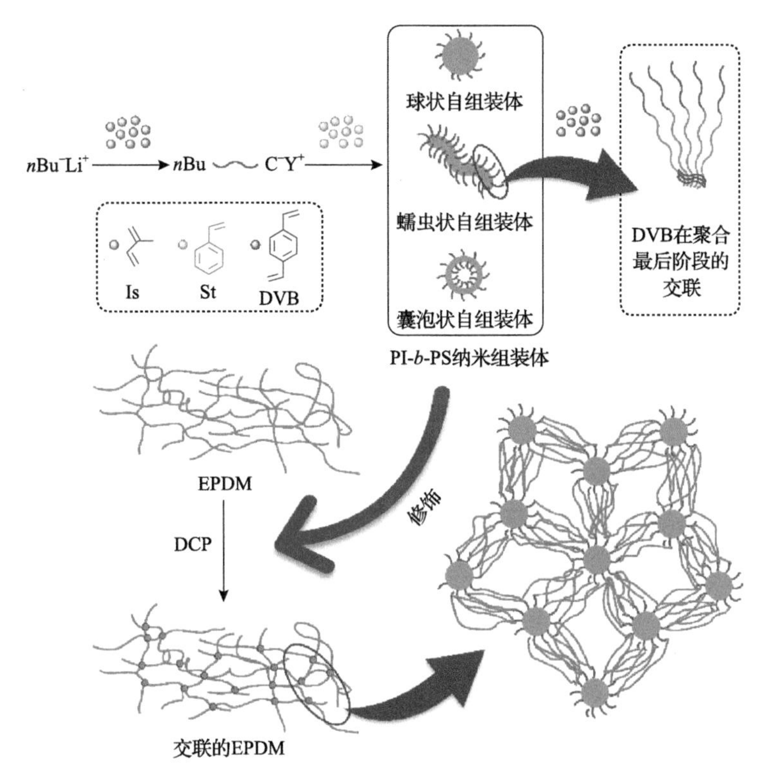

图 2.39　聚异戊二烯-*b*-聚苯乙烯纳米自组装体及其在三元乙丙橡胶基体中的分布示意图

王国伟课题组首先利用可逆加成-断裂链转移聚合合成了系列不同分子量的嵌段聚合物聚苯乙烯-*b*-聚丙烯酸叔丁酯(P*t*BA)。然后，以甲苯为溶剂、三氟乙酸为修饰试剂，使聚丙烯酸叔丁酯侧基的叔丁基水解得到聚丙烯酸(PAA)链段。随着水解程度的增加，聚丙烯酸叔丁酯/聚丙烯酸链段在甲苯中的溶解性逐渐变差，嵌段聚合物通过修饰诱导自组装进行自组装。他们通过对修饰诱导自组装配方的调整，在高固含量[≥5%(*w*/*w*)]体系中分别得到了球状、蠕虫状、囊泡状等结构的纳米自组装体(图 2.40)[143]。通过这一工作，证明修饰诱导自组装具有很好的可行性。

王国伟课题组还以聚五氟苯乙烯(PPFS)-*b*-聚对叔丁氧基苯乙烯(P*t*BOS)为模型，以 1,3-二(三氟甲基)苯为溶剂，三氟乙酸为修饰试剂，使聚对叔丁氧基苯乙烯水解得到聚对羟基苯乙烯，通过修饰诱导自组装技术实现聚合物的自组装过程，并在酸性条件下，利用甲醛使核内的酚羟基交联，制备得到壳为聚五氟苯乙烯的纳米自组装体。作为对比，利用聚合诱导自组装技术，在环己烷中制备得到核为聚五氟苯乙烯的纳米自组装体，并利用乙二硫醇对核内的五氟苯基进行交联。通过对比研究核或壳含聚五氟苯乙烯嵌段纳米自组装体的接触角，结果证明，在控制聚合物具有相同组成的前提下，含氟链段在组装体中的分布对纳米材料的疏水性能有显著影响(图 2.41)[144]。这一结果为纳米材料的制备和应用研究提供了很好的指导和借鉴。进一步，基于嵌段聚合物聚苯乙烯-*b*-聚对叔丁氧基苯乙烯、聚甲基丙烯酸苄基酯(PBnMA)-*b*-聚甲基丙烯酸缩水甘油酯(PGMA)，他们对修饰诱导自组装体系开展了拓展研究，相关工作目前正在进行之中。

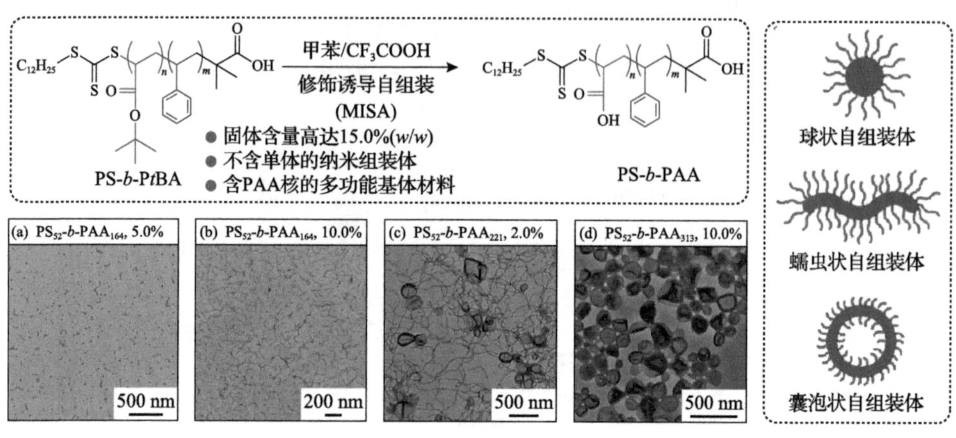

图 2.40 基于嵌段聚合物聚苯乙烯-*b*-聚丙烯酸叔丁酯的修饰诱导自组装过程及制备得到纳米自组装体的 TEM 图[143]

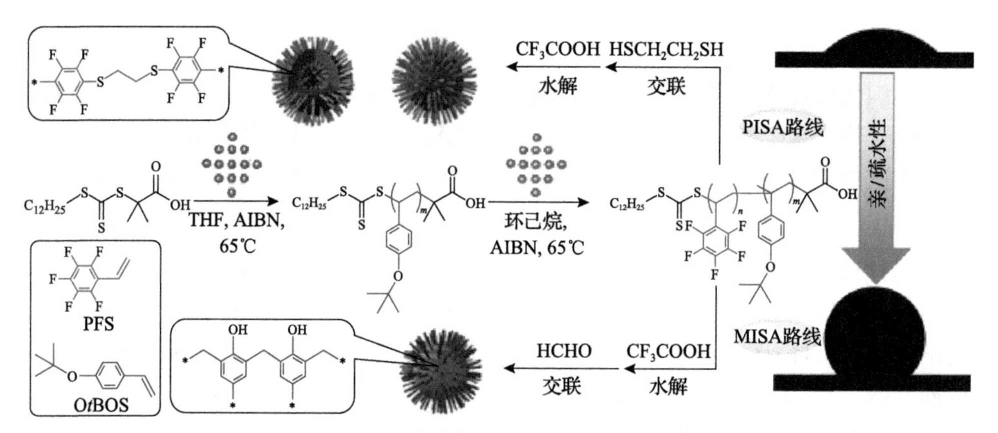

图 2.41 利用可逆加成-断裂链转移介导的聚合诱导自组装(RAFT-PISA)过程合成聚对羟基苯乙烯(PHOS)-*b*-聚五氟苯乙烯(PPFS)纳米自组装体和利用修饰诱导自组装过程合成聚五氟苯乙烯-*b*-聚对羟基苯乙烯纳米自组装体的路线图[144]

如上所述，王国伟课题组分别将原子转移自由基聚合和活性阴离子聚合机理成功引入聚合诱导自组装体系中，在拓展聚合诱导自组装体系适用窗口的同时，还进一步推进了聚合诱导自组装中纳米自组装体的应用研究。为了进一步拓展自组装技术，他们还开发了修饰诱导自组装体系，弥补了聚合诱导自组装技术和传统自组装技术的缺陷和不足。在近期的一项综述工作中，他们在简要介绍聚合诱导自组装技术的基本原理和发展现状的基础上，重点总结了聚合诱导自组装技术在纳米复合材料、生物医用材料、电池、功能涂料、Pickering 乳化剂、纳米结构膜、水凝胶、发光材料等相关领域的研究动态和应用进展[145](图 2.42)。在另外一项综述工作中，他们也对含有可结晶链段体系的结晶诱导自组装(CDSA)工作进展进行了总结和展望[146](图 2.43)。这些工作可为聚合诱导自组装领域的研究者们提供借鉴，进一步促进聚合物自组装相关领域的研究进展。

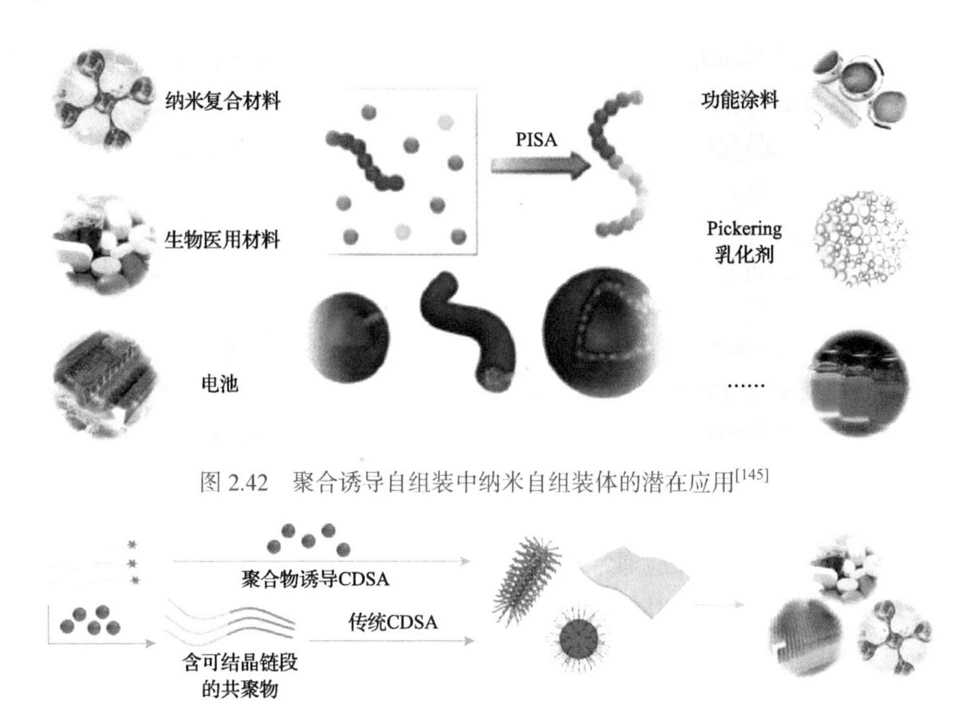

图 2.42 聚合诱导自组装中纳米自组装体的潜在应用[145]

图 2.43 结晶诱导自组装中纳米自组装体的潜在应用[146]

2.1.4 总结和展望

总体上，复旦大学高分子科学系的课题组综合利用目前所开发的多种可控/“活性”聚合技术和高效的偶合/修饰方法，提出多种复杂结构聚合物的合成思路，开发了系列纳米自组装体的制备策略。这些工作在一定程度上为同行研究者提供了借鉴，一方面丰富和完善了高分子合成化学的方法学，另一方面为高分子物理和材料学相关学科的研究提供了可靠的原料基础。但是，随着相关学科研究范畴的拓展和应用需求的革新，对新结构和新功能材料的需求也永无止境。因此，对高分子化学的方法学的不断探索和完善也是一个永恒课题。要进一步发展高分子化学的可控/“活性”聚合机理，需要从本质上对其机理进行深入探究；要进一步开发新材料，也要从高分子合成方法学方面进行创新。

2.2 光催化活性聚合可控合成含氟聚合物

含氟聚合物综合性能非常优异，具有抗化学腐蚀、耐高温、耐候、耐摩擦、高透光性、低表面能等突出优势，成为国防、航天、航空、医疗、化工、运输、建筑、微电子、新能源等众多领域中不可缺少的特种高分子材料[147,148]。中国科学院上海有机化学研究所的卿凤翎研究员在综述中指出“在各国尖端的军用材料中，有机含氟材料占到了 50%”[149]。自由基聚合是制备氟聚合物的最重要方法，目前绝大多数商品化的含氟聚合物均是通过该方法生产的。20 世纪 40 年代，美国杜邦公司率先开发了聚四氟乙烯材料，并将其用于“曼哈顿”军事计划；同一时期，德国也独立研发了用于军事的聚三氟氯乙烯。随着含氟烯烃的自由基聚合技术逐渐成熟，研究者针对四氟乙烯、三氟氯乙烯、偏氟乙烯、全氟烯基醚等含氟烯烃单体的均聚、共聚反应展开了大量研究，发展了各种绝缘薄膜、涂层、垫片、保护套、密封圈，各种特种容器、支架、芯材、油脂、助剂、添加剂等，为很多精密仪器关键部位的正常运行起到了保驾护航的重要作用[147,148]。

为了在反应过程中对氟聚合物化学结构进行调节，以实现对材料性能的优化，研究者以自由基聚合为基础，采用引发剂外加调控试剂的方法进行了大量尝试，研究了碘转移自由基聚合、可逆加成-断裂链转移聚合等反应在氟聚合物合成中的应用。然而，这些聚合反应通常需要高温高压(如 200～300℃，100～1000 个大气压)、甚至 ^{60}Co γ 射线辐射等实验条件，相关实验技术难以被大多数合成实验室所掌握，且后续报道指出过去很多方法无法实现活性链增长、难以用于扩链聚合等[147,148]。近年来，越来越多的研究结果表明结构精确的聚合物有望在高端应用中发挥重要用途，例如在药物/基因递送、聚合物电解质、光刻材料等方面。最新研究成果表明调控氟聚合物结构能够直接对材料性能带来影响[150,151]。因此，发展条件温和的氟聚合物可控合成方法不仅有助于摆脱传统合成方法对高温高压金属反应装置的依赖，让更多研究团队或机构能够尝试氟聚合物合成，还能为氟聚合物的定制化合成提供新思路，让某些关键的氟聚合物在前沿研究中更加易于获取。

但遗憾的是，在全球范围内以氟聚合物合成为主要研究方向的课题组很少，许多现有成果缺乏系统性与深入性，难以为理解重要氟聚合物的“结构-性能”关系及氟聚合物创新提供有效信息。虽然中国的萤石(含氟材料的基础原料)储备量居世界首位，但氟聚合物市场仍处于低端过剩、高端依赖进口的局面。基于上述原因，陈茂课题组决定以含氟单体可控聚合为努力方向，希望为氟聚合物合成提供条件温和、反应高效、结构可控、合成范围广的聚合反应新体系，为拓展氟聚合物性能与应用提供契机。接下来，将对课题组近几年在氟聚合物可控合成方面的研究进行介绍。

2.2.1　光催化活性自由基聚合用于氟聚合物的可控合成

近十年来，光致氧化还原催化与可控/“活性”自由基聚合的结合(简称“光催化活性聚合”)为高分子合成发展提供了新契机，成为高分子化学领域的研究热点之一[152]。光催化活性聚合的机理如图 2.44 所示。在光照条件下，光催化剂 PC 跃迁至激发态 PC^*，并通过单电子转移过程活化休眠态的聚合物或引发剂，进而生成催化剂自由基阳离子 $PC^{\bullet+}$、链末端阴离子 B^-与碳自由基。碳自由基引发单体聚合，并可在 $PC^{\bullet+}$与 B^-的共同促进下回归休眠种，催化剂同时回到初始状态[152]。碳自由基可在链增长过程中与引发剂或其他聚合物链发生可逆反应，通过选择合适的引发剂可以促进对分子量及其分布的控制(如使用硫代碳酸酯试剂可引入可逆加成-断裂链转移调控机制)，达到与可见光催化循环双重控制的效果。

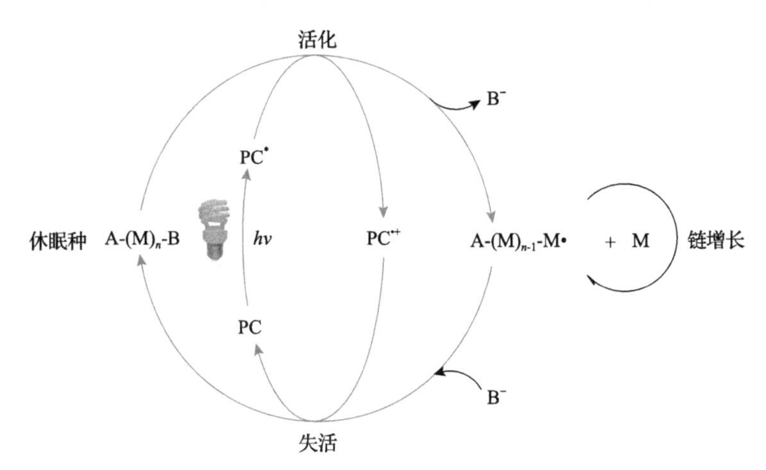

图 2.44　光催化活性自由基聚合机理示意图

在光催化活性聚合反应中，可通过对光催化剂的设计达到不同的氧化还原电势，直接调控其得失电子能力，影响催化循环中“光照-活化”与“无光照-失活”两个过程，实现对聚合反应过程的实时控制。在“光照-活化”中，基于光催化剂 PC^*还原能力的不同，可采用基于不同引发剂的反应体系(例如烷基溴、三硫代碳酸酯化合物)，产生反应活性不同的碳自由基而影响聚合能力；在“无光照-失活”中，氧化态催化剂 $PC^{\bullet+}$的得电子能力也可通过其结构进行调节，从而促进不同碳自由基与 B^- 生成休眠种，提高对聚合过程的控制。

与以往的可控/“活性”自由基聚合相比(如原子转移自由基聚合、氮氧稳定自由基聚合、可逆加成-断裂链转移聚合)[153]，光催化活性聚合的特点或优势可总结为以下几个方面：①可通过光催化循环调控聚合物链增长过程，利用光照的“开/关”来控制链增长过程；②可根据光催化剂的种类来选择不同的光源、溶剂等聚合反应条件；③通过光催化机理使聚合反应具备一定的氧气耐受能力；④氧化还原调控机制有助于对聚合物的分子量、化学成分、拓扑结构、序列结构等方面实现有效的调控；⑤使聚合反应能在温和条件下进行。此外，与过渡金属催化的可控自由基聚合反应相比(如过渡金属催化原子转移自由基聚合)，光催化反应可有效降低催化剂与单体官能团的相互作用、避免催化剂毒化、提高官能团兼容范围。

基于光催化活性聚合，研究者实现了(甲基)丙烯酸酯、丙烯酰胺、烯基酯、烯基酰胺等类型单体的活性自由基聚合，这些反应在表面修饰、智能材料制备等方面展现了独特优势[154-156]。国外的 Hawker、Matyjaszewski、Miyake 等课题组报道了烷基卤代物引发的光催化活性聚合，Boyer、Johnson、Qiao 等课题组报道了硫代碳酸酯引发的光催化活性聚合，我国 Yang、Cheng、Cai、An 等研究组在光调控聚合方面也取得了重要进展[152-155]。然而，对于含氟单体，特别是工业化大宗生产的氟代烯烃而言，光催化活性聚合的相关研究仍鲜有报道。

陈茂课题组认为光催化活性聚合一方面能够结合催化循环中不同物种的氧化还原电势(催化剂、引发剂，以及各种中间体物种)，通过设计合成催化剂、引发剂等关键物质来提高对聚合反应的控制，另一方面能够利用光催化特点，在温和条件下减少副反应、促进对含氟单体的转化。在此基础上，课题组自建组之初便启动了结合光催化反应研究含氟单体活性聚合的工作。

研究初期，陈茂课题组首先选择了含氟(甲基)丙烯酸酯为聚合单体。该类单体在热引发的自由基聚合中(如原子转移自由基聚合、氮氧稳定自由基聚合、可逆加成-断裂链转移聚合)已有较多报道，并在自组装与聚合诱导自组装领域引起了研究者的兴趣[157]。然而，为了获得窄分子量分布、链末端保真度较高的聚合物，研究者常常将单体转化率保持在 90%以下；为了降低氟聚合物溶解性对反应的影响，常常采用高成本含氟溶剂、超临界流体等反应条件。此外，Hawker 等研究发现常见的氟代醇溶剂会与含氟丙烯酸酯单体及其聚合物发生酯交换，进而使得到的聚合物通常混有副产物，需采用成本更高的大位阻氟代醇为溶剂来抑制副反应[158]。

对此，陈茂课题组以光致氧化还原的可逆加成-断裂链转移聚合为基础，采用了酚噻嗪类有机小分子为催化剂，设计合成了新型含氟三硫代碳酸酯小分子，发现含氟烷基取代的链转移剂不仅能够大幅度提高引发效率、降低氟聚合物分子量分布(1.1～1.2)，还能在较短时间内(不超过 5h)及室温条件下，使许多含氟(甲基)丙烯酸酯单体实现几乎完全转化，首次报道了有机小分子催化的含氟丙烯酸酯光调控活性自由基聚合(图 2.45)，该反应无须金属催化剂、无须氟代溶剂、易于放大实验[159]。与此同时，氟聚合物链末端的活性高，可通过光催化原位扩链聚合制备范围广泛的含氟嵌段共聚物，还能通过对光源进行“开/关”来控制链增长动力学过程。该研究工作为获得侧链含氟聚合物提供了条件温和、反应高效的活性自由基聚合手段。

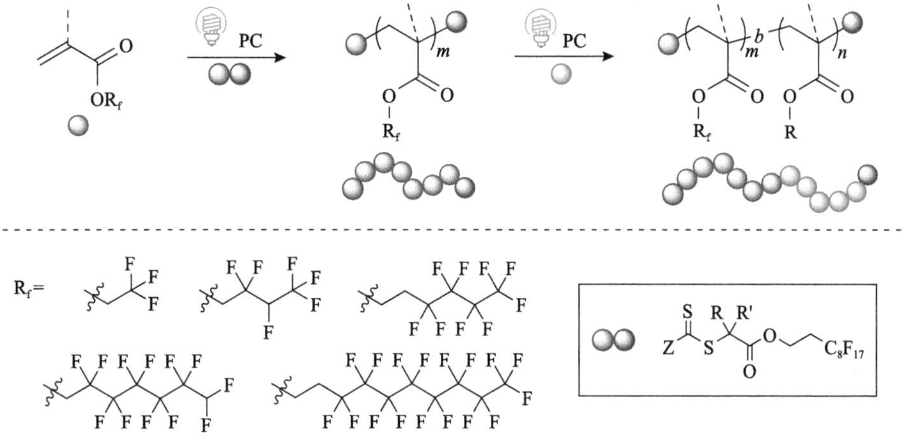

图 2.45 含氟丙烯酸酯的光催化活性聚合[159]

接下来，陈茂课题组将研究工作重心转移到了更富挑战的氟代烯烃活性聚合中。氟代烯烃通常是指碳-碳双键直接被氟原子取代的烯烃单体，如三氟氯乙烯、四氟乙烯、偏氟乙烯等。这些单体在工业上被大量生产，是制备主链含氟聚合物的最重要单体。然而，与含氟丙烯酸酯的活性聚合相比，氟代烯烃在链增长过程中产生的碳自由基稳定性更低、更容易发生副反应，且许多氟代烯烃在常温常压下为气体，不易于操作，在有机溶剂中溶解度有限。因此，氟代烯烃的活性自由基聚合更具挑战，也更少被报道。

对于氟代烯烃，他们选择了三氟氯乙烯(常压下沸点为–26.2℃)，该单体与无氟单体共聚可显著改善氟聚合物的加工性能、溶解性能等，被大量用于合成高性能氟聚合物，与之相关的氟聚合物商品达到了几十种之多。截至 2000 年，仅 Asahi Glass 一家公司持有的与三氟氯乙烯聚合物有关的专利就超过了 300 项。

为了解决三氟氯乙烯与无氟单体活性自由基共聚的问题，陈茂课题组基于光致氧化还原催化体系设计合成了氟代烷基取代的酚噻嗪类有机小分子作为光催化剂、氟代烷基取代的硫代羰基硫化合物作为链转移剂(图 2.46)，解决了三氟氯乙烯活性自由基聚合中氟链末端可逆失活的问题，首次在室温、常压的温和条件下实现了三氟氯乙烯与烯基醚、烯基酯、烯基酰胺等无氟共聚单体的可控/“活性”自由基共聚[160,161]。这些光照聚合反应符合一级动力学聚合特征，氟聚合物分子量分布通常在 1.3 以内，许多共聚单体都能够实现完全转化，聚合物的链末端保真度通常能达到 95%以上，能够通过扩链聚合反应制备各种新型序列结构的主链含氟嵌段聚合物。

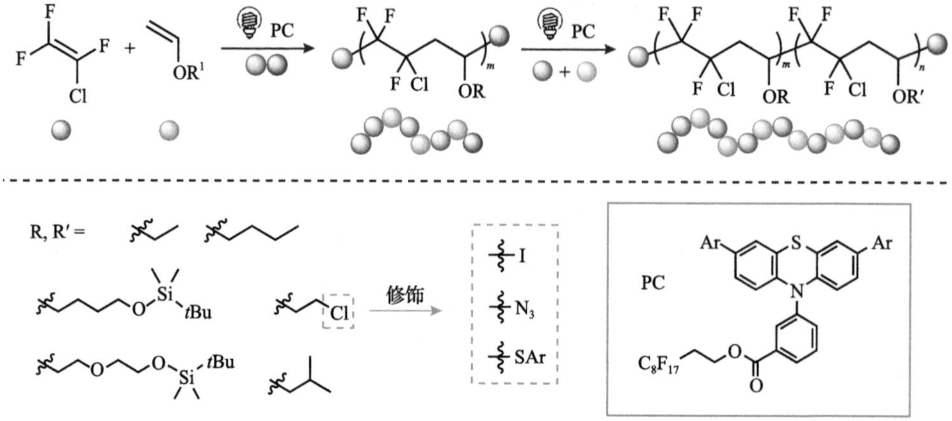

图 2.46 三氟氯乙烯与烯基醚的光催化活性交替共聚[160]

调节含氟共聚物的交替序列可对材料性能带来影响，但调控氟聚合物中的交替度非常困难。目前，工业上往往是通过控制气压的手段来实现，例如在 200～300 个大气压(1 个大气压=1.013×10^5Pa)下控制含氟单体分压。基于可控/“活性”自由基聚合机理，尚未对氟聚合物的交替度实现调控。陈茂课题组结合课题组发展的三氟氯乙烯与烯基酯、烯基醚光催化活性共聚反应，在常压下通过调节三氟氯乙烯溶解度实现了对交替度的控制，并依据核磁共振氢谱结果建立了分析氟代烯烃与共聚单体交替度的新方法，相关研究为理解该类型氟聚合物的结构性能关系提供了重要依据[161]。

固体聚合物电解质具有高能量密度、高稳定性、可加工等优点，被认为是发展全固态锂离子电池的关键材料[162]。近年来，已有若干研究成果表明含氟有机物质在电解质方面具有突出的性能优势，例如鲍哲南、崔屹课题组报道的含氟小分子体系，Joseph DeSimone 课题组报道的含氟寡聚物体系。但是，传统氟聚合物具有易结晶、直接溶解锂盐能力差、室温离子电导率低等缺点，难以用于固体聚合物电解质材料。基于课题组发展的光催化活性聚合反应，陈茂课题组制备了三氟氯乙烯与烯基醚的新型交替共聚物，该共聚物不可燃烧、不结晶、化学稳定性优异，不仅在室温条件下实现了锂离子的高效传输(锂离子迁移数大约为 0.61)，而且在高达 5.3 V 的电化学窗口展现出了很好的电化学稳定性，并在锂剥离沉积循环测试中(超过 2600 h)表现出了优异的抑制锂枝晶的能力[17,18]。同时，二维氢-氟相关核磁研究实验表明该三氟氯乙烯与烯基醚的共聚物能够与锂离子形成六元环结构，提供比含氟小分子、含氟寡聚物等物质更加明显的弱溶剂化作用，通过锂/氟作用促进锂离子从锂/氧作用中解离。

全氟烯基醚是一类重要的含氟单体，通常被用于多元共聚反应制备高性能氟聚合物。例如，Viton®、Kalrez®、Lumiflon®等商品化氟聚合物系列，均包括了氟代烯烃的三元共聚产品。陈茂课题组基于光催化活性聚合设计合成了含氟二硫代氨基甲酸酯、含氟黄原酸酯等化合物作为引发剂/链转移剂，实现了全氟烯基醚与烯基醚、烯基酯、烯基酰胺的可控/“活性”二元、三元共聚，即使对于常温常压下为气态的全氟烯基醚原料，也能在室温常压下完成聚合反应(图 2.47)[165,166]。该合成方法的单体适用范围广、转化率高，将单体按不同种类、投料比进行组合，可合成一大类含氟量不同、取代基团不同的二元、三元共聚物，并且氟聚合物分子量可调节、分子量分布较窄(通常低于 1.3)。与此同时，该方法得到的全氟烯基醚共聚物的链末端活性较高，能够通过扩链聚合反应制备一系列新型嵌段全氟烯基醚共聚物。

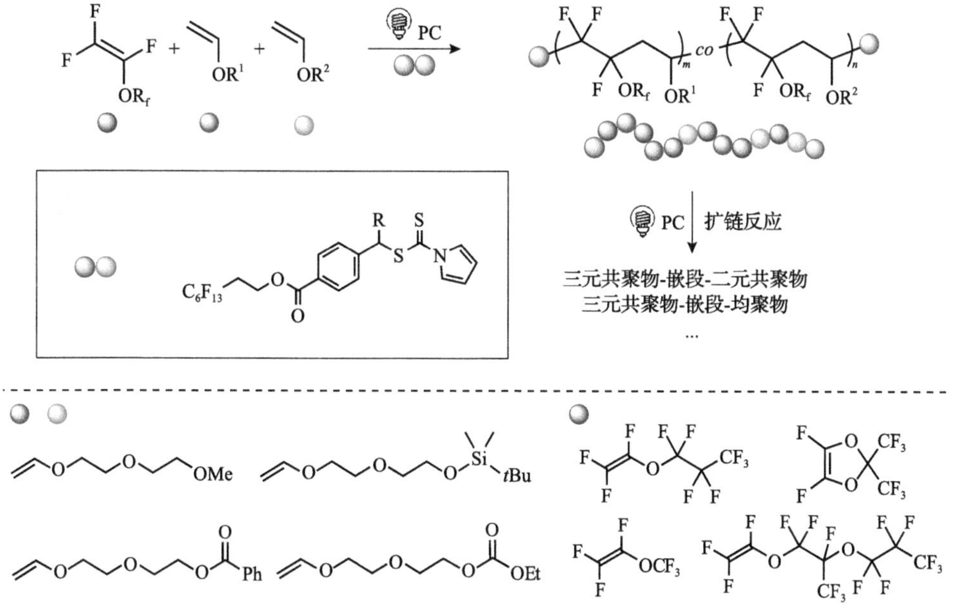

图 2.47 全氟烯基醚的光催化三元可控交替共聚[165]

为了展示全氟烯基醚共聚物性质，陈茂课题组利用全氟烯基醚与两种无氟烯基醚共聚，制备了同时含有氟代基团(A 部分)、碳酸酯基团(B 部分)、聚氧乙烯醚基团(C 部分)的新型三元交替共聚物(图 2.48)[165]。该三元共聚物无色透明，当 B 与 C 部分比例不同时，在–40～5℃范围内，仅显示出单一的玻璃化转变温度。与之不同的是，当以不同比例混合含有 A 与 B 部分、A 与 C 部分的二元共聚物时，所有混合物均给出分别属于两种二元共聚物的玻璃化转变温度，且混合物透光性差。该实验证明三元共聚物有助于提高不同化学基团的相容性，展现了三元共聚反应的独特魅力。在此基础上，全氟烯基醚三元共聚物能够有效结合不同化学基团的优势，在聚合物固体电解质方面展现出优秀的综合性能，如电导率、热机械性能、耐热性能、抗燃烧性能等，并在超过 1100 h 的锂剥离沉积循环测试中表现出了优异的抑制锂枝晶效果，为发展下一代储能设备提供了新的聚合物电解质设计制备平台。

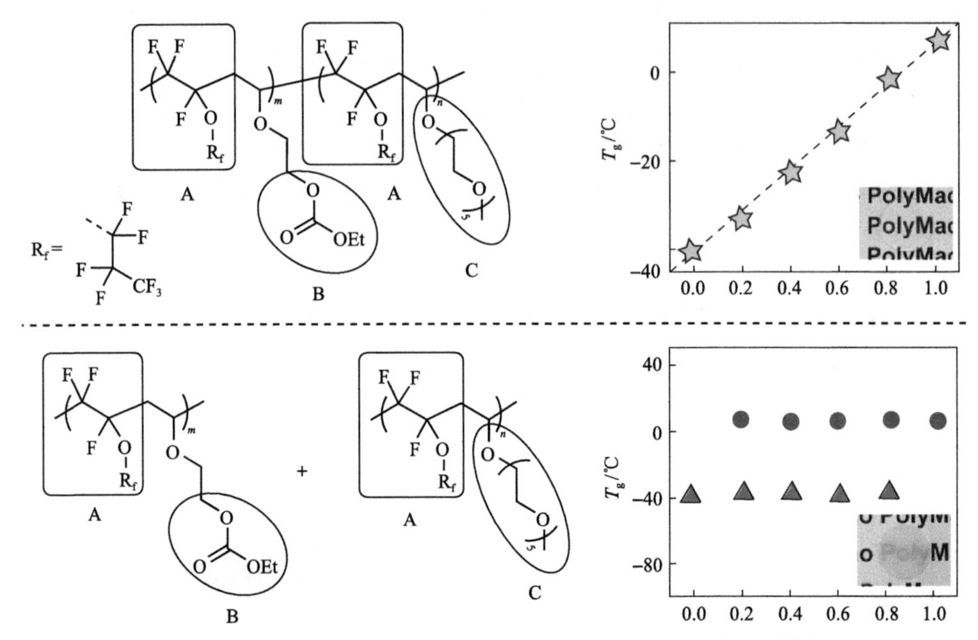

图 2.48　全氟烯基醚三元共聚物与二元共聚物混合物的对比[165]

拓扑结构可显著影响聚合物性能，但合成不同拓扑结构的聚合物通常需要采用不同的原料进行组合搭配，例如单体、引发剂/链转移剂等[167,168]。迄今为止，仍难以从相同原料出发，选择性制备链式或(超)支化聚合物。

陈茂课题组结合光催化活性聚合的合成优势，设计了含氟可支化单体，发展了发散式活性自由基聚合的合成策略。在该策略中，根据光催化剂在激发态的还原电势不同，实现了低还原性催化剂合成线型聚合物，高还原性催化剂合成(超)支化聚合物(图 2.49)，并且制备的氟聚合物分子量可调、分子量分布较窄(1.1～1.3)、链末端保真度较高[169]。在此基础上，通过光催化扩链聚合反应进一步制备了刷状、项链状、拖把状等复杂拓扑结构的含氟聚合物。该方法能够让不同拓扑结构的氟聚合物保持相似化学组成，有助于研究“结构-性能”的影响关系。例如，对于分子量相近(约 80 kg/mol)的线型、支化、超支化含氟丙烯酸酯聚合物，玻璃化转变温度从约 50℃逐渐降低至 19℃。聚环氧乙烷是聚合物凝胶电解质中最常用的材料之一。当上述三种氟聚合物被用于凝胶电解质时，线型、支化、超支化聚合物均给出了明显高于聚环氧乙烷的锂离子迁移数(0.6～0.8 *vs.* 0.1)，且研究结果表明当支化度逐渐提高时，凝胶电解质的电导率呈现逐渐上升趋势。

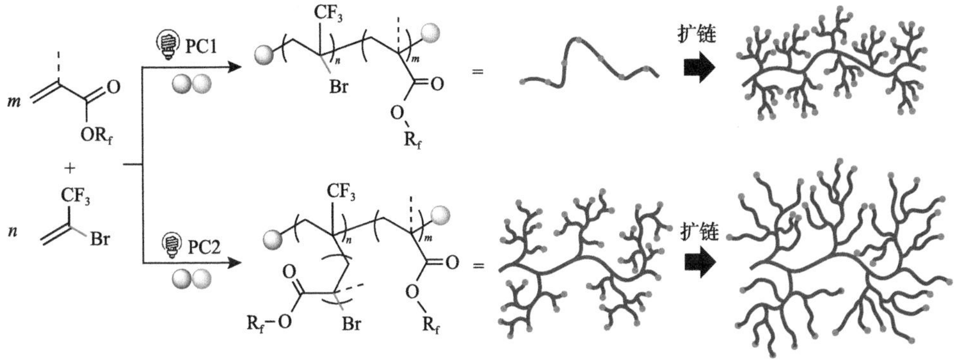

图 2.49 发散式合成直线形与(超)支化氟聚合物[169]

上述成果表明，陈茂课题组通过发展光催化聚合体系，实现了对含氟丙烯酸酯、三氟氯乙烯、全氟烯基醚等不同含氟单体的可控/“活性”自由基聚合反应，实现了在温和条件下制备不同化学成分、序列结构、拓扑结构的含氟聚合物，展示了新结构氟聚合物独特的理化性能，以及在聚合物电解质材料方面的应用前景。

2.2.2 超高分子量含氟聚合物的可控合成研究

超高分子量聚合物(数均分子量大于 10^6 g/mol)常常具有优秀的机械性能、热稳定性能等，是一类非常重要的高性能材料。长期以来，提高聚合物分子量是高分子化学家努力的方向之一[24]。尽管活性自由基聚合为合成结构可控的高分子量聚合物提供了条件，但要实现制备超高分子量聚合物仍然非常具有挑战，主要的限制因素包括：①极低的引发剂(链转移剂)浓度难以高效保持“活性”聚合中所必需的自由基可逆平衡过程；②聚合物链在链增长过程中经历了多次反复的“重启/休眠”，该过程的持续进行会加剧副反应的发生，并进一步导致链末端失去活性；③延长的链增长过程可能导致催化剂活性降低等。

为实现超高分子量氟聚合物的可控合成，陈茂课题组发展了“引发剂原位异化”的聚合反应策略(图 2.50)[171,172]。在反应初始阶段，反应体系通过光催化反应引发聚合反应，无氟大分子引发剂分子中的一部分先反应形成含氟聚合物链。此时，含氟聚合物链、含氟单体发生聚集，初始状态的均相体系发生相分离，迅速形成有机相与氟碳相，未发生反应的无氟大分子引发剂与光催化剂由于不含有含氟链段，被排斥于氟碳相之外，溶解于有机相中(步骤 A)。随后，无氟大分子引发剂与光催化剂在有机相中通过光催化氧化还原反应产生碳自由基(步骤 B)。

生成的碳自由基进一步通过可逆链转移过程，在氟碳相表面与聚合物链发生链转移反应生成氟链自由基(步骤 C)。此时，氟链自由基一方面能够与氟碳相中的含氟单体发生聚合反应实现链增长(步骤 D)、另一方面可以与位于有机相中的无氟大分子引发剂发生可逆链转移反应生成休眠种(步骤 E)。

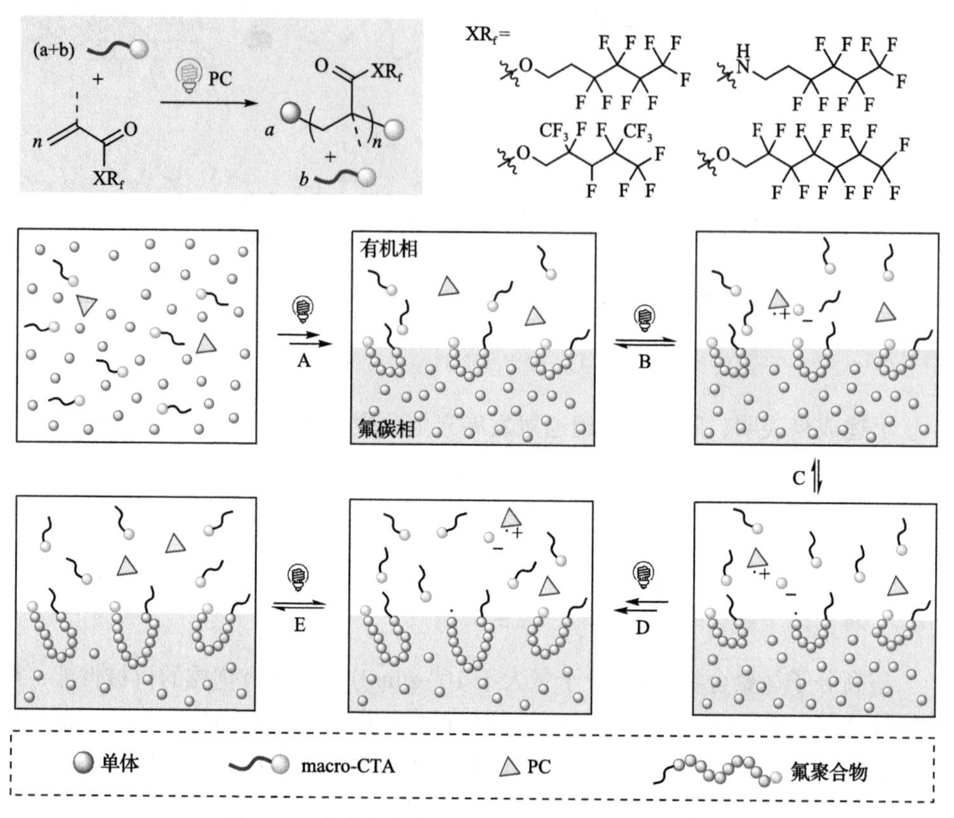

图 2.50 合成超高分子量含氟丙烯酸酯聚合物[171]

基于该策略，陈茂课题组首次合成了超高分子量的含氟丙烯酸酯聚合物、含氟甲基丙烯酸酯聚合物、含氟丙烯酰胺聚合物，这些氟聚合物的分子量分布小于1.2、数均分子量在 5×10^5～3.1×10^6 g/mol 的范围内可调。当目标分子量更高时，含氟单体也能实现完全转化，但受聚合物溶解度与表征手段限制，并未对分子量及其分布实现有效表征。基于本方法获得的超高分子量含氟聚合物，他们实现了在 10^6 分子量级别用不同单体进行扩链，成功制备了超高分子量含氟嵌段共聚物，该合成结果是通过其他合成手段仍然难以实现的。该光照聚合反应易于放大、无须金属催化剂、仅需室温可见光照条件、多种含氟单体均可达到完全转化、单体质量浓度可高达 32 wt%～55 wt%、能够采用光照“开/关”来对链增长动力学进行控制。此外，他们还对超高分子量含氟丙烯酸酯聚合物的基础性质进行了初步研究。与普通分子量的含氟丙烯酸酯聚合物相比，超高分子量聚合物不仅具有更高的玻璃化转变温度，其分解温度还显著提升了大约 100℃。

树莓状纳米颗粒因具独特的多层级形貌，在非均相催化、药物递送等方面具备一定的应用潜力。陈茂课题组基于“引发剂原位异化”的聚合反应策略，开发了一种聚五氟苯乙烯的树莓状纳米粒子的串联合成方法(图 2.51)[173]。该方法能够在单体定量转化的情况下，高效合成尺寸均匀的树莓状纳米颗粒，且树莓状粒子的直径、形貌能够通过大分子链转移剂的链长、浓度和化学成分进行有效调节。除此之外，该方法制备的含氟树莓状纳米粒子能够通过简单的化学反应(例如与硫醇化合物发生亲核取代反应)或物理作用(例如与芳环结构发生 π-π 相互作用)实现后修饰，且不对树莓状粒子的形貌造成显著影响，进而赋予纳米粒子不同功能，为开发纳米功能材料提供了自下而上的新合成手段。

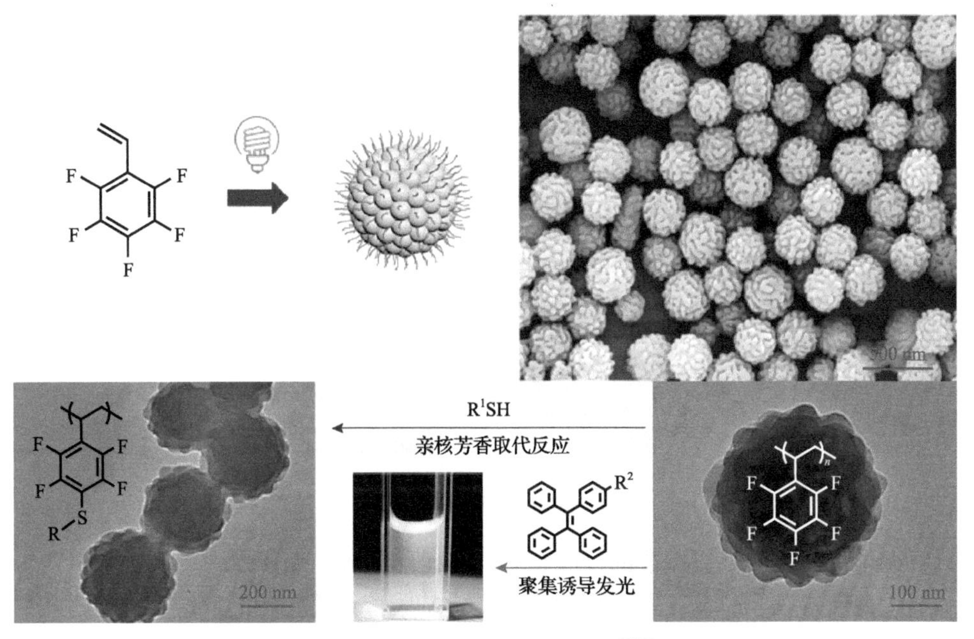

图 2.51　树莓状含氟纳米粒子[173]

含氟表面活性剂是许多工业生产中的重要化学物质，目前仍然难以被其他物质替代。这些含氟表面活性剂往往理化性质非常稳定，排放至自然水体环境后难以被分解，被生物体摄取后会带来潜在危害[174,175]。因此，如何从水体环境中有效移除含氟表面活性剂物质，成为许多环保部门关注的热点，高效吸附剂就是其中最有效的手段之一。基于光催化聚合制备含氟纳米粒子的研究基础，陈茂课题组制备了嵌入超高分子量含氟纳米粒子的水凝胶材料，利用该材料实现了对十余种电中性类型、阳离子型、阴离子型、两性离子型含氟表面活性剂的有效吸附(图 2.52)[176]。含氟纳米粒子对含氟表面活性剂表现出很强的选择性吸附能力，且水体环境的酸碱性、有机或无机背景杂质对吸附能力不造成显著影响，能够在环境相关的浓度条件下(低至 1 μg/L)高效去除含氟表面活性剂。此外，嵌入含氟纳米粒子的共价交联水凝胶材料具有良好的机械强度，有助于在实际使用过程中对该水凝胶材料实现多次分离、再生和循环利用。

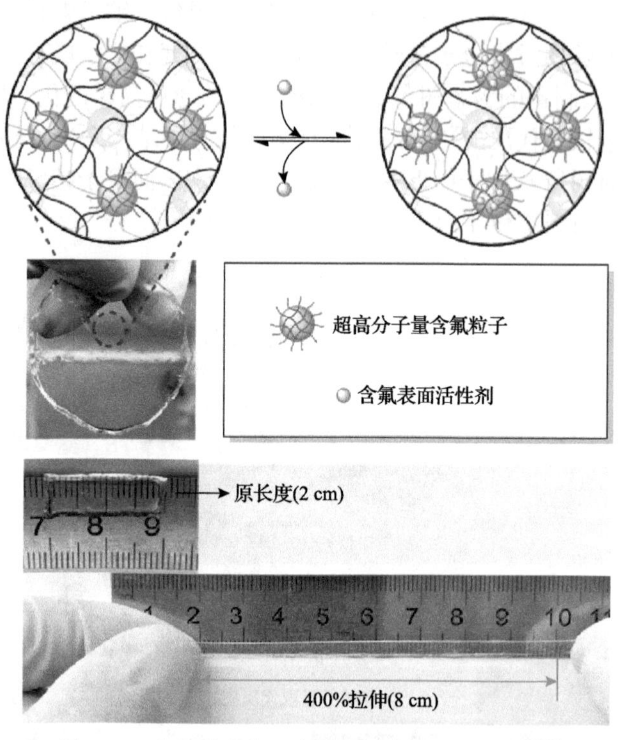

图 2.52　含氟纳米粒子水凝胶吸附表面活性剂[176]

近年来，机器学习在辅助反应分析、路线优化等方面展现了巨大潜力[177,178]。为揭示“引发剂原位异化”光催化活性自由基聚合体系独特的反应动力学过程，陈茂课题组建立了机器学习辅助的实验平台。研究结果表明在传统的光照 RAFT 聚合中，保持催化剂与引发剂浓度不变、改变单体浓度时，聚合物的数均分子量随单体浓度上升呈现线性增加趋势；而在“引发剂原位异化”聚合体系中，催化剂、含氟丙烯酸酯单体、引发剂浓度三个因素对聚合物分子量的影响呈现相互关联的多维度复杂关系(图 2.53)[179]。在此基础上，他们基于机器学习手段将电脑语言与聚合条件、聚合结果进行了深度关联，进一步发展了对“反应条件-反应结果”的双向预测，该方法不仅能拓展至传统活性聚合体系中的不同单体或引发剂体系，还能用于聚合条件与聚合结果具有复杂影响关系的聚合反应体系。

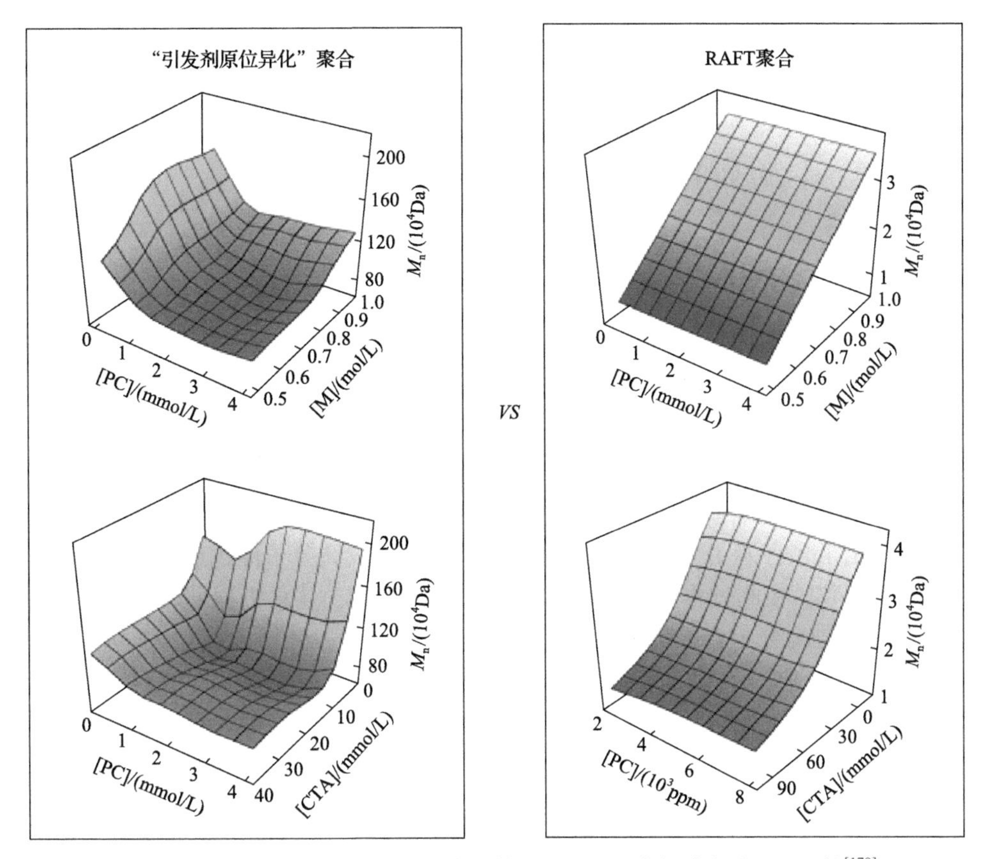

图 2.53 "引发剂原位异化"聚合与传统 RAFT 聚合的动力学过程比较[179]

2.2.3 流动化学用于氟聚合物的可控合成研究

流动化学将微反应技术、电脑控制手段、传统有机合成相结合，让原料在流经反应器的过程中被施加反应条件发生转化(图 2.54)，为化学合成带来了诸多优势，例如：①传质传热迅速、系统响应快、安全性能高；②反应规模由进样时间控制，易实现不同规模生产，且无放大效应；③可与在线监测、在线纯化等仪器连用，实现自动化、一体化操作。鉴于流动化学的合成价值，美国麻省理工学院(Jensen，Jamison，Buchwald 课题组)、英国剑桥大学(Ley 课题组)、德国马克斯普朗克研究所(Seeberger 课题组)等单位目前已对其开展积极研究[180-182]。2020 年，美国斯坦福大学与 IBM 公司联合发表了电脑辅助的高通量流动合成聚酯(基于小分子催化开环聚合)[183]。

将流动化学用于光化学反应，可充分发挥其反应器透光性强、比表面积大的优势，易对反应体系施加充分光照[184]。自 2014 年开始，许多课题组尝试用该方

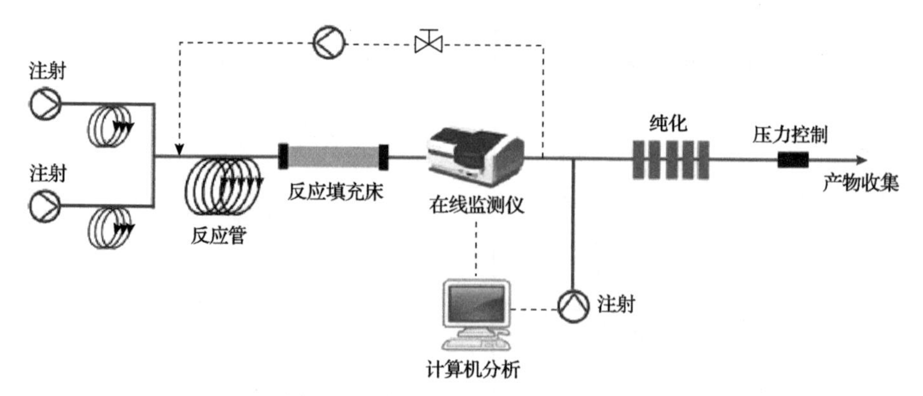

图 2.54　流动化学合成装置示意图

法研究光照聚合反应。Junkers、Johnson、Boyer、Hawker、Miyake 等课题组通过可见光催化流动聚合进行了报道[185,186]。陈茂课题组将流动化学与高分子合成相结合，提出了多官能团化单体流动合成方案与 ppm 级高分子催化剂的在线循环利用策略[187-190]。在此过程中，他们实现了将流动化学、计算机辅助、合成化学相结合，为促进高分子合成打下坚实基础。

如前面所述，"含氟单体-无氟单体"交替片段的含量和分布能够对氟聚合物的性能带来显著影响。陈茂课题组发展了三氟氯乙烯与烯基酯、三氟氯乙烯与烯基酰胺的光催化流动聚合方法，通过调节三氟氯乙烯气体单体的溶解量实现了对交替度的有效控制，在此基础上建立了两步聚合反应串联的连续流动扩链聚合平台，合成了一系列新结构的含氟嵌段聚合物(图 2.55)[165]，例如"高交替度-嵌段-

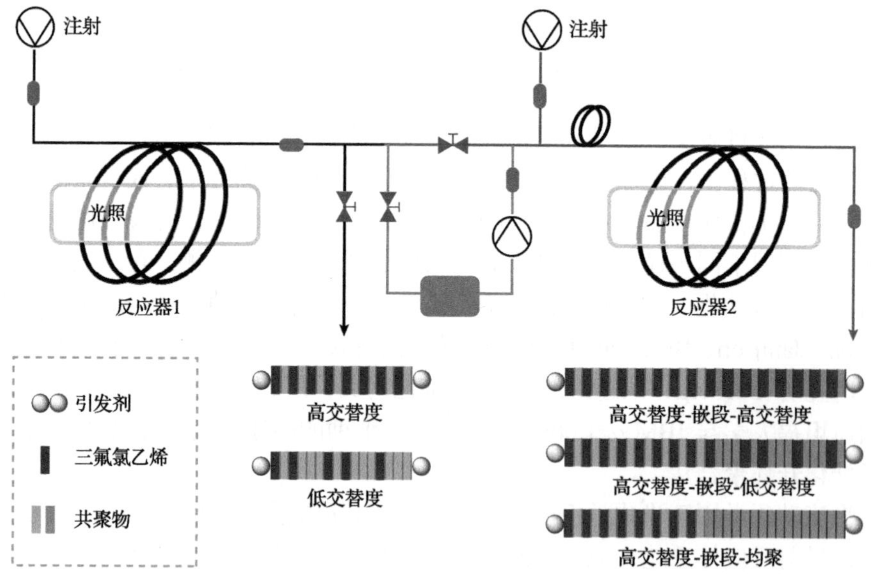

图 2.55　光照连续流动聚合调控氟聚合物交替序列[161]

高交替度”“高交替度-嵌段-低交替度”“高交替度-嵌段-均聚”等新型序列结构的三氟氯乙烯聚合物，氟聚合物的分子量可控、分子量分布窄，聚合反应的单体转化效率提升至传统釜式操作的 4 倍以上。除了含氟交替共聚物之外，他们还对含氟丙烯酸酯均聚物、嵌段共聚物进行了流动化学合成，实现了光照流动聚合制备不同含氟侧基的聚合物[159]。

化学合成的发展方向之一是实现自动化合成[185]。陈茂课题组首次构建了用于光调控可逆失活自由基聚合反应的计算机辅助滴流式流动合成平台(图 2.56)。该平台促进了在不同单体浓度情况下(反应相中的单体浓度最高可达到 99 wt%)，单体均能够在连续流动条件下实现可控聚合转化。在该聚合策略中，能够通过电脑程序远端遥控聚合反应，根据需求实时切换实验条件参数[191-193]。滴流式连续流动可逆失活自由基聚合策略能够促进发展自动化、高通量、定制化的高分子合成手段，高效建立聚合物库，促进筛选聚合物“结构-性能”关系。例如，他们在研究中实现了 11min 内收集 275 滴具有 11 种不同化学成分的共聚物样品，这些样品随着化学成分变化展现出了不同的玻璃化转变温度，且玻璃化转变温度的变化趋势符合 Gordon-Taylor 公式。

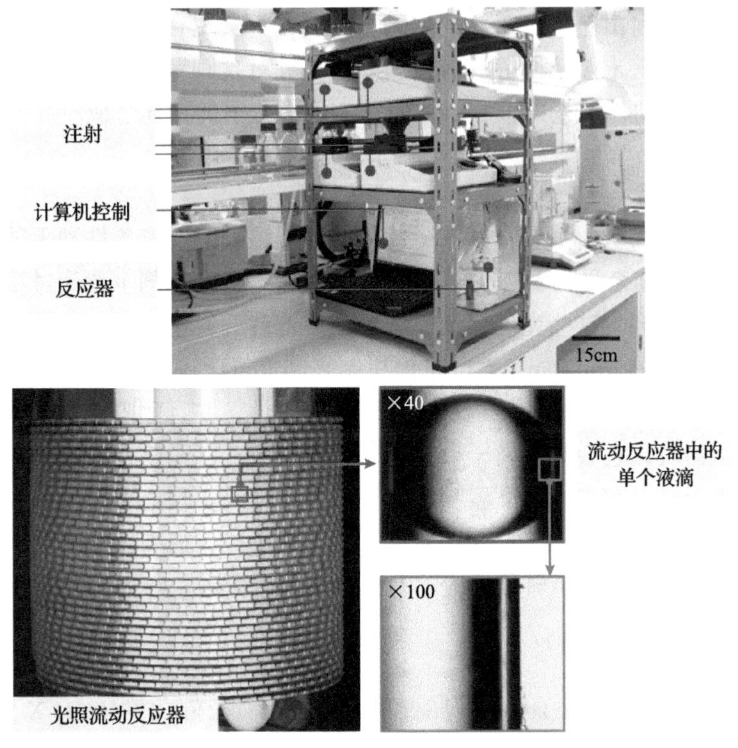

图 2.56　计算机程序控制的自动化高分子合成[191]

综上所述，陈茂课题组针对氟聚合物合成发展了一系列光催化活性聚合新方法及电脑辅助的流动化学合成手段，实现了含氟丙烯酸酯、三氟氯乙烯、全氟烯基醚等不同单体的活性聚合，为调节氟聚合物分子量、化学组成、序列结构、拓扑结构等提供了合成高效、条件温和的可靠方案，揭示了新型氟聚合物的独特性能，为其在聚合物电解质、高性能涂层、选择性吸附材料等方面的应用提供了新思路。陈茂课题组在氟聚合物合成与性能探索方面的不断努力能够加深对含氟单体可控自由基聚合机理的理解，并提供有价值的活性聚合方法，为设计高端氟聚合物材料提供契机。

2.3 有机硼化学在高分子可控和精准合成中的应用研究

有机硼试剂由于其硼原子上的空 p 轨道引起的缺电子性和硼衍生物的金属性质而具有独特的反应特性，在有机合成、生物医药、绿色化学、高分子合成等领域中都有重要的应用[194]。本节将介绍利用有机硼试剂的独特性质来解决传统高分子合成中的难点，潘翔城课题组构建了新型有机硼光催化剂，实现其内层转移机制应用于可控自由基聚合；并利用硼自由基化学实现有机硼试剂在可控自由基聚合中的引发和链末端还原等反应；进一步地针对含硼聚合物的合成展开介绍；最后介绍基于有机硼试剂的液相合成策略实现高分子的精准合成。

2.3.1 有机硼光催化剂的可控自由基聚合

光引发的可控自由基聚合具有绿色经济性、温和的反应条件和无须外源自由基等特点，近些年来受到了广泛的关注[195]。目前，光催化剂主要为过渡金属催化剂和有机光催化剂。这些光催化剂通常是配位饱和的，它们主要通过外层电子转移(outer-sphere electron transfer，OSET)机制来实现氧化还原过程[196][图 2.57(a)]。

硼原子由于具有空的 p 轨道从而呈现缺电子性，并且硼阳离子被认为是一种高度缺电子物质，它会与阴离子形成紧密的离子对。基于此，潘翔城课题组设计了有机硼离子对，它在光照下容易形成激基复合物来实现离子对的内层电子转移(inner-sphere electron transfer，ISET)，减少了副反应、提高了催化剂效率和有利于实现热力学不利的电子转移反应[197][图 2.57(b)]。

2.3.1.1 有机硼光催化剂的表征

潘翔城课题组合成了一系列离子对的有机硼光催化剂$[L_2B]^+X^-$($L=[PhNC(Me)]_2CH$；$X^-=Cl^-$，Br^-，$[BCl_4]^-$，$[B(C_6F_5)_4]^-$，$[BPh_4]^-$和$[B(Cat)_2]^-$；$Cat=C_6H_4O_2$)。有机光催化剂的分子结构通过单晶射线衍射表征，具有对称性的$[L_2B]^+$以外消旋的

形式存在于晶体中[图 2.58(a)]。有机硼光催化剂$[L_2B]^+X^-$在光激发下会发生离子对的电子转移，$[L_2B]^+Br^-$的瞬态吸收光谱证明了在 430 nm 光激发下$[L_2B]^{\bullet}$(吸收峰在 350 nm 和 470 nm)和$Br_2^{\bullet -}$(吸收峰在 760 nm)的产生[图 2.58(b)]，并且通过电子顺磁共振(EPR)实验证明了$[L_2B]^{\bullet}$自由基的存在[图 2.58(c)]。

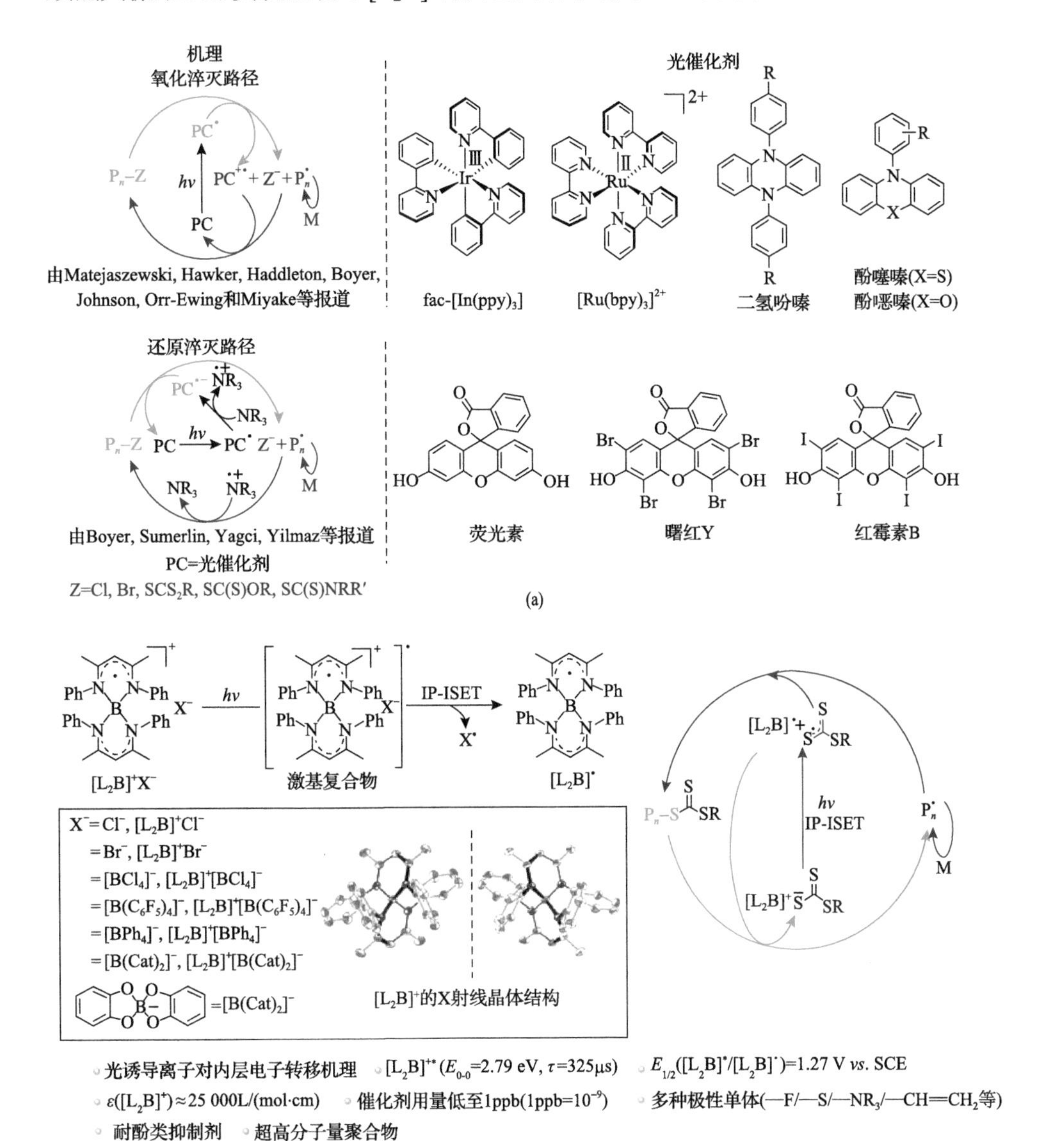

图 2.57 光引发可控自由基聚合[197]

(a)光氧化还原介导的外层电子转移机制；(b)光引发离子对的内层电子转移机制

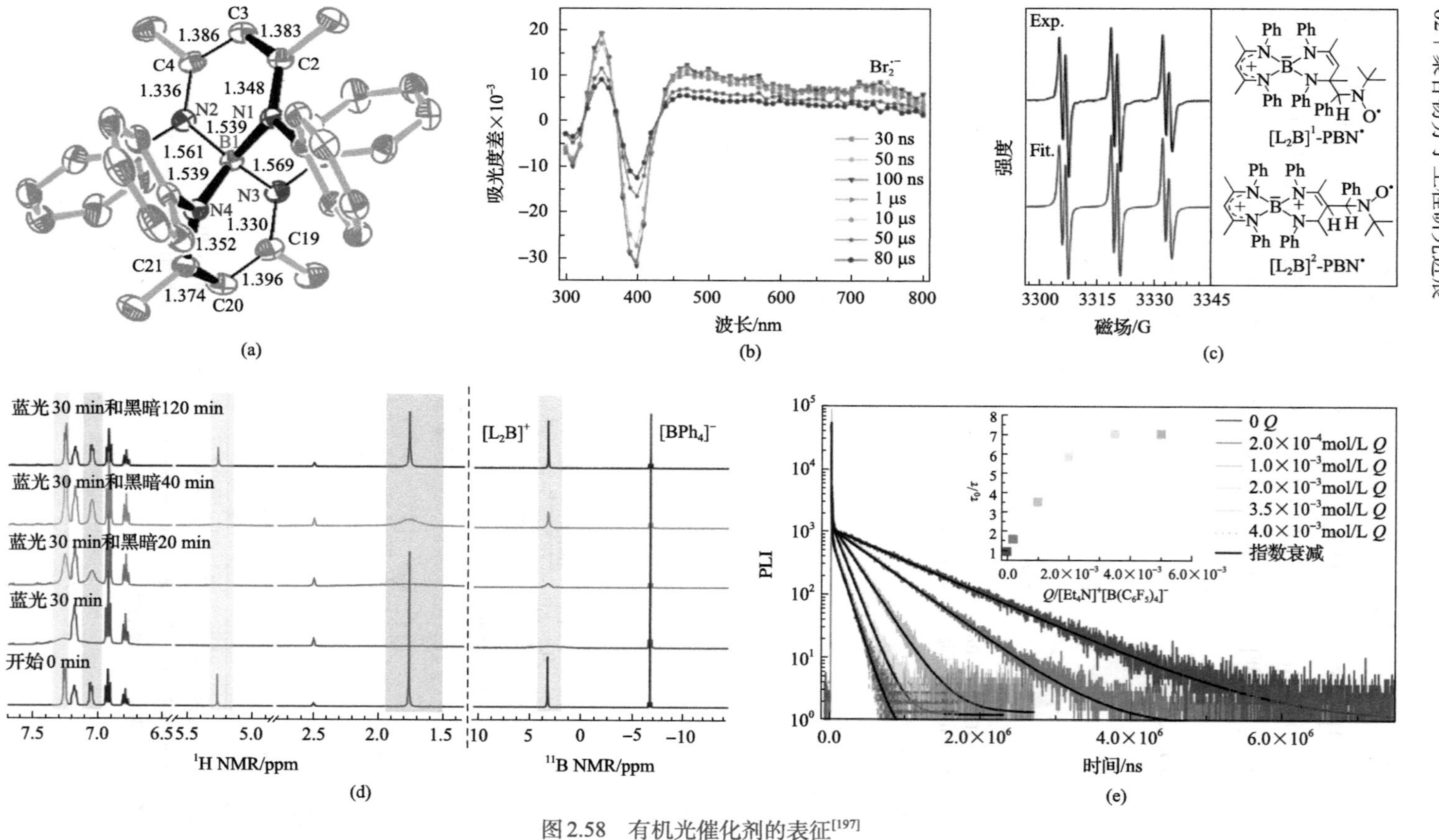

图2.58　有机光催化剂的表征[197]

(a) $[L_2B]^+$的晶体结构；(b) 有机硼光催化剂$[L_2B]^+Br^-$的瞬态吸收光谱(激发：430 nm)；(c) *N*-叔丁基-*α*-苯基硝酮(PBN)存在下$[L_2B]^+Br^-$的电子顺磁共振图谱；(d) 蓝光和黑暗下$[L_2B]^+[BPh_4]^-$在DMSO-d_6中的原位核磁氢谱和硼谱；(e) $[L_2B]^+[BPh_4]^-$的时间分辨光致发光淬灭实验(10倍当量的$[Et_4B]^+[B(C_6F_5)_4]^-$作为淬灭剂，二氯甲烷作为溶剂，434 nm光作为激发光)

通过原位核磁实验对光催化剂$[L_2B]^+[BPh_4]^-$在蓝光下的反应进行实时跟踪，发现在蓝光下照射 30 min 后，$[L_2B]$的核磁峰会变宽；反应溶液再在黑暗中放置 120 min 后，$[L_2B]$的核磁峰恢复了原样［图 2.58(d)］；并且在 EPR 实验中 *N*-叔丁基-*α*-苯基硝酮捕捉到了$[L_2B]^\bullet$和 $Ph^\bullet$自由基。随后，使用$[Et_4B]^+[B(C_6F_5)_4]^-$作为淬灭剂对光催化剂$[L_2B]^+[BPh_4]^-$进行光致发光淬灭实验［图 2.58(e)］。当淬灭剂/光催化剂的摩尔比低于 4 时，淬灭反应是动态过程［淬灭常数 k_q=2.8×10^6 L/(mol·s)］；当淬灭剂/光催化剂的摩尔比高于 7 时，淬灭反应是静态过程，这说明了有机硼光催化剂在光照下反应是离子配对的内层电子转移机制。

2.3.1.2 基于有机硼光催化剂的 RAFT 聚合

四种有机硼光催化剂$[L_2B]^+X^-$(X^-=$[BCl_4]^-$, $[B(C_6F_5)_4]^-$, $[BPh_4]^-$和$[B(Cat)_2]^-$)被用于可逆加成-断裂链转移(RAFT)自由基聚合中［图 2.59(a)］。光催化剂$[L_2B]^+[BCl_4]^-$(50 ppm)和 CTA1 链转移试剂被用于聚合丙烯酸甲酯，在 8 W 白色 LED 灯照射 10 h 后单体转化率仅为 9%(entry 1)。光催化剂$[L_2B]^+[B(C_6F_5)_4]^-$、$[L_2B]^+[BPh_4]^-$和$[L_2B]^+[B(Cat)_2]^-$在同样的反应条件下获得了更高的单体转化率(entry 2、3 和 4)，这是因为光催化剂的给电子能力和阴离子 HOMO 轨道能量的增强提高了离子对电子转移，从而提高了催化活性。然而，将光催化$[L_2B]^+[B(Cat)_2]^-$的浓度降低到 100 ppb 时，18 h 后的单体转化率仅为 15%(entry 5)，这可能因为$[B(Cat)_2]^-$与 CTA1 中的羰基存在氢键作用阻止了离子对电子转移。随后，潘翔城课题组将羧基酯化制备了 CTA2 链转移试剂来避免氢键作用。使用 CTA2 链转移试剂和光催化剂$[L_2B]^+[B(Cat)_2]^-$的聚合反应在不同聚合度的反应条件下都具有高转化率，并且所得聚合物的实验分子量与理论分子量一致并保持窄分布(entry 6～11)。在蓝灯的照射下，光催化剂的浓度甚至可以降低到 1 ppb，依然对聚合反应具有良好的控制效果(entry 12)。

$C_{12}H_{25}$-S-C(=S)-S-C(CH₃)₂-COOH　**CTA1**　　$C_{12}H_{25}$-S-C(=S)-S-C(CH₃)₂-COOMe　**CTA2**

entry	PC	CTA	$[PC]_0/[MA]_0([PC]_0/[CTA]_0)$	DP	时间/h	转化率/%	$M_{n,GPC}$	$Đ$
1	$[L_2B]^+[BCl_4]^-$	CTA1	50 ppm(5×10^{-2})	1000	10	9	N.D.	N.D.
2	$[L_2B]^+[B(C_6F_5)_4]^-$	CTA1	50 ppm(5×10^{-2})	1000	20	90	86400	1.11
3	$[L_2B]^+[BPh_4]^-$	CTA1	50 ppm(5×10^{-2})	1000	7	96	102300	1.06
4	$[L_2B]^+[B(Cat)_2]^-$	CTA1	50 ppb(5×10^{-2})	1000	2	99	108400	1.12
5	$[L_2B]^+[B(Cat)_2]^-$	CTA1	100 ppb(1×10^{-4})	1000	18	15	N.D.	N.D.
6	$[L_2B]^+[B(Cat)_2]^-$	CTA2	100 ppb(1×10^{-4})	1000	42	>99	110000	1.10
7	$[L_2B]^+[B(Cat)_2]^-$	CTA2	100 ppb(2×10^{-5})	200	112	90	16600	1.09
8	$[L_2B]^+[B(Cat)_2]^-$	CTA2	100 ppb(5×10^{-4})	5000	30	92	333200	1.15
9	$[L_2B]^+[B(Cat)_2]^-$	CTA2	100 ppb(1×10^{-3})	10000	27	97	818700	1.14
10	$[L_2B]^+[B(Cat)_2]^-$	CTA2	100 ppb(2×10^{-3})	20000	18	>99	1641600	1.18
11	$[L_2B]^+[B(Cat)_2]^-$	CTA2	100 ppb(4×10^{-3})	40000	14	98	3251600	1.17
12	$[L_2B]^+[B(Cat)_2]^-$	CTA2	1 ppb(2×10^{-5})	20000	3	76	1316300	1.13
13		CTA2	0	20000	3	51	239100	4.76

(a)

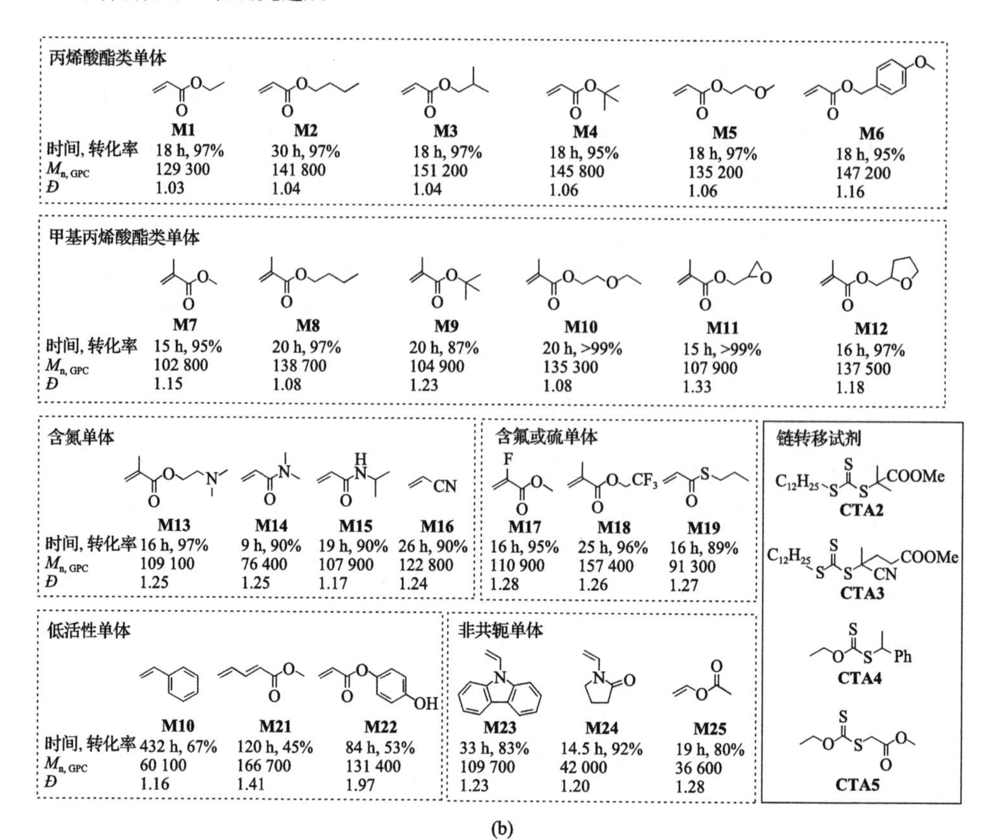

(b)

图 2.59 光引发 RAFT 聚合[197]

(a)基于有机硼光催化剂的 RAFT 聚合，反应条件：8 W 白色 LED 灯，二甲基亚砜作为溶剂，$[MA]_0$=8.0 mol/L，室温反应；(b)各类极性乙烯基单体的聚合，反应条件：$[M]_0/[CTA_2]_0$=1000/1，$[[L_2B]^+[B(Cat)_2]^-]_0/[M]_0$=1 ppm，$[M]_0$=5.0 mol/L，8 W 白色 LED 灯，二甲基亚砜作为溶剂，室温反应

由于这种专一的离子对电子转移机制，基于有机硼光催化剂的聚合反应能够容纳多种官能团，如易被氧化的胺基，以及非共轭单体等，甚至对具有阻聚作用的酚羟基类单体都具有良好的控制性。各类型单体的聚合结果如图 2.59(b)所示，具有低或者高空间位阻的(甲基)丙烯酸酯类单体(M1～M12)都有良好的聚合结果，并且这种聚合方法还适用于胺取代甲基丙烯酸甲酯单体(M13)、丙烯酰胺类单体(M14 和 M15)、丙烯腈单体(M16)、缺电子含氟和含硫单体(M17～M19)、低活性单体(M20～M22)以及非共轭单体(M23～M25)。

2.3.1.3 聚合反应机理

潘翔城课题组提出了光引发离子配对的内层电子转移机制来解释有机硼光催化剂引发聚合反应的机理(图 2.60)。有机硼光催化剂$[L_2B]^+X^-$经过离子对的内层电子转移机制形成了$[L_2B]^{\bullet}$自由基，它可以还原链转移试剂(CTA)来得到链引发的

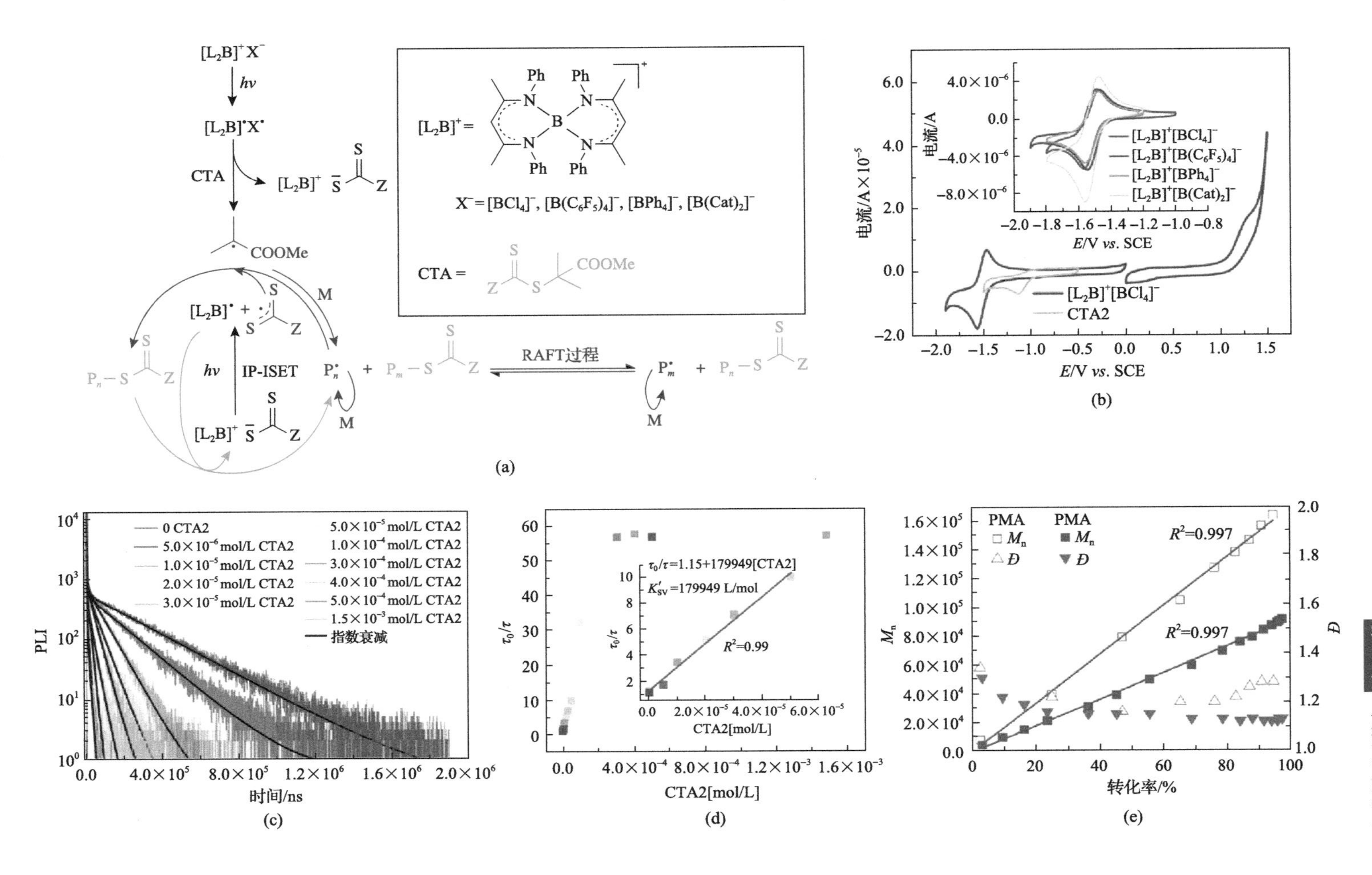

[L2B]+X−
hν
[L2B]•X•
CTA
[L2B]+
COOMe
M
IP-ISET
RAFT过程
X− = [BCl4]−, [B(C6F5)4]−, [BPh4]−, [B(Cat)2]−
CTA =
(a)
电流/A×10⁻⁵
电流/A
[L2B]+[BCl4]−
[L2B]+[B(C6F5)4]−
[L2B]+[BPh4]−
[L2B]+[B(Cat)2]−
CTA2
E/V vs. SCE
(b)
PLI
0 CTA2
5.0×10⁻⁶ mol/L CTA2
1.0×10⁻⁵ mol/L CTA2
2.0×10⁻⁵ mol/L CTA2
3.0×10⁻⁵ mol/L CTA2
5.0×10⁻⁵ mol/L CTA2
1.0×10⁻⁴ mol/L CTA2
3.0×10⁻⁴ mol/L CTA2
4.0×10⁻⁴ mol/L CTA2
5.0×10⁻⁴ mol/L CTA2
1.5×10⁻³ mol/L CTA2
指数衰减
时间/ns
(c)
τ0/τ
τ0/τ=1.15+179949[CTA2]
K′SV =179949 L/mol
R²=0.99
CTA2[mol/L]
(d)
PMA
Mn
Đ
R²=0.997
转化率/%
(e)

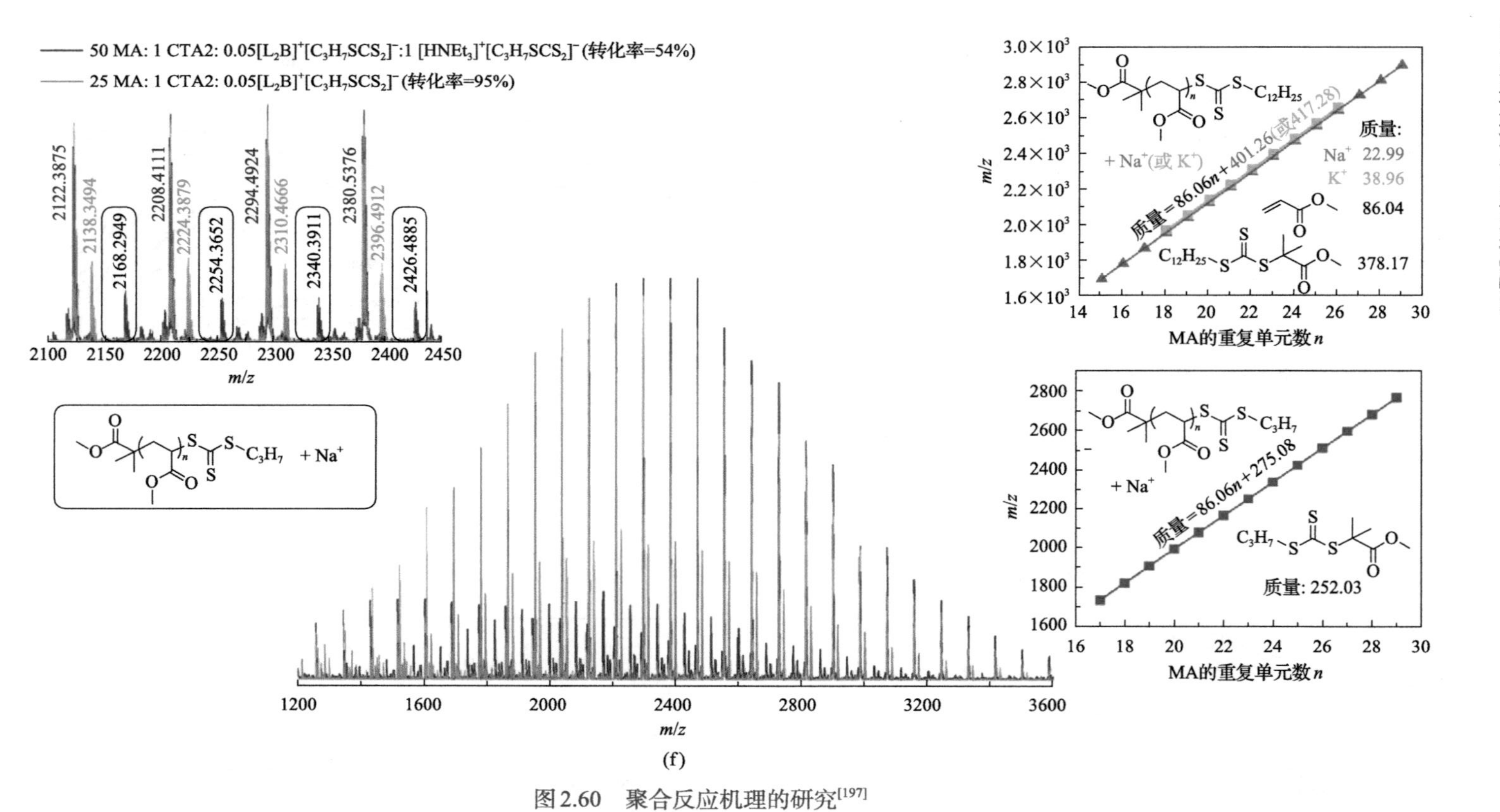

图 2.60 聚合反应机理的研究[197]

(a) 可能的聚合反应机理；(b) 有机硼光催化剂 $[L_2B]^+X^-$ 和CTA2的二甲基亚砜溶液的循环伏安图（0.1 mol/L 的 $[n\text{-}Bu_4N]^+[PF_6]^-$ 作为电解液，扫描速率为50 mV/s）；(c) 3倍当量CTA2存在下光催化剂 $[L_2B]^+[B(C_6F_5)_4]^-$ 的时间分辨光致发光淬灭实验（$[L_2B]^+[B(C_6F_5)_4]^-$ 在二甲基亚砜中浓度为0.5 mmol/L，激发波长434 nm）；(d) CTA2存在下光催化剂 $[L_2B]^+[B(C_6F_5)_4]^-$ 的淬灭寿命数据的Stern-Volmer图；(e) 在 $[L_2B]^+[C_3H_7SCS_2]^-$ 催化下聚合单体MA和NVC的分子量和分子量分布图（反应条件：$[M]/[CTA]/[[L_2B]^+[C_3H_7SCS_2]^-] = 1000/1/0.05$）；(f) 聚丙烯酸甲酯的MALDI-TOF MS图（反应条件：$MA/CTA2/[L_2B]^+[C_3H_7SCS_2]^- = 25/1/0.05$）

大分子自由基 $P_n^{\bullet}$、$[ZCS_2]^-$和基态$[L_2B]^+$；由于$[ZCS_2]^-$比 X^-拥有更强的电子密度，会优先与$[L_2B]^+$形成离子对产物$[L_2B]^+[ZCS_2]^-$(真正的催化物种)，它可以再次经过光引发的内层转移机制得到$[L_2B]^{\bullet}[ZCS_2]^{\bullet}$，$[ZCS_2]^{\bullet}$可以与大分子自由基 $P_n^{\bullet}$发生偶合反应得到大分子链转移试剂 P_n-CTA［图 2.60(a)］。

有机硼光催化剂$[L_2B]^+X^-$和 CTA2 的循环伏安图证明了形成的稳定自由基$[L_2B]^{\bullet}$可以高效地还原 CTA/P_n-CTA［图 2.60(b)］。激发态淬灭实验表明，当$[CTA]/[[L_2B]^+]$ $\geqslant 0.6$ 时是静态淬灭过程，这是因为大量产生的$[ZCS_2]^-$会优先与$[L_2B]^+$形成离子对$[L_2B]^+[ZCS_2]^-$［图 2.60(c)］；并且通过光催化剂荧光寿命的 Stern-Volmer 曲线可以证明在聚合反应($[CTA] \gg [L_2B]^+$)中只有内层电子转移发生［图 2.60(d)］。此外，潘翔城课题组还合成了$[L_2B]^+[C_3H_7SCS_2]^-$来研究聚合反应中$[L_2B]^+$和$[C_3H_7SCS_2]^-$之间的关系。所合成的$[L_2B]^+[C_3H_7SCS_2]^-$的激发态寿命与之前的静态淬灭实验［图 2.60(c)］得到的寿命相同，表明了聚合过程中形成了$[L_2B]^+[C_3H_7SCS_2]^-$结构并发生了离子对的内层电子转移。当$[L_2B]^+[C_3H_7SCS_2]^-$作为聚合反应中的光催化剂，所得聚合物的分子量与单体转化率成严格的线性关系［图 2.60(e)］。当聚合条件是 MA/CTA2/ $[L_2B]^+[C_3H_7SCS_2]^-$=25/1/0.05 时，所得聚合物的基质辅助激光解吸电离飞行时间质谱(MALDI-TOF MS)结果表明聚合物端基除了有 CTA2 以外，还有$[C_3H_7SCS_2]$结构［图 2.60(f)］，证明了聚合过程中原位产生的离子配对产物$[L_2B]^+[ZCS_2]^-$是真正的催化物种。

2.3.2 有机硼试剂在可控自由基聚合中的应用

在可控自由基聚合体系中，氧气能够捕捉自由基而阻止聚合反应过程，因此聚合需要在无氧条件下进行。常见的除氧方法有：①向体系中通氮气或是冷冻抽排法(物理方法)；②通过光诱导电子/能量转移法(PET)或添加还原性试剂等将氧气分子消耗(化学方法)；③向体系中加入酶或微生物以消耗氧气(生物方法)等[198]。因此，开发新的氧耐受体系则成为近年来可控自由基聚合领域的研究热点，潘翔城课题组提出直接利用氧气用以引发可控自由基聚合。

烷基硼化物(alkylborane)作为有机化学中最常用的自由基硼试剂，其在氧气中的自氧化是历经自由基过程实现。烷基硼化物自氧化过程伴随着烷基自由基的产生，因此在有机合成中常被广泛地用作自由基引发剂[199]。本节将介绍有机硼试剂在可控自由基聚合中的应用，包括其作为自由基引发剂以及还原剂在聚合物合成以及聚合物链末端还原中的应用。

2.3.2.1 有机硼试剂引发可控自由基聚合

烷基硼化物的自氧化反应机理如图 2.61 所示，烷基硼化物与氧气发生双分子均裂取代反应(S_H2)，生成一分子的硼过氧自由基($R_2BOO^{\bullet}$)和一分子的烷基自由基($R^{\bullet}$)。烷基自由基($R^{\bullet}$)与氧气进一步反应，生产烷基过氧自由基($ROO^{\bullet}$)，其再与另一分子的烷基硼化物发生 S_H2 反应，生成单取代的过氧化硼烷[$(ROO)BR_2$]及烷基自由基($R^{\bullet}$)，再进行一系列的中间反应，最终得到三取代的硼酸酯[$(RO)_3B$][199]。2018 年，潘翔城课题组首次报道了氧气引发和调控的可控自由基聚合新体系。他们利用三乙基硼(Et_3B)在有氧环境下自氧化产生乙基自由基为核心机理，引发 RAFT 聚合,成功实现了由 Et_3B/氧气引发的可控自由基聚合[图 2.62(a)，(b)][200]。该引发体系无须任何除氧操作，可在室温且完全暴露于空气中的条件下，在短时间(15 min)内完成聚合反应，获得分子量可控、分散度低($Đ$)的多种聚合物[图 2.62(c)]。

引发

$$R_3B + O_2 \xrightarrow{S_H2} R_2BOO\cdot + R\cdot$$

$$R\cdot + O_2 \longrightarrow ROO\cdot$$

$$ROO\cdot + R_3B \xrightarrow{S_H2} (ROO)BR_2 + R\cdot$$

更进一步的反应

$$(ROO)BR_2 + O_2 \longrightarrow (ROO)_2BR$$

$$(ROO)BR_2 + R_3B \longrightarrow 2(RO)BR_2$$

$$2(RO)BR_2 + O_2 \longrightarrow [(RO)(ROO)BR] \longrightarrow (RO)_3B$$

图 2.61　有机硼化物的自氧化反应机理[199]

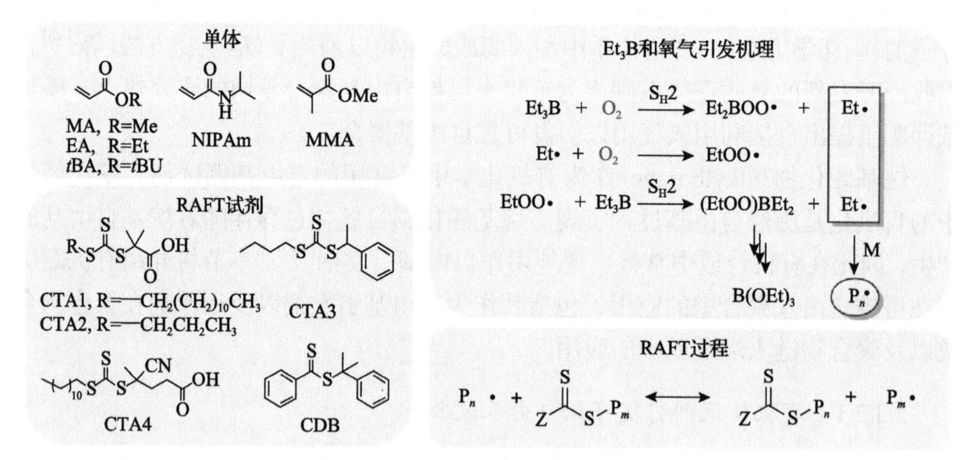

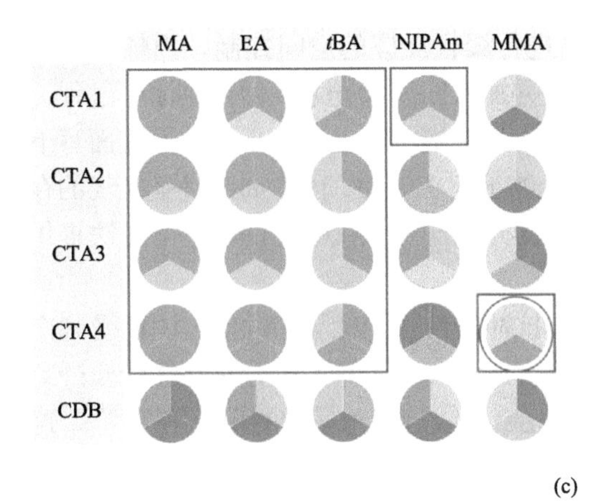

转化率[a]	1%[b]	M_w/M_n[c]
91%~100%	81%~120%	1.00~1.20
81%~90%	61%~80%, 121%~140%	1.21~1.30
61%~80%	41%~60%, 141%~160%	1.31~1.40
41%~60%	21%~40%, 161%~180%	1.41~1.60
0~40%	<21%, >180%	>1.60

○: 延长反应时间
□: 筛选试验的合适条件
a：通过^{1}H NMR测定转化率
b：引发效率, /%=$M_{n,SEC}$÷$M_{n,th}$
c：由THF相体积排阻色谱确定

(c)

图 2.62 氧气引发和调控的 RAFT 聚合[200]

(a) 选定单体和 RAFT 试剂的结构；(b) 三乙基硼与氧气的自由基引发机理；(c) 高通量筛选试验结果（反应条件：[单体]$_0$/[CTA]$_0$/[Et$_3$B]$_0$ =400∶1∶2，[M]$_0$ =8 mol/L 在 DMSO，室温和大气环境）；左饼：单体转换率；右段：引发效率；底部部分：分子量分布

同时，潘翔城课题组开发的 Et_3B/氧气的共引发体系可利用氧气作为调控手段，对聚合反应进行“开/关”式调控：在体系中无氧气存在的情况下，聚合反应不发生；向体系中通入氧气，即立刻产生大量自由基引发可控自由基聚合；当再向体系中通入氮气时聚合反应停止[图 2.63(a)]。成功实现了由氧气调控的聚合反应，在连续 5 个“开/关”循环后聚合反应达到较高的转化率。利用 Et_3B 自氧化过程快速产生乙基自由基这一特性，他们同时还开发了一种方便快捷的“聚合物

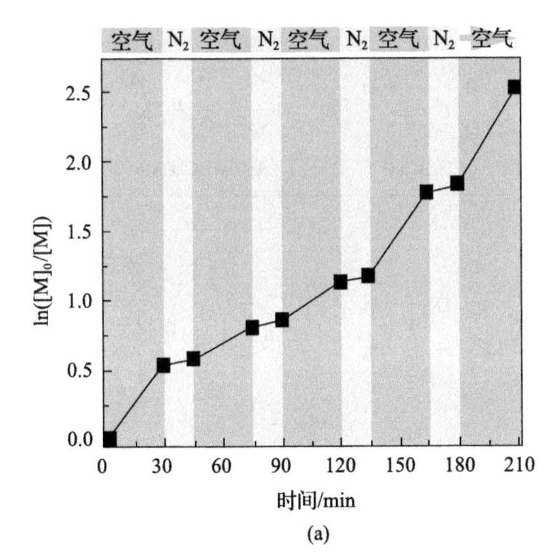

(a)

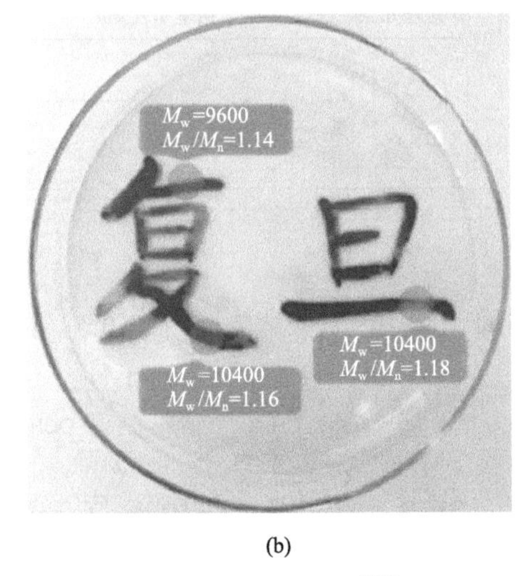

(b)

图 2.63 氧气“开/关”式调控可控自由基聚合反应及聚合物涂写技术[200]

(a) 通过向脱气反应混合物中注入氧气的时间调控聚合（反应条件：[MA]$_0$∶[CTA]$_0$∶[Et$_3$B]$_0$ =400∶1∶2，[MA]$_0$ =8 mol/L）；(b)“聚合物涂写”技术和结果表征

涂写”技术，通过在表面上作画的方法进行聚合反应的空间控制。丙烯酸甲酯(MA)单体和 CTA 以 100/1 的比例混合，并加入四溴荧光素以便观察涂写过程，将反应混合物脱气后加入 Et_3B，最终用蘸有反应溶液的毛笔在平板玻璃表面写下“复旦”字样[图 2.63(b)]。一旦反应混合物被涂在表面，因为周围过量氧气的存在立即引发聚合而形成一层膜。该项研究为开拓一种氧气参与的新聚合方法提供了温和、快速、高效的途径。

超高分子量聚合物常具有耐磨性好、抗冲击性强等优异的性能，因而受到广泛的关注。对于可控自由基聚合而言，要合成超高分子量的聚合物往往涉及严苛的反应条件(例如高温、高压)、复杂的反应装置或是使用昂贵的催化剂等[201]。这是因为在聚合过程中任何不可逆的链终止和链转移都不利于超高分子量聚合物的制备。

作为有机硼烷的一种，儿茶酚硼烷(HBCat)是一种环保、易得、稳定的合成原料。潘翔城课题组巧妙设计了一类新型的有机硼烷试剂——*B*-烷基儿茶酚硼烷(RBCat)[202]，结合烷基硼自氧化机制实现引发自由基的结构调控，并通过控制氧气的量来调控体系中烷基自由基的释放速率和浓度，实现了超高分子量聚合物($M_{n,GPC}>3\times10^6$，$Đ=1.10$)的可控合成。他们首先利用苯乙烯和 HBCat 的硼氢化反应得到了 RBCat 的线型产物 B-1($ArCH_2CH_2BCat$)及支化产物 B-2[ArCH(BCat)Me]。随后通过改变苯乙烯的烯烃部分以及 HBCat 的芳香环部分结构，共设计并得到 8 种有机硼烷试剂(图 2.64)。随后，他们将得到的 RBCat 作为自由基引发剂用于引发可控自由基聚合，先将反应液置于有氧条件下预先进行 RBCat 的自氧化过程，

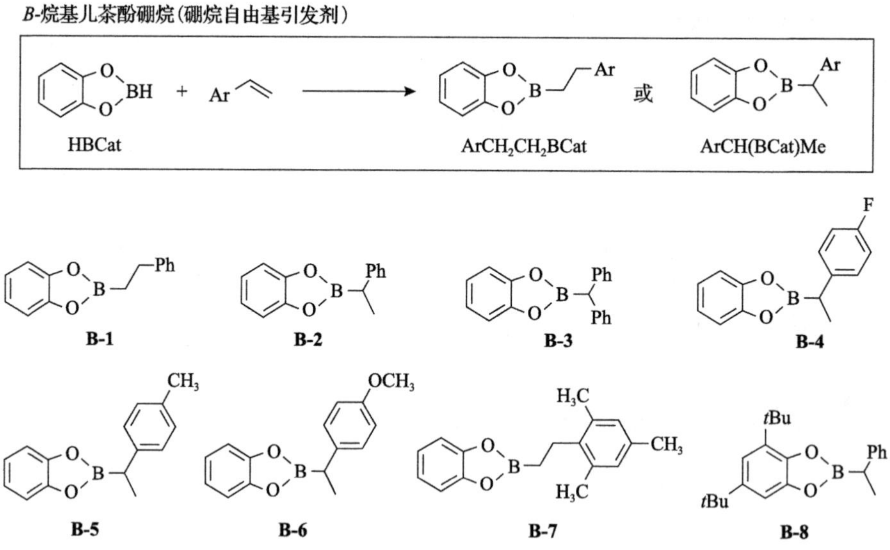

图 2.64　*B*-烷基儿茶酚硼烷的合成方法和结构[202]

后在惰性气氛下进行后续聚合。其中经氧活化 3.5 h 后，他们发现 B-2 对单体 MA 的聚合表现出较高的引发活性(转化率=89%，$M_{n,GPC}$=111400，$Đ$ =1.10)。

潘翔城课题组以 B-2 作为自由基引发剂，成功得到了不同目标分子量的 MA 聚合产物[图 2.65(a)，单体转化率>80%，分子量分布<1.12)，且聚合物分子量随着单体/CTA 的比例呈线性增加。当聚合度(DP 为 15000、20000、40000)较高时，$[CTA]_0/[B\text{-}2]_0$ 的比例提高到 1:5 以保持反应活性，并成功得到超高分子量聚合物($M_{n,GPC}$=1.1×10^6～3.3×10^6，$Đ$=1.12～1.25)，证明该方法具有卓越的控制性。超高分子量聚合物的成功扩链(几乎没有低分子量的拖尾)，也证实了通过该方法得到的聚合物具有较高的链末端保真度[图 2.65(b)]。

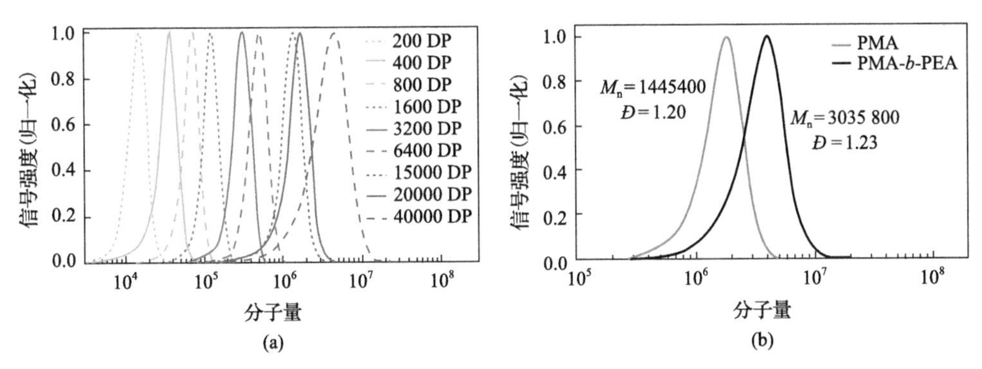

图 2.65 硼烷自由基引发合成超高分子量聚合物的表征[202]

(a)不同聚合度的 PMA 分子量分布图；(b)PMA-*b*-PEA 超高分子量共聚物的分子量分布图

潘翔城课题组提出该 RBCat 引发聚合反应机理如图 2.66 所示，空气中的氧气与 RBCat 以氧化形式(ROOB-Cat)被储存。随后在无氧的情况下，缓慢释放出一分子的烷基自由基，通过降低体系中自由基浓度使副反应最小化。基于极性匹配原则，该烷基自由基会优先与 CTA 反应引发可控自由基聚合反应。他们所设计并合成的这类新型有机硼烷试剂，为可控自由基聚合制备超高分子量聚合物提供了新方法，也为调控其他自由基介导的有机合成和聚合制备具有优异性能的材料提供了新的思路。

2.3.2.2 有机硼试剂用于聚合物链末端还原

可控自由基聚合对聚合物分子量及拓扑结构等的精准控制主要是通过如氮氧稳定自由基(RNO$^\bullet$)、RAFT 的链转移试剂(二硫酯、黄原酸酯)、原子转移自由基聚合中的过渡金属卤化物等与体系中的“活性种”增长自由基($P_n^\bullet$)反应，生成以杂原子封端的低活性“休眠种”(P_n-X)的方式得到。运用这类化合物使聚合反应在活性种和休眠种之间达到可逆动态平衡，得到可控的自由基聚合过程。而在聚合反应结束后，所得到的聚合物链末端都会存在杂原子，这些具有杂原子末端的

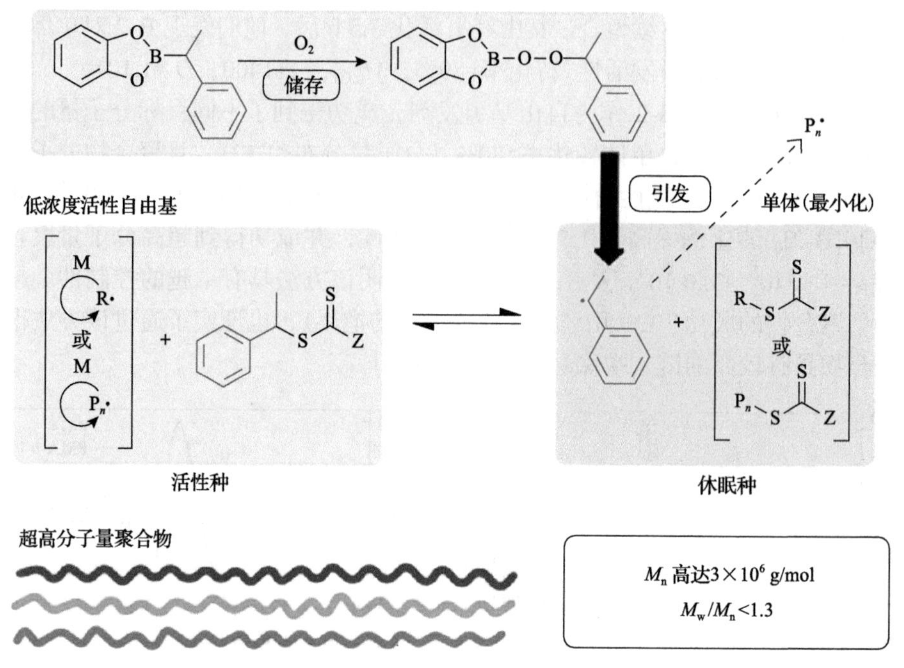

图 2.66　*B*-烷基儿茶酚硼烷自由基引发剂与氧气共引发的可控自由基聚合机理图[203]

聚合物如在外界刺激下易发生副反应且聚合产物有颜色、材料性能易受影响等问题。已经报道了一些方法对聚合物链末端进行还原，如利用紫外光照射[204]、利用高温热分解去除聚合物杂原子链末端[205]、自由基还原法[206]等。

有机硼试剂除了可以高效地引发可控自由基聚合外，还可参与聚合物杂原子链末端的还原。潘翔城课题组利用 Et_3B/O_2 引发可控自由基聚合制备含有 *N*-甲基亚氨二乙酸(MIDA)硼酯聚合物[207]，并利用 5～10 倍当量的 Et_3B 对所得到 MIDA 硼酯聚合物的末端硫酯进行切除，以消除其对后续利用 Suzuki 偶联进行聚合物后修饰的不利影响。同时，他们也报道了利用不同量的 Et_3B 对聚合反应呈现失活和活化的两种路径[208]，通过调控 Et_3B/氧气的量，实现其在有机相和水相中对 RAFT 聚合体系的活化或失活的调控。该方法为更精确反应控制提供了新的思路，通过该方法能够得到具有链末端功能化的或氢封端的聚合物。

以上的方法可以选择性地去除特定的杂原子链末端，但缺乏一种通用且经济的策略去应用于各种可控自由基聚合方法合成的聚合物杂原子链末端的去除。潘翔城课题组提出了一种在有机相和水相中均可去除可控自由基聚合合成聚合物不同链端的通用策略[209]。利用氮杂环卡宾硼烷($NHC-BH_3$)这种自由基有机硼试剂，其具有在较为温和条件下形成硼自由基抓取杂原子并提供一个氢原子的特点，在不需要额外的氢源、催化剂和碱的情况下，实现对可控自由基聚合得到的聚合物杂原子链末端进行还原(图 2.67)。

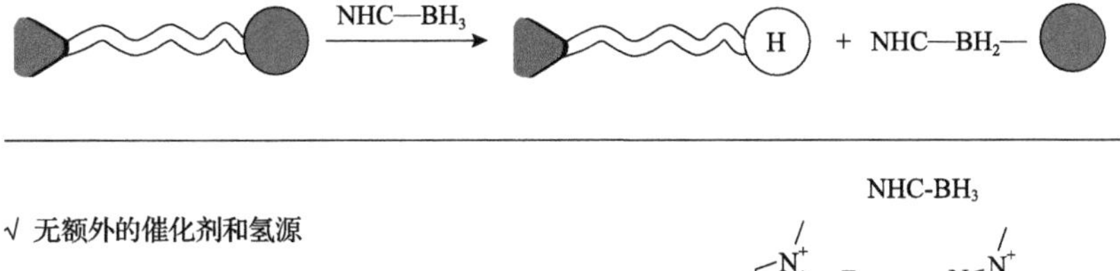

√ 无额外的催化剂和氢源

√ 氧、硫、氯、溴和碘封端聚合物的通用策略

√ 适用于ATRP、RAFT、ITP和NMP所合成的聚合物

√ 适用于有机相和水相条件下的聚合物

对空气、水分、弱酸、碱、色谱稳定

图 2.67 利用 NHC-BH_3 还原聚合物杂原子链末端[209]

潘翔城课题组使用了两种性能优异的 NHC-BH_3：1,3-二甲基咪唑硼烷(diMe-Imd-BH_3)和 2,4-二甲基-1,2,4-三氮唑硼烷(diMe-Tri-BH_3)。同时利用可控自由基聚合的方法(包括 RAFT、ATRP、ITP 和 NMP)合成了含有硫基团、卤素原子、碘原子、氧原子等链末端的聚合物(脂溶性聚合物和水溶性聚合物)。利用两种 NHC-BH_3 对所得到的带有杂原子链末端的聚合物进行还原，通过自由基反应机理，切除杂原子链末端并且同时提供氢源，实现原位还原后的直接氢化。

同时该方法具有大规模实际应用的潜能，潘翔城课题组成功利用 diMe-Imd-BH_3 对超过 15 g 的含有硫基团链末端的聚合物进行还原。在还原过程中，聚合物主链结构保留完好，还原前后聚合物分子量没有显著减少，分子量分布依然保持较低水平，且未发生链与链之间的偶联反应，证明 NHC-BH_3 对于聚合物链末端还原具有良好的控制性。该方法实现了对包括含氧原子、硫基团、氯原子、溴原子、含碘原子等十种杂原子基团链末端的成功还原，展现出优异的反应普适性，是一种通用且经济的聚合物杂原子链末端去除策略。

2.3.3 含硼聚合物的合成与应用

含硼聚合物是一类极其重要的功能高分子材料，由于含硼基团具有良好的化学反应活性和多种响应性，使其在包括催化、生物医药、探针检测等诸多领域都显示出巨大的应用潜力。根据含硼聚合物的结构，通常将其划分为主链含硼聚合物和侧基含硼聚合物。主链型的含硼聚合物主要是利用硼原子的空电子轨道使其与相邻基团形成共轭结构从而应用于光电材料；而侧基型的含硼聚合物多是在侧链上含有硼酸或者硼酸酯基团，基于这些基团的反应性，可将其应用于聚合物的自组装、后修饰以及动态交联等领域[210]。

含硼聚合物的合成方法一般分为两种：第一种是通过聚合物后修饰的方法，即首先要制备具有特定反应基团的聚合物前驱体，随后使用小分子硼试剂和相应的催化剂使特定基团转化为含硼官能团，最终得到含硼的聚合物[图 2.68(a)]；第二种是直接聚合法，即首先合成含硼的可聚合单体，然后通过相应的聚合反应进行合成得到[图 2.68(b)]。

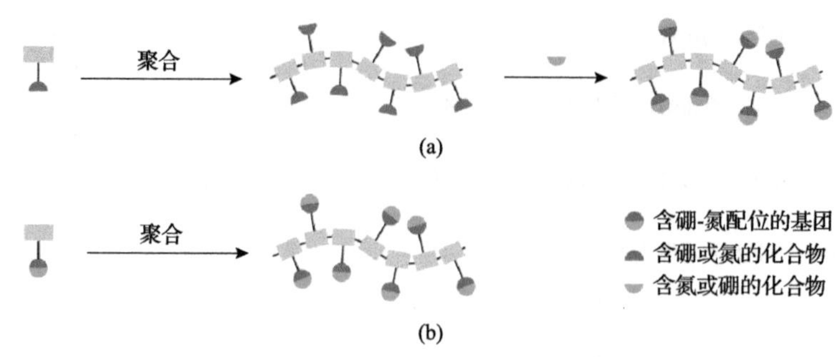

图 2.68　含硼聚合物的合成路线[210]

(a)聚合后修饰法；(b)直接聚合法

2.3.3.1　MIDA 硼酸酯单体的合成及其 RAFT 聚合

2007 年，Burke 课题组报道了一类稳定的 *N*-甲基亚氨基二乙酸(MIDA)硼酸酯[211]，该类硼酸酯解决了硼酸以及常用硼酸酯基团在化学环境中不稳定的问题，被证明是一种有价值的含硼结构。受此启发，潘翔城课题组提出 MIDA 基团可以稳定含硼酸的聚合物，使得具有 MIDA 硼酸酯的聚合物可以作为合成各种有机硼聚合物的通用平台[207]。

潘翔城课题组成功地开发出含有稳定 MIDA 硼酸酯结构的单体并进一步将其应用于含硼聚合物的制备过程中[图 2.69(a)]。首先，利用苯硼酸砌块与 MIDA 的脱水反应合成了一系列带有 MIDA 硼酸酯的合成砌块[图 2.69(b)]，该类合成砌块可以通过官能化修饰进一步转化为能够参与聚合反应的硼酸酯单体

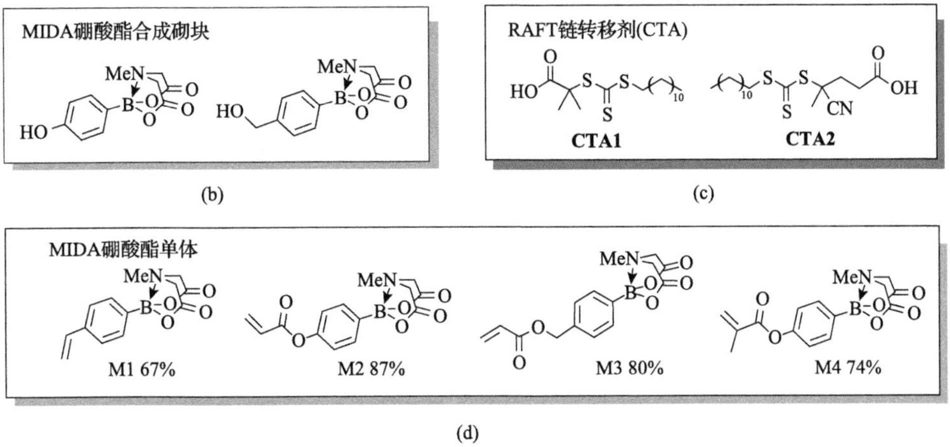

MIDA硼酸酯合成砌块

(b)

RAFT链转移剂(CTA)

CTA1　CTA2

(c)

MIDA硼酸酯单体

M1 67%　M2 87%　M3 80%　M4 74%

(d)

图 2.69　MIDA 硼酸酯单体的合成与聚合反应[207]

(a) MIDA 硼酸酯单体和聚合物的合成路线；(b) MIDA 硼酸酯合成砌块；(c) 链转移剂；(d) MIDA 硼酸酯单体

[图 2.69(d)]，上述合成过程操作简便，提纯方便，可应用于大规模的制备过程。随后，利用偶氮二异丁腈(AIBN)热引发以及烷基硼氧引发的 RAFT 聚合，成功地制备了一系列含有 MIDA 硼酸酯的均聚物以及共聚物。

相较于传统的硼酸聚合物，该类 MIDA 硼酸酯聚合物在水和空气环境中表现出良好的稳定性，可以使用凝胶渗透色谱进行分子量及分子量分布的表征[图 2.70(a)]。进一步将其与 4-乙烯基苯硼酸聚合物进行吸湿性比较实验，将两种聚合物同时置于通风橱的环境气氛和温度中。30 天后，含 MIDA 硼酸酯的聚合物仍然是白色粉末，重量差异可忽略不计；而聚(4-乙烯基苯硼酸)的重量则有明显的增加，且由于在水的存在下硼酸基团之间形成氢键以及共价交联，2 天后产物即由粉末状固体转变为凝胶状[图 2.70(b)]。

2.3.3.2　MIDA 硼酸酯聚合物的后修饰

为了进一步扩大 MIDA 硼酸酯聚合物的应用范围，潘翔城课题组设计了在温和条件下侧链 MIDA 硼酸酯基团的转化及水解反应。在弱碱性条件中，MIDA 硼酸酯基团能够缓慢水解并释放硼酸，并可以进一步转化为其他种类的含硼基团，比如三氟硼酸盐以及频哪醇硼酸酯等。其次，Suzuki-Miyaura 偶联反应也被应用于对 MIDA 硼酸酯聚合物的后修饰。潘翔城课题组以链端含有链转移剂(CTA)的 MIDA 硼酸酯聚合物为前驱体，首先利用三乙基硼对聚合物端基进行了还原以减少副反应对后修饰过程的影响，然后在乙酸钯催化的条件下与芳基溴化物进行了偶联最终得到了目标功能化的聚合物(图 2.71)。在偶联反应后聚合物的核磁共振氢谱中未观察到 MIDA 硼酸酯或硼酸的吸收峰，表明 Suzuki-Miyaura 偶联过程

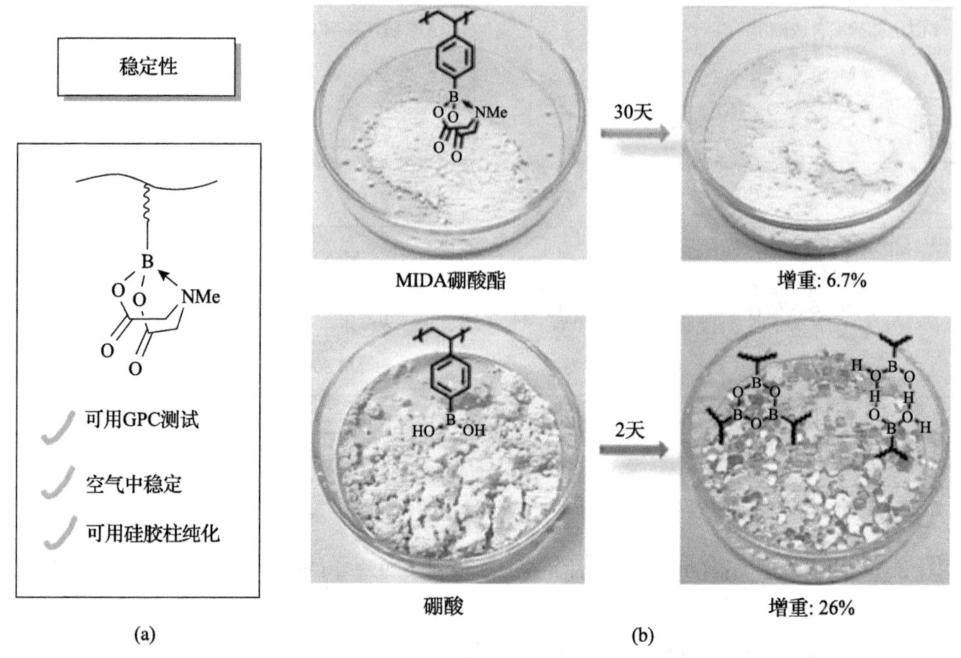

图 2.70　MIDA 硼酸酯聚合物的稳定性测试[207]

(a) MIDA 硼酸酯聚合物的稳定性；(b) 吸湿性实验

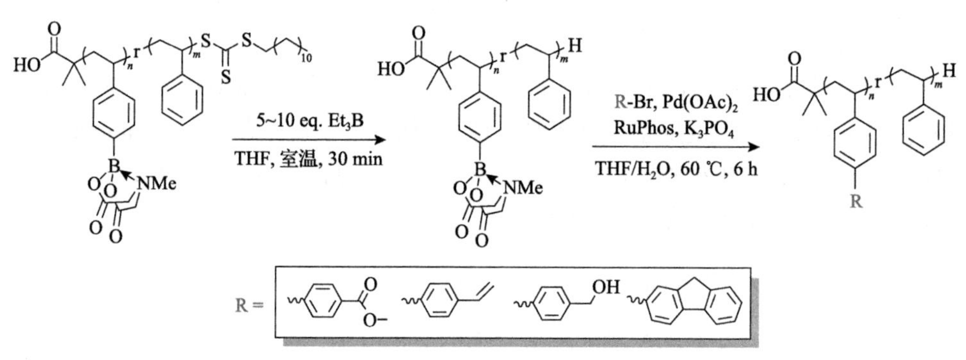

图 2.71　MIDA 硼酸酯聚合物端基的去除以及通过 Suzuki 偶联反应进行后修饰[207]

中在过量芳基溴化物的参与下 MIDA 硼酸酯几乎完全转化。因此，MIDA 硼酸酯聚合物可作为一种稳定的制备功能化聚合物的前驱体。

2.3.3.3　ATRP 制备 MIDA 硼酸酯聚合物

基于前述成功地通过 RAFT 聚合的方法实现了 MIDA 硼酸酯聚合物的制备，潘翔城课题组进一步将这一类单体应用于 ATRP，并且实现了在良好的控制下 MIDA 硼酸酯聚合物的合成[212]。相较于 RAFT 聚合的方法，ATRP 可以有效地避免端基硫酯基团的存在，从而解决了聚合产物颜色、气味的问题以及后修饰过程中副反应的发生。

潘翔城课题组通过连续活化剂再生引发剂(ICAR) ATRP 合成了卤素作为端基的不同类型的含 MIDA 硼酸酯的聚合物。分别以 2-氯丙酸甲酯(MClP)、2-溴异丁酸乙酯(EBiB)和 2-溴-2-苯乙酸乙酯(EBPA)作为引发剂实现了对苯乙烯型、丙烯酸酯型和甲基丙烯酸酯型 MIDA 硼酸酯单体的均聚以及与传统单体的无规共聚[图 2.72(a)]，获得了具有不同分子量且窄分布的均聚物和共聚物。通过核磁共振波谱分析，在 ^{1}H NMR 波谱中显示出 MIDA 硼酸酯中亚甲基的两个宽峰，约在 4.10 ppm 和 4.33 ppm 的位置，在 ^{11}B NMR 波谱中 8.00 ppm 处也显

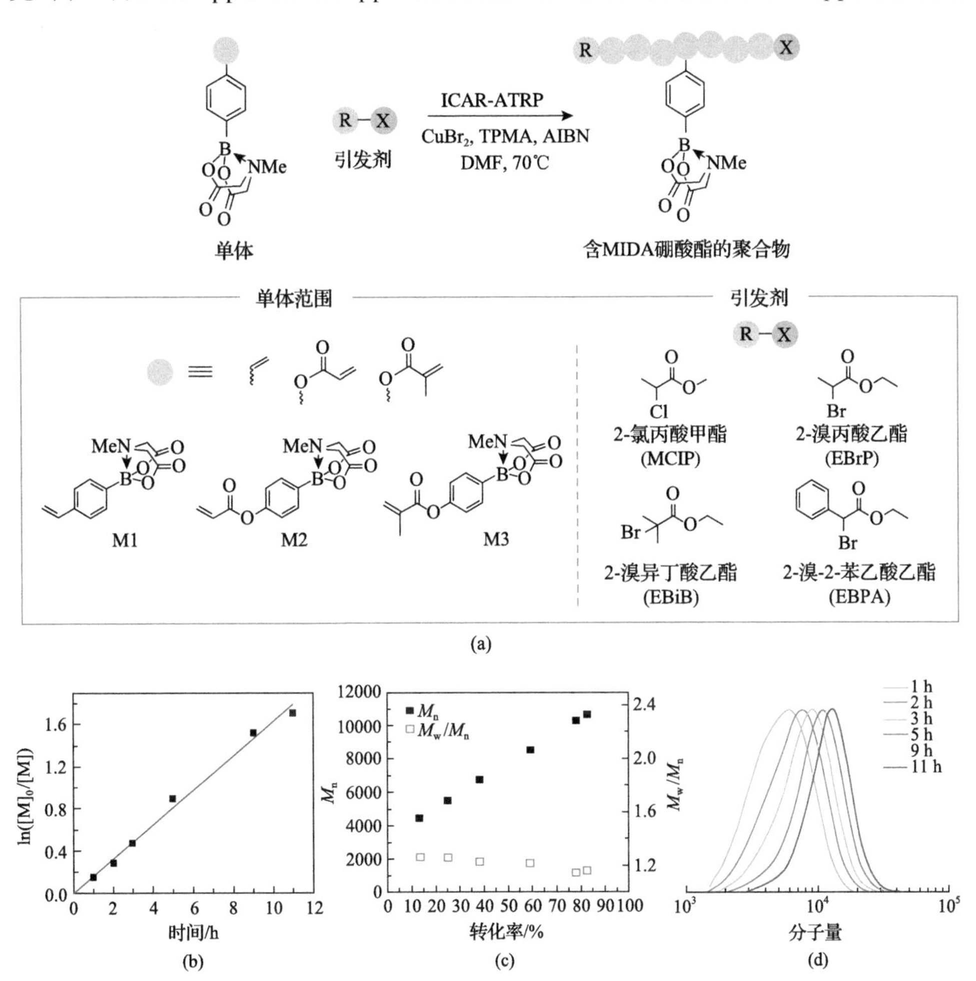

图 2.72　MIDA 硼酸酯的 ATRP 聚合动力学研究[212]

(a) MIDA 硼酸酯的 ICAR-ATRP 及聚合单体和引发剂；(b) 半对数动力学曲线；(c) 数均分子量和分散度随单体转化率的变化关系；(d) 不同时间的凝胶渗透色谱曲线

示出特征峰，证明了 MIDA 硼酸酯结构的存在。进一步地，他们对 MIDA 硼酸酯单体进行了聚合反应动力学的研究。其中，线型的半对数曲线[图 2.72(b)]和分子量与单体转化率之间的线性关系[图 2.72(c)]表明聚合过程得到了很好的控制，而在不同时间聚合产物的凝胶渗透色谱(GPC)曲线则表明分子量分布随着分子量的增加而逐渐变窄[图 2.72(d)]，符合可控自由基聚合的规律。

2.3.3.4 MIDA 硼酸酯聚合物的氧化后修饰

硼酸酯基团的氧化反应是聚合物合成中一个很有效的基团转化手段，通过 C—B 键的断裂，硼酸酯侧基可实现被羟基取代，从而制备难以通过传统聚合方法得到的含羟基聚合物。因此，潘翔城课题组将含 MIDA 硼酸酯的聚合物应用于制备线型苯酚聚合物的前驱体。通过 MIDA 硼酸酯的典型氧化反应，即利用常见的过氧化氢作为氧化剂成功地将聚合物中的硼酸酯基团转化为酚羟基。含有 MIDA 硼酸酯的均聚物以及 MIDA 硼酸酯与苯乙烯不同比例的无规共聚物被成功地转化为相应的聚(4-乙烯基苯酚)和聚(苯乙烯-4-乙烯基苯酚)。从核磁共振氢谱中可以看到，原始聚合物中 MIDA 硼酸酯侧基上的亚甲基氢和甲基氢的特征峰在氧化后消失。相反，产物聚合物酚羟基的特征峰出现在 9.00 ppm，表明完全氧化[图 2.73(a)]。紫外-可见光谱中 270～300 nm 苯酚基团的宽吸收峰的出现进一步证明了成功进行了氧化[图 2.73(b)]。

随后，潘翔城课题组在对 MIDA 硼酸酯聚合物进行后修饰的过程中发现，相较于 RAFT 聚合产物，通过 ATRP 制备的聚合物在后修饰过程中表现出更高的稳定性，几乎不发生副反应，聚合物的分子量在修饰前后基本不发生明显的变化[图 2.73(c)～(f)]。而 RAFT 聚合产物在修饰后分子量则会有明显增长[图 2.73(g)]，

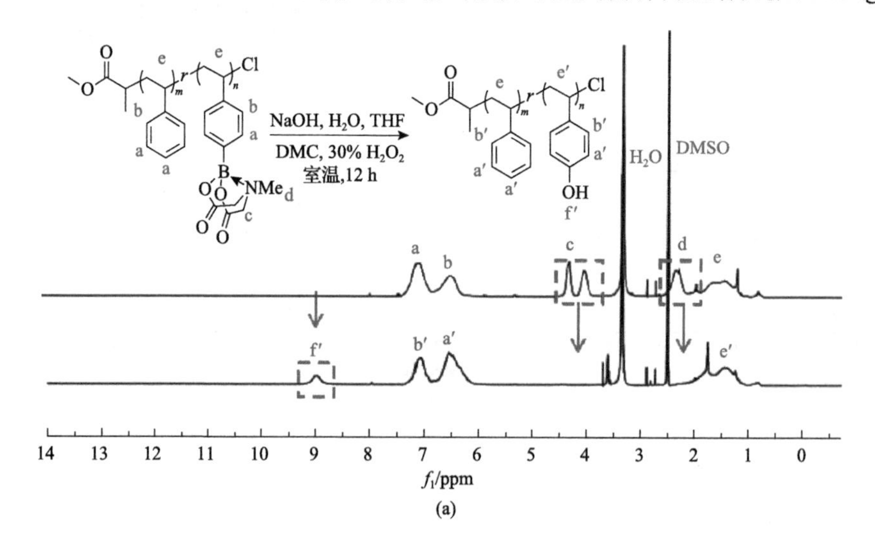

(a)

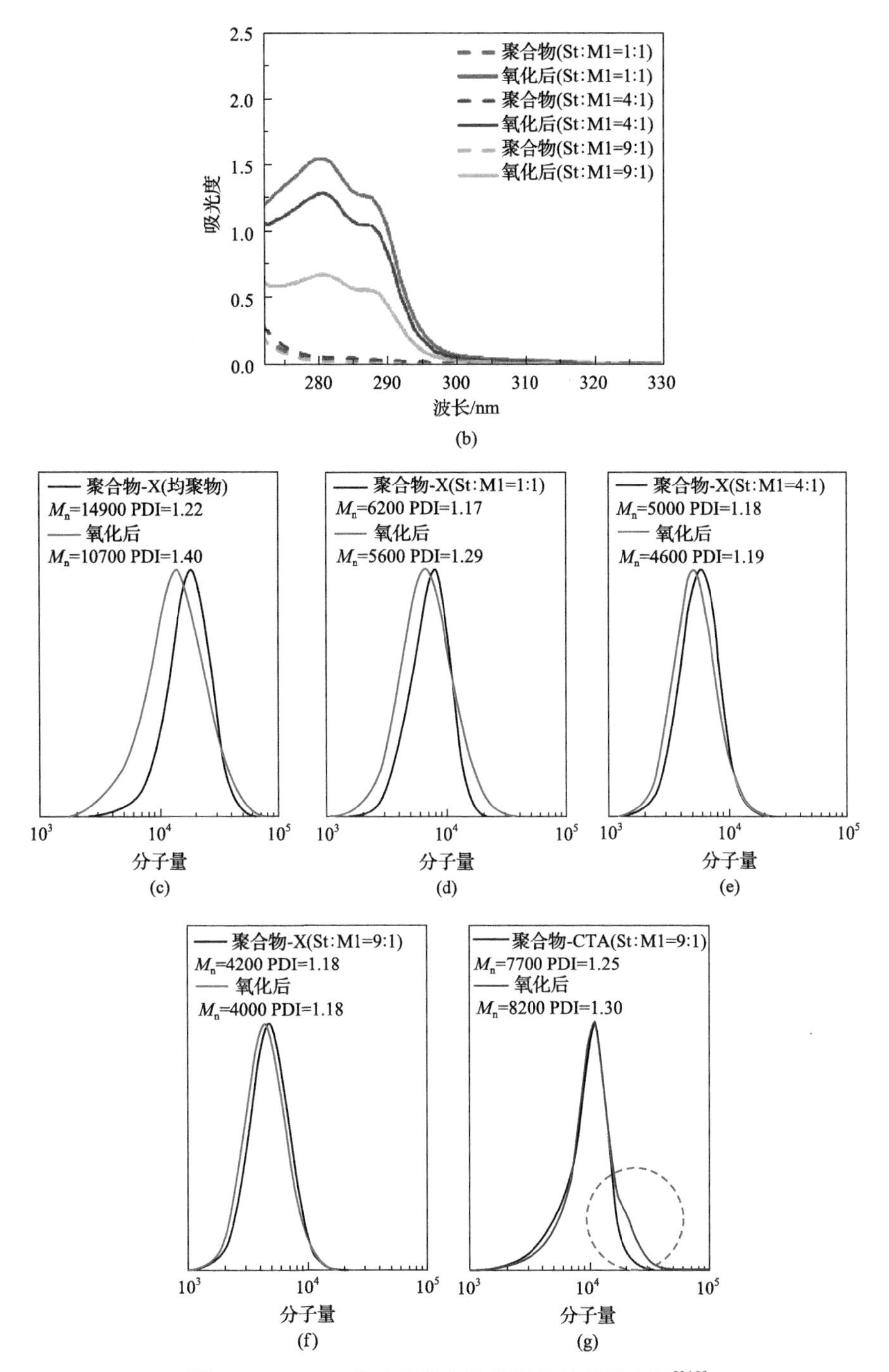

图 2.73 MIDA 硼酸酯聚合物的氧化转化及表征[212]

(a)氧化 MIDA 硼酸酯基团转化为含酚聚合物的核磁氢谱；(b)氧化前(虚线)和氧化后(实线)苯乙烯和 MIDA 硼酸酯不同比例的无规共聚物的紫外-可见光谱；(c)～(f)通过 ATRP 和(g)RAFT 聚合制备的不同比例的苯乙烯和 MIDA 硼酸酯共聚物在氧化前和氧化后聚合物的 GPC 曲线

这主要归因于 CTA 端基之间的偶联副反应。因此，ATRP 方法制备的聚合产物在后续应用中表现出更大的优势。

2.3.3.5　乙烯基硼酸酯的可控聚合及应用

在对 MIDA 苯硼酸酯单体及其聚合物进行成功制备的启发下，潘翔城课题组进一步拓展了乙烯基硼酸酯单体的开发及聚合[20]。首先，他们设计并合成了一系列乙烯基硼酸酯单体并尝试对其进行了自由基聚合［图 2.74(a)］。实验结果证明，对于具有 sp^3 杂化硼原子的乙烯基硼酸酯，由于它们不能形成稳定的链生长自由基，因此很难实现自由基聚合；而对于具有 sp^2 杂化硼原子的乙烯基硼酸及硼酸酯则表现出良好自由基聚合活性［图 2.74(b)］。首先，对于乙烯基硼酸，其在室温条件下即表现出较高的聚合倾向，同时由于裸露硼酸基团的存在，使其很容易发生分子内以及分子间的脱水反应，最终通过共价键以及非共价键的相互作用形成交联的网络结构［图 2.74(c)］。相较于乙烯基硼酸单体，乙烯基硼酸频哪醇酯表现出更高的稳定性，他们研究了乙烯基硼酸频哪醇酯与不同类型链转移剂的

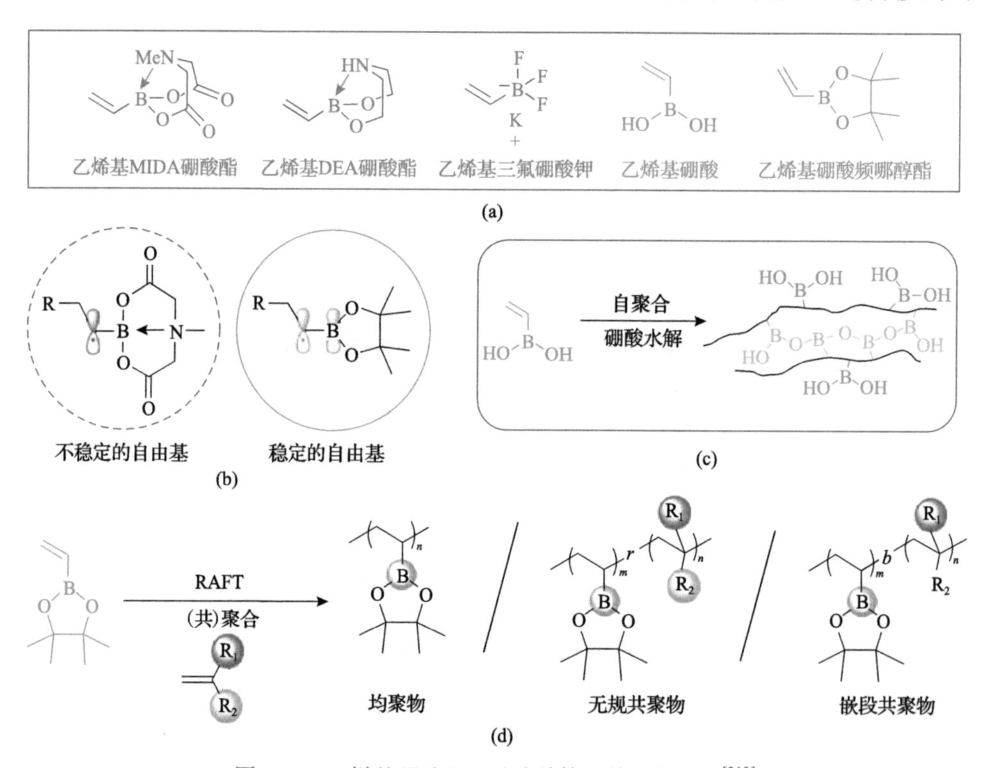

图 2.74　乙烯基硼酸和硼酸酯单体及其聚合反应[213]

(a)乙烯基硼酸酯单体；(b)不同乙烯基硼酸酯形成的自由基；(c)乙烯基硼酸的自聚合与交联；(d)乙烯基硼酸频哪醇酯的 RAFT 均聚合和共聚合

RAFT 聚合的适配性，并获得了相应的均聚物。进一步地，其与传统单体的 RAFT 共聚合成功地实现不同比例含硼共聚物的制备[图 2.74(d)]，证明其在自由基聚合中与传统单体的良好相容性。

此外，有机硼聚合物的动态共价交联特性被广泛地应用于可回收或再加工的材料中，其表现出良好的机械性能和加工性能[214]。因此，潘翔城课题组也尝试探索乙烯基硼酸频哪醇酯聚合物在材料中的应用。实验证明，该聚合物在加热以及亲核试剂的存在下呈现出动态交换的特性，形成交联凝胶体系，而交联体系在稀释后又会呈现出解交联，实现凝胶-溶胶转变(图 2.75)，表现出在功能材料中的应用潜力。

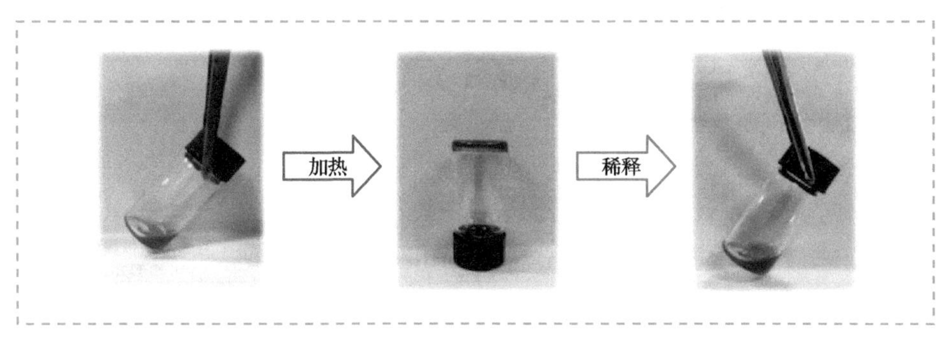

图 2.75　乙烯基硼酸频哪醇酯聚合物的动态交联现象[213]

2.3.4　基于有机硼基团的液相合成策略制备序列可控聚合物

自然界中的生物大分子，如核酸、蛋白质和多糖，都具有完美控制的链长和单体序列。在生物系统中合成时它们的链长、序列和手性都受到严格的控制，从而保证了它们可以精确地传递遗传信息和执行生物学功能。精确控制初级序列来实现分子复杂性、结构多样性，这是自然界中几乎所有生物体的基本需求[215]。

1963 年，Merrifield 首次提出在一个不溶的固相载体上进行迭代合成来制备序列定义的多肽[216]。这种固相合成法已经成为制备其他天然生物大分子以及人工序列定义聚合物的主要方法之一，它能够实现与大自然相媲美的序列精度，并且可以通过简单的反应和提纯过程来实现自动化合成。然而，固相合成中的不溶性载体通常价格昂贵，并且异相反应极大地限制了耦合反应效率[217]。为了解决这些问题，化学家们提出了多种合成策略在溶液中制备序列可控聚合物，例如迭代连续合成法、迭代指数增长法和单体插入法等[218]。这些方法丰富了聚合物主链的多样性，实现了单体序列和侧链功能化的精确控制，为开发新的数据存储材料和生物应用材料提供了机会。

2.3.4.1 基于硼酸酯的液相合成策略制备序列定义低聚物

近些年来，立体化学结构可以在序列定义聚合物中被精确地控制[219-221]，但是拓扑结构的调控从未在序列定义聚合物的合成中展现[图 2.76(a)]。拓扑结构的调控和合成在高分子合成化学中是重要的研究内容之一，因为不同的拓扑结构会赋予聚合物独特的性质，例如：线型、支化、星形和环状拓扑结构等[222]。潘翔城课题组提出在迭代合成中精确控制芳香单体的区域化学来制备具有不同连接方式和拓扑结构的区域和序列定义的共轭聚合物，这将是研究结构和性能之间关系的理想模型。

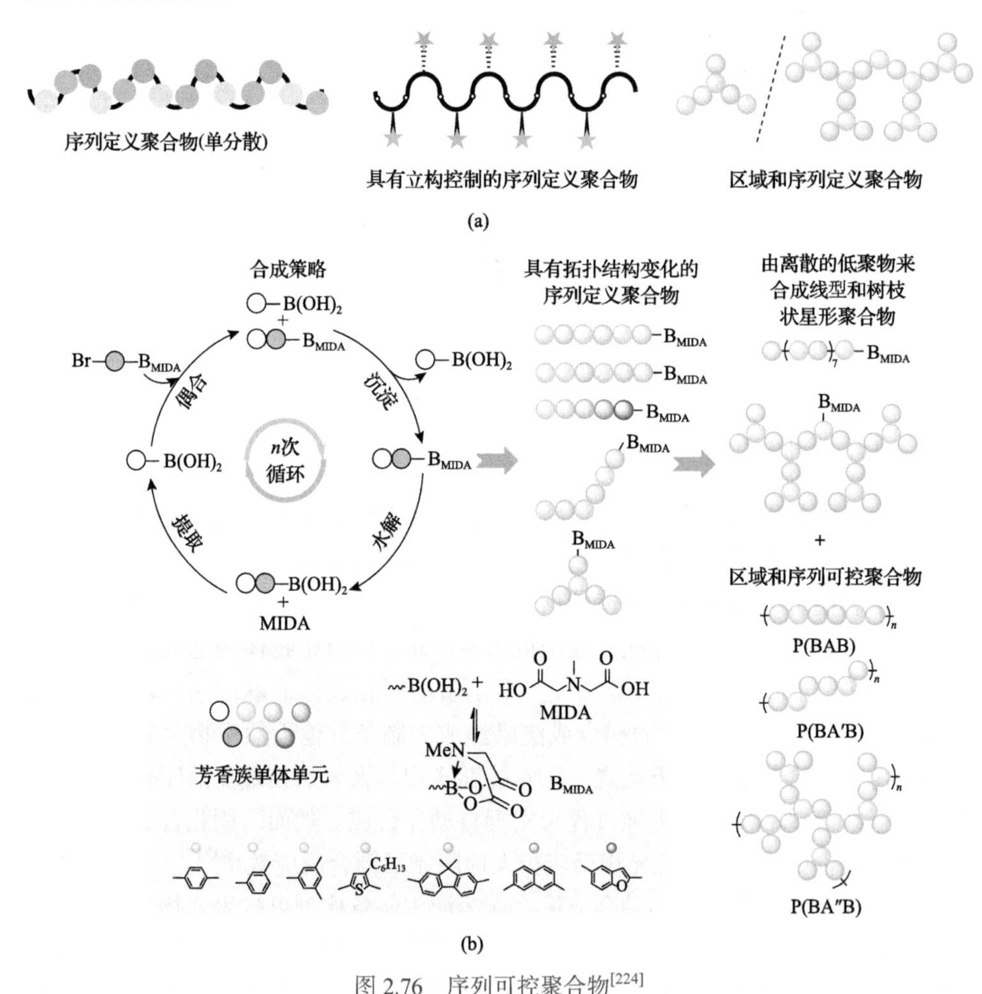

图 2.76 序列可控聚合物[224]

(a)序列定义聚合物的示意图；(b)基于硼酸酯标签的液相合成策略制备区域和序列可控的共轭低聚物和聚合物

MIDA 硼酸酯是稳定的硼酸替代品，它可以用于 Suzuki-Miyaura 交叉偶联反应，并且与硼酸相比较，MIDA 硼酸酯表现出显著的溶解性差异，与对硅胶具有不同寻常的亲和性，使得 MIDA 硼酸酯的产物能够实现快速分离[223]。潘翔城课题组采用 MIDA 硼酸酯作为液相迭代合成中的标签和硼酸的前体，来制备区域和序列可控的低聚物和聚合物[图 2.76(b)][224]。

通过迭代合成策略可以精确地控制低聚物的长度、序列和拓扑结构。低聚物的合成是从硼酸和含有 MIDA 硼酸酯的芳基溴之间的 Suzuki-Miyaura 偶联反应开始，然后 MIDA 硼酸酯经过水解反应继续释放硼酸基团，这两个反应构成了液相迭代合成中的反应循环。在自动过柱机中，通过将洗脱剂由乙醚(Et_2O)换成乙酸乙酯(EA)，很容易实现 MIDA 硼酸酯产物的纯化和分离。首先是用乙醚作为洗脱剂去除多余的硼酸反应物和副产物，然后用乙酸乙酯作为洗脱剂得到高纯度的 MIDA 硼酸酯产物。MIDA 硼酸酯产物也可通过沉淀和洗涤来进行纯化；将反应混合物滴入过量的乙醚中进行沉淀，然后用冰冻后的乙醚洗涤得到 MIDA 硼酸酯产物。在迭代合成中，引入不同类型单体可以制备出多种区域和序列定义的共轭低聚物。

2.3.4.2　序列定义低聚物的迭代指数和连续增长

这些合成的区域和序列定义的低聚物可以通过迭代指数增长和缩聚反应，制备出区域和序列可控的拓扑聚合物，如线型、支化和树枝状等。BA-序列低聚物可以通过迭代指数增长来制备序列可控的线型聚合物[图 2.77(a)]。一部分 BA-序列低聚物在氢氧化钠水溶液的作用下发生水解反应释放出硼酸基团；另一部分 BA-序列低聚物在 *N*-溴代琥珀酰亚胺的作用下发生溴化反应，在 3-己基噻吩单体单元的邻位碳上引入溴基团。随后，硼酸产物和溴化后的 MIDA 硼酸酯发生 Suzuki-Miyaura 偶联反应得到$(BA)_2$-序列低聚物。再经过两次反应循环可以制备得到$(BA)_8$-序列低聚物，总体产率为 33%。

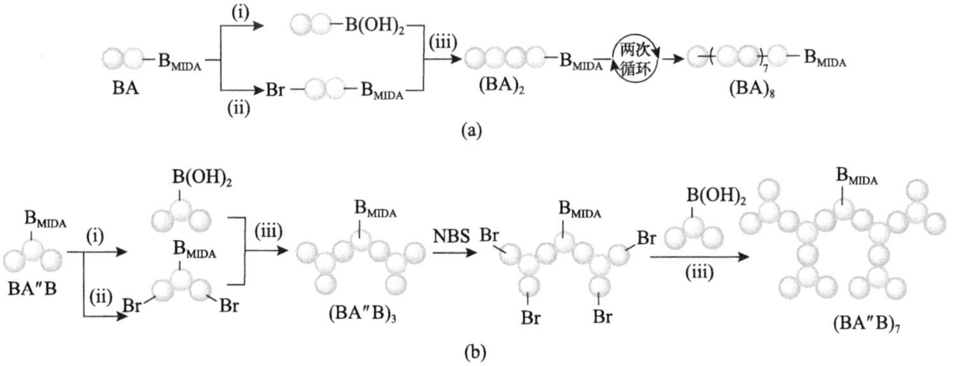

(a)

(b)

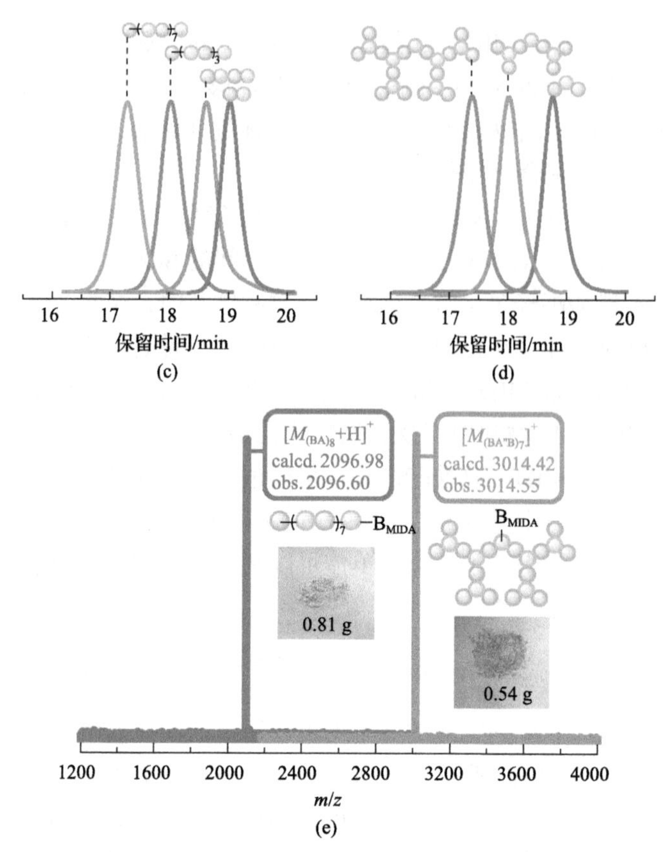

图 2.77　合成和表征线型和树枝状星形共轭聚合物[224]

(a) BA-序列低聚物的迭代指数增长；(b) BA″B-序列低聚物的迭代指数和连续增长：(i) 水解反应（四氢呋喃/氢氧化钠水溶液）；(ii) 溴化反应（*N*-溴代琥珀酰亚胺）；(iii) Suzuki 偶联反应（乙酸钯、RuPhos 配体、无水四氢呋喃，70℃）；(c) BA-、$(BA)_2$-、$(BA)_4$-和 $(BA)_8$-序列低聚物的 GPC 曲线；(d) BA″B-、$(BA''B)_3$-和 $(BA''B)_7$-序列低聚物的 GPC 曲线；(e) $(BA)_8$-和 $(BA''B)_7$-序列低聚物的 MALDI-TOF 图谱

类似地，BA″B-序列低聚物可以用来制备树枝状星形聚合物[图 2.77(b)]。BA″B-序列低聚物经过一次迭代指数增长可以得到 $(BA''B)_3$-序列低聚物，通过溴化反应可以给 $(BA''B)_3$-序列低聚物修饰上 4 个溴基团，再通过偶联反应可以合成 $(BA''B)_7$-序列低聚物，总体产率为 29%。在分离纯化的过程中，潘翔城课题组发现 MIDA 硼酸酯的独特标签性质只能用于分离分子量为 3000 左右的产物，这是因为末端基团的作用随着分子量的增长而不断下降。GPC 曲线清晰地显示了在迭代指数和连续增长过程中不断增长的低聚物分子量[图 2.77(c)，(d)]，MALDI-TOF 质谱测定了 $(BA)_8$-序列低聚物和 $(BA''B)_7$-序列低聚物的准确分子量[图 2.77(e)]。

2.3.4.3　基于序列定义低聚物来制备区域和序列可控的共轭拓扑聚合物

除了离散低聚物的制备，区域和序列可控的拓扑聚合物也可以通过硼酸酯标签的策略来制备[图 2.78(a)]。经过 Suzuki-Miyaura 偶联反应和水解反应的循环，含有 MIDA 硼酸酯端基的 BAB-、BA′B-和 BA″B-序列低聚物可以通过液相合成策略制备，并且三种低聚物在 *N*-溴代琥珀酰亚胺的作用下修饰溴端基。三种修饰后的低聚物使用 2-碘甲苯作为引发剂、Buchwald 第三代催化剂作为催化剂、RuPhos 作为配体、四氢呋喃和水作为混合溶剂，在 50℃下聚合 20 h 得到对应的聚合物。

为了比较它们的物理性质，潘翔城课题组合成了具有类似分子量的聚合物。三种聚合物 poly(BAB)、poly(BA′B) 和 poly(BA″B) 在光电性质上表现出明显不同。与聚合物 poly(BA″B) 相比，聚合物 poly(BAB) 和 poly(BA′B) 的紫外吸收峰和荧光发射峰表现出明显的红移[图 2.78(b)]。在 365 nm 紫外灯的照射下，聚合物 poly(BAB) 的四氢呋喃溶液发射出黄绿色光，聚合物 poly(BA′B) 发射出青色光，聚合物 poly(BA″B) 发射出蓝光[图 2.78(c)]。这些观察和现象进一步表明，共轭聚合物的区域化学和拓扑结构对其物理性能有着显著的影响，这对调控光电材料的性能具有重要意义。

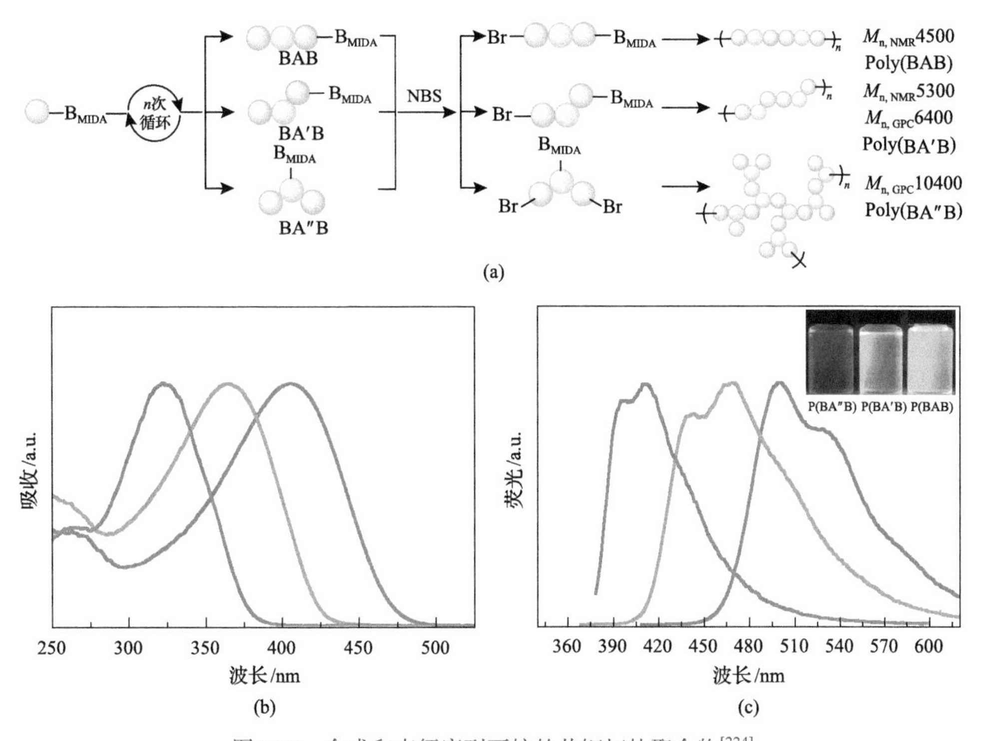

图 2.78 合成和表征序列可控的共轭拓扑聚合物[224]

(a) 由离散低聚物来制备区域和序列可控的共轭拓扑聚合物；(b) 聚合物 poly(BAB)(绿色线)、poly(BA′B)(黄色线)和 poly(BA″B)(橘色线)在四氢呋喃中的紫外-可见吸收图；(c) 聚合物 poly(BAB)(绿色线)、poly(BA′B)(黄色线)和 poly(BA″B)(橘色线)在四氢呋喃中的荧光发射图；荧光发射照片在 365 nm 紫外灯下拍摄

2.3.5 总结

本节围绕着有机硼化学在高分子可控和精准合成中的应用研究展开，利用了有机硼化合物的独特性质分别实现了基于有机硼光催化剂的可控自由基聚合、氧引发的可控自由基聚合、聚合物链末端功能化、有机硼功能化聚合物的制备以及序列可控的共轭低聚物和聚合物的精确合成。本节研究工作进一步拓展了有机硼化学在高分子合成中的应用，发展了高分子可控和精准合成的新方法，有望推动高分子合成的发展。

参考文献

[1] Szwarc M, Levy M, Milkovich R. Polymerization initiated by electron transfer to monomer——a new method of formation of block polymers. J. Am. Chem. Soc., 1956, 78(11): 2656-2657.

[2] Szwarc M. Living polymers. Nature, 1956, 178(4543): 1168-1169.

[3] Hadjichristidis N, Hirao A. Anionic polymerization 2016: Principles, practice, strength, consequences, and applications. 2015.

[4] Hsieh H, Quirk R P, Anionic polymerization: Principles and practical applications. Anionic Polymerization: Principles and Practical Applications: 1996.

[5] Polymeropoulos G, Zapsas G, Ntetsikas K, et al. 50th anniversary perspective: Polymers with complex architectures. Macromolecules, 2017, 50(4): 1253-1290.

[6] Lutz J-F. Defining the field of sequence-controlled polymers. Macromol. Rapid Commun., 2017, 38(24): 1700582.

[7] Hirao A, Hayashi M, Loykulnant S, et al. Precise syntheses of chain-multi-functionalized polymers, star-branched polymers, star-linear block polymers, densely branched polymers, and dendritic branched polymers based on iterative approach using functionalized 1,1-diphenylethylene derivatives. Prog. Polym. Sci., 2005, 30(2): 111-182.

[8] Hong L, Yang S, He J. Molecular engineering of branched polymers through 1,1 -diphenyl-ethylene chemistry and anionic polymerization. Eur. Polym. J., 2015, 65: 171-190.

[9] Quirk R P, Lee B J, Schock L E. Anionic synthesis of polystyrene and polybutadiene heteroarm star polymers. Makromol. Chem. Macromol. Sym., 1992, 53: 201-210.

[10] Broske A D, Huang T L, Hoover J M, et al. Investigations of difunctional organo-lithium initiators. Abstracts of Papers of the American Chemical Society, 1984, 188(AUG): 18-POLY.

[11] Zhang H, He J, Zhang C, et al. Continuous process for the synthesis of dendrimer-like star polymers by anionic polymerization. Macromolecules, 2012, 45(2): 828-841.

[12] Wang X, Xia J, He J, et al. Synthesis and characterization of ABC-type star and linear block copolymers of styrene, isoprene, and 1,3-cyclohexadiene. Macromolecules, 2006, 39(20):

6898-6904.

[13] Wang X, He J, Yang Y. Synthesis of ABCD-type miktoarm star copolymers and transformation into zwitterionic star copolymers. J. Polym. Sci. Pol. Chem., 2007, 45(21): 4818-4828.

[14] Frechet J M J, Henmi M, Gitsov I, et al. Self-condensing vinyl polymerization - an approach to dendritic materials. Science, 1995, 269(5227): 1080-1083.

[15] Sun W, He J, Wang X, et al. Synthesis of dendritic polystyrenes from an anionic inimer. Macromolecules, 2009, 42(19): 7309-7317.

[16] Xie C, Ju Z, Zhang C, et al. Dendritic block and dendritic brush copolymers through anionic macroinimer approach. Macromolecules, 2013, 46(4): 1437-1446.

[17] Taton D, Feng X, Gnanou Y. Dendrimer-like polymers: A new class of structurally precise dendrimers with macromolecular generations. New J. Chem., 2007, 31(7): 1097-1110.

[18] Hirao A, Yoo H-S. Dendrimer-like star-branched polymers: Novel structurally well-defined hyperbranched polymers. Polym. J., 2011, 43(1): 2-17.

[19] Zhang H, Zhu J, He J, et al. Easy synthesis of dendrimer-like polymers through a divergent iterative "end-grafting" method. Polym. Chem., 2013, 4(3): 830-839.

[20] Wang Y, Qi G, He J. Unimolecular micelles from layered amphiphilic dendrimer-like block copolymers. ACS Macro Lett., 2016, 5(4): 547-551.

[21] Zheng K, Ren J, He J. Thermally responsive unimolecular nanoreactors from amphiphilic dendrimer-like copolymer prepared via anionic polymerization and cross metathesis reaction. Macromolecules, 2019, 52(17): 6780-6791.

[22] Zou W, He J. Synthesis of a hierarchically branched dendritic polymer possessing multiple dendrons on a dendrimer-like backbone. Macromolecules, 2021, 54(17): 8143-8153.

[23] Zhang C, He J. Dendrimer-like star-branched block copolymers with controlled segment sequence and their star-like dendrigraft derivatives. Aust. J. Chem., 2014, 67(1): 31-38.

[24] Zhang H, Qu C, He J. Cylindrical polymer brushes with dendritic side chains by iterative anionic reactions. Polymer, 2015, 64: 240-248.

[25] Pu X, He J. A fast semi-continuous anionic process for fluorene-functionalized homo and block oligomers with uniform molecular weights. Polym. Chem., 2019, 10(1): 65-70.

[26] Guo Z, He J. Synthesis of linear and cyclic discrete oligomers with defined sequences via efficient anionic coupling reaction. Macromolecules, 2022, 55(19): 8808-8822.

[27] Lam J W Y, Tang B Z. Functional polyacetylenes. Accounts Chem. Res., 2005, 38(9): 745-754.

[28] Wang X, Sun J Z, Tang B Z. Poly(disubstituted acetylene)s: Advances in polymer preparation and materials application. Prog. Polym. Sci., 2018, 79: 98-120.

[29] Lam J W Y, Tang B Z. Liquid-crystal line and light-emitting polyacetylenes. J. Polym. Sci. Pol. Chem., 2003, 41(17): 2607-2629.

[30] Zhao Y L, Higashihara T, Sugiyama K, et al. Synthesis of functionalized asymmetric star polymers containing conductive polyacetylene segments by living anionic polymerization. J. Am. Chem. Soc., 2005, 127(41): 14158-14159.

[31] Zhao Y, Higashihara T, Sugiyama K, et al. Synthesis of asymmetric star-branched polymers having two polyacetylene arms by means of living anionic polymerization using 1,1 -diphenylethylene derivatives. Macromolecules, 2007, 40(2): 228-238.

[32] Zhang Y, Li J, Li X, et al. Regio-specific polyacetylenes synthesized from anionic polymerizations of template monomers. Macromolecules, 2014, 47(18): 6260-6269.

[33] Yang S, He J. Organic-inorganic rod-coil block copolymers comprising substituted polyacetylene and poly(dimethylsiloxane) segments. Polym. Chem., 2016, 7(27): 4506-4514.

[34] Qi G, Yu Y, He J. Synthesis of a 60 fullerene-end-capped polyacetylene derivative——a "rod-sphere" molecule from a "coil-sphere" precursor. Polym. Chem., 2016, 7(7): 1461-1467.

[35] Yu Y, He J. Synthesis of regioblock polystyrene by a template monomer technique. Eur. Polym. J., 2017, 86: 58-67.

[36] Yu Y, He J. Anionic polymerizations of bis(terphenyl) substituted butadienes for precursors of head-to-head substituted polyacetylenes. Macromol. Chem. Phys., 2017, 218(12): 1700080.

[37] Yu Y, Qu C, He J. Synthesis of asymmetrically substituted head-to-head polyacetylenes from 2,3-disubstituted-1,3-butadienes. J. Polym. Sci. Pol. Chem., 2019, 57(3): 395-402.

[38] Li J, He J. Synthesis of sequence-regulated polymers: Alternating polyacetylene through regioselective anionic polymerization of butadiene derivatives. ACS Macro Lett., 2015, 4(4): 372-376.

[39] Zhang C, Yang Y, He J. Direct transformation of living anionic polymerization into RAFT-based polymerization. Macromolecules, 2013, 46(10): 3985-3994.

[40] 陈李峰, 何军坡. 通过负离子与 RAFT 机理转换法合成嵌段序列可控的三嵌段共聚物. 高分子学报, 2015, (8): 973-981.

[41] Calderon N, Chen H Y, Scott K W. Olefin metathesis—a noval reaction for skeletal transformations of unsaturated hydrocarbons. Tetrahedron Lett., 1967, (34): 3327.

[42] Otsu T, Yoshida M. Role of initiator-transfer agent-terminator (iniferter) in radical polymerizations-polymer design by organic disulfides as iniferters. Makromol. Chem. Rapid Commun., 1982, 3(2): 127-132.

[43] Webster O W, Hertler W R, Sogah D Y, et al. Group-transfer polymerization .1. A new concept for addition polymerization with organo-silicon initiators. J. Am. Chem. Soc., 1983, 105(17): 5706-5708.

[44] Georges M K, Veregin R P N, Kazmaier P M, et al. Narrow molecular-weight resins by a free-radical polymerization process. Macromolecules, 1993, 26(11): 2987-2988.

[45] Wang J S, Matyjaszewski K. Controlled living radical polymerization - atom-transfer radical polymerization in the presence of transition-metal complexes. J. Am. Chem. Soc., 1995, 117(20): 5614-5615.

[46] Chiefari J, Chong Y K, Ercole F, et al. Living free-radical polymerization by reversible addition-fragmentation chain transfer: The RAFT process. Macromolecules, 1998, 31(16): 5559-5562.

[47] Haque F M, Grayson S M. The synthesis, properties and potential applications of cyclic polymers. Nature Chem., 2020, 12(5): 433-444.

[48] Chen C, Weil T. Cyclic polymers: Synthesis, characteristics, and emerging applications. Nanoscale Horiz., 2022, 7(10): 1121-1135.

[49] Muramatsu Y, Takasu A. Synthetic innovations for cyclic polymers. Polym. J., 2022, 54(2): 121-132.

[50] Jia Z F, Fu Q, Huang J L. Synthesis of amphiphilic macrocyclic graft copolymer consisting of a poly(ethylene oxide) ring and multi-polystyrene lateral chains. Macromolecules, 2006, 39(16): 5190-5193.

[51] Fan X S, Wang G W, Huang J L. Synthesis of macrocyclic molecular brushes with amphiphilic block copolymers as sidle chains. J. Polym. Sci. Pol. Chem., 2011, 49(6): 1361-1367.

[52] Zhang Y N, Wang G W, Huang J L. Synthesis of macrocyclic poly(ethylene oxide) and polystyrene via Glaser coupling reaction. Macromolecules, 2010, 43(24): 10343-10347.

[53] Zhang Y N, Wang G W, Huang J L. Preparation of amphiphilic poly(ethylene oxide)-block-polystyrene macrocycles via Glaser coupling reaction under CuBr/pyridine system. J. Polym. Sci. Pol. Chem., 2011, 49(22): 4766-4770.

[54] Pang X C, Jing R K, Huang J L. Synthesis of amphiphilic macrocyclic graft copolymer consisting of a poly(ethylene oxide) ring and multi-poly(epsilon-caprolactone) lateral chains. Polymer, 2008, 49(4): 893-900.

[55] Pang X C, Wang G W, Jia Z F, et al. Preparation of the amphiphilic macro-rings of poly(ethylene oxide) with multi-polystyrene lateral chains and their extraction for dyes. J. Polym. Sci. Pol. Chem., 2007, 45(24): 5824-5837.

[56] Pang X C, Jing R K, Pan M G, et al. A pH- and temperature-sensitive macrocyclic graft copolymer composed of PEO ring and multi-poly(2-(dimethylamino) ethyl methacrylate) lateral chains. Sci. China Chem., 2010, 53(8): 1653-1662.

[57] Wang G W, Fan X S, Hu B, et al. Synthesis of eight-shaped poly(ethylene oxide) by the combination of glaser coupling with ring-opening polymerization. Macromol. Rapid Commun., 2011, 32(20): 1658-1663.

[58] Fan X S, Huang B, Wang G W, et al. Synthesis of amphiphilic heteroeight-shaped polymer

cyclic-[poly(ethylene oxide)-*b*-polystyrene](2) via “click” chemistry. Macromolecules, 2012, 45(9): 3779-3786.

[59] Huang B, Fan X S, Wang G W, et al. Synthesis of twin-tail tadpole-shaped (cyclic polystyrene)-block-[linear poly(TERT-butyl acrylate)]$_2$ by combination of Glaser coupling reaction with living anionic polymerization and atom transfer radical polymerization. J. Polym. Sci. Pol. Chem., 2012, 50(12): 2444-2451.

[60] Fan X S, Huang B, Wang G W, et al. Synthesis of biocompatible tadpole-shaped copolymer with one poly(ethylene oxide) (PEO) ring and two poly(epsilon-caprolactone) (PCL) tails by combination of Glaser coupling with ring-opening polymerization. Polymer, 2012, 53(14): 2890-2896.

[61] Wang G W, Hu B, Fan X S, et al. Synthesis of amphiphilic tadpole-shaped copolymers by combination of Glaser coupling with living anionic polymerization and ring-opening polymerization. J. Polym. Sci. Pol. Chem., 2012, 50(11): 2227-2235.

[62] Fan X S, Tang T T, Huang K, et al. Synthesis of branch-ring-branch tadpole-shaped [linear-poly(ε-caprolactone)]-*b*-[cyclic-poly(ethylene oxide)]-*b*-[linear-poly(ε-caprolactone)] by combination of Glaser coupling reaction with ring-opening polymerization. J. Polym. Sci. Pol. Chem., 2012, 50(15): 3095-3103.

[63] Shen H Y, Wang G W. A versatile flash cyclization technique assisted by microreactor. Polym. Chem., 2017, 8(36): 5554-5560.

[64] Ito S, Goseki R, Ishizone T, et al. Synthesis of well-controlled graft polymers by living anionic polymerization towards exact graft polymers. Polym. Chem., 2014, 5(19): 5523-5534.

[65] Kato K, Uchida E, Kang E T, et al. Polymer surface with graft chains. Prog. Polym. Sci., 2003, 28(2): 209-259.

[66] Liu C Y, Lv K, Huang B, et al. Synthesis and characterization of graft copolymers poly(ethylene oxide)-*g*-[poly(ethylene oxide)-*b*-poly(epsilon-caprolactone)] with double crystallizable side chains. RSC Adv., 2013, 3(39): 17945-17953.

[67] Wang G W, Zhang Y N, Huang J L. Effects of br connected groups on atom transfer nitroxide radical coupling reaction and its application in the synthesis of comb-like block copolymers. J. Polym. Sci. Pol. Chem., 2010, 48(7): 1633-1640.

[68] Sun R M, Wang G W, Liu C, et al. Preparation of comb-like copolymers with amphiphilic poly(ethylene oxide)-*b*-polystyrene graft chains by combination of “graft from” and “graft onto” strategies. J. Polym. Sci. Pol. Chem., 2009, 47(7): 1930-1938.

[69] Fu Q, Lin W C, Huang J L. A new strategy for preparation of graft copolymers via “graft onto” by atom transfer nitroxide radical coupling chemistry: Preparation of poly (4-glycidyloxy-2,2,6,6-tetramethylpiperidine-1-oxyl-*co*-ethylene oxide)-graft-polystyrene and poly(*tert*-butyl acrylate). Macromolecules, 2008, 41(7): 2381-2387.

[70] Li P P, Huang J L. Preparation of poly(ethylene oxide)-graft-poly(acrylic acid) copolymer stabilized iron oxide nanoparticles via an in situ templated process. J. Appl. Polym. Sci., 2008, 109(1): 501-507.

[71] Li P P, Li Z Y, Huang J L. Preparation of star copolymers with three arms of poly(ethylene oxide-co-glycidol)-graft-polystyrene and investigation of their aggregation in water. Polymer, 2007, 48(6): 1557-1566.

[72] Li P P, Li Z Y, Huang J L. Water-soluble star brush copolymer with four arms composed of poly(ethylene oxide) as backbone and poly(acrylic acid) as side chains. Macromolecules, 2007, 40(3): 491-498.

[73] Li Z Y, Li P P, Huang J L. Synthesis and characterization of amphiphilic graft copolymer poly(ethylene oxide)-graft-poly(methyl acrylate). Polymer, 2006, 47(16): 5791-5798.

[74] Li Z Y, Li P P, Huang J L. Synthesis of amphiphilic copolymer brushes: Poly(ethylene oxide)-graft-polystyrene. J. Polym. Sci. Pol. Chem., 2006, 44(15): 4361-4371.

[75] Jia Z F, Fu Q, Huang J L. Synthesis of poly(ethylene oxide) with pending 2,2,6,6-tetramethylpiperidine-1-oxyl groups and its further initiation of the grafting polymerization of styrene. J. Polym. Sci. Pol. Chem., 2006, 44(12): 3836-3842.

[76] Tang T T, Fan X S, Jin Y, et al. Synthesis and characterization of graft copolymers with poly(epichlorohydrin-co-ethylene oxide) as backbone by combination of ring-opening polymerization with living anionic polymerization. Polymer, 2014, 55(16): 3680-3687.

[77] Tang T T, Huang J, Huang B, et al. Synthesis of graft polymers with poly(isoprene) as main chain by living anionic polymerization mechanism. J. Polym. Sci. Pol. Chem., 2012, 50(24): 5144-5150.

[78] Wang G W, Fan X S, Huang J L. Investigation of thiol-ene addition reaction on poly(isoprene) under UV irradiation: Synthesis of graft copolymers with "v"-shaped side chains. J. Polym. Sci. Pol. Chem., 2010, 48(17): 3797-3806.

[79] Jing R K, Wang G W, Huang J L. One-pot preparation of ABA-type block-graft copolymers via a combination of "click" chemistry with atom transfer nitroxide radical coupling reaction. J. Polym. Sci. Pol. Chem., 2010, 48(23): 5430-5438.

[80] Luo X L, Wang G W, Pang X C, et al. Synthesis of a novel kind of amphiphilic graft copolymer with miktoarm star-shaped side chains. Macromolecules, 2008, 41(7): 2315-2317.

[81] Ma Y Y, Huang J, Sui K Y, et al. Synthesis and characterization of crystalline graft polymer poly(ethylene oxide)-*g*-poly(epsilon-caprolactone)$_2$ with modulated grafting sites. J. Polym. Sci. Pol. Chem., 2014, 52(16): 2239-2247.

[82] Liang X Y, Liu Y J, Huang J, et al. Synthesis and characterization of novel barbwire-like graft polymers poly(ethylene oxide)-*g*-poly(epsilon-caprolactone)$_4$ by the 'grafting from' strategy.

Polym. Chem., 2015, 6(3): 466-475.

[83] Zhang J X, Shen H Y, Song W G, et al. Synthesis and characterization of novel copolymers with different topological structures and tempo radical distributions. Macromolecules, 2017, 50(7): 2683-2695.

[84] Pan M G, Wang G W, Zhang Y N, et al. Synthesis of a novel graft copolymer with hyperbranched poly(glycerol) as core and "Y"-shaped polystyrene-*b*-poly(ethylene oxide)$_2$ as side chains. J. Polym. Sci. Pol. Chem., 2010, 48(24): 5856-5864.

[85] Pan M G, Wan D C, Huang J L. Preparation of a novel copolymer of hyperbranched polyglycerol with multi-arms of poly(*n*-isopropylacrylamide). Chinese J. Chem., 2010, 28(4): 499-503.

[86] Wang G W, Liu C, Pan M G, et al. Synthesis and characterization of star graft copolymers with asymmetric mixed "V-shaped" side chains via "click" chemistry on a hyperbranched polyglycerol core. J. Polym. Sci. Pol. Chem., 2009, 47(5): 1308-1316.

[87] Liu C, Zhang Y, Huang J L. Well-defined star polymers with mixed-arms by sequential polymerization of atom transfer radical polymerization and reverse addition-fragmentation chain transfer on a hyperbranched polyglycerol core. Macromolecules, 2008, 41(2): 325-331.

[88] Liu C, Pan M G, Zhang Y, et al. Preparation of star block copolymers with polystyrene-block-poly(ethylene oxide) as side chains on hyperbranched polyglycerol core by combination of ATRP with atom transfer nitroxide radical coupling reaction. J. Polym. Sci. Pol. Chem., 2008, 46(20): 6754-6761.

[89] Liu C, Wang G W, Zhang Y, et al. Preparation of star polymers of hyperbranched polyglycerol core with multiarms of PS-*b*-PtBA and PS-*b*-PAA. J. Appl. Polym. Sci., 2008, 108(2): 777-784.

[90] Wan D C, Fu Q, Huang J L. Synthesis of amphiphilic hyperbranched polyglycerol polymers and their application as template for size control of gold nanoparticles. J. Appl. Polym. Sci., 2006, 101(1): 509-514.

[91] Wan D C, Fu Q, Huang J L. Synthesis of a thermoresponsive shell-crosslinked 3-layer onion-like polymer particle with a hyperbranched polyglycerol core. J. Polym. Sci. Pol. Chem., 2005, 43(22): 5652-5660.

[92] Liu Y J, Wang X P, Song W G, et al. Synthesis and characterization of silica nanoparticles functionalized with multiple tempo groups and investigation on their oxidation activity. Polym. Chem., 2015, 6(43): 7514-7523.

[93] Wang J, Wu Z, Shen H, et al. Synthesis, characterization and the paramagnetic properties of bottle-brush copolymers with shielding tempo radicals. Polym. Chem., 2017, 8(45): 7044-7053.

[94] Zhang J, Shen H, Song W, et al. Synthesis and characterization of novel copolymers with different topological structures and tempo radical distributions. Macromolecules, 2017, 50(7):

2683-2695.

[95] Huang Y-L, Wang J, Jian Y-H, et al. Development of amphiphile 4-armed PEO-based Ti^{4+} complex for highly selective enrichment of phosphopeptides. Talanta, 2019, 204: 670-676.

[96] Hadjichristidis N. Synthesis of miktoarm star (mu-star) polymers. J. Polym. Sci. Pol. Chem., 1999, 37 (7): 857-871.

[97] Kadam P G, Mhaske S. Synthesis of star-shaped polymers. Des. Monomers Polyme., 2011, 14 (6): 515-540.

[98] Ren J M, McKenzie T G, Fu Q, et al. Star polymers. Chemical Reviews, 2016, 116 (12): 6743-6836.

[99] Wu W, Wang W, Li J. Star polymers: Advances in biomedical applications. Prog. Polym. Sci., 2015, 46: 55-85.

[100] Wang G W, Fan X S, Huang J L. Synthesis of 4μ-PS_2PEO_2, 4μ-PS_2PCL_2, 4μ-PI_2PEO_2, and 4μ-PI_2PCL_2 star-shaped copolymers by the combination of glaser coupling with living anionic polymerization and ring-opening polymerization. J. Polym. Sci. Pol. Chem., 2010, 48 (23): 5313-5321.

[101] Wang G W, Hu B, Huang J L. Synthesis of 4μ-PS_2PtBA_2, 4μ-$PtPtBA_2$, and 4μ-PL_2PS_2 star-shaped copolymers by combination of Glaser coupling with living anionic polymerization and ATRP. Macromolecules, 2010, 43 (17): 6939-6942.

[102] Guo Q Q, Liu C Y, Tang T T, et al. Synthesis of amphiphilic A_4B_4 star-shaped copolymers by mechanisms transformation combining with thiol-ene reaction. J. Polym. Sci. Pol. Chem., 2013, 51 (21): 4572-4583.

[103] Bi H, Han X, Liu L, et al. Atomic mechanism of interfacial-controlled quantum efficiency and charge migration in InAs/GaSb superlattice. ACS Appl. Mater. Inter., 2017, 9 (32): 26642-26647.

[104] Luo X L, Wang G W, Huang J L. Preparation of H-shaped ABCAB terpolymers by atom transfer radical coupling. J. Polym. Sci. Pol. Chem., 2009, 47 (1): 59-68.

[105] Zhang Z N, Wang G W, Huang J L. Synthesis of H-shaped A_3BA_3 copolymer by methyl-2-nitrosopropane induced single electron transfer nitroxide radical coupling. J. Polym. Sci. Pol. Chem., 2011, 49 (13): 2811-2817.

[106] Chen L D, Huang J, Wang X P, et al. Synthesis and characterization of novel dumbbell shaped copolymers poly (ethylene oxide)$_x$-*b*-polystyrene-*b*-poly (ethylene oxide)$_x$ with tunable side arms by combination of efficient thiol-ene addition reaction with living polymerization mechanism. RSC Adv., 2015, 5 (41): 32358-32368.

[107] Zhang Y N, Wang G W, Huang J L. A new strategy for synthesis of “umbrella-like” poly (ethylene glycol) with monofunctional end group for bioconjugation. J. Polym. Sci. Pol. Chem., 2010, 48 (24): 5974-5981.

[108] Wang G W, Luo X L, Zhang Y N, et al. Synthesis of dendrimer-like copolymers based on the star [polystyrene-poly (ethylene oxide) -poly (ethoxyethyl glycidyl ether)] terpolymers by click chemistry. J. Polym. Sci. Pol. Chem., 2009, 47(18): 4800-4810.

[109] Chen L, Huang J, Wang X, et al. Synthesis and characterization of novel dumbbell shaped copolymers poly (ethylene oxide)$_x$-*b*-polystyrene-*b*-poly (ethylene oxide)$_x$ with tunable side arms by combination of efficient thiol-ene addition reaction with living polymerization mechanism. RSC Adv., 2015, 5(41): 32358-32368.

[110] Zhao Z, Shen H, Sui K, et al. Preparation of periodic copolymers by living anionic polymerization mechanism assisted with a versatile programmed monomer addition mode. Polymer, 2018, 137: 364-369.

[111] Wang X, Huang J, Chen L, et al. Synthesis of thermal degradable poly (alkoxyamine) through a novel nitroxide radical coupling step growth polymerization mechanism. Macromolecules, 2014, 47(22): 7812-7822.

[112] Song W, Huang J, Hang C, et al. Synthesis of thermally cleavable multisegmented polystyrene by an atom transfer nitroxide radical polymerization (ATNRP) mechanism. Polym. Chem., 2015, 6(46): 8060-8070.

[113] Lu C J, Chen L D, Huang K, et al. Synthesis and characterization of amphiphilic triblock copolymers with identical compositions but different block sequences. RSC Adv., 2014, 4(82): 43682-43690.

[114] Huang J, Wang X P, Wang G W. Synthesis and characterization of copolymers with the same proportions of polystyrene and poly (ethylene oxide) compositions but different connection sequence by the efficient williamson reaction. Polym. Int., 2015, 64(9): 1202-1208.

[115] Lin W C, Jing R K, Wang G W, et al. Synthesis of amphiphilic abc triblock copolymers by single electron transfer nitroxide radical coupling reaction in tetrahydrofuran. J. Polym. Sci. Pol. Chem., 2011, 49(13): 2802-2810.

[116] Jing R K, Lin W C, Wang G W, et al. Copper (0) -catalyzed one-pot synthesis of ABC triblock copolymers via the combination of single electron transfer nitroxide radical coupling reaction and "click" chemistry. J. Polym. Sci. Pol. Chem., 2011, 49(12): 2594-2600.

[117] Lin W C, Fu Q, Zhang Y, et al. One-pot synthesis of ABC type triblock copolymers via a combination of "click chemistry" and atom transfer nitroxide radical coupling chemistry. Macromolecules, 2008, 41(12): 4127-4135.

[118] Zhang Y, Pan M G, Liu C, et al. Preparation of amphiphilic ternary block copolymers with PEO as the middle block and the effect of PEO position on the glass transition temperature T_g of copolymers. J. Polym. Sci. Pol. Chem., 2008, 46(8): 2624-2631.

[119] Zhang Y, Lin W C, Jing R K, et al. Effect of block sequence on the self-assembly of ABC

terpolymers in selective solvent. J. Phys. Chem. B, 2008, 112(51): 16455-16460.

[120] Chen L D, Zhang J X, Liu Y J, et al. Synthesis, characterization, micellization and application of novel multiblock copolymers with the same compositions but different linkages. Polym. Chem., 2015, 6(48): 8343-8353.

[121] Jia Z F, Xu X W, Fu Q, et al. Synthesis and self-assembly morphologies of amphiphilic multiblock copolymers [poly(ethylene oxide) *b*-polystyrene]$_n$ via trithiocarbonate-embedded PEO macro-RAFT agent. J. Polym. Sci. Pol. Chem., 2006, 44(20): 6071-6082.

[122] Zhang J X, Wang G W. Polymers with complicated architectures constructed from the versatile, functional monomer 1-ethoxyethyl glycidyl ether. Sci. China Chem., 2015, 58(11): 1674-1694.

[123] Shen H, Wang G. Ethylene oxide polymers: Synthesis, modification, topology, and applications. Encyclopedia of polymer science and technology, 2018, DOI: 10. 1002/0471440264.pst528.pub2.

[124] Wang G, Huang J. Versatility of radical coupling in construction of topological polymers. Polym. Chem., 2014, 5(2): 277-308.

[125] Zhang L F, Eisenberg A. Multiple morphologies of crew-cut aggregates of polystyrene-*b*-poly(acrylic acid) block-copolymers. Science, 1995, 268(5218): 1728-1731.

[126] Canning S L, Smith G N, Armes S P. A critical appraisal of RAFT-mediated polymerization-induced self assembly. Macromolecules, 2016, 49(6): 1985-2001.

[127] D'Agosto F, Rieger J, Lansalot M. RAFT-mediated polymerization-induced self-assembly. Angew. Chem. Int. Edit., 2020, 59(22): 8368-8392.

[128] Derry M J, Fielding L A, Armes S P. Polymerization-induced self-assembly of block copolymer nanoparticles via RAFT non-aqueous dispersion polymerization. Prog. Polym. Sci., 2016, 52: 1-18.

[129] Liu C, Hong C-Y, Pan C-Y. Polymerization techniques in polymerization-induced self-assembly (PISA). Polym. Chem., 2020, 11(22): 3673-3689.

[130] Wan J, Fan B, Thang S H. RAFT-mediated polymerization-induced self-assembly (RAFT-PISA): Current status and future directions. Chemical Science, 2022, 13(15): 4192-4224.

[131] Wang X, An Z. New insights into RAFT dispersion polymerization-induced self-assembly: From monomer library, morphological control, and stability to driving forces. Macromol. Rapid Commun., 2019, 40(2): 1800325.

[132] Yeow J, Boyer C. Photoinitiated polymerization-induced self-assembly (photo-PISA): New insights and opportunities. Adv. Sci., 2017, 4(7): 1700137.

[133] Zhang W-J, Hong C-Y, Pan C-Y. Polymerization-induced self-assembly of functionalized block copolymer nanoparticles and their application in drug delivery. Macromol. Rapid Commun.,

2019, 40(2): 1800279.

[134] Wang G, Schmitt M, Wang Z Y, et al. Polymerization-induced self-assembly (PISA) using ICAR ATRP at low catalyst concentration. Macromolecules, 2016, 49(22): 8605-8615.

[135] Cao M, Zhang Y, Wang J, et al. ICAR ATRP polymerization-induced self-assembly using a mixture of macroinitiator/stabilizer with different molecular weights. Macromol. Rapid Comm., 2019, 40(20): 1900296.

[136] Wang G, Wang Z, Lee B, et al. Polymerization-induced self-assembly of acrylonitrile via ICAR ATRP. Polymer, 2017, 129: 57-67.

[137] Wang J, Wu Z, Wang G, et al. In situ crosslinking of nanoparticles in polymerization-induced self-assembly via ARGET ATRP of glycidyl methacrylate. Macromol. Rapid Comm., 2019, 40(2): 1800332.

[138] Shi B, Zhang H, Liu Y, et al. Development of ICAR ATRP-based polymerization-induced self-assembly and its application in the preparation of organic-inorganic nanoparticles. Macromol. Rapid Comm., 2019, 40(24): 1900547.

[139] Wang J, Cao M, Zhou P, et al. Exploration of a living anionic polymerization mechanism into polymerization-induced self-assembly and site-specific stabilization of the formed nano-objects. Macromolecules, 2020, 53(8): 3157-3165.

[140] Zhou C, Wang J, Zhou P, et al. A polymerization-induced self-assembly process for all-styrenic nano-objects using the living anionic polymerization mechanism. Polym. Chem., 2020, 11(15): 2635-2639.

[141] 王国伟, 王剑, 史柏扬, 等. 一种有机-无机纳米复合粒子及制备方法和应用: 中国专利 202110616855.7.

[142] Li P, Zhou P, Wang J, et al. Synthesis, characterization, and property of ionized nano-objects with defined phase separation. J. Polym. Sci., 2023, 61(7): 613-621.

[143] Zhou P, Shi B, Liu Y, et al. Exploration of the modification-induced self-assembly (MISA) technique and the preparation of nano-objects with a functional poly (acrylic acid) core. Polym. Chem., 2022, 13(28): 4186-4197.

[144] Chai X, Zhou P, Xia Q, et al. Fluorine-containing nano-objects with the same compositions but different segment distributions: Synthesis, characterization and comparison. Polym. Chem., 2022, 13(45): 6293-6301.

[145] Shi B-y, Wang G-w. Application of polymerization-induced self-assembly (PISA) technology. Acta Polym. Sin., 2022, 53(1): 15-29.

[146] Shi B, Shen D, Li W, et al. Self-assembly of copolymers containing crystallizable blocks: Strategies and applications. Macromol. Rapid Commun., 2022, 43(14): 2200071.

[147] Ebnesajjad S. Introduction to fluoropolymers. Waltham: Elsevier Inc., 2013.

[148] Bruno A, Bernard B. Well-architectured fluoropolymers: Synthesis, properties and applications. Amsterdam: Elsevier, 2004.

[149] Sun J, Qing F. Progress in preparation and application of high performance fluorinated organic materials. Huagong Jinzhan, 2020, 39(9): 3395-3402.

[150] Lv J, Cheng Y. Fluoropolymers in biomedical applications: State-of-the-art and future perspectives. Chem. Soc. Rev., 2021, 50(9): 5435-5467.

[151] Mohammad S A, Shingdilwar S, Banerjee S, et al. Macromolecular engineering approach for the preparation of new architectures from fluorinated olefins and their applications. Prog. Polym. Sci., 2020, 106: 101255.

[152] Chen M, Zhong M, Johnson J A. Light-controlled radical polymerization: Mechanisms, methods, and applications. Chem. Rev., 2016, 116(17): 10167-10211.

[153] Corrigan N, Jung K, Moad G, et al. Reversible-deactivation radical polymerization (controlled/living radical polymerization): From discovery to materials design and applications. Prog. Polym. Sci., 2020, 111: 101311.

[154] Pan X, Tasdelen M A, Laun J, et al. Photomediated controlled radical polymerization. Prog. Polym. Sci., 2016, 62: 73-125.

[155] Corbin D A, Miyake G M. Photoinduced organocatalyzed atom transfer radical polymerization (O-ATRP): Precision polymer synthesis using organic photoredox catalysis. Chem. Rev., 2022, 122(2): 1830-1874.

[156] Corrigan N, Yeow J, Judzewitsch P, et al. Seeing the light: Advancing materials chemistry through photopolymerization. Angew. Chem. Int. Ed., 2019, 58(16): 5170-5189.

[157] Gong H, Gu Y, Chen M. Controlled/living radical polymerization of semifluorinated (meth)acrylates. Synlett, 2018, 29(12): 1543-1551.

[158] Discekici E H, Anastasaki A, Kaminker R, et al. Light-mediated atom transfer radical polymerization of semi-fluorinated (meth)acrylates: Facile access to functional materials. J. Am. Chem. Soc., 2017, 139(16): 5939-5945.

[159] Gong H, Zhao Y, Shen X, et al. Organocatalyzed photo-controlled radical polymerization of semi-fluorinated (meth)acrylates driven by visible light. Angew. Chem. Int. Ed., 2018, 57(1): 333-337.

[160] Jiang K, Han S, Ma M, et al. Photoorganocatalyzed reversible-deactivation alternating copolymerization of chlorotrifluoroethylene and vinyl ethers under ambient conditions: Facile access to main-chain fluorinated copolymers. J. Am. Chem. Soc., 2020, 142(15): 7108-7115.

[161] Chen K, Zhou Y, Han S, et al. Main-chain fluoropolymers with alternating sequence control via light-driven reversible-deactivation copolymerization in batch and flow. Angew. Chem. Int. Ed., 2022, 61(14): e202116135.

[162] Lopez J, Mackanic D G, Cui Y, et al. Designing polymers for advanced battery chemistries. Nat. Rev. Mater., 2019, 4(5): 312-330.

[163] Ma M, Shao F, Wen P, et al. Designing weakly solvating solid main-chain fluoropolymer electrolytes: Synergistically enhancing stability toward Li anodes and high-voltage cathodes. ACS Energy Lett., 2021, 6(12): 4255-4264.

[164] Jia M, Wen P, Wang Z, et al. Fluorinated bifunctional solid polymer electrolyte synthesized under visible light for stable lithium deposition and dendrite-free all-solid-state batteries. Adv. Funct. Mater., 2021, 31(27): 2101736.

[165] Quan Q, Ma M, Wang Z, et al. Visible-light-enabled organocatalyzed controlled alternating terpolymerization of perfluorinated vinyl ethers. Angew. Chem. Int. Ed., 2021, 60(37): 20443-20451.

[166] Quan Q, Zhao Y, Chen K, et al. Organocatalyzed controlled copolymerization of perfluorinated vinyl ethers and unconjugated monomers driven by light. ACS Catal., 2022, 12(12): 7269-7277.

[167] Wang D, Zhao T, Zhu X, et al. Bioapplications of hyperbranched polymers. Chem. Soc. Rev., 2015, 44(12): 4023-4071.

[168] Zheng Y, Li S, Weng Z, et al. Hyperbranched polymers: Advances from synthesis to applications. Chem. Soc. Rev., 2015, 44(12): 4091-4130.

[169] Zhao Y, Ma M, Lin X, et al., Photoorganocatalyzed divergent reversible-deactivation radical polymerization towards linear and branched fluoropolymers. Angew. Chem. Int. Ed., 2020, 59 (48): 21470-21474.

[170] An Z. Achieving ultrahigh molecular weights with reversible deactivation radical polymerization. ACS Macro Lett., 2020, 9(3): 350-357.

[171] Gong H, Gu Y, Zhao Y, et al. Precise synthesis of ultra-high-molecular-weight fluoropolymers enabled by chain-transfer-agent differentiation under visible-light irradiation. Angew. Chem. Int. Ed., 2020, 59(2): 919-927.

[172] Gu Y, Wang Z, Gong H, et al. Investigations into CTA-differentiation-involving polymerization of fluorous monomers: Exploitation of experimental variances in fine-tuning of molecular weights. Polym. Chem., 2020, 11: 7402-7409.

[173] Han S, Gu Y, Ma M, et al. Light-intensity switch enabled nonsynchronous growth of fluorinated raspberry-like nanoparticles. Chem. Sci., 2020, 11(38): 10431-10436.

[174] Grandjean P. Delayed discovery, dissemination, and decisions on intervention in environmental health: A case study on immunotoxicity of perfluorinated alkylate substances. Environmental Health : A Global Access Science Source, 2018, 17(1): 62.

[175] Krafft M P,Riess J G.Per- and polyfluorinated substances(PFASs): Environmental challenges.

Curr. Opin. Colloid Interface Sci., 2015, 20(3): 192-212.

[176] Quan Q, Wen H, Han S, et al. Fluorous-core nanoparticle-embedded hydrogel synthesized via tandem photo-controlled radical polymerization: Facilitating the separation of perfluorinated alkyl substances from water. ACS Appl. Mater. Interfaces, 2020, 12(21): 24319-24327.

[177] Butler K T, Davies D W, Cartwright H, et al. Machine learning for molecular and materials science. Nature, 2018, 559(7715): 547-555.

[178] Meuwly M. Machine learning for chemical reactions. Chem. Rev., 2021.

[179] Gu Y, Lin P, Zhou C, et al. Machine learning-assisted systematical polymerization planning: Case studies on reversible-deactivation radical polymerization. Sci. China: Chem., 2021, 64(6): 1039-1046.

[180] Coley C W, Thomas D A, Lummiss J A M, et al. A robotic platform for flow synthesis of organic compounds informed by AI planning. Science, 2019, 365(6453): eaax1566.

[181] Pastre J C, Browne D L, Ley S V. Flow chemistry syntheses of natural products. Chem. Soc. Rev., 2013, 42(23): 8849-8869.

[182] Chen M, Buchwald S L. Continuous-flow synthesis of 1-substituted benzotriazoles from chloronitrobenzenes and amines in a C-N bond formation/hydrogenation/diazotization/cyclization sequence. Angew. Chem. Int. Ed., 2013, 52(15): 4247-4250.

[183] Lin B, Hedrick J L, Park N H, et al. Programmable high-throughput platform for the rapid and scalable synthesis of polyester and polycarbonate libraries. J. Am. Chem. Soc., 2019, 141(22): 8921-8927.

[184] Cambie D, Bottecchia C, Straathof N J, et al. Applications of continuous-flow photochemistry in organic synthesis, material science, and water treatment. Chem. Rev., 2016, 116(17): 10276-10341.

[185] Wang Z, Zhou Y,Chen M. Computer-aided living polymerization conducted under continuous-flow conditions. Chin. J. Chem., 2022, 40(2): 285-296.

[186] Zhong Z-R, Chen Y-N, Zhou Y, et al. Challenges and recent developments of photoflow-reversible deactivation radical polymerization(RDRP). Chinese J. Polym. Sci., 2021, 39(9): 1069-1083.

[187] Shen X, Gong H, Zhou Y, et al. Unsymmetrical difunctionalization of cyclooctadiene under continuous flow conditions: Expanding the scope of ring opening metathesis polymerization. Chem. Sci., 2018, 9(7): 1846-1853.

[188] Wang E,Chen M. Catalyst shuttling enabled by a thermoresponsive polymeric ligand: Facilitating efficient cross-couplings with continuously recyclable ppm levels of palladium. Chem. Sci., 2019, 10(36): 8331-8337.

[189] Chen M, Buchwald S L. Rapid and efficient trifluoromethylation of aromatic and

heteroaromatic compounds using potassium trifluoroacetate enabled by a flow system. Angew. Chem. Int. Ed., 2013, 52(44): 11628-11631.

[190] Chen M, Ichikawa S, Buchwald S L. Rapid and efficient copper-catalyzed Finkelstein reaction of(hetero)aromatics under continuous-flow conditions. Angew. Chem. Int. Ed., 2015, 54(1): 263-266.

[191] Zhou Y, Gu Y, Jiang K, et al. Droplet-flow photopolymerization aided by computer: Overcoming the challenges of viscosity and facilitating the generation of copolymer libraries. Macromolecules, 2019, 52(15): 5611-5617.

[192] Zhou Y, Han S, Gu Y, et al. Facile synthesis of gradient copolymers enabled by droplet-flow photo-controlled reversible deactivation radical polymerization. Sci. China: Chem., 2021, 64(5): 844-851.

[193] Zhou Y, Fu Y, Chen M. Facile control of molecular weight distribution via droplet-flow light-driven reversible-deactivation radical polymerization. Chin. J. Chem., 2022, 40(19): 2305-2312.

[194] Jäkle F. Advances in the synthesis of organoborane polymers for optical, electronic, and sensory applications. Chem. Rev., 2010, 110: 3985-4022.

[195] Corrigan N, Jung K, Moad G, et al. Reversible-deactivation radical polymerization (controlled/living radical polymerization): From discovery to materials design and applications. Prog. Polym. Sci., 2020, 111: 101311.

[196] Pan X, Fang C, Fantin M, et al. Mechanism of photoinduced metal-free atom transfer radical polymerization: Experimental and computational studies. J. Am. Chem. Soc., 2016, 138: 2411-2425.

[197] Wang Q, Bai F, Wang Y, et al. Photoinduced ion-pair inner-sphere electron transfer-reversible addition-fragmentation chain transfer polymerization. J. Am. Chem. Soc., 2022, 144: 19942-19952.

[198] Li N, Pan X. Controlled radical polymerization: From oxygen inhibition and tolerance to oxygen initiation. Chinese J. Polym. Sci., 2021, 39: 1084-1092.

[199] Lv C, Du Y, Pan X. Alkylboranes in conventional and controlled radical polymerization. J. Polym. Sci., 2020, 58: 14-19.

[200] Lv C, He C, Pan X. Oxygen-initiated and regulated controlled radical polymerization under ambient conditions. Angew. Chem. Int. Ed., 2018, 57: 9430-9433.

[201] An Z. 100th anniversary of macromolecular science viewpoint: achieving ultrahigh molecular weights with reversible deactivation radical polymerization. ACS Macro Lett., 2020, 9(3): 350-357.

[202] Wang Y, Wang Q, Pan X. Controlled radical polymerization toward ultra-high molecular

weight by rationally designed borane radical initiators. Cell Rep. Phys. Sci., 2020, 1(6): 100073.

[203] Corrigan N, Jung K, Boyer C. Merging new organoborane chemistry with living radical polymerization. Chem, 2020, 6(6): 1212-1214.

[204] Carmean R N, Figg C A, Scheutz G M, et al. Catalyst-free photoinduced end-group removal of thiocarbonylthio functionality. ACS Macro Lett., 2017, 6(2): 185-189.

[205] Xu J, He J, Fan D, et al. Thermal decomposition of dithioesters and its effect on RAFT polymerization. Macromolecules, 2006, 39(11): 3753-3759.

[206] Chong Y K, Moad, G, Rizzardo E, et al. Thiocarbonylthio end group removal from RAFT-synthesized polymers by radical-induced reduction. Macromolecules, 2007, 40(13): 4446-4455.

[207] He C, Pan X. MIDA boronate stabilized polymers as a versatile platform for organoboron and functionalized polymers. Macromolecules, 2020, 53(10): 3700-3708.

[208] Lv C, Li N, Du Y, et al. Activation and deactivation of chain-transfer agent in controlled radical polymerization by oxygen initiation and regulation. Chinese J. Polym. Sci., 2020, 38: 1178-1184.

[209] Li N, Yang S, Huang Z, et al. Radical reduction of polymer chain-end functionality by stoichiometric *N*-heterocyclic carbene boranes. Macromolecules, 2021, 54(13): 6000-6005.

[210] He C, Dong J, Xu C, et al. *N*-coordinated organoboron in polymer synthesis and material science. ACS Polym. Au, 2023, 3(1): 5-27.

[211] Gillis E P, Burke M D. A simple and modular strategy for small molecule synthesis: Iterative Suzuki-Miyaura coupling of B-protected haloboronic acid building blocks. J. Am. Chem. Soc., 2007, 129(21): 6716-6717.

[212] Li X, He C, Matyjaszewski K, et al. ATRP of MIDA boronate-containing monomers as a tool for synthesizing linear phenolic and functionalized polymers. ACS Macro Lett., 2021, 10(10): 1327-1332.

[213] Dong J, He C, Xu C, et al. Vinyl boronate polymers with dynamic exchange properties. Polym. Chem., 2022, 13: 6408-6414.

[214] Röttger M, Domenech T, Wan D W R, et al. High-performance vitrimers from commodity thermoplastics through dioxaborolane metathesis. Science, 2017, 356: 62-65.

[215] Lutz J, Ochui M, Liu D, et al. Sequence-controlled polymers. Science, 2013, 341: 1238149.

[216] Merrifield R. Solid phase peptide synthesis. I. The synthesis of a tetrapeptide. J. Am. Chem. Soc., 1963, 85: 2149-2154.

[217] Engelis N G, Anastasaki A, Nurumbetov G, et al. Sequence-controlled methacrylic multiblock copolymers via sulfur-free RAFT emulsion polymerization. Nat. Chem., 2017, 9: 171-178.

[218] Lutz J F. Sequence-controlled polymerizations: The next holy grail in polymer science?. Polym. Chem., 2010, 1: 55-62.

[219] Barnes J C, Ehrlich D J C, Gao A X, et al. Iterative exponential growth of stereo- and sequence-controlled polymers. Nat. Chem., 2015, 7: 810-815.

[220] Huang Z, Noble B B, Corrigan N, et al. Discrete and stereospecific oligomers prepared by sequential and alternating single unit monomer insertion. J. Am. Chem. Soc., 2018, 140: 13392-13406.

[221] Ren J M, Lawrence J, Knight A S, et al. Controlled formation and binding selectivity of discrete oligo(methyl methacrylate) stereocomplexes. J. Am. Chem. Soc., 2018, 140: 1945-1951.

[222] Sun H, Kabb C P, Sims M B, et al. Architecture-transformable polymers: Reshaping the future of stimuli-responsive polymers. Prog. Polym. Sci., 2019, 89: 61-75.

[223] Li J, Ballmer S, Gillis E, et al. Synthesis of many different types of organic small molecules using one automated process. Science, 2015, 347: 1221-1226.

[224] Xu C, He C, Li N, et al. Regio- and sequence-controlled conjugated topological oligomers and polymers via boronate-tag assisted solution-phase strategy. Nat. Commun., 2021, 12: 5853.

第 3 章 高分子凝聚态物理及其应用

本章将重点介绍高分子凝聚态物理理论及其应用。首先介绍粗粒化程度较高的相场理论及其在高分子共混物、液晶、共聚物、高分子囊泡等各类高分子体系中的应用；然后介绍考虑了高分子链内部构象的自洽场理论方法及相关的各类数值求解算法，并用其来调控嵌段共聚物自组装形成的各类拓扑结构；最后将讨论上述理论方法在高分子材料开发中的应用。

3.1 相场理论在高分子科学中的应用

高分子体系具有非常高的自由度。通常处理这些复杂体系有两种不同的理论策略。在第一种理论策略中，体系的状态变量不包含链内自由度或链构象的信息，而是通过仔细选择动力学方程中描述状态变量的关键唯象函数，使得简单的动力学方程仍然能够适当地描述高分子系统的复杂性。而在第二种理论策略中会明确考虑链的构象信息。第 3 章将专门讨论上述两种理论处理方法，分别是相场理论和自洽场理论，及其在高分子共混物、液晶、共聚物等各类高分子体系中的应用。

3.1 节讨论的是第一种策略，其中链构象没有被明确考虑。通常使用自由度相对较小的状态变量和唯象动力学方程的理论被称为“相场”理论[1,2]，在过去的二十多年中得到了广泛的应用。例如，时间依赖 Landau-Ginzburg 方程(TDGL)[3]就是一种相场理论。在 3.1 节中，专门回顾了相场理论在高分子共混物、液晶和聚合物囊泡系统的应用研究。

3.1.1 高分子共混物相行为

1. 相场理论的特点

诸如高分子和生物之类的复杂系统由于其内部自由度的复杂性而难以被理论描述。为克服此困难，相场理论[1,2]选择采用一个或一组自由度通常比其他方法小得多的状态变量ψ 或$\{\psi_i\}$，再辅之一个唯象动力学方程，来描述复杂系统的动力学。在相场理论中，这些状态变量也被称为相场。唯象动力学方程通常是时间的一阶方程，并采用如下形式，

$$\frac{\partial \psi(\boldsymbol{r})}{\partial t} = K(\psi, \nabla \psi, \nabla^2 \psi, \cdots) \tag{3.1}$$

式中，K 可以看作是状态变量及其各种不同阶梯度的一些唯象函数。

唯象函数 K 可以通过对称论证、理论论证、计算模拟或实验数据拟合等方式来确定，也可以通过以上多种方式的结合来确定。例如，如果系统的自由能可以用状态变量 $F[\psi]$ 来唯象地表示，那么唯象函数可以被表示为 $K=-L\delta F/\delta\psi$ 或 $K=L\nabla^2\delta F/\delta\psi$，具体取决于状态变量是否守恒。方程式(3.2)现在通常被称为时间依赖 Landau-Ginzburg 方程（TDGL）[3]。守恒的 TDGL 方程如下，

$$\frac{\partial\psi(\boldsymbol{r})}{\partial t}=L\nabla^2\frac{\delta F}{\delta\psi} \tag{3.2}$$

提高相场理论的准确性有两种方法。第一种方法是增加状态变量的自由度。例如，如果一个状态变量不足以描述给定系统的复杂性，则尝试两个或更多个状态变量。例如，在聚合物液晶的公式中，将添加一个表示链段取向的附加相场。第二种方法是优化唯象函数 K 或自由能函数。例如，为了描述嵌段共聚物体系中两个嵌段的连接性，可在 K 函数中添加一个额外 $\alpha(\psi-\psi_0)$ 项。此外，在聚合物流变学中构建本构方程也可以看作是 K 函数优化的一种形式，但本章不讨论此问题。

2. 高分子共混的相场动力学方程

考虑由 n_{A} 条 A 聚合物链和 n_{B} 条 B 聚合物链组成的二元聚合物系统，其中聚合物的聚合度分别为 N_{A} 和 N_{B}。那么该系统的动力学可以用以下相场方程或 TDGL 方程描述：

$$\frac{\partial\phi(\boldsymbol{r})}{\partial t}=L\nabla^2\frac{\delta F[\phi_{\mathrm{A}},\phi_{\mathrm{B}}]}{\delta\phi} \tag{3.3}$$

其中，$\phi_{\mathrm{A}}(\boldsymbol{r})$ 和 $\phi_{\mathrm{B}}(\boldsymbol{r})$ 分别是 A 聚合物链段和 B 聚合物链段的局部体积分数，$\phi(\boldsymbol{r})$ 是动力学序参量，有 $\phi(\boldsymbol{r})=\phi_{\mathrm{A}}(\boldsymbol{r})-\phi_{\mathrm{B}}(\boldsymbol{r})$。状态变量或相场 $\phi_{\mathrm{A}}(\boldsymbol{r})$ 和 $\phi_{\mathrm{B}}(\boldsymbol{r})$ 不包含关于链构象的详细信息 $\{\boldsymbol{R}_{\mathrm{A/B}}(s,i)\,|\,i=1,2,\cdots N_{\mathrm{A/B}}\}$，它们由于局部不可压缩约束进一步组合成单个相场 ϕ。尽管缺少有关构象的详细信息，但可以通过精心选择自由能泛函来部分恢复。例如，Flory-Huggins 自由能可以很好地描述聚合物混合物的相行为，其函数形式如下：

$$F[\phi_{\mathrm{A}},\phi_{\mathrm{B}}]=\int \mathrm{d}\boldsymbol{r}k_{\mathrm{B}}Tv_{\mathrm{s}}^{-1}\left[\frac{\phi_{\mathrm{A}}}{N_{\mathrm{A}}}\ln\phi_{\mathrm{A}}+\frac{\phi_{\mathrm{B}}}{N_{\mathrm{B}}}\ln\phi_{\mathrm{B}}+\chi\phi_{\mathrm{A}}\phi_{\mathrm{B}}+\frac{b}{2}\left|\nabla^2\phi\right|\right] \tag{3.4}$$

式中，最后一项是界面能量；v_{s} 是链节体积。

然而，在实际的数值模拟中，自由能泛函的形式可以进一步简化。例如，

Landau-Ginzburg 理论可以很好地描述聚合物共混物的相分离动力学，自由能密度 $\phi_A N_A^{-1}\ln\phi_A + \phi_B N_B^{-1}\ln\phi_B + \chi\phi_A\phi_B$ 可由 $\lambda_2\phi^2 + \lambda_3\phi^3 + \lambda_4\phi^4$ 近似。

在一些 TDGL 数值实现中，$\delta F/\delta\phi$ 甚至可以直接由非常唯象的函数给出，例如 $\delta F/\delta\phi = \alpha\tanh\phi - b\nabla^2\phi$，其中选择 tanh 函数只是因为这个函数的梯度定性上符合相分离动力学。

在 TDGL 方程的数值实现中，Laplacian 算子的不当离散化可能会导致问题。因此，除了欧拉法外，细胞动力学系统（CDS）方案常用于离散化 Laplacian 算子。然而，先前 CDS 法的系数是通过试错方法给出的，而更复杂的算子，例如 $\nabla[M(\boldsymbol{r})\nabla\phi]$ 的 CDS 系数是未知的。在最近的工作中[4]，杨玉良课题组提出了一种离散空间变分方法（DSVM），严格推导出了传统的 CDS 以及更复杂算子的 CDS 系数。

3. 化学反应的耦合

在过去的三十年中，由杨玉良教授领导的团队研究了与不同物理过程耦合的聚合物混合物的各种相分离动力学，如化学反应和剪切流。

关于相分离与化学反应耦合的相场描述，考虑一个由 n 个浓度为 $\{\phi_i\}$ 的物种组成的一般系统，并且这些物种之间存在 m 个化学反应。杨玉良课题组最近的工作[5]表明，该系统的 TDGL 方程的修正形式为，

$$
\begin{aligned}
\frac{\partial\phi_i(\boldsymbol{r})}{\partial t} &= \sum_{j=1}^{n}\nabla[D\phi_i\phi_j\nabla(\mu_i-\mu_j)] \\
&\quad + (y_{ki}-x_{ki})\sum_{k=1}^{m} r_k[\mathrm{e}^{\beta\sum_{j=1}^{n}x_{kj}\mu_j} - \mathrm{e}^{\beta\sum_{j=1}^{n}y_{kj}\mu_j}]
\end{aligned} \tag{3.5}
$$

其中，x_{ki} 和 y_{ki} 分别是第 k 个化学反应左侧和右侧反应中第 i 个物种的化学计量系数。显然，现在原始相场方程［式(3.1)］中的唯象函数 K 有两个主要贡献。一个来自自由能的变分导数，另一个来自化学反应。当 ϕ_i 之间的相互作用很小时，化学反应贡献会简化为 $(y_{ki}-x_{ki})\sum_{k=1}^{m}[r_k^+\Pi_j\phi_j^{x_{kj}} - r_k^-\Pi_j\phi_j^{y_{kj}}]$。

对于这种一般系统的最简单的例子，即 A/B 二元可逆反应系统，式(3.5)简化为，

$$
\frac{\partial\phi_A(\boldsymbol{r})}{\partial t} = D\nabla\phi_A\phi_B\nabla(\mu_A-\mu_B) + r(\mathrm{e}^{\beta\mu_B} - \mathrm{e}^{\beta\mu_A}) \tag{3.6}
$$

B 的动力学方程类似。之前，即使对于这样简单反应的扩散系统也没有进行系统研究，且对于该系统的研究结果存在争议。例如，Glotzer 等[6]发现，如果化学贡

献采用$r^-\phi_B - r^+\phi_A$形式而不是$r(e^{\beta\mu_B} - e^{\beta\mu_A})$，则该二元系统可以形成耗散结构。稍后，Lefever 等[7]认为这个模拟结果与第二定律相矛盾，因为没有外部能量输入，耗散结构无法持续存在。

杨玉良课题组最近的工作[8]对这个简单的系统进行了系统研究，表明如果二元可逆反应是热反应，则不会有耗散结构，系统始终会达到均匀的平衡状态，但是其中的动力学演化过程是复杂的，会出现暂时相分离(TPS)现象(图 3.1)；而如果二元可逆反应是光反应，则可以观察到光诱导的耗散图案，图案的周期取决于光强度(图 3.2)，符合以下关系，

$$\ln\xi \propto \frac{1}{T_b} \tag{3.7}$$

式中，ξ是耗散结构的波长；T_b是入射光的等效温度。

式(3.7)表明，增加光强度会缩短耗散结构的波长。这个理论结果可以这样理解，当光强增加时，单位时间内系统吸收的能量也会增加，并且吸收的能量必须通过耗散结构耗散掉。在当前情况下增加能量耗散速率的唯一方法是增加区域之间界面的总长度，因为大部分能量都在界面上耗散，这等价于缩短耗散结构的波长。

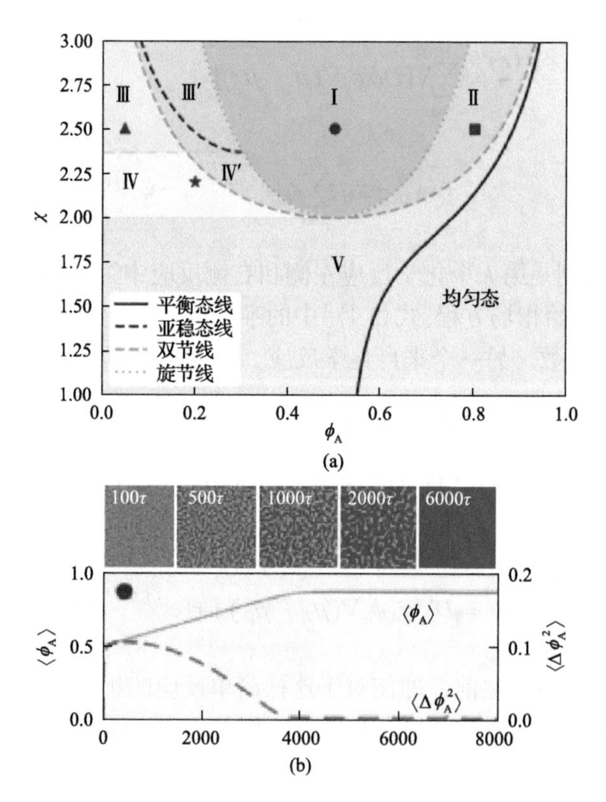

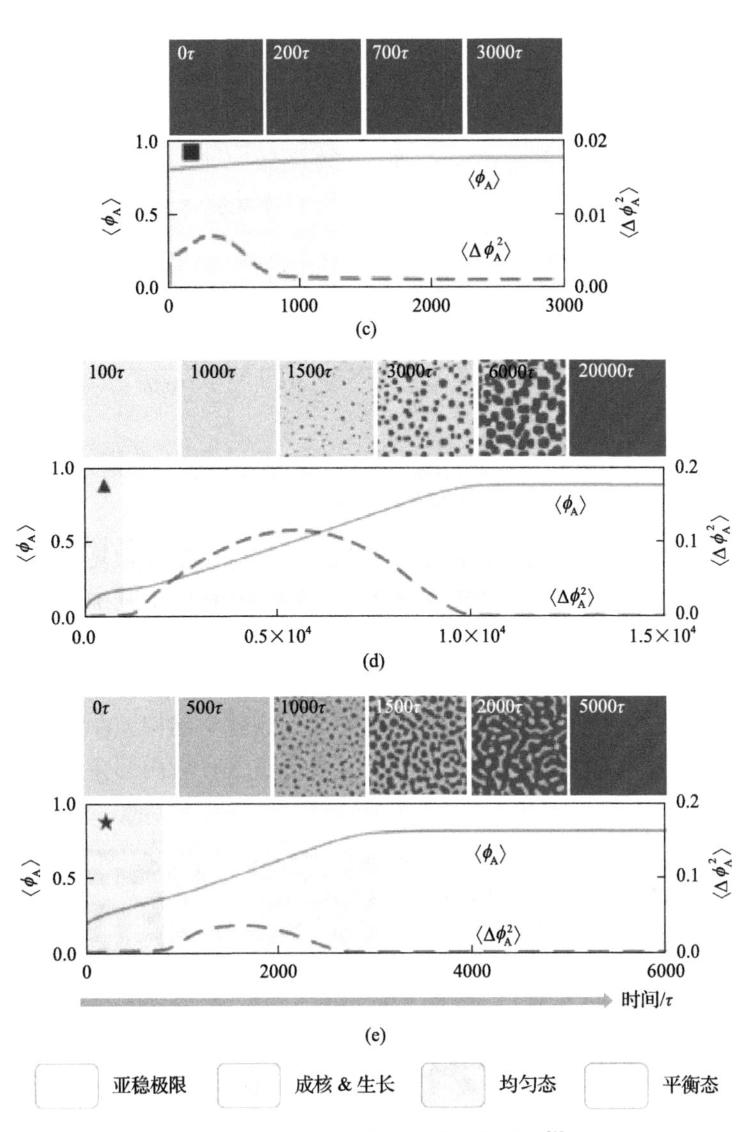

图 3.1 A/B 二元系统的动力学相图[8]

若系统从相图中的某个相点开始，例如相区Ⅲ中的三角形符号，它将通过暂时相分离(TPS)沿着黑色实线的浓度演化到均匀态，其中依次发生亚稳极限分解、成核和生长，这种现象以前从未报道过

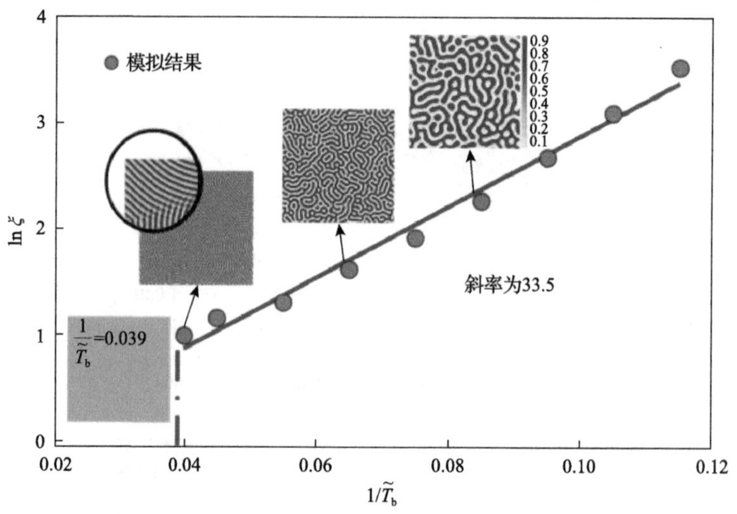

图 3.2 光诱导耗散结构的波长与光强的依赖关系[8]

其中 $\tilde{T}_b$ 为入射光的等效温度

对于涉及更多物种的反应扩散系统，最终的形态可能非常复杂。例如，在杨玉良课题组之前的工作中[9]，研究了一个三元系统(A/B/C)，其中任意两个物种都是不可混溶的，并且 A 和 B 之间存在可逆化学反应，即 A$\longleftrightarrow$B，并观察到了复杂而有趣的耗散结构(图 3.3)。虽然在原始工作中，没有假设系统中有外部光输入，但实际上必须有外部光输入，否则就不会出现耗散结构。在这项研究中，模拟表明，在 A/B 和 C 之间会发生宏观相分离，而在 A/B 域内部会进一步发生微观相分离(图 3.3)。

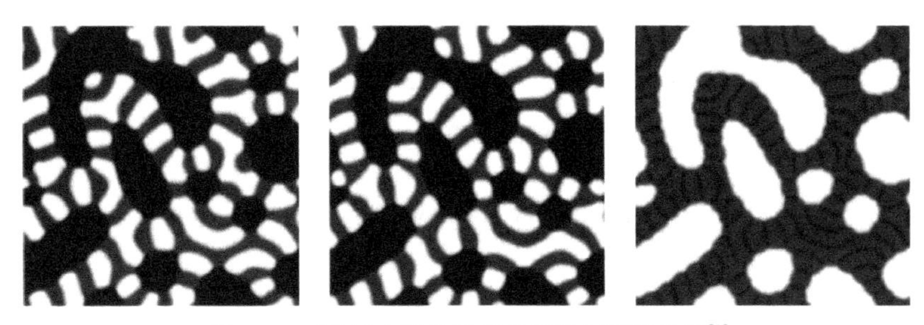

图 3.3 三元反应扩散系统的耗散图案的快照[9]

在该系统中，A/B/C 不可混溶，具有 A ⟷ B 的化学反应。从左到右分别显示了 ϕ_A、ϕ_B 和 ϕ_C 的快照，并从上到下显示了三个不同模拟时间点的快照(19 501、99 501 和 499501)。在模拟中，隐含地假设有光输入，否则将无法观察到耗散结构

杨玉良课题组还研究了三元系统[10,11]，A + B ⟷ C，表明 C 组分倾向于在相区界面上聚集(图 3.4)。

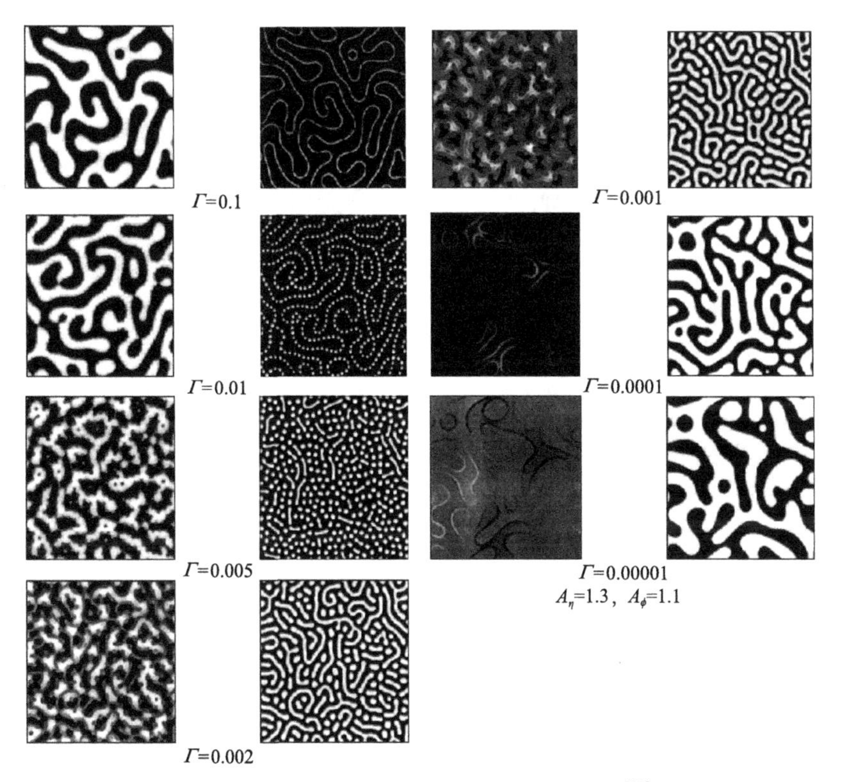

图 3.4 三元反应扩散系统的耗散图案快照[10]

在该系统中，A/B/C 不可混溶，具有 A + B ⟷ C 的化学反应，反应速率 Γ 不同。从左到右分别显示了 $\phi_A - \phi_B$ 和 ϕ_C 的快照。在模拟中，隐含地假设有光输入

在最近的一项工作中[4]，他们甚至研究了一个改良的布鲁塞尔化学模型——含有六种物种和四种化学反应的系统：

$$\mathrm{A}+\mathrm{Z}\xrightarrow{k_1}\mathrm{X}$$

$$\mathrm{B}+\mathrm{X}\xrightarrow{k_2}\mathrm{Y}+\mathrm{D}$$

$$2\mathrm{X}+\mathrm{Y}\xrightarrow{k_3}3\mathrm{X}$$

$$\mathrm{X}\xrightarrow{k_4}\mathrm{Z}$$

其中，假设 X 和 Y 之间的相互作用由无量纲参数 χ 调控。研究发现，当 X 和 Y 相容时，系统会出现美丽的耗散结构[图 3.5(a)中的灰色相区]，而当 X 和 Y 的不相容性增加时，灰色相区会收缩，这表明不相容性会抑制耗散结构的形成。此系统还观察到了化学冻结现象。

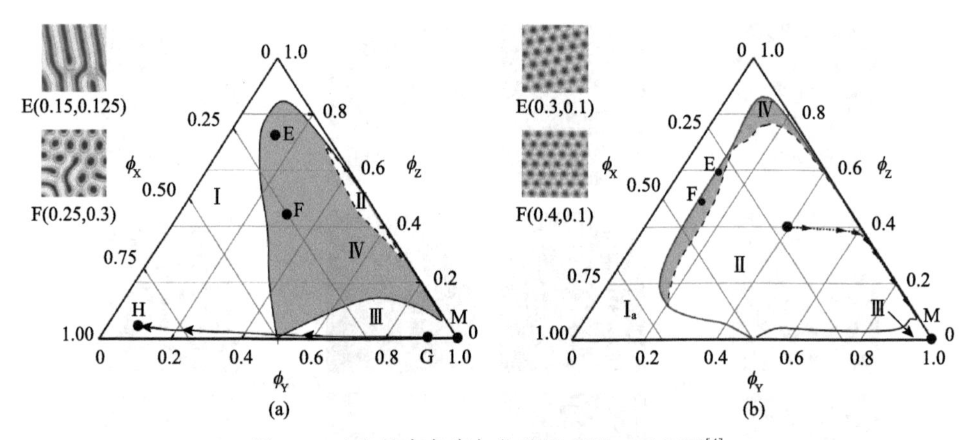

图 3.5　改良的布鲁塞尔化学模型的三元相图[4]

(a)X 和 Y 之间的相互作用非常弱，χ 参数为零；(b)X 和 Y 之间的相互作用参数 χ 设置为 0.5，不足以驱使它们相分离

4. 耦合流体力学与剪切流场

为了将流动以及流体力学引入聚合物共混物中，需要更多的相场(速度场)来描述。这种系统的相分离动力学可以用以下模型 H[12,13]很好地描述：

$$\frac{\partial\phi(\boldsymbol{r})}{\partial t}=-(\boldsymbol{v}\nabla)\phi+M\nabla^2\frac{\delta F[\phi]}{\delta\phi}\tag{3.8}$$

$$\rho\left[\frac{\partial\boldsymbol{v}}{\partial t}+(\boldsymbol{v}\nabla)\boldsymbol{v}\right]=-\nabla P+\eta\nabla^2 v-\phi\nabla\frac{\delta F[\phi]}{\delta\phi}\tag{3.9}$$

式中，$\boldsymbol{v}$ 是新添加的速度场。

如果系统处于静态场下，或者速度场的动力学已知，则可以忽略方程(3.9)。例如，可以设置 $\boldsymbol{v}(\boldsymbol{r})=\dot{\gamma}y\boldsymbol{e}_{\mathrm{x}}$ 来建模剪切流[14]，设置 $\boldsymbol{v}(\boldsymbol{r},t)=y\Gamma\omega\cos\omega t\boldsymbol{e}_{\mathrm{x}}$ 来建模振荡剪切流(也可以参见图 3.6 和文献[15])。

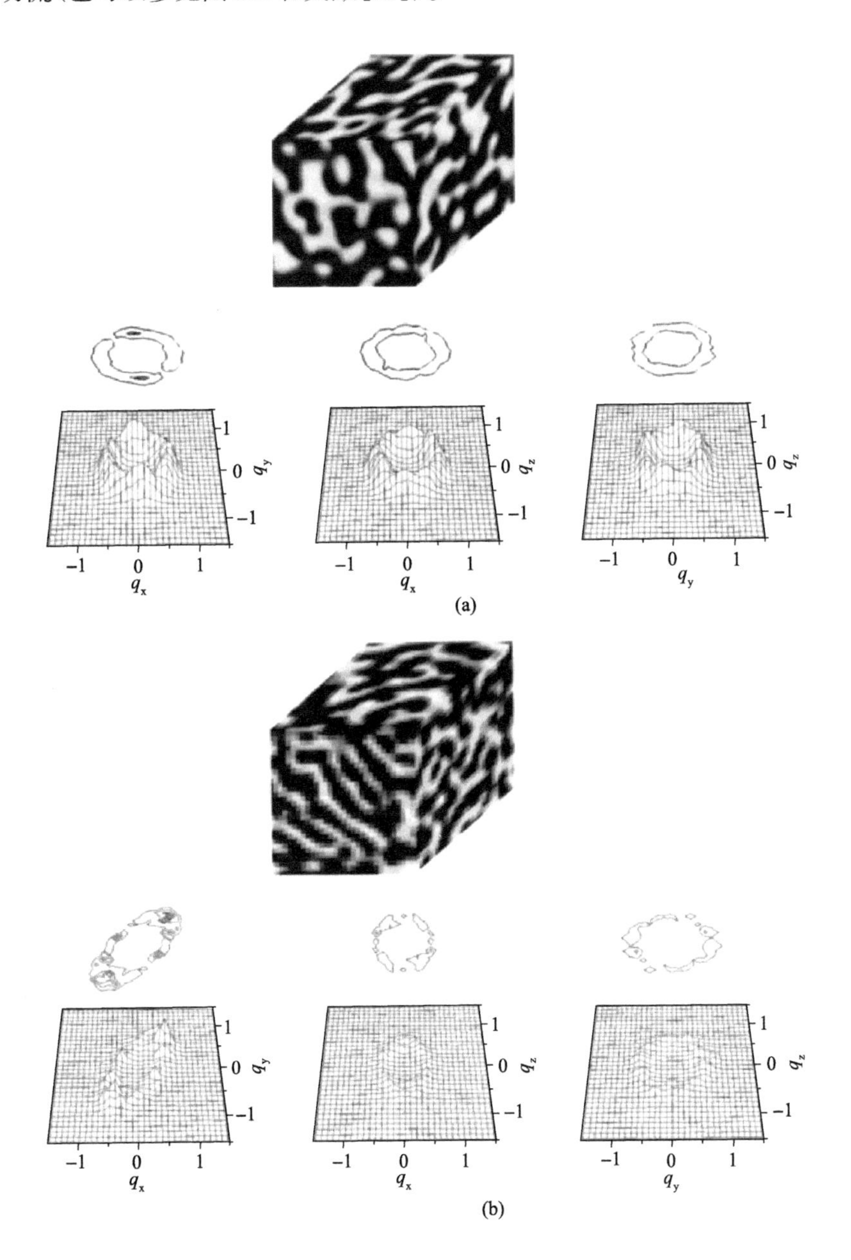

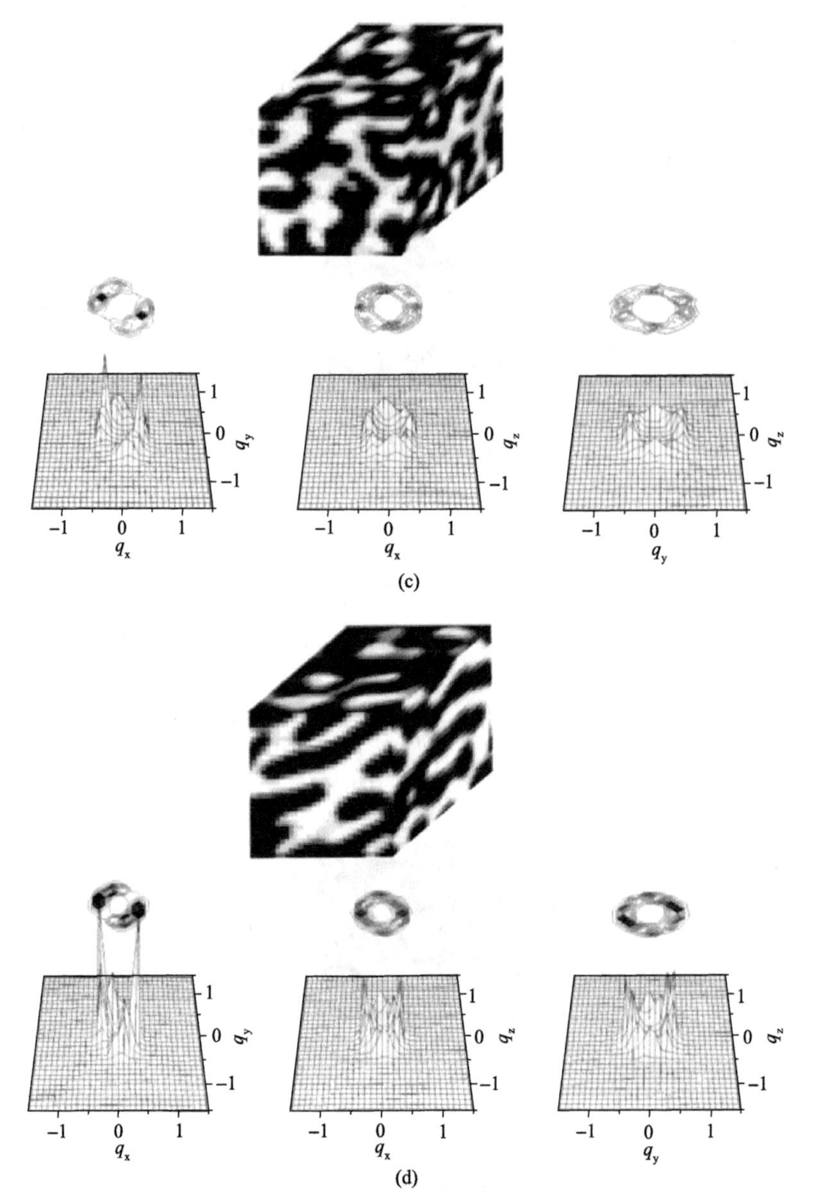

图 3.6 A/B 高分子混合物的形态和相应的光散射函数表明振荡剪切流将引起各向异性区域生长[15]

(a)没有剪切流，在 $t=1500$ 时的图像；(b) $\Omega t=\pi$，振荡频率 $\Omega=0.003$；(c) $\Omega t=2\pi$，$\Omega=0.003$；(d) $\Omega t=4\pi$，$\Omega=0.003$

5. 模型化链连接和高分子链缠结

通常，可以简单地通过添加更多状态变量，例如定向状态变量，将链构象信息引入相场理论中。然而，也可以通过修改 K 函数[式(3.1)]来引入这些信息。现在，K 函数通常表示为 $K = \mathrm{M}\nabla^2\delta F/\delta\phi + \mathrm{f}(\phi)$，其中包含一个额外的项 $\mathrm{f}(\phi)$。

以两嵌段共聚物为例，为了理论上考虑链连接，可以引入一个额外的项 $\alpha(\phi - \phi_0)$ 来描述链连接性的某些性质。正如在杨玉良课题组以前的工作中[16-18]，通过修改后的 TDGL 方程获得的球面上的两嵌段形态，与自洽场理论(SCFT)获得的形态非常相似，后者明确地考虑了理论中的链构象和连接性。此处球面自洽场[17]的工作也是由杨玉良课题组完成的，他们首次将自洽场推广到球面和一般曲面上[18]。

为了理论上考虑高分子链缠结，通常采用以下修改后的 TDGL 方程[19]：

$$\frac{\partial\phi(\boldsymbol{r})}{\partial t} = M\nabla^2\left\{\frac{\delta F[\phi]}{\delta\phi} + 2c_0\int_{-\infty}^{t}\mathrm{d}t'\,\frac{g(t-t')}{\tau}[\phi(r,t)-\phi(r,t')]\right\} \tag{3.10}$$

式中，$g(t) = \exp\left[-\frac{t}{\tau}\right]$，$\tau$ 是缠结的特征弛豫时间；$c_0 = 3\langle\phi_{\mathrm{A}}\rangle / N_{\mathrm{e}}$，$N_{\mathrm{e}}$ 是缠结链长，假定只有 A/A 缠结。显然，为了将高分子链缠结纳入模型中，必须向动力学方程中添加场的演化记忆。通过这种方式，可以在理论中考虑黏弹性效应，并且他们已经系统地研究了这些效应对高分子共混物的旋节线分解的影响[19]，发现在 $t \approx \tau$ 处存在一个中间阶段，其中高分子的黏弹性将抑制波动。

3.1.2 高分子液晶的理论与模拟

为了理论描述高分子液晶(LC)，相场理论需要引入另一个状态变量(序参量)——取向序参量 P_2 来描述动态过程。取向序参量定义为 $P_2 = \left\langle\frac{1}{2}(\cos^2\theta - 1)\right\rangle$，其中 θ 表示 LC 分子的取向；因此，LC 理论考虑了部分链构象信息。

对于 rod-coil LC 系统，该系统的动力学方程由以下两个 C 模型方程控制[12,20]

$$\frac{\partial\phi(\boldsymbol{r})}{\partial t} = M\nabla^2\frac{\delta F[\phi, P_2]}{\delta\phi} \tag{3.11}$$

$$\frac{\partial P_2(\boldsymbol{r})}{\partial t} = -R\frac{\delta F[\phi, P_2]}{\delta P_2} \tag{3.12}$$

其中，$\phi \equiv \phi_{\mathrm{L}} - \phi_{\mathrm{P}}$，自由能泛函形式：$F = \int\mathrm{d}\boldsymbol{r}\,[\mathrm{f}(\phi, P_2) + b_1|\nabla\phi|^2 + b_2|\nabla P_2|^2]$，其中自由能密度函数 f 由 Flory-Huggins 自由能和修正的 Lebwoh-Lasher 自由能给出，

$$\begin{aligned}\frac{\mathrm{f}}{k_{\mathrm{B}}T} &= \phi_{\mathrm{L}}\ln\phi_{\mathrm{L}} + \frac{\phi_{\mathrm{P}}}{x_{\mathrm{P}}}\ln\phi_{\mathrm{P}} + \chi_{\mathrm{LP}}\phi_{\mathrm{L}}\phi_{\mathrm{P}} - \phi_{\mathrm{L}}\ln\frac{Z(\phi_{\mathrm{L}})}{Z_0} \\ &\quad + \frac{1}{2}\chi_{\mathrm{LL}}\phi_{\mathrm{L}}[\phi_{\mathrm{L}}\langle P_2(\phi_{\mathrm{L}})\rangle^2 - \langle P_2\rangle_0^2]\end{aligned} \tag{3.13}$$

其中，$\langle P_2\rangle_0$，$\langle P_2(\phi_L)\rangle$，$Z_0$ 和 $Z(\phi_L)$ 的值可以通过解以下一致性关系得到[20,21]，

$$\langle P_2\rangle_0 = \frac{\int_0^1 \mathrm{d}\theta \sin\theta P_2(\cos\theta) \mathrm{e}^{\frac{U}{kT}P_2(\cos\theta)\langle P_2\rangle_0}}{Z_0} \tag{3.14}$$

$$\langle P_2(\phi_L)\rangle = \frac{\int_0^1 \mathrm{d}\theta \sin\theta P_2(\cos\theta) \mathrm{e}^{\frac{U}{kT}\phi_L P_2(\cos\theta)\langle P_2(\phi_L)\rangle}}{Z(\phi_L)} \tag{3.15}$$

$$Z_0 = \int_0^1 \mathrm{d}\theta \sin\theta \mathrm{e}^{\frac{U}{kT}P_2(\cos\theta)\langle P_2\rangle_0} \tag{3.16}$$

$$Z(\phi_L) = \int_0^1 \mathrm{d}\theta \sin\theta \mathrm{e}^{\frac{U}{kT}\phi_L P_2(\cos\theta)\langle P_2(\phi_L)\rangle} \tag{3.17}$$

通过自由能密度[式(3.13)]及由此导出的相平衡方程，可以构建液晶分子和柔性聚合物混合物的相图(图 3.7)。

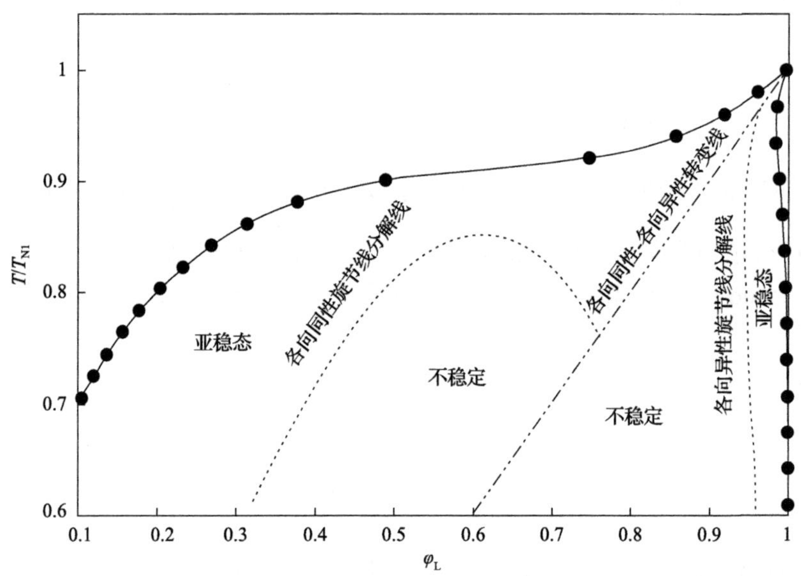

图 3.7　液晶(LC)和柔性高分子共混物的相图[20]

在本研究中，首次报道了类似系统的各向异性旋节线分解线(anisotropic spinodal line)

在杨玉良课题组之前的一项工作中[21]，他们发现经典各向同性和各向异性旋节线分解线在同一相图中同时存在的情况，这是之前尚未报道过的。这两条不同的旋节线分解线可以通过一个各向同性-各向异性转变线连接起来。

如果将上述液晶系统置于外部磁场下，则图 3.7 中的相界将向上移动，并且原来的亚向列相(PN)(各向异性)自旋分解区将在 PN 转变线附近变窄(图 3.8)，有序相由于外部场的存在而被稳定在具有更高取向有序参量的状态。类似的效应也会倾向于扩大 N 自旋分解区。

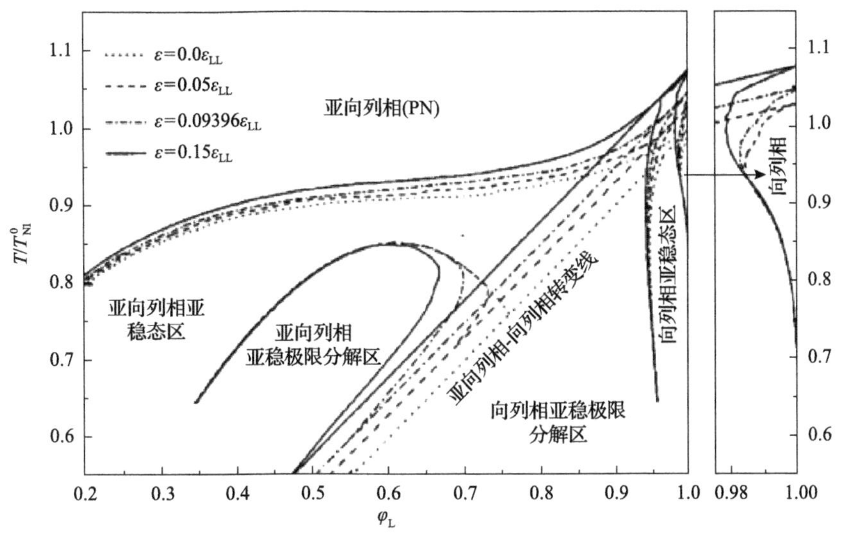

图 3.8 外部磁场下混合的液晶和柔性高分子的相图[21]

相边界向上移动，PN 亚稳极限分解区在 PN 转变线附近变窄

杨玉良课题组还进行了有关液晶系统的模拟研究。例如，他们首次进行了动态 Monte-Carlo(MC)模拟(参见图 3.9 和文献[22])以研究 rod-coil 体系中的亚稳极限分解动力学。发现 SD 过程由两个不同生长指数的阶段组成。然而，模拟与上述理论分析之间存在差异。例如，理论分析中存在各向同性和各向异性的 SD 区域，但由于 MC 模拟中明显的热涨落和平均场理论对初始全局有序性的不切实际假设，MC 模拟中没有发现这些区域。

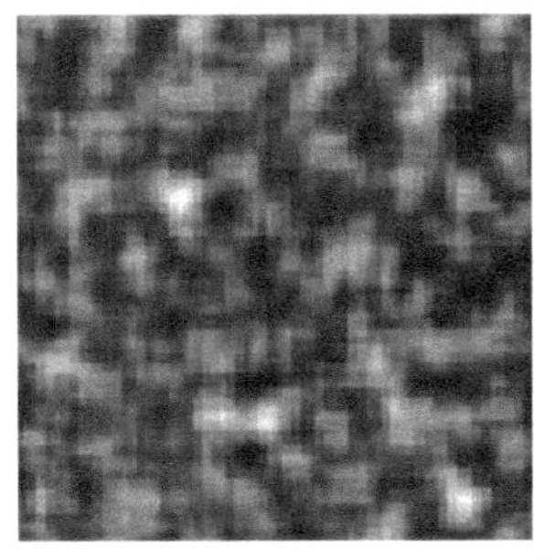

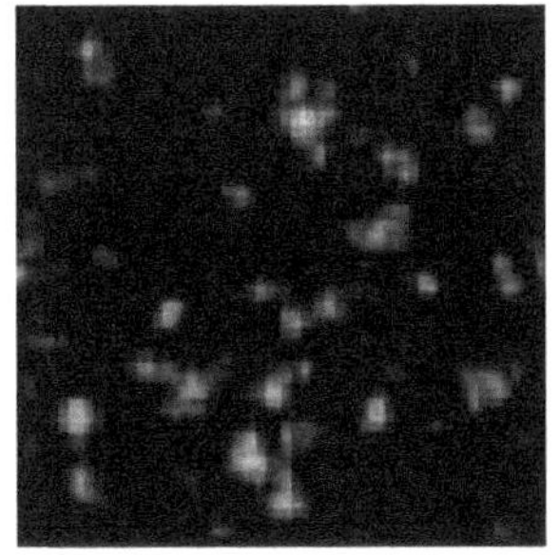

$t=100$

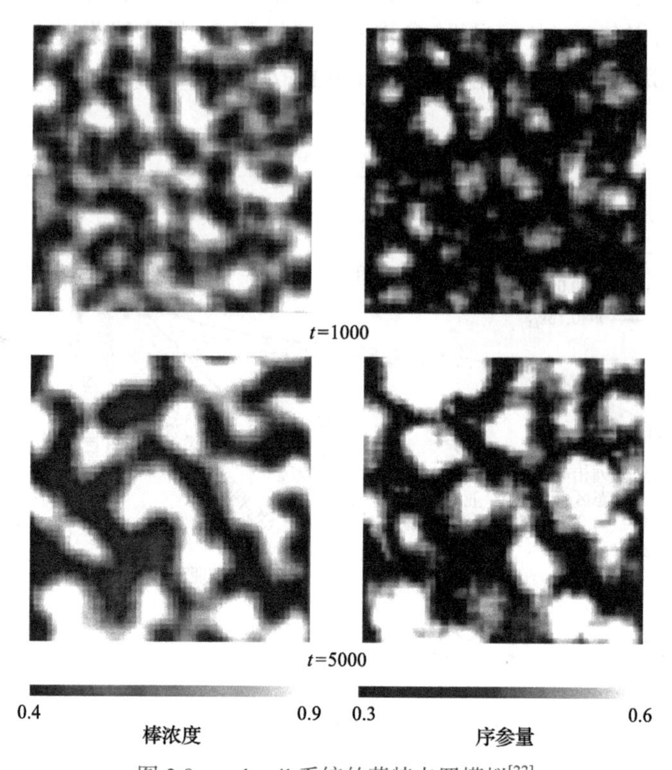

图 3.9 rod-coil 系统的蒙特卡罗模拟[22]

这是 rod-coil 系统的首次报道。左图显示了液晶浓度的图案，右图显示了取向序参量图案

3.1.3 高分子囊泡的理论

1. 膜的 Helfrich 自由能

膜可以用两种非常不同的相场理论来描述。在第一种理论中，用于描述膜的相场是密度场 $\phi(\boldsymbol{r})$ [23]，表示在位置 $\boldsymbol{r}$ 观察到膜的概率，此时除了形状信息外，膜内的部分信息仍然保留。在第二种理论中，相场不是建立在空间位置上，而是建立在膜表面的参数空间 (u,v) 上，即膜表面的数学表示 $\boldsymbol{R}(u,v)$，相场本身是由膜表面的形状组成，有三个分量或三个相场，即 $R_x(u,v)$，$R_y(u,v)$ 和 $R_z(u,v)$。显然，这种相场忽略了除形状信息以外的所有信息。正如 3.1.1 节中所提到的，为了弥补这种简化，必须找到一个足够好的自由能表达式或唯象函数。

Helfrich 自由能[24,25]就是这样一种自由能表达式，通常采用以下形式：

$$F[\boldsymbol{R}] = \int \mathrm{d}A(\boldsymbol{R})\left[\frac{\kappa}{2}(H(\boldsymbol{R}) - C_0)^2 + \lambda\right] + PV[\boldsymbol{R}] \tag{3.18}$$

式中，$dA(\boldsymbol{R})$是膜的面积元；$H(\boldsymbol{R})$是膜的平均曲率；λ是膜的界面张力；P是作用在囊泡上的压力；$V[\boldsymbol{R}]$是被囊泡包围的总体积，是囊泡形状的函数。

正如普通的相场动力学方程一样，用于描述膜形变的动力学方程也具有完全相同的形式，

$$\frac{\partial \boldsymbol{R}(u,v)}{\partial t} = -L\frac{\delta F[\boldsymbol{R}]}{\delta \boldsymbol{R}} \tag{3.19}$$

式中，L是膜的动力学系数。

2. 离散空间变分法与高分子囊泡的平衡态形状

通过 $\delta F/\delta R=0$ 得到 Ouyang-Helfrich (OH) 方程[24]，该方程的解就是所研究的囊泡或细胞的平衡形状。然而，只有轴对称囊泡（细胞）或不真实的 2D 囊泡才能得到此方程的解析解。例如，通过轴对称解析求解 Ouyang-Helfrich 方程，Ouyang[25]成功地再现了显微镜下观察到红细胞的平衡形状。

尽管如此，对于大多数情况，人们必须借助数值方法。通常数值方法求解 OH 方程的步骤是首先使用三角网格表示膜表面，初始化囊泡形状，然后根据三角形网格上的离散化方程［式(3.19)］演化囊泡形状，直到达到平衡状态。在解决 OH 方程的实践中，人们发现上述方法会遇到严重的数值问题，这使它无法模拟囊泡的较大形变。

为了克服上述数值困难，杨玉良课题组提出了一种离散空间变分方法（DSVM）[26]来数值求解动力学方程。在 DSVM 中，他们首先离散化自由能泛函，然后对形状的离散自由能函数进行变分求导，以直接获得形状的离散动力学方程。通过 DSVM，发现数值算法非常稳定，并且可以很好地描述囊泡的较大形变。特别地，DSVM 可以精确地再现通过其他方法（打靶法）获得的平衡形状。计算得到的自由能曲线也与打靶法得到的自由能曲线高度一致（图 3.10）。此外，DSVM 能够模拟囊泡的较大形变；图 3.10 中的口形囊泡可以通过使用 DSVM 直接从球形囊泡开始由方程(3.19)直接演化而来，文献[26]还给出了一个从口形到纺锤形动力学演化的例子，显然这是一个极难通过以前的三角网格方法模拟得到的较大形变。

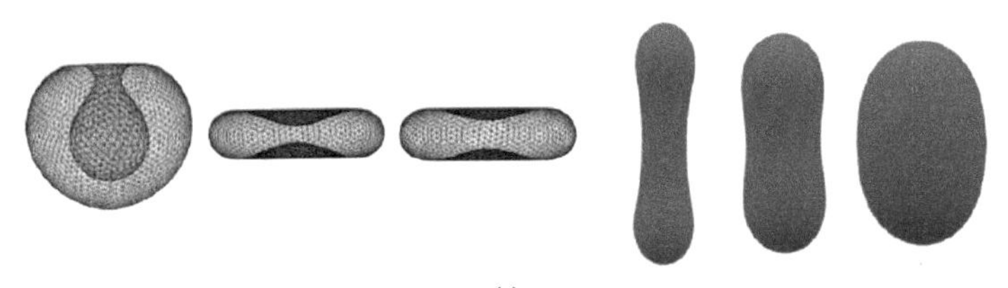

(a)

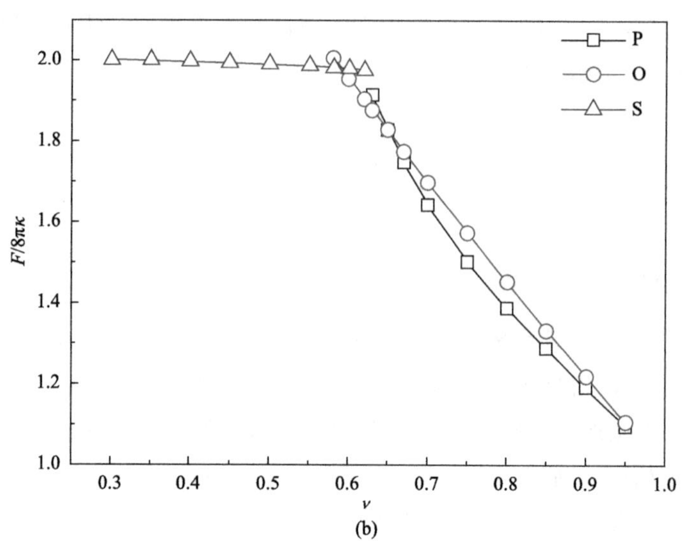

图 3.10　囊泡在不同相对体积下的平衡形状和自由能[25,26]

(a)不同相对体积下，自发曲率为零的囊泡的平衡形状，从左到右依次为 0.591(口形 S)、0.592(扁球形 D)、0.651(D)、0.652(纺锤形 P)、0.8(P)和 0.95(P)；(b)囊泡在不同相对体积下的自由能。符号表示通过 DSVM 模拟得到的结果，而实线表示通过打靶法得到的结果

3. 各种因素对平衡囊泡形状的影响

在过去的十年中，杨玉良课题组研究了各种因素对囊泡的平衡形状的影响，如膜的性质(带电或中性，单组分或多组分)或与其他物体的相互作用(与带电粒子、空间限制的相互作用)。

如果带电囊泡上的电荷均匀分布在膜上并且假定是不可动的，则不需要引入另一个相场来描述电荷，实际上一个表示表面电荷密度的常数σ，并在自由能中加上一个额外项$\dfrac{\sigma^2}{4\pi\epsilon}\iint \mathrm{d}A\mathrm{d}A'\dfrac{1}{|\boldsymbol{r}-\boldsymbol{r}'|}$就足够了。通过使用 DSVM 数值求解方程(3.19)，他们首次系统地研究了带电囊泡[27]。在这项工作中，构建了一个相图，表明库仑相互作用倾向于延长囊泡(参见图 3.11 上方的相区域)，同时观察到两个新的相区域，即非对称的纺锤形和保龄球形相区域。

大多数生物膜不是单一组分而是多组分。为了描述多组分囊泡，需要再引入一个相场$\phi(u,v)$，自由能泛函通常采用以下形式：

$$F[\boldsymbol{R},\phi]=\int \mathrm{d}A\left[\frac{\kappa}{2}(H-C_{\mathrm{A}}\phi_{\mathrm{A}}-C_{\mathrm{B}}\phi_{\mathrm{B}})^2+\lambda+\mathrm{f}_{\mathrm{FH}}(\phi)\right] \tag{3.20}$$

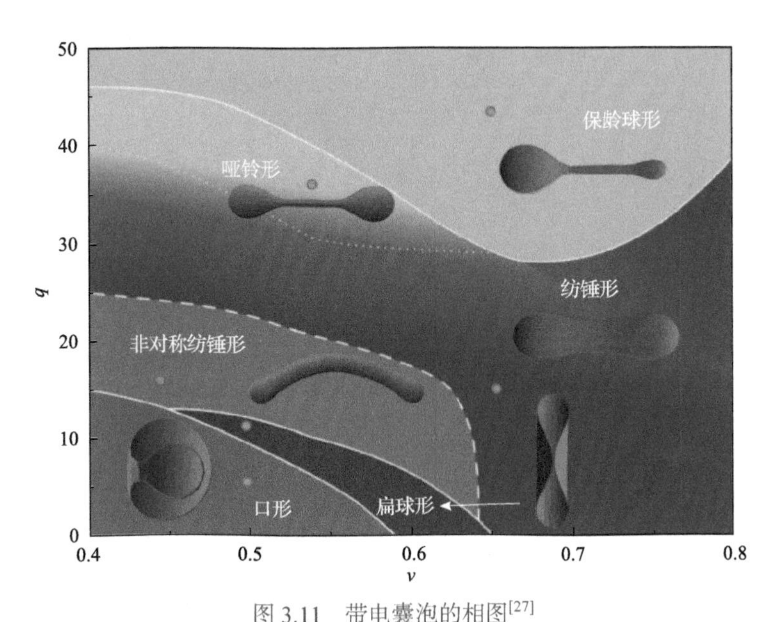

图 3.11 带电囊泡的相图[27]

其中 q 为无量纲电荷数；v 为囊泡的相对体积。虚线和实线分别表示一级和二级相边界

其中假定两个组分具有不同的自发曲率，f_{FH} 是二元混合物的 Flory-Huggins 自由能(包括界面项)。现在，动力学方程与 C 模型[12,20]非常相似[也可参见式(3.11)，式(3.12)]，它们是:

$$\frac{\partial \boldsymbol{R}(u,v)}{\partial t}=-L\frac{\delta F[\boldsymbol{R},\phi]}{\delta \boldsymbol{R}} \tag{3.21}$$ *

$$\frac{\partial \phi(u,v)}{\partial t}=M\nabla^2\frac{\delta F[\boldsymbol{R},\phi]}{\delta \phi} \tag{3.22}$$

通过使用 DSVM 算法数值演化方程组[式(3.21)，式(3.22)]，杨玉良课题组获得了双组分囊泡的相行为(图 3.12)，显示通过增加 A/B 不相容性，囊泡倾向于完全分裂，通过增加 A 和 B 之间的自发曲率差异，囊泡表面芽结构的数量也会增加。这些模拟结果已经通过球形模型的理论分析得到了确认。

进一步地，大多数生物膜都含有生物大分子，如糖类，这些分子锚定在生物膜上，将极大地影响膜的平衡形态。杨玉良课题组之前的理论工作[29,30]表明，即使是与单根高分子链锚定的囊泡，其平衡形状(图 3.13)也与未锚定的囊泡(图 3.10)截然不同。

---

* 更正：参考文献[28]中的方程(4)缺少一个负号。正确的方程式请参见式(3.21)。

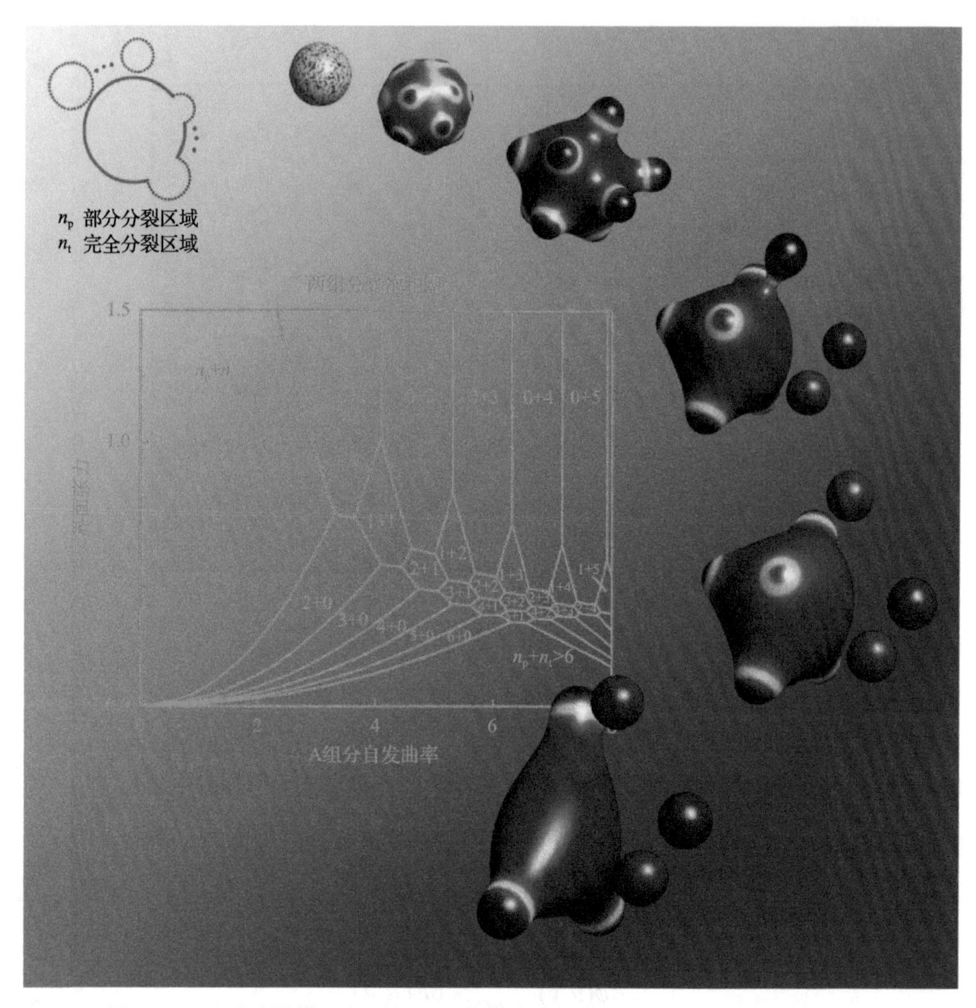

图 3.12　通过球冠模型得到的双组分囊泡的相图，以及使用 DSVM 获得的典型动力学演化[28]

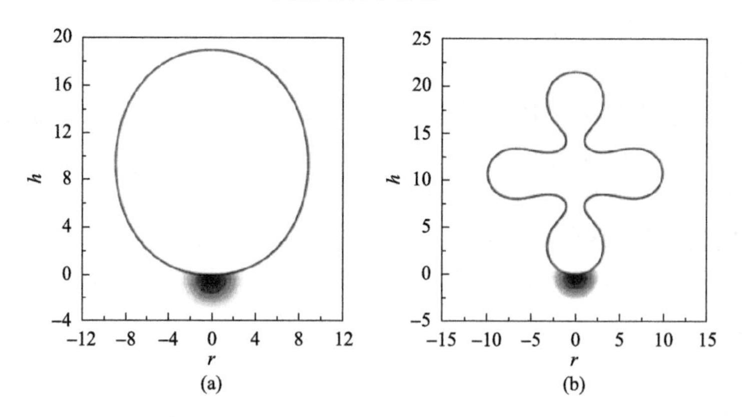

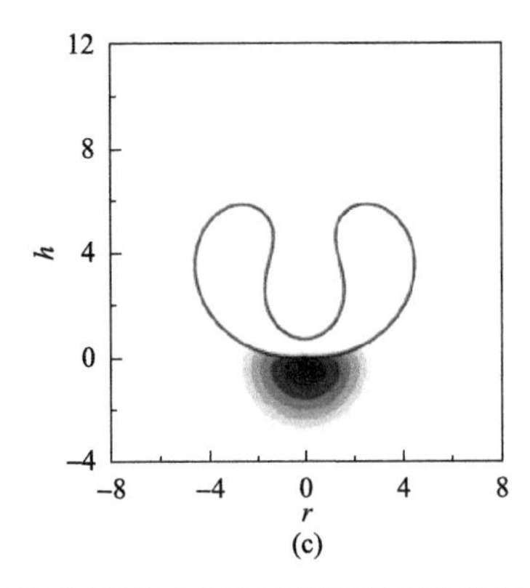

图 3.13 与高分子链系锚定的囊泡的三种典型平衡形状[29]

使用打靶法(SM)计算囊泡形状，使用自洽场理论(SCFT)计算高分子构型，将计算得到的囊泡形态作为边界条件。多次进行 SM 和 SCFT 计算，直到囊泡形态和高分子构型自洽

3.2 嵌段共聚物自组装的自洽场理论研究

聚合物与小分子相比具有很多独特的性质，主要是因为其长链和高分子量的特性。高分子量降低了聚合物的平动熵，使得不同聚合物之间容易发生宏观相分离。为了抑制宏观相分离，人们把不同的聚合物通过共价键进行连接，形成嵌段共聚物。嵌段共聚物只能在其链尺寸范围内发生相分离，形成周期性有序结构，该现象被称为自组装。在过去几十年里，嵌段共聚物自组装一直吸引了大量的理论和实验研究兴趣。自洽场理论是研究嵌段共聚物自组装最成功的方法之一，特别是至今已经发展了多种求解自洽场理论方程的方法，包括谱法、实空间法和准谱法。另外，自洽场理论具有多个优点：①可以精确计算各种有序结构的自由能；②为剖析自组装机理提供详细的信息，包括密度分布(甚至每个链段的分布)、相互作用能、熵贡献等自由能的不同部分；③适用于各种嵌段共聚物体系，包括不同链拓扑结构、各种共混体系，甚至半刚性和带电体系。杨玉良院士团队在过去二十年里，针对嵌段共聚物自组装，运用自洽场理论开展了系统深入的研究，预测了丰富的自组装结构，并阐明了各种新颖有序结构的形成机理，很多理论结果得到了实验的证实；与此同时，发展了求解自洽场理论方程的高效方法。相关的理论研究不仅加深了对嵌段共聚物自组装的认识，还促进了相关的实验研究。本节简要概括了杨玉良团队在嵌段共聚物自组装领域的理论进展，主要聚焦柔性高斯链模型的相关研究结果。

高斯链模型可以很好地描述柔性聚合物的链构型，特别是分子量较高的柔性聚合物。基于高斯链模型建立的自洽场理论，方程简洁且求解较简便，被广泛应用于嵌段共聚物自组装研究，与实验相辅相成，加快了嵌段共聚物自组装的研究进展。

3.2.1 ABC 三嵌段共聚物

2004 年，唐萍课题组采用 Crank-Nicholson 交替隐式差分法在二维空间求解自洽场理论方程，分别研究了线型和星形 ABC 三嵌段共聚物自组装[31,32]；随后，邱枫课题组推广了自洽场理论谱方法，研究了 ABC 线型三嵌段共聚物自组装[33]，杨玉良课题组将该方法应用于 ABC 星形嵌段共聚物自组装研究中[34]；而李卫华课题组提出了场的特殊初始化方法，结合自洽场理论准谱法，分别研究了线型和星形 ABC 三嵌段共聚物自组装[35,36]，构建了一系列二维相图。相比于 AB 两嵌段共聚物，ABC 三嵌段共聚物自组装依赖于更多的独立参数，最少包含两个组分参数（f_A、f_B）和三个相互作用参数（$\chi_{AB}N$、$\chi_{BC}N$ 和 $\chi_{AC}N$）。

3.2.1.1 线型 ABC 三嵌段共聚物

对于线型 ABC 三嵌段共聚物，三个相互作用参数的相对大小对其自组装结构的影响特别显著，通常分为非受挫(nonfrustrated)和受挫(frustrated)两种情况。受挫情况是指相互作用参数满足 $\chi_{AC}N \ll \chi_{AB}N \sim \chi_{BC}N$，两个尾段之间的 A/C 界面能比 A/B 和 B/C 界面能低很多，为了降低界面能，自组装结构倾向于形成 A/C 界面，替代部分 A/B 和 B/C 界面。A/C 界面的形成与 A/C 嵌段在链结构上不相邻的拓扑顺序相违背，为了形成 A/C 界面，B 嵌段必须形成离散相畴，分布在 A/C 界面上。ABC 链从 A 相畴延伸出来，必须进入 B 相畴，然后才能进入 C 相畴。换句话说，离散的 B 相畴对 ABC 链的构型形成了一定程度的约束，这种约束减少了链构型，导致了构型熵的损失。当降低的界面能足够抵消构型熵的损失，包含 A/C 界面的有序结构就能够被稳定。与之对应的非受挫情况，即 $\chi_{AC}N \geqslant \chi_{AB}N \sim \chi_{BC}N$，在这种情况下，自组装结构包含 A/B 和 B/C 界面，但没有 A/C 界面。

唐萍课题组固定 $\chi_{AC}N = \chi_{AB}N = \chi_{BC}N = 35$ 构建了非受挫 ABC 线型三嵌段共聚物的相图[31](图 3.14)，相图包含几个有序结构：层状结构、六角柱状结构和交替四方柱状结构。其中，层状结构和柱状结构的形成比较容易理解，与 AB 两嵌段共聚物体系中相应结构的形成机理非常类似。特别是，随着一个组分不断减小，ABC 三嵌段共聚物的自组装行为就会逐渐向 AB 两嵌段共聚物过渡。相比之下，A/C 嵌段对称的 ABC 嵌段共聚物形成的交替四方柱状结构是非常新颖的，它的排列晶格不再是传统的六角晶格，引起排列晶格变化的主要原因是尺寸和个数相同的 A、C 柱须交替排列，才最有利于链分布。在六角晶格中，A、C 柱无法实现完美的交替排列。需要指出的是，由于只考虑了二维体系，无法预测三维结构，如球状结构和双连续的 double-gyroid 结构。对于对称的 A、C 嵌段，热力学稳定的球状相按 CsCl 型二元晶格排列；double-gyroid 结构中 A 和 C 嵌段分别形成一支网络，呈交替排列。

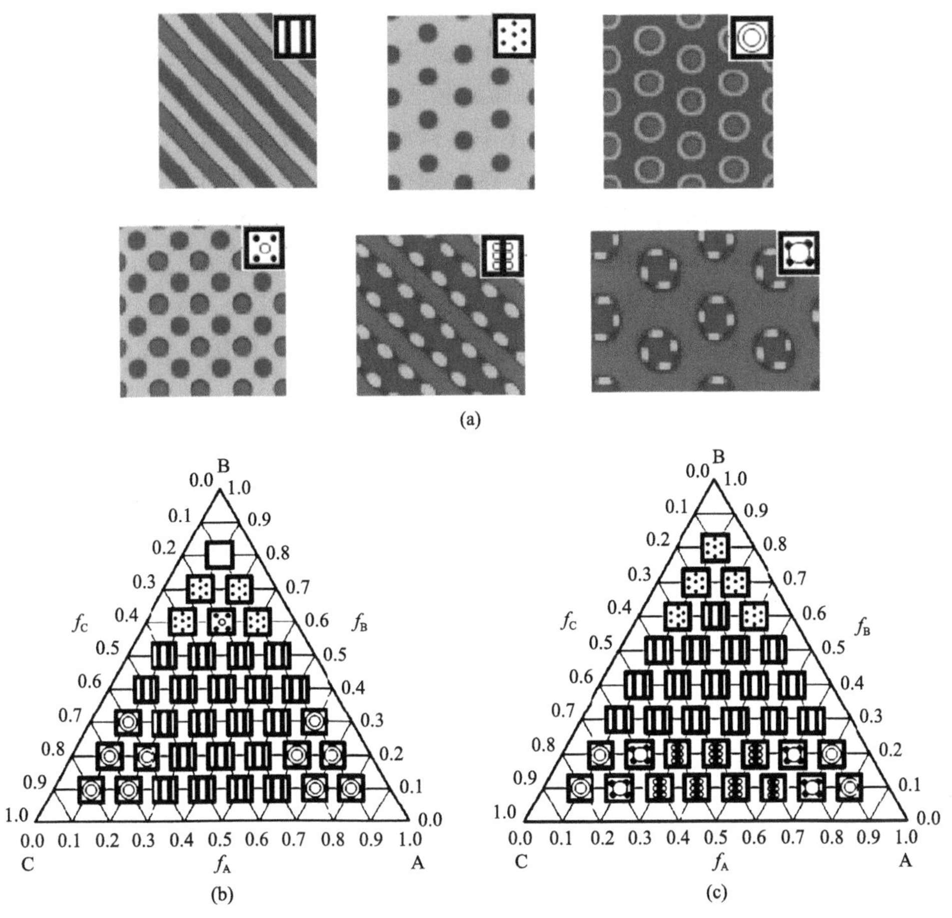

图 3.14 线型 ABC 三嵌段共聚物自组装的典型有序结构和相图

(a)线型 ABC 三嵌段共聚物形成的典型有序结构；(b) $\chi_{AC}N = \chi_{AB}N = \chi_{BC}N = 35$ 时 ABC 三嵌段共聚物的相图；(c) $\chi_{AC}N = 20$ ， $\chi_{AB}N = 78$ 和 $\chi_{BC}N = 76$ 时 ABC 三嵌段共聚物的相图

经美国化学学会许可，转载自参考文献[31]

随后，Tang 等人选择 $\chi_{AC}N = 20, \chi_{AB}N = 78$ 和 $\chi_{BC}N = 76$ ，研究了受挫 ABC 嵌段共聚物的自组装[31]。他们观察到了两个典型的受挫多级有序结构，分别是层中柱和柱上柱结构，也就是中间短的 B 嵌段分别在 A/C 层界面和 A/C 柱表面形成小柱。在二维空间的计算中，一些三维多级结构无法被观察到。在受挫 ABC 线型嵌段共聚物体系中，实验观察到了两种非常有意思的多级结构，分别是螺旋超柱结构和编织结构(knitting pattern，KP)。早在 1995 年，Krappe 等人就在

PS-PB-PMMA 体系中实验观察到了螺旋结构[37]，由于平面 TEM 表征无法清晰地判断螺旋的股数，误认为是四螺旋。直到 2009 年，Jinnai 等人运用 TEM 三维成像技术确定了双螺旋结构[38]。那么，为什么形成双螺旋，而不是其他股数的螺旋呢？为了回答该问题，Li 等人采用自洽场理论准谱法研究了受挫 ABC 线型三嵌段共聚物体系中不同螺旋结构的相对稳定性[35]，他们发现，通过调节组分或者相互作用参数，可以获得稳定的双螺旋和三螺旋结构(图 3.15)，但是无法获得单螺旋和四螺旋结构。实验观察到螺旋结构后不久，Breiner 等人又在 PS-PEB-PMMA 体系中观察到了 KP 结构[39]，这个独特结构的形成也非常难以理解。Liu 等人为了证实 KP 结构是否热力学稳定[40](图 3.16)，在自洽场理论计算中考虑了 KP 相各种可能的竞争相，研究结果表明：KP 相是热力学稳定的，稳定它的因素除了组分和相互作用参数，还有构象不对称性。具体来说，当 B 嵌段的 Kuhn 长度比 A 嵌段的大，KP 相在合适的受挫相互作用参数下存在关于组分的稳区。

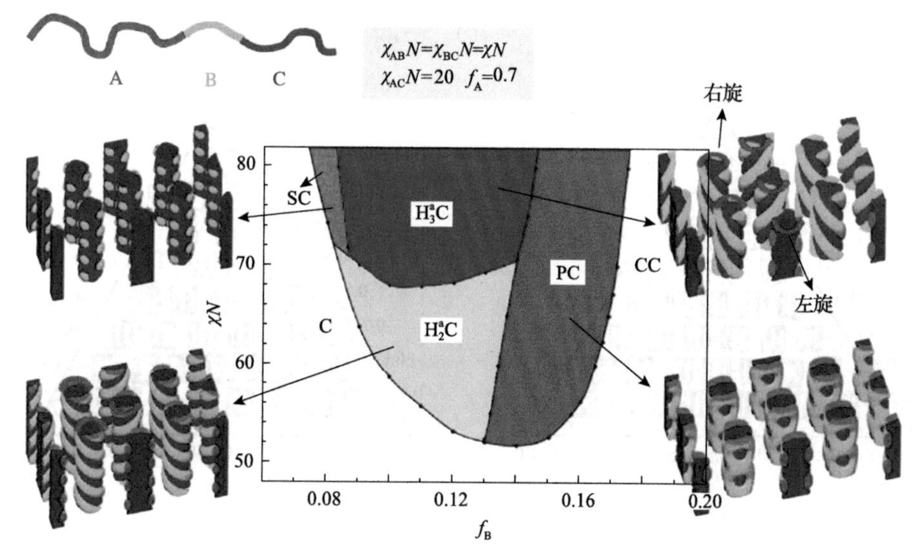

图 3.15 受挫 ABC 三嵌段共聚物自组装形成稳定螺旋结构的相图

H_3^aC：三螺旋-柱；H_2^aC：双螺旋-柱；PC：穿孔层-柱；SC：球-柱；C：C 柱；CC：核-壳柱

经美国化学学会许可，转载自参考文献[35]

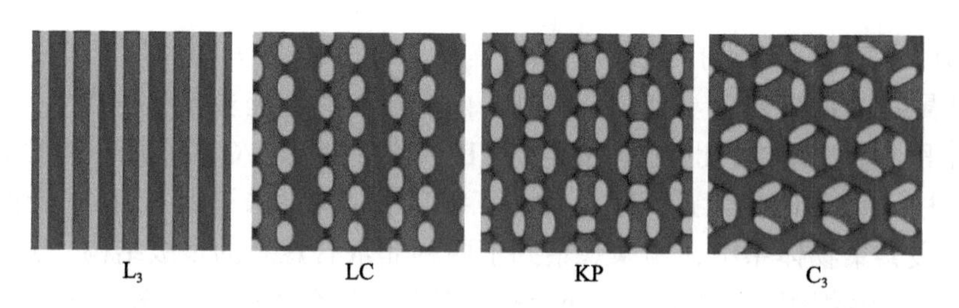

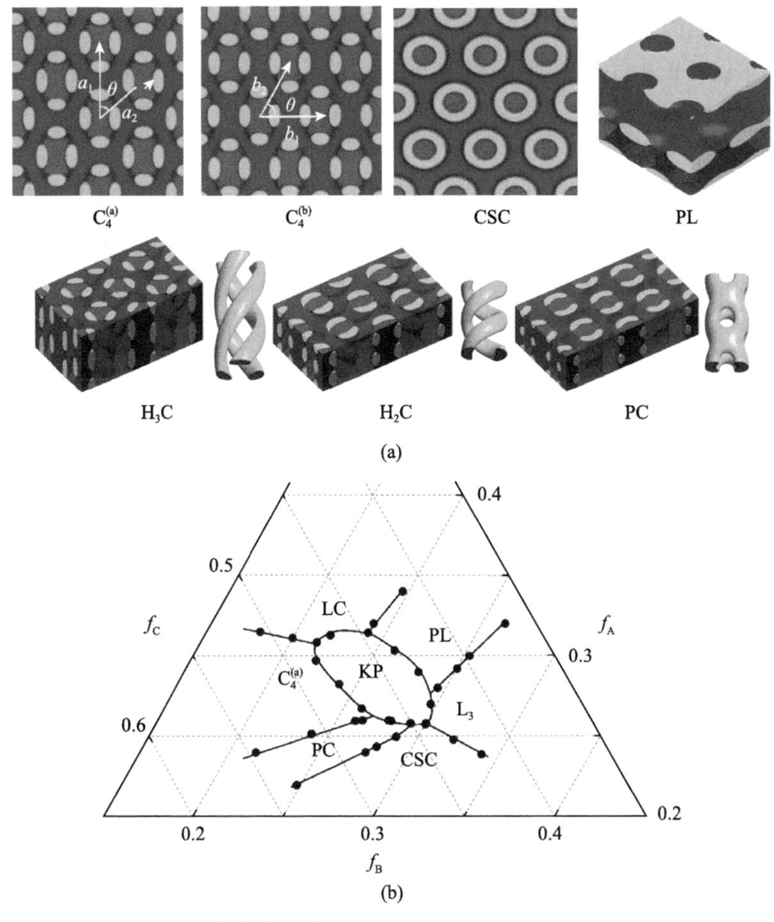

图 3.16 受挫 ABC 三嵌段共聚物自组装可能形成的有序结构(a)；模仿 PS-PEB-PMMA 的 ABC 三嵌段共聚物形成 KP 相的稳态区域(b)

$\chi_{AB}N=40$，$\chi_{BC}N=80$，$\chi_{AC}N=15$，$\varepsilon_A=1$，$\varepsilon_B=2$ 和 $\varepsilon_C=1.5$。L_3：层状；LC：柱-层；KP：编制图案；C_3：三直柱；$C_4^{(a)}$：四直柱(a)；$C_4^{(b)}$：四直柱(b)；CSC：核-壳柱；PL：穿孔层-层；H_3C：三螺旋-柱；H_2C：双螺旋-柱；PC：穿孔层-柱

经美国化学学会许可，转载自参考文献[40]

Li 等人的自洽场理论研究揭示了：螺旋结构的股数主要是由 B 螺旋的长度和 C 中心柱的长度之比所决定的，长度比越大，形成螺旋的股数越多。为了获得稳定的单螺旋结构，Zhang 等人引入了分叉链结构[41]，也就是让 C 嵌段分叉，增大 B 嵌段的自发曲率，从而增加 B 柱的直径，减小 B 柱和 A 中心柱的长度比，提高单螺旋结构的稳定性。他们在自洽场相图中，成功获得了在相当大组分参数空间内稳定的单螺旋结构。他们发现螺旋和中心柱的长度之比非常接近 3，于是他们在单螺旋结构的相邻参数空间内还观察到了稳定的三直柱围绕中心柱的多级

结构。此外，他们在该 ABC_2 体系的相图中还预测了稳定的 KP 相，这说明链分叉结构和由 Kuhn 长度不等引起的构象不对称性均可以稳定 KP 相，在后续的工作中，Xie 等人进一步证实了链分叉结构和构象不对称性在改变自发曲率上具有类似的效应[42]。

谱法是求解自洽场理论方程的一种高效方法：将周期性函数进行平面波基函数展开，并充分利用有序结构的空间对称群将系数相同的基函数合并，从而大幅减小基函数的个数，提高求解效率。由于利用了有序结构的对称性，谱法只能用于计算预先已知对称性的结构，无法预测新结构。为了解决该问题，Guo 等人提出不利用结构的空间对称群合并基函数，发展了普适的谱法[33]，并用于研究受挫的线型 ABC 三嵌段共聚物自组装，发现了一系列新结构(图 3.17)。由于受限于基函数的个数，有序结构的辨识度以及自由能的精度不够高。随着计算机计算效率的提高，可以计算的基函数个数增多，所预测有序结构的辨识度和自由能精度均有望进一步提高。

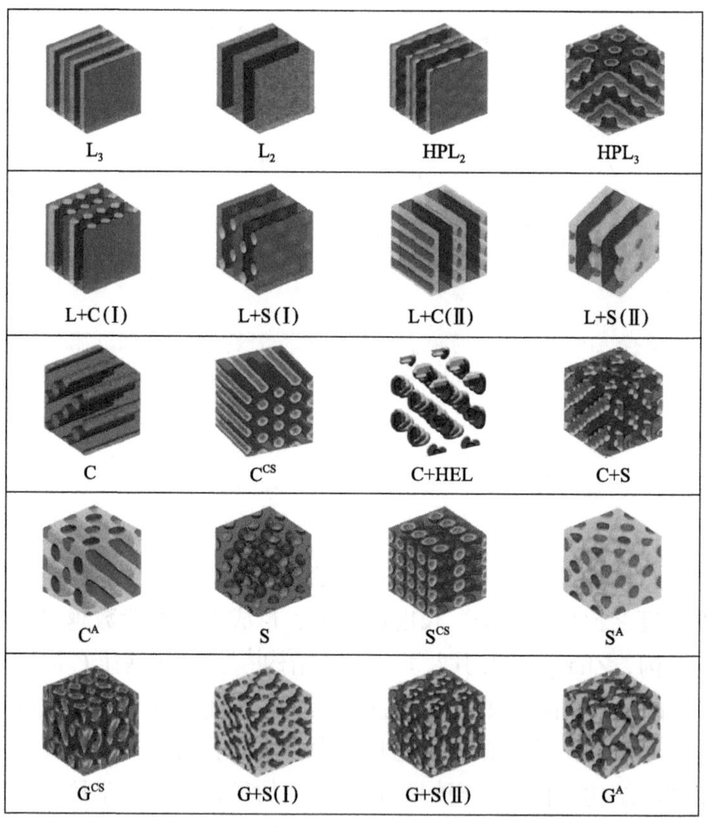

(a)

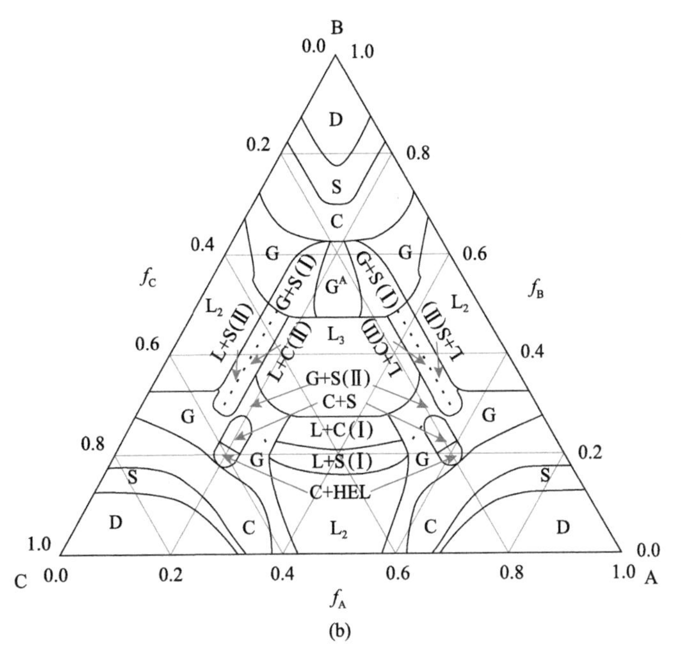

(b)

图 3.17 普适谱法所预测的 ABC 三嵌段共聚物形成的有序结构(a)和相图(b)

$\chi_{AC}N=15$ 和 $\chi_{AB}N=\chi_{BC}N=35$。L_3: 层状(A 层+B 层+C 层); L_2: 层状(B 层+C 层); HPL_2: 穿孔层-层(B 穿孔); HPL_3: 穿孔层-层(B/C 穿孔); L+C(Ⅰ): 柱-层(Ⅰ); L+S(Ⅰ): 球-层(Ⅰ); L+C(Ⅱ): 柱-层(Ⅱ); L+S(Ⅱ): 球-层(Ⅱ); C^{CS}: 核-壳柱; C+HEL: 螺旋-柱; C+S: 球-柱; C^A: 交替柱状; S^{CS}: 核-壳球; S^A: 交替球状; G^{CS}: 核-壳螺旋二十四面体; G+S(Ⅰ): 球-螺旋二十四面体(Ⅰ); G+S(Ⅱ): 球-螺旋二十四面体(Ⅱ); G^A: 交替螺旋二十四面体; D: 无序相; S: 球状; C: 柱状; G: 螺旋二十四面体

经美国化学学会许可，转载自参考文献[33]

3.2.1.2 星形 ABC 三嵌段共聚物

ABC 星形嵌段共聚物的三个臂连接到同一个点上，迫使 A/B、B/C 和 A/C 界面必须交汇于一点，这对其自组装行为构成了很强的约束。在该约束下，ABC 星形嵌段共聚物倾向于形成阿基米德多边形堆砌结构，每一组分的相畴形成一种多边形，A、B 和 C 三个多边形相畴交汇于一点，很容易证明各多边形的边数必须是偶数，如 4、6、8、10 和 12。当三个嵌段的体积分数接近时，三个多边形必须相同；在连接点处，每个多边形的角均为 120°，因此为三个相邻的六边形(即为[6.6.6])。当三个体积分数偏离相等，组分大的嵌段所形成的多边形在交汇点处的角度大，边数多；反之，对应的角度小，边数少。依据简单的几何规则，可以推断出[8.8.4]、[8.6.4; 8.6.6]、[10.6.4; 10.8.4]、[10.6.4; 10.6.6]、[12.6.4]等多边形堆砌结构，这些结构在垂直多边形方向具有平移不变性，也就是星形嵌段共聚物的连

接点排列成一条线，它们可以被看成是二维的多边形柱状结构。

2004 年，Tang 等人通过自洽场理论在二维空间研究了 ABC 星形嵌段共聚物自组装[32]，他们观察到了[6.6.6]、[8.8.4]和[10.6.4;10.6.6]多边形结构，以及几个非多边形结构。几年后，Zhang 等人采用普适的谱法发现了更多的多边形结构[43]，如[8.6.4; 8.6.6]和[12.6.4]。紧接着，Li 等人采用场特殊初始化方法，获得了多种多边形堆砌结构[44]，运用自洽场理论的准谱法计算了它们的自由能，针对特定的相互作用参数（$\chi_{AC}N = \chi_{AB}N = \chi_{BC}N = 60$），构建了一个较为完整的三角相图(图 3.18)，该相图包含[6.6.6]、[8.8.4]、[8.6.4; 8.6.6]、[10.6.4; 10.8.4]、[10.6.4; 10.6.6]和[12.6.4]多边形结构的稳区，它们主要占据该三角相图中较为中心的区域。

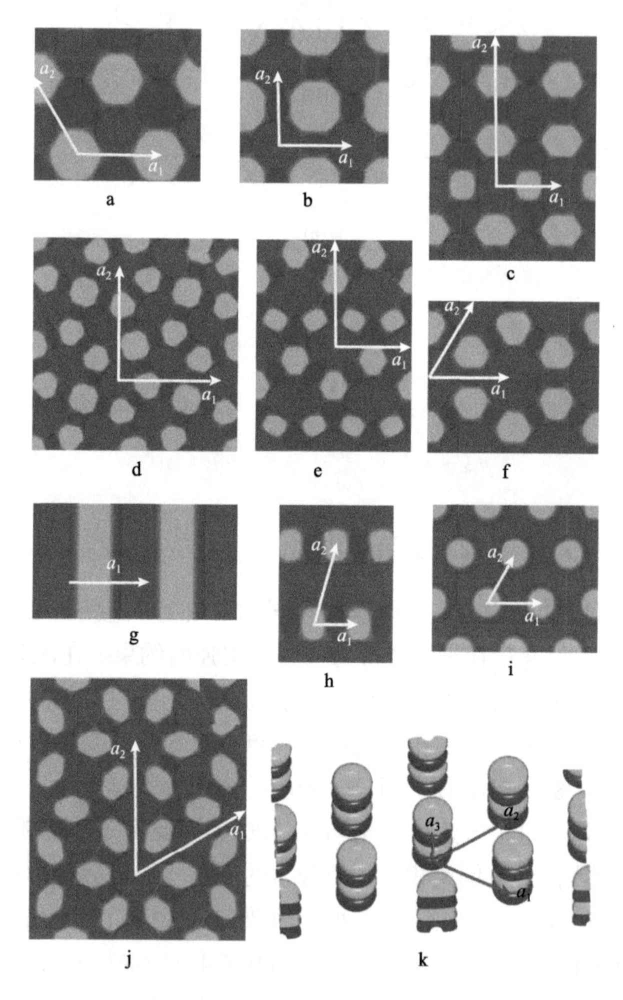

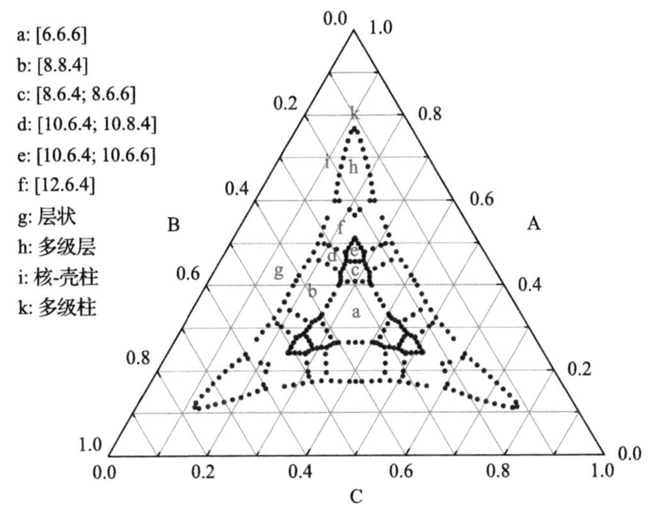

图 3.18 ABC 星形三嵌段共聚物自组装的三角相图

$\chi_{AC}N = \chi_{AB}N = \chi_{BC}N = 60$

经美国化学学会许可，转载自参考文献[44]

3.2.2 AB 型嵌段共聚物——非经典相结构

3.2.2.1 AB 两嵌段共聚物——构象不对称性

AB 两嵌段共聚物经过 20 多年的实验和理论研究，其自组装行为已经基本被理解清楚。随着组分从对称逐渐变到不对称，AB 两嵌段共聚物形成的有序结构从层状转变为双连续 double-gyroid 或 Fddd 网状、六角柱状、体心立方(bcc)球状以及六角密堆(hcp)球状。然而，2010 年 Bates 课题组的实验在 PI-PLA 两嵌段共聚物熔体中观察到了复杂的 Frank-Kasper σ 球状相[45]，该球状相的一个结构单元包含了 30 个球，而且这 30 个球排列在 5 种不等价的空间位置上。实际上，Frank-Kasper 相于 20 世纪 60 年代在合金晶体中被发现，且存在丰富的类型，σ 相只是其中一种。在两嵌段共聚物中发现 Frank-Kasper 相，引出了几个关键问题：它是否热力学稳定？如果是，其稳定机理是什么？另外，嵌段共聚物自组装是否可以形成其他的 Frank-Kasper 相？围绕这些问题的理论和实验研究已经成为嵌段共聚物领域的新热点，而对这些问题的回答则加深和更新了对嵌段共聚物自组装的理解。

通常，AB 两嵌段共聚物关于 $f-\chi N$ 的相图是对称的，主要原因是假定了 A 和 B 链段除了化学不相容性外的其他性质都是一致的，如链段长度(或 Kuhn 长度)和密度，而实际体系中这些性质应该是不相同的，它们必定会引起 A 和 B 嵌段之间的构象不对称性，从而导致不对称的相图。基于该分析，Xie 等人引入了构象不对称性($\varepsilon = b_A^2 / b_B^2$，其中 b_A 和 b_B 分别为 A 和 B 嵌段的链段长度)[42]，考虑了经典的 bcc、fcc 球状相以及非经典的 Frank-Kasper 相(σ 和 A15)，通过自洽场理论计算构建了 AB 两嵌段共聚物的相图。他们证实了构象不对称性导致不对称的相图(图 3.19)，链段长度较大的嵌段(如 A 嵌段)所形成的球状相区被扩大了，而另外一个嵌段的球状相区则被压缩了。构象越不对称，A 球相区被扩大得越显著。在扩大的球状相区中出现了稳定的 Frank-Kasper σ 相，σ 相区随着 ε 增大而变

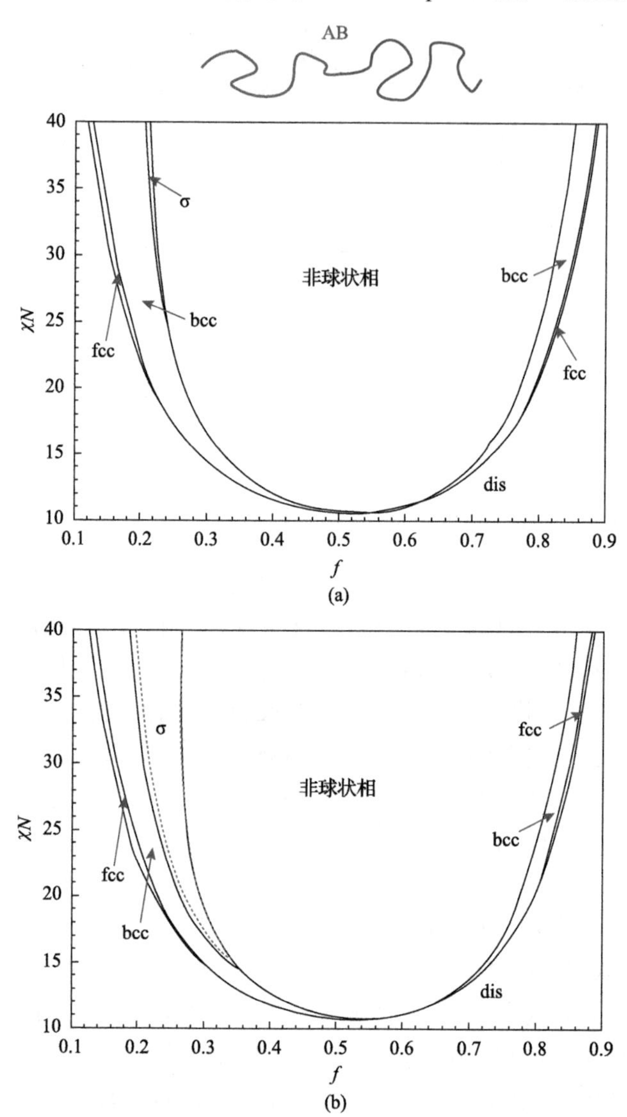

图 3.19　构象不对称 AB 两嵌段共聚物自组装的球状相区

(a) $\varepsilon=1.5$；(b) $\varepsilon=2$。dis：无序相；bcc：体心立方球；fcc：面心立方球；σ：sigma 球

经美国化学学会许可，转载自参考文献[46]

宽。稳定 σ 相的主要机理是：球的体积分数越大，球受到 Voronoi 多面体元胞形状的影响越剧烈，球的变形越严重，导致界面能上升；为了降低界面能，球倾向于排列成具有更圆 Voronoi 多面体的晶格。计算结果表明：从 fcc 到 bcc 和 σ，Voronoi 多面体的圆度增大。两嵌段共聚物中构象不对称性稳定 Frank-Kasper σ 相的机理已经得到了实验的证实[47]。

3.2.2.2　AB 型嵌段共聚物——链结构不对称性

构象不对称性是由不同嵌段的内在性质(如 Kuhn 长度)所引起的，只能通过选择嵌段共聚物的单体来改变，且改变的幅度非常有限。基于此，Xie 等人进一步提出了链结构不对称性稳定 Frank-Kasper 相的机理，并通过自洽场理论证实了该机理的可行性。最典型的不对称 AB 型嵌段共聚物是 AB_n 杂臂星形，n 个 B 嵌段和一个 A 嵌段连接在一起，B 嵌段像并联弹簧，比单根 A 嵌段更加难以拉伸，为了减少 B 嵌段的拉伸，自组装结构放大向 A 嵌段弯曲的曲率效应，也就是使相边界向 A 体积分数(f)增大的方向偏移，扩大 A 球相区，稳定 Frank-Kasper 相。Xie 等人的理论结果表明：当 $n=2$ 时，在 $f-\chi N$ 相图中 σ 相占据了一定的区域；而 $n\geqslant3$ 时，不仅 σ 相区进一步扩大，还在 σ 相和六角柱状相之间出现了稳定的 A15 相(图 3.20)，这表明 A15 相比 σ 相具有更加有利的界面能。不过，σ 相和 A15 相的自由能差非常小，单链自由能差在 $10^{-4}\sim10^{-3}\ k_BT$ 量级。

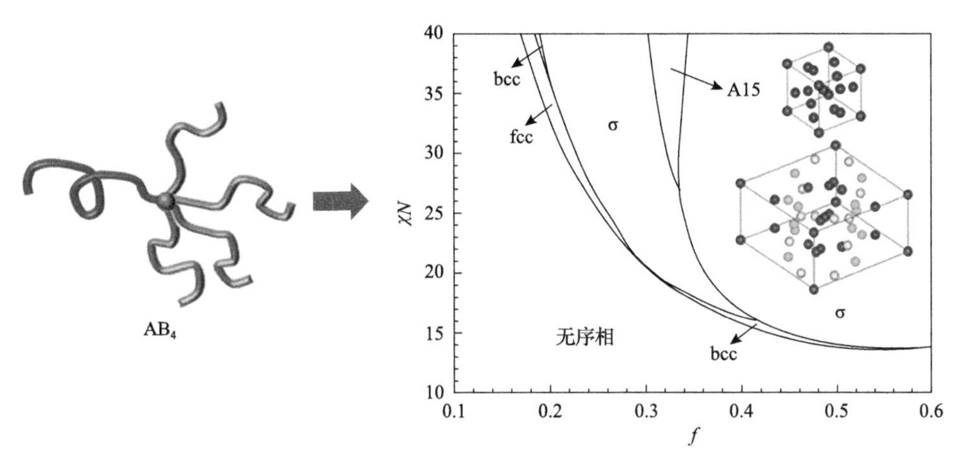

图 3.20　AB_4 杂臂星形嵌段共聚物的部分相图

bcc：体心立方球；fcc：面心立方球；σ：sigma 球；A15：铌化锡球

经美国化学学会许可，转载自参考文献[46]

3.2.3　二元共混体系——局域分离机理

除了构象和链结构的不对称性，是否存在其他扩大球状相，从而稳定

Frank-Kasper 相的机理？针对该问题，Liu 等人提出 AB/AB 二元共混体系可以获得稳定的 Frank-Kasper 相[48]，其基本的设想是：单纯的 AB 两嵌段共聚物形成 A 球状相时，球内的 A 嵌段为了适应沿着径向逐渐增大的体积，其沿着径向的拉伸必定不均匀，越接近 A/B 界面，链的拉伸程度越低，使单位长度壳层内的链段数越多，这种拉伸不均匀不利于球相的形成，从而限制了球状相的区域；当共混的两种 AB 嵌段共同形成 A 球时，不同长度的 A 嵌段可以形成核-壳结构，长的 A 嵌段延伸至中心，而短的 A 嵌段主要填充 A/B 界面附近的空间，缓解链段拉伸的不均匀性，从而放大曲率效应，扩大 A 球状相区。通过自洽场理论计算，他们发现：保持两种 AB 嵌段共聚物的 B 嵌段相同，调节 A 嵌段的相对长度，可以获得相当大的 Frank-Kasper 稳定相区(图 3.21)。除了 Frank-Kasper σ 和 A15 相，他们还惊喜地发现了稳定的 C14 和 C15 相，这两个相也属于 Frank-Kasper 家族，被称为 Laves 相。C14 和 C15 相中不同球比 σ 和 A15 相中不同球所具有的尺寸差异更大，它们稳定的另外一个机理是：二元共混体系通过调节球中两种嵌段的含量，比单纯体系更有利于形成尺寸差异大的球。

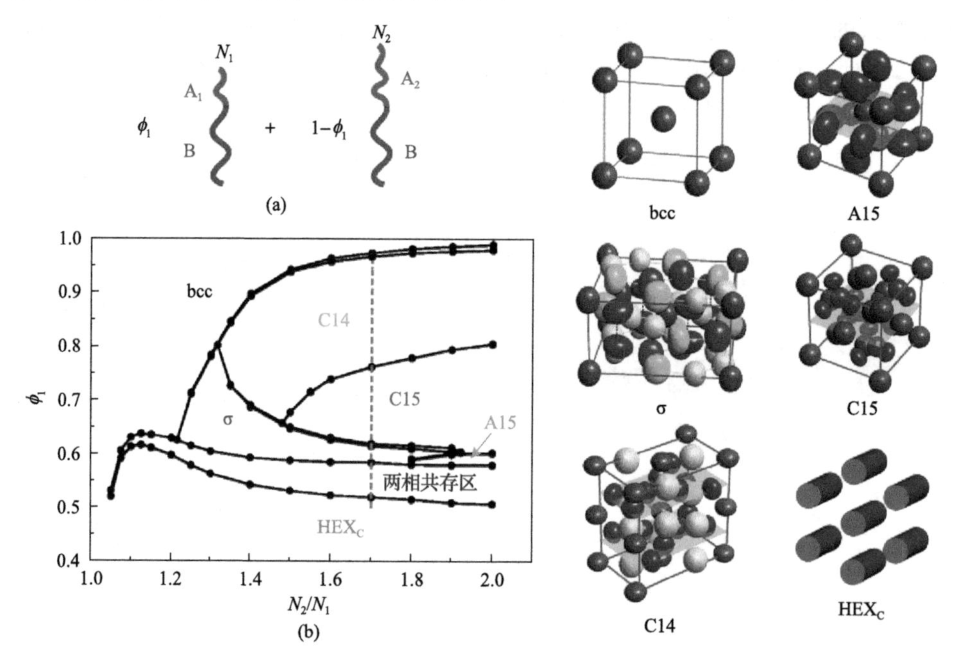

图 3.21　AB/AB 二元共混的相图以及相应的结构图

$\chi N_1 = 40$；$N_{A_1} = 0.15N_1$；$N_{B_1} = N_{B_2} = 0.85N_1$。bcc：体心立方球；σ：sigma 球；C14：C14 球；C15：C15 球；A15：铌化锡球；HEX_C：六角柱

经美国化学学会许可，转载自参考文献[48]

为了进一步证实二元共混体系有利于形成稳定的 C14 和 C15 相，Zhao 等人采用自洽场理论研究了 A / AB_4 二元共混体系的自组装(图 3.22)[49]。他们发现，

在形成 fcc 球状相的 AB_4 嵌段共聚物中逐渐加入少量的 A 均聚物，fcc 相会依次转变为 σ 相和 C14 相。在形成 σ 相的 AB_4 中加入少量的均聚物，可以获得稳定的 C14 和 C15 相。该理论研究揭示：A 均聚物主要作用是溶胀 A 球，它有利于调节球的尺寸，从而可以稳定球尺寸差异较大的 Laves 相。根据该结论可以推断：在形成 bcc 球的 AB 两嵌段共聚物体系中，加入 A 均聚物也可以获得稳定的 Laves 相。另外，Zhao 等人将 AB/AB 二元共混体系的相图拓展到更大的链长比，发现二元共混体系可以形成新颖的二元 hcp 球状相，大球是由长、短 A 嵌段共同形成的，而小球几乎是由单纯短 A 嵌段构成的[50]。

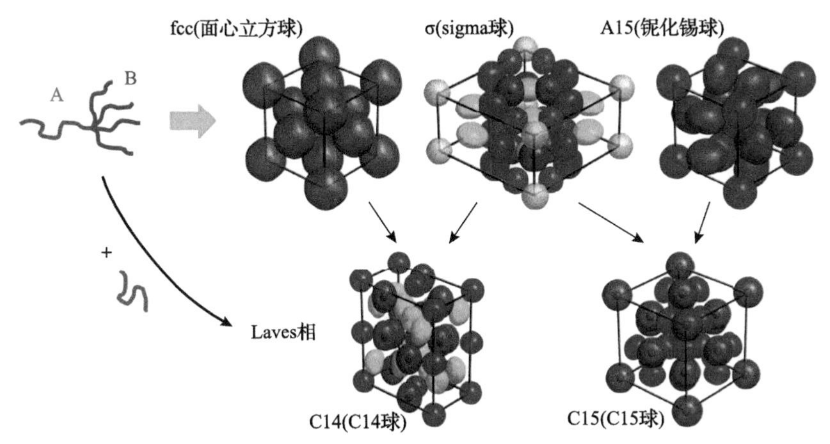

图 3.22 A / AB_4 二元共混体系形成各种 Frank-Kasper 相的示意图

经美国化学学会许可，转载自参考文献[49]

3.2.4 ABC 线型多嵌段共聚物——拉伸桥连机理

对称 ABC 线型三嵌段共聚物形成的二元球状相按 CsCl 晶格交替排列，这说明不同类型的粒子可以按相同的晶格排列形成不同尺度的有序结构。已知碱金属和卤族元素形成的二元离子晶体，除了交替的体心立方晶格(CsCl)，还有 NaCl 晶格，这两种晶格的配位数不同：CsCl 晶格的配位数为 8，而 NaCl 的配位数为 6。那么，ABC 型嵌段共聚物能否形成 NaCl 型二元球状相？此外，二元晶格的种类很多，改变 ABC 型嵌段共聚物的链结构，能否形成按各种晶格排列的二元球状相(或二元介观晶体)？

针对上述问题，Xie 等人提出了可控桥连机理可以调控二元介观晶体结构[51]，并设计线型 $B_1AB_2CB_3$ 五嵌段共聚物展示该机理的可行性(图 3.23)。具体的机理是：$B_1AB_2CB_3$ 嵌段共聚物形成二元球状结构时，中间的 B_2 嵌段必定连接一对相邻的 A 和 C 球；保持三组分的体积分数不变，缩短 B_2 嵌段直至其剧烈拉伸，A 和 C 球的距离会倾向于减小以缓解 B_2 嵌段的拉伸，但是减小的晶格距离会压缩球

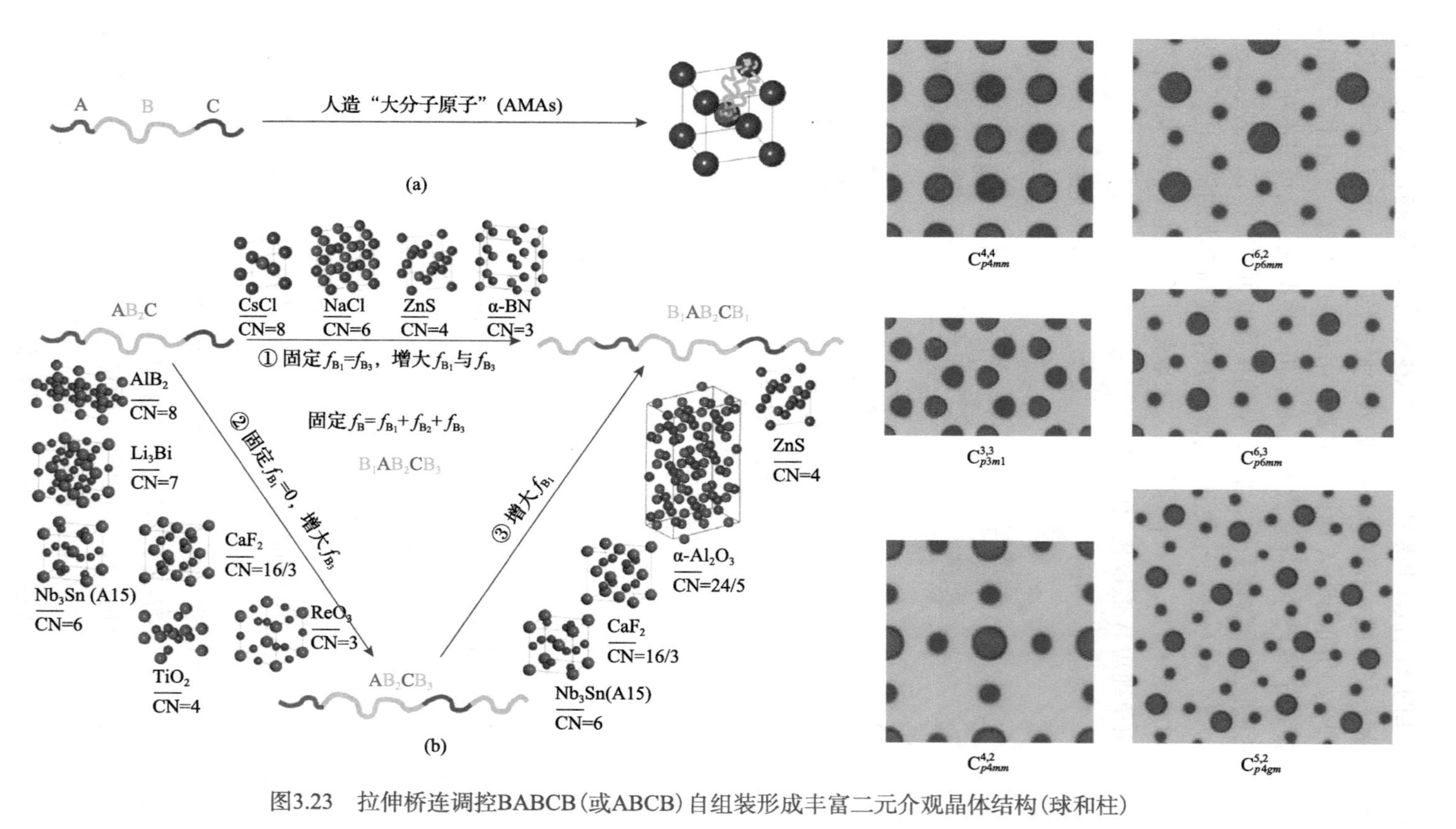

图3.23 拉伸桥连调控BABCB(或ABCB)自组装形成丰富二元介观晶体结构(球和柱)

经美国化学会许可，转载自参考文献[51]

外的空间使其不足以容纳总体积不变的B嵌段；为了解决该问题，只能迫使A和C球的排列发生改变，排列成更加稀疏的晶格，也就是配位数更低的晶格，如从配位数为8的CsCl转变成配位数为6的NaCl、配位数为4的ZnS，甚至配位数为3的α-BN。此外，他们发现当B_1与B_3变成不对称，二元介观晶体的A和C配位数也会变得不对称。一种极限情况就是，$B_1AB_2CB_3$变成ABCB四嵌段，A嵌段的末端可以自由分布在A球内，而C嵌段的两个末端必须分布在C球表面，C嵌段的延伸距离不及A嵌段，导致A球比C球大，A球的配位数比C球高。值得指出的是，这些调控二元介观晶体结构的机理同样适合于二元柱状相。基于这些机理，Xie等人预测了丰富的二元球状和柱状结构，在介观尺度"重铸"了二元晶体。

获得的二元柱状结构包括$C_{p4mm}^{4,4}$、$C_{p3m1}^{3,3}$、$C_{p4mm}^{4,2}$、$C_{p6mm}^{6,2}$、$C_{p6mm}^{6,3}$、$C_{p4gm}^{5,2}$等(图3.23)，上标中两个数字分别代表A和C的配位数，下标表示结构的平面对称性。如果把相邻A柱的中心连接起来，那么所有的C柱近似位于连线的中心，则$C_{p6mm}^{6,2}$结构是由三角形单元构成的，而$C_{p4gm}^{5,2}$结构是由三角形和正方形以8/3的比例构成的。在这两个结构中，三角形和正方形的数量之比与配位数相关联，均可以通过桥连的拉伸程度和链结构的不对称程度进行调节。三角形和正方形可以排列出很多图案，当其比例为有理数时，排列出的图案是周期性的；而当比例为无理数时，排列出的图案则为非周期性的有序图案，被称为准晶图案。准晶是20世纪80年代通过实验在合金中发现的有序结构，具有旋转对称性，但不具有平移对称性；准晶的旋转对称性与晶体的不同，具有5次、8次、10次和12次对称性。准晶的发现更新了有序结构的范式，引起了广泛的关注。虽然，很多实验研究报道了软物质自组装体系中的准晶结构，但是由于软物质体系的特征尺寸较大，实验无法在大尺寸范围内表征结构，因此很难准确地确定准晶结构。

准晶结构在嵌段共聚物自组装中也有报道，为了证实嵌段共聚物准晶结构是否是热力学稳定的，Duan等人开展了相关的理论研究[52]。自洽场理论通常只能计算周期性有序结构的自由能，而无法直接计算非周期性准晶结构的自由能。为了解决该难题，他们采用Stampfli自相似原理逐代构建了由三角形和四边形构成的周期性准晶结构近似体，随着代数的增加，近似体逐渐逼近理想的十二轴准晶结构。然后调节ABCB体系的参数，计算了这些准晶近似体结构以及其他周期性结构的自由能，并且分析了不同结构之间的相对稳定性，发现：在ABCB体系中十二轴准晶结构是亚稳态，但是存在一种热力学稳定的周期性准晶近似体结构，它与准晶的自由能差很小，散射图案也非常类似(图3.24)。该结果表明：在热力学涨落下，准晶结构可能就是多种周期性准晶近似体结构的混合态。

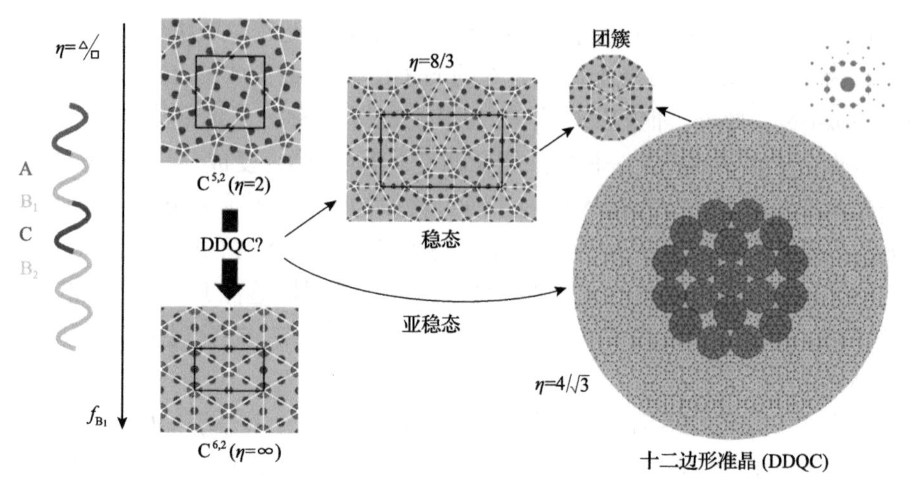

图 3.24　调控 ABCB 嵌段共聚物形成准晶或准晶近似体结构的机理

经美国化学学会许可，转载自参考文献[52]

3.2.5　AB 型多嵌段共聚物——拉伸桥连机理

ABC 型嵌段共聚物自组装结构中，B 嵌段的桥连是自然形成的。那么，在 AB 型嵌段共聚物体系中能否形成桥连构象呢？能否利用拉伸桥连机理获得低配位的球状和柱状结构呢？AB 两嵌段、ABA 三嵌段等多种 AB 型嵌段共聚物所形成的柱状相均是配位数为 6 的六角柱，其中一个更低配位的柱状相是四方柱状相，在半导体工艺中，它比六角柱状相更具有应用潜力[53]。实际上，ABA 线型三嵌段共聚物在自组装结构中存在两种构象，分别是环形和桥连，只是桥连的比率不是特别高。Gao 等人提出通过设计多臂星形链结构[54]，依据组合构象熵原理，多臂嵌段更加倾向于分散分布在不同相邻相畴中，形成桥连构象，导致所有臂位于同一个相畴内形成非桥连构象的概率大幅度下降，下降的程度随着臂数的增加而增大。另外，为了调节桥连嵌段的相对长度，他们在 $(AB)_n$ 星形嵌段共聚物中引入一条 B 均聚物，形成 $B(BA)_n$ 杂臂嵌段共聚物；另外，他们将 $(AB)_n$ 星形改变为 $(BAB)_n$ 三嵌段共聚物星形，均实现了拉伸桥连机理（图 3.25）。采用自洽场理论，他们在 $B(BA)_5$ 相图中预测了稳定的配位数为 3 的石墨烯类柱状结构，而在 $(BAB)_5$ 相图中预测了稳定的四方柱状结构；此外，他们还发现在拉伸桥连效应作用下，fcc 会替代 bcc 成为稳定的球状相，占据主要的球状相区域，主要原因是 fcc 的有效配位数比 bcc 低。Chen 等人在随后的研究中进一步指出，fcc 结构也可以被链堆积受挫缓解效应稳定，他们观察到了 fcc 和 bcc 之间的重进入相变[55]。

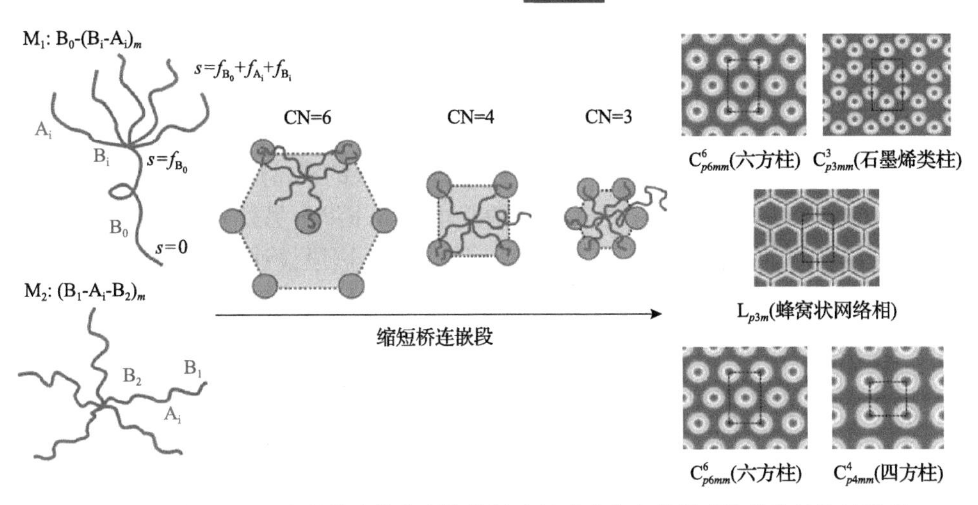

图 3.25　图示 AB 型嵌段共聚物实现拉伸桥连并形成稳定的低配位柱状结构的机理

经美国化学学会许可，转载自参考文献[54]

3.2.6　AB 型多嵌段共聚物——堆积受挫缓解效应

在嵌段共聚物熔体自组装中，由于熔体的密度几乎恒定不变，链段在自组装结构中必须均匀填充整个空间；另外，由于 A/B 嵌段的相分离，A/B 嵌段之间的连接点必须位于 A/B 界面上，这对于链段的分布构成一种约束。以 AB 两嵌段共聚物形成六角柱状相为例，小组分 A 嵌段为了均匀填充圆柱内的空间，它的拉伸程度在径向方向必须变得不均匀[56]；与此同时，B 嵌段在填充柱外的基体时，也存在拉伸程度的不均匀性。属于每一个柱的空间可以近似用六边形的 Voronoi 元胞表示，延伸到六边形顶点的 B 嵌段比延伸到边中心位置的拉伸更加剧烈，为了缓解这种拉伸不均匀性，可以让 A/B 界面向六边形变形，但是变形会引起界面能的上升，这一对矛盾需要达到一个平衡，被称为链堆积受挫。如果同一个嵌段共聚物分子包括不同的 B 嵌段，那么长短 B 嵌段就可以填充到远近空间，降低嵌段在曲率外的堆积受挫程度；同样，长短 A 嵌段填充曲率内空间，形成一种有利的径向分布，也可以缓解曲率内的堆积受挫程度。由于不同相结构的堆积受挫程度不同，堆积受挫缓解效应会影响它们之间的相对稳定性。通常，配位数越低、相畴尺寸越不均匀、界面曲率变化越大的相结构，其堆积受挫程度越高，通过设计链结构缓解堆积受挫，提高其稳定性的效果越明显。

基于堆积受挫缓解效应机理，不仅可以扩大有序结构的稳定相区，甚至还可以稳定一些非经典相结构。Liu 等人通过设计 AB/AB 二元共混体系缓解了曲率内的链堆积受挫[57]，扩大了球状相区域，获得了稳定的 Frank-Kasper 相。最近几年，Li 课题组设计了一系列 AB 型多嵌段共聚物，通过自洽场理论研究预测了一系列非经典相结构和相变行为，部分理论预测得到了实验的证实。AB_n 是典型链结构不对称的嵌段共聚物，其相边界会朝大 f (A 嵌段体积分数)偏移，且偏移程度应该会随着 n 增大而上升。但是，Qiang 等人发现随着 n 不断增大，相边界的偏移程度趋于平缓[58]，例如球/柱边界会逼近一个极限，在中等分离强度($\chi N>30$)下该极限 f 约为 0.35。他们进一步指出：出现该极限的根本原因是极短 B 嵌段被过度拉伸，单根 A 嵌段由于相畴尺寸的减小而被压缩；另外，A 嵌段在曲率内沿着径向拉伸不均匀。为了解决该问题，他们将 A 嵌段设计成树枝状链结构，B 嵌段连接在树枝结构最外一代的 A 嵌段上，每个 A 嵌段可以连接单根 B 嵌段，也可以连接多根 B 嵌段。他们发现这种树枝状嵌段共聚物的一个关键参数是第一代单一 A 嵌段的长度和其他代 A 嵌段的长度之比 τ，它可以大幅度调控相边界(图 3.26)。通过优化 τ，他们可以将球/柱边界扩大至 $f>0.5$，甚至 $f>0.7$。针对四代树枝状分子，他们精确计算了优化 τ 值的 $f-\chi N$ 相图，该相图几乎被各

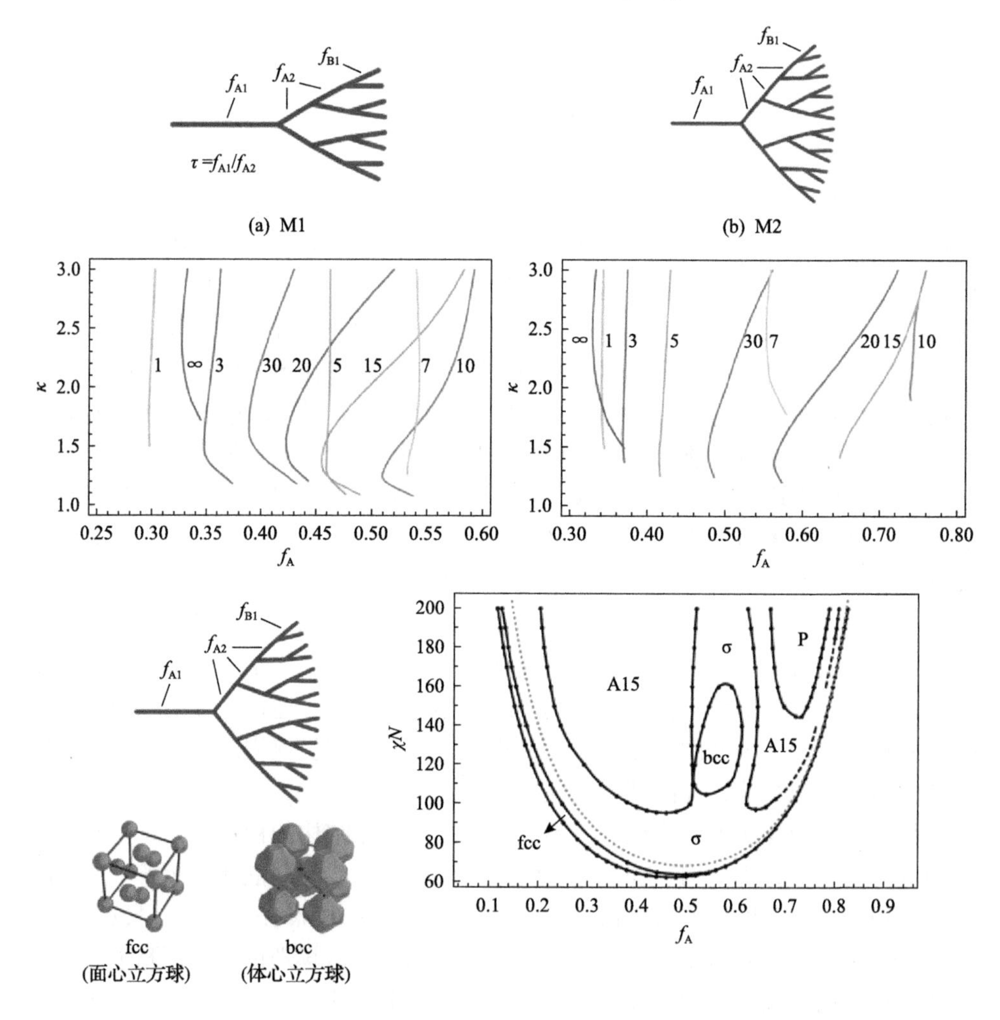

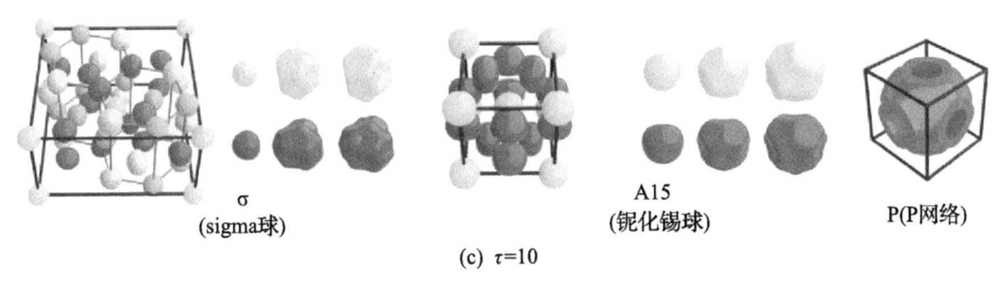

图 3.26 AB 树枝状嵌段共聚物的相图和相结构图

(a)，(b)链结构参数 τ 对 M1 和 M2 树枝状嵌段共聚物球/柱边界的调控；(c) $\tau=10$ 时 M2 分子的相图以及相结构图，σ 和 A15 结构右边的小球展现了体积分数对球形状的影响

经美国化学学会许可，转载自参考文献[58]

种球状相结构所占据，包括 bcc、Frank-Kasper σ 和 A15 相，而通常的柱、层及 double-gyroid 相几乎被挤出了相图；另外，该相图中还出现了较大区域的 Plumber's nightmare 网状结构。随后，Li 等人设计了另外一种较为简单的 AB 型嵌段共聚物——$A(AB)_n$，通过优化两种 A 嵌段的长度之比，同样实现了对相边界的大幅度调控，得到了极其不对称的相图[59]，相关的理论预测得到了韩国 Kim 教授课题组的实验证实[60]。

3.2.7 AB 型和 ABC 型多嵌段共聚物——多个机理的协同作用

最近几年，李卫华课题组提出了调控嵌段共聚物自组装行为的三个主要机理：构象/链结构不对称性机理、拉伸桥连机理和堆积受挫缓解机理。在上述小节里，已经分别讨论了这三个机理。其实，也可以设计链结构，同时实现两个、甚至三个机理，从而稳定一些单一机理难以稳定的新颖结构。最近几年，他们尝试开展了相关的研究，设计了多种多嵌段共聚物体系，理论预测了丰富的非经典有序结构和相变行为。

Xie 等人设计了一种非线型 AB 型多嵌段共聚物分子[46]，$(B_T)AB(A_T)$，它是在一根 AB 两嵌段共聚物的 A 嵌段和 B 嵌段上分别接枝一根 B 嵌段和 A 嵌段形成的，该嵌段共聚物包含一个桥连 B 嵌段和两个包含自由端的 B 嵌段，且包含三个类似的 A 嵌段(图 3.27)。通过调节三个 B 嵌段的相对长度，就可以同时实现拉伸桥连机理和堆积受挫缓解机理，稳定各种低配位有序结构，包括配位数为 6 的简单立方球状相、配位数为 4 的金刚石球状相、层状的六角排列球状相等，还可以稳定曲率非常不均匀的穿孔层状相(PL)。总之，该嵌段共聚物展现了非常丰富的非经典相变行为。随后，Xie 等人进一步将链结构简化为了线型 BABAB 五嵌段，同样实现了拉伸桥连机理和堆积受挫缓解机理，他们还惊喜地发现这两个机理的协同作用可以稳定 single gyroid 结构[61]。

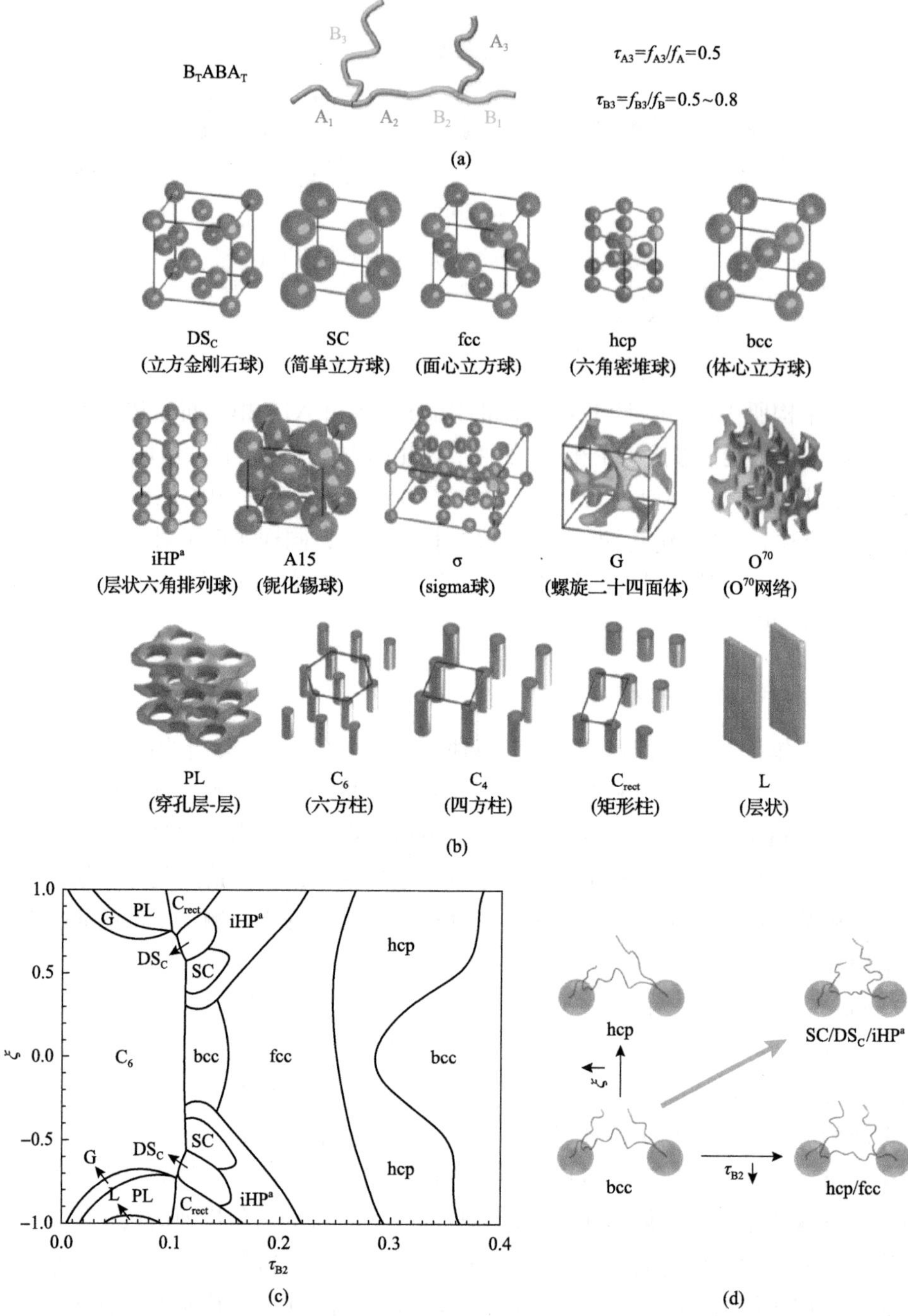

图 3.27 $(B_T)AB(A_T)$嵌段共聚物的参考相结构、相图和链段分布示意图

(a) $(B_T)AB(A_T)$嵌段共聚物链结构；(b) 可能形成的备选结构；(c) τ_{B2} - ξ 相图：$\chi N=100$，$f=0.14$；(d) 拉伸桥连机理实现不同球状相相变示意图

经美国化学学会许可，转载自参考文献[42]

增加 ABC 三组分嵌段共聚物的嵌段数和设计链结构,也可以同时实现不同的调控机理，从而获得新颖的自组装结构，甚至是实现性能的调控。如 Li 等人为了扩大二元介观晶体的稳定相区,将分叉结构引入 ABC 三组分嵌段共聚物的链结构中，设计了 B(A)B(C)B 嵌段共聚物[62]，是由 A 和 C 嵌段接枝在一根 B 链上构成的，A 和 C 的两个接枝点把 B 链分成了三个 B 嵌段。该分子也可以看成是将 AB_2 和 CB_2 的各一个 B 嵌段连接起来形成的，也就是说 B 嵌段的分叉会增大向 A 和 C 嵌段弯曲的曲率效应，从而扩大二元球状结构的相区(图 3.28)。此外，不同 B 嵌段分别填充远近空间，会降低堆积受挫；中间的 B 嵌段是桥连嵌段，其拉伸可以降低晶体结构的配位数。在这三个机理的共同作用下，B(A)B(C)B 嵌段共聚物展现了丰富的自组装行为，特别是 CsCl、NaCl 二元介观晶体的相区宽度在大范围内被调控。其相图暗示，NaCl 和 ZnS 的相区可能延伸至中间 B 嵌段消失。基于该观察，他们研究了 AB_2C 四臂星形嵌段共聚物的自组装[63]，发现它的自组装行为与 ABC 星形三嵌段共聚物存在显著差异，ABC 星形形成多边形堆砌结构的多个相区被 NaCl 和 ZnS 相所占据，NaCl 和 ZnS 中球所占的体积分数非常高，如 ZnS 的体积分数可以高达 0.57、NaCl 的体积分数高达 0.65；此外，星形链结构使二元球状结构中的 A、C 球紧密接触，形成了连续的空间网络结构(图 3.28)。

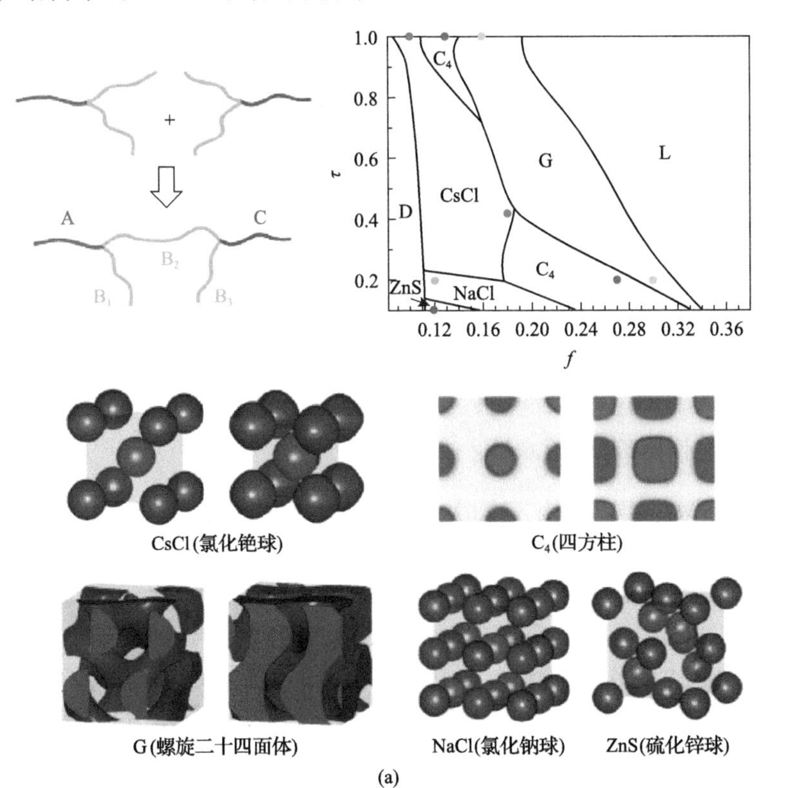

(a)

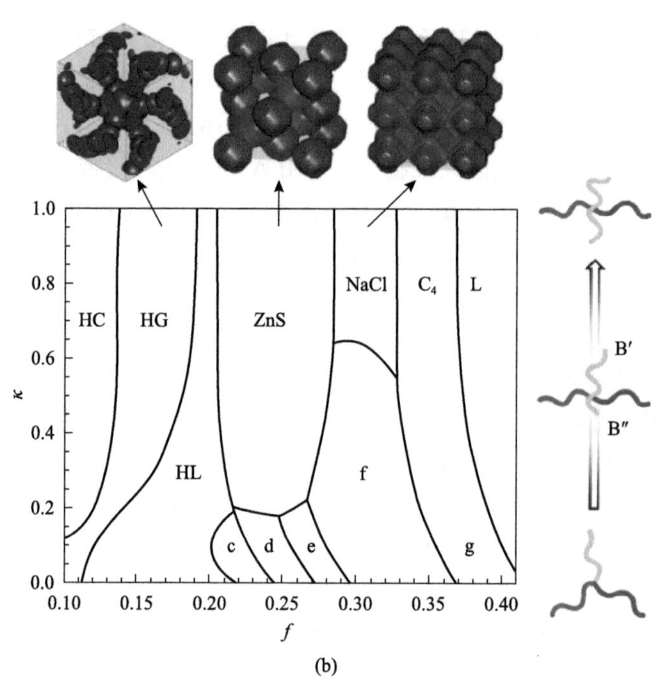

图 3.28 B(A)B(C)B 嵌段共聚物和 AB_2C 四臂星形分子的设计策略、相图和相结构图

(a) B(A)B(C)B 嵌段共聚物链结构、相图以及相应的自组装结构：$\chi N = 60$；(b) 从 AB_2C 四臂星形过渡到 ABC 三臂星形嵌段共聚物的相变行为：$\chi N = 60$。HC：多极柱；HG：多级螺旋二十四面体；HL：多级层；L：层

经美国化学学会许可，转载自参考文献[62, 63]

ZnS 二元球形成的网络结构是 single diamond，可以用于光子晶体的模板，能够产生很宽的全带隙。

3.2.8 其他的相关研究

李卫华课题组不仅运用自洽场理论研究嵌段共聚物自组装，同时也发展了求解自洽场理论的高效方法。

3.2.8.1 对称性加速的准谱法

对于一些复杂有序结构，准谱法需要很大的离散格子才能获得足够精确的自由能，随着格子的增大，计算量会快速增长。如 Frank-Kasper σ 相，它的元胞包含 30 个球，周期非常大，通常需要 M=256×128×128 的格子才可以获得其比较精确的自由能，才足以区分它和其他 Frank-Kasper 相(如 A15)的相对稳定性。如此大的格子，加上较大的链段离散($N_s \geqslant 100$)，准谱法所占用的内存和计算量均比较大，迫切需要发展更高效率的算法。准谱法最耗时的部分是求解修改扩散方程的快速傅里叶变换(FFT)，它与格点数的依赖关系是 $M\log M$。对于有序结构，FFT 的周期性数据继承有序结构的对称性，在普通的 FFT 算法中并没有利用这些对称性。Qiang

等人提出用晶体学 FFT 替代普通 FFT，就可以大幅加速 FFT 计算以及降低内存的占用，从而使准谱法加速[64]。基于该想法，他们发展了普适的和特化两种加速算法。普适加速算法只利用了大多数三维结构的共同对称性，获得的加速比为 6 倍左右，适合大多数三维有序结构；而特化算法是针对某个特定结构而设计的，获得的加速比更大，如对于 Frank-Kasper σ 相，获得的加速比达到了 30 倍左右(图 3.29)。

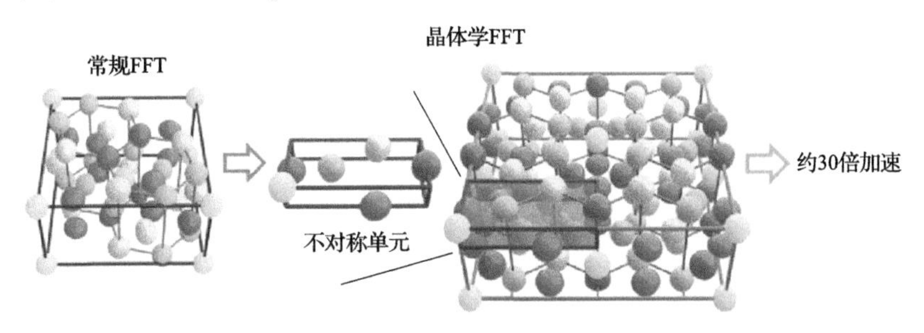

图 3.29　图示 Frank-Kasper σ 相的特化加速算法
经美国化学学会许可，转载自参考文献[64]

另外，对于环形聚合物链，自洽场理论方程的求解一直是个难题。由于没有自由端，求解扩散方程的次数是对应线型链的 M 倍；此外，为了避免周期性边界条件引起的非环形构型，通常需要选择多个周期的元胞，也就是格点数 M 必须更大。对于三维结构，$M=128^3$ 的格子是非常必要的，而环形链的计算量变成了相应线型链的 200 万倍，如此大的计算量是非常具有挑战性的。这正是在 Li 课题组的工作之前，关于环形嵌段共聚物的研究中从未出现过任何包含三维结构相图的原因。Qiang 等人将对称性加速的思想引入环形链自洽场方程的求解中[65]，与前面加速 FFT 算法不同，在这里主要是减少求解扩散方程的次数。基本思想是：对于所有空间等价的点，只需求解一次扩散方程，然后根据相应的权重进行加和。对于大多数结构，该算法可以获得 3 个数量级左右的加速比(图 3.30)。运用该算

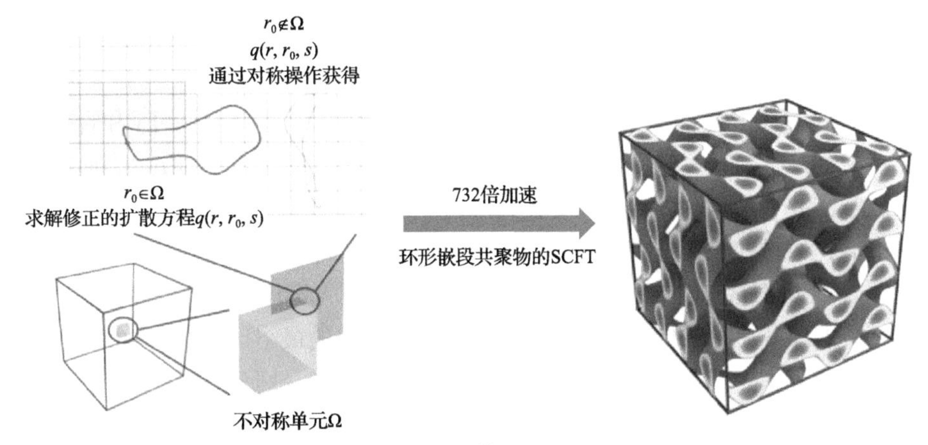

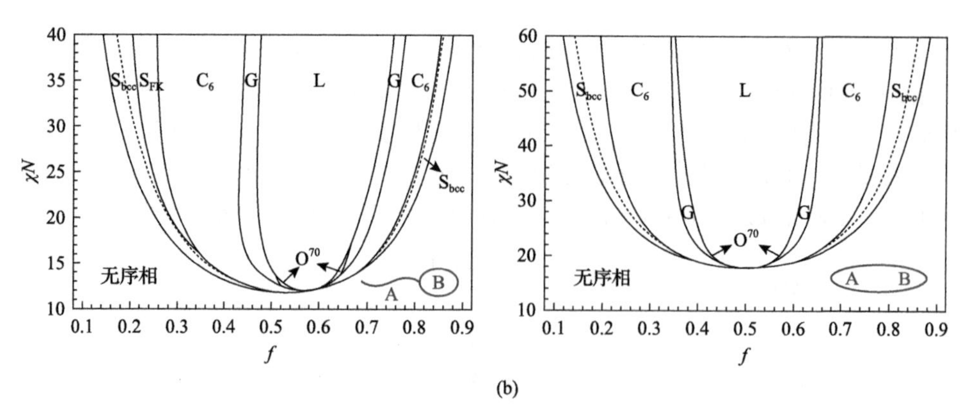

图 3.30 求解环形链自洽场理论方程加速算法的示意图(a)，以及蝌蚪状(b 左)和环形(b 右)两嵌段共聚物的相图

S_{bcc}：体心立方球；S_{FK}：铌化锡球(A15 球)；C_6：六方柱；G：螺旋二十四面体；L：层。
经美国化学学会许可，转载自参考文献[65]

法，他们首次构建了环形和蝌蚪状 AB 两嵌段共聚物的完整相图，包含了 bcc 球、double-gyroid 和 Fddd 网状三维结构。

3.2.8.2 缺陷的稳定性研究

嵌段共聚物自组装形成周期性纳米结构，其特征尺寸主要依赖于 $N^{2/3}\chi^{1/6}$ (强分离近似)。通过降低聚合度 N，增大 Flory-Huggins 参数 χ，特征尺寸可以降低到亚 10 nm。因此，嵌段共聚物自组装在半导体工艺中具有潜在的应用，特别是有望与传统光刻技术相结合，提高刻蚀精度。具体的做法是，通过传统光刻技术(如 DUV 或 EUV)制备引导模板，引导嵌段共聚物自组装形成大尺度有序结构或者特定的结构单元，该过程被称为引导或导向自组装(DSA)，DSA 已经被列为国际工艺与器件发展技术蓝图(ITRS)，被认为是最具潜力的下一代光刻技术之一。DSA 在制备大尺度有序结构时，最关键的是控制缺陷的浓度，这与缺陷的热力学和动力学稳定性有关。

针对嵌段共聚物自组装结构中缺陷的热力学和动力学稳定性，Li 和合作者开展了一系列研究[66-70]。缺陷的产生和其形成所耗费的自由能有关(F_d)，而缺陷的消亡通常需要克服动力学路径上的能垒(F_b)。自洽场理论可以直接计算缺陷结构的自由能，通过扣除相应完美结构的自由能，就可以获得缺陷能 F_d。但是，动力学能垒 F_b 很难直接通过自洽场理论计算获得。Li 等人将自洽场理论和弦方法相结合，发展了计算亚稳态缺陷结构向稳态完美结构演化的最小自由能路径的方法[70]。他们首先研究了 AB 两嵌段共聚物层状结构中典型位错缺陷的稳定性，预测了一个分离强度的窗口 $\chi N_{ODT} \approx 10.5 \leqslant \chi N \leqslant \chi N^* \approx 18$，在该窗口中位错缺陷的能垒消失，但是其缺陷能依然存在，也就是说缺陷会自动失稳(图 3.31)。随后，Hu 等人研究了不同嵌段共聚物体系中层状拓扑缺陷的稳定性，阐明了嵌段共聚物链结构对缺陷稳定性的影响[66-68]。

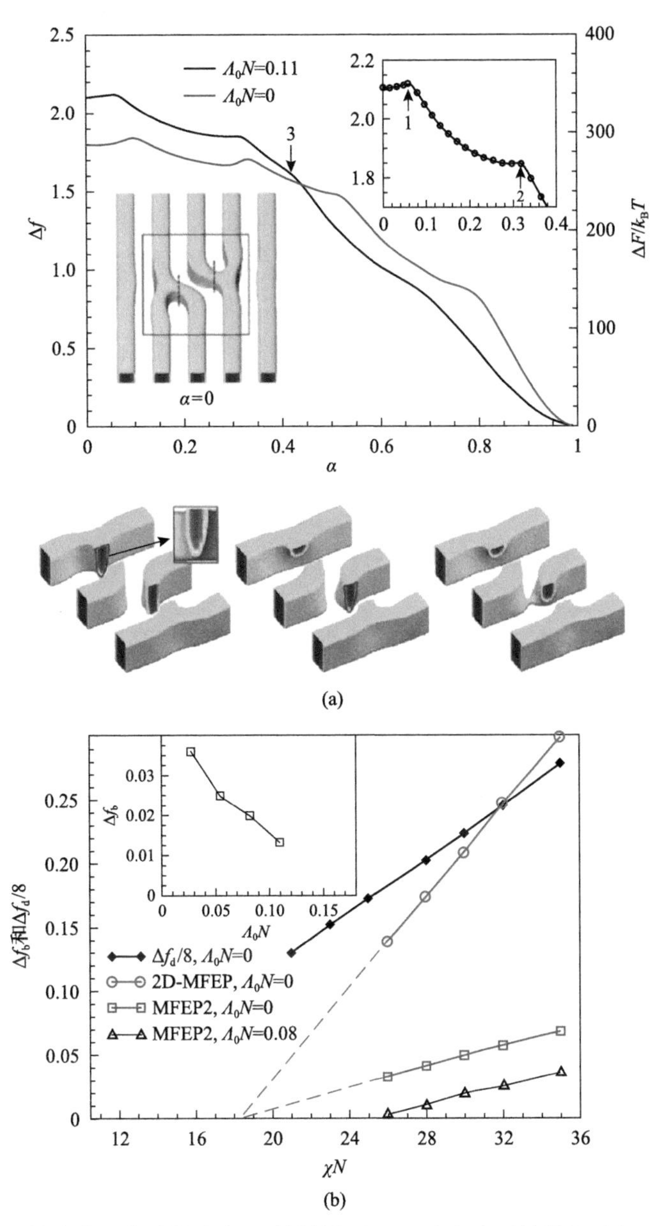

图 3.31　层状结构中典型位错缺陷在无引导外场（$\Lambda_0=0$）和有引导外场下（$\Lambda_0=0.11$）最小自由能路径(a)；缺陷能(实心点)以及能垒(空心点)随着 χN 的变化(b)

经美国化学学会许可，转载自参考文献[70]

3.2.9 小结

在过去十多年里，柔性嵌段共聚物自组装的理论研究取得了很大的进展，特别是建立了链结构设计的基本原理，有的放矢地设计了各种嵌段共聚物体系，从而理论预测了丰富的非经典有序结构和相变，不仅加深了对嵌段共聚物自组装的理解，也促进了相关的实验研究。由于篇幅有限，无法把复旦大学研究团队的所有进展都进行概述，没有进行概述的工作并不是不重要，如 Zhao 等人研究了线型 ABAB 四嵌段共聚物自组装[71]，发现保持对称体积分数的条件下改变 A 嵌段的相对长度，可以获得层到柱、double-gyroid、再回到层的相变；他们还预测了层-球混杂结构，并且揭示了导致这些丰富自组装行为的关键机理是局域分离。另外，Dong 等人将分叉结构引入 ABC 三组分嵌段共聚物中[72]，理论预测了丰富的混杂结构，其中一些混杂结构是出乎意料的，例如球-金刚石网络混杂结构（sphere-diamond，SD）比球-gyroid（SG）结构更加稳定。因此，嵌段共聚物自组装的研究远没有到终点，其中还存在很多问题值得研究；未来更加系统深入的研究必将进一步拓宽嵌段共聚物自组装的应用。

3.3 高分子凝聚态物理理论在高性能材料研发中的应用

在过去的十多年里，杨玉良教授领衔的项目组通过高分子物理理论研究的指导，进行了大品种合成高分子材料产品高性能化的高效研发及稳定量产。主要包括在 973 和 863 国家重大项目的支持下，与中国石油化工股份有限公司（简称中石化）北京化工研究院乔金樑教授带领的研究团队合作，开发了大规模工业化替代进口的聚烯烃产品，为我国通用高分子材料高档专用料的设计、生产和高性能化在技术上的突破做出了贡献。与上海石化合作，短短一年半时间便掌握了具有自主知识产权的碳纤维原丝生产技术。尤为重要的是为高校、研究所培养了解国家需求和一线生产实际的研究人员，为企业培养有扎实基础理论功底的研发技术人员，改变了企业的研发模式。

3.3.1 高分子熔体拉伸流动的稳定性分析

据统计，双向拉伸聚丙烯（BOPP）薄膜占聚丙烯（PP）树脂总消耗量的近 20%，是最广泛使用的 PP 树脂之一。截至 2014 年，中国国内市场的消费量约为 300 万吨/年，且近年来保持年均增长率约为 5%[73,74]。与普通 PP 树脂相比，BOPP 价格差异大，利润显著，吸引了许多大型石化公司，几乎每个生产聚丙烯的大型石化公司都开发了各自的高速 BOPP 专用料牌号。然而，1998 年时我国 BOPP 的产量不足 30 万吨/年，采用国产料生产的仅为 8.9 万吨。尤其是高速 BOPP 专用料全部依靠进口，原因是国产专用料适用的拉伸速度低（170 m/min），故生产效率低。并且，国产专用料不仅不能适应高速拉伸要求（大于 350 m/min），在低速拉伸下也显得不甚稳定，在拉伸中的破膜率高达 5～8 次/天，而国际先进水平的破膜率低于 1 次/天。据“佛山东方”介绍，每一次破膜，最为熟练的工人至少要花 7 min 才能重新恢复正常生产。据估算，仅仅因为每次破膜导致的直接经济损失约为 7000～30000 元（人民币）。

杨玉良研究团队认识到：高破膜率表明聚合物熔体拉伸流动的稳定性差，而流动稳定性取决于成型加工工艺，尤其是高分子的结构。他们基于高分子的黏弹性性质，将拉伸流动稳定性理论[75-77]应用于高分子薄膜或纺丝材料的拉伸流动和高分子管材的挤出流动，以解决破膜问题并开发了相应的高速 BOPP 树脂。将双向拉伸流视为两个单轴拉伸流动，拉伸稳定性主要由各种 BOPP 树脂的末端松弛时间 λ_1 和拉伸速率 k 确定。对于 Maxwell 黏弹性流体，拉伸流稳定性参数[75-77]为：

$$\beta = -\left[\frac{1}{2} - \frac{3}{2} \cdot \frac{(1-2\lambda_1 k)(1+\lambda_1 k)}{(1-2\lambda_1 k)^2 + (1+\lambda_1 k)^2}\right] \tag{3.23}$$

式中，$\beta > 0$ 表示不稳定的拉伸流动；$\beta < 0$ 表示稳定的拉伸流动。根据式(3.23)可以计算得到相应的稳定性判据图（$\lambda_1 k$ vs. β / k），如图 3.32 所示。

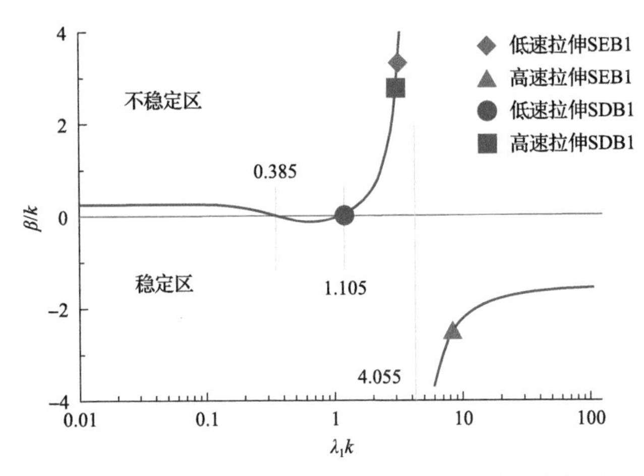

图 3.32 具有单个弛豫时间的 Wagner 积分模型的高分子熔体单轴拉伸的稳定性判据图

从图 3.32 可以看出，在 $0.385 < \lambda_1 k < 1.105$ 之间有一个稳定流动区域，但其稳定性不是最好。而在 $\lambda_1 k > 4.055$ 之后的一个更大的区域，拉伸流动是稳定的。若选择 $0.37 < \lambda_1 k < 1.05$ 的稳定流动区域，很可能因为原料或其他随机因素使得体系偏离这个很窄的稳定区域。因此，为了确保 BOPP 的拉膜稳定性，最好选取 $\lambda_1 k > 4.055$ 的稳定区域。换言之，BOPP 专用料的末端弛豫时间必须满足 $\lambda_1 k > 4.055$。为了运用上述得到的拉伸流动稳定性判据来判定某一特定的样品在指定拉伸速率下的稳定性，他们对相关样品进行了流变学测量。选定的样品为实践证明可以很好地用于高速拉伸的进口 BOPP 专用料（SEB1）、拉膜生产实践证明尚可的国产 BOPP 料（SDB1）和拉膜生产厂方证明其拉膜性能很差的国产 BOPP 料（SDB2）。对上述三种 BOPP 料的储能模量 G'的测量结果如图 3.33（a）所示。由图 3.33（a）可见，在低频下，拉膜性能差的样品（SDB2）的储能模量 $G'(\omega)$ 低，而拉膜性能较好的 BOPP 料（SEB1 和 SDB1）均较高。为了更好地表明 BOPP 料的弛豫特征，给出了 SEB1 和 SDB2 的弛豫时间谱，如图 3.33（b）所示。由图 3.33（b）可见，拉膜性能好和差的 BOPP 原料的弛豫时间谱在长弛豫时间部分差别很大。并且由图 3.33（b）可求得两个样品在 T=190℃下的最大弛豫时间和黏流活化能分别为：样品 SEB1 的最大弛豫时间为 λ_1=0.107 s；黏流活化能为 84.09 kJ/mol。样品 SDB2 的最大弛豫时间为 λ_1=0.049 s；黏流活化能为 80.34 kJ/mol。两者的最大弛豫时间约相差一倍。由 190℃下的最大弛豫时间及其黏流活化能数据可求得在拉伸温度为 T=165℃下的最大弛豫时间：样品 SEB1 的最大弛豫时间为 λ_1 = 0.999 s；样品 SDB2 的最大弛豫时间为 λ_1=0.442 s。

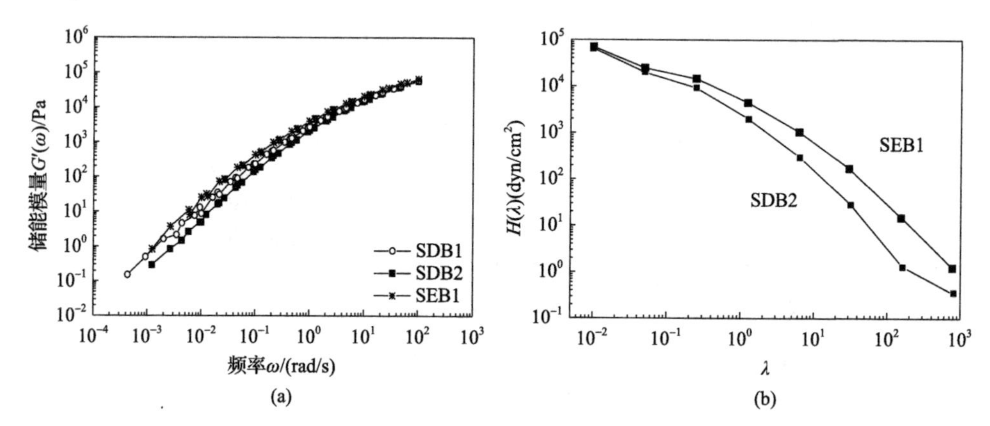

图 3.33　三种 BOPP 料的储能模量 $G'(\omega)$ 及弛豫时间谱图

（a）三种 BOPP 料的储能模量 $G'(\omega)$ 的流变学实验数据；（b）拉膜性能最好的（SEB1）和拉膜性能最差（SDB2）的 BOPP 料的弛豫时间谱的比较。参考温度为 190℃。1dyn/cm^2=0.1Pa

针对国内的低速生产工艺条件（170 m/min），可以估算得到拉伸速率 k 约为 4 s^{-1}，而对于高速拉伸条件（>360 m/min）则 k 约为 8 s^{-1}。因此，对于样品 SDB2 的低速拉伸有 $\lambda_1 k$ 约为 0.442×4=1.76；而高速拉伸则有 $\lambda_1 k$ 约为 0.442×8=3.52。显然，它们既不落在第一个小的稳定区间，即 $0.385<\lambda_1 k<1.105$，也不落在第二个大的稳定区间，即 $\lambda_1 k>4.055$。因此，样品 SDB2 对于低速和高速拉膜均不稳定。但必须指出的是，若 k>10 时，$\lambda_1 k$ =0.442×10=4.42>4.055。因此，在更高的拉伸速率下，SDB2 也有可能是稳定的。这一点与实际生产过程中的观察结果一致，即在低速下拉伸不稳定的原料在高速拉伸条件下有可能反而稳定。对于样品 SEB1 而言，低速拉伸时有 $\lambda_1 k$ 约为 0.999×4(约 4.0)，它非常接近于临界值 4.055。因此对于当拉伸速率 k>4 的低速拉伸是稳定的，但当拉伸速率 k<4 时则不稳定。由于对实际生产工艺上的拉伸速率 k 是估计的，必定有较大的误差，故不易判别 SEB1 在不同速率的低速拉伸条件下的稳定性问题。反之，在高速拉伸时则有 $\lambda_1 k$ =0.999×8(约为 8.0)。按照杨玉良研究团队的判据，在 $\lambda_1 k$ >4.055 的条件下，SEB1 是可以稳定拉伸的。

例如，在图 3.32 中，对几种 BOPP 树脂样品进行了流变学测试，以获得它们的末端松弛时间 λ_1，在图中用实心几何形状符号表示。实践证明，特殊树脂 SEB1 正好位于该稳定区域内，可用于高速 BOPP。但是，SDB1 仅适用于低速拉伸。如果高速拉伸，则位于不稳定区域，导致薄膜断裂及很差的性能。

显然，增加聚合物的末端松弛时间 λ_1 有利于加工时的拉伸稳定性。因此，增加聚合物的分子量($\lambda_1 \sim M^3$，M 为基于管子模型的聚合物分子量[78])，并降低加工温度可以增加末端松弛时间 λ_1。杨玉良课题组首次将基于与聚合物结构有关的复杂流体的黏弹性理论应用于设计具有合理的分子量、分子量分布、等规度及成型加工工艺的聚烯烃树脂。在此方法指导下，首次成功解决了我国的各种双向拉伸 BOPP 专用料在加工过程中出现的破膜问题和聚丙烯管材(PP-R)在使用过程中的破裂问题。该研究成果解决了困扰工业界达 20 年之久的难题，产生了巨大的经济效益。中石化在这些研究成果的指导下，从 2002 年开始成功地开发出了超高速 BOPP 专用料，其性能达到甚至超过国外同类产品水平，且供不应求。拉伸速率从原来的 170 m/min 提高到>480 m/min，破膜率从 5～8 次/天下降到 0.2 次/天，成为少数几个性能上超过国外同类聚烯烃水平的新产品，完全替代进口，彻底改变了我国 BOPP 基本依赖进口的局面，并开始出口。特别是还研发出了多种挺度、模量和刚度等方面国外产品所不具备的新牌号 F2002、T36FE、EP3T46F，性能超过了进口专用料的水平，目前我国高速 BOPP 产量已居世界第一。由于国产 BOPP 专用料售价低于进口产品 200 元/吨以上，如果顶替进口产品按 50 万吨/年计算，每年可为 BOPP 膜生产企业增加利税 1 亿元以上。

拉伸流稳定性理论同样也可以推广到生产聚对苯二甲酸乙二醇酯(PET)、聚酰胺(PA)、聚乙烯(PE)等双向拉伸薄膜。BOPP 的研究不仅使 BOPP 这类材料本身的关键问题得以解决，也为其他聚丙烯专用料的关键技术问题的解决打下了良好基础。例如，由杨玉良教授领衔的 973 项目后期成功地解决了无规共聚聚丙烯(PPR)管材高压热水试验的爆裂问题。PPR 管材是通过将熔融材料挤出穿过环形口模而形成管材。聚合物熔体的挤出经常表现出表面不稳定、扭曲和鲨鱼皮等问题，导致管材质量差。

根据 PPR 热水管的挤出成型加工特点，利用挤出流动的稳定性判据[79,80]，如图 3.34 所示(参考文献[79]中的图 6.2.6)，成功研制了专用的 PPR 热水管树脂和加工工艺。通过仔细分析了鲨鱼皮现象产生的机制、挤出流动对挤出件中高分子链的取向等问题，理论给出了分子量及其分布、温度、壁应力和挤出速率等对挤出流动稳定性的影响规律。在这些理论分析成果的指导下，成功地解决了 PPR 管材高压热水试验的爆裂问题，并已在中国石油化工集团有限公司所属企业获得推广应用。

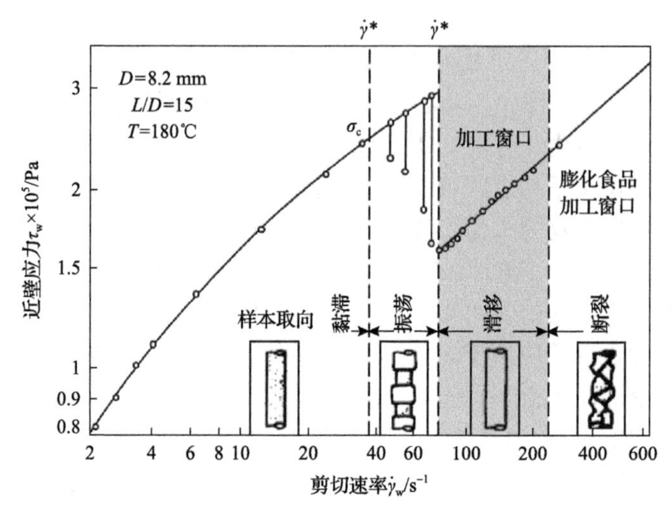

图 3.34 毛细管流变测试 HDPE 的剪切应力-剪切速率关系

如何避免挤出加工时由于链取向导致的管材爆裂？如图 3.34 所示，一个有效的办法是降低挤出的临界应力 σ_c。可以看出临界应力与分子量成–1/2 次方依赖关系，与最大弛豫时间的–1/6 次方成正比。因此可以通过提高分子量或降低温度来提高最大弛豫时间，从而降低临界应力，使得体系进入滑流状态的加工窗口。而这些措施与通常的直觉正好相反，这也是杨玉良教授对学生们及合作企业的生产技术人员经常强调的基础理论在指导材料研发中的重要性。

3.3.2 系带分子模型在开发用于燃气管道的 HDPE 树脂中的应用

国内 PE 管材发展速度很快，2009 年城市给水 PE 管材专用料和燃气管消耗量超过 150 万吨，而燃气管道专用料高密度聚乙烯(HDPE)性能要求更高，基本依赖进口。聚烯烃材料具有非常复杂的凝聚态结构，其加工和使用性能与凝聚态结构有很微妙的关系，影响因素复杂。杨玉良团队通过研究如何控制 PE100、PE125 等高档管材专用料中聚合物的链结构及其凝聚态结构等基础科学问题，解决了国产 HDPE 管材专用树脂的使用压力等级不能满足国民经济发展需求的实际问题。首先根据 HDPE 输气管材的各项性能指标与体系中的系带分子和缠结分子数有很强的正相关性，通过对半结晶高分子材料中缠结链和“系带”分子链分数与分子链结构参数关系的理论和模拟研究，提出了控制结构和形态的基本原则，为高性能 PE100 甚至 PE125 管材的分子链结构和凝聚态结构设计提供了理论指导。

为了研究半结晶材料中的高分子链构象，他们建立了模拟半结晶材料中高分子构象的无规-有向行走非格子模型，预测了多链体系在不同的结晶度或分子量条件下"系带"分子与链缠结的定性变化规律。其中高分子链在非晶区符合无规行走模型，但在晶区的行走却被限制在垂直于晶片的一维方向上，如图 3.35 所示。图中可明显看到晶片中链的定向行走以及在非晶区中的无规飞行方式。系统地考察了"系带"分子与链缠结在各种条件下的形成概率以及相对重要性。预测了多链体系在不同的结晶度或分子量条件下"系带"分子与链缠结的定性变化规律。模拟结果表明，如果半结晶材料的力学性质是由连接分子的含量决定，那么在实验中通过控制链缠结来改善半结晶材料的力学性能将比改变"系带"分子含量的方法更有效。"系带"和缠结分子的含量随分子链长的增长而增加；在分子量达到一定值时其体积分数趋于恒定，而其数目则随链长增长而增加；体系中分子链数越多，链缠结就在越小的分子量区域达到饱和。当分子量保持不变，降低结晶度，结果是使体系中连接分子含量上升。当体系的结晶度保持不变，缩短层状结晶结构的周期也会使"系带"分子与链缠结的含量上升。

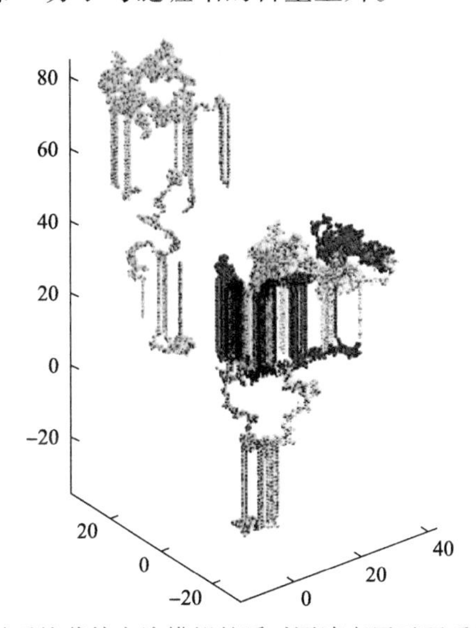

图 3.35　多链系统蒙特卡洛模拟的瞬时图清晰展示了系带分子的构象

在高分子的合成、聚合物的加工等方面，能够引起分子量增加、结晶度下降、结晶周期下降的因素均有可能使"系带"分子与链缠结的含量上升。比如增加分子链的支化密度导致结晶度下降，从而提高连接分子的含量。基于这些模拟结果，进行了分子链结构的表征、结晶动力学行为、结构流变学以及结晶的形态学等实验研究，确认了制备高品质 HDPE 输气管材专用料的关键技术方案，并且结合实际生产工艺过程给出了调整工艺参数的具体建议，2007 年年初与石油化工部门进行技术交流后在其生产线上进行了两次工业试验生产，证明所提出专用料改进原则是合理和可行的。杨玉良团队首先与中国石油化工集团有限公司扬子公司进行技术交流，根据理论成果和国际 PE100 树脂的发展趋势，提出了生产新一代高性能 PE100 树脂的新工艺技术，与扬子公司合作开发了一个高刚性并且高韧性的 PE100 新产品，在其生产线上先用进口催化剂、后改为国产催化剂进行了两次工业试验，生产高性能 PE100 树脂 1000 余吨。同时也向燕山石化和上海石化做了介绍和技术交流，根据对其生产的 PE100 树脂微观结构的表征和性能评价结果，分别提出了提高各自现有产品性能的建议。根据理论研究结果，北京化工研究院设计了更适合生产高性能 PE100 树脂的聚合新工艺。

3.3.3 PAN 纤维原丝形态的预测

提高原丝质量和稳定性的另一个关键环节在于改善原液细流离开喷丝口后在凝固浴中的凝固成型过程。进入凝固浴后，原液细丝和凝固液组成了一个三元体系，即聚合物、溶剂和非溶剂。随着原液中溶剂含量的不断减少，聚合物细流的组成不断变化。当达到三元相图的 binodal 线时，体系将发生液-液相分离。当原液细流中某处的溶质浓度达到临界浓度时，则发生相分离而固化成型，然后进一步被拉伸成纤维。PAN 分子从原液中沉淀出来形成凝聚态是一个非常重要的过程，其凝聚态结构很大程度上决定了其后纤维的拉伸加工性能和原丝中高分子链的聚集态结构，进而影响原丝的预氧化和碳化过程的条件，最终决定所制得碳纤维的各种物理和化学性能。为此，杨玉良团队的关键研究思路如下：

1. PAN/溶剂/非溶剂三元体系的相图

要了解凝固成型过程必须先从 PAN/溶剂/非溶剂三元体系的相图入手。但是通过纯粹的实验方法来完整地测定 PAN-溶剂-非溶剂的相图，工作量大，技术上也有难点。杨玉良团队利用上海石化生产的 PAN 原料，首先对 PAN 稀溶液进行滴定，测出部分两相共存线，再利用 Flory-Huggins 理论将两相共存线外推到高 PAN 浓度的情况，测得了 PAN/溶剂/非溶剂体系完整的三元相图，详细研究了原料液的组成、PAN 分子量、体系温度等生产中可以调节控制的参数对相图的影响。通过对 PAN/NaSCN/H_2O 溶液三元相图和黏度的测定，精确地表征了聚合物和溶剂及非溶剂的两-两分子间相互作用参数。

2. PAN/溶剂/非溶剂三元体系中 Flory-Huggins 相互作用参数的同时确定

三元体系的热力学行为可由聚合物(3)/溶剂(2)/非溶剂(1)三者之间的 Flory-Huggins 相互作用参数，即聚合物/溶剂相互作用参数 χ_{23}，聚合物/非溶剂相互作用参数 χ_{13}，溶剂/非溶剂相互作用参数 χ_{12} 主导。这三个 Flory-Huggins 相互作用参数影响了三元相图中均相区的大小。通常，当 χ_{13} 和 χ_{23} 增大时，均相区减小，而当 χ_{12} 增大时，均相区增大。除此之外，相互作用参数还决定聚合物膜的相分离组成变化路径。得到 Flory-Huggins 相互作用参数的方法有很多。通常，χ_{12} 可通过查询文献中的溶剂/非溶剂的活度数据或气体平衡常数计算混合溶液的过量 Gibbs 自由能(ΔG^{E})得到。χ_{23} 可利用光散射、渗透压、折光指数等实验仪器测试得到。虽然 χ_{23} 也可通过查询溶度参数，并利用公式 $\chi_{23}=\frac{\upsilon_2}{RT}(\delta_2-\delta_3)^2+0.34$ 得到，其中，υ_2 为溶剂的摩尔体积；δ_2 和 δ_3 分别为溶剂和聚合物的溶度参数；R 和 T 分别为理想气体常数和温度，但只适用于非极性聚合物溶液的情况。另一个对均相区大小有较大影响的参数 χ_{13} 难以通过以上方法测定，因为聚合物不溶解在非溶剂中，得不到聚合物/非溶剂的均相溶液。在低浓度下，χ_{13} 也可通过光散射实验得到，但其值与高浓度下得到的值不一致。

杨玉良团队提出了一套完整的测量并计算 Flory-Huggins 相互作用参数的方法，其中只涉及黏度和浊点滴定两个简单实验。首先，利用 Rudin 模型，结合特性黏度数据，计算得到聚合物在纯溶剂中的相互作用参数 χ_{23}。然后将 Rudin 模型扩展到含非溶剂的混合溶剂中，得到聚合物在混合溶剂中的第二维利系数 $A_2(\phi_1,\phi_2)$。结合 Flory-Huggins 理论在混合溶剂中的第二维利系数 A_2 表达式，可外推计算得到聚合物与非溶剂的相互作用参数 χ_{13}。黏度法测定三元体系的相互作用参数在 PAN/NaSCN(60 wt%)/H_2O 三元体系中得到了很好的应用，根据此方法，得到 PAN 与 NaSCN(60 wt%)的相互作用参数 $\chi_{23}=-0.2$，NaSCN(60 wt%)与水的相互作用参数 $\chi_{12}=0.2$。虽然没有可参考的文献，但其值都比较符合真实情况。

利用以上得到的相互作用参数，计算出 binodal 相分离曲线，再结合浊度实验，找出与浊点数据最接近的 binodal 线，此时认为计算 binodal 线用到的一套参数即为此体系正确的三个相互作用参数。这个方法分别成功地应用于 PAN/NaSCN/H_2O、PAN/DMSO/H_2O 及 PAN/DMF/H_2O 体系中，每个体系中得到的相互作用参数值均位于已有文献所报道的范围。这个方法相比其他实验方法或计算过程更简单快速，通过这样的理论计算大大简化了实验工作量。杨玉良团队对金山石化中试线建成后的第一批样品 1～3#用浊度法测定了 0℃时体系的三元相图，如图 3.36 所示。从图中可以看出，3#样品的可溶区域最大，1#样品次之，2#样品最小。其中 1# 样品为过渡料，2#样品为异常料，3#样品为正常料，因此正常料的相容区域最大。

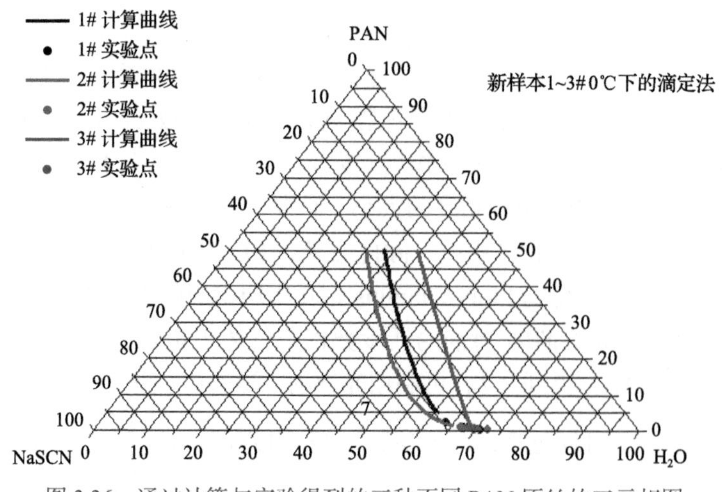

图 3.36 通过计算与实验得到的三种不同 PAN 原丝的三元相图

3. 凝固过程中相分离行为与纤维形态的关系

平衡热力学相图指明了原液细流在凝固成型时的条件和方向，但原丝最终的形貌还取决于凝固过程中原液细流的形态动力学演化。杨玉良院士带领团队利用 Monte Carlo 模拟研究了湿法纺丝体系的凝固过程，得到了凝固过程中纤维表层浓度在理论三元相图中的演化路径和相对应的形貌，找到了热力学和动力学参数对纤维形貌的影响规律。从三元体系相图出发，结合模拟计算和有效的实验，制定 PAN 原液合适的凝固工艺，以及凝固浴性质。

4. 热力学参数对相分离行为和形态的影响

对于一个非溶剂/溶剂/高分子的三元体系，1、2 和 3 分别代表非溶剂、溶剂和高分子。图 3.37 为典型的改变溶剂与非溶剂的相互作用参数 χ_{12} 大小对凝固路径和形貌的影响。首先从与理论三元相图的比较可以看出，χ_{12} 越大，两相区越小，凝固路径可以较长的一段时间内在单相区演化。这就从模拟上证明了，为何图 3.37 中原料 3 的相图，即增大相容区，减小两相区对纺丝是有利的，为从三元相图中简单判别原料是否利于纺出致密原丝提供了理论依据。其次，从热力学的驱动力来看，较大的 χ_{12} 不利于溶剂与非溶剂的混合和相互扩散，使得溶剂向外和非溶剂向内的双扩散过程变得不会太快，在非溶剂扩散进入的同时，高分子已经有足够的时间通过分子运动凝聚在一起。这是能形成致密结构纤维的主要原因。

同时考察了动力学扩散参数对相分离行为和形貌的影响，结果表明：即使热力学参数可能并不有利于形成非常致密的纤维，但如果降低溶剂和非溶剂的扩散系数，也会在一定程度上有利于纤维的致密化。因此，目前工艺路线中采用的低温凝固浴，有利于降低溶剂和非溶剂的扩散系数，使凝固成型过程变得更加温和，PAN 纤维的体密度大幅提高。

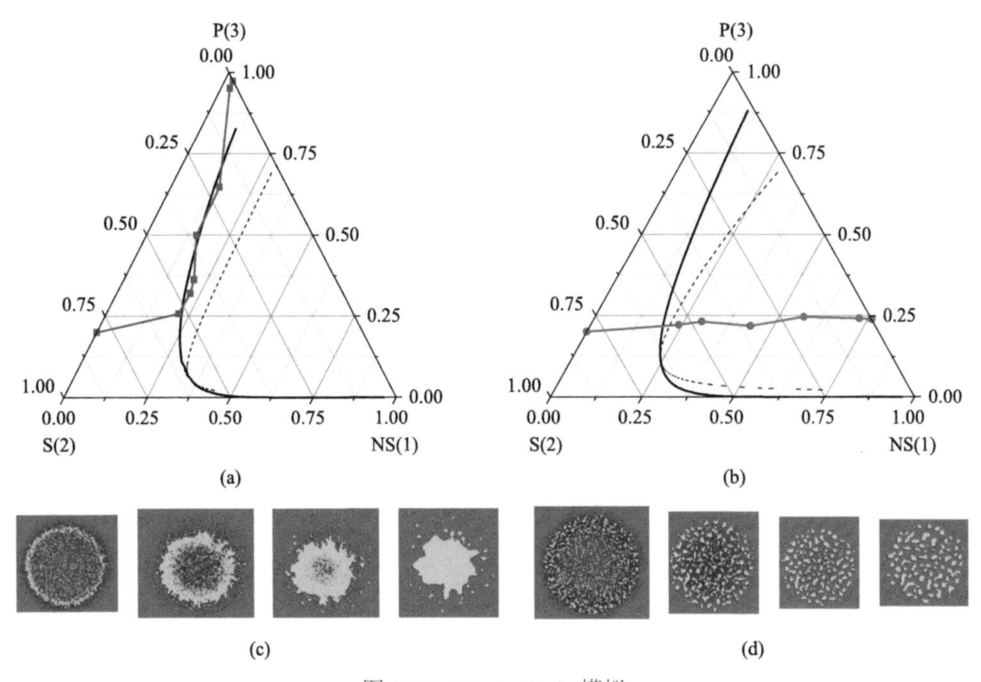

图 3.37 Monte Carlo 模拟

(a)热力学参数为 $\chi_{23}=0.0, \chi_{12}=1.5, \chi_{13}=1.8$；(b) $\chi_{23}=0.0, \chi_{12}=0.0, \chi_{13}=1.8$ 时原液界面浓度在三元相图中的浓度演化路径；(c)和(d)为其对应的湿法纺丝模型截面随时间演化情况

计算机模拟结果还表明：提高原液的固含量能增加最终纤维的密度，对提高纤维的致密性非常有利，并可进一步提升 PAN 纤维的力学性能。然而，这也会带来不利影响，如提高固含量会大大改变原液的流变学性质，提高固含量会使弹性和黏性均大幅度上升，给纺丝工艺带来困难，使纤维的不匀率增加。这也表明，为改善原液的温度均匀性所采取的改进喷丝组件的措施是极为必要的。

5. 凝固时间的定量测定

计算机模拟和生产实践均表明，太短的固化时间会降低纤维强度并增加不均匀性。因此，选择适当的凝固时间非常重要，但计算机模拟只能给出定性结果。为了定量解决这个问题，杨玉良团队测量了 PAN 前体溶液在凝固浴中的浑浊度变化，如图 3.38 所示，并将其用于确定纺丝凝固浴长度的依据。上海石化的中试试验证实了这一方法非常有效，凝固时间适当延长后，能大幅降低纤维性能的各种循环体积(CV)值。

6. 干喷-湿纺制造工艺的相分离和纤维凝聚成型的计算机模拟研究

利用计算模拟研究了干喷湿纺过程，发现干喷湿纺可弥补湿法阶段凝固条件的不足且能加快纤维凝固成型速度。

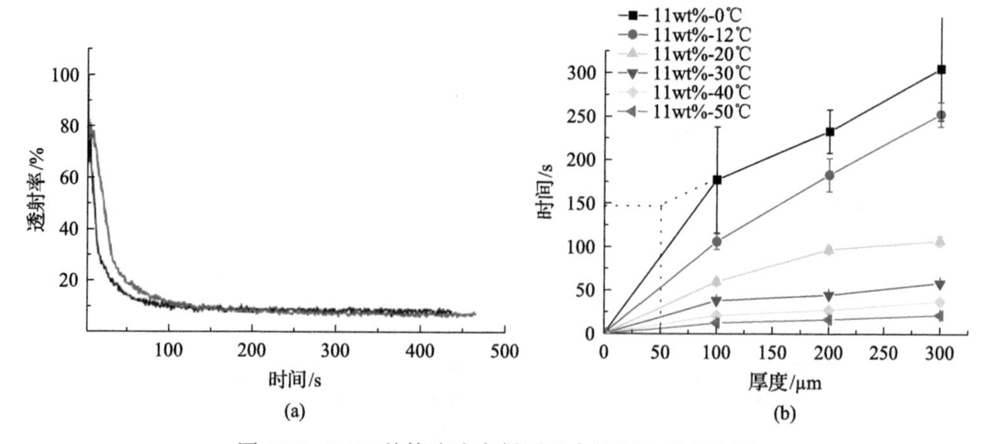

图 3.38 PAN 前体溶液在凝固浴中的浑浊度变化图

(a) PAN/NaSCN/H_2O 相分离过程中浊度随时间的变化；(b) 11 wt%PAN 原液在不同温度的凝固浴中达到浊度平衡的时间点

湿法纺丝和干喷-湿纺工艺均是制备高性能碳纤维原丝的关键技术之一，一般情况下，经过干喷后，原液在湿纺阶段相分离快，生产效率高，获得的 PAN 原丝表面光滑而无沟槽，可有效降低 CV 值。因此干喷-湿纺技术逐渐成为高性能碳纤维原丝生产的主流，但也是当今碳纤维行业公认的难以突破的纺丝技术，国际上仅有极少数几家公司掌握，缺乏可供借鉴的技术资料，也缺乏相应的理论研究报道。干喷-湿纺工艺的关键是如何设计原液通过干段和湿段的长度和温度。因此先从理论研究入手，弄清干喷-湿纺的双扩散机理，可指导干喷-湿纺的工艺设计，避免大量盲目的试错试验，优化碳纤维原丝的性能是非常必要的。

Monte Carlo 模拟结果表明：与单纯的湿法纺丝相比，干喷-湿纺可得到表面光滑的纤维。如图 3.39(c) 所示，单纯的湿法纺丝表面不光滑，还有一定量的高分子脱离原丝进入凝固浴。如果采用干喷-湿纺，在干喷阶段就形成了比较致密的表皮层[图 3.39(a)，(b)]，抑制了高分子脱离原液的可能性，纤维表面光滑，合适的干喷段还有利于原丝的均质化。

模拟结果还表明干喷阶段可在某种程度上弥补湿法阶段凝固条件的不足。例如，对于溶剂与非溶剂有较好相容性的情况，原液与非溶剂间会形成较宽的界面，

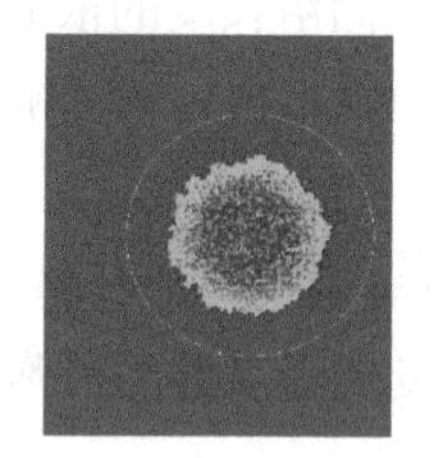
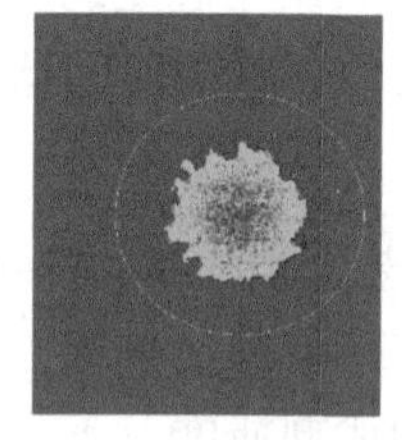
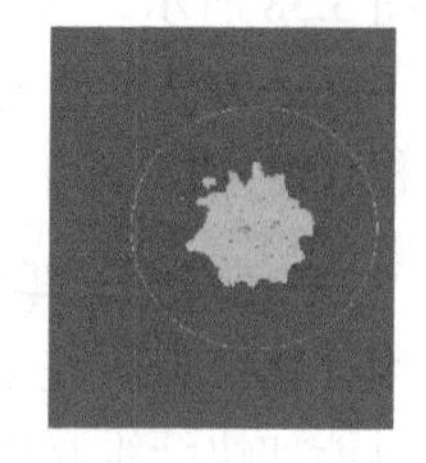

(a)

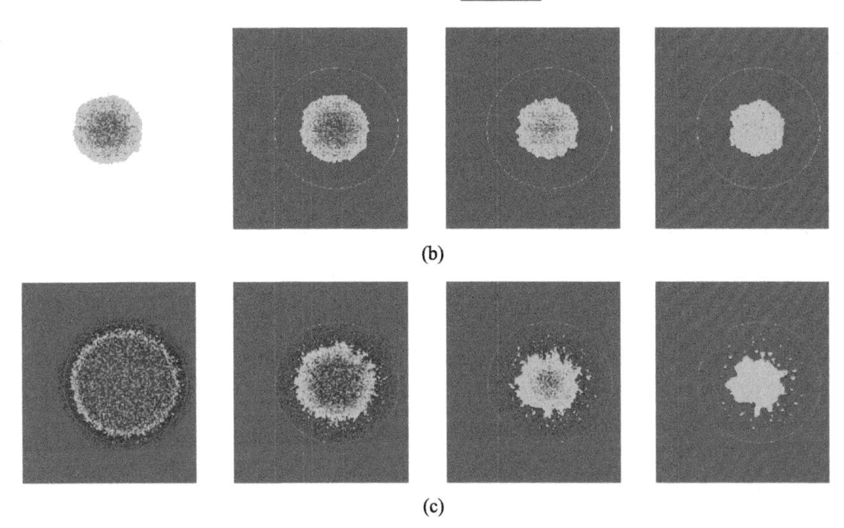

(b)

(c)

图 3.39　干喷-湿纺与湿纺条件下碳纤维原丝性能的蒙特卡洛模拟

20%的原液经过时间步长(a)时间 t=10000，(b)t=40000 后进入热力学参数为 $\chi_{23}=0.0, \chi_{12}=1.5, \chi_{13}=1.8$ 的凝固浴的纤维(横截面)成型过程；(c)与干喷-湿纺相比较的单纯湿纺的相分离过程

甚至界面浓度轮廓会出现一定的褶皱，这种褶皱相当于是在一定范围内界面浓度出现一个平台，这正是指纹状形态的一个特征。在此条件下，通过湿纺得到的纤维在纤维表面易形成指纹状的缺陷，说明这样的湿纺条件对形成均质化的高性能原丝是不利的。但如果经过干喷，纤维的密度会提高，适当延长干喷阶段，可以抑制指纹状多孔缺陷的产生，表明干喷可以在一定程度上改善湿纺条件设置不合理导致纤维缺陷的产生。但这种改善只是在一定条件才可行，如果湿纺条件选择得过于不合理，那么改善的效果就很有限。

例如，如果采用 $\chi_{23}=0.0, \chi_{12}=0.0, \chi_{13}=1.8$ 条件的湿纺，即溶剂与非溶剂的相容性增加，在此条件下，过了干纺阶段，原液与非溶剂迅速形成较宽的界面，更为不利的是随着溶剂向外扩散，非溶剂迅速填充到原液中，部分取代了溶剂原来的位置。这说明虽然非溶剂与高分子完全不相容。但由于溶剂与非溶剂良好的相容性，可以一定程度上屏蔽高分子与非溶剂之间的排斥。使得纤维的中心有过多的非溶剂进入，高分子在纤维内很难凝聚，导致空心化和纤维密度下降，原纤不能达到致密化和均质化。因而通过湿纺得到的纤维是多孔结构，纤维的密度非常低。即使延长干喷阶段，纤维的密度也不能明显提高，从而说明干喷虽在一定程度上可以改善纤维性能，但如果湿纺条件设置得过于不合理，纤维的缺陷仍然不能避免，影响纤维性能的提高。

3.3.4　PAN 原丝的氧化碳化的理论模拟

杨玉良团队在 PAN 原丝的氧化碳化方面建立了一个新的理论。在 PAN 原丝的加热过程中，物理收缩将会破坏纤维内部的链取向，从而大大降低纤维的强度和模量；另一方面，为增加碳含量，需要控制适当的化学反应时间和温度区间，因此需要在特定的温度区间停留足够的时间，但长时间的加热会增加 PAN 链的物理收缩。如何解决这个矛盾是氧化工艺过程的关键。因此，杨玉良团队提出了一个高分子流变与化学反应相结合的理论模型，并进行了一系列的实验以获得模型参数，为优化氧化碳化过程工艺参数提供了基础及指导。

杨玉良团队提出的理论及其相关的实验如下所述：通过静态拉伸实验，提出了一个耦合了双化学反应的拉伸流变模型，可同时考虑 PAN 原丝的静态和动态预氧化拉伸过程；进行恒温蠕变实验拟合，然后通过变温测试和应力拉伸实验验证模型的准确性；最后，将该模型应用于动态实验和实际工业生产中，以优化 PAN 原丝氧化碳化过程相关的工艺参数。

杨玉良团队提出的耦合了双化学反应的拉伸流变模型，可以分析原丝氧化过程中的熵恢复和化学反应引起的纤维应力应变松弛行为。模型的主要假设是：纤维内部分为两部分，即壳层和核心层，对应于反应区和未反应区，以并联的方式连接。未反应区的物理松弛行为可以由 Maxwell 和 Voigt 混合模型描述。反应区，即预氧化过程主要涉及两种化学反应，分别用自催化和一级化学反应来描述。蠕变流变行为可以用下述方程式来描述：

$$(1-\alpha)\eta\frac{\mathrm{d}\varepsilon_{\mathrm{s}}}{\mathrm{d}t}=-\frac{G_0G_{\mathrm{N}}}{G_0+G_{\mathrm{N}}}\varepsilon_{\mathrm{s}}+\frac{G_0[\sigma-\alpha G(\beta)][1-(1-\beta)\gamma_1-\beta\gamma_2]}{G_0+G_{\mathrm{N}}} \tag{3.24}$$

式中，ε_{s} 是黏壶的应变；σ 是纤维两端的应力；$\gamma_{1/2}$ 是反应前后两个原始弹簧长度的比率；模量 G_0 和 G_{N} 取决于响应度 $\alpha(t)$ 和 $\beta(t)$ 的程度：

$$G_0=[1-\alpha(t)]G_{01} \tag{3.25}$$

$$G_{\mathrm{N}}=G_{02}+\left(\frac{G_1G_2}{G_2[1-\beta(t)]\gamma_1+\beta(t)\gamma_2G_1}-G_{02}\right)\alpha(t) \tag{3.26}$$

方程式(3.24)可以用来描述微小变形下的动态拉伸行为。在纤维运行稳定后，纤维每段的应力和应变仅取决于纤维所处炉中的位置 x，那么方程式(3.24)可以重写为：

$$[1-\alpha(t)]\eta_0\frac{\mathrm{d}\varepsilon_{\mathrm{s}}(x)}{\mathrm{d}x}=v_0^{-1}\frac{G_0G_{\mathrm{N}}\varepsilon_{\mathrm{s}}(x)+G_0\sigma(x)}{G_0+G_0\varepsilon_{\mathrm{s}}(x)+G_{\mathrm{N}}+\sigma(x)} \tag{3.27}$$

式中，v_0 是炉子进口的线速度，纤维在 x 处运行的速度 $v(x)$ 可通过以下公式得到：

$$v(x)=v_0\left[1+\frac{\sigma(x)+G_0\varepsilon_{\mathrm{s}}(x)}{G_0+G_{\mathrm{N}}}\right] \tag{3.28}$$

杨玉良团队进行了大量恒温和变温条件下的 PAN 原丝的拉伸实验，并通过拟合上述理论模型获得所需的参数。这些模型参数进一步通过等温应力松弛和变温蠕变实验进行验证。图 3.40(a)是不同温度下的典型应力松弛实验，图 3.40(b)是不同载荷下的典型变温蠕变实验。可以看出，此理论模型可很好地拟合应力松弛和变温蠕变实验。

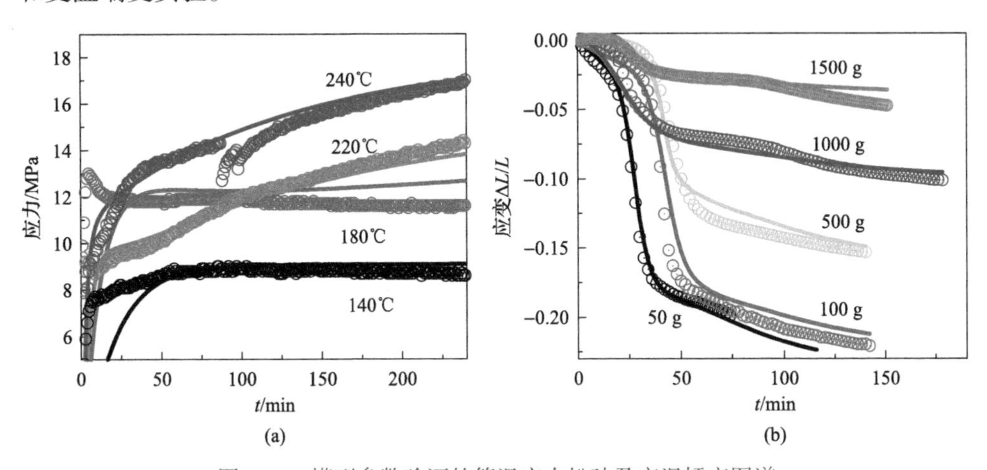

图 3.40 模型参数验证的等温应力松弛及变温蠕变图谱

(a)在不同温度下进行等温应力松弛实验验证理论模型；(b)在不同负荷下进行温度变化蠕变实验验证理论模型。数据点为实验结果，实线为模型计算结果

而在实际的碳纤维氧化碳化生产中，发生的是动态拉伸过程。虽然该模型的参数通过静态实验拟合得到，但是由于涉及纤维的物理和化学行为相同，因此相同参数也可用于模拟动态拉伸行为。杨玉良团队研究了主要工艺参数——原丝的预拉伸比、各温区温度和停留时间对 PAN 原丝氧化和拉伸行为的影响。从原丝预拉伸比对纤维速度分布曲线的影响来看，当该值大于 0.25 时，原丝在进入炉子后会出现明显的物理收缩，这与文献中的实验结果一致。同时，还研究了三温区氧化炉中第二温区的温度对稳定结果的影响，模型的计算结果表明温度不应太高。研究团队还研究了第二温区的停留时间对稳定结果的影响，发现原丝纤维应该在第二温区充分停留。实践表明，杨玉良团队提出的模型可以拓展到实际生产中的多温区情况，指导原丝氧化碳化过程中的关键工艺参数优化；并取得了显著的成效，从而减少了盲目实验。

值得注意的是，这个理论模型是通用的，可以应用于不同化学组成的原丝。例如，2013 年，根据模拟指导进一步改进了新合成 PAN 原丝的加工工艺，并基于新工艺建造了原丝生产线。因此，只要在新原丝上进行相应的静态拉伸实验，并在此基础上重新拟合双化学反应流变模型，然后将新原丝的模型参数代入动态理论模拟中，就可以为新原丝氧化碳化工艺提供相应的优化工艺参数，从而为高性能碳纤维的稳定工业化生产提供理论指导和技术支持。

参 考 文 献

[1] Granasy L, Pusztai T, Borzsonyi T, et al. Phase field theory of crystal nucleation and polycrystalline growth: A review. J. Mater. Res., 2006, 21(2): 309-319.

[2] Leo C V D, Rejovitzky E, Anand L A. Cahn–Hilliard-type phase-field theory for species diffusion coupled with large elastic deformations: Application to phase-separating Li-ion electrode materials. J. Mech. Phys. Solids, 2014, 70: 1-29.

[3] Ohta T, Nozaki H, Doi M. Computer simulations of domain growth under steady shear flow. Phys. Lett. A, 1990, 93(4): 2664-2675.

[4] Sun R Q, Li J F, Zhang H D, et al. Kinetic pattern formation with intermolecular interaction: A modified Brusselator model. Chin. J. Polym. Sci., 2021, 39(12): 1673-1679.

[5] Li C H, Li J F, Yang Y L A. Feynman path integral-like method for deriving reaction-diffusion equations. Polymers, 2022, 14(23): 5156.

[6] Glotzer S C, Di Marzio E A, Muthukumar M Reaction-controlled morphology of phase-separating mixtures. Phys. Rev. Lett., 1995, 74(11): 2034-2037.

[7] Lefever R, Carati D, Hassani N. Comment on “Monte Carlo Simulations of Phase Separation in Chemically Reactive Binary Mixtures”. Phys. Rev. Lett., 1995, 75: 1675.

[8] Li C H, Li J F, Zhang H D, et al. A systematic study on immiscible binary systems undergoing thermal/photo reversible chemical reactions. Phys. Chem. Chem. Phys., 2023, 25(3): 1642-1648.

[9] Tong C H, Yang Y L. Phase-separation dynamics of a ternary mixture coupled with reversible chemical reaction. J. Chem. Phys., 2002, 116(4): 1519-1529.

[10] Liu B, Tong C H, Yang Y L. The kinetics and phase patterns in a ternary mixture coupled with chemical reaction. J. Phys. Chem. B, 2001, 105(41): 10091-10100.

[11] Tong C H, Zhang H D, Yang Y L. Phase separation dynamics and reaction kinetics of ternary mixture coupled with interfacial chemical reaction. J.Phys.Chem.B, 2002, 106(32): 7869-7877.

[12] Hobenberg P C, Halperin B L. Theory of dynamic critical phenomena. Rev. Mod. Phys., 1977, 49(3): 435-479.

[13] Huo Y L, Jiang X L, Zhang H D, et al. Hydrodynamic effects on phase separation of binary mixtures with reversible chemical reaction. J. Chem. Phys., 2003, 118(21): 9830-9837.

[14] Luo K F, Yang Y L. The morphology and corresponding rheological properties of phase-separating polymer blends subject to a simple shear flow. Macromol. Theory Simul., 2002, 11(4): 429-437.

[15] Qiu F, Zhang H D, Yang Y L. Oscillatory shear induced anisotropic domain growth and related rheological properties of binary mixtures. J. Chem. Phys., 1998, 109(4): 1575-1583.

[16] Tang P, Qiu F, Zhang H D, et al. Phase separation patterns for diblock copolymers on spherical surfaces: A finite volume method. Phys. Rev. E, 2005, 72(1): 016710.

[17] Li J F, Fan J, Zhang H D, et al. Self-assembled pattern formation of block copolymers on the surface of the sphere using self-consistent field theory. Eur. Phys. J. E, 2006, 20(4): 449-457.

[18] Li J F, Zhang H D, Qiu F. Self-consistent field theory of block copolymers on a general curved surface. Eur. Phys. J. E, 2014, 37(3): 18.

[19] Cao Y, Zhang H D, Xiong Z, et al. Viscoelastic effect on the dynamics of spinodal decomposition in binary polymer mixtures. Macromol. Theory Simul., 2001, 10(4): 314-324.

[20] Zhang H D, Lin Z Q, Yan D, et al. Phase separation in mixtures of thermotropic liquid crystals and flexible polymers. Sci. China Ser. B-Chem., 1997, 40(2): 128-136.

[21] Lin Z H, Zhang H D, Yang Y L. Phase diagrams of mixtures of flexible polymers and nematic liquid crystals in a field. Phys. Rev. E, 1998, 58(5): 5867-5872.

[22] Zhu J, Xu G, Ding J, et al. Phase separation kinetics in mixtures of flexible polymers and low molecular weight liquid crystals. Macromol. Theory Simul., 1999, 8(5): 409-417.

[23] Lazaro G R, Pagonabarraga I, Hernandez-Machado A. Phase-field theories for mathematical modeling of biological membranes. Chem. Phys. Lipids, 2015, 185: 46-60.

[24] Ouyang Z C, Helfrich W. Instability and deformation of a spherical vesicle by pressure. Phys. Rev. Lett., 1987, 59(21): 2486-2488.

[25] Ouyang Z C, Liu J X, Xie Y Z. Geometric methods in the elastic theory of membranes in liquid crystal phases. World Scientific, 1999.

[26] Xia B K, Li J F, Li W H, et al. A dissipative dynamical method based on discrete variational principle: Stationary shapes of three-dimensional vesicle. Acta Phys. Sin., 2013, 62(24): 248701.

[27] Li J F, Zhang H D, Qiu F, et al. Conformation of a charged vesicle. Soft Matter, 2015, 11(9): 1788-1793.

[28] Li J F, Zhang H D, Qiu F Budding behavior of multi-component vesicles. J. Phys. Chem. B, 2013, 117(3): 843-849.

[29] Wang J F, Guo K K, Qiu F, et al. Predicting shapes of polymer-chain-anchored fluid vesicles. Phys. Rev. E, 2005, 71(4): 041908.

[30] Guo K K, Wang J F, Qiu F, et al. Shapes of fluid vesicles anchored by polymer chains. Soft Matter, 2009, 5(8): 1646-1655.

[31] Tang P, Qiu F, Zhang H D, et al. Morphology and phase diagram of complex block copolymers: ABC linear triblock copolymers. Phys. Rev. E., 2004, 69(3): 031803.

[32] Tang P, Qiu F, Zhang H D, et al. Morphology and phase diagram of complex block copolymers: ABC star triblock copolymers. J. Phys. Chem. B, 2004, 108(24): 8434-8438.

[33] Guo Z J, Zhang G J, Qiu F, et al. Discovering ordered phases of block copolymers: New results from a generic fourier-space approach. Phys. Rev. Lett., 2008, 101(2): 028301.

[34] Yang Y L, Qiu F, Tang P, et al. Applications of self-consistent field theory in polymer systems. Sci. China Ser. B, 2006, 49(1): 21-43.

[35] Li W H, Qiu F. Emergence and stability of helical superstructures in ABC triblock copolymers. Macromolecules, 2012, 45(1): 503-509.

[36] Liu M J, Li W H, Qiu F. Segmented helical structures formed by ABC star copolymers in nanopores. J. Chem. Phys., 2013, 138(10): 104904.

[37] Krappe U, Stadler R, Voigt-Martin I. Chiral assembly in amorphous ABC triblock copolymers - formation of a helical morphology in polystyrene-block-polybutadiene-block-poly(methyl methacrylate) block-copolymers. Macromolecules, 1995, 28(13): 4558-4561.

[38] Jinnai H, Kaneko T, Matsunaga K, et al. A double helical structure formed from an amorphous, achiral ABC triblock terpolymer. Soft Matter, 2009, 5(10): 2042-2046.

[39] Breiner U, Krappe U, Thomas E L, et al. Structural characterization of the “knitting pattern” in polystyrene-block-poly(ethylene-co-butylene)-block-poly(methylmethacrylate) triblock copolymers. Macromolecules, 1998, 31(1): 135-141.

[40] Liu M J, Li W H, Qiu F. Theoretical study of phase behavior of frustrated ABC linear triblock copolymers. Macromolecules, 2012, 45(23): 9522-9530.

[41] Zhang Q, Qiang Y C, Duan C, et al. Single helix self-assembled by frustrated ABC_2 branched terpolymers. Macromolecules, 2019, 52(7): 2748-2758.

[42] Xie N, Li W H, Qiu F, et al. σ phase formed in conformationally asymmetric AB-type block copolymers. ACS Macro Lett., 2014, 3(9): 906-910.

[43] Zhang G J, Qiu F, Zhang H D, et al. SCFT study of tiling patterns in ABC star terpolymers. Macromolecules, 2010, 43(6): 2981-2989.

[44] Li W H, Xu Y C, Zhang G J, et al. Real-space self-consistent mean-field theory study of ABC star triblock copolymers. J. Chem. Phys., 2010, 133(6): 064904.

[45] Lee S, Bluemle M J, Bates F S. Discovery of a Frank-Kasper σ phase in sphere-forming block copolymer melts. Science, 2010, 330(6002): 349-353.

[46] Xie Q, Qiang Y C, Chen L, et al. Synergistic effect of stretched bridging block and released packing frustration leads to exotic nanostructures. ACS Macro Lett., 2020, 9(7): 980-984.

[47] Schulze M W, Lewis R M, III, et al. Conformational asymmetry and quasicrystal approximants in linear diblock copolymers. Phys. Rev. Lett., 2017, 118(20): 207801.

[48] Kim K, Arora A, Lewis III R M, et al. Origins of low-symmetry phases in asymmetric diblock

copolymer melts. Proc. Natl. Acad. Sci. U. S. A., 2018, 115(5): 847-854.

[49] Zhao M T, Li W H. Laves phases formed in the binary blend of AB_4 miktoarm star copolymer and A-homopolymer. Macromolecules, 2019, 52(4): 1832-1842.

[50] Zhao F M, Dong Q S, Li Q Y, et al. Emergence and stability of exotic "binary" HCP-type spherical phase in binary AB/AB blends. Macromolecules, 2022, 55(22): 10005-10013.

[51] Xie N, Liu M J, Deng H L, et al. Macromolecular metallurgy of binary mesocrystals via designed multiblock terpolymers. J. Am. Chem. Soc., 2014, 136(8): 2974-2977.

[52] Duan C, Zhao M T, Qiang Y C, et al. Stability of two-dimensional dodecagonal quasicrystalline phase of block copolymers. Macromolecules, 2018, 51(19): 7713-7721.

[53] Li W H, Gu X Y. Square patterns formed from the directed self-assembly of block copolymers. Mol. Syst. Des. Eng., 2021, 6(5): 355-367.

[54] Gao Y, Deng H L, Li W H, et al. Formation of nonclassical ordered phases of AB-type multiarm block copolymers. Phys. Rev. Lett., 2016, 116(6): 068304.

[55] Chen L, Qiang Y C, Li W H. Tuning arm architecture leads to unusual phase behaviors in a$(BAB)_5$ star copolymer melt. Macromolecules, 2018, 51(23): 9890-9900.

[56] Xu Z W, Li W H. Control the self-assembly of block copolymers by tailoring the packing frustration. Chinese J. Chem., 2022, 40(9): 1083-1090.

[57] Liu M J, Qiang Y C, Li W H. Stabilizing the Frank-Kasper phases via binary blends of AB diblock copolymers. ACS Macro Lett., 2016, 5(10): 1167-1171.

[58] Qiang Y C, Li W H, Shi A C. Stabilizing phases of block copolymers with gigantic spheres via designed chain architectures. ACS Macro Lett., 2020, 9(5): 668-673.

[59] Li C C, Dong Q S, Li W H. Largely tunable asymmetry of phase diagrams of $A(AB)_n$ miktoarm star copolymer. Macromolecules, 2020, 53(24): 10907-10917.

[60] Seo Y, Woo D, Li L Y, et al. Phase behavior of PS-$(PS\text{-}b\text{-}P2VP)_3$ miktoarm star copolymer. Macromolecules, 2021, 54(17): 7822-7829.

[61] Xie Q, Qiang Y C, Li W H. Single gyroid self-assembled by linear BABAB pentablock copolymer. ACS Macro Lett., 2022, 11(2): 205-209.

[62] Li L Y, Li W H. Effect of branching architecture on the self-assembly of symmetric ABC-type block terpolymers. Giant, 2021, 7: 100065.

[63] Li L Y, Xu Z W, Li W H. Emergence of connected binary spherical structures from the self-assembly of an AB_2C four-arm star terpolymer. Macromolecules, 2022, 55(21): 9890-9899.

[64] Qiang Y C, Li W H. Accelerated pseudo-spectral method of self-consistent field theory via crystallographic fast fourier transform. Macromolecules, 2020, 53(22): 9943-9952.

[65] Qiang Y C, Li W H. Accelerated method of self-consistent field theory for the study of gaussian ring-type block copolymers. Macromolecules, 2021, 54(19): 9071-9078.

[66] Hu T Y, Ren Y Z, Zhang L S, et al. Impact of architecture of symmetric block copolymers on the stability of a dislocation defect. Macromolecules, 2021, 54(2): 773-782.

[67] Hu T Y, Ren Y Z, Li W H. Impact of molecular asymmetry of block copolymers on the stability of defects in aligned lamellae. Macromolecules, 2021, 54(17): 8024-8032.

[68] Hu T Y, Ren Y Z, Li W H. Annihilation kinetics of an interacting 5/7-dislocation pair in the hexagonal cylinders of AB diblock copolymer. Macromolecules, 2022, 55(17): 7583-7593.

[69] Ren Y Z, Li W H. Droplet-like defect annihilation mechanisms in hexagonal cylinder-forming block copolymers. ACS Macro Lett., 2022, 11(4): 510-516.

[70] Li W H, Nealey P F, de Pablo J J, et al. Defect removal in the course of directed self-assembly is facilitated in the vicinity of the order-disorder transition. Phys. Rev. Lett., 2014, 113(16): 168301.

[71] Zhao B, Jiang W B, Chen L, et al. Emergence and stability of a hybrid lamella-sphere structure from linear ABAB tetrablock copolymers. ACS Macro Lett., 2018, 7(1): 95-99.

[72] Dong Q S, Li W H. Effect of molecular asymmetry on the formation of asymmetric nanostructures in ABC-type block copolymers. Macromolecules, 2020, 54(1), 203-213.

[73] Li H, Yao Y, Gao Y, et al. Current situation and development trend of polypropylene market in China. Sino-Global Energy, 2022 ,27(10): 63-69.

[74] Wei Z H. Development status and future trend of BOPP thin films . Economic Analysis of China Petroleum and Chemical Industry, 2015 ,205(01): 56-59.

[75] Han S F, Becker E. Hydrodynamic instability of extensional flow. Intl. J. Rheol. Acta., 1983, 22: 521.

[76] Han S F. Stability of extensional flows and extending viscoelastic sheets. Intl. J. Non-Newtonian Fluid Mech., 1984, 3: 181.

[77] Han S F. On the stability of extensional flow. J. Chem. Eng. Commun., 1985, 32: 307.

[78] Doi M, Edwards S F. The Theory of Polymer Dynamics. Clarendon: Oxford University Press, 1986.

[79] Macosko C W. Rheology: Principles, Measurements, and Applications,Weinheim: WILEY-VCH Publishers. Inc., 1994.

[80] Uhland E. Dasanomale fließverhalten von polyäthylen hoher dichte. Rheologica Acta, 1979, 18: 1.

第4章　高分子组装和生物大分子

本章围绕高分子组装策略，首先概述了聚合物Janus粒子和单链Janus粒子的制备及其组装；然后介绍了气体调控的高分子自组装，包括气敏高分子的设计与可控自组装、气体的动态化学与受阻路易斯对聚合物，以及气筑高分子的设计、动态自组与功能应用；最后基于糖和蛋白质的生物大分子组装及运用，展开了糖化学生物学与大分子自组装交叉的内容，讨论了诱导配体——蛋白质精确组装新路线和糖化学反应与糖-糖相互作用调控的糖聚合物自组装，并进一步从应用角度，介绍了灵芝蛋白多糖降血糖功能片段的制备与分子机制。

4.1　小尺寸柔性聚合物Janus粒子自组装

粒子自组装是在分子自组装的基础上发展起来的一个重要的研究领域[1-5]。它是以粒子作为组装基元来构筑组装体。这些组装体的结构、形态和性能通常与传统分子组装体截然不同[2]。例如，当粒子具有独特的光学、电学、磁学、热学或催化等特性，并由于粒子间的协同效应，所获得的粒子组装体有望具有其功能基元所不具有的全新特性[6,7]。在某些情况下，用于组装的粒子本身就是由分子组装形成并在粒子中呈现出有序排列[3,4]。这类具有介观尺寸且内部具有有序结构的多级组装结构有望能够将微观上的有序性拓展至宏观尺寸，从而成为沟通微观与宏观的桥梁[8]。例如，粒子自组装是生命体系形成精确结构的重要途径之一[9-13]。其演化过程的典型特点是预组织、程序化，且其结构的演化常常是能量的最优化推动。由此可以得到精确结构的多级组装体。因此，对粒子自组装的理解不仅有助于开发具有复杂且精确结构、全新功能的新材料，还能有助于了解并借鉴生命体的组装过程，为材料开发提供全新思路。

粒子的组装通常需要粒子之间有各向异性的相互作用。在大多数情况下，各向异性相互作用都是在具有各向异性的粒子之间发生的[1,14-17]。因此，在粒子自组装领域，人们的研究兴趣主要集中在具有各向异性的补丁粒子，该粒子的每种补丁区域都具有独特的化学性质[4,18-20]。Glotzer等[8]使用计算机模拟的方法，预测了多种各向异性的补丁粒子(图4.1)，并从理论上预测了它们各自的组装行为。但在实验上，除Janus粒子外的其他各向异性补丁粒子的制备大都非常困难。在各向异性补丁粒子制备及组装的研究中，人们的注意力仍集中于Janus粒子[21-24]。在早期研究中，所制备的Janus粒子大都是刚性球形且尺寸相对较大。粒子间相互作用以各向同性的范德瓦耳斯作用为主导，抵消了Janus粒子间的各向异性作用，因而容易形成不规整的分形聚集体(fractal aggregates)。此外，刚性的球形表面使得 Janus 粒子间的接触面积小，难以充分相互作用和融合。因此，这些大的、刚性的球形 Janus 粒子较难组装成稳定且规整的多级组装结构。受早期粒子自组装和分子自组装领域重要成果的启发，陈道勇课题组认为小尺寸且高度柔性的聚合物 Janus 粒子具有更佳地获得稳定且规整的多级组装结构的组装能力。当粒子尺寸较小时，高分子链的溶剂化作用能够有效克服粒子间的各向同性范德瓦耳斯作用，使得组装时粒子间的各向异性相互作用成为主导[5,25]。此外，粒子的柔性使得粒子间相互吸引的区域逐步融合在一起，不仅增加了相互吸引区域的相互作用面积，更加提高了组装结构的稳定性[5,25]。

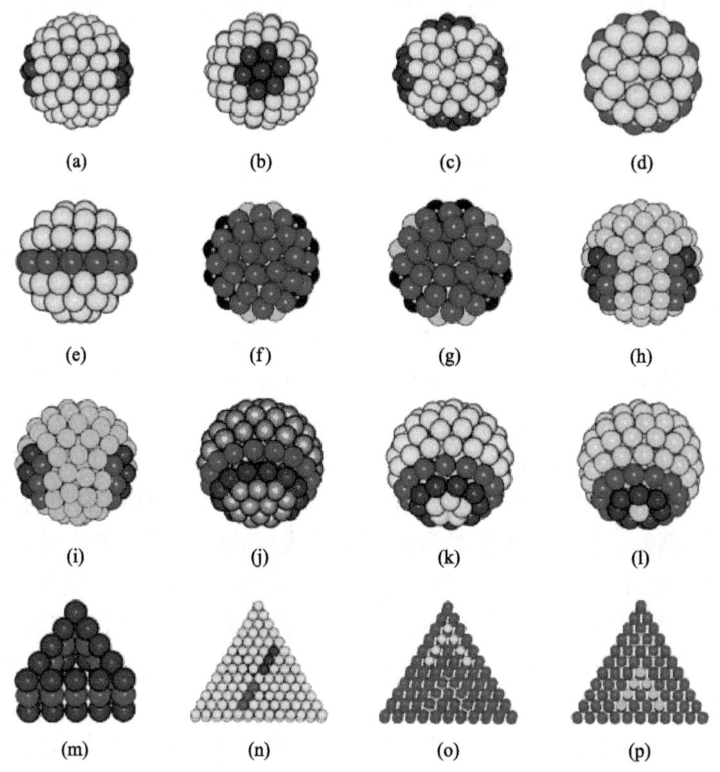

图 4.1　理论模拟预测各向异性补丁粒子的类型及其形貌[8]

尽管粒子自组装已经取得了一些重要进展，与分子自组装相比，高度规整的粒子自组装的例子仍非常有限。这其中不仅涉及高度规整的 Janus 聚合物纳米粒子的高效制备，使用这些高度规整的 Janus 聚合物纳米粒子进一步获得高度规整多级组装结构也极具挑战。在本节中，将主要介绍陈道勇课题组所取得的成果。首先介绍具有高度规整结构的 Janus 聚合物纳米粒子的高效制备以及规整多级组装结构构筑方面的工作。接着介绍单链 Janus 粒子的制备及其组装行为。单链

Janus 粒子可以被有效地制备，其组成和结构参数都是可控的。由于单链 Janus 粒子同时具有线型聚合物链和小粒子，有望将良好的自组装能力和粒子自组装的特点结合在一起。

4.1.1　Janus 聚合物纳米粒子的高效制备以及其组装

Müller 等早在 2001 年就报道了使用聚苯乙烯-*b*-聚丁二烯-*b*-聚甲基丙烯酸甲酯(PS-*b*-PB-*b*-PMMA)三嵌段共聚物作为前驱体制备纳米级聚合物 Janus 粒子的方法[26]。通过调节 PS-*b*-PB-*b*-PMMA 中各嵌段的比例，可在本体中获得多种微相分离的纳米结构。其中，可交联的 PB 区域所形成的离散相位于 PS 相(红色区域)和 PMMA 相(绿色区域)之间。通过交联 PB 离散相，然后溶解 PS 和 PMMA，就可获得球形、柱状和碟状等一系列形状的 Janus 粒子(图 4.2)[3,26-28]。然而，尝试使用这些 Janus 粒子进行自组装时，由于其组装的可控性比传统的分子自组装要差得多，无法获得规整结构的组装体。在持续努力了 10 多年后，这一课题组才成功实现了各向异性聚合物纳米粒子的高度规整自组装[3,4,18]。他们首先获得了具有精确结构的聚合物纳米补丁粒子，并在其基础上实现了具有高度规整结构的一维组装。尽管在这一工作中 Müller 等成功实现了高度规整的粒子自组装，使用 Janus 粒子获得规整粒子自组装结构的例子仍非常有限。

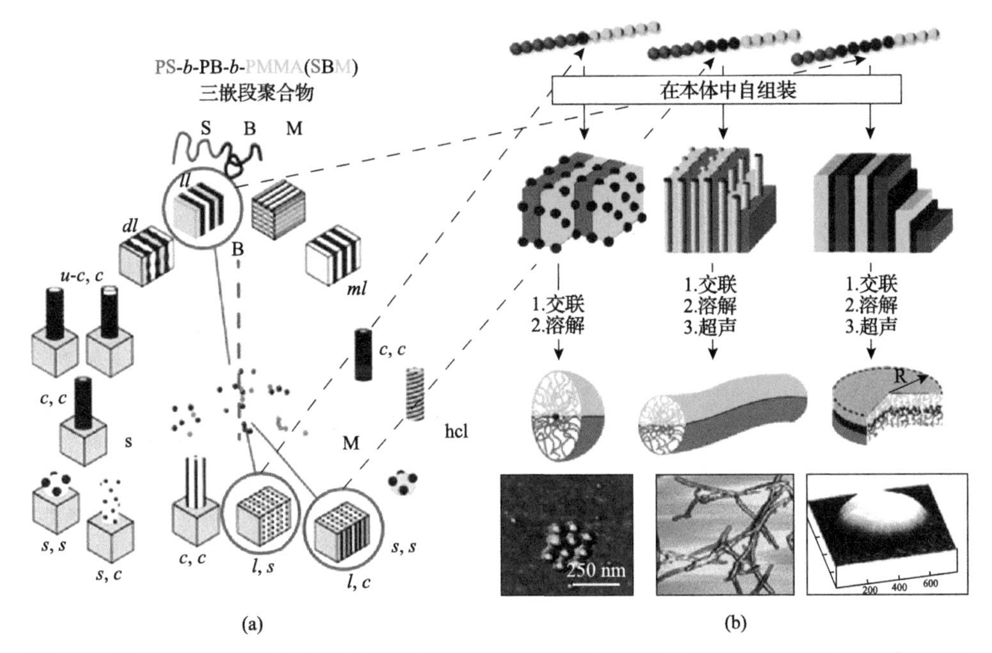

图 4.2　以三嵌段共聚物在本体中所形成的相分离结构为前驱体，通过选择性地交联三嵌段共聚物的中间嵌段并随后溶解，制得不同结构的 Janus 粒子[3]

(a) PS-*b*-PB-*b*-PMMA 的相图；(b) 球形 Janus 粒子、柱状 Janus 粒子和碟状 Janus 粒子的制备策略

受生命体系中自组装结构演化过程特点启发，近十年来使用多级及程序化自组装制备具有高度规整结构的策略得到了人们的充分关注[4,9,18,20,29-31]。陈道勇课题组也是国际上最早开展大分子多级及程序化自组装的课题组之一。他们提出小尺寸且柔性 Janus 聚合物纳米粒子对获得高度规整组装体十分重要，并早在 2007 年获得了在当时最为规整的超胶束结构[16]。具体地，他们使用杂化的氢氧化钇纳米管(杂化 YNT)作为不对称模板来制备 Janus 聚合物纳米粒子(图 4.3)。杂化的纳米管通过两亲性嵌段共聚物聚环氧乙烷-*b*-聚(4-乙烯基吡啶)(PEO-*b*-P4VP)中 P4VP 嵌段侧链的吡啶官能团与 YNT 表面羟基的氢键作用制备获得。在杂化纳米管中，P4VP 嵌段吸附在纳米管表面，形成疏水层[图 4.3(a)中的绿色层]。与纳米管不发生相互作用的亲水 PEO 嵌段则在疏水层外[图 4.3(b)中的红色链段]，使得杂化纳米管可在水中稳定分散。将疏水的二乙烯基苯(DVB)单体和疏水偶氮二异丁腈(AIBN)自由基引发剂和亲水的 *N*-异丙基丙烯酰胺(NIPAM)单体加入水相后，由于亲水/疏水相互作用，DVB 和 AIBN 会增容至绿色的疏水区域，而亲水的 NIPAM 则仍会在水相中。加热引发体系聚合后，在疏水层中的 AIBN 分解引发 DVB 聚合。随着 DVB 的聚合，PDVB 与疏水的 P4VP 层发生相分离，在层中形成 PDVB 粒子。当 PDVB 粒子的尺寸逐步增加至大于 P4VP 层厚度，PDVB 粒子的一部分表面将裸露在水中，引发水中 NIPAM 在其裸露表面的聚合，形成几十纳米的两亲性 Janus 聚合物粒子。其中，PDVB 为 Janus 粒子的疏水侧，PNIPAM 为 Janus 粒子的亲水侧。类似于两亲性分子的组装，在水中两亲性 Janus 聚合物粒子自组装形成尺寸为窄分布的规整花型超胶束结构。在加入表面活性剂分子或施加超声作用时，超胶束结构可以解离成单个的 Janus 粒子。在另一个例子中，他们成功地制备了具有

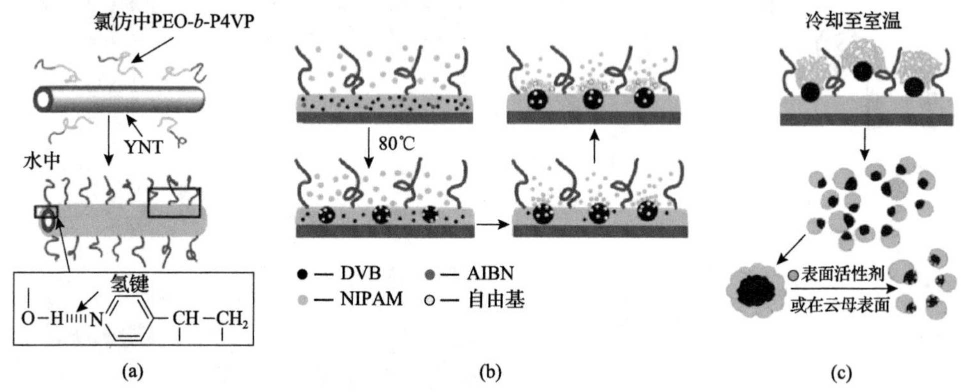

图 4.3 在氢氧化钇纳米管(YNT)表面制备两亲性 Janus 聚合物纳米粒子的方法[16]

(a)通过 PEO-*b*-P4VP 中 P4VP 嵌段侧链的吡啶官能团和 YNT 表面羟基之间的氢键作用，制备获得杂化纳米管；(b)以杂化纳米管作为不对称模板，制备 Janus 聚合物纳米粒子；(c)获得的 Janus 聚合物纳米粒子可自组装形成尺寸为窄分布的规整超胶束结构

不同结构参数的小尺寸且高柔性的 Janus 聚合物粒子，并进一步成功地将其自组装成规整的不对称管状和片状超结构[17]。

如上所述，小尺寸和柔性是 Janus 聚合物纳米粒子具有较好组装能力，实现规整组装结构的要素。为了制备小尺寸的柔性 Janus 聚合物纳米粒子，陈道勇课题组还提出了使用壳层含有两种线型聚合物链的混合壳聚合物胶束(polymeric mixed-shell micelles，PMSMs)作为预组织结构这一策略，并以此为模板进行粒子形态调整。PMSMs 的尺寸与聚合物链的无规线团的尺寸相当。通过壳层聚合物链间的相分离，PMSMs 就可以转化为不同形态且尺寸与 PMSMs 相当的补丁纳米粒子(图 4.4)。为了获得具有规整结构的补丁粒子，在预组织 PMSMs 的基础上，他们引入热力学可控的过程，即共价交联 PMSMs 壳层中的一种聚合物链。例如：当核的尺寸相对较大、成壳链段具有一定的运动性、壳中可交联链段的含量相对较低时，共价交联其中一种成壳链段将诱导壳层所有的可交联链段聚集于一侧并全部交联在一起。通过增加交联点的数量可获得更大的焓，来克服由相分离所带来的熵损失[31]。此外，为了确保这一转变仅发生在胶束内，他们提出并使用增长不可交联保护链段长度来有效避免胶束之间的交联反应。当然，根据 PMSMs 结构参数的不同，交联的壳层黑色链段还可获得另外两种粒子形态(图 4.4)：①当可交联链段足够长且含量较高时，交联链可在壳层形成连续网络。②当核的尺寸相对较大、成核链段被冻结、壳层可交联链段含量相对较低时，共价交联壳层可交联链段将发生微相分离，形成含有多个补丁的补丁粒子。因此，控制 PMSMs 的结构参数对补丁粒子形态控制也十分重要。

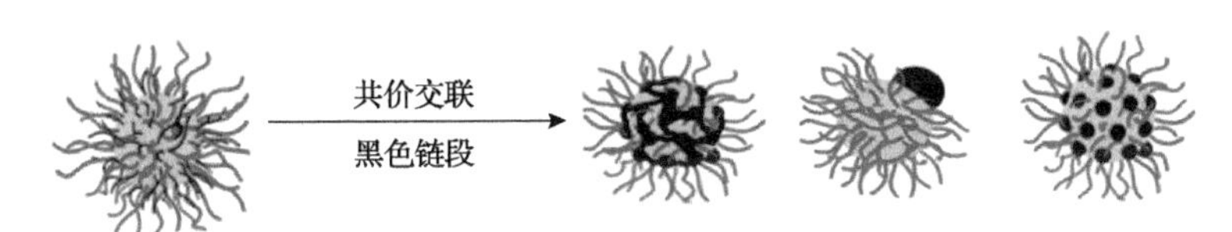

图 4.4　混合壳聚合物胶束以及胶束内共价交联混合壳层中黑色链段可能形成的三种结构

根据上述思考，陈道勇课题组采用多级自组装，通过独立地控制多级自组装中每一个子过程，首次将溶液中的三嵌段聚合物聚(2-乙烯基吡啶)-*b*-聚丁二烯-*b*-聚苯乙烯(P2VP-*b*-PB-*b*-PS，V-*b*-B-*b*-S)从无规线团结构转变成尺寸均一的 VBS 三嵌段不对称纳米粒子[20]。如图 4.5 所示，这一转变过程包含三个子过程：①胶束化三嵌段聚合物 V-*b*-B-*b*-S 形成以 B 为核，V/S 为混合壳的胶束，其中在该胶束中核 B 相比于壳层而言，尺寸较大且处于动态，V/S 混合壳中的 S 为较长不可交联的壳层，而 V 为较短可交联的壳层；②胶束内交联壳层 V 将单个胶束转变成单个不对称粒子(一侧为交联的 V 粒子,另一侧为核 B 外围被不可交联的 S 包围)；③加入适量壳层 S 的不良溶剂使得 S 收缩并将核 B 部分暴露，将不对称粒子转变成 VBS 三嵌段不对称粒子。因为上述转变过程的三个子过程可被独立地操控，这使得他们最终可将溶液中三嵌段聚合物 V-*b*-B-*b*-S 从无规线团结构转变成不同于任何热力学稳态甚至亚稳态的新型聚合物组装体，转化率接近 100%。在这个基础上，他们还研究了 VBS 三嵌段不对称粒子的组装行为：二聚化形成 VBSBV 五嵌段粒子、五嵌段粒子进一步结构演化为类似希腊字母“θ”形的多级纳米粒子。接着，他们对上述体系进一步简化，提出使用两种两嵌段共聚物共组装的方法来制备混合壳胶束，并利用类似地共价交联其中一种成壳链段的方法在多个体系中实现了胶束向 Janus 粒子近乎 100%的转化(图 4.6)[31]。

上述两种两嵌段共聚物共组装的方法还可用于制备具有更小尺寸的寡链 Janus 粒子。具体地，陈道勇课题组使用聚苯乙烯-*b*-聚(4-乙烯基吡啶)(PS-*b*-P4VP，S-*b*-V)和聚苯乙烯-*b*-聚甲基丙烯酸甲酯(PS-*b*-PMMA，S-*b*-M)共组装构筑具有核足够大、成核链段处于玻璃态、壳层可交联链段含量相对较低的混合壳粒子。当共价交联混合壳中的 P4VP 链段时，由于核的运动性被冻结，P4VP 与 PMMA 链段仅发生微相分离，得到在壳层中含有多个补丁的补丁粒子。将补丁粒子溶解在这个两嵌段共聚物体系的共同溶剂中，补丁粒子将解离成具有更小尺寸的寡链 Janus 粒子，首次实现了尺寸和形态均一的寡链 Janus 粒子的高效制备(图 4.7)[31,32]。在本体系中，寡链 Janus 粒子平均直径(在干燥状态下)约为 17 nm，其一侧是由十根左右的 P4VP 链轻度共价交联得到的纳米凝胶“头部”，尺寸约为 8 nm；其另一侧则是与纳米凝胶“头部”的一侧接枝有相同数量的线型 PS 链。

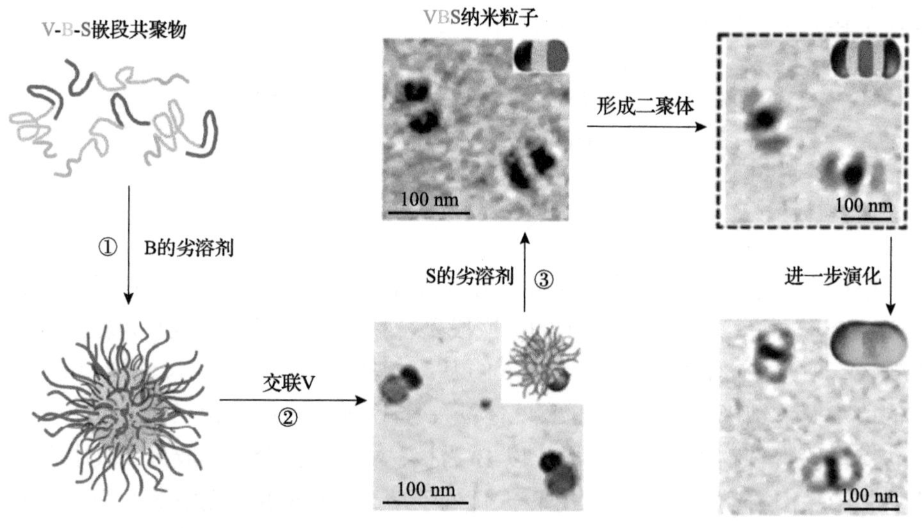

图 4.5　在溶液中将 P2VP-*b*-PB-*b*-PS 三嵌段共聚物无规线团近乎 100%地转化为 VBS 三嵌段粒子，VBS 可进一步组装成 VBSBV 五嵌段粒子和 θ 粒子[20]

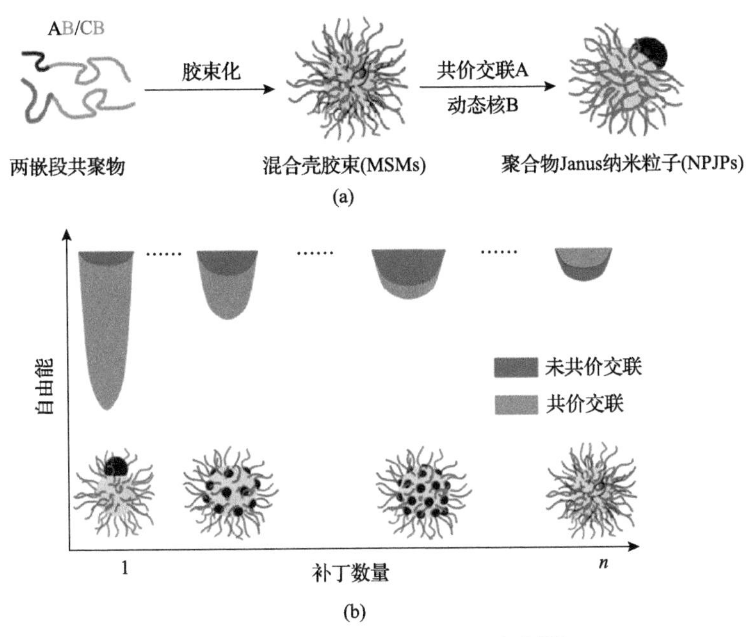

图 4.6 不同形态补丁粒子的演变[31]

(a) 从 AB/CB 两种两嵌段共聚物无规线团转化为 Janus 粒子的过程示意图；(b) 通过共价交联其中一种成壳链段可实现更低的胶束向 Janus 粒子转化自由能，从而实现接近 100%的转换效率

进一步研究寡链 Janus 粒子的组装行为时，发现尺寸相当的寡链 Janus 粒子与线型两嵌段共聚物可通过共组装的方法来提升其组装能力。线型两嵌段共聚物与寡链 Janus 粒子共组装时可有效填充粒子间的堆积缺陷，形成规整的组装体。通过线型两嵌段共聚物和寡链 Janus 粒子结构参数以及两者共组装比例的调节容易获得一系列具有不同形态(例如：球形、蠕虫状和囊泡等)的多级组装结构。共组装还能在组装体壳层引入两种不同组分，在确保多级组装体稳定分散的同时实现其响应性。

以上述寡链 Janus 粒子与 PS-*b*-PMMA(S-*b*-M)在甲醇中共组装为例[32]，在 MeOH/THF(1.5/1，体积比)混合溶剂中，小尺寸的寡链 Janus 粒子和 PS-*b*-PMMA 共组装形成蠕虫状胶束(图 4.8)。由于甲醇是 PS 的劣溶剂、PMMA 和交联的 P4VP 纳米凝胶的良溶剂，共组装获得的蠕虫状胶束以 PS 为核、PMMA 和交联的 P4VP 纳米凝胶为混合壳；混合壳中大量的 P4VP 纳米凝胶均匀地分布在组装体核的表面。在大倍率的 TEM 图像中，可以清楚地看到交联的小尺寸 P4VP 纳米凝胶在蠕虫状胶束的表面均匀分布。这种新颖的结构赋予了组装体独特的响应行为。在没有任何来自外部刺激的情况下，组装体会缓慢地从蠕虫状胶束转变为囊泡[图 4.8(c)]；与现有的组装体形貌转变不同，这个组装体的形貌转变是自我驱动发生的，没有来自环境的任何刺激。而自我驱动力则来自位于壳层交联的

P4VP 纳米凝胶。使用 ^{1}H NMR 跟踪交联的 P4VP 纳米凝胶中吡啶官能团上 H 的信号发现，在轻度交联的 P4VP 纳米凝胶(溶胀的三维网络结构)中仍能探测到吡啶官能团上 H 的信号。在这个轻度交联网络中，不仅存在交联结构，还存在较大

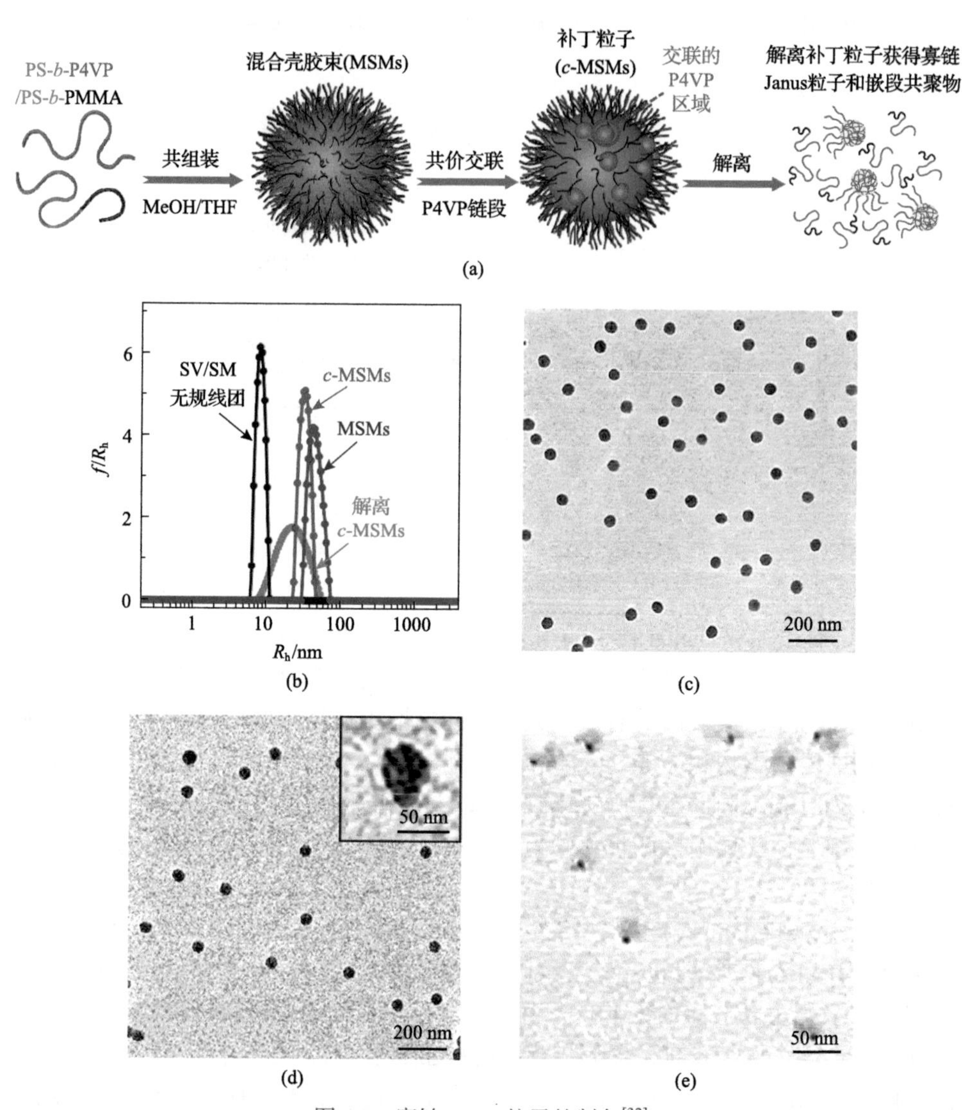

图 4.7　寡链 Janus 粒子的制备[32]

(a)寡链 Janus 粒子的制备过程示意图；(b)溶解在 THF 中的两个两嵌段共聚物(黑色曲线)、在 MeOH/THF(1.5/1，体积比)中组装获得的混合壳胶束(蓝色曲线)、壳层 P4VP 链段交联的补丁粒子[MeOH/THF(1.5/1，体积比)，红色曲线]及其在 THF 中解离后的混合物(绿色曲线)的 DLS 曲线；(c)混合壳胶束的 TEM 照片；(d)交联 P4VP 链段所获得的补丁粒子的 TEM 照片；(e)在 THF 中解离后得到的寡链 Janus 粒子的 TEM 照片，其中交联的 P4VP 纳米凝胶通过在 DMF 中加入硝酸银染色

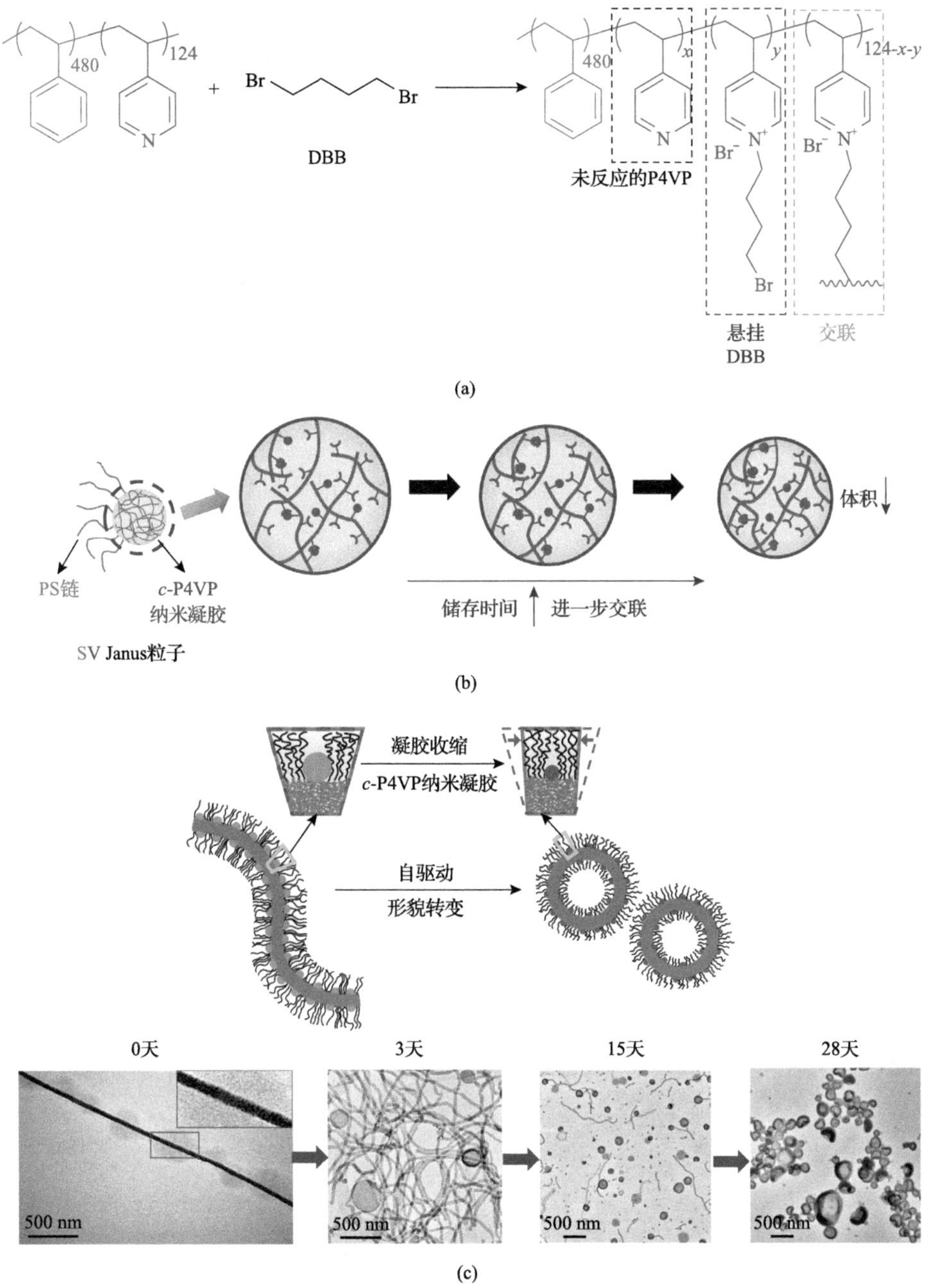

(a)

(b)

(c)

图 4.8　寡链 Janus 粒子/嵌段共聚物共组装体的自驱动形貌转变[32]

(a) PS-*b*-P4VP 中 P4VP 嵌段与 DBB 反应。其中含有未反应的吡啶官能团、悬挂的 DBB 以及交联结构；(b)在 SV 寡链 Janus 粒子中，具有交联网络结构的纳米凝胶含有大量悬挂的 DBB，其末端可与未反应的吡啶官能团逐步发生交联反应，使得纳米凝胶的体积变小；(c)随着储存时间的延长，组装体逐步发生自驱动的形貌转变，从纳米线(第 0 天)逐步全部转化为囊泡(第 28 天)。储存的溶剂为 MeOH/THF (1.5/1，体积比)混合溶液

量悬挂的交联剂1,4-二溴丁烷(DBB)。随着组装体储存时间的延长，悬挂DBB末端会与交联中未反应的吡啶官能团反应，发生进一步的交联反应，使得P4VP纳米凝胶体积收缩[图4.8(a),(b)]。这种收缩伴随着组装体壳层中的排斥力降低。因此，组装体会从蠕虫状胶束变成囊泡，通过减少组装体的曲率来适应排斥力的降低。更为重要的是，这一形态转变是由共组装体中寡链Janus纳米粒子中的能量输入诱导，为控制药物释放提供一个全新的思路。另一方面，通过三氟乙酸(TFA)与P4VP的络合来溶胀纳米凝胶,可以使得蠕虫状胶束(或囊泡)的核(或壁)在冻结的状态下发生碎裂(图4.9)，首次打破了“核(或壁)冻结组装体将不会发生形态转变”这一规律。在传统胶束体系中，当组装体的核(或壁)被冻结时，通过改变成壳链的构象可以很容易地将壳层中所增加的排斥力松弛掉。与此不同的是，由于共组装体核(或壁)表面高密度锚定的纳米凝胶通过溶胀所产生的较大排斥力不能被松弛掉，被全部累积并作用到核(或壁)上，最终以碎裂的方式来将累积排斥力释放。

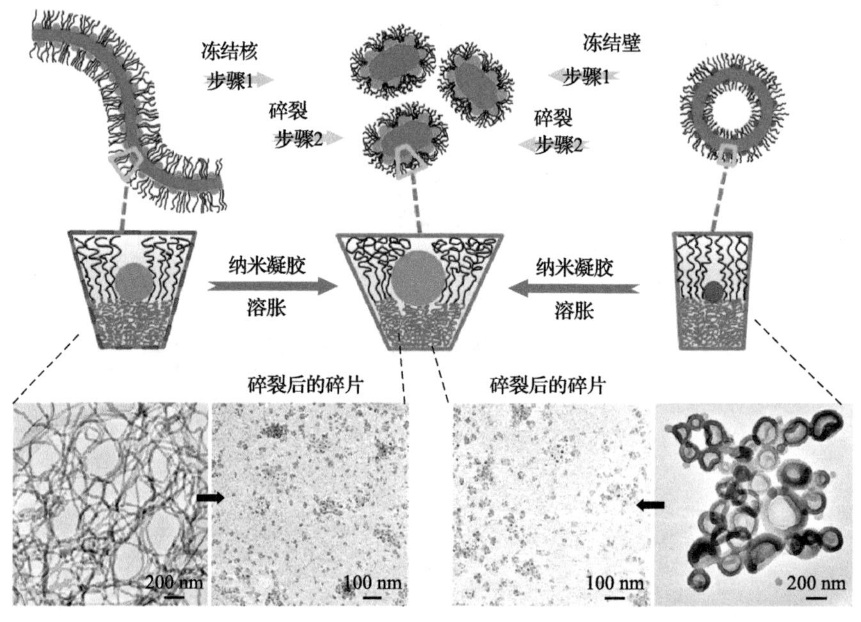

图4.9 利用Janus粒子一侧的具有交联网络结构的纳米凝胶的膨胀(例如：通过在体系中加入三氟乙酸来溶胀纳米凝胶)，可以在组装体核处于冻结的情况下分别使蠕虫状胶束和囊泡发生碎裂[32]

4.1.2 单链Janus粒子的制备及其组装

除了使用高度规整的Janus粒子可以组装获得规整的多级组装结构外，陈道勇课题组发现单链Janus粒子也具有良好且独特的组装特性。单链Janus粒子通常是从嵌段共聚物出发，通过链内塌缩其中一个嵌段来制备获得[34]。例如：链内交联塌缩两嵌段共聚物中的一个可交联嵌段可以获得链内交联的纳米粒子与一根线型聚合物链相连的单链 Janus 粒子。这类单链 Janus 粒子也被称为蝌蚪状单链 Janus 粒子[35,36]。链内交联塌缩三嵌段共聚物的中间可交联嵌段则可获得两条线型聚合物链被接枝到单链两侧的单链 Janus 粒子[33,37]。因此，单链 Janus 粒子的组成、形态以及结构参数与所选择的嵌段共聚物前驱体密切相关。另一方面，为了有效避免链间交联获得均匀的单链粒子，交联需要在较低浓度的稀溶液中进行。在他们早期的工作中，利用位于两侧链段的屏蔽作用，有效避免中间嵌段的链间交联，从而实现在较高浓度下制备单链 Janus 粒子[33]。具体地，他们选用聚苯乙烯-*b*-聚(2-乙烯基吡啶)-*b*-聚环氧乙烷(PS-*b*-P2VP-*b*-PEO)三嵌段共聚物，利用 P2VP 嵌段中吡啶官能团的季铵化反应，在嵌段共聚物的共同溶剂中使用 DBB 作为交联剂链内交联 P2VP 中间嵌段(图 4.10)。位于两侧的 PS 和 PEO 链段的屏蔽作用为可交联的 P2VP 嵌段建立良好的立体保护屏障，有效避免了中间嵌段的链间交联，使得交联反应仅发生在分子链的内部，从而可在较高浓度下有效制备两亲性单链 Janus 粒子，大大提高了两亲性单链 Janus 粒子的制备效率。同时，得到的两亲性单

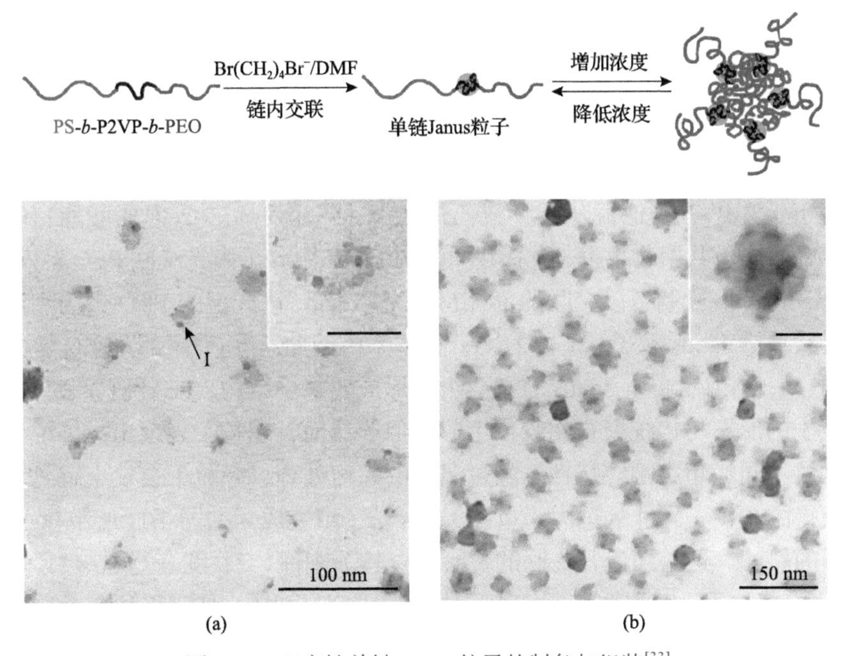

图 4.10 双亲性单链 Janus 粒子的制备与组装[33]

在 PS-*b*-P2VP-*b*-PEO 的共同溶剂中交联 P2VP 链段，两端嵌段屏蔽保护作用有效避免了链间交联，从而可在较高浓度下制备双亲性单链 Janus 粒子。单链 Janus 粒子(a)及其超胶束的 TEM 照片(b)。放大的 TEM 图的比例尺均为 50 nm。TEM 样品均使用 RuO_4 染色

链 Janus 粒子可作为构筑单元进一步组装成结构规整的超胶束。近期，Yang 等[38]提出了静电介导聚合物单链分子内交联的制备策略，将单链 Janus 粒子的制备浓度提升至几百克/升。

在单链 Janus 粒子中，同时含有的线型聚合物链和小尺寸的柔性粒子使其既有柔性也有粒子性。以这样的 Janus 粒子作为组装单元有望在具有良好组装能力的基础上获得独特的组装体特性。例如：蝌蚪状单链 Janus 粒子在选择性溶剂中组装可以获得以链内塌缩的“头部”粒子为核、线型“尾部”为壳的核壳超粒子结构(图 4.11)。这种由链内塌缩的“头部”粒子组装形成的超粒子结构表现出与传统的聚合物胶束截然不同的响应和释放特性。在传统的聚合物胶束的核中聚合物链充分缠结。而链内塌缩可以大幅降低聚合物链的缠结，从而获得几乎无聚合物链缠结的核结构。在其核中，“头部”粒子的堆积不像聚合物胶束核那样致密，会存在空隙，这可为物质在其中的输运提供可能性。

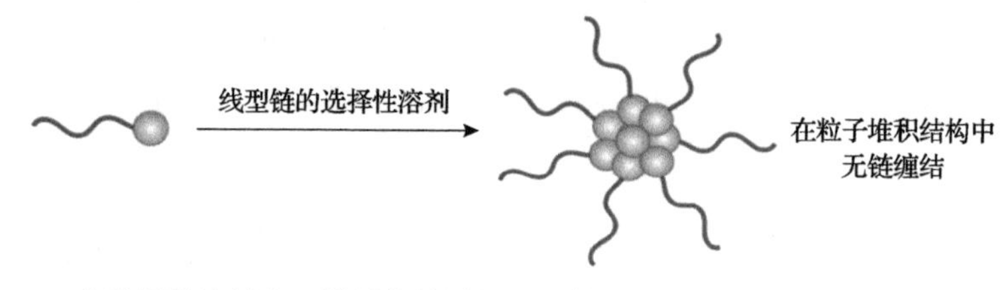

图 4.11　在选择性溶剂中，蝌蚪状单链粒子组装形成以链内塌缩的“头部”为核、线型“尾部”为壳的核壳超粒子结构

基于上述思考，他们从聚环氧乙烷-*b*-聚(甲基丙烯酸-2-肉桂酸酯)(PEO-*b*-PCEMA)两嵌段共聚物出发，在其共同溶剂 DMF 中分子内光交联 PEO-*b*-PCEMA 中的 PCEMA 嵌段制备以交联的 PCEMA 为“头部”、线型的 PEO 链为“尾部”的蝌蚪状单链 Janus 粒子(图 4.12)[39]。在体系中滴加乙醇(“尾部”PEO 链的选择性溶剂)后，蝌蚪状单链 Janus 粒子会组装形成超粒子结构。TEM 观察发现，该球形超粒子的形态与传统聚合物胶束十分相似。然而，超粒子表现出与传统聚合物胶束截然不同的超声响应特性。经过温和的超声处理，超粒子会发生解离。本体系所获得的超粒子尺寸远远大于单链 Janus 粒子组装成为如图 4.11 所示核-壳结构超粒子的尺寸。这是因为其交联的“头部”较为刚性(交联度高达 56%)。若形成核-壳结构超粒子，由刚性粒子堆积形成的核则容易裸露，使其无法在介质中稳定分散。为使其稳定分散，需要在界面上额外地增加 PEO 链的密度。因此，他们猜测在这个超粒子中亲水的 PEO 链段被大量地包裹在超粒子的核中，会形成含有孔隙的亲水通道。为了检测超粒子结构中是否存在亲水通道，他们将溶剂切换为纯水，并将荧光探针分子 8-苯胺基-1-萘磺酸钠(ANS)封装于超粒子中；ANS 的

荧光可被酸快速淬灭。在其超粒子分散液中加入酸后，超级粒子中的 ANS 荧光被快速淬灭。与此不同的是，封装在嵌段共聚物胶束中的 ANS 不会在加入酸后荧光发生显著变化。实验结果表明，超粒子结构中存在着连接外界环境和超粒子内部的亲水通道，使得亲水性的小分子可以快速传递到超粒子的内部。

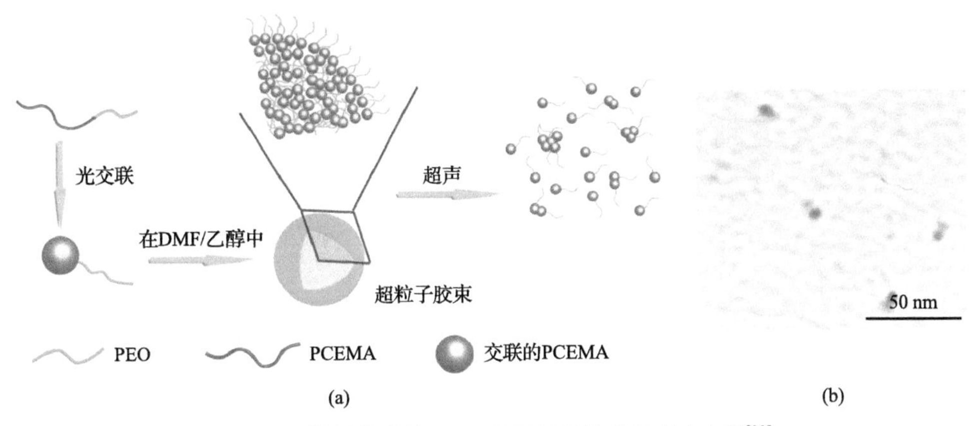

图 4.12 蝌蚪状单链 Janus 粒子组装体的超声响应性[39]

(a) 蝌蚪状单链 Janus 粒子的制备过程、组装及超声响应示意图。在选择性溶剂中，蝌蚪状单链粒子组装形成以“头部”为核、线型“尾部”为壳的超粒子结构。在超声作用下，超粒子组装体发生解离；(b) 单分散蝌蚪状单链 Janus 粒子的 TEM 照片

在近期的工作中，陈道勇课题组降低了蝌蚪状单链 Janus 粒子“头部”的交联度(控制在 12%)，研究具有低交联度“头部”的柔性单链 Janus 粒子的组装能力以及响应特性。具体地，他们合成了聚[2-(二甲基氨基)甲基丙烯酸乙酯-*b*-聚(甲基丙烯酸苄酯-*co*-7-(2-甲基丙烯酰氧基乙氧基)-4-甲基香豆素][PDMAEMA-*b*-P(BzMA-*co*-CMA)]，通过链内光诱导 CMA 官能团的二聚化反应交联 P(BzMA-*co*-CMA)嵌段，获得蝌蚪状单链 Janus 粒子(图 4.13)[40]。在这个体系中，单链 Janus 粒子“头部”的交联度可以简单地通过改变共聚的 CMA 的含量来调节。他们将粒子“头部”的交联度控制在 12%。研究其组装时发现具有较低交联度的柔性“头部”使得单链 Janus 粒子的组装能力大幅提升，可获得球形、蠕虫状胶束和囊泡等一系列超粒子结构。尽管形成超粒子的核(或壁)的“头部”交联度不高，交联仍有效避免了链缠结。上述不同形态的超粒子均可在温和的超声处理(例如：32.5 W、20～25 kHz 下超声 5 min)后被解离。众所周知，超声处理可用于体内药物输运系统的远距离控制。超粒子的超声响应性使其在可控药物输送领域具有广阔前景。虽然这样的例子仍然非常有限，但他们认为限制聚合物组装体结构中的链缠结是增强其超声响应性的一个合理思路。

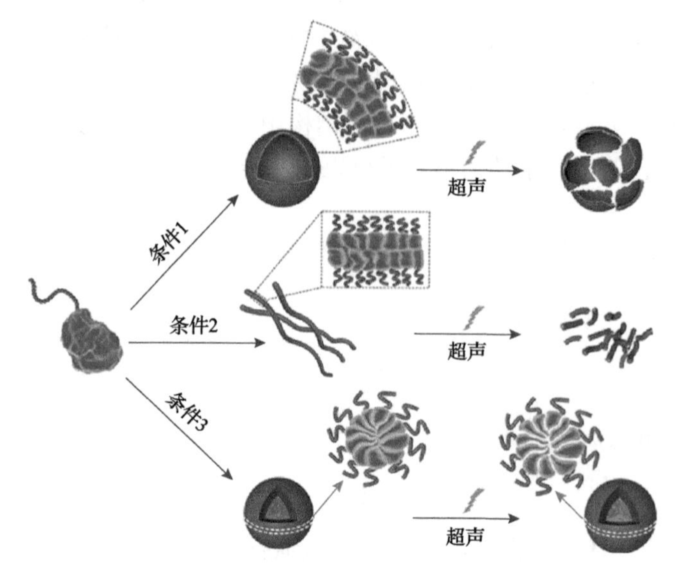

图 4.13 蝌蚪状单链 Janus 粒子的制备过程、组装及超声响应示意图[40]

在选择性溶剂中，蝌蚪状单链粒子组装形成以“头部”为核、线型“尾部”为壳的球形、蠕虫状以及囊泡超粒子结构。在超声作用下，超粒子组装体发生解离

所谓排他性的自组装是指分子或粒子在组装过程中只与其自身组成或结构相同/相似的分子或粒子组装在一起。最为典型的例子就是小分子重结晶。由于小分子的刚性及各向异性相互作用，在小分子晶体中插入一个与其无强相互作用的杂质分子必然会带来体积、形状以及相互作用等的失配，从而使得体系的能量显著升高。这种显著升高能量的过程在临界的结晶条件下必然无法稳定存在而消失，最终获得纯净的小分子晶体。除了小分子重结晶外，一定条件下的球状蛋白结晶也具有排他性，从而获得蛋白结晶。其排他性机制来源于球状蛋白表面的各向异性相互作用及球状蛋白粒子所具有的刚性。然而，各向同性的粒子之间的结晶并不具有排他性。因此，要严格控制粒子的尺寸和形态来获得较为规整的胶体晶体。嵌段共聚物的自组装则具有互补性。多分散的聚合物链更容易组装成窄分布的组装体。陈道勇课题组在近期的工作中发现，单链 Janus 粒子能像小分子重结晶那样实现排他性组装[41]。他们从 A-*b*-B 两嵌段共聚物出发，在其共同溶剂中分别交联塌缩两个嵌段。可以想象，在获得高度规整的双端塌缩 Janus 粒子的同时会得到不规整的单链(ISCPs)和多链(MCPs)粒子(图 4.14)。有趣的是，在临界条件下，混合分散液中高度规整的单链 Janus 粒子会排他性自组装，形成规整的层状胶体晶结构。在这个胶体晶结构中，任意引入一个不规则的单链粒子或多链粒子，一定会像上述在小分子晶体中引入非强相互作用的杂质分子那样，带来体积、形状及相互作用的失配，因而导致体系能量显著升高。这样的结构无法稳定，因而会随体系的热运动涨落而消失，使得 RSCP 的组装具有高度的排他性。由于单链 Janus

粒子两侧的结构对称，使其能够排列成零曲率的组装体，因而能够无限长大。较大的组装体从分散液中沉淀后被捞出溶解即可得到纯净的单链 Janus 粒子。首次实现了类似于小分子重结晶那样的大分子排他性自组装，获得高度规整的单链 Janus 粒子。

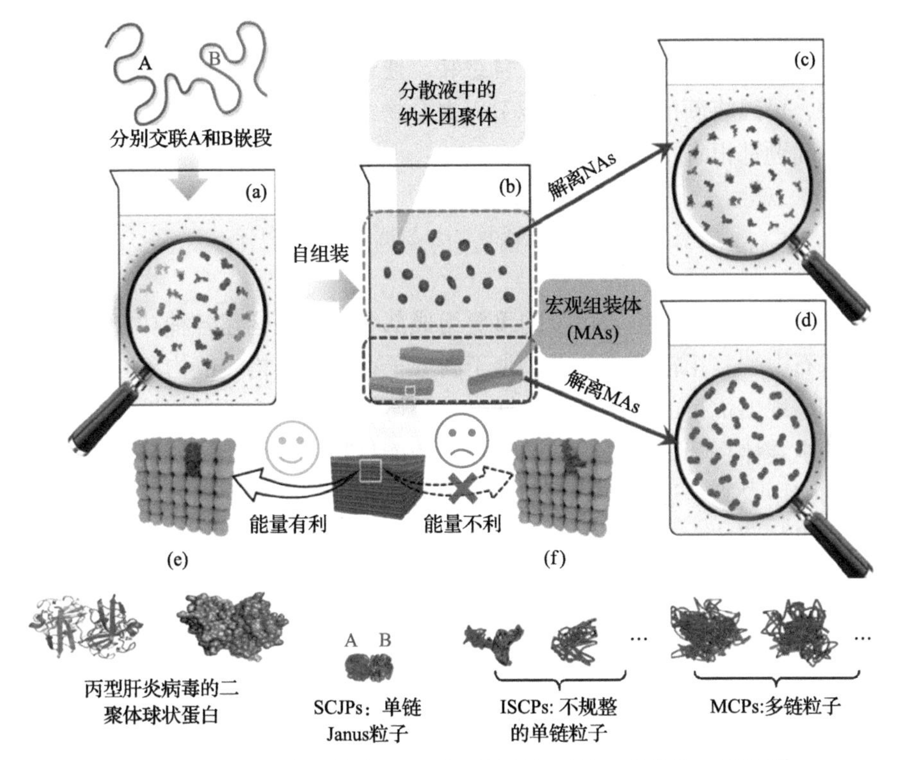

图 4.14 双端塌缩的单链 Janus 粒子的制备及其高度排他性组装[41]

(a)选用具有相似长度的两嵌段共聚物，分别交联塌缩各自嵌段获得双端塌缩的单链 Janus 粒子(SCJPs)，在交联塌缩过程中不可避免地会形成一些不规整的单链粒子(ISCPs)和多链粒子(MCPs)，获得混合物分散液；(b)排他性组装后获得具有规整的层状胶体晶结构的组装体，并沉淀析出；(c)，(d)将析出的层状胶体晶捞出溶解后即可得到纯净的单链 Janus 粒子；(e)，(f)将 SCJPs(或 ISCPs)置于层状组装体中是一个能量有利(或不利)的过程

4.1.3 总结与展望

聚合物 Janus 粒子自组装为复杂且规整的聚合物多级组装结构的构筑提供了一个全新的途径。与刚性粒子相比，小尺寸且柔性的聚合物 Janus 纳米粒子具有更为优异的组装能力。使用小尺寸柔性聚合物 Janus 粒子进行组装或其与嵌段共聚物共组装均可获得规整且丰富的多级组装结构。在组装体中引入纳米粒子可以赋予其独特的组装和响应特性：①能量可以被预先输入到粒子中获得非平衡组装体系。在能量被逐步释放的过程中，粒子的逐步变化诱导组装体发生形貌转变。

这为聚合物组装体的刺激响应形貌转变提供全新的独特途径。②由于壳层纳米粒子间产生的排斥难以被松弛掉，构筑壳层含有高密度纳米粒子的组装体并赋予其粒子间排斥力，排斥力将会累积作用到组装体的核(或壁)上，最终以碎裂的方式将累积的排斥力释放。③由于核内链缠结大幅受限，以蝌蚪状单链 Janus 粒子“头部”为核的组装体具有优异的超声响应性。④双端塌缩的单链 Janus 粒子可实现类似于小分子重结晶那样的排他性自组装。通过进一步提高聚合物纳米粒子的自组装能力，可以将新的结构和性能引入聚合物组装体中。这对解决不同领域的理论或实际问题都很有帮助。

4.2 气体调控的高分子自组装

高分子自组装是自组装化学的重要组成部分，也是构建各种功能组装材料的方法学基石[42,43]。相较于小分子，由于高分子在单元结构、链构象和聚集形态三个层级都表现出优良的结构可设计性、拓扑可塑性和功能可编程性等特点，由其所形成的组装体在药物递送、纳米诊疗、智能材料、高性能器件等领域发挥了不可替代的作用[44-46]。近年来，随着高分子自组装理论框架的完备，研究重心逐渐过渡到对组装调控方式的探索上来。寻找和发展新的组装调控方式，能够不断拓延高分子组装体系的结构多样性和功能复杂性，也将为高分子组装材料的智能化和可编程化提供持续的动力。目前，通过引入外部刺激来精确调控高分子结构的变化，从而影响高分子自组装形态和功能的转变已成为一种成熟的策略[47]。各类不同的物理刺激(如电场、磁场、光辐射或机械力等)、化学刺激(如 pH、氧化还原、离子等)和生物刺激(如酶、核酸等)都已广泛应用于对高分子组装的调控中，通过突跃式或渐进式地改变高分子的结构参数，对高分子组装体的各项物理化学性能起到了按需调节的作用，并获得了大量具有智能行为特点的组装材料[48-50]。然而，也应注意到，针对一些特殊的调控方式，仍然缺乏可行的调控机理和有效的调控手段，目前已成为高分子自组装领域亟须攻克的难题。

气体是自然界中广泛存在的一种分子形式，由于其结构的简单性和功能的单一性，它往往易被人们所忽视。但实际上，气体是维持生命不可或缺的重要物质，在不同的场景下可执行不同的生理功能。二氧化碳(CO_2)气体是原始地球演化中 C1 原料的主要来源，也是植物光合作用的营养物质[51]；一氧化氮(NO)、硫化氢(H_2S)等气体虽被认为是首要大气污染物，但在极低浓度范围内(10～50 μmol/L)却是控制细胞通讯的信号分子，与人体健康和疾病息息相关[52]。与此同时，还应认识到，气体也是一种有价值的资源性物质，大气资源相对于传统化石能源来说可以看作是取之不竭的，因而对气体的合理利用将对气体资源的可持续开发提供新的思路。作为大气的主要组成部分，针对惰性的氮气(N_2)和 CO_2 的开发与转化有望为寻找非化石基础的新能源材料开辟可能性。

基于此，闫强课题组认为将气体调控作为高分子自组装的一种调控方式，利用不同气体所展现的独特化学性质和生理活性，控制高分子的组装过程和动力学，支配高分子组装体的纳米结构和形态演变，影响高分子组装材料的功能，将具有重要的意义。然而，该领域的发展相对缓慢，主要瓶颈有两个：其一是气体作为简单多原子分子的代表，本身缺乏可控、高效的活性位点，难以与高分子发生可靠的相互作用或化学反应，导致二者的结合并不完全稳定；其二是气体调控的方式有待拓展，通过解决气体含量的控制问题，解析气体浓度-组装动力学的量化关系。针对上述挑战，目前闫强课题组构建了原理截然不同的两大类气体调控的高分子自组装系统，分别为“气敏高分子”和“气筑高分子”（图 4.15）。气敏高分子是利用气体为外界刺激源，通过气体分子与高分子之间的特异性化学反应，切断或打开高分子单元结构，从而调控高分子自组装的过程和功能；而气筑高分子则是直接以气体作为参与组装的主要基元，通过气体与分子之间所形成的独特“动态气桥”作用，构建以气体为构筑单元的高分子组装体，并利用气桥化学调控高分子自组装在维度、尺度以及功能上的变化。这些研究拓宽了高分子自组装材料的调控范围和调控方式，为制备时空可调的气体响应性材料提供了新的可能，也为气体的利用与转化开辟了一条新的超分子途径。

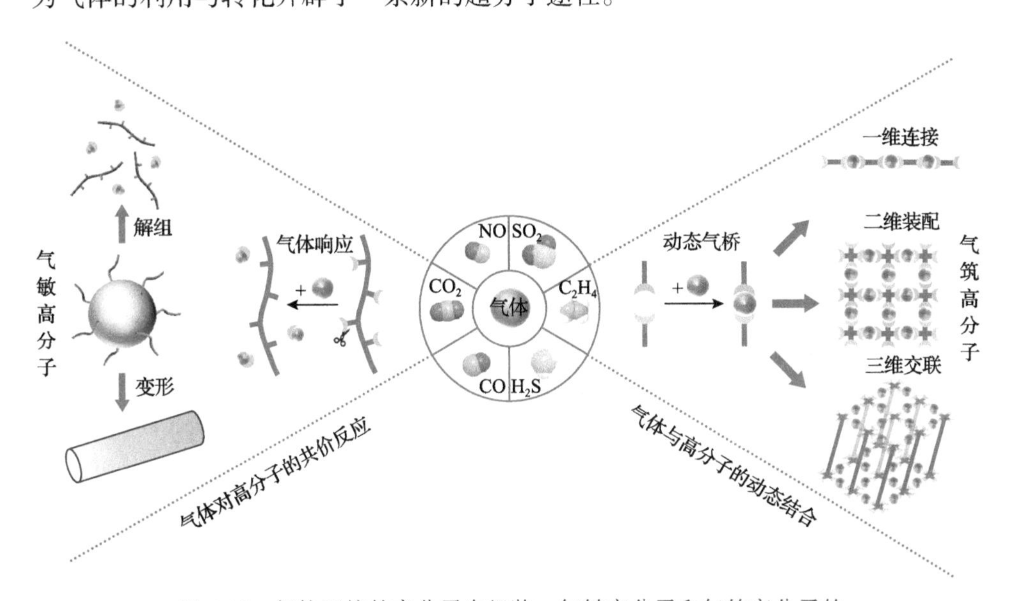

图 4.15 气体调控的高分子自组装：气敏高分子和气筑高分子的构建原理及其功能组装体的构筑

4.2.1 气敏高分子的设计与可控自组装

气敏高分子是一类气体响应性高分子，能够应答外部气体刺激，凭借气体与高分子中特定结构单元之间的共价化学反应，切断或打开高分子链，改变高分子的两亲性或链聚集态，从而影响高分子自组装过程，对外输出功能。由于气体可以与高分子发生特异性反应，通过改变气体的浓度水平、定制高分子响应单元的化学结构，往往可以调节高分子对气体的敏感程度、甚至可实现对不同气体的选择性响应，进而对高分子组装体纳米结构、演化进程、变形行为、理化性能进行精准调控，达到所需的智能应用，特别是利用一些气体的特殊生理和病理作用，开发气敏高分子组装体在靶向载运、纳米药物和诊疗一体化方面的应用。

在这个部分，闫强课题组主要探索了生物体三大气体信号：NO、CO 和 H_2S 响应性的高分子及其功能组装体系。这三种气体分子都属于细胞内重要的气体递质，负责信号转导功能，主要由一些内源性生物酶表达产生。在正常浓度范围内，它们能够介导内皮细胞的生理活动，起到舒张血管、抗炎的功效；然而，当其功能紊乱或过度分泌时，则会引发病理反应，造成一系列慢性疾病的产生[53]。研究表明，气体信号分子当超过各自浓度阈值时，是诱发心血管疾病、神经退行性疾病、慢性炎症、肿瘤生成的主要原因之一。根据气体信号分子浓度依赖性的生理和病理双重功能，可以设计相应的气敏高分子结构，在较低的气体信号水平下高分子组装体不发生应答行为，而当气体浓度高于其病理性临界水平时，则会发生高效的切断反应，促进组装体解组装或重构，释放内部负载的功能分子(药物等)，实现对病灶位置或病理微环境的特异性、靶向性输运和可控释放的目标。

H_2S 是一种重要的气体型神经调节因子，在细胞内由半胱硫醚 γ-裂解酶催化半胱氨酸分解生成。H_2S 的正常生理浓度约为 10 μmol/L，具有诱导细胞凋亡和平衡血压的生命功能；而当其代谢异常时，过高的表达水平(>20 μmol/L)将引发严重的低血压和缺血性心脏疾病[54]。针对 H_2S 气体分子的生理作用，他们设计开发了首例能够响应 H_2S 气体的气敏高分子及其囊泡样组装体[55]。这种高分子是一类含有邻叠氮基苯甲酸酯官能团(AzMB)的两亲性嵌段共聚物，亲水部分为常见的聚乙二醇(PEO)链段，响应性疏水链段由 AzMB 基团与甲基丙烯酸甘油酯缩合后的单体共聚形成(PAGMA)。该共聚物在水溶液中可自组装形成尺寸约为 60 nm 的囊泡结构，囊泡在 20 μmol/L 的 H_2S 气体作用下即可发生快速的解组装，并将泡膜内部所包含的水溶性药物分子高效释放(图 4.16)。H_2S 驱动的高分子解离机制是较高浓度的 H_2S 可以还原 AzMB 基团上的叠氮基，而生成的氨基处在苯甲酰基团的邻位，可继而亲核进攻邻近的羰基位点形成更为稳定的苯并五元环——吲哚啉结构，从而造成苯甲酸酯键的特异性断裂。共聚物 PAGMA 链段的侧基被切断后，剩余部分为完全水溶性的聚甲基丙烯酸甘油酯(PGMA)，导致组装体由两亲性转变为全亲水体系，因此诱发囊泡的解离。而且，实验表明该响应性高分子对 H_2S 气体的临界响应极限低至 5.1 μmol/L，通过调节外部气体浓度可控制高分子囊泡的解组装速率，从而影响药物释放的动力学。另一方面，由于细胞内除 H_2S

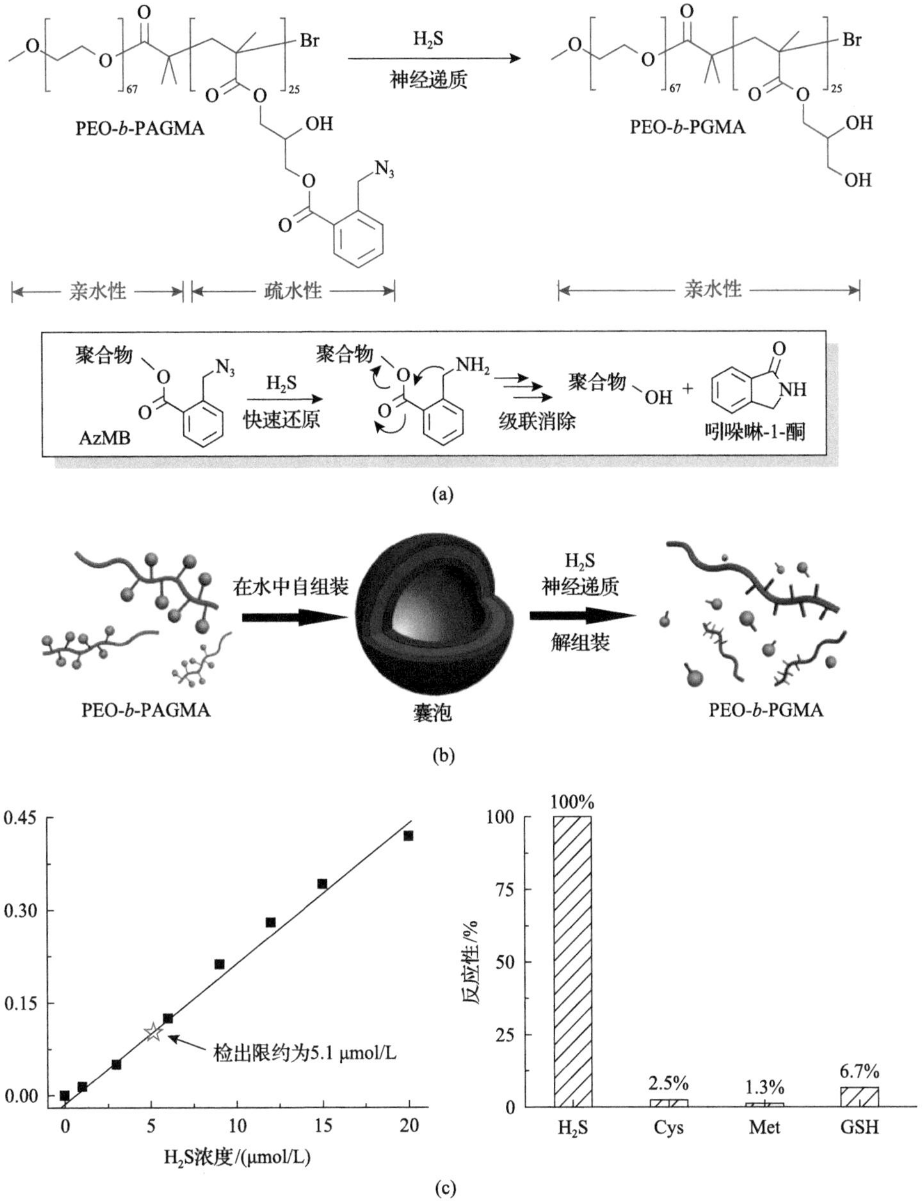

(a)

(b)

(c)

图 4.16　H_2S 响应型气敏高分子

(a) H_2S 气敏高分子结构及其邻叠氮基苯甲酸酯侧基对 H_2S 的还原-加成消除级联反应；(b) H_2S 气敏高分子自组装为囊泡及其 H_2S 响应的解组装行为；(c) H_2S 气敏高分子对 H_2S 气体的临界响应浓度和响应选择性

外，还共存着其他与 H_2S 结构相似或功能相似的还原性物种，如游离的半胱氨酸(Cys)、甲硫氨酸(Met)和谷胱甘肽(GSH)等。闫强课题组同时考察了高分子囊泡对这些相似物的响应能力，研究发现即使在更高浓度下(45 μmol/L)，高分子的分解程度也仅为 H_2S 刺激的 1%～6%，证实了这种气体响应性高分子不仅具有对 H_2S 的高敏感性，也兼顾了对 H_2S 的响应选择性，这将为识别复杂的细胞微环境、实现靶向治疗提供可能。2021 年，Perrier 等报道了含有相同 AzMB 结构的环肽高分子前药，在生理条件下可组装为纳米短管组装体，并实现胞内 H_2S 控制的解离，释放环肽药物[56]。

生物体内除 H_2S 气体信号外，由 H_2S 不饱和氧化形成的多硫化氢(H_2S_n, $n \geqslant 2$)也行使着调控细胞代谢和内源合成硫代活性物种的功能。而且，生物化学领域一项长期的论战即是围绕 H_2S 和 H_2S_n 哪种才是实际介导细胞分子水平功能表达的生源物质[57,58]。举例来说，生物蛋白的硫氢化作用(*S*-sulfhydration)一直被认为是由 H_2S 主导的，但从化学反应性的角度来看，H_2S_n 具有更强的反应性和 S 代物动态交换性，硫氢化作用理应更倾向于由 H_2S_n 引发；再比如，半胱硫醚 *γ*-裂解酶(CSE)通常被认为可催化半胱氨酸生成 H_2S，但最近的研究表明当半胱硫醚 *γ*-裂解酶过度表达时，可优先催化生成 H_2S_n。然而，由于 H_2S_n 的生理浓度仅为 10～50 nmol/L，是 H_2S 水平的 1/1000～1/200，构建能够识别和响应体内 H_2S_n 气体信号的高分子组装体难度更大。为解决该问题，他们考虑设计主链型响应高分子，主要原因有两点：一是因为当响应性基团位于主链链节位置时，并不需要化学剂量比的刺激物即可造成主链的切断甚至碎片化，相比于响应基团在侧基位置可以大幅降低气体刺激的浓度；二是当响应基团在主链时，可极大提高高分子的疏水性，降低其临界聚集浓度(CAC)，从而使聚合物在更低的浓度即可形成稳定的组装体，进一步获得极限的响应阈值。在这一原则的指导下，他们设计并构建了含邻氟代苯甲酸酯(FBz)的主链型高分子，并加入亲水的聚乙二醇封端得到 ABA 型两亲性三嵌段共聚物(PEG-PFBz-PEG)。该共聚物在水溶液中可形成囊泡聚集体，临界聚集浓度仅为 3.2 nmol/L，是普通侧链型响应高分子临界聚集浓度的千分之一。因此，在 35 nmol/L 的 H_2S_n 存在下，即可驱动囊泡的快速解离(图 4.17)[59,60]。其分子响应机理是 H_2S_n 对高活性氟位点的取代-环化消除级联过程，而其他含单硫的物种如 H_2S 或半胱氨酸等由于取代物是不稳定的四元环而不能进行环化消除的步骤，从而实现对 H_2S_n 的高选择性应答。通过紫外光谱的检测表明，该气敏高分子对 H_2S_n 的临界响应极限为 10 nmol/L，对 H_2S_n 和其他相似内源性还原物种的特异性选择比超过 4×10^3 倍。利用这种高分子组装体所形成的纳米平台，既可作为生物纳米探针，在细胞内探测半胱硫醚 *γ*-裂解酶过度表达是否导致 H_2S_n 的生源合成；

也可作为纳米报道物，揭示细胞水平的酶促生化过程是否由 H_2S_n 介导；还可以作为纳米载体，靶向 H_2S_n 代谢异常的细胞，实现内部药物的可控释放，完成“三合一型”纳米平台作用，解答生物化学领域一直以来在 H_2S 和 H_2S_n 气体信号介导方面的论战。

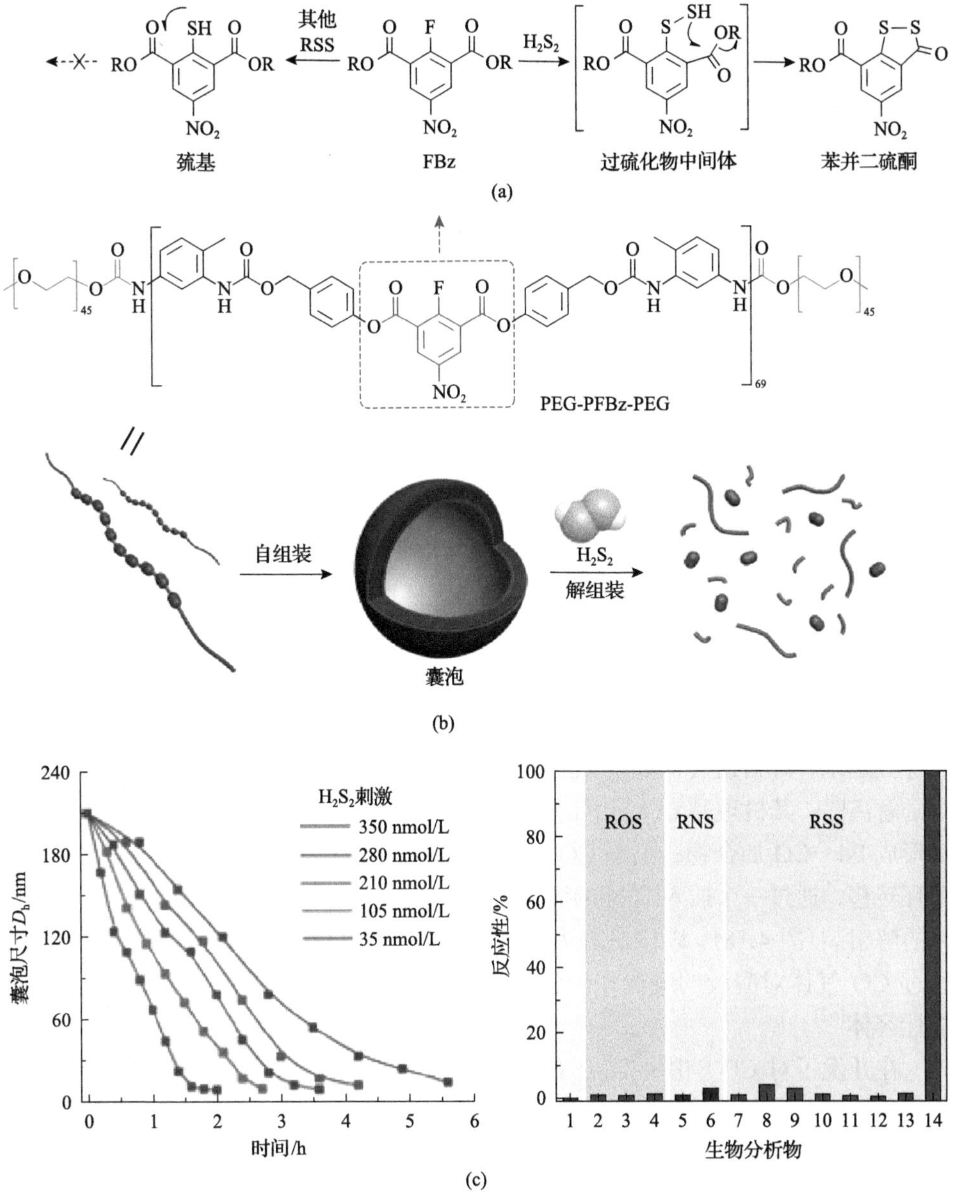

(a)

(b)

(c)

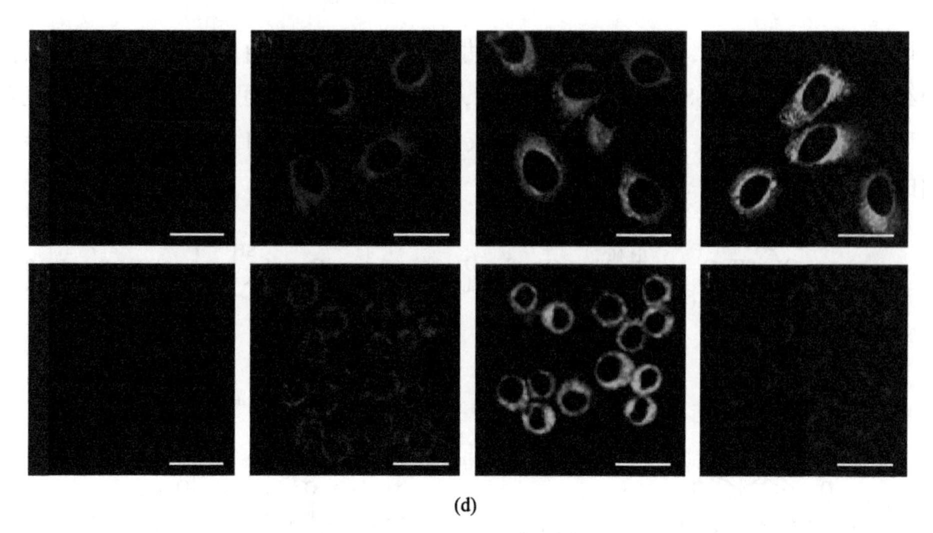

图 4.17 H_2S_n响应型气敏高分子

(a) 主链型 H_2S_n 气敏高分子结构及其邻氟代苯甲酸酯基团对 H_2S_n 的取代-环化消除级联反应；(b) H_2S_n 气敏高分子自组装为囊泡及其 H_2S_n 响应的解组装行为；(c) H_2S_n 气敏高分子对 H_2S_n 气体的临界响应浓度和响应选择性；(d) H_2S_n 气敏高分子组装体作为纳米平台在胞内对 H_2S_n/H_2S 介导的生理功能准确区分

CO 也是三大气体信号之一，但其化学性质与 H_2S 截然不同。虽然 CO 也是具有还原性的气体分子，但 CO 参与的化学反应大都需要在高温下进行或需要利用金属催化剂辅助，条件较为苛刻，难以适用于温和的生物体内环境。而且，CO 在体内的浓度仅为 30 nmol/L，很难找到与之匹配的响应性结构。针对这些瓶颈，闫强课题组利用 CO 可以对含 Pt 或 Pd 金属配合物进行配位插入反应的特点，发展了首例能够快速响应外部 CO 气体的气敏高分子。该聚合物由含有 Pd 桥的主链型高分子 PEG-PUPd-PEG 组成，通过 Pd—N 配位作用将常见的 $PdCl_2$ 和苯甲胺基团连接起来，并自组装形成核-壳型球状胶束体，在 CO 气体存在下可快速实现胶束的解离[61]。其机理是 CO 与 Pd 金属中心有更强的配位作用，从而可替代 Pd—N 键形成 Pd—CO 加合物；而当 CO 插入后其邻位是苯基，CO 优先以 Pd 为媒介向苯环转移，通过一个插入-消除的级联过程切断 Pd—N 键，引发主链的断裂和组装体的解组装（图 4.18）。以该机理为基础，还可构建 Pd 桥交联型高分子凝胶网络，通过 CO 气体对凝胶的解离作用驱动凝胶-溶胶相变，释放凝胶网络内结合的功能性客体[62]。

在开发了对 CO 响应的高分子组装体系后，他们还设计了能够响应 NO 气体分子的聚肽类高分子，其响应 NO 的官能团为邻苯二胺修饰的谷氨酸单体[63]。通过典型的 *N*-羧基环内酸酐（NCA）开环反应可以合成两亲性的聚乙二醇-聚邻苯二胺基谷氨酸的嵌段聚肽（PEO-*b*-PEOPA）。该共聚物可在水溶液中自组装形成超长的纳米纤维结构，其直径为 28 nm，而伸直长度则超过 10 μm，长径比 *L*/*d* 超过

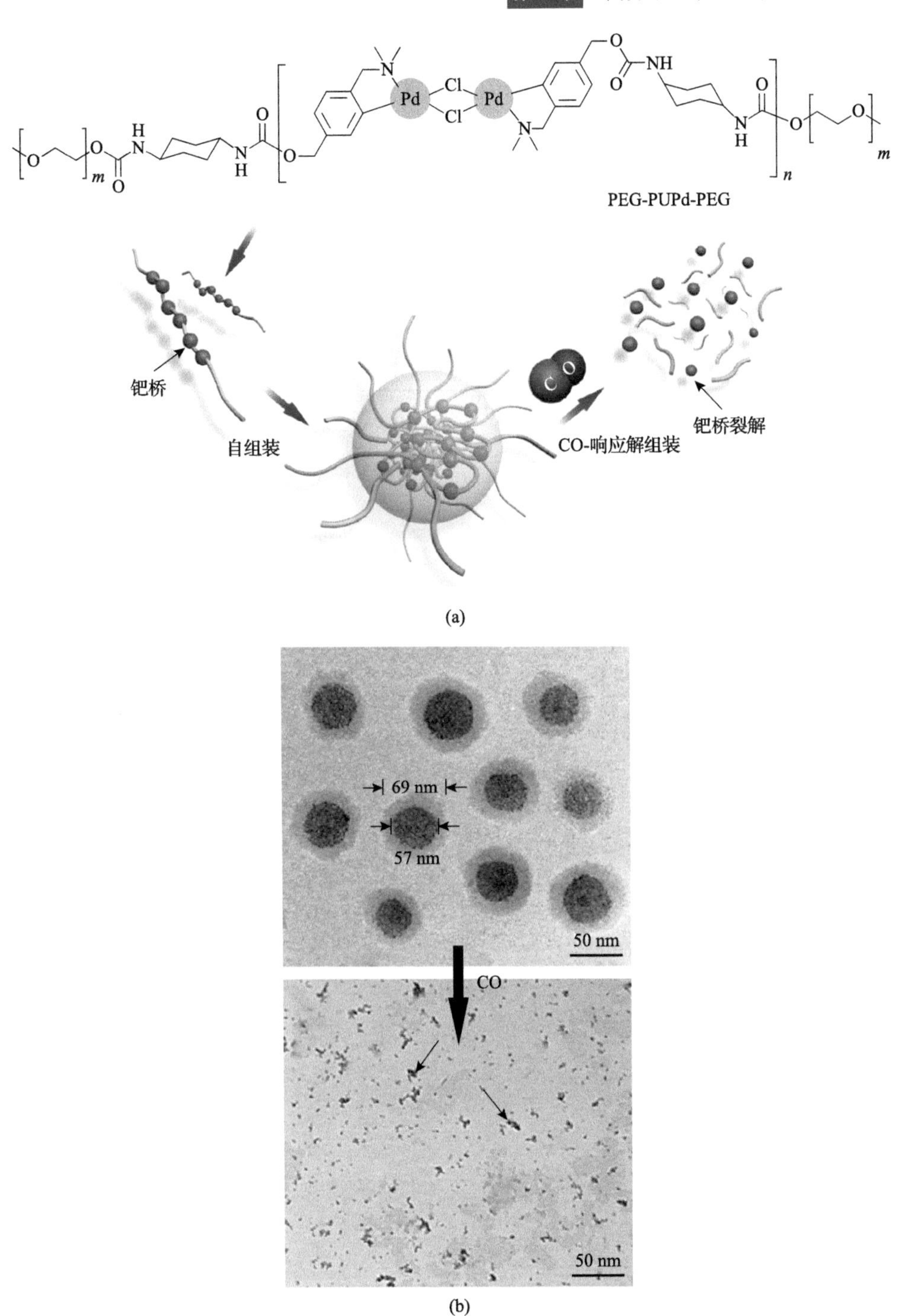

图 4.18 CO 响应型气敏高分子

(a) 主链型 Pd 桥连接的 CO 气敏高分子结构；(b) CO 气敏高分子自组装为核-壳型球状胶束及其 CO 响应的解组装行为

300。这种纳米纤维在 NO 存在下，可发生 NO 对邻苯二胺基团的加成-消除级联过程，造成邻苯二胺基团从侧链的切断反应，暴露亲水的聚赖氨酸链段，从而实现纳米纤维的解离和内部负载的可控释放(图 4.19)。该气敏高分子纤维组装体对 NO 气体的临界响应极限为 4 μmol/L，而其对于细胞内各种相似生物活性种的选择区分度可达 830 倍以上。将该组装体内部负载钙黄绿素前体分子后诱导内皮

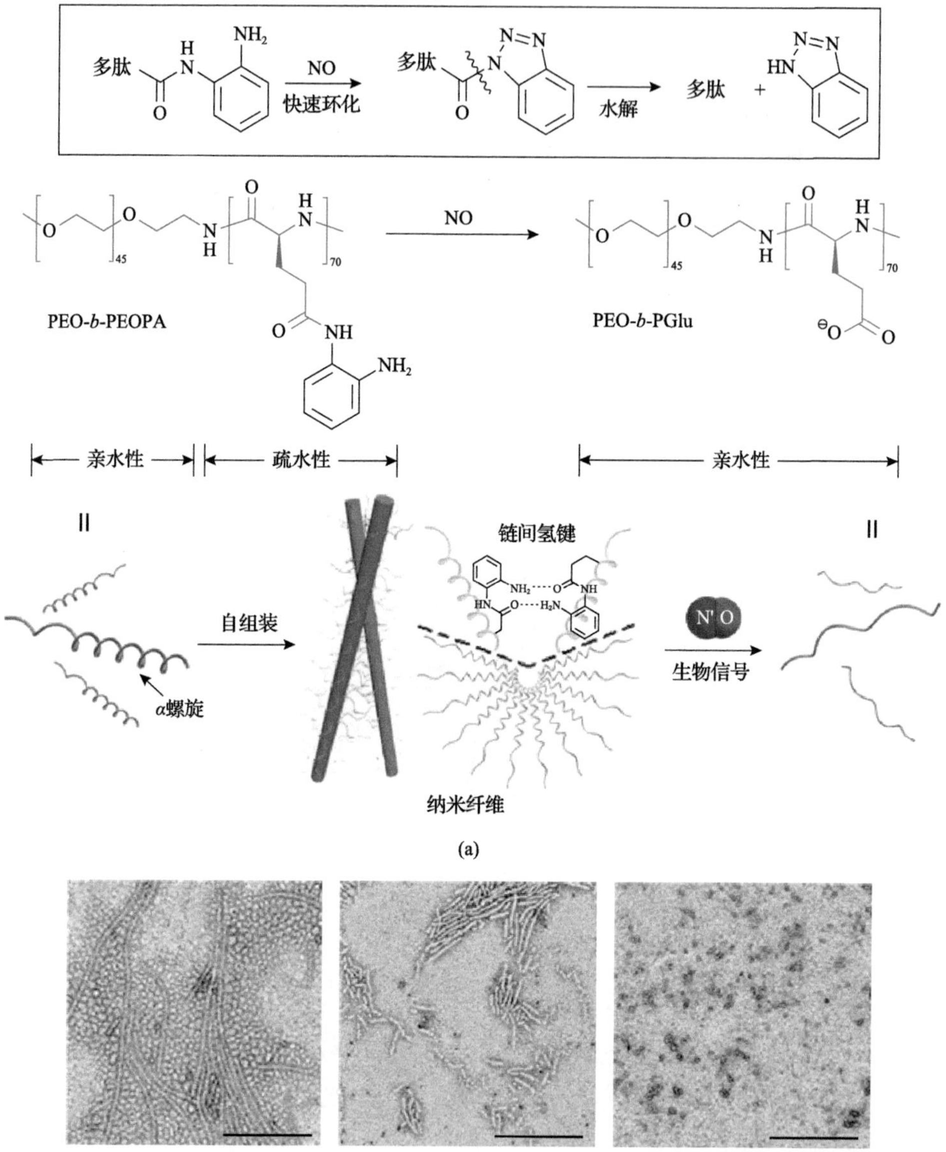

(a)

(b)

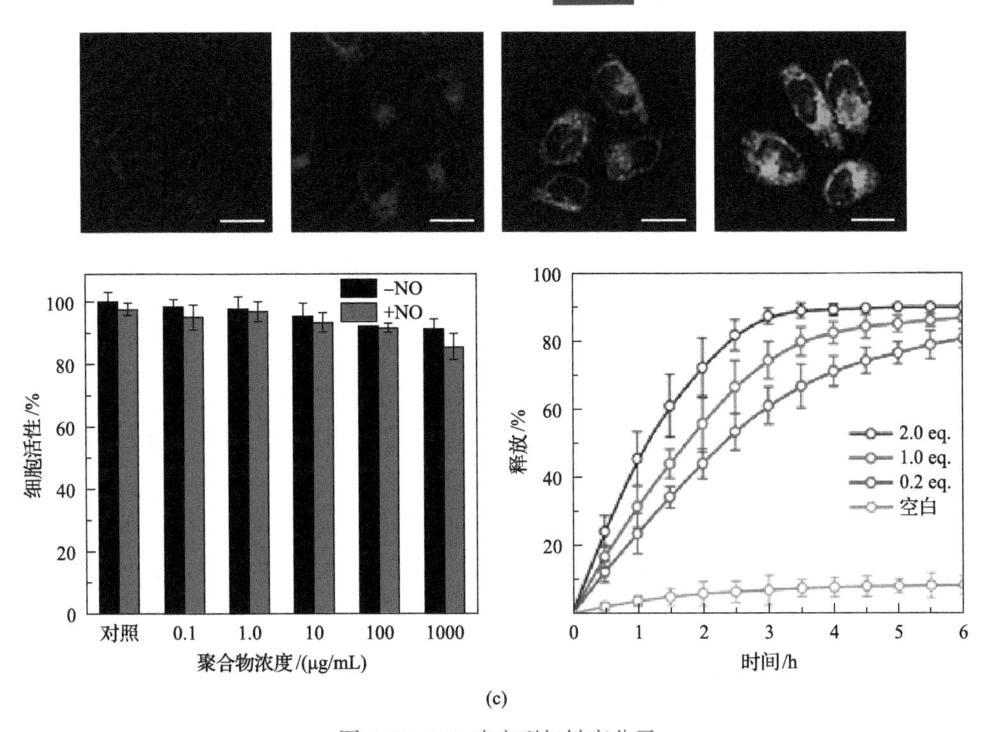

图 4.19　NO 响应型气敏高分子

(a) NO 气敏聚肽高分子结构及其邻苯二胺侧基对 NO 的加成-消除级联反应；(b) NO 气敏高分子自组装为纳米纤维及其 NO 响应的解组装过程；(c) NO 气敏高分子纤维进入内皮细胞后对胞内 NO 气体信号的原位响应能力以及 NO 气体诱导的胞内可控释放

细胞内吞，由于内皮细胞本身可通过细胞代谢产生超过 20 μmol/L 以上的 NO，组装体在细胞内可受产生的 NO 触发而解离，导致钙黄绿素释放到细胞液中发出明亮的绿色荧光，从而实现对 NO 代谢异常细胞的靶向治疗与诊断应用。

4.2.2　气体的动态化学与受阻路易斯对聚合物

刺激响应高分子的应答机制是基于刺激物对高分子中特定结构单元的化学反应，气敏高分子的设计也遵循该原理，气体对高分子自组装行为的调控通常涉及高分子化学键的断裂。这种气体调控原理的优势在于所选择的切断反应往往很高效，可以将各种气体分子的临界响应阈值降低到其生理水平（10^{-9}～10^{-6} mol/L），使所构建的气敏高分子功能组装体能够在细胞内行使生物功能。但这种原理也存在两个内在局限：其一，针对不同的气体分子，必须根据化学反应性的差异，设计和构造截然不同的响应性结构。虽然可以在设计过程中丰富气体分子-响应单元之间的构效关系和高分子结构谱系，但无形中也增加了合成难度和体系复杂度。其二，气体对高分子的应答过程通常涉及不可逆的共价断裂，切断后难以实现结构复原或重建，这对于希望反复应用的功能场景并不友好。因此，探索新的气体调控高分子自组装的原理，寻找能够高效应答各种气体分子的通用结构范式，并建立动态、可逆的气体调控机制，将大大拓展这一领域的外延。

受阻路易斯对(frustrated Lewis pair, FLP)是一对互补的、具有大空间位阻的路易斯酸和路易斯碱化合物，由于大体积基团对中心原子的空间阻碍作用，导致二者无法形成正常的路易斯酸碱对加合物，但保留相互吸引的能力，使其形成一个中部存在化学空腔的类配位复合物——称之为受阻路易斯对[64-66]。由于该空腔的尺寸为 0.3～0.5 nm，电子对在其中产生极化作用，导致空腔内部存在很强的限域效应。尺寸和极性与该空腔化学环境匹配的各种小分子都将被激活，与受阻路易斯对产生相互作用被束缚在其中。例如，偶氮类分子的 N=N 双键，可以被结合而激活，形成介于 N—N 单键和 N=N 双键之间的结构(LA—N—N—LB，LA 与 LB 分别表示受阻路易斯酸碱)[67]。

受到受阻路易斯对化学的启发，大量多原子气体分子如 CO_2、CO、SO_2、N_2O 等的分子尺寸都介于 0.3～0.5 nm 的范围内，且结构中包含不饱和化学键(C=O、S=O、N=N 等)，如表 4.1 所示。闫强课题组推测这些气体分子中的不饱和键均可被结构匹配的受阻路易斯对所激活而开启，形成一种气体桥联式的结合结构(LA—X—Y—LB，XY 代表各种气体分子中的不饱和键)。通过对不同大位阻路易斯酸碱化合物的研究和筛选，他们发现常见的含硼中心路易斯酸——三(五氟苯基)硼(TB)和含磷中心路易斯碱——三(均三甲苯基)膦(TP)是一组理想的受阻路易斯对基元。当以 CO_2 为原型气体分子进行研究后发现，三(五氟苯基)硼和三(均三甲苯基)膦能够快速捕捉并结合 CO_2 分子，形成一种形如 P—C(=O)—O—B 的 CO_2 气体桥联结构，晶体学数据表明其中 P—C 间距为 2.14 Å，B—O 间距为 1.84 Å，比通常的共价型 P—C 单键(1.86 Å)和 B—O 单键(1.38 Å)略长；而其结合能通过计算表明仅约为 180 kJ/mol，远低于二硫键(S—S)的 240 kJ/mol、与二硒键(Se—Se)的 172 kJ/mol 相当。由于二硫键和二硒键都是典型的动态共价键，说明 CO_2 气体分子与这种受阻路易斯对之间的气桥键也应属于一种气体桥联式的新型动态共价键范畴(图 4.20)。值得一提的是，CO_2 气桥中的 C—O 原子间距为 1.36 Å，略高于正常 C=O 双键键长(1.21 Å)，略低于正常 C—O 单键键长(1.43 Å)，说明气桥键中的 CO_2 双键被削弱，这是其在后续表现出动态性、可逆性和可激活性的内在分子基础。也正因为此，他们将这种具有动态化学属性的气桥键命名为“动态气桥”[68]。

表 4.1　常见气体分子的分子尺寸与不饱和化学键结构

	CO_2	CO	SO_2	NO	N_2O	N_2	C_2H_4
分子尺寸	0.33	0.38	0.42	0.32	0.43	0.36	0.39
不饱和键	C=O	C≡O	S=O	N=O	N=N	N≡N	C=C

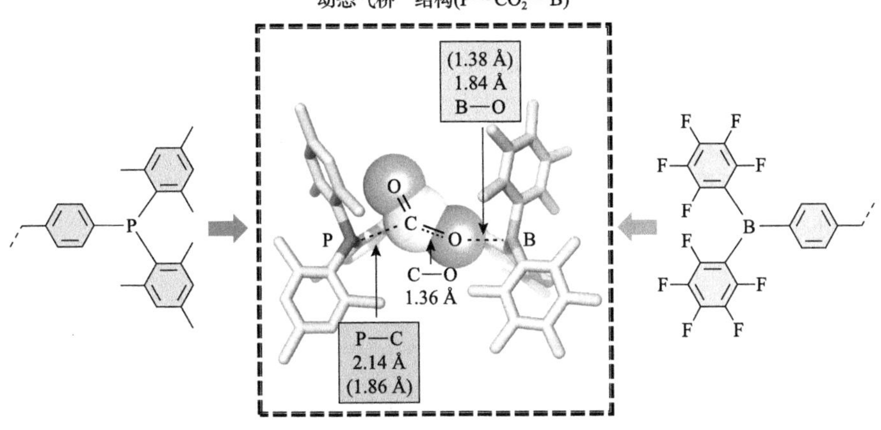

图 4.20 CO_2 气体与含硼受阻路易斯酸、含磷受阻路易斯碱所形成的"动态气桥"结构

之后闫强课题组进一步详细研究了 P—CO_2—B 动态气桥的基本化学属性，发现这种三组分气桥具有四项独特的动态化学属性(图 4.21)。

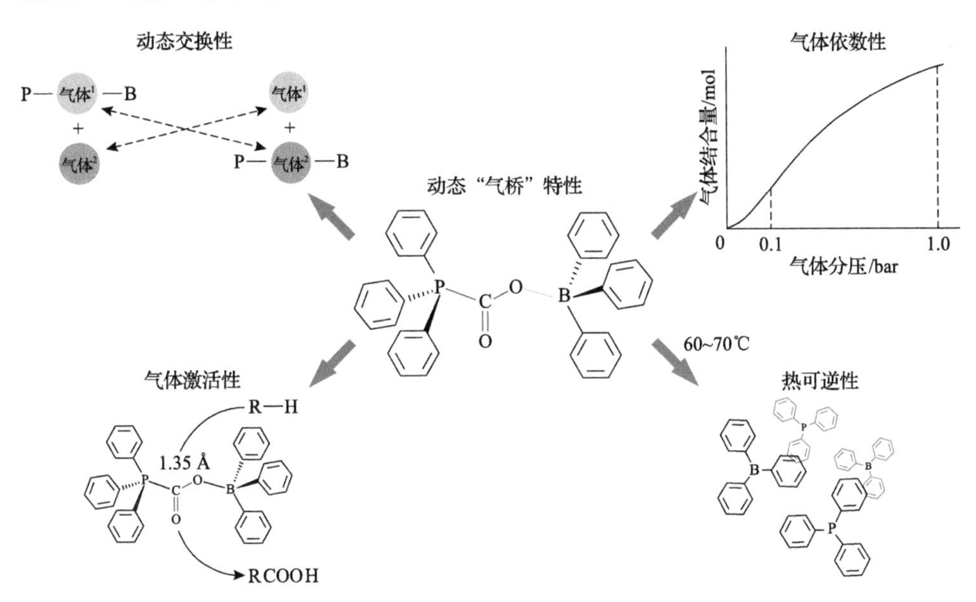

图 4.21 CO_2 气体与受阻路易斯对形成的"动态气桥"的四项动态化学属性

1bar=10^5Pa

(1)动态交换性。相较于传统的动态共价键，如二硫键或亚胺键(C=N)，不仅表现出气桥两侧硼、磷基元的可交换能力，更为奇特的是，气桥本身也具有对气体的复分解性(gas metathesis)，即可被其他有结合能力的气体分子原位置换。这是继在传统有机化学领域发现烯烃复分解反应后，首次在超分子领域观察到气

体的复分解现象。

(2)气体依数性。气体结合量、气桥形成速率与气体分压正相关，可通过气体浓度或气体压力调控桥联结合的动力学过程。

(3)热可逆性。气桥可在高温下发生解离，临界热解温度 T_d 为 60～70℃。气桥键解离后还可以在气体诱导下可逆形成和重组，实现可循环的结合过程。

(4)气体激活性。气桥的存在削弱了 CO_2 惰性双键，晶体数据显示桥键的碳氧间距处在正常的碳氧单双键键长之间，表明气体处于半激活状态，这为通过组装放大气体的可催化性提供了可能。

基于上述对于气体动态化学的研究，闫强课题组认为气体与特定受阻路易斯对所形成的动态气桥是一种全新的气体调控方式，它是以气体与分子之间的动态结合(超分子相互作用)为原理，并且将气体本身也纳入组装过程中。这种机制可以达到以“不变应万变”的特点，通过一种结构单元满足对各种气体物质的结合能力，解决合成难度与体系复杂性的瓶颈；同时这种结合是动态的，满足可交换、热可逆、可重构的要求，能够解决高分子组装体复原或重建的应用场景。以此为基础，他们率先将该气体调控新原理与高分子自组装“联姻”，构建了一对含有受阻路易斯酸碱对的聚合物伴侣，该聚合物对可以与 CO_2 气体快速结合，自组装形成 CO_2 气体动态交联的球状胶束[68]。通过调控 CO_2 气体浓度，可以改变胶束组装的动力学，还可实现组装体在温度和 CO_2 气体交替刺激下的解组装与可逆重组(图 4.22)。这项研究为后续提出基于气体动态化学的气筑高分子奠定了研究基础，也为气筑材料概念的提出开辟了道路。

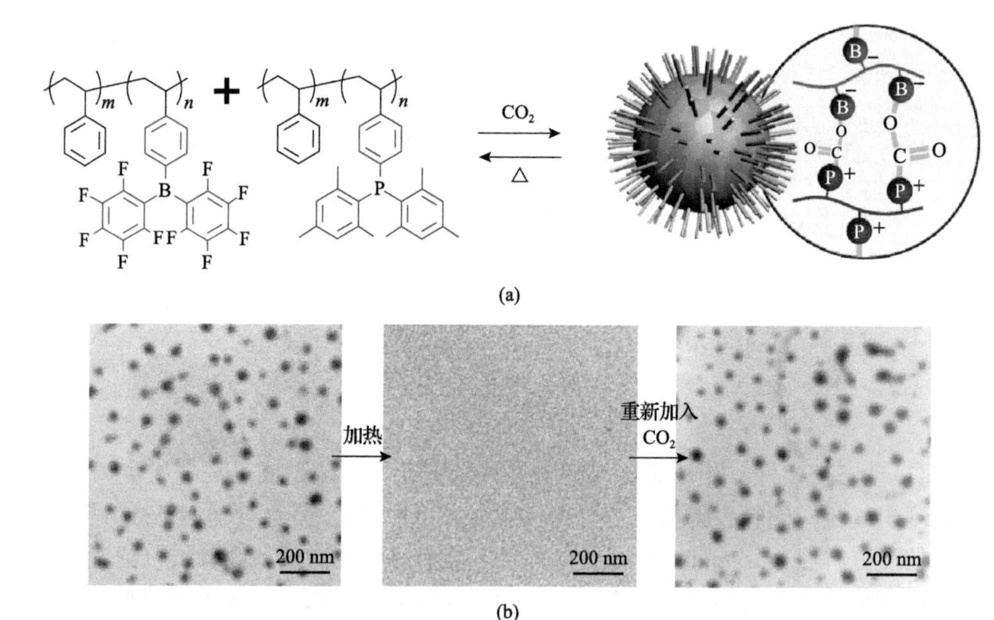

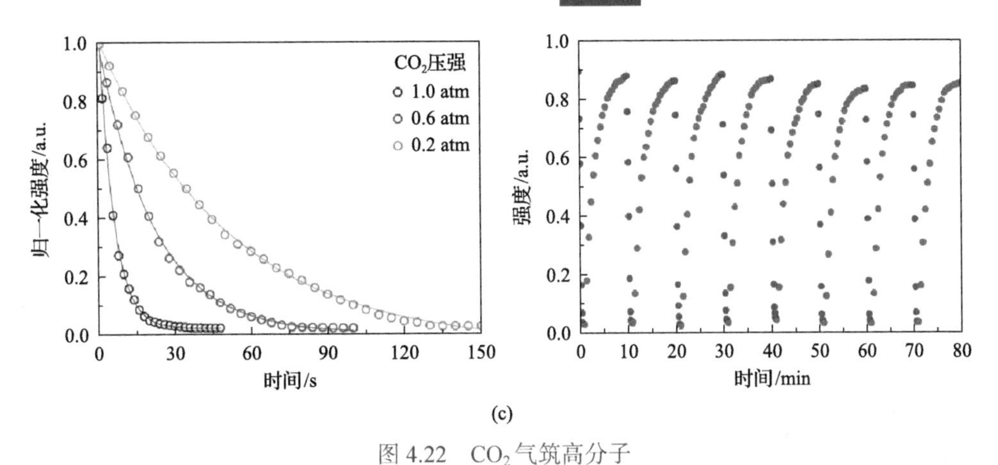

(c)

图 4.22　CO_2气筑高分子

(a) CO_2气体与受阻路易斯对聚合物动态组装形成的可逆高分子胶束组装体及其热可逆解组装；(b) TEM 追踪 CO_2气筑聚合物胶束在温度/气体交替刺激下的解离与重组过程；(c) CO_2气体调控高分子的动态组装行为研究

4.2.3　气筑高分子的设计与动态自组装

气体与其他分子的成键方式一般可分为共价键合和非共价复合两类：共价键合即指气体参与了化学反应，形成了高强度的化学键，如 CO_2 气体在金属配合物催化下与环氧化物发生开环聚合形成聚碳酸酯。这种方式可以将气体物质稳定地固定于合成产物中，但其中气体部分的键型已发生转变，在产物中并不表现出气体单独的理化行为，且形成的产物很难分解恢复到气体分子的初始状态，难以满足组装动态可逆性的需求；另一种方式是非共价复合，即指气体与其他分子依靠超分子弱相互作用形成气体-分子复合物，如 N_2 在金属界面的吸附实质上形成了 M—N_2 金属键，再如 O_2 被血红蛋白转运实质上是血红蛋白中的铁卟啉基团与 O_2 形成了 Fe—O_2 配位键。这种方式可以保留气体分子单独的理化特性，并允许气体从复合物中解离出来，但缺点也很明显，由于气体的结合强度过弱，难以满足组装稳定性的需求。

在前期研究中，闫强课题组所发现的气体与受阻路易斯对形成的“动态气桥”结构可被认为是第三类气体与分子的成键方式——动态共价结合。其在结合强度上可以匹配一些常规的动态共价键键能，保证了组装的稳定性；而在结合特点上又与常规的超分子作用类似，保证了组装的动态性和响应性，有望用于构建新一代的气体调控的高分子组装体系和材料。与此同时，利用这种方法可以让气体分子本身参与化学自组装过程，使所形成的组装体中气体构筑基元仍保留其单独的气体特性和行为，很像用气体作为组装基元直接构建不同结构的组装体系的过程，因此他们将这种基于气体动态化学所构筑的高分子称为——气筑高分子。同样地，气筑高分子也可表现出自组装行为，由于气体所形成的是动态共价键，具有动态交换、热可逆和依数性等特点，由这类高分子装配形成的组装体系也将展现出更为丰富而新奇的组装行为和规律。

当将硼/磷受阻路易斯酸碱基团同时修饰到同一分子两端时，可构造出异双端功能单体(B～P)。闫强课题组发现 CO_2 气体可在无催化剂和常温条件下触发这类单体的一维(1D)动态聚合，形成高转化率(>90%)、高分子量(>3×10^4 g/mol)的 CO_2 基线性高分子[69]。研究表明，组装最终所能达到的聚合物分子量与施加的 CO_2 气体浓度存在近线性关系，这与超分子聚合物链生长的浓度依赖性相符。说明一维方向上的气体动态共价连接类似于超分子聚合，但所形成的聚合物在室温下具有明显高于超分子聚合物的稳定性，其分子量可以用质谱和凝胶排阻色谱等方法进行常规表征，这与气体动态键的键能大于常规超分子相互作用有关。这种 CO_2 调控的聚合过程对具有不同官能团结构、分子刚柔性的单体均表现出优良的兼容性，分子量普遍在 10^4～10^5 g/mol 范围，可媲美金属催化下 CO_2 与环氧单体开环聚合的效果，但后者需要较高的温度和压力方可实现。更重要的是，由于聚合物中单体相互连接是由 CO_2 桥联形成，根据动态气桥的热可逆性特点，聚合物在废弃后可通过热解作用回复到初始单体状态，施加气体可重新组装为聚合物，达到循环利用的目的。尽管已有不少 CO_2 基聚合物报道，但这些聚合物是以永久碳酸酯键共价耦合的，不具备解聚能力[70]。而这种新型的 CO_2 动态连接的聚合物属于可再生型高分子材料，满足当前闭环可回收塑料领域的迫切需求(图 4.23)。

当把受阻路易斯对的化合价从单价转变为多价的平面刚性结构时，气体桥联节点的连接维度可同步转化到二维[71]。其可与 CO_2 发生二维方向上的精准排列与组装，形成片层状纳米结构，整体组装构造具有类有机框架材料的分子连接形式；而且，路易斯对上多重取代基的空间位阻破坏了分子层间 π-π 堆叠，极大抑制了二维片层的层-层堆积倾向，能够获得少数层(2～3 层)甚至单层的二维高分子纳米片结构。这是截至目前唯一一类由气体分子二维连接所构建的框架型结构材料，可通过扫描探针显微镜和透射电子显微镜直接捕捉到其类石墨样蜂巢状六边形分子阵列。更为有趣的是，由于气桥具有动态交换性，纳米片层中的 CO_2 分子可被其他气体分子原位替换。结合能大于 CO_2 的 CO、C_2H_4、N_2O 等气体可竞争性取代 CO_2 的桥联位点，发生气体复分解，形成如 P—C═O—B、P—CH_2—CH_2—B 和 P—N═N—O—B 的动态气桥，并促进二维片层的动态重构，通过分子框架的卷曲和封闭化提高片层曲率，形成更稳定的空心囊泡结构，且重构形态由气体形成的气桥键刚性决定(图 4.24)。该研究可能为框架材料家族(包括金属有机框架 MOF、共价有机框架 COF、超分子有机框架 SOF)引入一类新成员——气体有机框架材料(gas-organic framework，GOF)。

当保留受阻路易斯对的化学多价性，但选用非平面化的柔性分子基元时，气体桥联节点的组装将表现出三维连通的特点[72]。CO_2 气体可推动其自组装产生贯通的凝胶网络结构，这是一个全新的分子网络组装机理。CO_2 在网络中的作用类似于“气体胶水”，不仅稳定交联了多价的路易斯酸碱对，还将部分溶剂分子也紧密束缚在所形成的多孔通道内。利用这种 CO_2 动态共价网络可制备高分子凝胶，该凝胶具有优良的韧性、硬度和抗冲击等力学性能，最大拉伸强度高达 3.4 MPa，断裂伸长率可达到 410%，杨氏模量超过 1.2 MPa，可媲美目前绝大部分超分子凝胶材料和化学交联型凝胶材料。另一方面，根据动态气桥的依数性特点，这类凝胶的机械性能、形变性能、自愈性能都表现出对气体分压的依数性和响应性。当 CO_2 浓度超过一定阈值时，凝胶网络可表现出快速的自愈速度和力学恢复能力，而且即使在大气 CO_2 环境下(400 ppm)，也可实现凝胶的逐渐自愈和再生(图 4.25)。

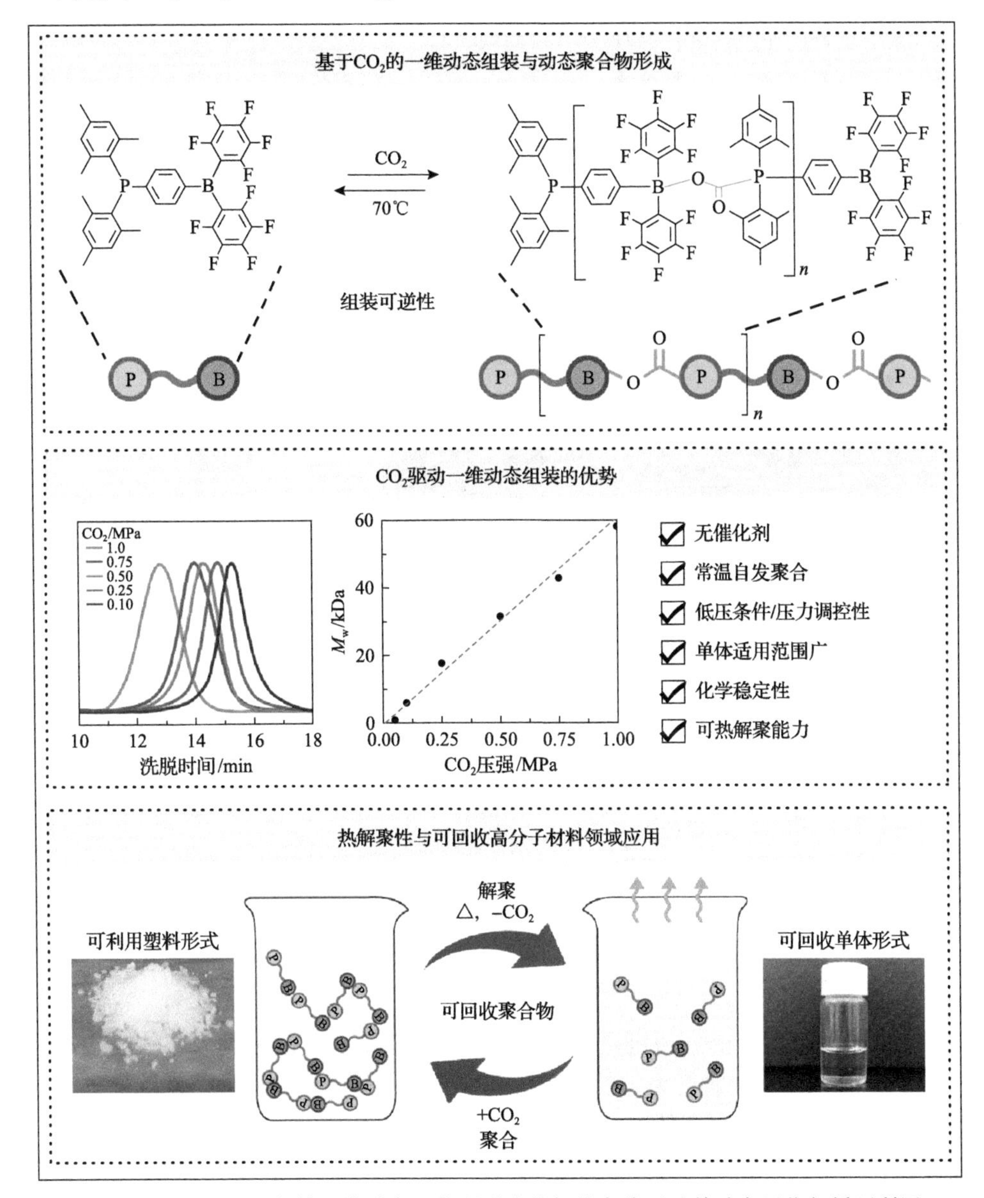

图 4.23　基于 CO_2 气体一维动态组装所形成的气筑高分子及其动态回收与循环利用

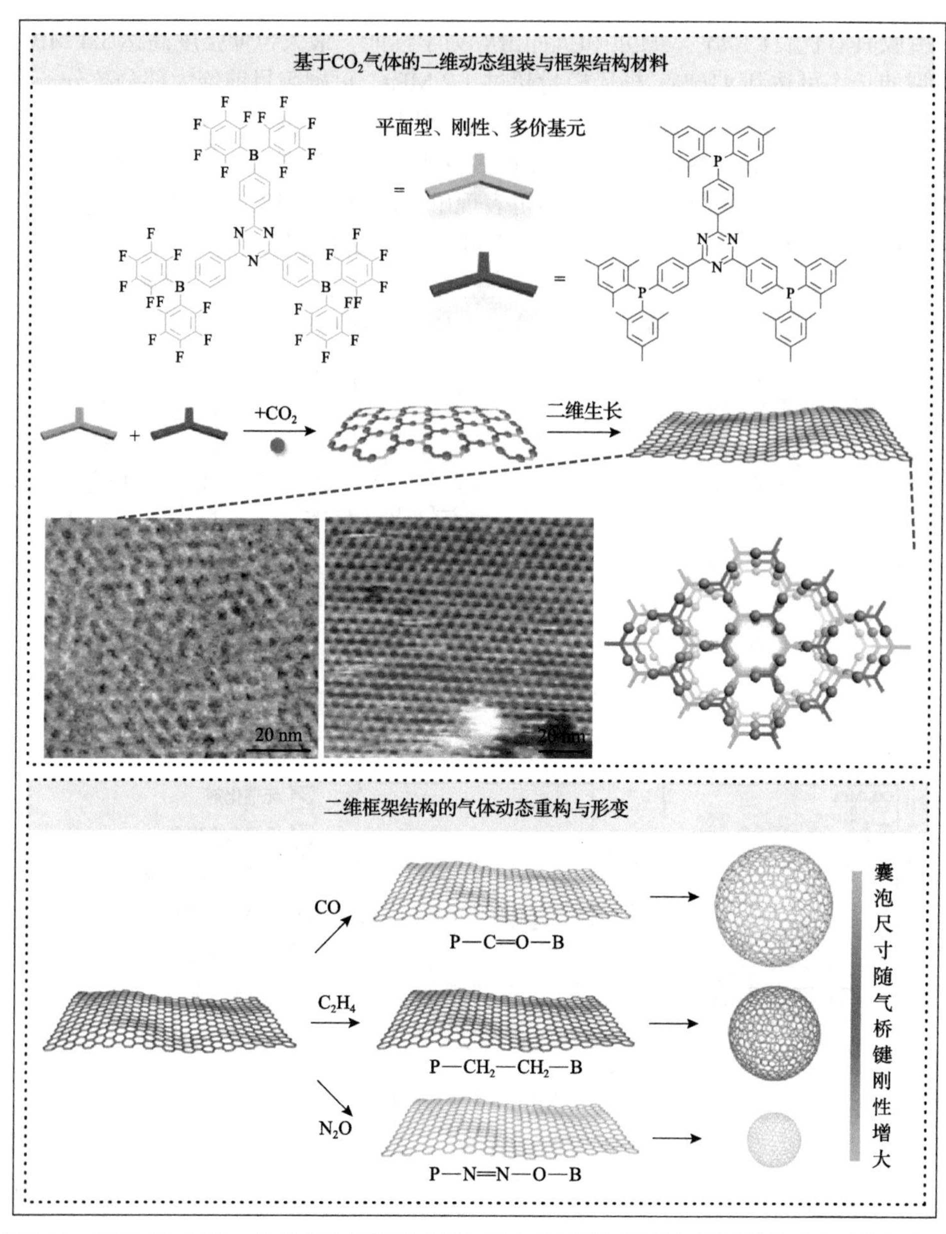

图 4.24　基于CO_2气体二维动态连接所形成的气筑高分子框架及其气体诱导的动态重构与变形

另外，由于网络内部的气桥键具有超快的动态交换能力，凝胶材料整体表现出类玻璃体(vitrimer)的智能行为，其结构可调性、动态适应性和可加工性能优异，有潜力成为一类可投入应用的高分子弹性体[73]。

液泡是一类具膜的特殊组装体结构，液泡的结构可以随着膜的曲率不断发生自我调整而展现出各种形态，其最引人注目的特征之一就是适应环境变化发生动

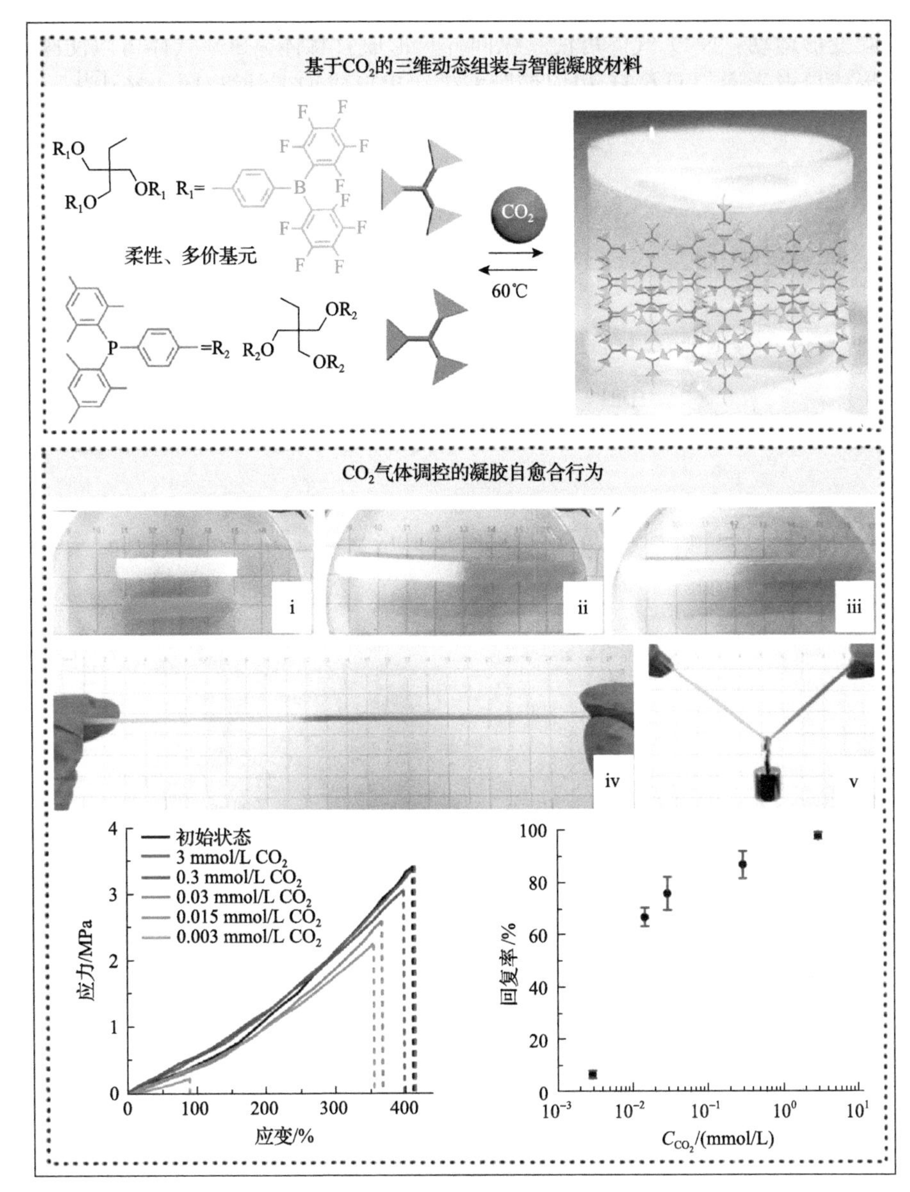

图 4.25　基于 CO_2 气体三维动态交联所形成的气筑高分子凝胶及其自愈合材料

态变形的能力。如何以动态和多样化的方式塑造液泡形态是仿生细胞领域一个极富挑战的课题。受到动态气桥可以通过气体原位交换重构的特性启发，闫强课题组进而设计了一组双位点的受阻路易斯对单体，通过 CO_2 气体动态连接可以自组装形成聚合物囊泡系统。当向囊泡组装体中通入其他气体时，可驱动原聚合物膜上的 CO_2 气桥发生气体复分解过程，转变为其他气体分子所连接的动态气桥，这将为膜的重构和囊泡变形提供持续的动力。更重要的是，不同的气体可以诱导不同的膜变形运动：N_2O 气体可使膜纵向伸长形成管状体，SO_2 气体可以使膜向内凹陷形成口形囊泡，而 C_2H_4 可以使膜发生突出形成纳米纤维(图 4.26)[74]。

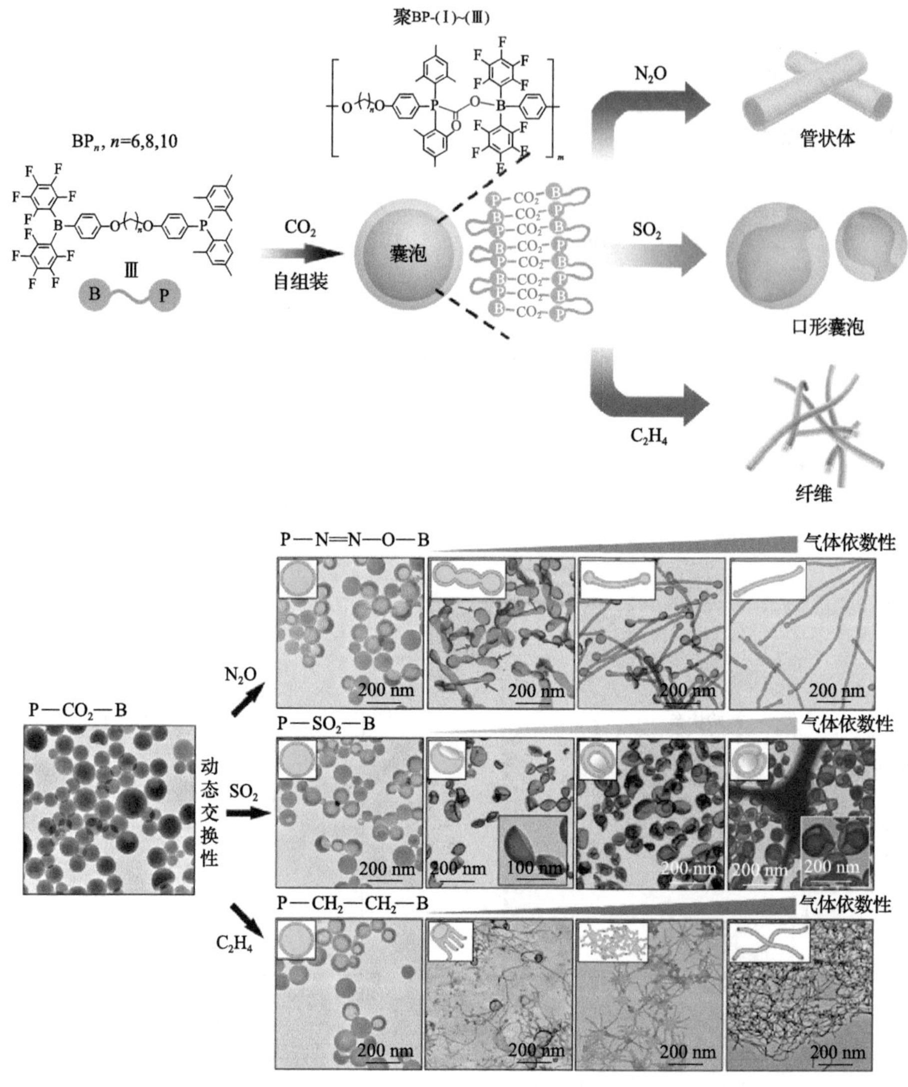

图 4.26　气体原位重塑气筑高分子囊泡组装体的结构多态性

这种巨大的形变是由不同动态气桥的微小结构差异所决定的。通过 DFT 分子模拟，他们发现以 CO_2 连接的聚合物几何结构类似于柱状体，易于产生如管或片的低曲率聚集体；而 N_2O 具有较高的极性，增加了核层的疏溶剂性，为了抵消核与溶剂间升高的界面能，链堆积应更紧凑并采用零曲率管状结构。因此协同促进了泡膜的管状扩展；相反对于 C_2H_4，由于两个 C(sp^3)—C(sp^3) 亚甲基的自由旋转，其桥接结构(P—CH$_2$—CH$_2$—B)的分子长度比 CO_2 连接短得多，这将导致装配曲率的反向增加，更易形成纤维结构。最有趣的情况是 SO_2，由于 SO_2 气体具有很高的化学极性，大大提高了核心的疏溶剂效应，当膜中的 CO_2 连接被 SO_2 取代时，膜对溶剂的渗透性变弱，因此，囊泡膜的整体渗透压不平衡将引发膜的向内弯曲，从而形成口形囊泡。这种气体的动态交换机制是通过聚合物气桥连接位点的细微结构变化，可以在聚合物体中调控大的、自适应的形态转变。此外，通过调整气体分子的浓度、化学成分和组合，可以以不同的方式调整囊泡的变形行为和最终的几何形状，这将为膜仿生变形提供一种很有前途的方法。

在另一个工作中，闫强课题组进一步挖掘气桥化学的内在本质特点，利用不同气桥在分子构型和分子偶极两个方面存在的微小差异，通过气桥的定向连接和有序装配"放大"这些差异，实现了不同气体对组装体纳米结构的相态演化调控，形成了气体通过"气桥化学"内在属性影响分子组装行为和形态的洞见[75]。通过构筑 C_2H_4、CO、CO_2、N_2O、SO_2 等气体的不同气桥，以分别驱动小分子和大分子的自组装过程，从实验和理论模拟上证实了气体参与的分子组装由气桥的几何构型和分子偶极两个因素协同制约，气桥的几何构型通过影响分子堆积模式决定组装体的曲率和形态，而气桥的分子偶极通过影响分子-溶剂间的溶剂化能力决定组装体的尺寸和大小(图 4.27)。在气体参与的小分子组装中，由于分子整体尺寸较小，气桥几何构型的贡献更为显著；而在气体参与的大分子组装中，由于气桥的长度和聚合物整体链长相比较小，气桥的分子偶极贡献较大。

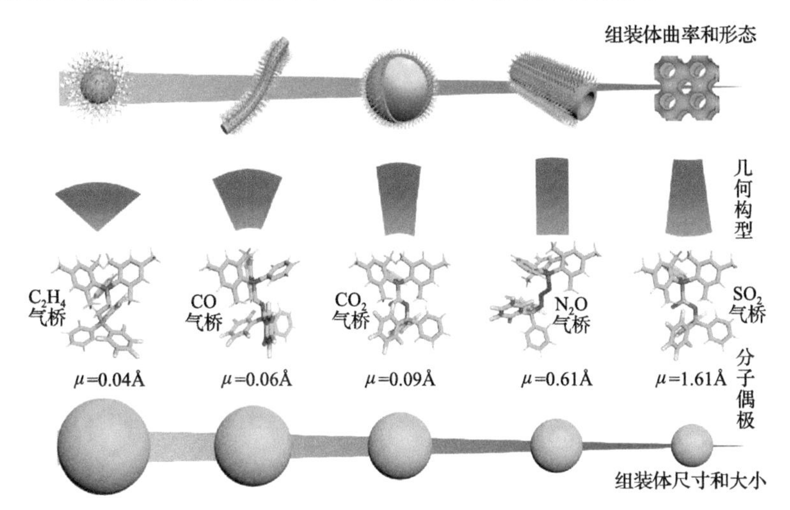

图 4.27　气体通过"气桥化学"属性差异调节气筑高分子组装体形态和尺寸

4.2.4　气筑高分子组装材料的功能应用

惰性气体的催化转化是纳米材料，尤其是纳米组装型材料的重要应用导向。当前，关于自组装纳米粒子在催化方面的研究已有部分报道，均为粒子内锚定的催化基团通过纳米限域效应引发的催化作用。这种催化机制对于单一底物的反应非常有效(如分解反应、分子内环化反应等)，因为只涉及一种底物分子与催化基团的瞬态接触即可起作用。相比之下，气体的催化过程则更加复杂，往往涉及气体和其他底物的双分子(或多分子)协同转化，然而不同分子在同一催化基团表面同时靠近并触发反应具有随机性，抑制了催化效能的提高，是纳米组装材料在气体催化领域面临的重要瓶颈。

面对这个挑战，闫强课题组以气体为组装基元建立了气筑纳米组装材料的普适性方法，通过预先将惰性气体(如 CO_2)动态结合在自组装纳米粒子内部的方式，将传统的双分子随机接触-催化模式转变为预组装-双分子共接触-协同催化模式。由于预组装使气体分子定位于催化基团上且处于活泼的亚稳态，通过增加与底物接触概率，大幅提高了惰性气体的催化转化效率(图 4.28)。一个代表性实例是他们构筑了互补的受阻路易斯对聚合物，引入 CO_2 气体可触发聚合物间的区域化交联，形成 CO_2 气筑纳米粒子。由于这种预组装中 CO_2 气桥处于半激活状态，实现了气筑纳米粒子对惰性气体分子(CO_2 的 C=O 键)和底物惰性化学键(亚胺的 N—H 键)的协同活化和催化转化，获得了气体因组装引发的催化性能提升。相较于传统有机催化和纳米催化，这种方法的催化产率可提高 5～7 倍，并可以在室温低压条件下工作，底物普适性优越广泛。此外，气筑组装材料的使用还解决了催化材料难以循环回收的问题[68]。

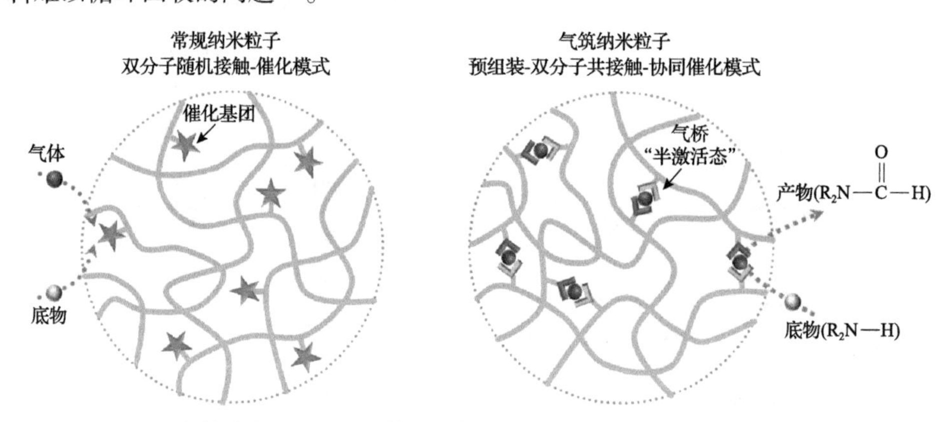

图 4.28　气筑纳米粒子通过气体预组装引发材料催化性能强化与催化模式转变

碳氢活化是有机化学的“圣杯”，尽管已发展了大量催化剂面向各类碳氢键的 CO_2 插入活化(C—H→C—COOH)，但综合催化性能仍难媲美生物体内羧化酶的功能。他们还制备了一种 CO_2 气筑单链纳米粒子，利用 CO_2 调控单链折叠程度与方式，营建了类似羧化酶催化口袋的纳米催化微腔，这是对复杂羧化酶催化构象模拟的首次报道，获得了比羧化酶适用性更广泛的底物催化谱系和催化活性，对羧化酶无法完成的 $sp^3/sp^2/sp$ 型的 C—H 键活化均有 80%以上转化率，实现了仿生酶进而强化酶的目标(图 4.29)[76]。

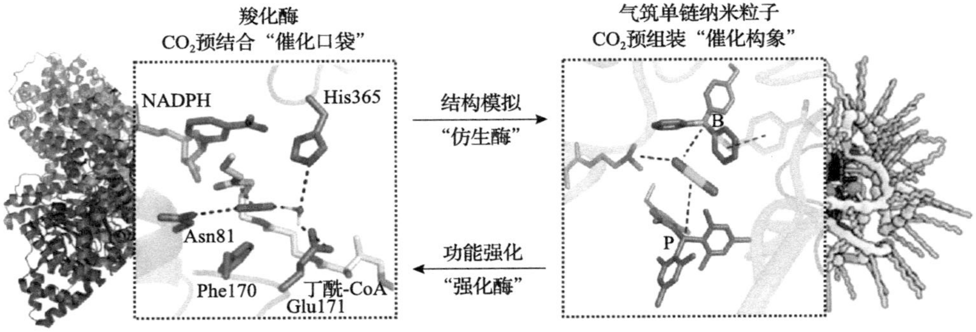

羧化酶
CO_2预结合“催化口袋”

NADPH
His365
Asn81
Phe170
丁酰-CoA
Glu171

结构模拟
“仿生酶”

功能强化
“强化酶”

气筑单链纳米粒子
CO_2预组装“催化构象”

B
P

序号	底物	产物	时间/h	转化率/%
1	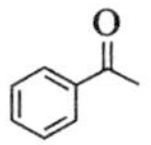 O	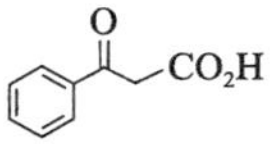 O, CO_2H	3.0	96
2	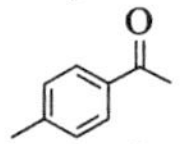 O	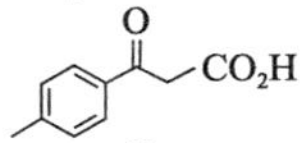 O, CO_2H	6.0	94
3	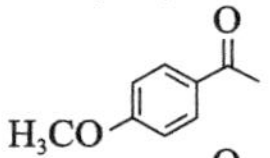 H_3CO, O	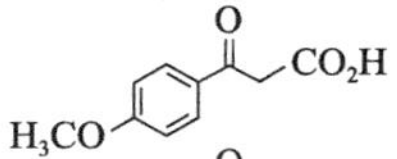 H_3CO, O, CO_2H	6.0	91
4	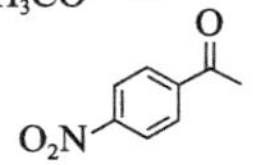 O_2N, O	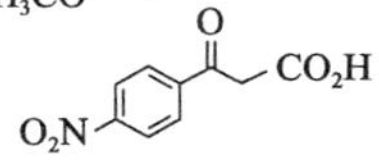 O_2N, O, CO_2H	2.0	98
5	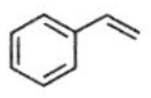	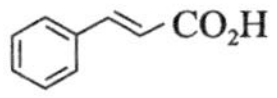 CO_2H	4.0	88(4.5)
6	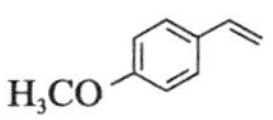 H_3CO	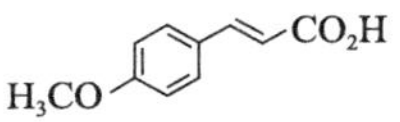 H_3CO, CO_2H	4.0	84(6.0)
7	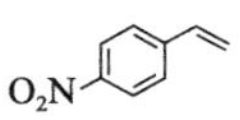 O_2N	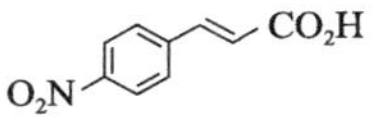 O_2N, CO_2H	4.0	94(2.2)
8	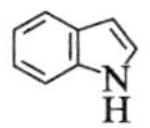 N, H	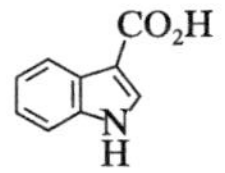 CO_2H, N, H	4.0	70
9	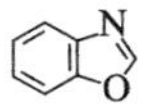 N, O	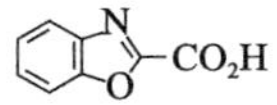 N, O, CO_2H	4.0	74
10	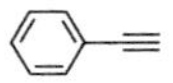	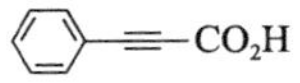 CO_2H	<1.0	94
11	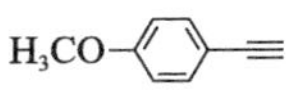 H_3CO	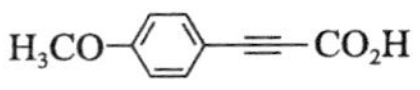 H_3CO, CO_2H	<1.0	88
12	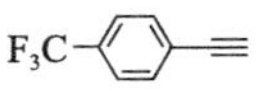 F_3C	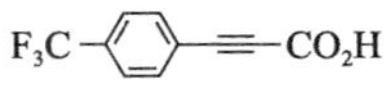 F_3C, CO_2H	<1.0	90
13	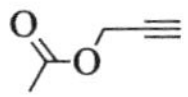 O, O	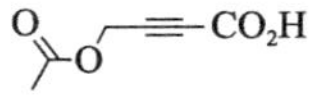 O, O, CO_2H	<1.0	88
14		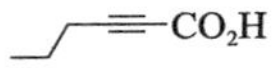 CO_2H	<1.0	83

图 4.29　气筑纳米粒子通过气体预组装引发材料催化性能强化与催化模式转变

4.3 基于糖和蛋白质的生物大分子组装新策略及其运用

4.3.1 糖化学生物学与大分子自组装交叉研究背景

糖是与核酸、蛋白质并列的重要生物大分子。从高分子科学的角度，多糖是天然大分子的组成部分，是环境友好、可降解材料的构筑基元。同时，复杂多糖的稀溶液分子尺寸和链构象是高分子物理的重要研究内容[77,78]。然而，随着糖生物学概念的提出，糖科学的研究内容已经远远超出了传统多糖的范畴。

糖生物学关注糖分子在生命过程中的功能。20 世纪 60 年代，随着透射电子显微镜技术的发展，科学家们观察到细胞表面具有很厚的糖层，被称作“糖萼”[79]，进一步研究揭示了这层糖链具有致密的分布与动态特征[图 4.30(a)][80]。这些糖链以糖蛋白、糖脂、蛋白聚糖、多糖等形式存在，被称作聚糖(glycan)。随后，人们注意到了糖链结构在不同疾病阶段中的改变，特别是发现了抗体糖基化与关节炎发生发展的联系[81]。到 1988 年，由牛津大学的 Raymond Dwek 教授提出了糖生物学(glycobiology)的概念[82]。相比生命科学其他分支领域，糖生物学起步较晚，加上糖链比蛋白质和核酸更复杂的化学结构所造成的合成难度，糖生物学研究发展相对滞后。但是，糖链广泛的分布与极其丰富的功能，仍然吸引了少数前瞻性生物学家的重视。作为糖生物学领域开创者之一的 Ajit Varki 教授就在综述文章中指出“糖生物学是属于青年科学家的沃土”[83]。21 世纪初，2022 年诺贝尔化学奖得主 Carolyn Bertozzi 教授和 Laura Kiessling 教授联袂在 *Science* 上发表题为化

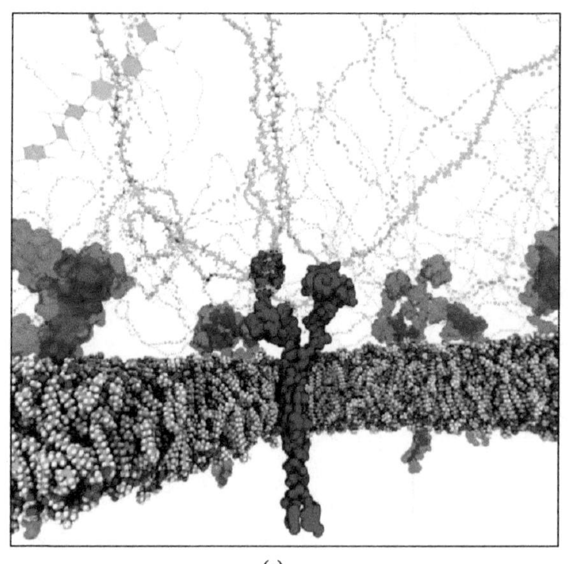

(a)

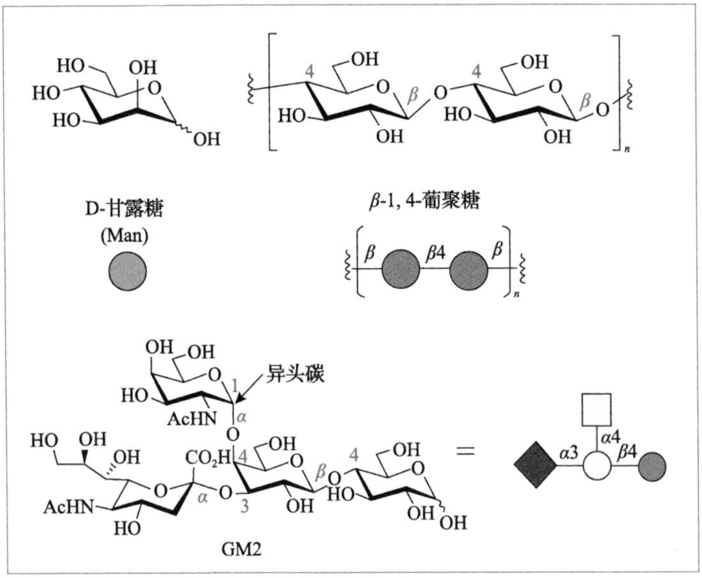

(b)

图 4.30 自然界中糖链的结构和功能

(a)细胞表面糖链具致密的分布与动态特征[80]；(b)代表性糖链结构[87]

学糖生物学(Chemical Glycobiology)的文章[84]，不仅提出了化学糖生物学的概念，更将糖科学相关的研究推向了高潮。

“糖”字看似简单却包罗万象。除了传统意义上葡萄糖作为能量来源的内容之外，从糖生物学的角度，糖链的功能可分为内源性功能和外源性功能两大类[85,86]。内源性功能指的是糖链作为细胞壁和胞外基质的结构组分，同时对蛋白质的修饰提高了其稳定性和水溶性。外源性功能是指糖链通过与蛋白质的识别作用发挥功能，参与包括糖缀合物等在细胞内和细胞间地穿行，参与并调控细胞黏附、胞内与胞间信号转导等。从高分子科学的角度，也可分别理解为基质(matter)功能和信息(information)功能[图 4.30(b)][87]。这两大方面的功能并非孤立存在，而是在某些层面上相互影响、互相支撑。比如高分子科学界所熟悉的透明质酸，作为胞外基质的组分，不仅贡献于基质功能，也参与了与细胞表面受体 CD44 的结合。再比如以糖胺聚糖中的肝素或硫酸软骨素为侧链的蛋白聚糖，其高达 10^8 量级的分子量和典型的聚合物刷状结构支持了其对于细胞基质的贡献，同时也通过与蛋白质的相互作用参与了多种信号转导过程。这两方面功能的交融是开展糖科学与高分子科学交叉研究的重要基础。

同时，相比核酸和蛋白质，糖链具有前两者所不具备的典型合成高分子特征，即支化结构和微不均一性(不精确性)。除了前面提到的蛋白聚糖，修饰在蛋白质上的典型 *N*-糖链虽然经常以十几个重复单元的支化形式出现，但考虑到其更为舒展的构象，这些寡糖链也达到了低分子量高分子的研究范畴。随着化学糖生物学的发展，糖聚合物作为研究工具，通过糖-蛋白质间的多价结合作用进入人们的视野。糖聚合物最早起源于 1960 年，指以合成高分子为主链，侧链为糖分子的聚合物，也包括以聚肽为主链的糖聚肽等[88]。随着可控自由基聚合技术的发展，糖聚合物库得到极大的扩展[89,90]。但是，在这一过程中，常见糖分子在自然界的糖苷键连接立体化学与基于吡喃环的复杂手性分子结构未能得到重视与体现。

陈国颂自从加入复旦大学高分子系后，基于糖科学知识和江明教授课题组的大分子自组装研究基础，以此为切入点和突破口，开展了糖科学与高分子科学的交叉研究。引入了在自组装领域未曾被开发的糖-蛋白质分子识别作用和糖化学反应作为全新的自组装驱动力，着重研究了寡糖分子结构对高分子材料结构与功能的调控作用。在此过程中，以具有多价糖结合作用的凝集素蛋白质为模型，提出并发展了全新的“诱导配体”蛋白质精确组装新策略，通过糖所参与的超分子作用，调控蛋白质相互作用，并获得一系列基于蛋白质的精确组装体。该研究思路与部分进展，已总结于《大分子自组装新编》一书的第 7 章[91]。因此本节将着重介绍近五年的研究进展。

4.3.2 诱导配体——蛋白质精确组装新路线

蛋白质是结构复杂的生物大分子，其表面无规分布着多个疏水相互作用、静电相互作用位点，在实验室中很难对其自组装过程进行有效控制以获得结构精确、形貌规整的组装体。这极大限制了蛋白质组装体在生物医学等领域的应用。以往实验室中的蛋白质组装是调控蛋白质表面相互作用，即通过重组表达获得氨基酸序列突变的蛋白质实现的。但是这重组表达的方法存在过程相对烦琐、所得蛋白质量较小、稳定性不高的缺点。因此直接使用天然提取的蛋白质获得结构规整的组装体是具有重要学术和应用价值的课题。

基于上述背景，陈国颂课题组结合糖-蛋白质作用的成果，在前期研究中提出利用蛋白质自身带有的寡糖结合位点，向天然蛋白质中加入经巧妙设计的小分子“诱导配体”，以此建立和控制蛋白质之间的相互作用，实现了多重作用的化学整合与协同[92]，成功获得了多种蛋白质精确组装体。基于近年系列研究，他们已实现了蛋白质精确组装的新路线。在这新路线中，不再依赖于蛋白质的结构设计，而是直接利用天然蛋白质，通过多重超分子相互作用实现精确自组装。

在此路线中，“诱导配体”是关键分子[92]，首个报道的结构含有 α-甘露糖和罗丹明 B 两个部分[图 4.31(a)]。借助于甘露糖与蛋白质[如伴刀豆球蛋白，ConA，图 4.31(b)]之间的糖-蛋白相互作用和罗丹明自身 π-π 二聚化的协同，ConA 快速自组装形成了微米级的蛋白质晶体组装体[图 4.31(c)]。晶体呈正方形、片状形貌，边长最大可达 100 μm，高度在 200 nm 左右。通过 X 射线单晶衍射实验解析了它的晶体结构[图 4.31(d)]，并且发现了蛋白质在晶体内规整排列成框架。晶体结构分析和其他多种研究手段证实，糖-蛋白质之间的相互作用和罗丹明 B 二聚化是结晶的驱动力，因而这一组装机制与已知的蛋白质之间相互作用所驱动的蛋白质结晶机理完全不同。这一全新的结晶机理也赋予其远高于传统蛋白质结晶的速率。为了深入理解组装机理，使用蛋白质结晶常用的悬滴法，以相同的蛋白质和诱导配体进行结晶比较[92]，发现悬滴法所获得的晶体中蛋白质排列更加紧密，晶胞参数较前有明显变化，进而直接证明了诱导配体所参与的双重非共价作用在前述结晶过程中的决定性贡献。

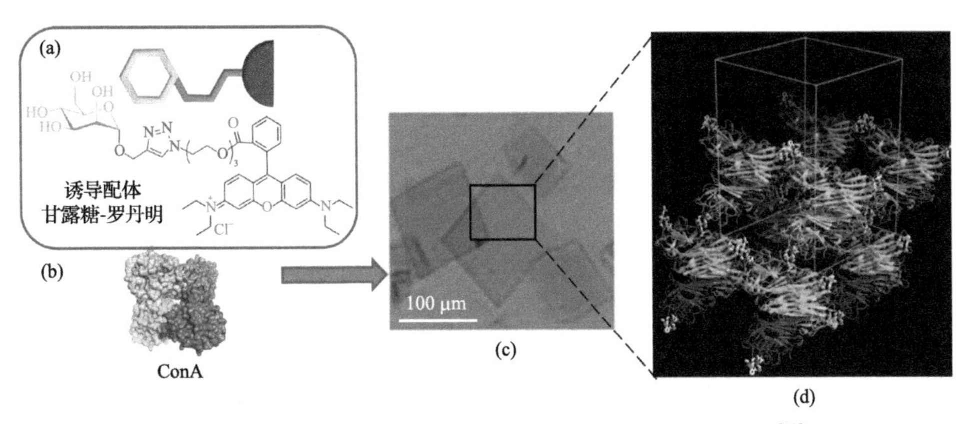

图 4.31 双重超分子作用诱导 ConA 形成的蛋白质晶体框架[92]

(a)“诱导配体”的分子结构；(b) ConA；(c)晶体的光学显微镜照片；(d)经过解析获得的晶体结构和 ConA 四聚体堆积成的框架结构

为了证明该途径的普适性，陈国颂课题组进一步研究了与 ConA 结构类似、但更趋于平面结构的蛋白质 SBA(大豆凝集素)在诱导配体作用下的自组装，获得了蛋白质微米管。管的长度在几百纳米到微米级，而宽度非常均一(26 nm)，管壁由单层蛋白质规则排列而成。通过使用高分辨冷冻透射电子显微镜结合单颗粒重构技术，对蛋白质的排列进行解析，分辨率达到了 7.9 Å[93]。结果表明，SBA 首先通过诱导分子所参与的糖-蛋白相互作用和 π-π 相互作用的介导，形成单链，该单链缠绕形成具有三螺旋结构的蛋白质微米管。每个螺旋的重复单元为 9 个蛋白质，螺距为 19 nm(图 4.32)。重要的是，虽然 SBA 在自然界不能形成微米管状结构，但通过糖-蛋白质和 π-π 作用的协同，SBA 形成了具有精确结构的螺旋微米管，类似组装体在文献中没有报道。

为了拓展非共价相互作用的种类，进一步利用金属配位作用等相互作用替代罗丹明的二聚化，通过诱导配体策略，获得了一系列基于 SBA 的螺旋微米管[94]。这些微米管具有和前述微米管类似的结构特征，可通过诱导配体结构设计对管的直径和结构进行精确调控，其直径分布为 15～29 nm(图 4.33)。通过使用高分辨

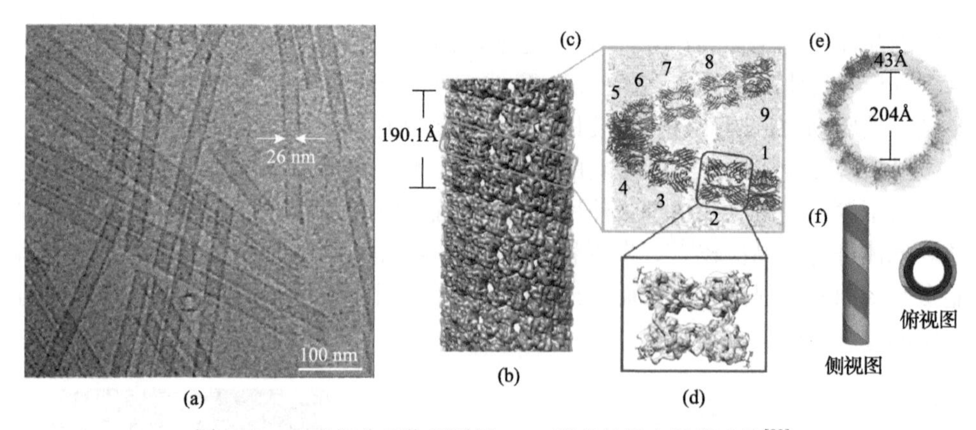

图 4.32　双重超分子作用诱导 SBA 形成的蛋白质微米管[93]

(a) SBA 和诱导配体组装所获得的微米管冷冻透射电子显微镜照片；(b)～(e) 由单颗粒重构获得的蛋白质排列方式：(b) 微米管的三螺旋结构，螺距为 19 nm，不同颜色代表三股螺旋；(c) 1 个蛋白质螺旋由 9 个 SBA 组成；(d) 单个 SBA 四聚体的电子云密度图；(e) 微米管结构的俯视图；(f) 螺旋微米管的示意图

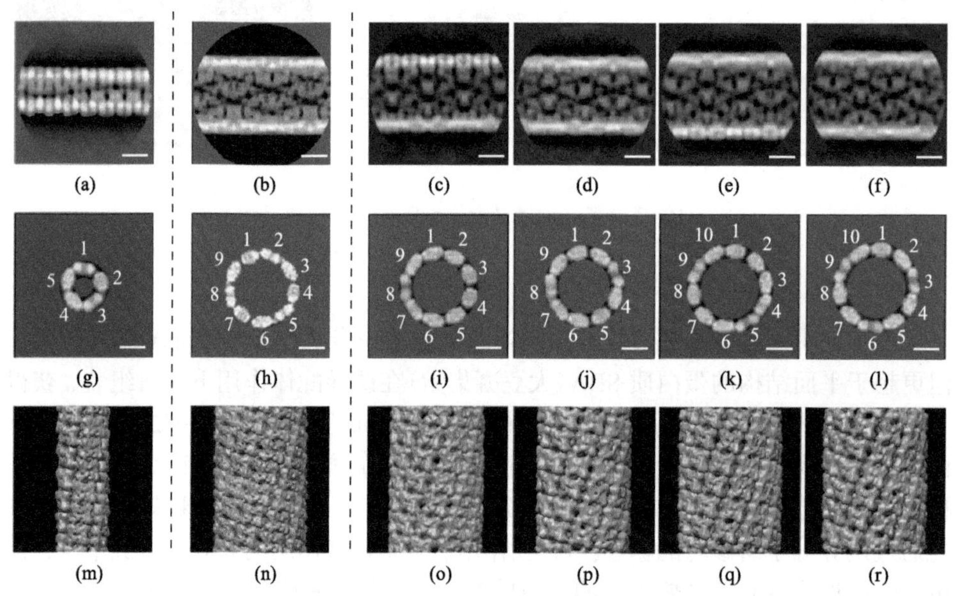

图 4.33　SBA 和不同的诱导配体组装所获得不同微米管的结构表征[94]

(a)～(f) 管的冷冻电子显微镜二维归类图；(g)～(l) 螺旋管剖面图，数字代表每周蛋白个数；(m)～(r) 螺旋管的三维重构图；每一列为一种螺旋微米管 6 种结构。不同颜色代表多个起始螺旋股数

冷冻透射电子显微镜结合单颗粒重构技术，对蛋白质的排列进行了解析，发现了 6 种螺旋结构，即管壁上蛋白质排列方式具有不同的起始螺旋股数和每周蛋白数。发展了几何计算方法对管的结构和直径、螺距之间的关系进行了解释，并可对该系列螺旋管的其他结构予以预测。同时还系统研究了成管过程的动力学，提出金

属配位作用成管的机理是异相成核，而罗丹明二聚成管的机理是均相成核。此外，该微米管结构具有良好的动态可逆性，其形成和解离可由诱导配体小分子有效长度和刚性动态调控。

由于蛋白质自身结构的复杂性，目前在文献中构筑不同维度和结构的蛋白质组装体需要具有不同结构和对称性的蛋白质构筑基元，这提高了蛋白质材料的制备成本，其中多种重组蛋白质的使用还极大延长了材料制备的周期。而在他们的蛋白质自组装新路线中，这一问题得到了有效的克服：仅仅通过对诱导配体的结构进行调整，即改变糖和罗丹明之间连接基的长短，便可调控非共价相互作用的取向，使得同一种天然蛋白质(LecA，一种微生物凝集素)分别组装为一维纳米带、纳米线，二维纳米片和三维多层组装体(图 4.34)[95]。通过合作，进一步结合分子动力学模拟，揭示了组装可控、可设计特性的分子机制，从而在组装基元的结构和组装体宏观形貌之间建立了直接联系。在制备上述二维材料的基础上，陈国颂课题组通过对蛋白质基元的筛选和糖-蛋白质相互作用的调控，获得了具有杨辉三

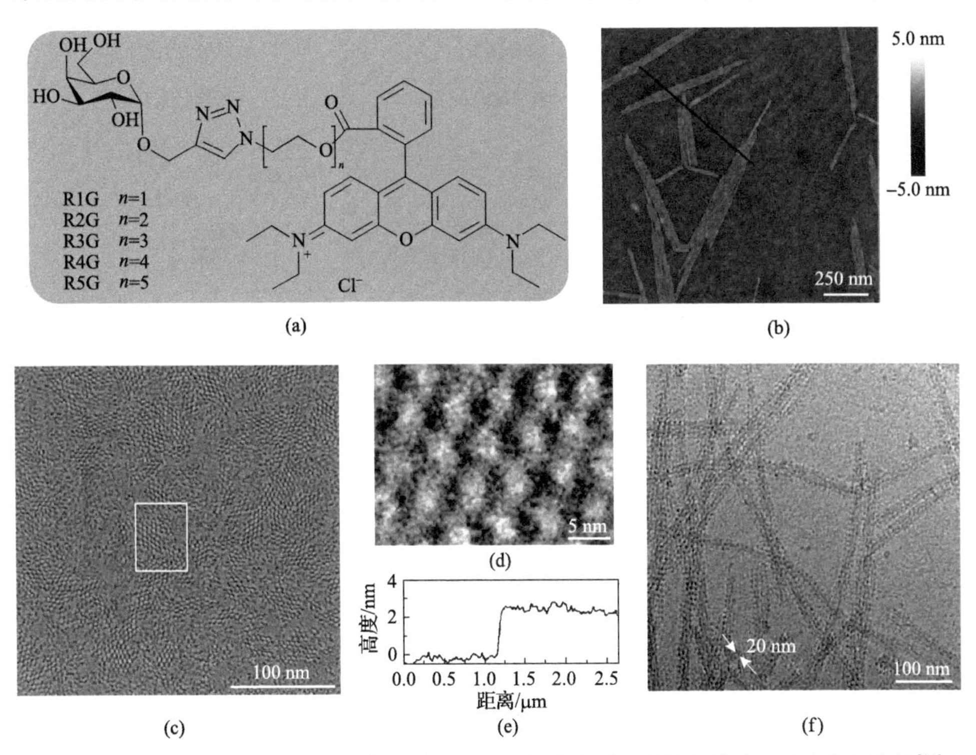

图 4.34　调节诱导配体的化学结构控制 LecA 蛋白形成不同形貌和维度的蛋白质组装体[95]

(a)用于构筑不同形貌和维度的蛋白质组装体的诱导配体(R*n*G, *n*= 1, 2, 3, 4, 5)；(b) R1G 和 LecA 获得的一维纳米带的原子力显微镜照片；(c) R2G 和 LecA 获得的二维单层纳米片的冷冻透射电子显微镜照片(白框内显示了一个典型的纳米片)；(d)纳米片的放大图，蛋白质规整排列清晰可见；(e)纳米片的原子力显微镜高度图；(f) R3G 和 LecA 获得的一维纳米线的冷冻透射电子显微镜照片

角形排列特征的蛋白质二维精确组装体，该组装体结构得到了冷冻透射电子显微镜二维重构表征的证实[96]。

综上，相比基于蛋白质相互作用界面设计和对称性组合这两大类国际主流蛋白质精确组装策略，“诱导配体”蛋白质精确组装策略通过化学分子所参与的相互作用，对蛋白质表面非特异性的相互作用进行调控，赋予其一定的强度和方向性，因此不需要对蛋白质进行从头设计和重组表达纯化。同时，小分子参与的非共价作用所贡献的焓，可以改变组装动力学。“诱导配体”策略的优势在于可以从相同的蛋白质基元出发，通过改变小分子配体的结构调控组装过程和结果，使得组装过程具有更多动态可控因素和组装结构具备多样性(图 4.35)。除了以上策略之外，利用较高分子量的非蛋白质组分(包括有机的聚合物和无机纳米粒子等)与蛋白质形成共组装体可以有效扩展蛋白质组装体的功能和结构，产生单靠蛋白质组分难以实现的功能特性，例如可控的酶催化、优异的光转换能力以及对物理化学环境的高抗性[97-100]。这方面研究已总结于课题组最近撰写的前瞻性文章[101]中。

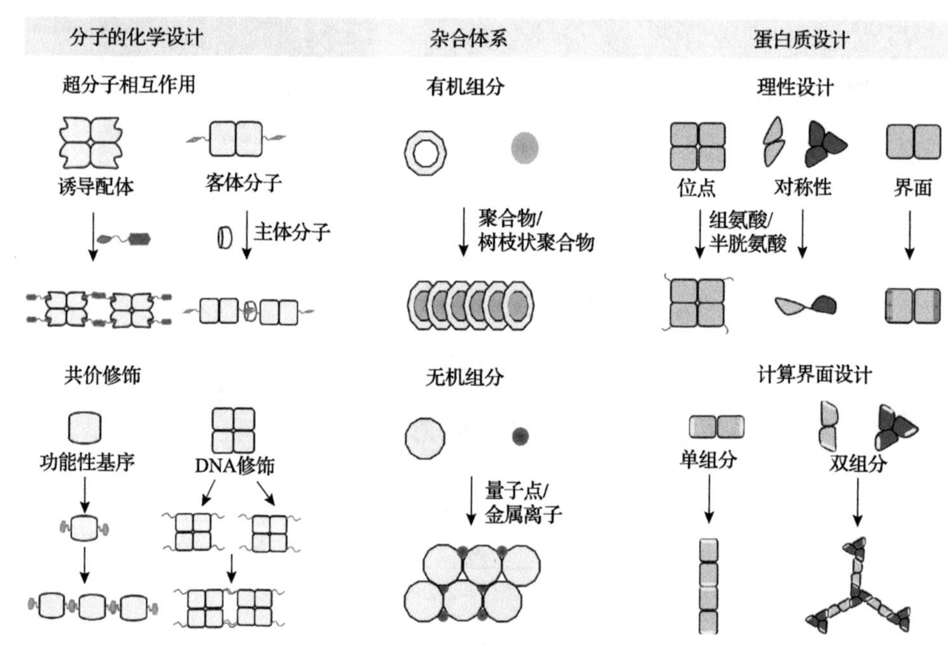

图 4.35 代表性蛋白质精确自组装方法的比较[101]

4.3.3 糖化学反应与糖-糖相互作用调控的糖聚合物自组装

糖化学中的保护基化学内容十分丰富，但长期以来仅有极个别保护基在高分子领域被用于糖聚合物的合成。保护基化学在自组装领域的作用还没有被关注，并且有价值的研究鲜有报道。陈国颂课题组基于糖聚合物在保护基脱除前后极性的显著差别，提出和实现了脱保护反应引发糖嵌段共聚物的自组装[102]。他们设计并合成了一个嵌段共聚物，其中含有带乙酰基保护的糖嵌段。在脱保护反应的诱导下，乙酰基的脱除导致糖嵌段的极性变化，该聚合物即自组装形成囊泡(或胶束)，这是第一次实现了脱保护诱导大分子自组装(deprotection induced self-assembly, DISA)。随后，进一步利用不同保护基脱保护反应速率的差别，调控自组装的动力学。他们发现，分别以苯甲酰基和乙酰基为保护基的聚合物，在具有相同的聚合物骨架、相似的糖段聚合度，并采用相同实验条件时，给出了不同的组装过程动力学和组装体形貌[图 4.36(a)]。这主要是苯甲酰基被脱除的速率比较慢，导致自组装过程

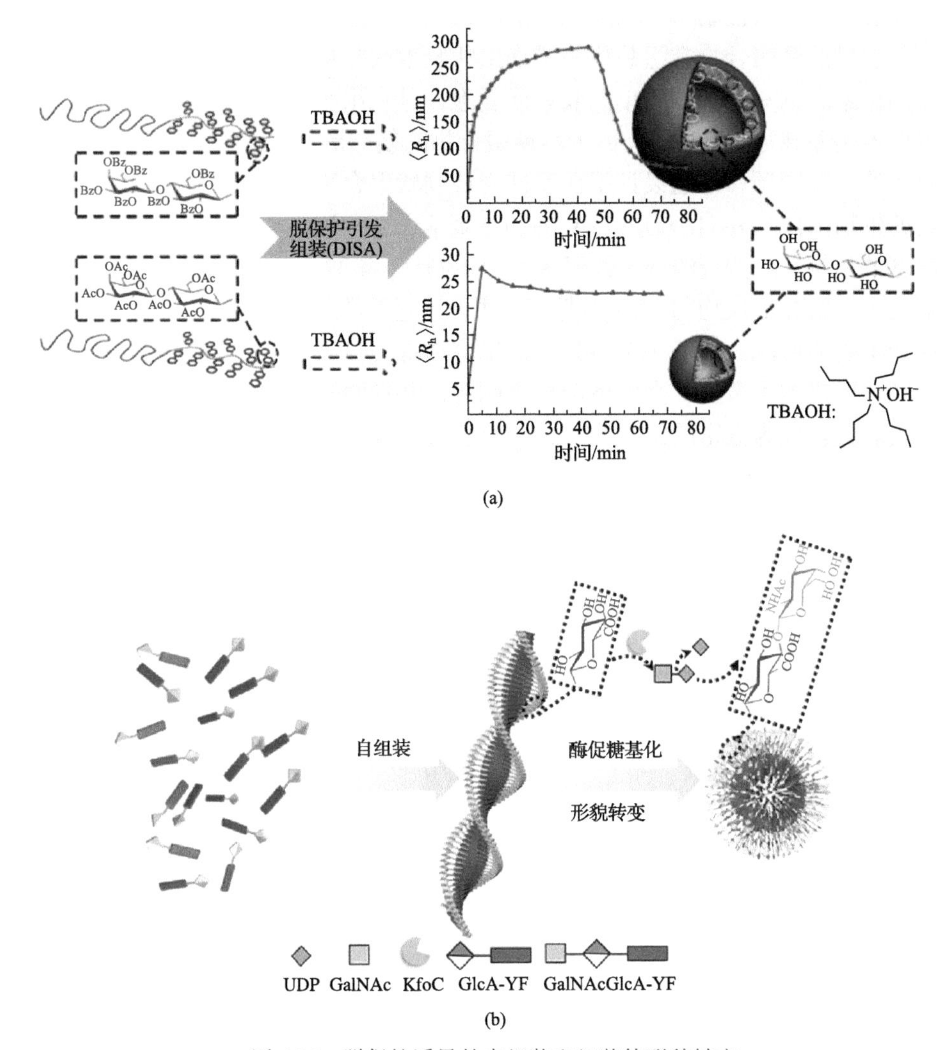

图 4.36　脱保护诱导的自组装和组装体形貌转变

(a)含乙酰基(Ac)和苯甲酰基(Bz)聚合物脱保护引发自组装过程的光散射跟踪结果[103]；(b)通过糖基转移酶的酶促糖基化反应诱导的组装体形态转变的机理示意图[106]

趋近于热力学控制；而乙酰基被脱除的速率较快，自组装更趋向于动力学调控所致[103]。这说明在 DISA 研究中保护基的选择可用于组装体形态的控制，并对糖高分子链间的相互作用予以调控[104]。该策略可进一步应用于水体系，利用带有乙酰基保护的糖嵌段作为囊泡的壁，以脂肪酶作为脱保护试剂，能实现酶促脱保护引发的组装体形貌转变[105]。更为重要的是，通过使用糖基转移酶，新的糖苷键能够在纤维状组装体的表面形成，从而影响寡糖肽分子的亲疏水平衡，使得纤维断裂转变成纳米粒子[图 4.36(b)][106]。与之类似，通过糖苷酶切除糖肽纤维表面的唾液酸，能够引发纤维聚集或者断裂，这一过程也可通过加入糖苷酶的量以调控糖苷键断裂动力学来控制[107]。

自然界的糖缀合物常组装成一维蠕虫状胶束或是更加复杂的形貌。但是通过传统的糖聚合物只能得到简单的胶束或囊泡，其在组装体的多样性和复杂性方面和自然界相差甚远。为获得类似天然糖缀合物的复杂形貌，更加深入地模拟自然、理解自然，陈国颂课题组设计了两亲性交替刷状聚合物，在其多肽骨架上修饰了特定的生物活性的 α-(1→2) 甘露寡糖和寡聚苯丙氨酸侧链，合成了一系列含有高密度寡糖和氨基酸侧链的两亲性聚多肽分子刷[图 4.37(a)][108]。研究发现它们在水溶液中自组装形成均匀的纳米线。通过透射电子显微镜对组装过程进行跟踪，发现纳米线的形成经历了多个步骤：该聚合物首先自组装形成单分子胶束，随后胶束融合形成纳米微丝，微丝逐渐长出侧链，并在微丝上形成规整的螺旋缠绕结构，最后融合成为致密的纳米线。这一组装过程具有程序分级自组装的特征，是

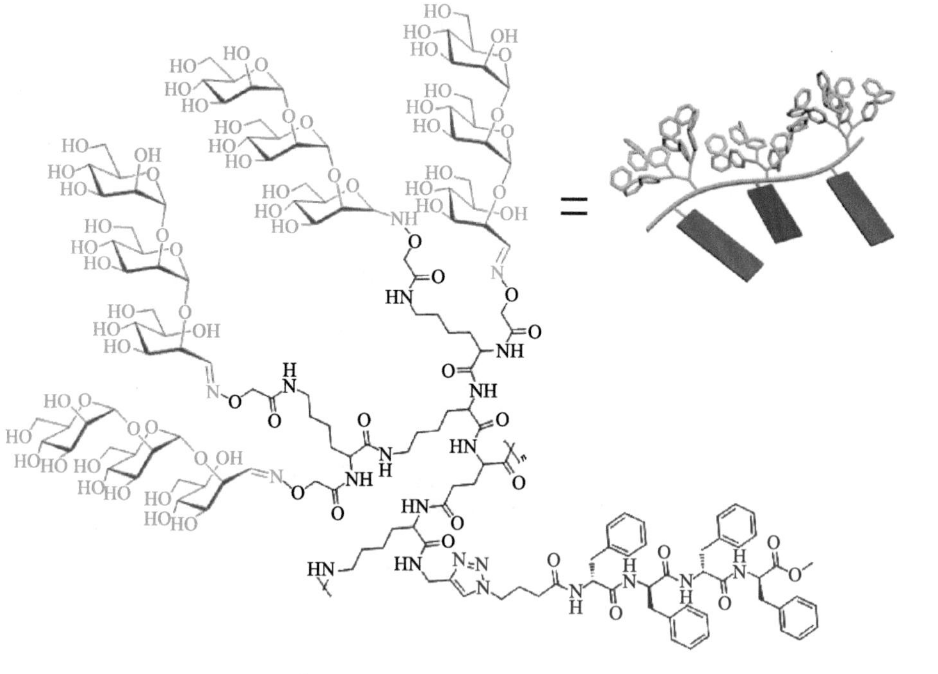

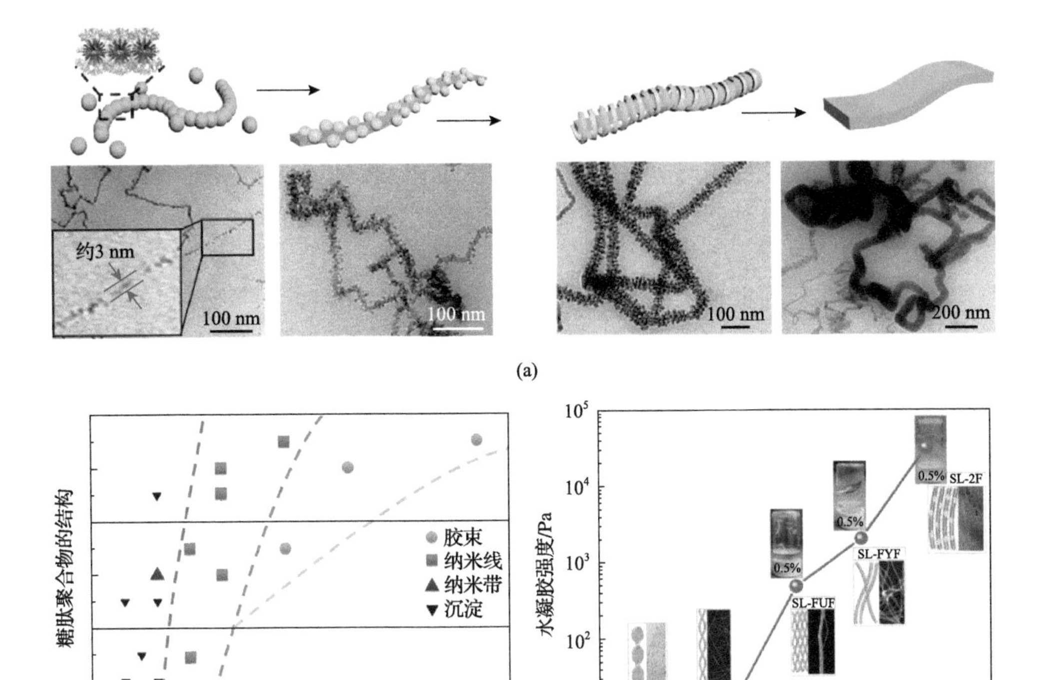

图 4.37 糖肽分子自组装和糖肽水凝胶强度调控

(a) 刷状糖肽分子多级程序自组装过程[108]；(b) 两亲性交替刷状聚合物组装体的相图取决于糖/苯丙氨酸的比率[108]；(c) 水凝胶强度与糖/肽的氢键数量之比的关系[109]

糖缀合物研究中的首例报道。进一步地，他们构建了具有不同结构的两亲性聚多肽分子刷库，观察到了一系列不同的组装形态，包括胶束、纳米带、纳米线，以及无规沉淀。借助于一个新的结构参数，即糖单元数与苯丙氨酸数之比，该聚合物库中成员的组装行为可用相图清晰地描绘[图 4.37(b)][108]；该参数还可以进一步用于解释糖肽纤维的聚集及凝胶强度变化规律[图 4.37(c)][109]。这充分证明了侧链上高密度的寡糖对于自组装形貌的调控，特别是糖-糖相互作用在自组装过程中的贡献，提示了基于糖的大分子自组装的广阔发展空间。

2012 年初，陈国颂课题组以“模拟糖萼的聚合物囊泡”（polymeric vesicles mimicking glycocalyx）为题，提出通过高分子自组装，获得窄分布的、表面为糖聚合物覆盖的囊泡，用于模拟细胞表面糖萼的结构和功能。使用动态光散射技术研究了该囊泡和凝集素蛋白之间的分子识别，所得结果和糖生物学对此类识别作用特异性的认识是一致的，证明了以该体系为平台开展含糖组装体生物学研究的可行性[110]。进一步地，他们发现模拟糖萼组装体的特性能被糖结构异构化所调控，并研究了表面含同种糖分子区域异构体的纳米粒子在细胞内的转运途径。结果表明，虽然它们都能通过相同的表面受体进入细胞，但糖分子通过 1 位异头碳连接的纳米粒子能够到达晚期内体与溶酶体；而糖分子通过 6 位伯羟基连接的纳米粒子仅能到达早期内体[111]。这充分说明了糖的结构异构体对于模拟糖萼组装体的生物学性能有明显贡献。

为了进一步对模拟糖萼粒子的形貌和功能进行精确调控，特别是制备具有各向异性特征的模拟糖萼粒子，陈国颂课题组引入了金属大环框架结构。通过金属大环与寡糖结构的融合，结合多级自组装，获得了一系列具有不同形貌的模拟糖萼组装体，包括多层囊泡、开口囊泡、花瓶囊泡、纳米线等[图 4.38(a)]。其中，基于糖的开口囊泡和花瓶囊泡[图 4.38(b)]作为典型的各向异性结构，在文献中是首次报道[112]。利用透射电子显微镜和冷冻电子显微镜，结合其他表征手段，对花瓶囊泡的形成机理进行了深入挖掘，提出糖之间的糖-糖相互作用是组装体演化的主要驱动力，这一结论得到了计算机理论模拟结果的支持。

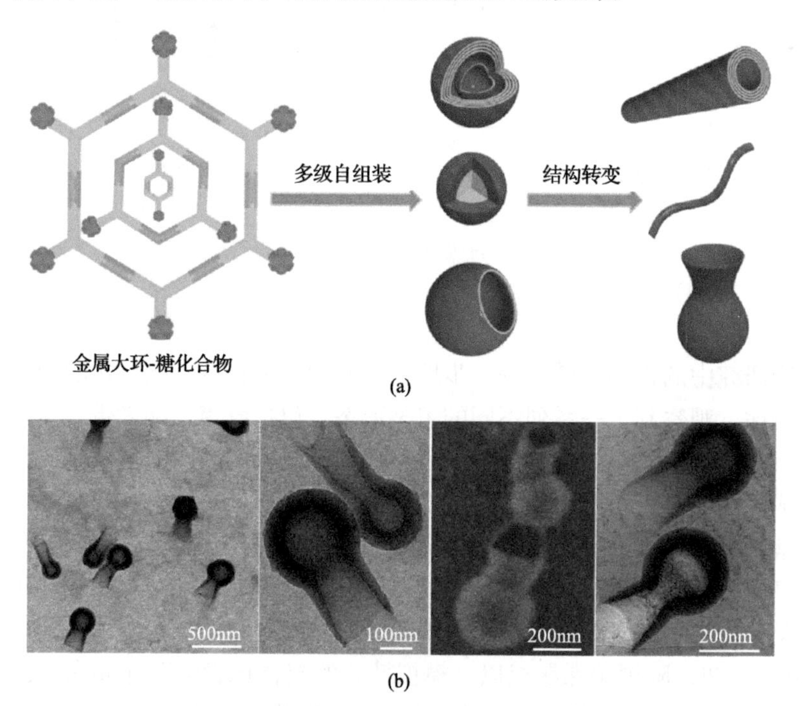

图 4.38 金属大环-糖化合物自组装形成模拟糖萼组装体[112]

(a)通过多级自组装由两亲超分子金属大环-糖化合物构建的多种模拟糖萼组装体；(b)两亲超分子金属大环-糖化合物自组装形成花瓶状囊泡

重要的是，他们还发现糖组装体具有其构筑基元所不具备的免疫功能。以小鼠腹腔来源的原代巨噬细胞为模型，发现模拟糖萼组装体可经糖特异性受体进入细胞。细胞表面的信号分子和所释放的细胞因子提示，组装体能够影响巨噬细胞的分型，即将免疫抑制的M2型巨噬细胞转变成免疫激活的M1型[113]。进而发现模拟糖萼组装体能通过对肿瘤相关巨噬细胞(TAM)分型的影响来调控T细胞功能，促进T细胞激活，而后者直接作用于对肿瘤的杀伤。该过程主要由模拟糖萼组装体对巨噬细胞STAT6通路的抑制和对NF-κB的激活所导致，其中前者起主要作用。这一机制提示了组装体所引起的信号通路，不同于常见的凝集素受体下游通路(NF-κB)。进一步地，模拟糖萼组装体能够与肿瘤免疫检查点抗体联用，增强PD-L1抗体的治疗效果，使得荷瘤小鼠的生存期明显延长，并显著提高肿瘤生长抑制率(图4.39)。这一积极结果展现了模拟糖萼组装材料在肿瘤免疫治疗领域的应用前景[114]。

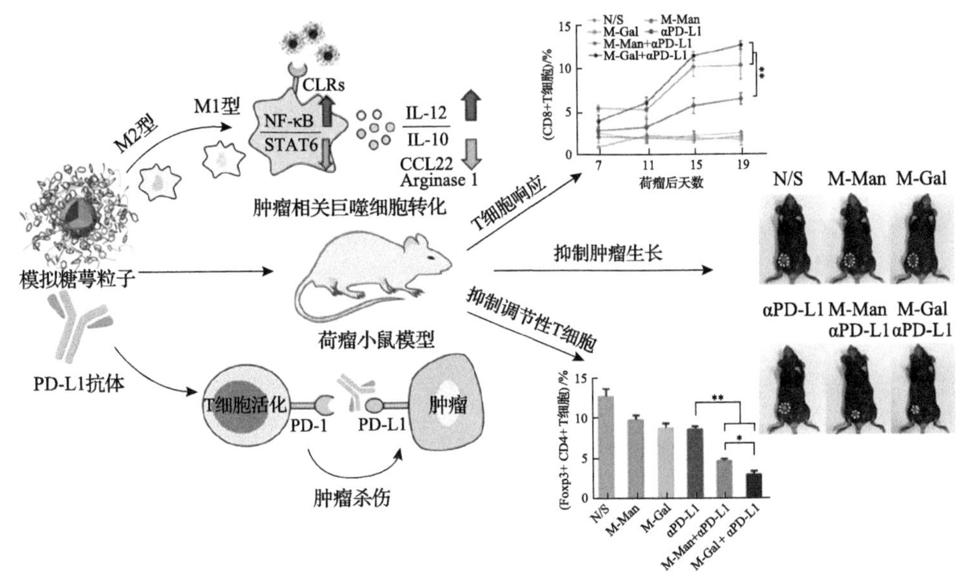

图4.39 模拟糖萼组装体激活肿瘤相关巨噬细胞的分子机制，及其与肿瘤免疫检查点抗体联用，应用于肿瘤免疫治疗[114]

为了优化模拟糖萼组装体的结构，提升其免疫激活功能，陈国颂课题组提出使用含多种糖分子的杂壳胶束策略，并首次研究了杂壳胶束的构筑效应对于模拟糖萼组装体功能的调控。他们使用了具有良好生物相容性和可降解性的聚酯作为聚合物骨架，通过后修饰获得了多种含糖聚酯，并进一步获得了具有不同壳构筑(architecture)的含糖杂壳胶束，主要包括：①具有均一壳结构的杂壳胶束(MG)，该胶束表面两种不同的糖单元(甘露糖M和半乳糖G)均匀分布；②由分别修饰有上述两种糖的聚酯通过物理混合获得的链共混杂壳胶束(M/G)，这两种聚合物链虽然具有相同的骨架，但会产生相分离。经过多种实验手段的综合研究，他们发现 MG 胶束被巨噬细胞摄取的能力要远远大于相分离 M/G 胶束[115]。研究表明，这一明显区别的根源是，MG 在胶束与细胞作用的过程中能同时与细胞表面多个受体结合。而 M/G 胶束表面因为相分离，当一种糖分子(如 M)与受体结合时，另一种糖分子(G)则因为空间距离大不能接触到细胞表面(图 4.40)。换言之，M/G 胶束表面的相分离是造成该差异的决定性因素。同时，通过对于糖聚酯结晶性的研究，他们发现甘露糖和半乳糖虽化学结构差别极小，但前者对主链聚酯的结晶性影响不明显，而后者导致聚酯不能结晶，这更促进了链共混胶束 M/G 中相分离的发生。同时，还研究了模拟糖萼组装体结构的形状对其被巨噬细胞内吞的影响以及所引起的不同免疫效应。发现较长的棒状胶束引起巨噬细胞释放细胞因子白介素-4(IL-4)的能力显著高于球形胶束，而片状胶束刺激巨噬细胞的能力更强[116]。

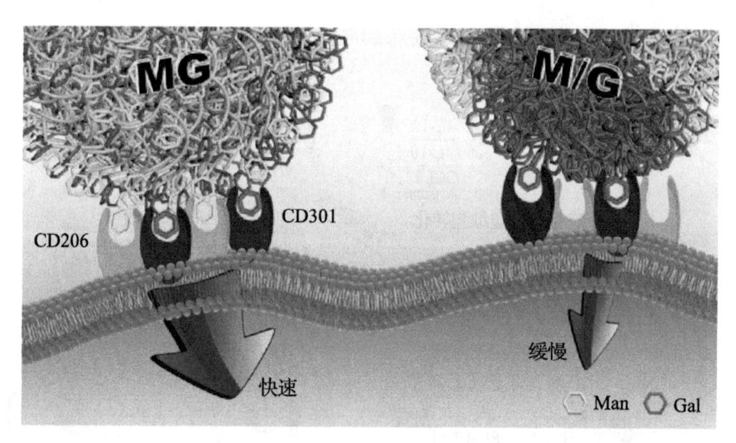

图 4.40 均一壳胶束(MG)和相分离胶束(M/G)进入细胞的模式图[115]

治疗性肿瘤疫苗是一种有效的肿瘤免疫治疗手段，其发挥疗效的关键步骤之一是抗原提呈，但其低作用效率一直是影响功能发挥的主要因素，因此如何增强抗原提呈效率具有重要的研究意义。陈国颂课题组使用具有酸敏感性的模拟糖萼组装体，实现了抗原提呈效率的大幅提升[117]。进一步地，他们将前期发展的脱保护策略用于提升模拟糖萼组装体的功能：即使用带有乙酰基保护基的含糖嵌段聚合物制备囊泡，利用抗原提呈细胞——树突状细胞(DC)溶酶体内的脂肪酶对组装体上的保护基进行脱保护，同时进行抗原递送。由于脱保护基的糖组装体能够和抗原分子进行功能协同，大幅提高后者抗原提呈、刺激 T 细胞的效率[图 4.41(a)]。使得装载了抗原分子的“保护糖囊泡”展现出显著超过其他对照样品的抗原提呈效率[105]。考虑到乙酰化是常见的生物大分子动态修饰，上述结果提示模拟糖萼组装体在抗肿瘤疫苗佐剂方面的应用前景。最近，基于肿瘤相关糖抗原中最有代表性的 Tn 抗原，结合佐剂 CpG，他们设计了糖脂组装体用于构建肿瘤治疗性疫苗

[图 4.41(b)]。结果显示，该疫苗能够同时引起体液免疫应答和细胞免疫应答[118]。通过简单合成和组分设计，该组装体能够实现肿瘤相关糖抗原与蛋白质共价缀合物所难以实现的功能，提示了模拟糖萼组装体用于疫苗构建的广阔发展前景。

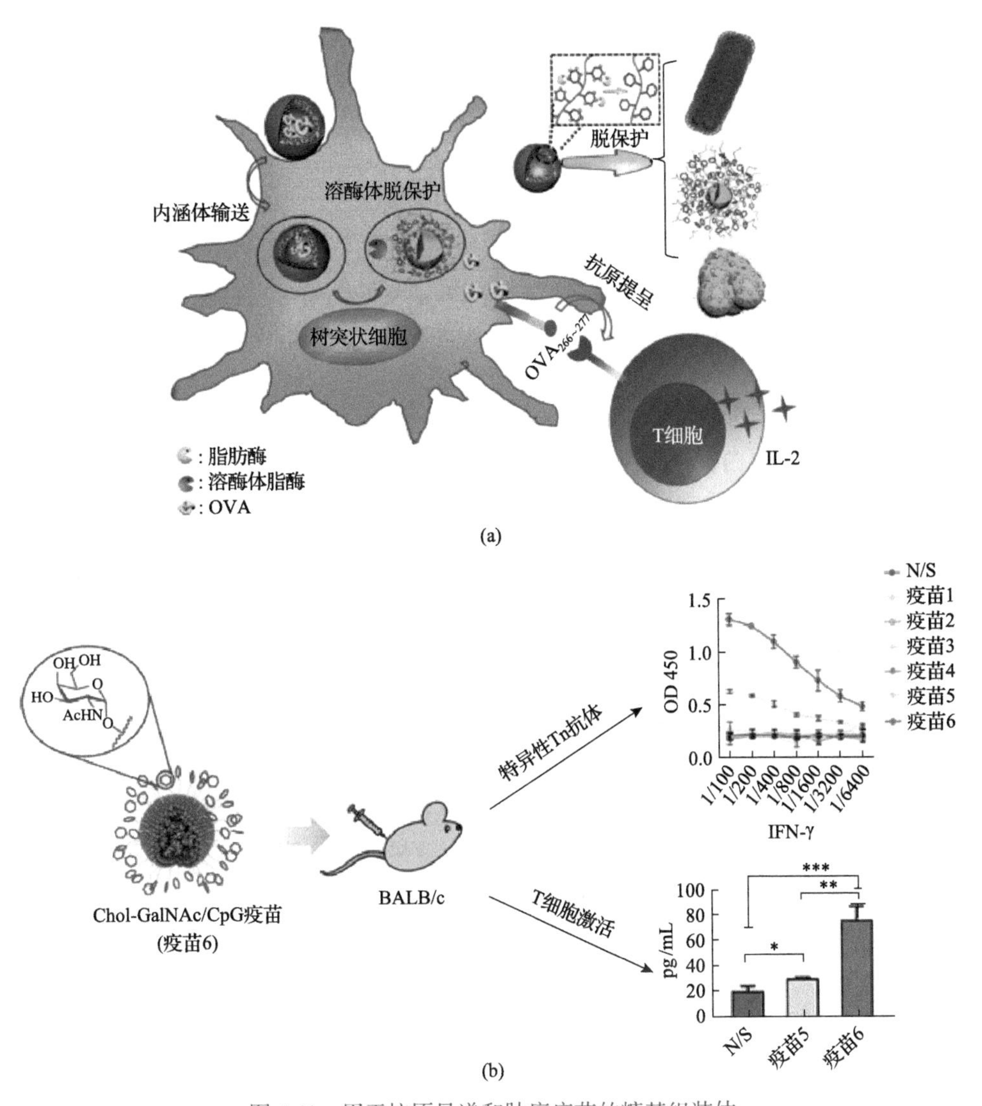

图 4.41 用于抗原呈递和肿瘤疫苗的糖基组装体

(a)树突状细胞内脂肪酶引发的 DISA 过程和高效的抗原提呈[105]；(b)Tn 抗原结合佐剂 CpG 制备的糖脂组装体引起小鼠的体液和细胞免疫应答[118]

4.3.4 灵芝蛋白多糖降血糖功能片段的制备与分子机制

以上成果显示了人工设计的糖聚合物在生物医药等领域具有广阔的应用前

景。相对于合成的糖聚合物，来源广泛的天然多糖因成本低、毒性小并具有降血糖、降血脂等多种功效也受到了研究者的普遍关注[119,120]。糖尿病（diabetes mellitus，DM）是一种以高血糖和高血脂为特征的代谢紊乱综合征。根据国际糖尿病联盟发布“全球糖尿病地图第 10 版”（*IDF Diabetes Atlas 10th edition*），预计 2045 年全球糖尿病总人数将达到 7.83 亿，且每年超过 400 万人死于糖尿病[121]。2 型糖尿病（type 2 diabetes mellitus，T2DM）是最主要的糖尿病类型，90%以上的糖尿病患者都是 2 型糖尿病，其以胰岛素抵抗和胰岛 β 细胞功能障碍为特征[122]。因此，开发胰岛素敏感性药物是治疗此疾病的重要途径。目前用于糖尿病治疗的胰岛素和化学合成的小分子药物常存在较大的副作用，对肝、肾及心血管等均可造成一定的损伤[123,124]。本节重点介绍周平课题组从药食同源的赤灵芝（*Ganoderma lucidum*）中发现的灵芝蛋白多糖 *FYGL*（Fudan-Yueyang-*Ganoderma lucidum*）的制备及其降血糖功效和分子机制。

蛋白酪氨酸磷酸酶 1B（protein tyrosine phosphatase 1B，PTP1B）是胰岛素信号通路中的负调控蛋白，被认为是胰岛素抵抗的重要靶标[125]。本研究以抑制 PTP1B 活性为切入点，从赤灵芝水溶物中筛选最有效的 PTP1B 抑制剂。图 4.42 为 *FYGL* 筛选制备示意图：赤灵芝粉末经醇提、碱提、酸中和等过程筛选，并对各个过程的分离组分逐一进行 PTP1B 活性抑制率检测，发现其中组分 5 抑制效果最佳，半抑制浓度 IC_{50} 为（5.12 ± 0.05）μg/mL[126]，将该组分命名为 *FYGL*，并作为药效学研究对象。

结构分析表明 *FYGL* 是一种水溶性蛋白多糖，分子量（M_η）为 2.6×10^5。其蛋白与多糖含量之比为 17:77，蛋白部分通过丝氨酸和苏氨酸残基与多糖部分的葡萄糖残基的-*O*-型糖苷键连接。亲水性的多糖部分主要由葡萄糖、阿拉伯糖、木糖、鼠李糖、半乳糖和果糖等组成，其中葡萄糖含量最高。亲脂性的蛋白质部分含 17 种常见氨基酸。进一步，*FYGL* 又可分离为三个组分，包括中性杂多糖 *FYGL*-1、中性蛋白聚糖 *FYGL*-2 和酸性蛋白聚糖 *FYGL*-3[127-129]。*FYGL*-1 由物质的量比为 1.00:1.15:3.22 的半乳糖、鼠李糖和葡萄糖组成，分子量为 78 kDa［图 4.43（a）］[127]。*FYGL*-2 由（82 ± 2）%的多糖（含 D-阿拉伯糖、D-半乳糖、L-鼠李糖和 D-葡萄糖，物质的量比为 0.08:0.21:0.24:0.47）和（12 ± 2）%的蛋白质组成，分子量为 61 kDa。*FYGL*-2 的蛋白部分包含 16 种常见氨基酸，其中天冬氨酸、甘氨酸、丝氨酸、丙氨酸、谷氨酸和苏氨酸为主要成分［图 4.43（b），（d）］[128]。*FYGL*-3 由（85 ± 2）%的杂多糖链（含 L-鼠李糖、D-半乳糖、D-葡萄糖和 D-葡萄糖醛酸，物质的量比为 1.0:3.7:3.9:2.0）与（15 ± 2）%的蛋白质部分组成，分子量为 100.2 kDa[129]。超支化蛋白多糖 *FYGL*-3 是 *FYGL* 的主要组分［图 4.43（c），（e）］。

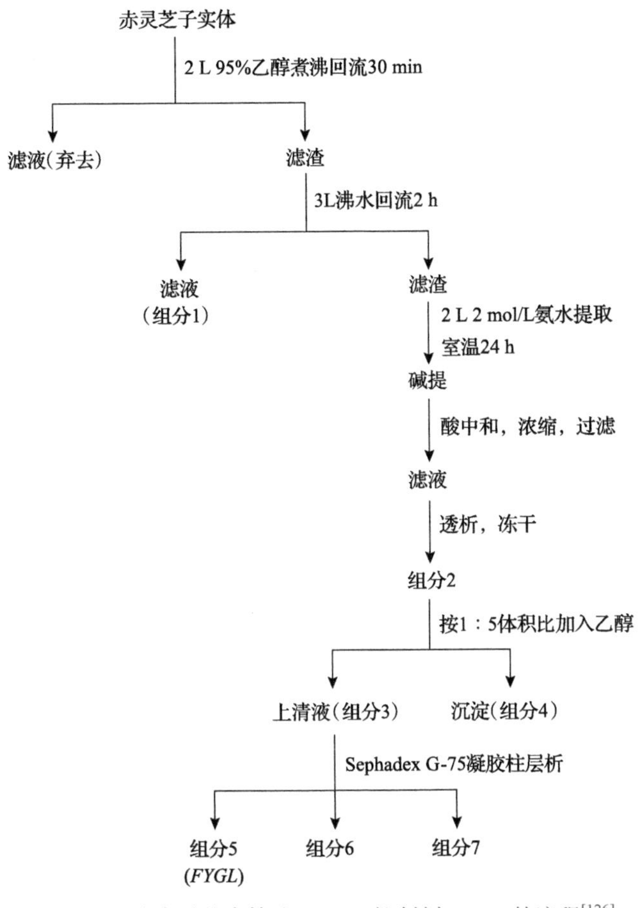

图 4.42　从赤灵芝中筛选 PTP1B 抑制剂 *FYGL* 的流程[126]

→2)-*β*-L-Rhap-(1→6)-*α*-D-Galp-(1→6)-*α*-D-Glcp-(1→

3 ↑ 1 *α*-D-Glcp (on *α*-D-Galp); 2 ↑ 1 *α*-D-Glcp (on *α*-D-Glcp)

(a)

→6)-*β*-D-Glcp-(1→4)-*β*-D-Galp-(1→4)-*β*-D-Galp-(1→2)-*β*-D-Rhap-(1→6)-*β*-D-Glcp-(1→

2 ↑ R_1 (on first *β*-D-Galp); 2 ↑ R_2 (on second *β*-D-Galp)

R_1: *β*-D-GlcpA-(1→6)-*β*-D-Galp-(1→ or Protein-Thr-(*β*→6)*β*-D-Glcp(1→

R_2: *β*-D-GlcpA-(1→

(b)

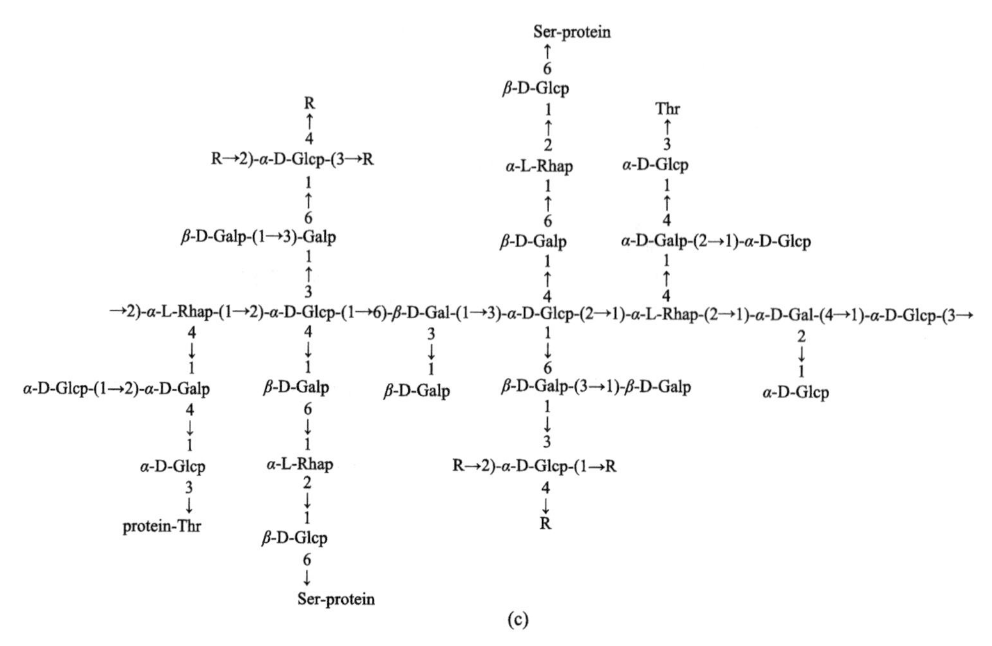

(c)

MVRAHRTNVR ALAAAISLFA SVYAQTVNTP GQPSTNQAPL GQFKIVGDSI VSAQQLFLGT$_{60}$
TDKVYIVDKV ENNPTKINGH PAWAAEYSIS KNSGRAMDVV TNSFCAGGAA LGNGTWLNVG$_{120}$
GNQAVGPGGV QADSQLGGGI YDDPDGGKSI RLLNPCDDGN CEWTLVAPMS TRRWYPTVET$_{180}$
LDDGSVIILG GCLYGGYVNA AGQDNPTWEI FPAQSDLTPV VSDILSTTLP VNLYPLTWML$_{240}$
PSGKLLMQSN WKTSLLDYRT QTETALDDML DAVRVYPASG GSTMLALTPD NNYTATLIFC$_{300}$
GGTNLQSSQW VTNWDIAQYN ASNSCVRLTP DVSPAYEEDD PLPEGRSMGN LILLPNGKIL$_{360}$
MLNGAQTGTA GYGTESWTIN ESYADNPVLM PIMYDPSAPQ GKRWSRDGLS PSTVPRMYHS$_{420}$
SATLLPDGSV LVSGSNPHAD YAVDNVKFPT EYRVEYFYPS YYNQRRPEPK GVPSSYSYGG$_{480}$
DYFNVSLTKD DLFGDVNNIK NTQVIILRTG FSTHSMNMGQ RMLQLQSTYT GNGDGSAILH$_{540}$
VNQMPPNPAT FPPGPALAFV VVNGVPSVGV QVMIGNGQIG KQPTSDVANL PTSAISSGAG$_{600}$
THSDGSGNNV SQGGHKNYAG SLRDRMSSAA QLVATLASFA VFSFL$_{645}$

(d)

MEDEVAALVI DNGSGMCKAG FAGDDAPRAV FPSIVGRPRH QGVMVGMGQK DSYVGDEAQS$_{60}$
KRGVLTLKYP IEHGIVTNWD DMEKIWHHTF YNELRVAPEE HPVLLTEAPL NPKANREKMT$_{120}$
QIMFETFNAP AFYVAIQAVL SLYASGRTTG IVLDSGDGVT HTVPIYEGFS LPHAILRIDL$_{180}$
AGRDLTEFLI KNLMERGYPF HTTAEREIVR DIKEKLCYVA LDFEQELQTA AHSSALEKSY$_{240}$
ELPDGQVITI GNERFRAPEA LFQPAFLGLE AAGIHETTYN SIYKCDLDIR RDLYGNIVLS$_{300}$
GGTTMFPGIA DRMQKELTAL APSSMKVKIV APPERKYSVW IGGSILASLS TFQNLWCSKQ$_{360}$
EYDESGPGIV HRKCF$_{375}$

(e)

图 4.43　*FYGL* 的结构组成

(a) *FYGL*-1 多糖重复单元结构[127]；(b) *FYGL*-2 多糖部分重复单元结构[128]；(c) *FYGL*-3 多糖部分重复单元结构（Ara：阿拉伯糖，Gal：半乳糖，Glc：葡萄糖，Rha：鼠李糖，Thr：苏氨酸，Ser：丝氨酸；后缀 p 和 f 分别代表吡喃糖和呋喃糖）[129]；(d) *FYGL*-2 蛋白部分氨基酸序列[130]；(e) *FYGL*-3 蛋白部分氨基酸序列[130]

药效学研究表明 *FYGL* 具有改善血糖及糖尿病并发症的功效。*FYGL* 可显著降低糖尿病模型鼠的体重、空腹血糖（fasting blood glucose，FBG）、糖化血红蛋白（glycosylated hemoglobin，HbA1c）、糖耐量（oral glucose tolerance，OGT）、脂质水平、肾/体重比、血清肌酐、尿素氮、尿酸和尿蛋白含量，提高肝糖原和脂联素水平，并缓解胰岛素抵抗，提高胰岛素敏感性，修复损伤的胰腺，改善胰岛素分泌，降低糖尿病鼠晚期糖基化终末产物（advanced glycation end products，AGEs）的积累，从而改善糖尿病及其引发的肝肾病变和血管损伤[123,126,131-137]。此外，*FYGL* 对糖尿病模型鼠的半数致死剂量（LD_{50}）为 6 g/kg，远高于一般临床药物的安全性[126]。

基于 *FYGL* 的结构和功效，周平课题组深入分析了 *FYGL* 的药理机制，主要包括以下几个方面：

（1）抑制 PTP1B 活性，改善胰岛素抵抗，调节糖脂代谢。动物和细胞水平的机制研究表明，*FYGL* 可抑制胰岛素敏感组织和细胞中 PTP1B 的过表达和活性，调节胰岛素受体 β 亚基的酪氨酸磷酸化水平，激活磷酸化的胰岛素受体底物 1（IRS1）/磷脂酰肌醇-3 激酶（phosphatidylinositol-3 kinase，PI3K）/蛋白激酶 B（protein kinase B，Akt）/腺苷一磷酸活化蛋白激酶（adenosine monophosphate-activated protein kinase，AMPK）/葡萄糖转运蛋白（glucose transporter-4，GLUT4；glucose transporter-2，GLUT2）信号通路，调节糖代谢和糖异生相关的葡萄糖激酶（glucokinase，GK）和磷酸烯醇式丙酮酸羧激酶（phosphoenolpyruvate carboxyl kinase，PEPCK）活性，提高胰岛素敏感性，促进胰岛素敏感组织的葡萄糖摄取，降低肝葡萄糖输出，从而降低糖尿病模型鼠的血糖[123,131,132,135,136]。

（2）抑制胰淀素（islet amyloid polypeptide，IAPP）淀粉样变性，保护胰腺细胞，促进胰岛素分泌。*FYGL* 通过减轻内质网应激（endoplasmic reticulum stress，ERS），抑制 C/EBP 同源蛋白（C/EBP homologous protein，CHOP）和 c-Jun 氨基末端激酶（c-Jun *N*-terminal kinase，JNK）的激活，进而保护胰腺细胞免受 IAPP 变性诱导的细胞凋亡，防止 T2DM 的发展[138]。

（3）抗氧化应激，调节免疫，保护肝肾和胰腺组织。*FYGL* 不仅提高氧化酶的活性，抑制 ROS 引起的细胞凋亡，而且调节与脂质合成和脂肪酸氧化相关的 AMPK 通路，抑制细胞脂质积累和脂肪变性，从而改善糖尿病模型鼠的胰腺和肝肾功能损伤，预防糖尿病并发症[131,133,134,139]。有趣的是，*FYGL* 具有双向调节 ROS 的能力。一方面，*FYGL* 通过抑制核因子 kappa B（nuclear factor kappa-B，NF-κB）和丝裂原活化蛋白激酶（mitogen-activated protein kinase，MAPK）促炎转录通路的激活，保护胰腺 β 细胞抵抗氧化应激，改善肌体的胰岛素分泌[134,140]。另一方面，*FYGL* 又可以诱导 ROS 激活巨噬细胞的 NF-κB/MAPK 通路，调控胰腺癌细胞的自噬过程，进而选择性地增强免疫细胞的吞噬能力和胰腺癌细胞的凋亡[141,142]。

FYGL 的分子结构和作用机制有效地说明了其所具有的生物功能。首先，*FYGL* 由亲水性多糖和亲脂性蛋白质组成，因此具有良好的细胞和生物相容性。*FYGL* 可通过 C-SRC/PI3K 级联介导的大胞饮作用被多种细胞摄取，在动物体内通过小肠吸收，并富集于肝、肺、肾、脾和心脏[140-144]。*FYGL* 在体内的吸收和富集为其在肌体中发挥作用提供了基础。其次，*FYGL* 中多糖和蛋白均包含还原性残基，例如半乳糖、鼠李糖、阿拉伯糖、葡萄糖、胱氨酸和酪氨酸等，使其具有抗氧化活性[137,139]。因此，*FYGL* 可以抑制氧化应激引起的胰岛细胞损伤，改善胰岛素分泌，并可防止糖尿病引起的肝肾组织病变。更重要的是，*FYGL* 可以与 PTP1B、α-葡萄糖苷酶和 IAPP 多靶标相互作用。*FYGL* 的活性羟基末端可与 IAPP 分子 SS10 片段的 His18、Ser20、Asn21、Phe23 和 Ala25 等位点氨基酸发生氢键和范德瓦耳斯力相互作用，阻止 IAPP 分子自身相互作用和分子间氢键网络的形成，抑制 IAPP 转变为 β 折叠结构的纤维状聚集体，保护了胰岛细胞[145]。*FYGL* 中不同组分的分子作用机制也不相同。其中主要组分 *FYGL-3* 中的蛋白部分 *FYGL*-3-P 表面的 Phe、Tyr、His 等芳香性氨基酸可以通过焓驱动的 π-π 堆积与 IAPP 上 Phe、Tyr 等芳香性氨基酸产生强的、特异性的相互作用，且其表面的天冬氨酸、谷氨酸等酸性氨基酸又可以与 IAPP 表面的 Lys1、Arg11 和 His18 等碱性氨基酸产生静电相互作用［图 4.44(a)］，进而阻断肽段间的相互作用，稳定了 IAPP 水溶性的螺旋构象结构，抑制了 IAPP 淀粉样变性，防止了 β 细胞凋亡。而多糖组分 *FYGL*-1 在熵驱动的弱相互作用下并不能抑制 IAPP 淀粉样变性[146]。类似地，*FYGL*-3-P 在焓驱动下通过静电和氢键相互作用与 PTP1B 中活性位点附近的氨基酸以及 WPD(Trp-Pro-Asp)环、Gln262 等非活性催化位点结合，限制了相关位点的活动，抑制了 PTP1B 的活性，而多糖组分 *FYGL*-1 在熵驱动的作用下对 PTP1B 活性没有抑制作用［图 4.44(b)］[130]。另外，*FYGL* 与 α-葡萄糖苷酶的活性位点产生相互作用，诱导 α-葡萄糖苷酶的结构和构象发生变化，阻止底物进入该酶的活性位点，从而导致 α-葡萄糖苷酶活性的降低[137]。*FYGL* 阻止了蛋白质的错误折叠和变性，保护了蛋白质结构和功能的稳定性[130,137,146]。

综上，从食用真菌灵芝中筛选的天然大分子蛋白多糖 *FYGL* 具有良好的降血糖功效，其通过对 PTP1B、α-葡萄糖苷酶和 IAPP 等多靶点相互作用达到有效改善糖尿病及其并发症功效，主要机制包括：①抑制 PTP1B 的表达和活性，改善胰岛素抵抗，提高胰岛素敏感性；②抑制 IAPP 淀粉样变性，保护胰岛细胞，增加胰岛素分泌；③抑制 α-葡萄糖苷酶和非酶促糖基化，改善糖脂代谢，控制餐后血糖；④清除活性氧自由基，改善糖尿病并发性脂肪肝及肾病，提高肌体免疫力。该研究为 *FYGL* 的临床应用提供了理论基础。另外，由蛋白和多糖组成的 *FYGL* 具有多靶点降血糖和改善肌体组织糖尿病病变的功效，为临床应用提供了新的候选药物，该结构也为新药筛选提供了思路。

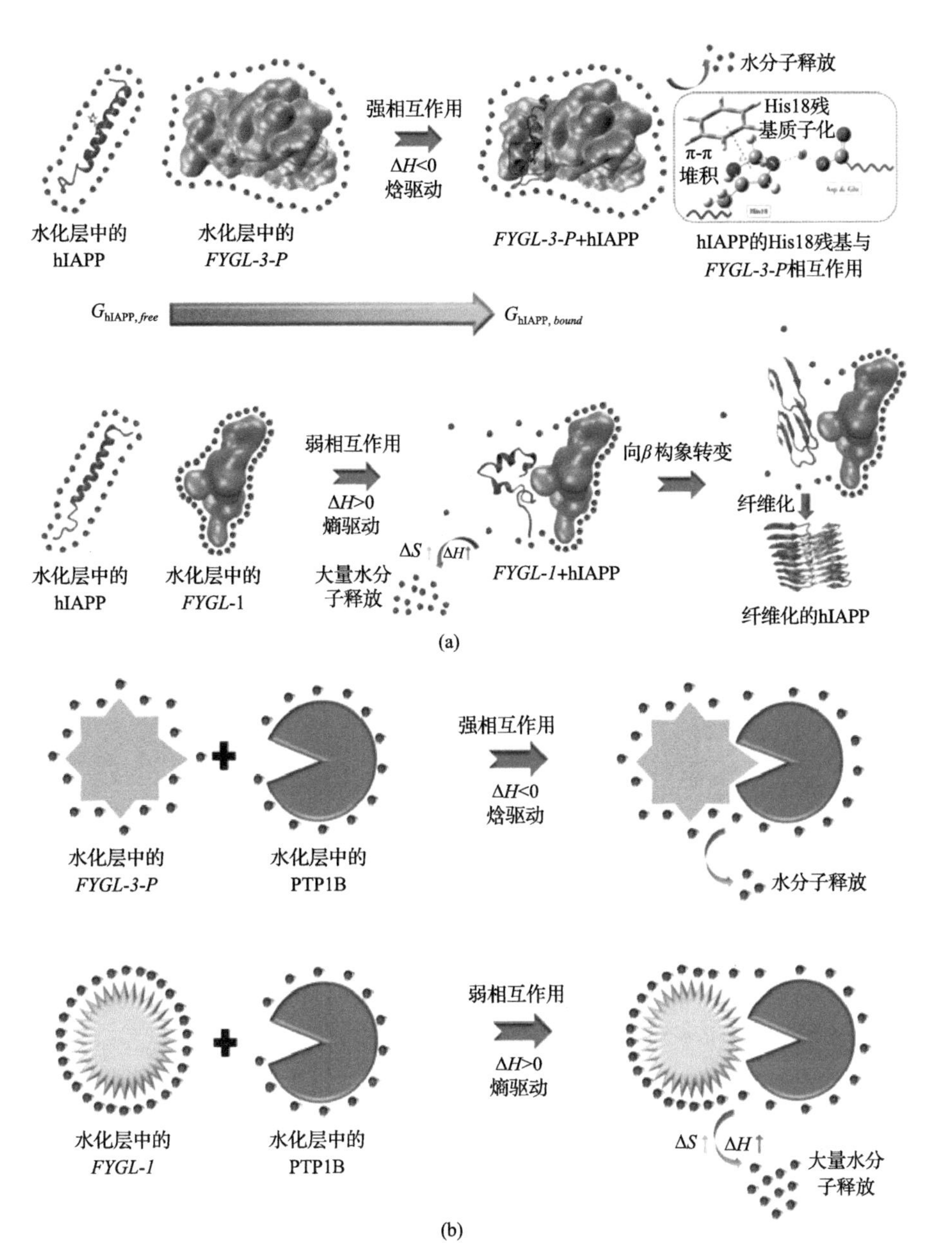

图 4.44　*FYGL* 与 IAPP (a) 和 PTP1B (b) 的相互作用示意图

(a) *FYGL-1* 或 *FYGL-3-P* 与 hIAPP 相互作用的热力学机制[146]；(b) *FYGL-1* 或 *FYGL-3-P* 与 PTP1B 相互作用的热力学机制[130]

参 考 文 献

[1] Glotzer S C. Some assembly required. Science, 2004, 306(5695): 419-420.

[2] Glotzer S C, Solomon M J. Anisotropy of building blocks and their assembly into complex structures. Nat. Mater., 2007, 6(7): 557-562.

[3] Walther A, Müller A H E. Janus particles: Synthesis, self-assembly, physical properties, and applications. Chem. Rev., 2013, 113(7): 5194-5261.

[4] Gröschel A H, Walther A, Löbling T I, et al. Guided hierarchical co-assembly of soft patchy nanoparticles. Nature, 2013, 503(7475): 247-251.

[5] Zhang K, Jiang M, Chen D. Self-assembly of particles-the regulatory role of particle flexibility. Prog. Polym. Sci., 2012, 37(3): 445-486.

[6] Nie Z, Petukhova A, Kumacheva E. Properties and emerging applications of self-assembled structures made from inorganic nanoparticles. Nat. nanotechnology, 2010, 5(1): 15-25.

[7] Zheludev N I. The road ahead for metamaterials. Science, 2010, 328(5978): 582-583.

[8] Zhang Z, Glotzer S C. Self-assembly of patchy particles. Nano Letters, 2004, 4(8): 1407-1413.

[9] Zhang S. Fabrication of novel biomaterials through molecular self-assembly. Nat. Biotechnol., 2003, 21(10): 1171-1178.

[10] Lehn J M. Perspectives in chemistry-aspects of adaptive chemistry and materials. Angew. Chem. Int. Edit., 2015, 54(11): 3276-2189.

[11] Lehn J M. Perspectives in chemistry-steps towards complex matter. Angew. Chem. Int. Edit., 2013, 52(10): 2836-2850.

[12] Fratzl P, Weinkamer R. Nature's hierarchical materials. Prog. Mater. Sci., 2007, 52(8): 1263-1334.

[13] Dobson C M. Protein folding and misfolding. Nature, 2003, 426(6968): 884-890.

[14] Tan Z, Kotov N A, Giersig M. Spontaneous organization of single cdte nanoparticles into luminescent nanowires. Science, 2002, 297(5579): 237-240.

[15] Tang Z, Zhang Z, Wang Y, et al. Self-assembly of cdte nanocrystals into free-floating sheets. Science, 2006, 314(5797): 274-278.

[16] Nie L, Liu S, Shen W, et al. One-pot synthesis of amphiphilic polymeric Janus particles and their self-assembly into supermicelles with a narrow size distribution. Angew. Chem. Int. Edit., 2007, 46(33): 6321-6324.

[17] Cheng L, Zhang G Z, Zhu L, et al. Nanoscale tubular and sheetlike superstructures from hierarchical self-assembly of polymeric janus particles. Angew. Chem. Int. Edit., 2008, 120(52): 10325-10328.

[18] Gröschel A H, Schacher F H, Schmalz H, et al. Precise hierarchical self-assembly of

multicompartment micelles. Nat, Commun., 2012, 3 (1) : 1-10.

[19] Zhang K, Jiang M, Chen D. DNA/polymeric micelle self-assembly mimicking chromatin compaction. Angew. Chem. Int. Edit., 2012, 51 (35) : 8744-8747.

[20] Zhang Z, Zhou C, Dong H, et al. Solution-based fabrication of narrow-disperse ABC three-segment and theta-shaped nanoparticles. Angew. Chem. Int. Edit., 2016, 55 (21) : 6290-6294.

[21] Liu B, Wei W, Qu X, et al. Janus colloids formed by biphasic grafting at a pickering emulsion interface. Angew. Chem. Int. Edit., 2008, 120 (21) : 4037-4039.

[22] Chen Q, Whitmer J K, Jiang S, et al. Supracolloidal reaction kinetics of Janus spheres. Science, 2011, 331 (6014) : 199-202.

[23] Liang F, Shen K, Qu X, et al. Inorganic janus nanosheets. Angew. Chem. Int. Edit., 2011, 50 (10) : 2427-2430.

[24] Liang F, Zhang C, Yang Z. Rational design and synthesis of Janus composites. Adv. Mater., 2014, 26 (40) : 6944-6949.

[25] 黄霞芸, 陈道勇. 大分子自组装新编. 北京: 科学出版社, 2018: 146-179.

[26] Erhardt R, Böker A, Zettl H, et al. Janus micelles. Macromolecules, 2001, 34 (4) : 1069-1075.

[27] Liu Y, Abetz V, Müller A H E. Janus cylinders. Macromolecules, 2003, 36 (21) : 7894-7898.

[28] Walther A, André X, Drechsler M, et al. Janus discs. J. Am. Chem. Soc., 2007, 129 (19) : 6187-6198.

[29] Schalch T, Duda S, Sargent D F, et al. X-ray structure of a tetranucleosome and its implications for the chromatin fibre. Nature, 2005, 436 (7047) : 138-141.

[30] Macnab R M. How bacteria assemble flagella. Annu. Rev. Microbiol., 2003, 57 (1) : 77-100.

[31] Zhang Z, Li H, Huang X, et al. Solution-based thermodynamically controlled conversion from diblock copolymers to janus nanoparticles. ACS Macro Letter, 2017, 6 (6) : 580-585.

[32] Lv L, Zhang Z, Li H, et al. Endowing polymeric assemblies with unique properties and behaviors by incorporating versatile nanogels in the shell. ACS Macro Letter, 2019, 8 (10) : 1222-1226.

[33] Cheng L, Hou G, Miao J, et al. Efficient synthesis of unimolecular polymeric Janus nanoparticles and their unique self-assembly behavior in a common solvent. Macromolecules, 2008, 41 (21) : 8159-8166.

[34] Mavila S, Eivgi O, Berkovich I, et al. Intramolecular cross-linking methodologies for the synthesis of polymer nanoparticles. Chem. Rev., 2016, 116 (3) : 878-961.

[35] Tao J, Liu G. Polystyrene-*block*-poly (2-cinnamoylethyl methacrylate) tadpole molecules. Macromolecules, 1997, 30 (8) : 2408-2411.

[36] Njikang G, Liu G, Curda S A. Tadpoles from the intramolecular photo-cross-linking of diblock

copolymers. Macromolecules, 2008, 41(15): 5697-5702.

[37] Xiang D, Jiang B, Liang F, et al. Single-chain Janus nanoparticle by metallic complexation. Macromolecules, 2020, 53(3): 1063-1069.

[38] Xiang D, Chen X, Tang L, et al. Electrostatic-mediated intramolecular cross-linking polymers in concentrated solutions. CCS Chemistry, 2019, 1(5): 407-430.

[39] Zhou F, Xie M, Chen D. Structure and ultrasonic sensitivity of the superparticles formed by self-assembly of single chain Janus nanoparticles. Macromolecules, 2013, 47(1): 365-372.

[40] Dou J, Yang R, Du K, et al. A general method to greatly enhance ultrasound-responsiveness for common polymeric assemblies. Polym. Chem., 2020, 11(19): 3296-3304.

[41] Jiang L, Xie M, Dou J, et al. Efficient fabrication of pure, single-chain janus particles through their exclusive self-assembly in mixtures with their analogues. ACS Macro Letter, 2018, 7(11): 1278-1282.

[42] MacFarlane L R, Shaikh H, Garcia-Hernandez J D, et al. Functional nanoparticles through π-conjugated polymer self-assembly. Nat. Rev. Mater., 2021, 6(1): 7-26.

[43] Service R F. How Far Can We Push Chemical Self-Assembly?. Science, 2005, 309(5731): 95.

[44] Langer R, Folkman J. Polymers for the sustained release of proteins and other macromolecules. Nature, 1976, 263(5580): 797-800.

[45] Li Z, Fan Q, Yin Y. Colloidal self-assembly approaches to smart nanostructured materials. Chem. Rev., 2022, 122(5): 4976-5067.

[46] Li G, Zhu R, Yang Y. Polymer solar cells. Nat. Photonics., 2012, 6(3): 153-161.

[47] Xu M M, Liu R J, Yan Q. Biological Stimuli-responsive polymer systems: Design, construction and controlled self-assembly. *Chinese Journal of Polymer Science*, 2018(36): 347-365.

[48] Sariciftci N S, Smilowitz L, Heeger A J, et al. Photoinduced electron transfer from a conducting polymer to buckminsterfullerene. Science, 1992, 258(5087): 1474-1476.

[49] Li Y T, Lokitz B S, Mccormick C L. Thermally responsive vesicles and their structural "locking" through polyelectrolyte complex formation. Angew. Chem. Int. Ed., 2006, 45(35): 5792-5795.

[50] Ma N, Li Y, Xu H P, et al. Dual redox responsive assemblies formed from diselenide block copolymers. J. Am. Chem. Soc., 2010, 132(2): 442-443.

[51] Song Q W, Zhou Z H, He L N. Efficient, Selective and sustainable catalysis of carbon dioxide.Green Chem., 2017(19): 3707-3728.

[52] Mocellin S, Bronte V, Nitti D. Nitric oxide, a double edged sword in cancer biology: Searching for therapeutic opportunities. Med. Res. Rev., 2007, 27(3): 317-352.

[53] Li L, Moore P K. Putative biological roles of hydrogen sulfide in health and disease: A breath of not so fresh air? Trends in Pharmacological Sciences, 2008, 29(2): 84-90.

[54] Zheng Y, Yu B, De La Cruz LK, et al. Toward hydrogen sulfide based therapeutics: Critical drug

delivery and developability issues. Med Res Rev., 2018, 38(1): 57-100.

[55] Yan Q, Sang W. H_2S gasotransmitter-responsive polymer vesicles. Chemical Science, 2016(7): 2100-2105.

[56] Yang J, Yu X, Song Q, et al. Aggregation-induced emission featured supramolecular tubisomes for imaging-guided drug delivery. Angew. Chem. Int. Ed., 2022, 61(9): e202115208.

[57] Kimura H. Physiological role of hydrogen sulfide and polysulfide in the central nervous system. Neurochem. Int., 2013, 63(5): 492-497.

[58] Vasas A, Dóka É, Fábián I, et al. Kinetic and thermodynamic studies on the disulfide-bond reducing potential of hydrogen sulfide. Nitric Oxide: Biology and Chemistry, 2015, 46: 93-101.

[59] Zhang J, Hao X, Sang W, et al. Hydrogen polysulfide biosignal-responsive polymersomes as a nanoplatform for distinguishing intracellular reactive sulfur species(RSS). Small, 2017, 13(39): 1701601.

[60] Liu X, Zhu J N, Ouyang K, et al. Peroxynitrite-biosignal-responsive polymer micelles as intracellular hypersensitive nanoprobes. Polymer Chemistry, 2018, 9(41): 5075-5079.

[61] Xu M M, Liu L X, Hu J, et al. CO-signaling molecule-responsive nanoparticles formed from palladium-containing block copolymers. ACS Macro Letters, 2017, 6(4): 458-462.

[62] Xu M M, Hao X, Hu Z W, et al. Palladium-bridged polymers as CO-biosignal-responsive self-healing hydrogels. Polymer Chemistry, 2020, 11(4): 779-783.

[63] Liu R J, Xu M M, Yan Q. Nitric oxide-biosignal-responsive polypeptide nanofilaments. ACS Macro Letters, 2020, 9(3): 323-327.

[64] Kubas G J. Breaking the H_2 marriage and reuniting the couple. Science, 2006, 314(5802): 1096-1097.

[65] Mccahill J S J, Welch G C, Stephan D W. Reactivity of "Frustrated Lewis Pairs": Three-component reactions of phosphines, a borane, and olefins. Angew. Chem. Int. Ed., 2007, 46(26): 4968-4971.

[66] Chase P A, Stephan D W. Hydrogen and amine activation by a frustrated Lewis pair of a bulky *N*-heterocyclic carbene and $B(C_6F_5)_3$. Angew. Chem. Int. Ed., 2008, 120(39): 7543-7547.

[67] Moebs-Sanchez S, Bouhadir G, Saffon N, et al.Tracking reactive intermediates in phosphine-promoted reactions with ambiphilic phosphino-boranes. Chem. Commun., 2008(29): 3435-3437.

[68] Chen L, Liu R J, Yan Q. Polymer meets frustrated Lewis pair: Second-generation CO_2-responsive nanosystem for sustainable CO_2 conversion. Angew. Chem. Int. Ed., 2018, 57(30): 9336-9340.

[69] Liu R J, Liu X, Ouyang K, et al. Catalyst-free click polymerization of CO_2 and Lewis monomers for recyclable C1 fixation and release. ACS Macro Lett., 2019, 8(2): 200-204.

[70] Zhang D, Boopathi S K, Hadjichristidis N, et al. Metal-free alternating copolymerization of CO_2 with epoxides: Fulfilling "Green" synthesis and activity. J. Am. Chem. Soc., 2016, 138(35): 11117-11120.

[71] Xu M M, Chen L, Yan Q. Gas-constructed vesicles with gas-moldable membrane architectures. Angew. Chem. Int. Ed., 2020, 59 (35): 15104-15108.

[72] Chen L, Liu R J, Hao X, et al.CO_2-cross-linked frustrated Lewis networks as gas-regulated dynamic covalent materials. Angew. Chem. Int. Ed., 2019, 58(1): 264-268.

[73] Röttger M, Domenech T, van der Weegen R, et al. High-performance vitrimers from commodity thermoplastics through dioxaborolane metathesis. Science, 2017, 356(6333): 62-65.

[74] Zhu J N, Gong Z H, Yang C Q, et al. Reshaping membrane polymorphism of polymer vesicles through dynamic gas exchange. J. Am. Chem. Soc., 2021, 143(48): 20183-20191.

[75] Gong Z H, Wang Y X, Yan Q. Polymeric partners breathe together: Using gas to direct polymer self-assembly via gas-bridging chemistry. Science China Chemistry, 2022, 65(7): 1401-1410.

[76] Zeng R J, Chen L, Yan Q. CO_2-folded single-chain nanoparticles as recyclable, improved carboxylase mimics. Angew. Chem. Int. Ed., 2020, 59(42): 18418-18422.

[77] 张俐娜. 天然高分子科学与材料. 北京: 科学出版社, 2007.

[78] Meng Y, Shi X, Cai L, et al. Triple-helix conformation of a polysaccharide determined with light scattering, AFM, and molecular dynamics simulation. Macromolecules, 2018, 51(24): 10150-10159.

[79] Martinez-Palomo A, Braislovsky C, Bernhard W. Ultrastructural modifications of the cell surface and intercellular contacts of some transformed cell strains. Cancer Res., 1969, 29(4): 925-937.

[80] Cruz-Chu E R, Malafeev A, Pajarskas T, et al. Structure and response to flow of the glycocalyx layer. Biophys. J., 2014, 106(1): 232-243.

[81] Parekh R B, Dwek R A, Sutton B J, et al. Association of rheumatoid arthritis and primary osteoarthritis with changes in the glycosylation pattern of total serum IgG. Nature, 1985, 316(6027): 452-457.

[82] Rademacher T W, Parekh R B, Dwek R A. Glycobiology. Annu. Rev. Biochem., 1988, 57: 785-838.

[83] Varki A. Glycan-based interactions involving vertebrate sialic-acid-recognizing proteins. Nature, 2007, 446(7139): 1023-1029.

[84] Bertozzi C R, Kiessling L L. Chemical glycobiology. Science, 2001, 291(5512): 2357-2364.

[85] Taylor M E, Drickamer K. Introduction to Glycobiology. Third Edition. Oxford: Oxford University Press, 2011.

[86] Varki A, Cummings R D, Esko J D, et al. Essentials of Glycobiology [Internet]. 4th ed. Cold

Spring Harbor (NY): Cold Spring Harbor Laboratory Press, 2022.

[87] Su L, Feng Y, Wei K, et al. Carbohydrate-based macromolecular biomaterials. Chem. Rev., 2021, 121(18): 10950-11029.

[88] Kimura S, Imoto M. Synthesis of polymethacryloyl-D-glucose and its copolymers with acrylonitrile. Vinyl polymerization LIV. Makromol. Chem., 1961, 50(1): 155-160.

[89] Ladmiral V, Mantovani G, Clarkson G J, et al. Synthesis of neoglycopolymers by a combination of "click chemistry" and living radical polymerization. J. Am. Chem. Soc., 2006, 128(14): 4823-4830.

[90] Becer C R, Hartmann L. Glycopolymer Code Synthesis of Glycopolymers and their Applications. The Royal Society of Chemistry, 2015.

[91] 刘世勇, 等. 大分子自组装新编. 北京: 科学出版社, 2018.

[92] Sakai F, Yang G, Weiss M S, et al. Protein crystalline frameworks with controllable interpenetration directed by dual supramolecular interactions. Nat. Commun., 2014, 5: 4634.

[93] Yang G, Zhang X, Kochovski Z, et al. Precise and reversible protein-microtubule-like structure with helicity driven by dual supramolecular interactions. J. Am. Chem. Soc., 2016, 138(6): 1932-1937.

[94] Li Z, Chen S, Gao C, et al. Chemically controlled helical polymorphism in protein tubes by selective modulation of supramolecular interactions. J. Am. Chem. Soc., 2019, 141(49): 19448-19457.

[95] Yang G, Ding H M, Kochovski Z, et al. Highly ordered self-assembly of native proteins into 1D, 2D, and 3D structures modulated by the tether length of assembly-inducing ligand. Angew. Chem. Int. Ed., 2017, 56(36): 10691-10695.

[96] Liu R, Kochovski Z, Li L, et al. Fabrication of Pascal-triangle lattice of proteins by inducing ligand strategy. Angew. Chem. Int. Ed., 2020, 59(24): 9617-9623.

[97] Bai Y, Luo Q, Liu J. Protein self-assembly via supramolecular strategies. Chem. Soc. Rev., 2016, 45(10): 2756-2767.

[98] Li Y, Tian R, Xu J, et al. Protein supramolecular polymers and their applications. Acta Polym. Sin., 2022, 53(10): 1217-1238.

[99] Luo Q, Hou C, Bai Y, et al. Protein assembly: Versatile approaches to construct highly ordered nanostructures. Chem. Rev., 2016, 116(22): 13571-13632.

[100] Sun H, Luo Q, Hou C, et al. Nanostructures based on protein self-assembly: From hierarchical construction to bioinspired materials. Nano Today, 2017, 14: 16-41.

[101] Li L, Chen G. Precise assembly of proteins and carbohydrates for next-generation biomaterials. J. Am. Chem. Soc., 2022, 144(36): 16232-16251.

[102] Su L, Wang C, Polzer F, et al. Glyco-inside micelles and vesicles directed by protection-

deprotection chemistry. ACS Macro. Lett., 2014, 3(6): 534-539.

[103] Wu X, Su L, Chen G, et al. Deprotection-induced micellization of glycopolymers: Control of kinetics and morphologies. Macromolecules, 2015, 48(11): 3705-3712.

[104] Zhao Y, Zhang Y, Wang C, et al. The role of protecting groups in synthesis and self-assembly of glycopolymers. Biomacromolecules, 2017, 18(2): 568-575.

[105] Qi W, Zhang Y, Wang J, et al. Deprotection-induced morphology transition and immuno-activation of glyco-vesicles: A strategy of smart delivery polymersomes. J. Am. Chem. Soc., 2018, 140(28): 8851-8857.

[106] Yang J, Du Q, Li L, et al. Glycosyltransferase-induced morphology transition of glycopeptide self-assemblies with proteoglycan residues. ACS Macro. Lett., 2020, 9(7): 929-936.

[107] 曾雅, 刘荣营, 李龙, 等. 唾液酸切除动力学对糖肽纤维形貌演变的影响. 高分子学报, 2022, 53(12): 1466-1474.

[108] Liu Y, Zhang Y, Wang Z, et al. Building nanowires from micelles: Hierarchical self-assembly of alternating amphiphilic glycopolypeptide brushes with pendants of high-mannose glycodendron and oligophenylalanine. J. Am. Chem. Soc., 2016, 138(38): 12387-12394.

[109] Liu R, Zhang R, Li L, et al. A comprehensive landscape for fibril association behaviors encoded synergistically by saccharides and peptides. J. Am. Chem. Soc., 2021, 143(17): 6622-6633.

[110] Su L, Zhao Y, Chen G, et al. Polymeric vesicles mimicking glycocalyx (PV-Gx) for studying carbohydrate-protein interactions in solution. Polym. Chem., 2012, 3(6): 1560-1566.

[111] Sun P, He Y, Lin M, et al. The glyco-regioisomerism effect on lectin-binding and cell-uptake pathway of glycopolymer-containing nanoparticles. ACS Macro. Lett., 2014, 3(1): 96-101.

[112] Yang G, Zheng W, Tao G, et al. Diversiform and transformable glyconanostructures constructed from amphiphilic supramolecular metallocarbohydrates through hierarchical self-assembly: The balance between metallacycles and saccharides. ACS Nano, 2019, 13(11): 13474-13485.

[113] Su L, Zhang W, Wu X, et al. Glycocalyx-mimicking nanoparticles for stimulation and polarization of macrophages via specific interactions. Small, 2015, 11(33): 4191-4200.

[114] Zhang Y, Wu L, Li Z, et al. Glycocalyx-mimicking nanoparticles improve anti-PD-L1 cancer immunotherapy through reversion of tumor-associated macrophages. Biomacromolecules, 2018, 19(6): 2098-2108.

[115] Wu L, Zhang Y, Li Z, et al. "Sweet" architecture-dependent uptake of glycocalyx-mimicking nanoparticles based on biodegradable aliphatic polyesters by macrophages. J. Am. Chem. Soc., 2017, 139(41): 14684-14692.

[116] Li Z, Sun L, Zhang Y, et al. Shape effect of glyco-nanoparticles on macrophage cellular uptake and immune response. ACS Macro. Lett., 2016, 5(9): 1059-1064.

[117] Lin M, Zhang Y, Chen G, et al. Supramolecular glyco-nanoparticles toward immunological applications. Small, 2015, 11(45): 6065-6070.

[118] Yao L, Wu L, Wang R, et al. Liposome-based carbohydrate vaccine for simultaneously eliciting humoral and cellular antitumor immunity. ACS Macro. Lett., 2022, 11(8): 975-981.

[119] Chang C J, Lin C S, Lu C C, et al. *Ganoderma lucidum* reduces obesity in mice by modulating the composition of the gut microbiota. Nat. Commun., 2015, 6: 7489.

[120] Song Q, Wang Y, Huang L, et al. Review of the relationships among polysaccharides, gut microbiota, and human health. Food Res. Int., 2021, 140: 109858.

[121] International Diabetes Federation. IDF Diabetes Atlas 10th edition[EB/OL]. [2022-12-24]. https://diabetesatlas.org/.

[122] Alberti K G, Zimmet P Z. Definition, diagnosis and classification of diabetes mellitus and its complications. Part 1: diagnosis and classification of diabetes mellitus provisional report of a WHO consultation. Diabet. Med., 1998, 15(7): 539-553.

[123] Wang C D, Teng B S, He Y M, et al. Effect of a novel proteoglycan PTP1B inhibitor from *Ganoderma lucidum* on the amelioration of hyperglycaemia and dyslipidaemia in db/db mice. Br. J. Nutr., 2012, 108(11): 2014-2025.

[124] Sun L, Zheng Z M, Shao C S, et al. Rational design by structural biology of industrializable, long-acting antihyperglycemic GLP-1 receptor agonists. Pharmaceuticals(Basel), 2022, 15(6): 740.

[125] Xu Q, Luo J, Wu N, et al. BPN, a marine-derived PTP1B inhibitor, activates insulin signaling and improves insulin resistance in C2C12 myotubes. Int. J. Biol. Macromol., 2018, 106: 379-386.

[126] Teng B S, Wang C D, Yang H J, et al. A protein tyrosine phosphatase 1B activity inhibitor from the fruiting bodies of *Ganoderma lucidum*(Fr.) Karst and its hypoglycemic potency on streptozotocin-induced type 2 diabetic mice. J. Agric. Food Chem., 2011, 59(12): 6492-6500.

[127] Pan D, Wang L, Chen C, et al. Structure characterization of a novel neutral polysaccharide isolated from *Ganoderma lucidum* fruiting bodies. Food Chem., 2012, 135(3): 1097-1103.

[128] Pan D, Wang L, Chen C, et al. Isolation and characterization of a hyperbranched proteoglycan from *Ganoderma lucidum* for anti-diabetes. Carbohydr. Polym., 2015, 117: 106-114.

[129] Pan D, Wang L, Hu B, et al. Structural characterization and bioactivity evaluation of an acidic proteoglycan extract from *Ganoderma lucidum* fruiting bodies for PTP1B inhibition and anti-diabetes. Biopolymers, 2014, 101(6): 613-623.

[130] Yu F, Wang Y, Teng Y, et al. Interaction and Inhibition of a *Ganoderma lucidum* proteoglycan on PTP1B activity for anti-diabetes. ACS Omega, 2021, 6(44): 29804-29813.

[131] Pan D, Zhang D, Wu J, et al. Antidiabetic, antihyperlipidemic and antioxidant activities of a

novel proteoglycan from *Ganoderma lucidum* fruiting bodies on db/db mice and the possible mechanism. PLoS One, 2013, 8(7): e68332.

[132] Teng B S, Wang C D, Zhang D, et al. Hypoglycemic effect and mechanism of a proteoglycan from *Ganoderma lucidum* on streptozotocin-induced type 2 diabetic rats. Eur. Rev. Med. Pharmacol. Sci., 2012, 16(2): 166-175.

[133] Pan D, Zhang D, Wu J, et al. A novel proteoglycan from *Ganoderma lucidum* fruiting bodies protects kidney function and ameliorates diabetic nephropathy via its antioxidant activity in C57BL/6 db/db mice. Food Chem. Toxicol., 2014, 63: 111-118.

[134] Pan Y, Yuan S, Teng Y, et al. Antioxidation of a proteoglycan from *Ganoderma lucidum* protects pancreatic β-cells against oxidative stress-induced apoptosis *in vitro* and *in vivo*. Int. J. Biol. Macromol., 2022, 200: 470-486.

[135] Yang Z, Wu F, He Y, et al. A novel PTP1B inhibitor extracted from *Ganoderma lucidum* ameliorates insulin resistance by regulating IRS1-GLUT4 cascades in the insulin signaling pathway. Food Funct., 2018, 9(1): 397-406.

[136] Yang Z, Chen C, Zhao J, et al. Hypoglycemic mechanism of a novel proteoglycan, extracted from *Ganoderma lucidum* , in hepatocytes. Eur. J. Pharmacol., 2018, 820: 77-85.

[137] Zhang Y, Pan Y, Li J, et al. Inhibition on alpha-glucosidase activity and non-enzymatic glycation by an anti-oxidative proteoglycan from *Ganoderma lucidum*. Molecules, 2022, 27(5): 1457.

[138] He Y M, Zhang Q, Zheng M, et al. Protective effects of a *G. lucidum* proteoglycan on INS-1 cells against IAPP-induced apoptosis via attenuating endoplasmic reticulum stress and modulating CHOP/JNK pathways. Int. J. Biol. Macromol., 2018, 106: 893-900.

[139] Yuan S, Pan Y, Zhang Z, et al. Amelioration of the lipogenesis, oxidative stress and apoptosis of hepatocytes by a novel proteoglycan from *Ganoderma lucidum*. Biol. Pharm. Bull., 2020, 43(10): 1542-1550.

[140] Liang H, Pan Y, Teng Y, et al. A proteoglycan extract from *Ganoderma lucidum* protects pancreatic beta-cells against STZ-induced apoptosis. Biosci. Biotechnol. Biochem., 2020, 84(12): 2491-2498.

[141] Teng Y, Liang H, Zhang Z, et al. Biodistribution and immunomodulatory activities of a proteoglycan isolated from *Ganoderma lucidum*. J. Funct. Foods, 2020, 74: 104193.

[142] Wu X, Jiang L, Zhang Z, et al. Pancreatic cancer cell apoptosis is induced by a proteoglycan extracted from *Ganoderma lucidum*. Oncol. Lett., 2021, 21(1): 34.

[143] Yang Z, Wu F, Yang H, et al. Endocytosis mechanism of a novel proteoglycan, extracted from *Ganoderma lucidum*, in HepG2 cells. RSC Adv., 2017, 7(66): 41779-41786.

[144] Yang Z, Zhang Z, Zhao J, et al. Modulation of energy metabolism and mitochondrial

biogenesis by a novel proteoglycan from *Ganoderma lucidum*. RSC Adv., 2019, 9(5): 2591-2598.

[145] Sun Q, Zhao J, Zhang Y, et al. A natural hyperbranched proteoglycan inhibits IAPP amyloid fibrillation and attenuates β-cell apoptosis. RSC Adv., 2016, 6(107): 105690-105698.

[146] Yu F, Teng Y, Yang S, et al. The thermodynamic and kinetic mechanisms of a *Ganoderma lucidum* proteoglycan inhibiting hIAPP amyloidosis. Biophys. Chem., 2022, 280: 106702.

第 5 章　光电能源高分子

本章将重点介绍光电能源高分子材料，首先概述了纤维聚合物锂离子电池，及其纤维电极和聚合物凝胶电解质，并突出了纤维聚合物锂离子电池的连续化制备工艺。然后围绕光电功能高分子材料的设计合成和应用，介绍了共轭聚合物分子结构及聚集态设计原理以及具有独特光功能性质的化合物及高分子材料，进一步针对光电功能高分子材料的器件应用，讨论了材料光刻图案化加工、器件集成，并说明了其在光电探测、化学生物传感领域的潜在应用。最后基于能源的存储和转换，在太阳能转换中，关注于共价有机框架的设计、合成以及在光催化分解水产氢和光热转换中的应用；在电催化中，介绍了具有局域微结构活性区电催化剂材料的合成、特点、原位表征技术以及适用的电催化反应；在能量存储的应用中，着重介绍了石墨烯的规模化制备技术，包括超高浓度石墨烯的水相剥离、三维石墨烯结构的构建、高质量石墨烯和超大片氧化石墨烯的宏量制备等。

5.1　纤维聚合物锂离子电池

近二十年来，电子设备不断向轻薄化、微型化、柔性化和集成化的方向快速发展，迫切需要发展与之相匹配的供能系统，以解决智能通信、移动医疗等新兴领域的实际应用要求[1-3]。然而，传统三维块状结构的电池在设计成柔性的过程中面临许多挑战，例如，在反复变形条件下，电池内部各功能组分界面容易出现缺陷，导致电池局部失效，甚至断裂[4,5]。此外，较大体积的块状器件也难以与不规则表面(如人体)完全贴合，极大地影响产品设计与用户体验。

为了真正满足可穿戴的需求，基于聚合物分子设计与合成，结合电化学储能电池机制与器件结构创新，彭慧胜课题组发展了具有独特一维纤维构型的新型柔性纤维电池，制备了以锂离子电池为代表的新型柔性电化学储能系统。这类一维的、直径介于几十微米到几百微米的纤维电池可以适应各种复杂形变，能够在与人体紧密接触的情况下稳定运行，还可以进一步将此类纤维电池编织为透气的纺织品，作为柔性供能系统与各类可穿戴电子器件相集成(图 5.1)。

2012 年，彭慧胜课题组在国际上提出并构建了纤维锂离子电池[6]，经过近十年基础研究及工艺优化，于 2021 年率先实现了可规模化生产、电化学性能达到第三方认证标准的纤维聚合物锂离子电池[7]，其器件整体能量密度可满足现有商用便携电子设备如平板电脑的供电需求，并进一步开发了可通过聚合物湿法“纺

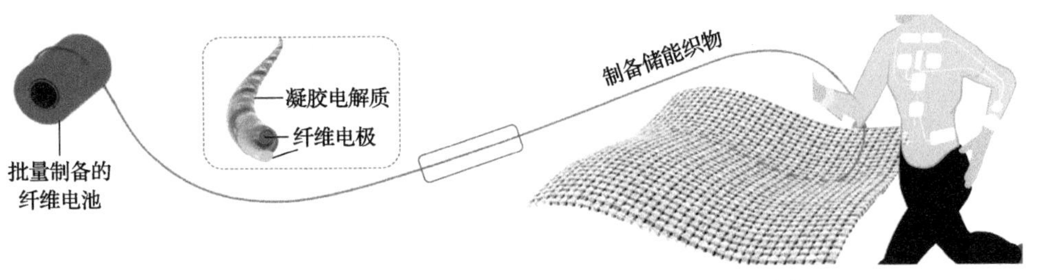

图 5.1 从纤维聚合物锂离子电池到柔性储能织物[12]

丝”一步法制备的纤维水系锂离子电池[8]。与此同时，他们发展了构建新型纤维电池的普适性方案，成功开发并实现了纤维聚合物水系锂离子电池[9]、纤维锂-硫电池[10]、纤维钠/锌离子电池[11-14]、纤维锂/钠/锌/铝-空气电池等[15-18]，以及各类基于上述纤维电池的纤维/织物集成系统[19-21]。这类以纤维聚合物锂离子电池为代表的新型供能系统在可穿戴电子设备、新型通信技术、生物医学电子设备和人工智能等领域具有广泛的应用前景。

通过开发高性能纤维电极，以及与之匹配的凝胶电解质，彭慧胜课题组主要发展了两类具有普适性的纤维电池构型：缠绕(平行)结构与同轴结构[22]。其中，将正、负极两根纤维电极平行排列分别置于隔膜两侧，或者分别涂覆凝胶电解质后互相缠绕，以类似于纱线加捻的形式获得纤维聚合物电池是最为常见的一种方式[图 5.2(a)]。对于同轴结构，其制备方法为在一根纤维电极上依次涂覆凝胶电解质层和沉积第二电极活性物质层以构成纤维电池的主体功能部分。同轴结构的纤维电池中的外层电极活性材料层和电解质层厚度通常具有较强的可控性，其厚度可在几十微米至数百微米间调节，并可以通过聚合物连续挤出法制备。当纤维电池进一步面向编织及电子织物等规模化应用时，他们发展了将多根纤维器件编织、集成为柔性能源织物的策略，这样的集成设计可以保证即使当部分纤维器件出现故障时，整个储能织物依然能够保持工作[图 5.2(b)，(c)]。同时，通过纺织技术将纤维电池与其他功能纤维电子器件在织物层面进行集成，实现了基于“全织物”形态的柔性多功能集成系统[图 5.2(d)][8]。

目前，锂离子电池由于其高能量密度和长循环寿命，在电子设备的供能模块中占据主导地位。高性能纤维聚合物锂离子电池有望直接为现有柔性电子设备供能，因此，柔性纤维电池领域的研究主要聚焦于高性能纤维聚合物锂离子电池的开发及应用。构建以纤维聚合物锂离子电池为代表的高性能纤维电池在科学问题和制备技术中存在一系列挑战。如果直接将传统的平板电池设计转化为纤维结构，由于纤维结构的高曲率，将会面临锂离子电池活性材料单位长度负载量低、电极/电解液界面不稳定、纤维长轴方向上电荷传输效率低等问题。因此，制备高性能纤维电极，发展适合柔性纤维电池构型的凝胶电解质，以及实现大规模、连续化的纤维电池生产至关重要。本节将以纤维聚合物锂离子电池为代表，结合彭慧胜

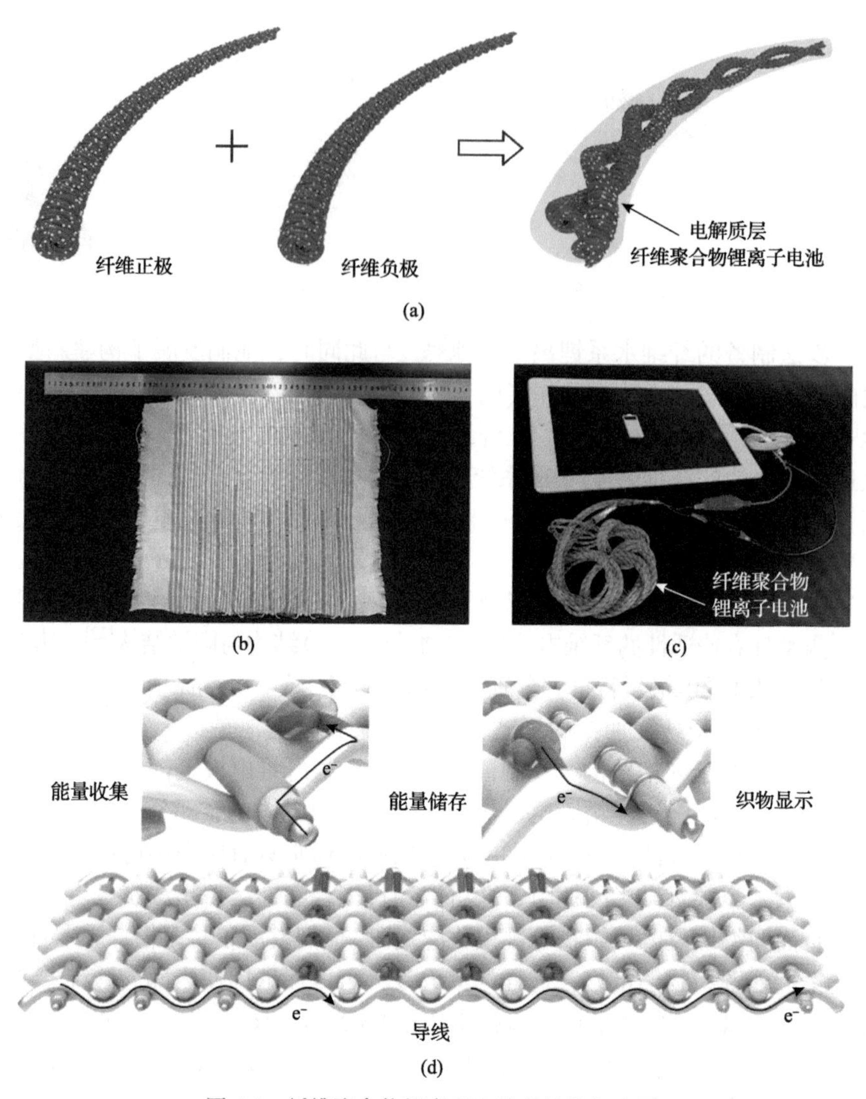

图 5.2 纤维聚合物锂离子电池的结构与应用

(a) 典型缠绕结构的纤维聚合物锂离子电池结构示意图[3]；(b) 由纤维聚合物锂离子电池编织而成的柔性储能织物[3]；(c) 弯折的纤维聚合物锂离子电池为商用平板电脑供电[3]；(d) 基于纤维聚合物锂离子电池功能模块的“全织物”柔性多功能集成系统[8]

课题组近年研究工作，就以上重点工作进行详细讨论，并总结纤维聚合物锂离子电池发展中的科学问题与作用机制。

5.1.1 纤维电极

纤维电极是决定纤维电子器件特别是纤维聚合物锂离子电池功能和性能的关键材料。构建高性能纤维电极的重点之一在于，不同于块状或平面锂离子电池，由于难以在高曲率纤维表面连续、稳定地制备锂离子电池正负极活性材料层，因此实现纤维电极的组成和电池各功能组分(如正负极活性材料、导电剂、黏结剂等)间的稳定界面和可控微观结构至关重要。另一点则是在构建过程中需使纤维电极整体具备一定的柔性和导电性[23]。

典型的纤维电极由活性物质功能层和纤维集流体构成。由于锂离子电池电极材料多为无机颗粒(如钴酸锂、石墨)或高分子(如聚酰亚胺)，通常很难直接加工为纤维形态，因此需要采用导电纤维作为集流体并维持整体纤维状结构。其中，纤维集流体的主要成分包括碳基纳米材料、导电高分子及金属。目前，开发高性能柔性纤维电极面临的最大挑战在于，在大幅度弯曲、折叠等变形过程中，直接涂覆或沉积在纤维集流体表面的电极活性材料和集流体很容易发生分离，导致纤维电极内导电通路失效，并最终引发电池失效、短路等问题。为此，彭慧胜课题组重点提出并发展了多种高性能纤维电极材料的共组装方法，具体可归纳为三类：限域涂覆法、原位合成法和物理沉积法。

限域涂覆法主要面向较为成熟的、基于锂离子电池活性材料的纤维电极的大规模制备，通过聚合物黏结剂和电解质的分子结构、浆料配比设计，实现高产率下纤维电极的稳定、均匀涂覆[图 5.3(a)][7, 19]。不同于常规锂离子电池中电极活性浆料在平面薄膜集流体上的涂覆，电极浆料在具有高曲率的纤维集流体上涂覆很容易形成不均匀的“挂珠”现象，这是由于电极浆料受到更高的表面张力所造成的。为了提高涂覆法制备的纤维电极中界面黏附力和稳定性，彭慧胜课题组分别在正负极活性物质浆料中调节、优化了黏结剂聚偏二氟乙烯(PVDF)和羧甲基纤维素钠(CMC)/丁苯橡胶(SBR)的质量配比[7]。通过优化发现，活性物质浆料中含5%(质量分数)的黏结剂最适宜大规模、连续化的纤维电极生产[图 5.3(b)，(c)]。优化聚合物黏结剂后的电极浆料黏度更大，成膜性显著提高，有效降低了“挂珠”现象的形成，由其制备的纤维聚合物锂离子电池表现出稳定的活性物质负载量和电化学性能[图 5.3(d)]。依据此方法可连续化制备百米级、涂覆均匀的纤维电极，且该纤维电极可承受数十万次毫米级弯曲半径的弯折测试而没有产生电极活性材料的脱落或开裂。同时，通过聚合物黏结剂分子种类与配比的优化，结合电极浆料黏度与涂覆速度的调节，他们进一步发展了微孔限域涂覆法，即将涂覆活性物质浆料后的纤维电极，在干燥步骤前，快速穿过一个尺寸可调的微孔，一方面进一步调控稳定涂覆层的厚度，利于聚合物活性浆料的成型，另一方面也保证了涂覆浆料层的均匀性[图 5.3(a)][19]。基于聚合物黏结剂的组分调控及微孔限域涂覆的制备策略，可同时得到高载量的锂离子电池纤维正、负极。

原位合成法即在纤维集流体表面直接原位制备、合成活性材料层。主要包含面向有机高分子材料的原位聚合法和面向无机活性材料的原位水热法，在纤维集流体上先引入前驱体，后通过表面原位合成策略在纤维集流体表面原位生长电极

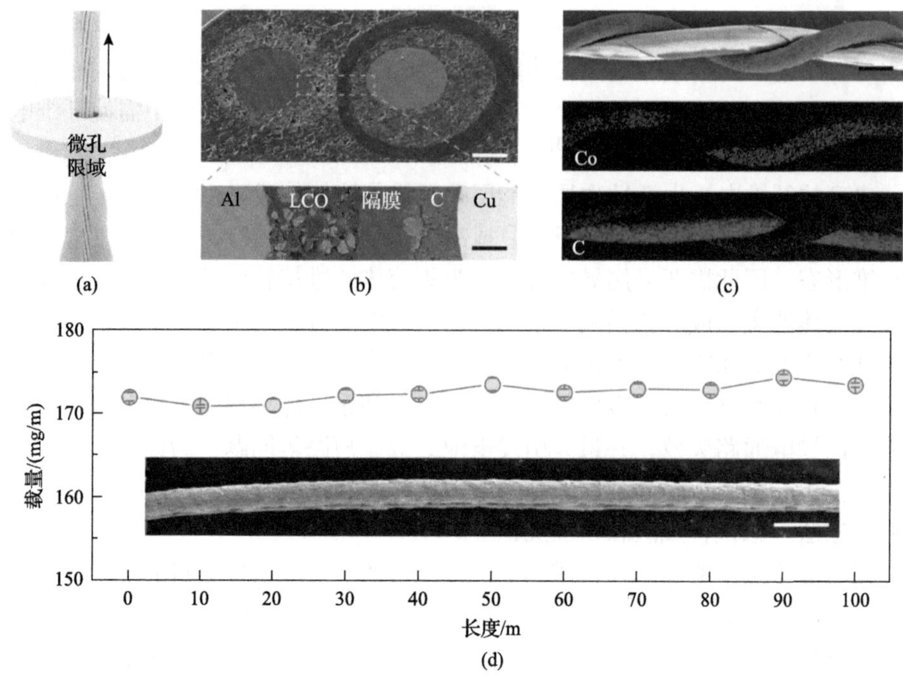

图 5.3　限域涂覆法制备纤维电池

(a)限域涂覆法制备纤维电极示意图[19]；(b)通过限域涂覆法所制备纤维锂离子电池截面扫描电子显微镜照片及纤维电池内部功能组分标示[7]；(c)通过限域涂覆法所制备纤维锂离子电池整体扫描电子显微镜照片及正、负极活性物质能谱图[7]；(d)通过限域涂覆法所制备纤维锂离子电池电极规模化生产条件下活性物质载量沿纤维长度方向均匀分布[7]

活性材料从而制备纤维电极(图 5.4)[24-26]。相较于涂覆法，原位合成法得到的纤维电极组分更加简单，基本不需要除电极活性物质外的其他功能组分，如导电剂和黏结剂等，同时纤维电极中贡献电容量的比例也更高，有利于纤维电池整体能量密度的提升。例如，通过将聚酰亚胺前驱体小分子溶于乙二胺中得到分散液，并将其浸润、负载到取向碳纳米管纤维集流体上，经加热、回流步骤即可获得活性物质聚酰亚胺高达 53%(质量分数)的纤维水系锂离子电池负极纤维(图 5.5)[9]。进一步将其与锰酸锂($LiMn_2O_4$)/碳纳米管复合正极纤维匹配，即可得到功率密度高达 10217.74 Wh/kg 的纤维水系聚合物锂离子电池。原位制备方法除了可直接在纤维集流体表面构建均匀的活性物质层外，还可以进一步用于在已负载了活性物质的纤维电极表面构建功能保护层以实现更稳定的电极[14]。在二氧化锰(MnO_2)/碳纳米管纤维负极的表面进一步通过原位制备法构建聚苯胺功能层，得益于导电高分子聚苯胺层薄膜的引入，所得到的负极纤维倍率性能明显提升，且电极整体力学稳定性也得到了增强[14]。通过原位合成法构建聚合物功能层在纤维聚合物钠离子电池和锌离子电池中也起着重要的作用。

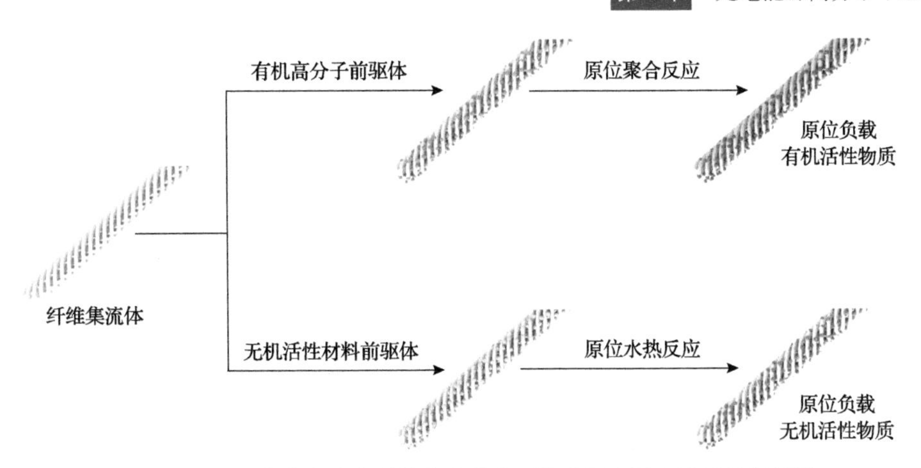

图 5.4　通过原位合成法在纤维集流体表面构建锂离子电池活性材料层

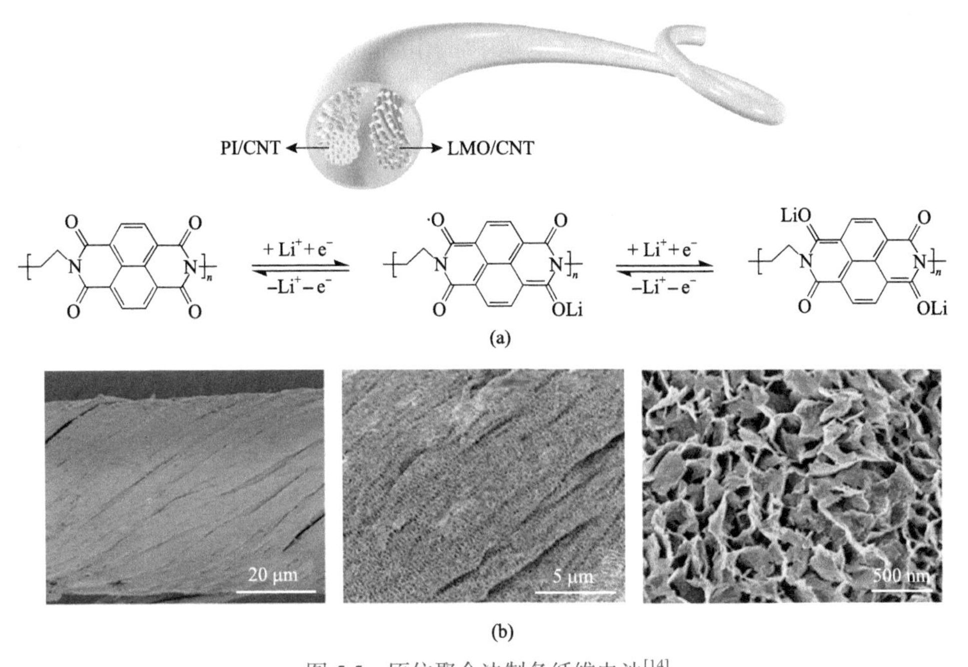

图 5.5　原位聚合法制备纤维电池[14]

(a)通过原位聚合法制备基于聚酰亚胺/取向碳纳米管复合纤维负极的纤维聚合物水系锂离子电池示意图及工作原理；(b)原位聚合法制备的聚酰亚胺/取向碳纳米管复合纤维负极扫描电子显微镜照片

物理沉积法主要基于碳纳米材料(如具有高取向度的碳纳米管栅结构)的纤维集流体与活性物质的组装方法，可以满足几乎所有活性材料的加工要求，通过物理沉积法在碳纳米管集流体表面沉积活性材料，再整体加捻成纤维电极[27-29]。物理沉积法中沉积材料的尺寸介于几纳米至几十微米之间，并在加捻后被三维、多孔碳纳米管网络结构紧密包缠。由物理沉积法制备的碳纳米管复合纤维电极中，碳纳米管既作为集流体，又同时起到黏结剂和导电剂的作用，其最终活性材料负载量可进一步提高至 90%，且得益于碳纳米管管束优异的电学性能，电池活性物质在充放电过程中的利用率更高。通过该方法构建的锰酸锂复合锂离子电池纤维电极，测试比容量可达 105 mAh/g，与其在商用平面锂离子电池中的测试值 110～120 mAh/g 基本持平[30]。此外，彭慧胜课题组发现，具有纳米组装结构的碳纳米管复合纤维电极/集流体在弯折时，具有较小的弯曲应力，且沿其长轴方向均匀分布，而无纳米结构的碳纤维或其他材料的均质纤维电极相比之下在弯曲变形条件下会出现应力集中现象并产生较大的应力[图 5.6(a)]。更重要的是，在通过物理沉积法构建的复合纤维电极中，由高柔韧性的取向碳纳米管所构成的三维包缠结构，能够对包裹其中的电极活性材料，特别是充放电过程中体积变化系数较大的负极材料，起到体积限制效应，使得纤维电极在发生形变时，活性材料与碳纳米管之间的界面保持稳定，并有效抑制了充放电过程中活性材料体积膨胀导致电池失效的难题[图 5.6(b)]。以锂离子电池中常用的硅负极为例，如果将硅负极颗粒

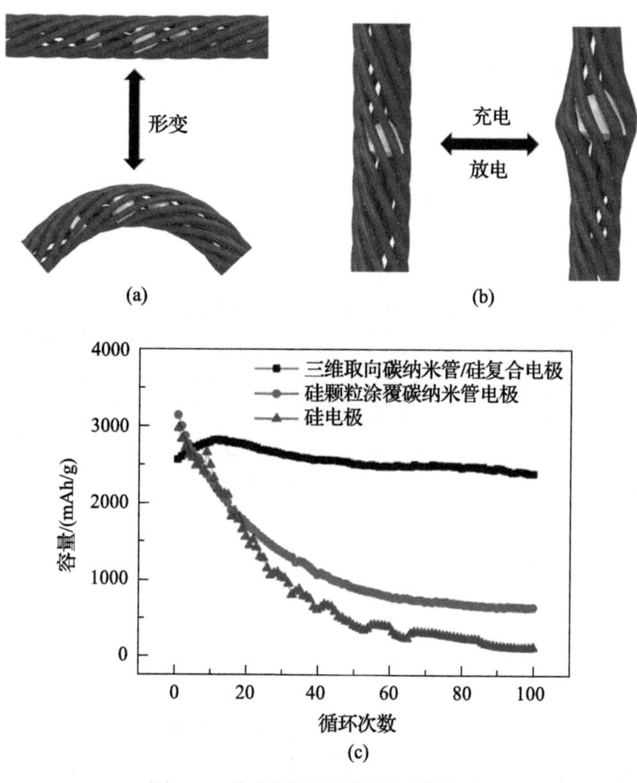

图 5.6 物理沉积法制备纤维电池

(a)通过物理沉积法负载锂离子电池活性物质后的纤维电极面向形变情况下的结构稳定性[22]；(b)物理沉积法所制备纤维电极充放电过程中活性物质颗粒在体积膨胀情况下的结构稳定性[22]；(c)基于物理沉积法所制备的取向碳纳米管/硅复合纤维电极(黑色曲线)1A/g 电流密度下循环稳定性较其他方法所制备纤维电极表现出明显提升[33]

直接滴涂于碳纳米管纤维集流体表面，而没有采用取向包缠结构，100 次充放电容量保持率仅为 42%[31-33]。而具有包缠结构的取向碳纳米管/硅复合纤维电极的比容量高达 2240 mAh/g，硅负极材料利用率接近 100%，且在 5*C* 倍率下循环 100 次后容量保持率仍可达 88%，显示出物理沉积包缠结构纤维电极的有效性[图 5.6(c)][33]。

除了电化学性能外，良好的柔性和可拉伸性也是纤维聚合物锂离子电池在后续可穿戴、可编织应用的重要基础[34]。构建弹性器件需引入可拉伸聚合物基底，通过制备新型取向碳纳米管/高弹性聚合物(聚二甲基硅氧烷)纤维基底，彭慧胜课题组制备出可拉伸 1000%的弹性纤维聚合物电极[35]。但是电化学惰性的聚合物弹性基底增加了电极的体积和质量，降低了所制备纤维锂离子电池整体的能量密度。为此，他们基于纤维电极独特的一维结构，通过多级螺旋结构来构建具有本征弹性的纤维电极[36]。他们发现，螺旋纤维电极中的多级孔道结构有利于电解质的亲和和扩散。具有微米和纳米多尺度孔道结构的纤维电极，电解液可以在毫秒时间内实现对纤维集流体结构的浸润，因此电解液与集流体和活性材料接触更充分，可以实现更高效的离子传输，这对于锂离子电池纤维电极大规模的制备具有重要意义(图 5.7)。多尺度孔道结构利于聚合物电解质的浸润，与未形成螺旋结构的情况相比，其纤维长度比容量增加了 6 倍。他们也进一步发展了氧等离子体刻蚀等方法，来调控基于碳纳米管多级纤维表面结构化学性质的策略，以提高纤维电极的浸润特性。这种复合纤维电极结构更加紧密，大大提升了活性组分含量，配合聚合物凝胶电解质所制备的纤维聚合物锂离子电池，拉伸量可达 100%，并且可在反复拉伸 300 次后实现高于 99%的容量保持率[36]。

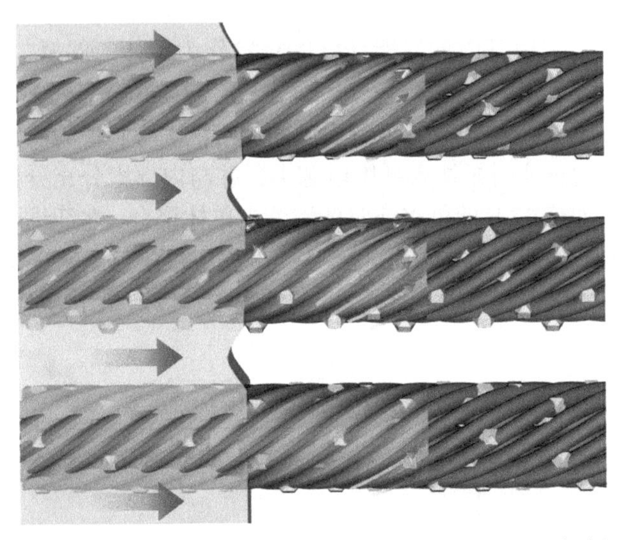

图 5.7 物理沉积法负载锂离子电池活性物质后的纤维电极可通过电极中多级孔道结构实现电解质的高效浸润，进而促成纤维聚合物锂离子全电池的有效组装[22]

此外，彭慧胜课题组通过在纤维电极中添加其他聚合物功能组分，使纤维电极或纤维聚合物锂离子电池获得其他功能。如通过向纤维电极中引入自修复聚合物使纤维电池整体获得自修复性，通过在纤维电极表面复合形状记忆高分子获得具有形状记忆功能的纤维电池，以及在纤维电极表面原位沉积电致变色聚苯胺功能层使纤维电池获得电压响应变色特性[37-39]。与此类似，除了纤维聚合物锂离子电池，通过相似的方法他们也发展了一系列功能性纤维电极用于构建纤维太阳能电池、纤维传感器、电致发光纤维等多种纤维器件，并可进一步通过纺织学集成方法将各种纤维器件与纤维聚合物锂离子电池进行高效集成[40]。

5.1.2 聚合物凝胶电解质

聚合物凝胶电解质介于液态电解质和固态电解质之间，不仅可以作为电解质，还可以作为隔膜以减少电解液的泄漏以及改善固态电解质的界面电阻[41]。在纤维聚合物锂离子电池中使用聚合物凝胶电解质替代液态电解质，有利于提高纤维电极界面稳定性，并能有效降低纤维电池在大规模制备情况下的工艺难度及制备成本。值得关注的是，凝胶电解质基本不存在挥发及漏液等问题，其使用也可大大提高所制备纤维电池的安全性能。但聚合物凝胶电解质的问题在于其离子电导率相对较低，对所制备纤维电池的倍率性能有所影响。同时，相较于电解液，聚合物凝胶电解质较高的黏度和较低的流动性导致其与多孔纤维电极的浸润性较低，从而降低其电极活性材料的利用率以及纤维聚合物锂离子电池器件整体的能量密度。

为此，面向纤维聚合物锂离子电池的大规模制备，彭慧胜课题组发展了凝胶电解质的原位聚合法，合成与多孔电极具有良好界面的聚合物凝胶电解质(图 5.8)[7]。他们以聚(乙二醇)二甲基丙烯酸酯(PEGDMA)作为单体，偶氮二异丁腈(AIBN)作为热引发剂，溶于碳酸乙烯酯(EC)和碳酸二乙酯(DEC)溶剂中，并加入六氟磷酸锂($LiPF_6$)作为锂盐，制备凝胶电解质前驱体溶液。所制备的前驱体溶液具有良好的流动性，可通过注射泵注入纤维电芯中，并与内部组分充分接触、浸润。随后，通过在 60℃加热 12 h 即可将前驱体溶液内单体聚合，在纤维电极中原位形成聚合物凝胶电解质。所得到的凝胶电解质与纤维电极接触紧密，即使将所得到的纤维聚合物锂离子电池在弯曲半径 1 cm 的情况下连续弯折十万次，其电池容量仍

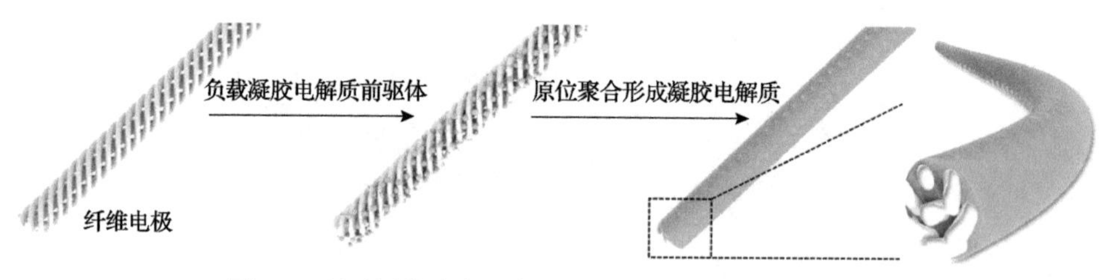

图 5.8 通过原位聚合法在纤维电极上制备凝胶电解质层

展现出超过 90%的保持率[7]。

虽然聚合物凝胶电解质的前驱体溶液具有良好的流动性，但由于封装后纤维电池的长径比较大，在向封装管内部注液时面临较大的压强，导致注液速度较慢、生产工艺难度较大。相比之下，通过类似聚合物溶液纺丝法在制备纤维电极时直接原位制备凝胶电解质层，则可避免上述问题，并实现纤维聚合物锂离子电池的一体化连续化制备[8]（图 5.9）。为此，彭慧胜课题组将硫酸锂（Li_2SO_4）作为锂盐，壳聚糖和聚乙烯醇共同作为聚合物骨架，制备了可快速凝胶化、黏度可调的凝胶电解质纺丝液。其中，先将对硫酸锂具有较好相容性的壳聚糖与硫酸锂混合并溶于乙酸水溶液，随后加入聚乙烯醇（PVA）组分提升凝胶电解质中聚合物骨架组分占比，以调控凝胶电解质的力学性能，从而与挤出制备纤维电极的活性物质浆料相匹配。将凝胶电解质与电极浆料共挤出后，电解质可与多孔纤维电极间形成连续的紧密接触，连续挤出长度为 100 m 的纤维聚合物电池内部各功能组分界面清晰分明，80℃烘干 1 h 即可得到纤维水系聚合物锂离子电池。目前彭慧胜课题组也聚焦于继续提高凝胶电解质与纤维电极间的界面作用，提高凝胶电解质的离子电导率，降低单位容量凝胶电解质的用量，以及通过凝胶电解质提升纤维电池的首圈库仑效率。

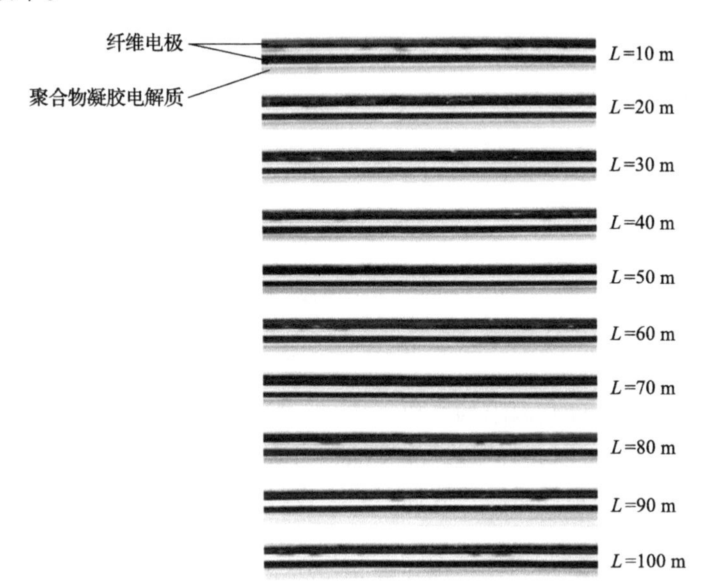

图 5.9　通过聚合物溶液纺丝法制备的百米级纤维电池各功能组分均匀分布[8]

5.1.3　纤维聚合物锂离子电池的连续化制备

经过电极材料开发、纤维电极制备、凝胶电解质设计等几个方面的不断探究，纤维聚合物锂离子电池取得了系列进展，但仍然面临一些重大难题，限制了它的实际应用，特别是其规模化制备的重大挑战。面向块状锂离子电池的传统生产体系很难适用于纤维聚合物锂离子电池，在国际上纤维锂电池的连续化制备研究几乎是空白。这是因为，人们通常认为纤维锂离子电池长度越长，其内阻越大，因此长纤维锂离子电池的性能较差。所报道的纤维锂离子电池长度往往在厘米尺度，其基于整体质量的能量密度也较低，通常小于 1 Wh/kg。然而，在彭慧胜课题组研究及优化纤维锂离子电池连续化制备的过程中意外发现，纤维锂离子电池的内阻随长度增加而降低，进一步探究发现纤维锂离子电池的内阻与电池长度呈双曲余切函数关系，即随着长度的增加内阻先降低后逐步趋于稳定[7]。使用电导率较高的纤维集流体，有利于进一步降低纤维锂离子电池的内阻。他们通过采用多种常见集流体材质的纤维电极，系统地验证了上述关系规律，为纤维锂离子电池的连续构建奠定了理论基础(图 5.10)。

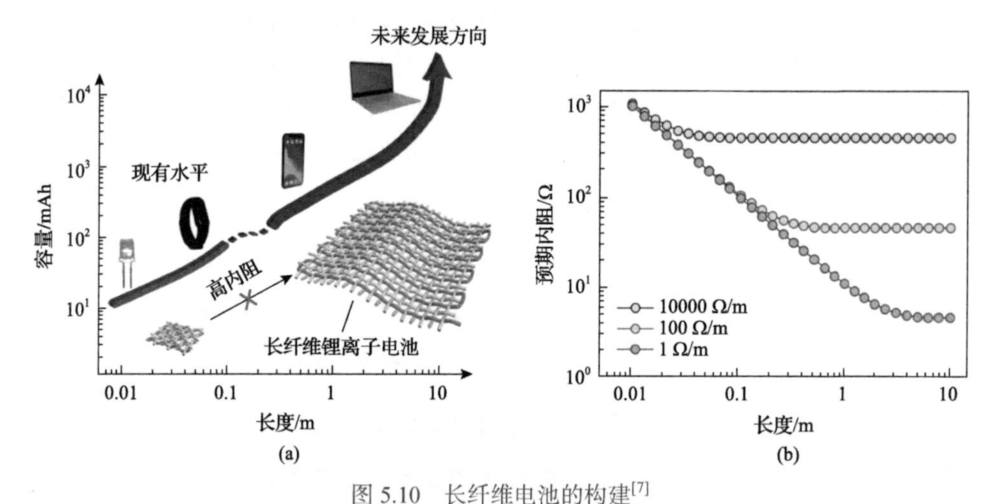

图 5.10　长纤维电池的构建[7]

(a)克服纤维电池内阻连续构建长纤维锂离子电池可以有效满足各种电子产品的用电需求；(b)纤维集流体电导率对纤维锂离子电池内阻和长度关系的影响

基于纤维电池长度与内阻的变化规律，彭慧胜课题组进一步发展出了高效负载纤维锂离子电池活性材料的连续涂覆法，有效解决了聚合物复合活性层与导电纤维集流体的界面稳定性难题，并通过自主设计研发面向纤维锂离子电池连续构建的标准化装置，实现了活性材料在千米级光滑纤维表面的高效负载和精准调控，得到了高负载量、涂覆均匀和容量高度匹配的正、负极纤维材料。进一步将正极纤维和包覆隔膜的负极纤维进行缠绕组装，并进行有效的封装，最终实现了高性能纤维锂离子电池的连续化制备(图 5.11)。

纤维锂离子电池的容量随长度线性增加。长度为 1 m 时，纤维锂离子电池容量为 25 mAh，可以为心率监测仪和血氧仪等商用可穿戴设备提供超过 2 天的使用电能。基于整体质量的能量密度超过 85 Wh/kg，并获得了第三方认证[7]。同时，

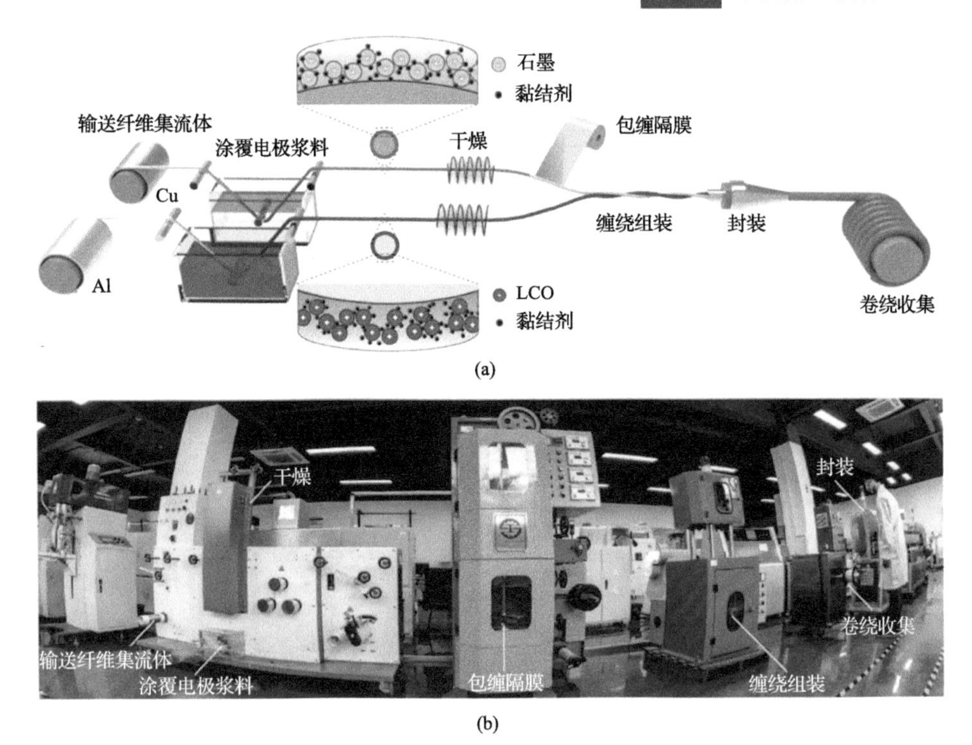

图 5.11 连续涂覆制备纤维电池[11]

(a)连续涂覆法制备纤维聚合物锂离子电池的流程示意图；(b)连续制备生产线实拍

纤维锂离子电池具有良好的循环稳定性，循环 500 圈后，电池的容量保持率仍然达到 90.5%，库仑效率为 99.8%。即使在曲率半径为 1 cm 的情况下，将纤维锂离子电池弯折 10 万次后，其容量保持率仍大于 80%。进一步通过纺织法，获得了高性能和高安全性的大面积电池织物。

借鉴平面电池的涂覆法制备纤维电池，制备速度往往难以满足大规模应用的要求，因为在曲率较大的纤维基底上，很难在保证高速率生产的前提下实现均匀、稳定的涂覆。相比之下，溶液“纺丝”法则是将电池中的各功能组分首先制备为活性浆料，然后通过多种活性物质浆料的共同挤出、成型形成稳定界面，实现了千米级纤维锂、钠和锌电池的规模化生产(图 5.12)[8]。相较于涂覆法制备的纤维储能电池，通过溶液“纺丝”大规模、一步法制备的纤维电池更细、更柔，也更加接近日常用于纺织的普通纤维。将由该方法制备的纤维电池进行梭织，可以得到轻薄、透气、大面积的“电池织物”。彭慧胜课题组通过对电池活性材料配制及浆料流体性质的筛选实验，基于预实验数据库，联合聚合物湿法纺丝设备供应商，对核心部件喷丝板内部腔道进行了重新设计。实验结果表明，即使在高生产速率下连续化制备，所得到的纤维电池内部各功能组分也具有良好的界面稳定性，且表现出良好的电化学性能[8]。

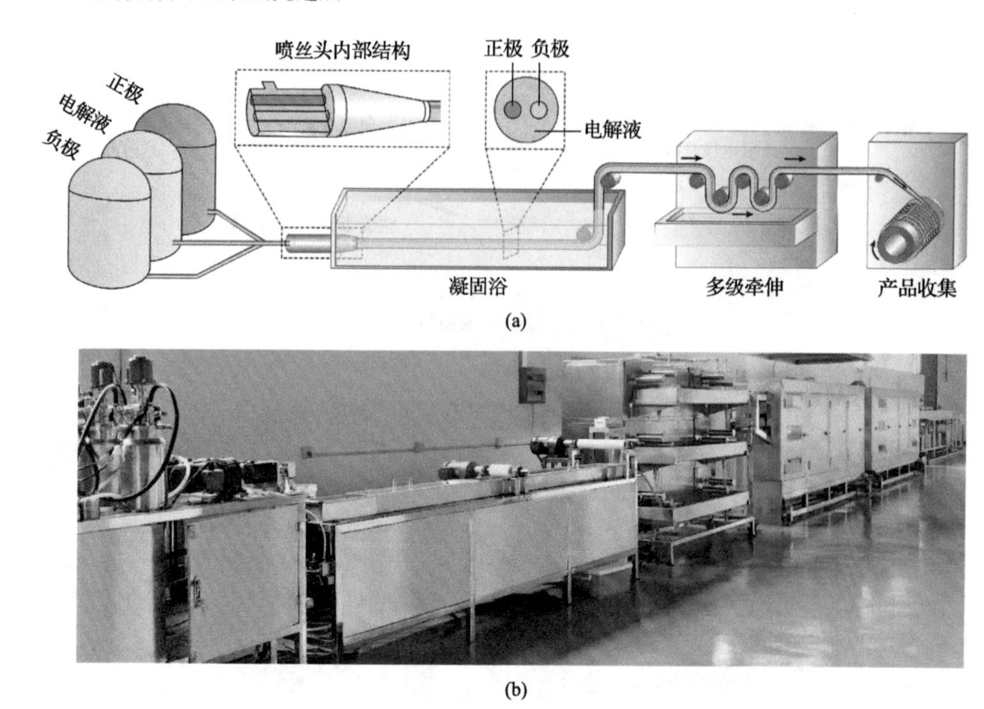

图 5.12 聚合物湿法“纺丝”制备纤维电池[8]

(a)通过聚合物湿法“纺丝”制备纤维聚合物水系锂离子电池的制备流程示意图；(b)纤维聚合物水系锂离子电池的生产线实拍

目前通过溶液“纺丝”法制备纤维电池可达到较高的生产速率(大于 50 m/h)且可进行连续化的生产和编织(图 5.13)。通过活性物质浆料的选择和调控，有望

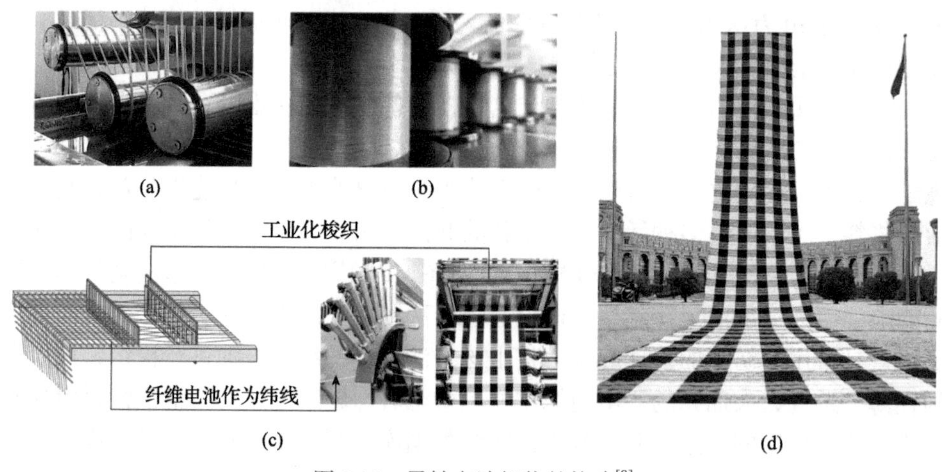

图 5.13 柔性电池织物的构建[8]

(a)，(b)通过溶液挤出法连续制备的纤维聚合物水系锂离子电池；(c)通过梭织技术将纤维聚合物水系锂离子电池编织“电池织物”；(d)由纤维聚合物水系锂离子电池编织而成的大面积储能织物

通过该方法实现其他纤维储能器件如纤维超级电容器的规模化制备。出于生产和使用安全性的考虑，目前通过该策略制备的纤维电池主要为水系电池，即电池采用水作为电解液溶剂，可从根本上解决有机电解液易燃引起的安全问题，所得到的纤维电池能量密度较市面上常见的采用有机电解液的锂离子电池还有一定差距。如何继续提高制备工艺以兼容更高能量密度的活性物质，实现更高能量密度的纤维电池是接下来需要面对的挑战。

除基于纤维聚合物锂离子电池的储能织物外，彭慧胜课题组也基于编织方法实现了柔性显示织物、光伏织物、触摸传感织物以及基于以上柔性织物器件的功能集成系统，并努力实现融合能量收集、转换、储存，与传感、显示等多功能于一体的柔性、透气织物系统(图 5.14)。通过负载有发光活性材料的高分子复合纤维和透明导电的高分子凝胶纤维在编织过程中的经纬交织构建基于电致发光单元的织物显示器件，集成柔性储能织物与微型电路控制，他们实现了发光像素点可控的大面积显示织物[19]。进一步，他们通过将纤维锂离子电池和纤维传感器与显

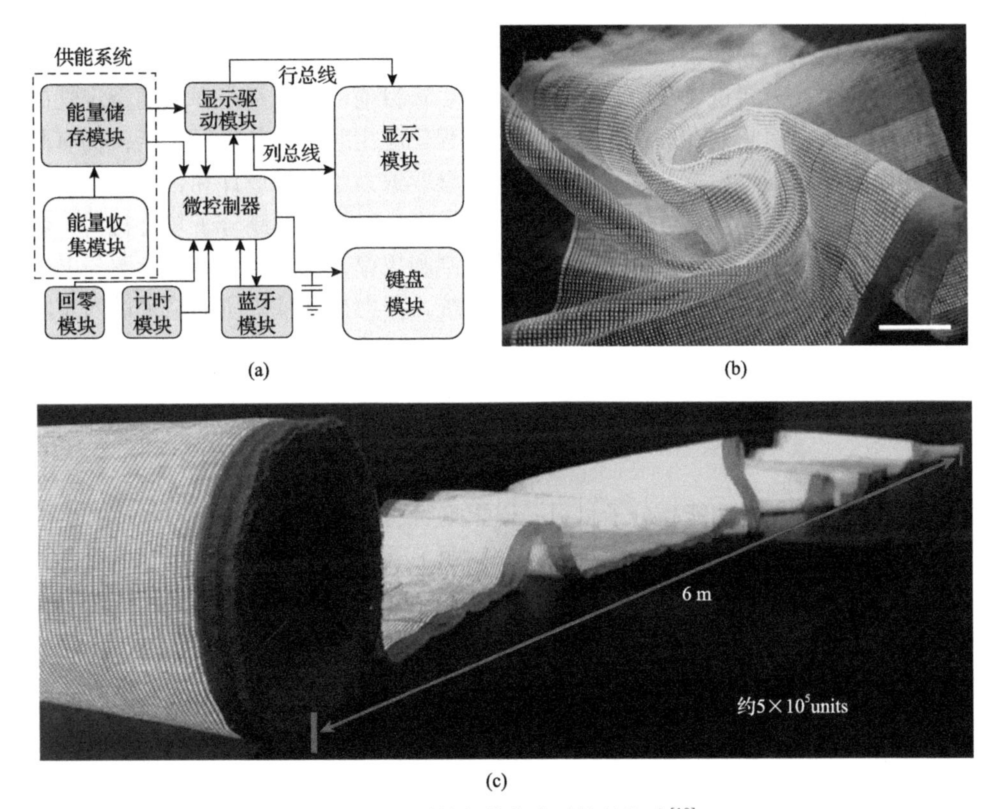

(a)　(b)

(c)

图 5.14　柔性织物集成系统的构建[19]

(a)基于纤维电池的柔性储能模块、柔性能量收集模块、柔性织物显示系统与微型控制器集成的电路示意图；(b)，(c)基于织物集成系统的可规模化生产、大面积柔性显示织物

示织物集成，实现了智能织物系统对人体汗液中钠离子和钙离子浓度的实时监控和信号传输与显示，为后期相关医疗方面的应用提供了可能[7]。

5.1.4 小结与展望

目前，彭慧胜课题组已实现连续制备电化学性能初步满足商用便携电子设备的纤维聚合物锂离子电池，并可通过成熟的机械纺织工艺进一步得到柔性、透气的储能织物。虽然已在器件供能层面实现了纤维聚合物电池/织物与其他柔性电子器件的集成与联用，但在几十甚至成百上千根纤维电池与功能器件的大范围、大规模连接方面，依然存在一些材料科学和工程技术挑战。一方面，柔性纤维电池特别是纤维聚合物锂离子电池的所有组件，包括其内部的纤维电极、电解质、隔膜和封装材料均应具有承受各种形变的耐受性。尽管目前在块状软包电池中广泛采用的铝塑膜可以满足锂离子电池超低水蒸气渗透性的包装要求，但其柔韧性和加工性很难满足纤维电池的要求。因此迫切需要开发具有高阻隔性能的聚合物软包装材料。与此类似，考虑到纤维电池使用场景中的各种复杂形变情况，绕包于纤维电极上电池隔膜的柔韧性也需提高。另一方面，面向纤维聚合物锂离子电池的商业化应用，需要进一步降低工业成本。尽管目前已实现高产率、高稳定性的纤维电池制备，但它们在面向具体精细的工程化应用时，工艺仍显复杂，仍有简化空间以降低成本。后续，彭慧胜课题组将继续致力于通过设计和合成具有新型组成与结构的高分子体系，以期获得兼具优异力、电性能的高分子复合材料；研究功能高分子与第二活性组分相互作用的机制和规律，构建新型纤维能源与电子器件，获得多功能集成的全柔性智能织物系统，努力推动基础研究结果进入实际应用。

5.2 光电功能高分子材料设计及应用研究

本节将介绍光电功能高分子材料，以聚噻吩、聚硒吩等作为模型体系概述了共轭聚合物分子结构及聚集态设计原理，阐明了凝聚态结构调控及与电学器件性能之间的关系；之后介绍了基于多硫芳烃、邻吡啶酚等发色团的具有独特光功能性质的化合物及高分子材料；最后针对光电功能高分子材料的器件应用，介绍了材料光刻图案化加工、器件集成，并说明了其在光电探测、化学生物传感领域的潜在应用。

5.2.1 共轭聚合物分子结构及凝聚态

共轭聚合物是一类典型的半刚性链高分子，由于 π 共轭体系的存在，表现出丰富的光电性能，广泛应用于有机光电信息领域。近年来，共轭聚合物的研究极大地促进了高分子学科与能源、材料、半导体物理、微电子、信息等学科的交叉融合，是高分子领域的重要研究方向。一方面，共轭聚合物的光电性能如电荷迁移率、光谱吸收和发光特性等首先受材料本身化学结构的影响[42,43]。另一方面，共轭聚合物的光电性能高度依赖于薄膜中的凝聚态结构，包括其晶体类型、取向、结晶区和非晶区的连接和相区尺寸等[44]。例如，共轭聚合物的导电是由于分子中离域π键的作用，电荷的传输可以沿着共轭主链方向、π-π堆积方向，以及通过烷基侧链方向[45]。由于电荷在三个方向上的传输速度差别很大，共轭聚合物分子链在不同方向上的排列和晶体取向不同必然会影响其导电性能。因此，近年来共轭聚合物凝聚态结构的相关研究十分活跃，如何根据不同的需求，有目的地制备微观形态、结晶取向、尺寸各异的共轭聚合物薄膜，就成为化学、物理和材料等领域科学家的研究焦点。

近年来，彭娟课题组围绕“共轭聚合物凝聚态结构的调控”开展研究，从分子结构和外场作用两方面调控聚噻吩、聚硒吩等体系的凝聚态结构，并且将不同凝聚态结构与其器件性能相关联。在分子结构调控方面，他们首先对共轭均聚物包括聚(3-烷基噻吩)、聚(3-烷基硒吩)等展开研究，理解这些模型体系的半刚性链构象如何影响其结构和性能。聚(3-烷基噻吩)是由刚性的噻吩主链和柔性的烷基侧链组成的梳型共轭聚合物，在链间π-π作用下，可以自组装形成三种层状排列的结晶结构(图5.15)[46]。然后将聚噻吩、聚硒吩等体系通过共价键引入嵌段共聚物体系，利用嵌段共聚物微相分离的特性使体系的凝聚态结构和性能更加丰富可调。在外场调控方面，他们利用高分子结晶的动力学效应，在溶液状态、成膜过程和薄膜状态三个阶段对目标体系的凝聚态结构进行调控。溶剂的选择对共轭体系在溶液中的链构象有显著影响[47]。在溶解性更好的溶剂中，共轭聚合物通常表现为与柔性链相似的无规线团的构象[图5.16(a)]。在良溶剂的陈化过程或在溶解性较差的溶剂中，共轭聚合物主链的刚性随之增加，促进链间的π-π堆积，聚合物开始聚集，形成纳米纤维、纳米棒或片状聚集体等[图5.16(b)]。在成膜过程和薄膜状态，共轭聚合物链进一步聚集、堆叠形成更大结晶畴区的结晶网络[图5.16(c)]。在此基础上，主要以有机场效应晶体管等器件作为最终体现体系结构与性能关系的平台，建立共轭聚合物分子结构-凝聚态结构-性能之间的关联机制，为最终利用它们制备高性能材料提供一些依据和有益参考。

针对共轭均聚物体系，他们通过改变溶剂、加入小分子添加剂、热退火、溶剂退火等对聚噻吩、聚硒吩等体系在溶液和薄膜状态的凝聚态结构进行有效调控。例如，他们利用烷基硫醇实现聚噻吩从一维Edge-on纳米纤维到二维Flat-on纳米带的转变，并制备聚噻吩/金多级纳米复合结构[48,49]，这是调控聚噻吩凝聚态结构包括晶型和维度的一个非常有效的途径(图5.17)。这是因为十二烷基硫醇增强了聚噻吩在(100)方向上的链间相互作用，使其分子链沿着(100)方向继续排列，从

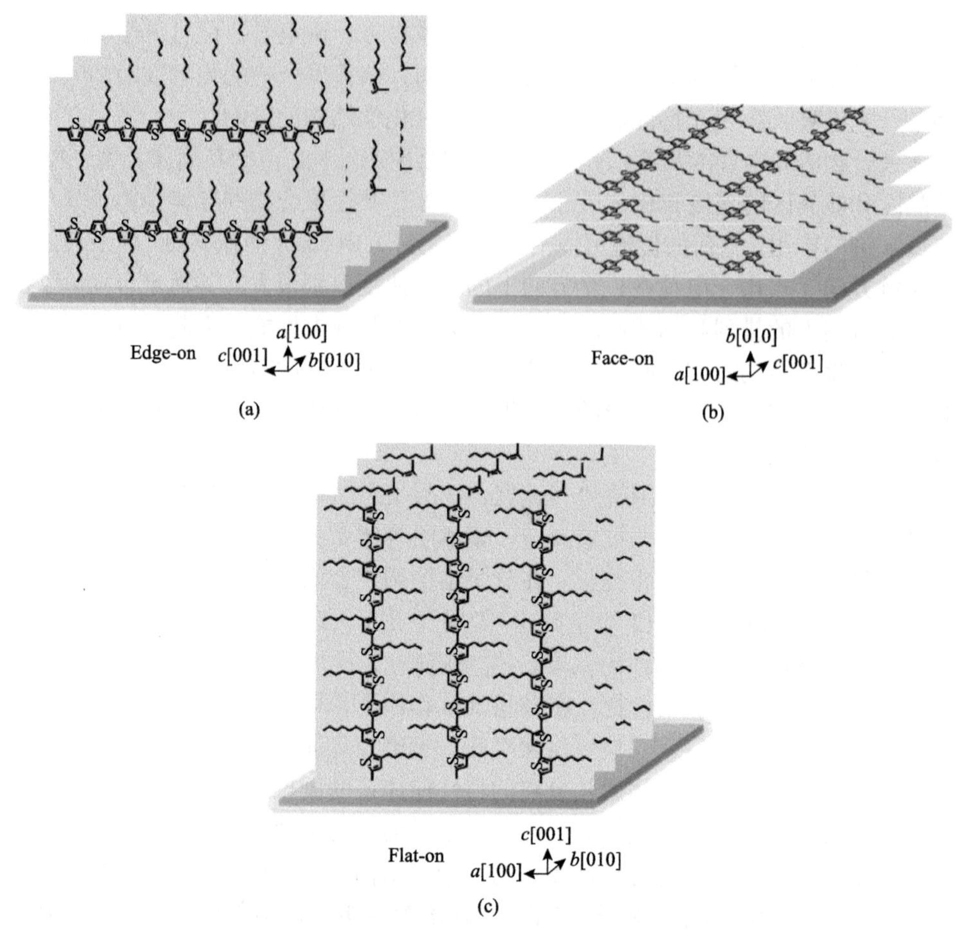

图 5.15 聚(3-烷基噻吩)的三种结晶结构[46]

(a) Edge-on；(b) Face-on；(c) Flat-on。其中，*a* 轴、*b* 轴、*c* 轴分别表示烷基侧链方向、π-π 堆积方向和主链方向

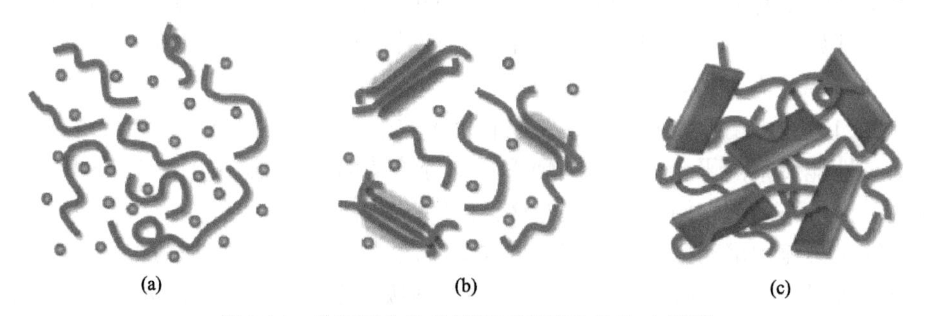

图 5.16 共轭聚合物从溶液到薄膜的组装过程[47]

一维纳米纤维转变成二维纳米带。

在成膜过程，利用弯液面辅助诱导溶液剪切策略，可以调控多种共轭聚合物的晶型[50,51]。比如，随着剪切速率的增加，聚(3-丁基噻吩)逐渐从晶型Ⅱ转变到

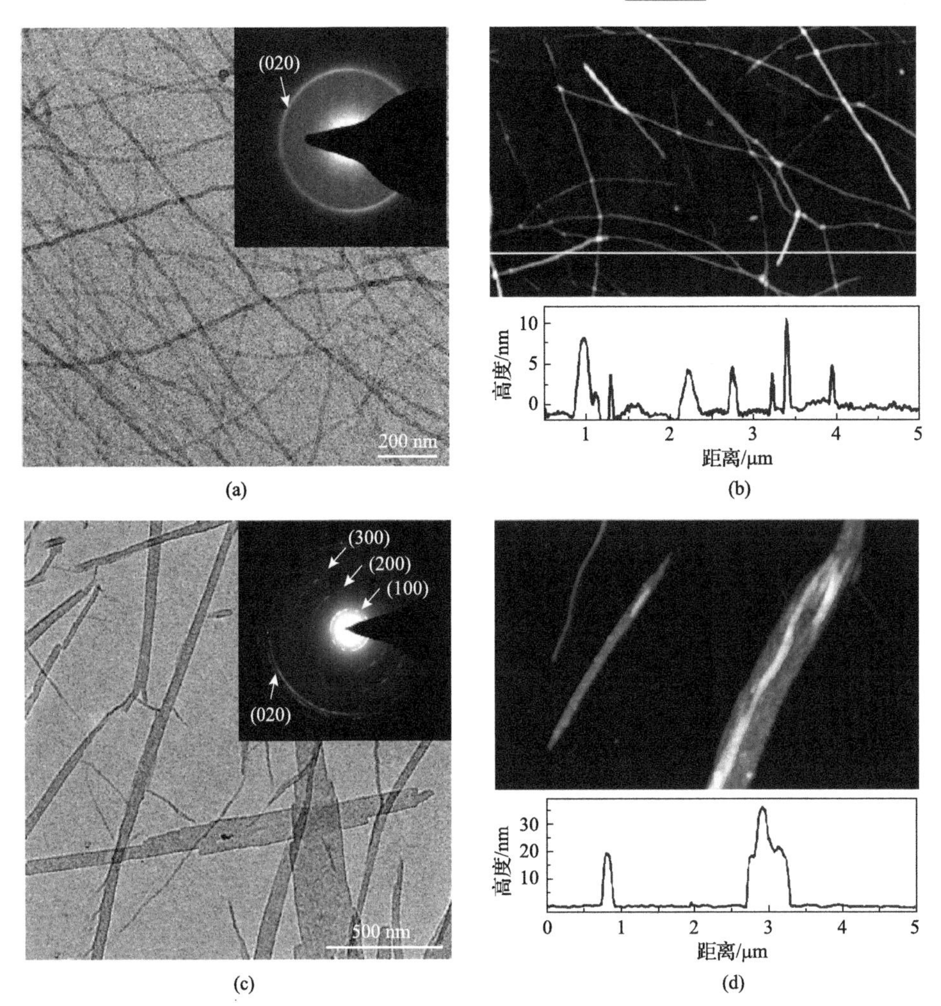

图 5.17 利用十二烷基硫醇调控聚(3-己基噻吩)从一维 Edge-on 纳米纤维转变为二维 Flat-on 纳米带[48]

聚(3-己基噻吩)的二氯甲烷/三氯甲烷溶液的(a)透射电子显微镜图和(b)原子力显微镜图；聚(3-己基噻吩)的二氯甲烷/三氯甲烷溶液在加入 30%十二烷基硫醇后的(c)透射电子显微镜图和(d)原子力显微镜图

晶型Ⅰ(图 5.18)[50]、聚芴从 α 相转变为平面性更好的 β 相[51]。

在薄膜状态，聚(3-己基硒吩)的两种晶型Ⅰ和Ⅱ可以通过热退火和溶剂退火实现多次可逆转变(图 5.19)[52]。研究发现，对于不同分子量的聚硒吩，晶型Ⅰ的载流子迁移率均高于晶型Ⅱ的，是其 4～10 倍。这是由于载流子主要沿 π-π 堆积方向进行传输，而晶型Ⅰ在 π-π 堆积方向上的层间距小于晶型Ⅱ，更有利于载流子传输。

将共轭聚合物引入嵌段共聚物体系，利用嵌段共聚物微相分离的特性可以使体系的凝聚态结构更加丰富可调，从而进一步调控其性能。他们围绕聚噻吩和聚

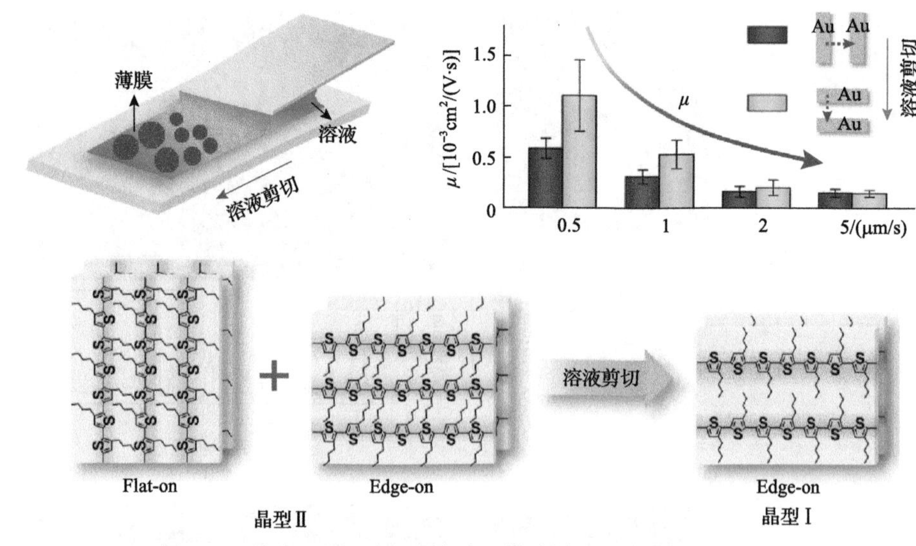

图 5.18 聚(3-丁基噻吩)在弯液面辅助诱导溶液剪切下的晶型转变示意图及载流子传输性能[50]

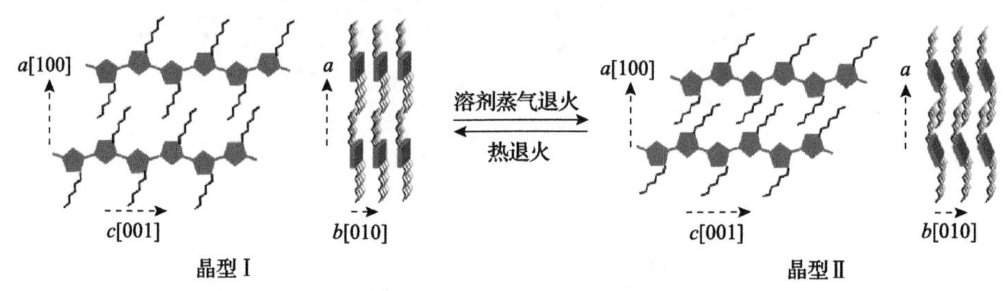

图 5.19 利用热退火和溶剂蒸气退火实现聚(3-己基硒吩)两种晶型Ⅱ和Ⅰ之间的可逆转变[52]

硒吩两大类共轭聚合物，利用 Kumada 催化-转移聚合(KCTP)设计合成了一系列刚性-柔性及全共轭刚性-刚性嵌段共聚物，通过改变体系的侧链基团和主链结构赋予体系不一样的相结构和性能。例如，聚(3-己基噻吩)-*b*-聚氧化乙烯(P3HT-*b*-PEO)是刚性-柔性嵌段共聚物，实验发现该体系的微相分离和聚噻吩链段的 π-π 堆积之间存在一种平衡，可以通过控制溶剂的选择性来进行动态的调控(图 5.20)[53]。

全共轭嵌段共聚物由于没有柔性链段对体系电学性能可能的降低，因此吸引了研究人员更多的关注。全共轭嵌段共聚物也是研究半刚性链高分子结晶和微相分离两种相变相互作用的理想模型。然而，共轭刚性链有取向和 π-π 相互作用，导致体系的相变行为十分复杂。相比柔性嵌段共聚物，目前国际上对全共轭嵌段共聚物的认识和阐述还不够深入。彭娟课题组设计合成了一系列基于聚噻吩/聚硒吩的全共轭二嵌段共聚物和三嵌段共聚物，包括聚(3-丁基噻吩)-*b*-聚(3-己基噻吩)(P3BT-*b*-P3HT)[54]、聚(3-己基噻吩)-*b*-聚[3-(6-甲基咪唑己基)噻吩](P3HT-*b*-P3MHT)[55]、聚(3-己基噻吩)-*b*-聚[3-(6-羟基己基)噻吩](P3HT-*b*-P3HHT)[56,57]、

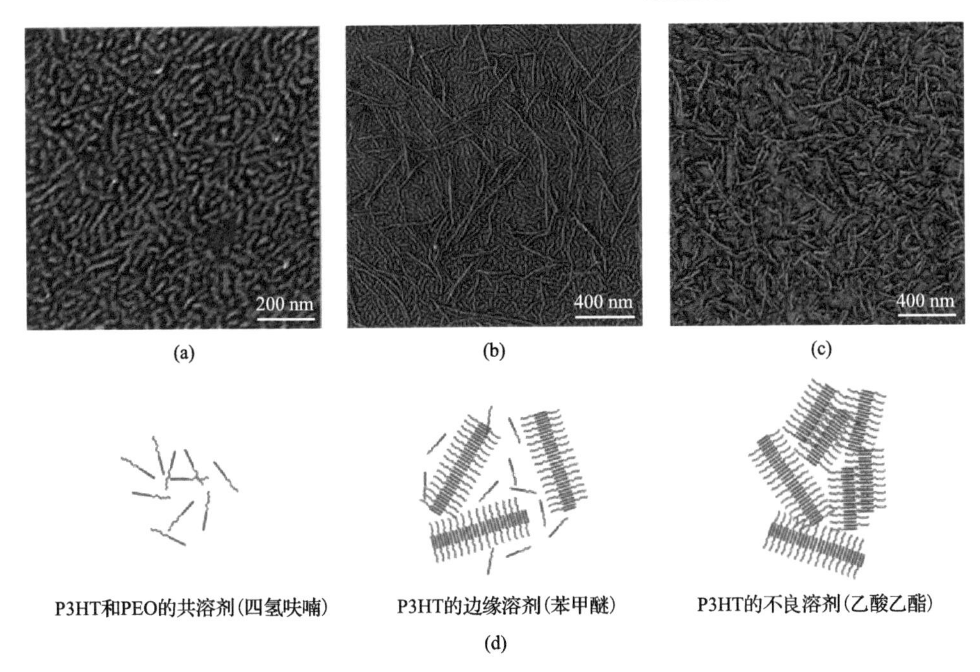

图 5.20　利用溶剂的选择性调控聚(3-己基噻吩)-*b*-聚氧化乙烯(P3HT-*b*-PEO)微相分离和聚噻吩链段的 π-π 堆积间的平衡[53]

聚(3-己基噻吩)-*b*-聚氧化乙烯(P3HT-*b*-PEO)在(a)四氢呋喃、(b)苯甲醚、(c)乙酸乙酯溶液中形成的原子力显微镜图；(d)P3HT-*b*-PEO 在不同溶剂中的分子链堆积示意图

聚(3-己基噻吩)-*b*-聚[3-(6-磷酸酯己基)噻吩](P3HT-*b*-P3PHT)[58]、聚(3-丁基噻吩)-*b*-聚(3-己基硒吩)(P3BT-*b*-P3HS)[59,60]等，通过调控体系的分子结构并与外场相结合，来调控这些体系的相变行为。研究表明：这些共轭嵌段共聚物主链结构和侧链基团的改变可以在很大程度上影响体系的相分离行为、结晶行为、光物理行为以及电学性能。

邱枫等人率先研究了烷基侧链长度不同的全共轭聚(3-烷基噻吩)二嵌段共聚物在薄膜状态的结晶行为和微相分离行为，发现当聚噻吩两个嵌段的烷基侧链长度差异为两个碳原子(如 P3BT-*b*-P3HT)时，体系能共结晶，形成不同侧链在(100)方向相互穿插的均一晶区[图 5.21(a)]。继续增大聚噻吩两个嵌段的烷基侧链长度差(如 P3HT-*b*-P3DDT 和 P3BT-*b*-P3DDT)，则两个嵌段发生微相分离并且各自结晶[图 5.21(b)][61,62]。

在全共轭嵌段共聚物的烷基侧链上引入不同性质的基团，可以赋予体系不一样的结构和性质。例如，将咪唑基团引入全共轭聚噻吩嵌段共聚物的烷基侧链上，可以赋予体系双亲性，提高体系在极性溶剂中的溶解性[55]。当在聚噻吩嵌段共聚物的烷基侧链上引入磷酸酯基团，可以降低聚噻吩刚性链之间的相互作用。因此，该体系可以作为相容剂，调控 P3HT/PCBM 间的界面相互作用。在加热过程中，

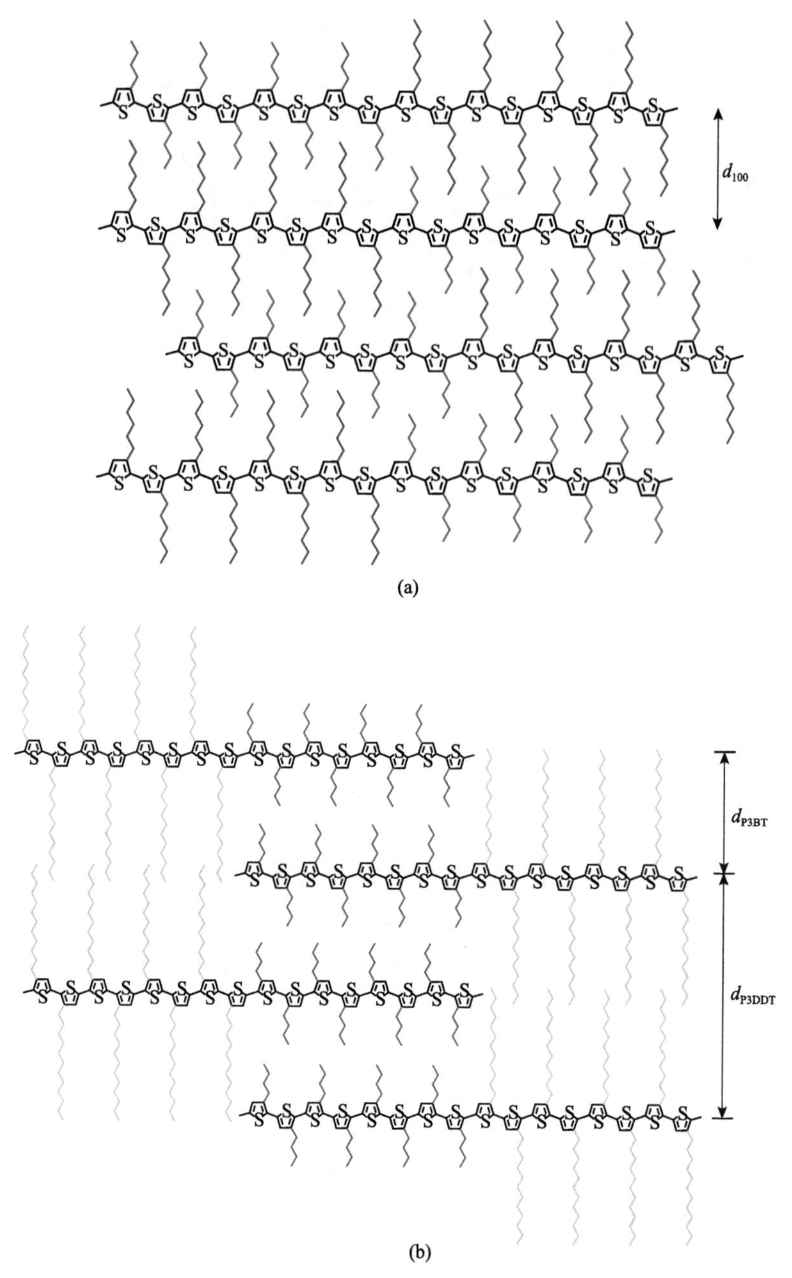

图 5.21　不同烷基侧链长度的全共轭聚(3-烷基噻吩)二嵌段共聚物的共结晶和微相分离行为示意图[61]

(a) 聚(3-丁基噻吩)-*b*-聚(3-己基噻吩)(P3BT-*b*-P3HT)形成共晶结构的分子链堆积示意图；(b) 聚(3-丁基噻吩)-*b*-聚(3-十二烷基噻吩)(P3BT-*b*-P3DDT)形成微相分离结构的分子链堆积示意图

P3HT/PCBM 之间的宏观相分离被极大抑制，从而使电池的效率从 3.3%提高到

4.01%，热稳定性也大幅提高(图 5.22)[58]。引入羟基后，羟基赋予体系双亲性及存在氢键相互作用，使溶液凝聚态结构更加丰富。并且，羟基在加热情况下会相互交联，形成网络结构，使聚噻吩体系热交联后的结晶度和薄膜韧性大幅提高[56]。这些特点使得该体系在柔性有机电子器件方面有潜在应用。

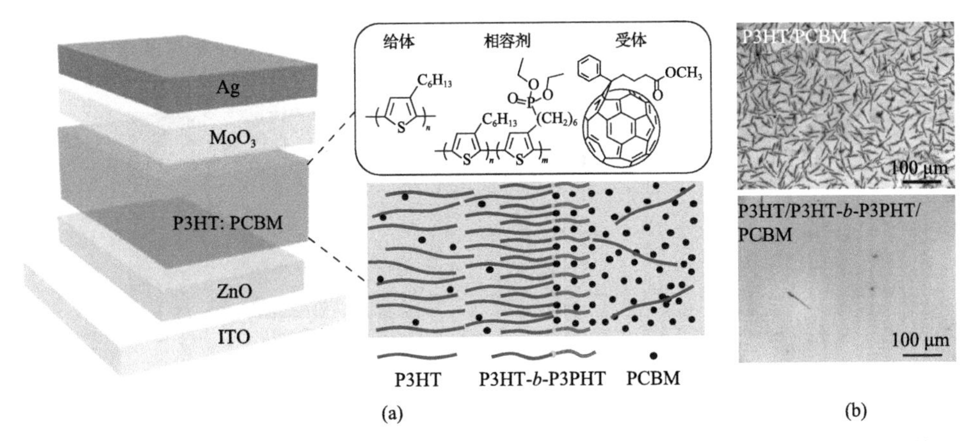

图 5.22 聚(3-己基噻吩)-*b*-聚[3-(6-磷酸酯己基)噻吩](P3HT-*b*-P3PHT)作为相容剂调控P3HT/PCBM 间的界面相互作用及改善太阳能电池性能[58]

(a)有机太阳能电池装置示意图；(b)P3HT/PCBM 和 P3HT/P3HT-*b*-P3PHT/PCBM 薄膜在加热后的光学照片

除了改变共轭嵌段共聚物的烷基侧链长度及对侧链进行基团修饰，更进一步，可以通过改变体系的主链结构来调控它们的结构和性能。例如，由于聚(3-丁基噻吩)(P3BT)和聚(3-己基硒吩)(P3HS)具有相似的分子结构和结晶动力学，由两者组成的嵌段共聚物 P3BT-*b*-P3HS 能够共结晶(图 5.23)[59]。该共晶体系兼具聚噻吩和聚硒吩的优点，不经过任何热退火或溶剂退火，其载流子迁移率可以达到 0.045 $cm^2/(V\cdot s)$，比相应 P3BT 和 P3HS 的均聚物、共混物和无规共聚物高出一个数量级以上。这说明共轭聚合物共晶结构减少了晶界，比相分离结构更有利于载流子的传输。P3BT-*b*-P3HS 共晶这种无须任何后处理即可获得较高载流子迁移率的特性，为未来构筑大面积柔性电子器件提供了一种可能的思路。

与二嵌段共聚物相比，全共轭三嵌段共聚物多了嵌段序列这个结构变量，因此，可以利用它进一步调控体系的结构和性能。他们选择 4 种不同烷基侧链长度的噻吩单体(3-丁基噻吩、3-己基噻吩、3-辛基噻吩和 3-十二烷基噻吩)，聚合得到了 4 个系列，12 种三嵌段共聚物[63]。研究发现：不同嵌段序列的初态均形成了共晶，这极大地丰富了共轭聚合物共晶体系的范围。在每个系列中，当短侧链噻吩位于体系的中间位置时，体系具有最高的结晶程度和载流子迁移率。最近，他们选择 3 种不同烷基侧链长度的噻吩和硒吩单体(3-丁基噻吩、3-己基硒吩和 3-十二烷基噻吩)，聚合得到了 3 种不同嵌段序列的三嵌段共聚物，包括聚(3-丁基噻吩)

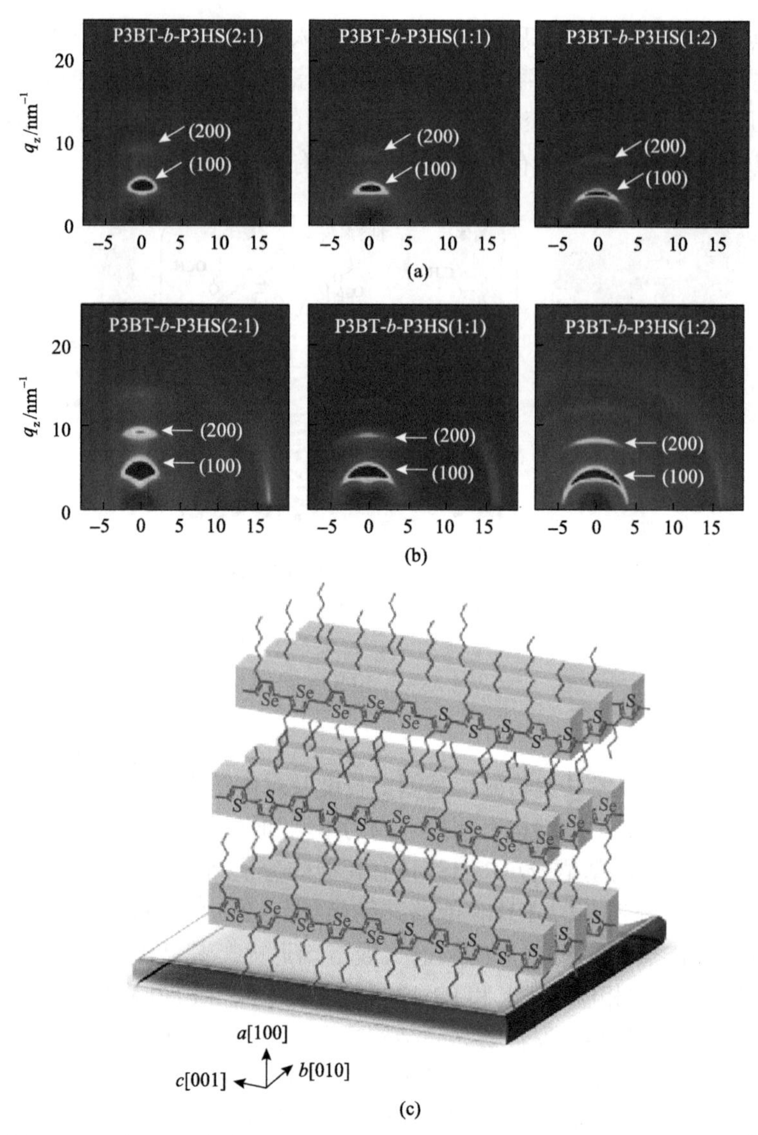

图 5.23 聚(3-丁基噻吩)-*b*-聚(3-己基硒吩)(P3BT-*b*-P3HS)的共结晶行为[59]

不同嵌段比例的聚(3-丁基噻吩)-*b*-聚(3-己基硒吩)(P3BT-*b*-P3HS)薄膜在(a)初态和(b)150℃退火后的掠入射X射线衍射图；(c)P3BT-*b*-P3HS共晶的分子链堆积示意图

-*b*-聚(3-十二烷基噻吩)-*b*-聚(3-己基硒吩)(P3BT-*b*-P3DDT-*b*-P3HS)，聚(3-丁基噻吩)-*b*-聚(3-己基硒吩)-*b*-聚(3-十二烷基噻吩)(P3BT-*b*-P3HS-*b*-P3DDT)和聚(3-己基硒吩)-*b*-聚(3-丁基噻吩)-*b*-聚(3-十二烷基噻吩)(P3HS-*b*-P3BT-*b*-P3DDT)[64]。研究发现全共轭嵌段共聚物的微相分离结构和嵌段序列密切相关(图 5.24)。当P3BT位于三嵌段的中间位置时，体系具有最大的微相分离程度。

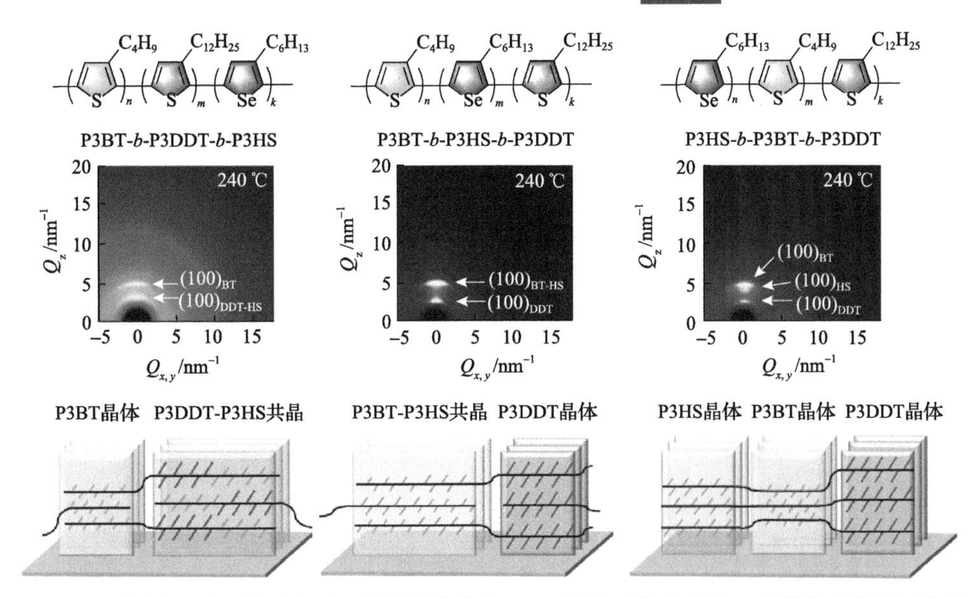

图 5.24 不同嵌段序列的聚噻吩三嵌段共聚物在 240℃退火后的掠入射 X 射线衍射图及相应的分子链堆积示意图[64]

这一节的工作主要围绕聚噻吩、聚硒吩等共轭聚合物体系展开研究。聚噻吩、聚硒吩的化学结构相对简单，相对容易获得更加规整的结构。以聚噻吩、聚硒吩等作为模型体系来研究共轭聚合物凝聚态结构的调控及与器件性能之间的关联，从中获得的凝聚态结构调控的规律、结构和性能之间的关联机制有望推广到其他性能更加优异的共轭聚合物体系如给体-受体(D-A)类共轭聚合物。

5.2.2 发光高分子材料

发光高分子材料是将发光团组分引入高分子骨架的功能高分子材料，在受到光、电、力、磁场等刺激后产生发光现象。与传统发光材料相比，发光高分子材料具有设计性强、成本低、环保、柔性易加工等优势，因此受到科研人员们的广泛关注和深入研究，应用在聚合物发光二极管、生物成像、柔性传感、信息防护等诸多领域[65-74]。复旦大学高分子科学系的朱亮亮研究员团队致力于开发新型有机高分子发光材料，特别是在多硫芳烃、邻吡啶酚等发色团的基础上合成了一系列具有独特光功能性质的化合物(图 5.25)并衍生为高分子材料。这些发色团与聚合物组分通过共价或非共价作用结合可以达到拓宽应用场景、放大发光性质、调控自组装形态和材料结构等效果。

5.2.2.1 多硫芳烃的基本性质

多硫芳烃具有独特的聚集诱导磷光性质，多个硫原子的重原子效应使其在聚

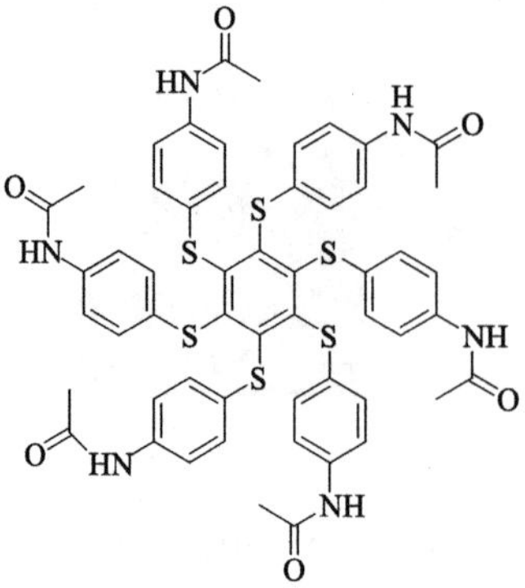

5.2.2-1

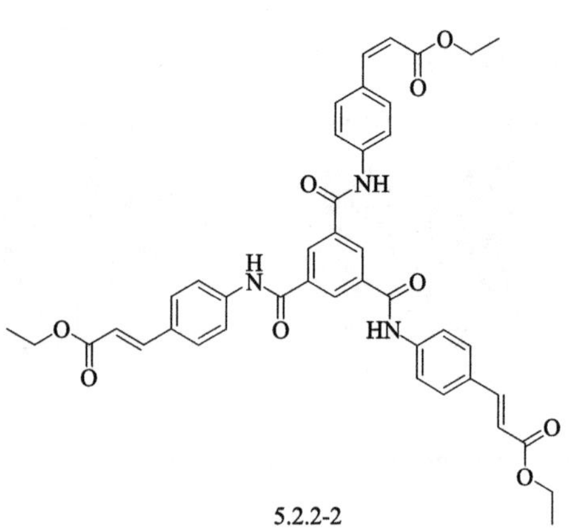

5.2.2-2

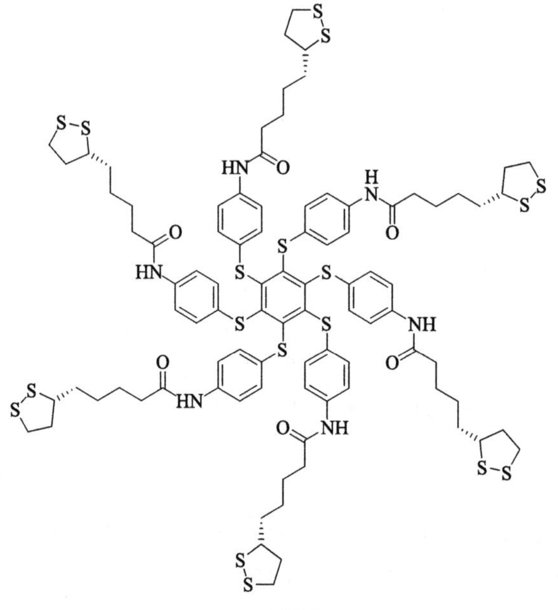

5.2.2-3

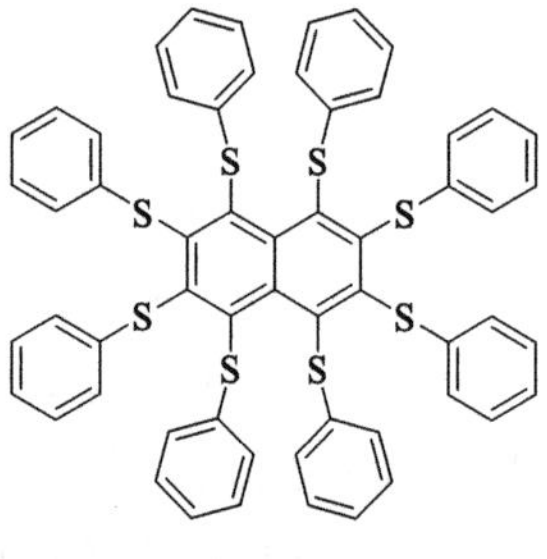

5.2.2-4

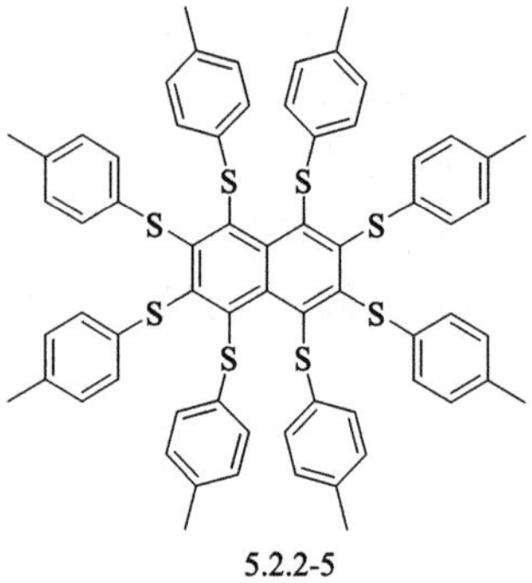

5.2.2-5

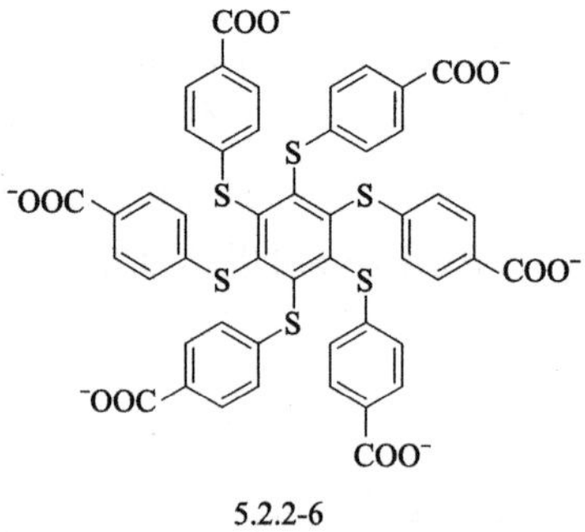

5.2.2-6

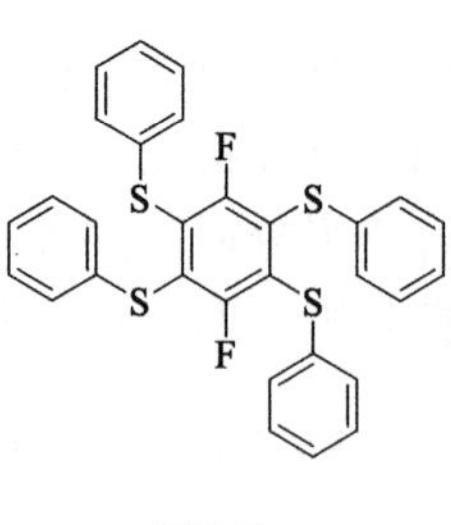

5.2.2-7

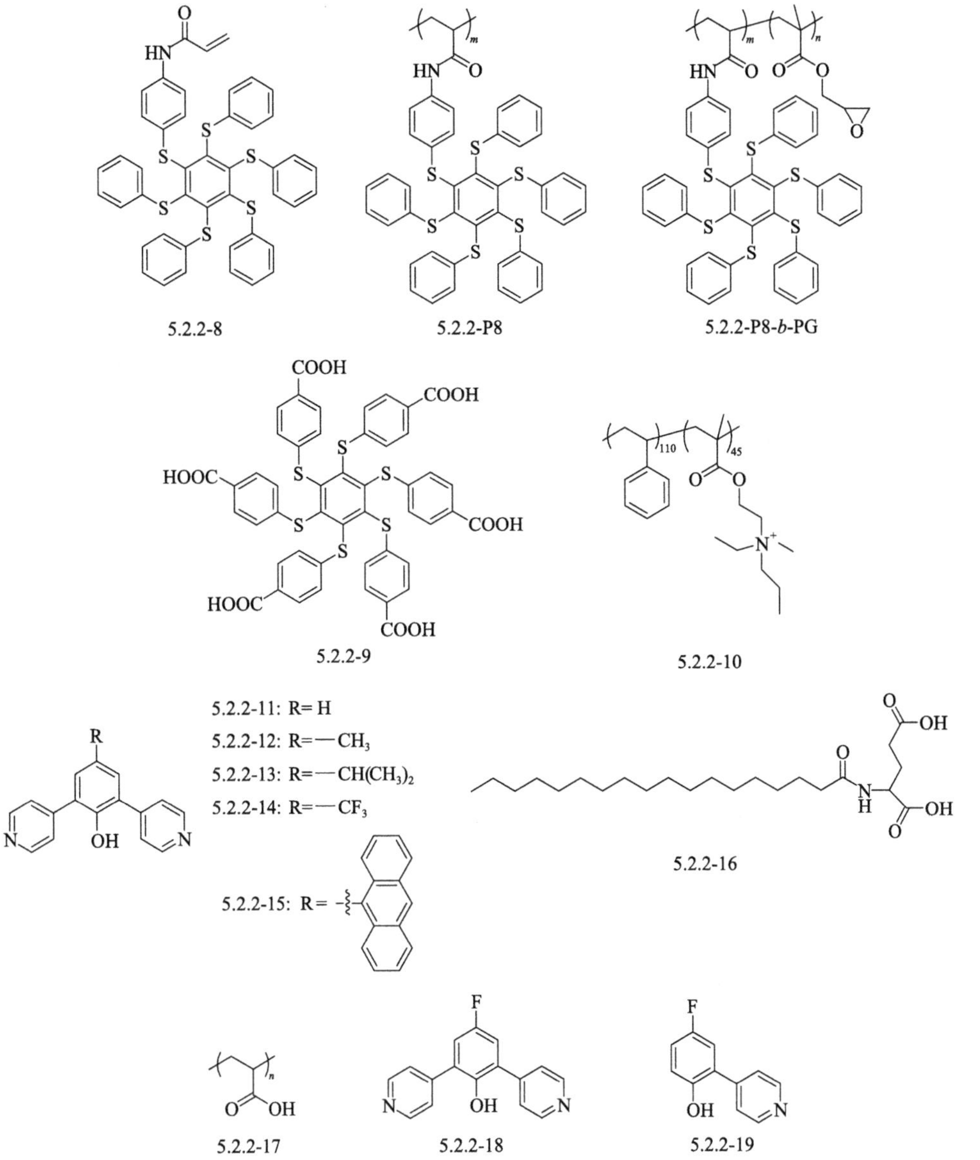

5.2.2-8　　5.2.2-P8　　5.2.2-P8-*b*-PG

5.2.2-9　　5.2.2-10

5.2.2-11: R= H
5.2.2-12: R= —CH_3
5.2.2-13: R= —$CH(CH_3)_2$
5.2.2-14: R= —CF_3
5.2.2-15: R=

5.2.2-16

5.2.2-17　　5.2.2-18　　5.2.2-19

图 5.25　朱亮亮团队报道的一些结构式

集态表现出优异的磷光性质，实现长寿命发光。同时，其发光性质具备可调性，可以实现单一发色团的多重发射调控(例如荧光-磷光双发射)，规避了发色团混制的多重发光材料中存在的发光性质误差、色彩和图像精确低、工艺复杂等问题[75]。此外，由于多硫芳烃的 C—S—C 键可旋转，其结构高度扭曲，在激发态下表现出明显的构象转变，是一类制备光激发诱导分子组装材料的理想发色团[76]。基于多硫芳烃的这些优异性能，朱亮亮课题组开发了一系列刺激(力、溶剂极性、光等)

响应材料，广泛应用于成像、防伪、圆偏振发光等领域。

这其中包括提出了一种基于结晶诱导自组装设计可调谐荧光-磷光双发射材料的策略，通过在六硫苯母核上修饰六个乙酰氨基(5.2.2-1)，形成多重氢键与 π-π 堆积竞争，就可以通过调整混合溶剂比例或机械力刺激调节分子堆积模式，改变荧光/磷光比例，实现了单一发色团的多色发光[77]。将该分子的结晶诱导自组装性质与非手性 C_3 分子(5.2.2-2)自组装结合，可以得到具有荧光-磷光双重发射性质的超分子手性的材料[图 5.26(a)][78]。在此基础上，设计了 *α*-硫辛酰胺功能化的六硫苯分子(5.2.2-3)，其在 *N*, *N*-二甲基甲酰胺/水混合溶剂中可自组装成螺旋纳米结构[79]。溶液中的单个分子由于系间窜越而发射磷光，而螺旋组装体的系间窜越被阻断，发射荧光。因此，在溶液中可以通过控制螺旋结构的形成和解离实现荧光-磷光切换[图 5.26(b)]，其固体同样可以在研磨和 *N*, *N*-二甲基甲酰胺/水蒸气熏蒸处理中发生螺旋聚集体的解体和重新形成，达到多色发光和手性切换的效果。除六硫苯外，八硫萘同样被用于设计单一发色团的多色发光材料。八硫萘在 *N*,*N*-二甲基甲酰胺/水溶液和膜中都可以形成一个 C–H···π 作用辅助的强度可调的自组装体系，发生局域态和分子内电荷转移态的杂化，使得系间窜越受到竞争性抑制，从而产生可见光荧光和近红外磷光[图 5.26(c)][80]。

多硫芳烃能够在光激发下发生明显的构象变化，而光是一种精确且非侵入性的外部刺激，因此朱亮亮课题组利用这个行为，在多硫芳烃分子光开关构建方面展开了一系列研究。注意到光激发构象变化可以引起分子疏水性的变化，且激发态具有相对长的寿命，能够保证分子动态聚集，因此设计了六羧酸六硫苯分子(5.2.2-6)。该分子的激发态的 C—S—C 键扭转导致分子形成一个较小的疏水空腔，接着疏水作用力驱动分子聚集诱导发射增强；且在光撤去后，六羧酸六硫苯分子又再次分散，表现出光激发和自恢复的聚集诱导磷光性质[图 5.27(a)][81]。这种基于光激发的物理过程相比传统控制方法具备快速响应、耐疲劳等优势。这种光激发分子构象变化的性质还被用于光激发诱导分子组装，调控晶体生长和相变。分子在结晶的过程中受到激发，构象变化发生聚集而进行重新排列，此时，单晶的生长来自聚集而非单体状态，去激发后的自耗散使得晶体中系统能量得以调节，分子以能量最小的构象形成稳定的单晶[图 5.27(b)]。在单晶和掺杂薄膜中同样可以观察到这种光激发诱导分子组装和相变现象，而晶体性质的原位变化展现了光激发控制的独特优势及其在光电器件和信息技术中的巨大潜力[82]。

5.2.2.2 基于多硫芳烃的发光高分子材料

在上述发色团发光性质调控的基础上，朱亮亮课题组尝试将六硫苯分子与聚合物结合，突破了聚集诱导发光只在水相中发生的限制，通过光激发控制分子聚集实现了纯有机相的聚集诱导发光。合成的六硫苯烯烃(5.2.2-8)的均聚物(5.2.2-P8)

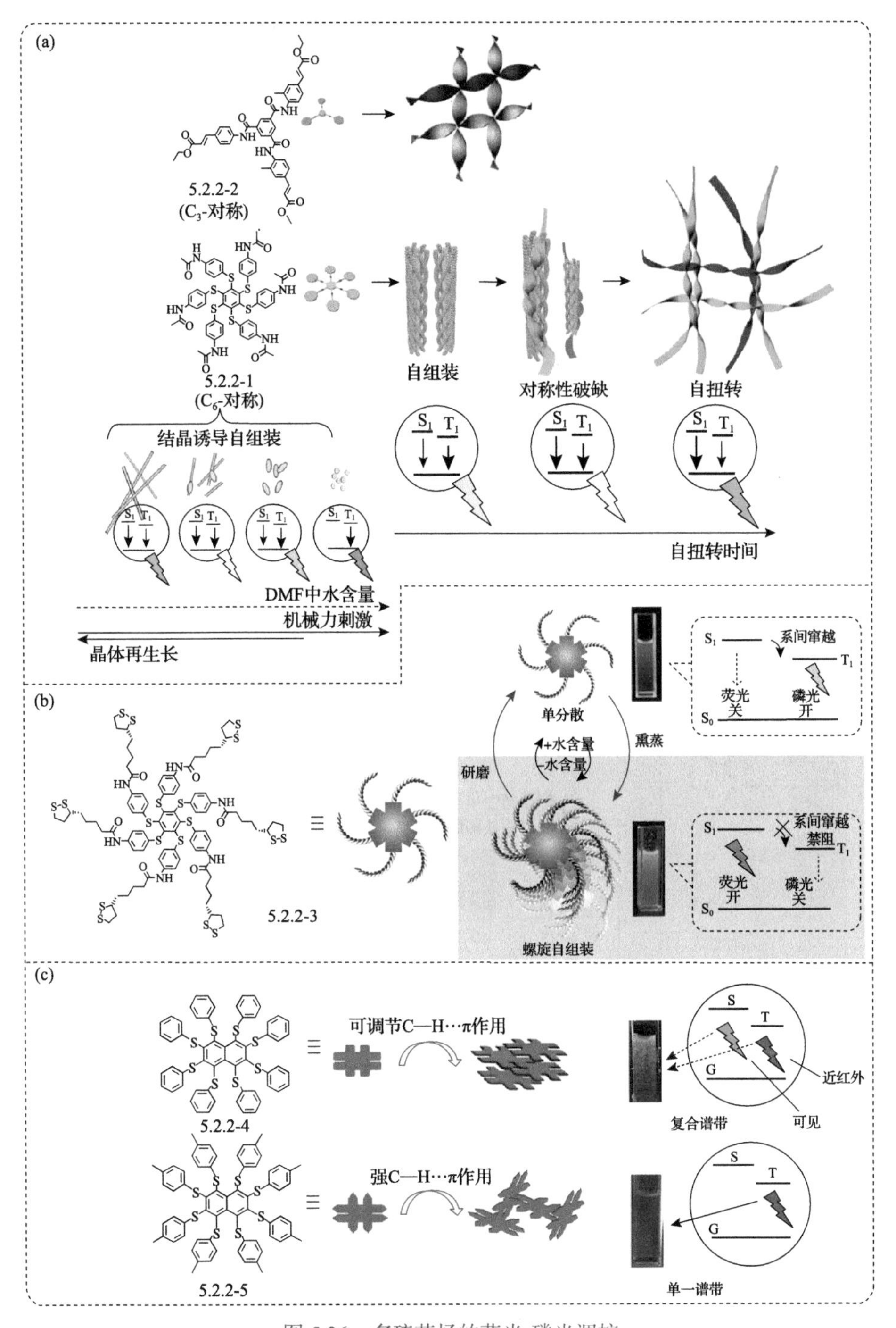

图 5.26　多硫芳烃的荧光-磷光调控

(a)结晶诱导自组装及手性荧光-磷光调控[77,78]；(b)螺旋自组装诱导的超分子手性磷光-荧光开关[79]；(c)C–H…π 自组装诱导发光[80]

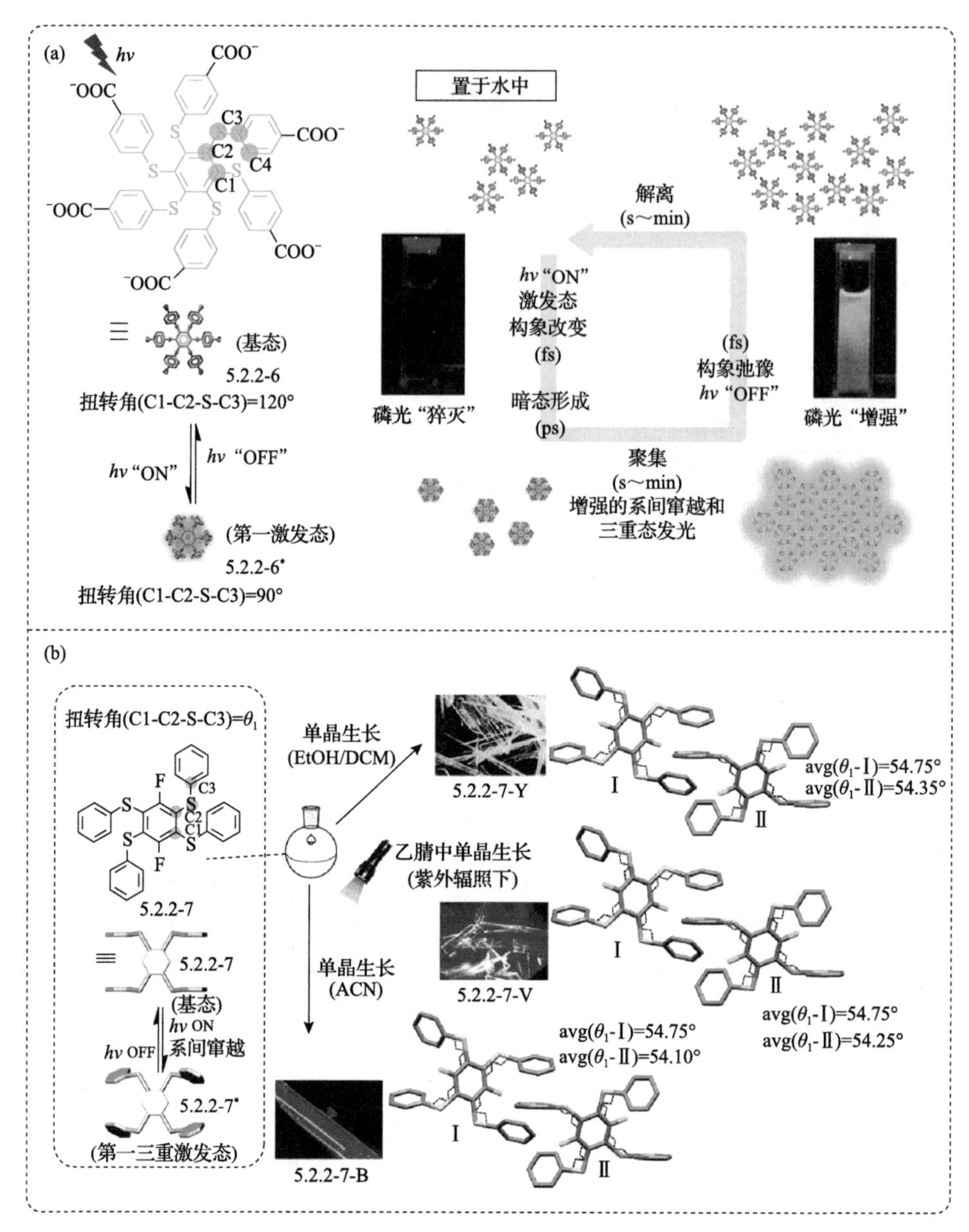

图 5.27　多硫芳烃光激发诱导自组装

(a) 光激发聚集诱导磷光[81]；(b) 光激发诱导分子重排[82]

和嵌段共聚物(5.2.2-P8-*b*-PG)在二氯甲烷、四氢呋喃、*N*,*N*-二甲基甲酰胺等有机溶剂中，随着持续的紫外辐照进行，这些聚合物体系均发生了持续的聚集依赖发光增强[发光量子产率增加约 200 倍，图 5.28(a)][83]。这为材料加工提供了一种光激发物理调控的新策略。除了共价连接的方法，六硫苯还可以通过静电相互作用等非共价作用与聚合物自组装，达到材料形态调控的目的。例如，利用 COO–N$^+$作用力连接六羧酸六硫苯(5.2.2-9)与季铵盐嵌段共聚物(5.2.2-10)，通过六硫苯的光激发诱导聚集和光撤离后的解聚行为便可以驱动聚合物链的伸缩[84]。出于这一机理，复合材料的自组装结构随着辐照时间的延长发生了一系列相变：从层状结构到双连续结构、圆柱状结构，最后到球状结构的大幅度相图结构控制。在相转变的同时，体系聚集诱导磷光和亲水性/疏水性同样发生了变化，可用于构建功能

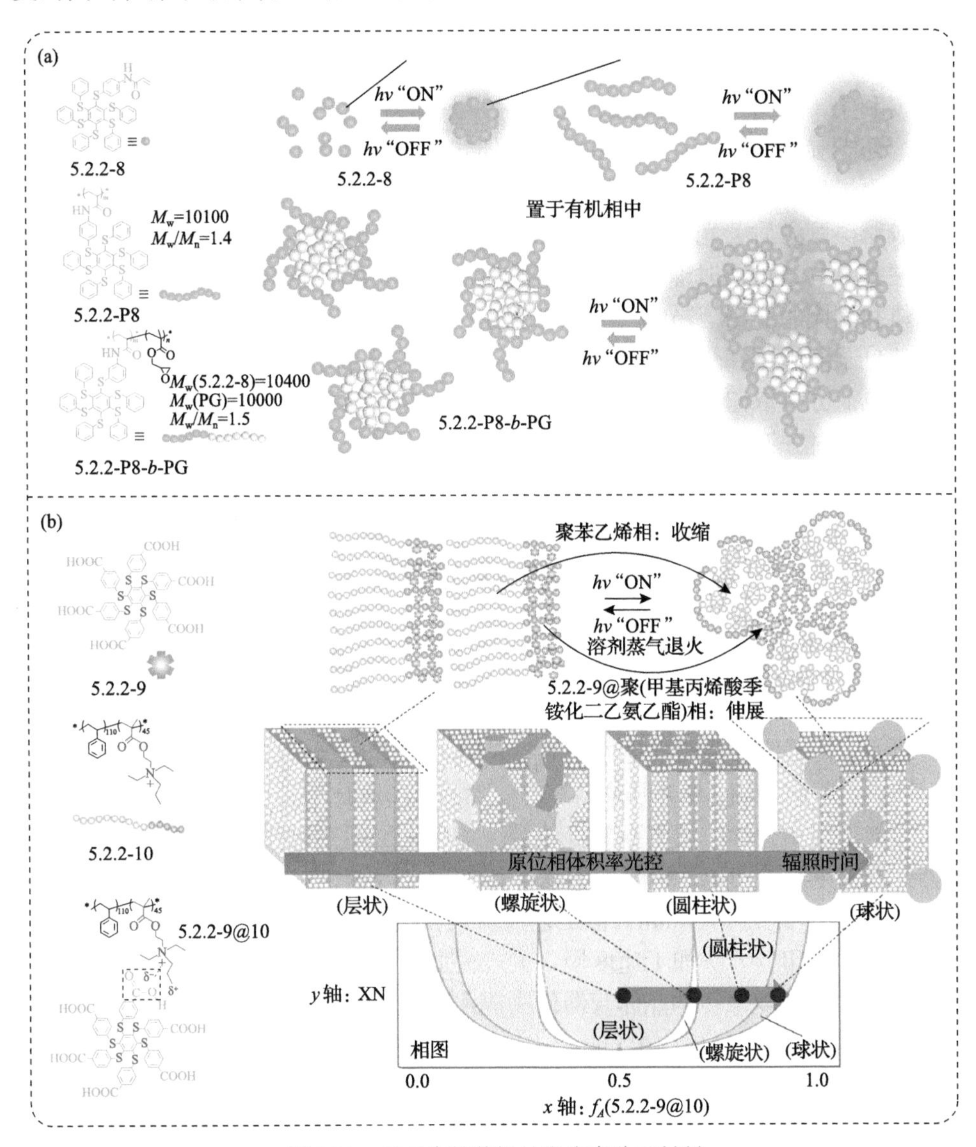

图 5.28 基于多硫芳烃的发光高分子材料

(a)光激发控制的有机相 AIE[83]；(b)光激发控制自组装结构[84]

表面[图 5.28(b)]。这种原位的相体积率光控策略，可用于实现大范围的、不同自组装结构和功能的实时转换。

5.2.2.3 邻吡啶酚性质及其衍生的发光高分子材料

除了多硫芳烃以外，朱亮亮课题组也开发一系列基于邻吡啶酚的体系用于发光材料中。邻吡啶酚可以依靠分子间双氢键作用形成二聚体，而通过橡胶摩擦产生的负电能够诱导二聚体结构中发生质子转移，使得材料在固态形成一种更亮的稳定互变异构体[量子产率提高 450 倍，图 5.29(a)][85]。且由于互变可逆，材料可以重复利用，同时具有较低的细胞毒性，是一种绿色环保的信息加密应用的理想材料。邻吡啶酚的摩擦发光性质可以延伸到聚合物材料中。将邻吡啶酚作为交联剂与聚丙烯酸共组装可以构建一个多氢键网络的超分子凝胶体系，这种凝胶在受到橡胶摩擦刺激后荧光由黄色变为绿色，且具有优秀的力学性能，适合制备粉笔状的便携工具，可即时即地用于信息加密和防伪[图 5.29(b)][86]。作为一类有质子给体和受体的 D–A 型分子，邻吡啶酚还可以在晶体结构中通过水分子桥连接，将相邻分子的给体和受体交替地结合在一起，加强了分子在质子化和去质子化过程中的电荷分离取向，实现酚羟基和吡啶的选择性双极化，产生了相比于单个分子增强 3～5 倍的偶极矩[图 5.29(c)][87]。这种双极化材料具有多激发、多发射特性，且具有激发波长依赖性，当激发波长由 365 nm 向 600 nm 变化，材料的发光颜色逐渐由粉色变为橙色，最后变成红色。依靠这一特性，通过裸眼观察被激发的晶体颜色，即可简单判断紫外-可见光范围内的激发光源波长。

5.2.3 光电功能高分子器件及应用

5.2.3.1 共轭聚合物的光刻图案化加工及集成

目前，共轭聚合物图案化加工主要采用印刷技术，包括喷墨打印、凹版印刷、转移印刷、丝网印刷、纳米压印等[88-90]。然而，印刷技术存在一些不足[91]。首先，有机功能层的耐化学、溶剂稳定性较差，加工上层图案时容易破坏下层薄膜，造成器件性能下降，可靠性降低；其次，由于液滴浸润，图案分辨率有限，纳米压印分辨率虽然可达到 100 nm，但工艺流程长、耗时久，仍处于实验室研究阶段；此外，喷墨打印等方法加工速度慢，大规模加工得到高集成度晶体管电路效率较低[92]。当前，共轭聚合物晶体管器件集成水平较低，印刷工艺制备的柔性有机晶体管电路集成度最高约为 10^4 units/cm^2，远远低于硅基晶体管集成度。

光刻作为一种高精度、高通量、高可靠性的图案化加工技术，被广泛应用于硅基集成电路生产，是半导体行业最关键的制造技术之一[93,94]。光刻的原理是通过光化学反应将掩模版的图案复制到目标基材的光刻胶薄膜上，其过程包括：特定波长的紫外光通过掩模版照射到旋涂有光刻胶的目标基材表面；曝光区域的光

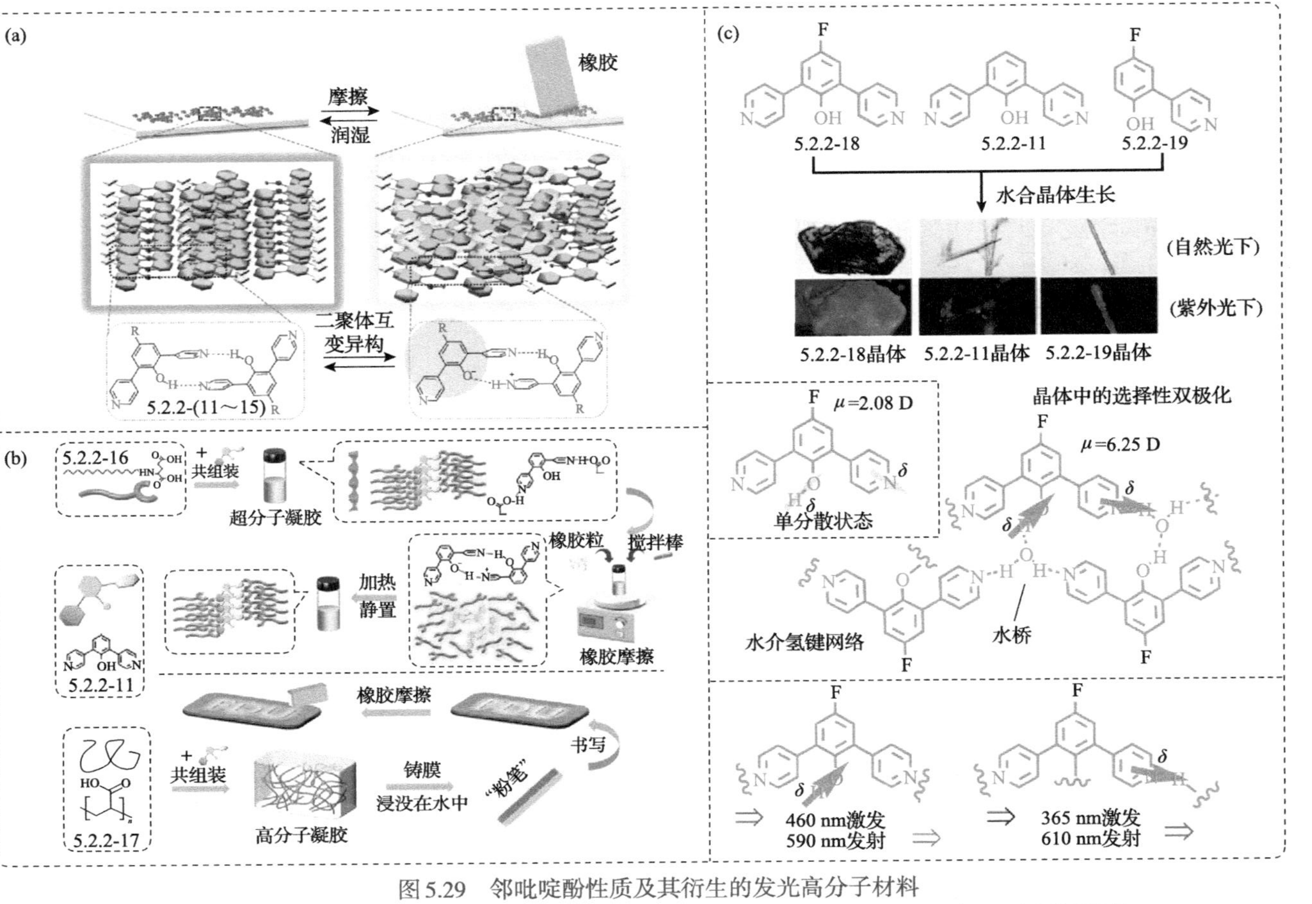

图 5.29 邻吡啶酚性质及其衍生的发光高分子材料

(a) 橡胶摩擦诱导邻吡啶苯酚二聚体互变异构产生光致发光[85]；(b) 基于邻吡啶苯酚的超分子和聚合物凝胶的橡胶摩擦响应[86]；(c) 邻吡啶苯酚晶体中构建水分子桥诱导双极化效应和激发依赖性[87]

刻胶发生化学反应，造成该区域的溶解性发生改变；曝光（正性）或未曝光区域（负性）的光刻胶可以通过显影液清洗去除，掩模版上的图案得以复制到显影的光刻胶薄膜上；利用刻蚀、沉积、离子注入等工艺处理暴露的区域；最后剥离残留的光刻胶，目标图案被转移到目标基材表面。共轭聚合物的光刻加工需要使用光交联聚合物。虽然光交联共轭聚合物已有大量报道，然而交联侧链与导电骨架往往形成内穿（intra-penetrating）结构，影响分子有序堆积，不仅影响载流子迁移率，而且造成光交联、显影和剥离过程对共轭聚合物薄膜结构的损伤，降低了电学性能及可靠性，无法满足高精度共轭聚合物光刻图案化加工的要求。

为此，魏大程课题组报道了一种共轭聚合物器件加工的全光刻工艺，并研发了一种与之兼容的综合性能优异的“半导体性光刻胶”[95]。该光刻胶由聚合物半导体聚（吡咯并吡咯二酮-并四噻吩）（PTDPPTFT4）、交联单体三（2-丙烯酰氧乙基）异氰尿酸酯、自由基光引发剂［2, 4, 6-三甲基苯甲酰基二苯基氧化膦］（TPO）、交联助剂三羟甲基丙烷三（3-巯基丙酸）酯（TMPMP）以及氯苯溶剂组成［图 5.30（a）］。聚合物半导体聚（吡咯并吡咯二酮-并四噻吩）的共轭主链为聚四噻吩吡咯并吡咯二酮，具有高度平面的共轭骨架和具有推拉电子效应的给体-受体（D-A）结构，提供了高载流子迁移率。交联单体是高溶解性的小分子，避免了大尺度相分离[96]。

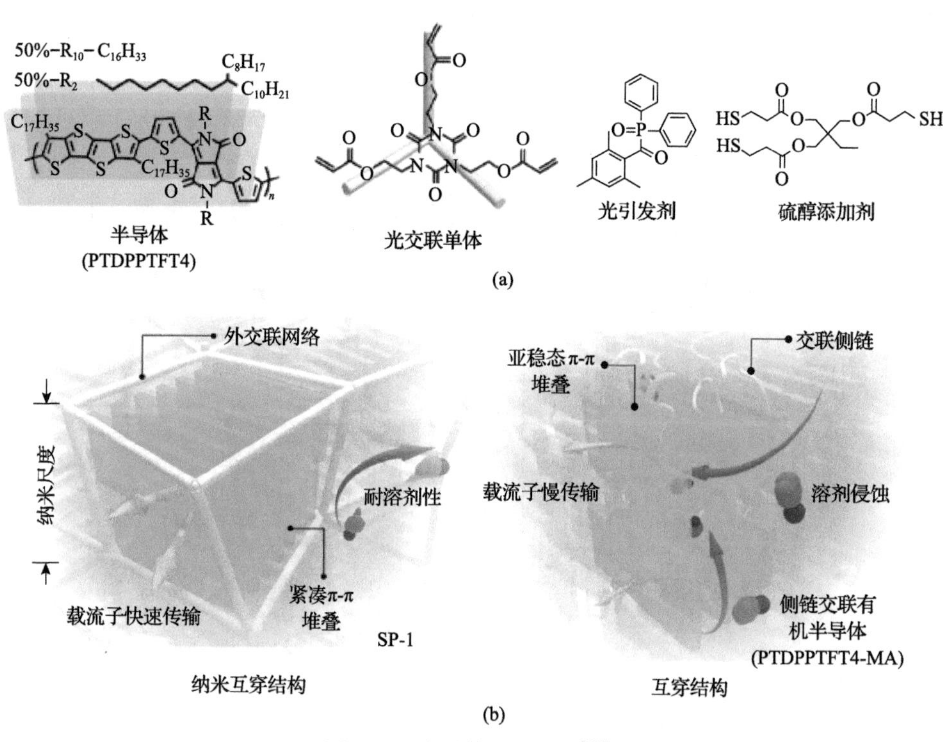

图 5.30　半导体性光刻胶[95]

（a）半导体性光刻胶配方组成；（b）纳米互穿结构和内穿结构示意图

在 365 nm 紫外光照射下，光引发剂裂解产生活性自由基，引发丙烯酸酯双键的交联反应。硫醇作为自由基的稳定剂，能够提高空气环境中的光交联反应速度[97]。上述配方的“半导体性光刻胶”旋涂过程中溶剂蒸发，由于聚(吡咯并吡咯二酮-并四噻吩)分子间存在弱相互作用，溶解度较低，优先聚集，形成连续导电网络；交联单体溶解度高，填充在聚集体四周，曝光后交联形成网络，与聚合物半导体导电网络形成了纳米互穿(nano-interpenetrating)结构[图 5.30(b)]。该结构一方面有利于锁住聚合物半导体网络，提高共轭聚合物的耐溶剂性能，实现了亚微米图案分辨率；另一方面有利于实现紧密的 π-π 分子堆叠，提高了聚合物半导体的导电性和工艺稳定性。

该半导体性光刻胶通过光刻图案化可得到 0.6μm 和 1.0μm 线宽的竖直、水平和十字交叉线条[图 5.32(a)]，接近 385nm 光源光刻机加工分辨率的极限。魏大程课题组通过全光刻工艺制造了有机薄膜晶体管(OTFT)(图 5.31)，器件迁移率达 1.64cm^2/(V.s)[图 5.32(b)]，是目前光交联有机半导体器件的最高值。由于半导体性光刻胶具有出色的耐溶剂性，在显影剂和剥离溶剂中浸泡 1000 min 后迁移率仍

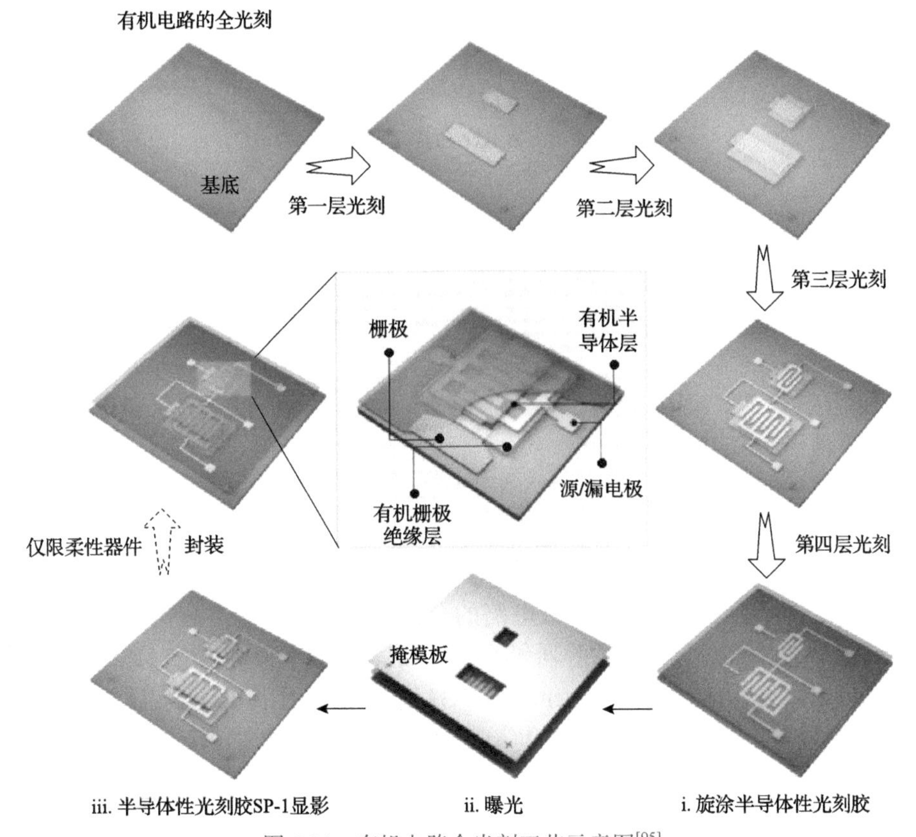

图 5.31　有机电路全光刻工艺示意图[95]

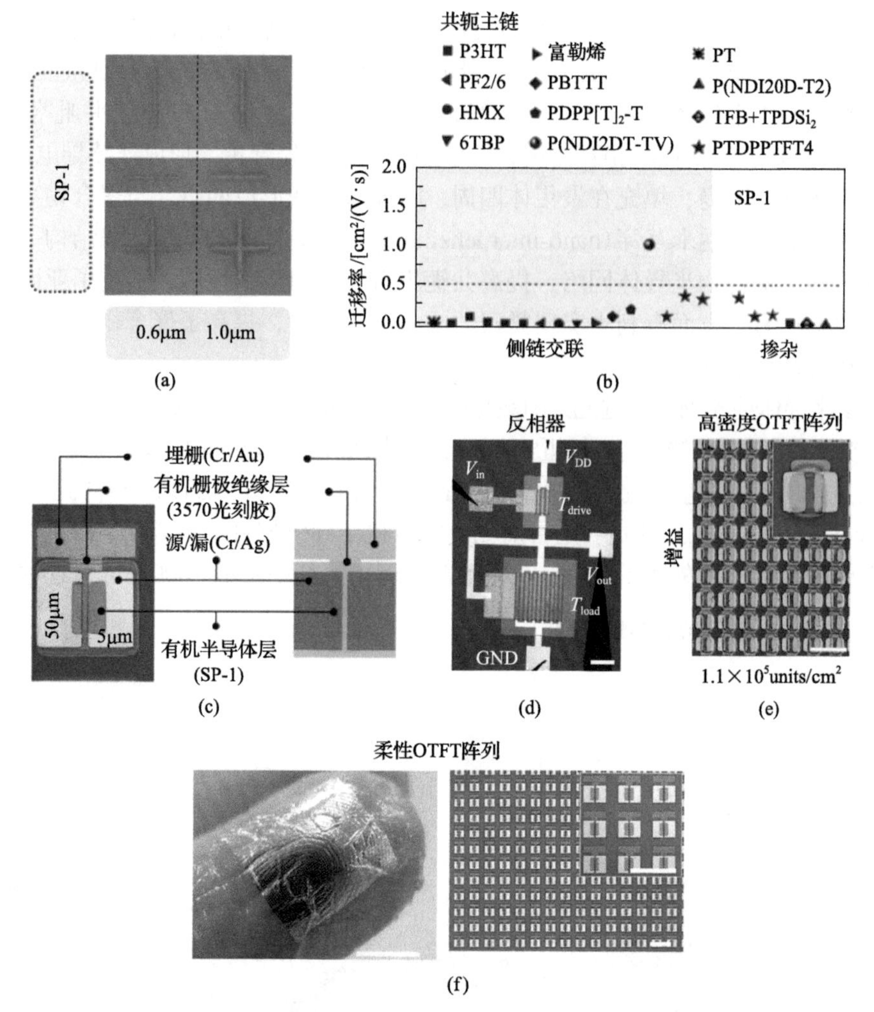

图 5.32　有机薄膜晶体管性能及加工工艺展示[95]

(a)不同设计尺寸图案的光学显微镜图；(b)半导体性光刻胶和已报道的光交联 OSC 的迁移率；(c)单个 OTFT 器件的光显照片和掩模版版图；(d)全光刻反相器光学显微镜照片；(e)111343 units/cm² 晶体管密度的 OTFT 阵列光学显微镜照片；(f)柔性高密度 OTFT 阵列照片和转移前的光学显微镜照片

保持不变，保证了全光刻有机薄膜晶体管器件性能的可靠性。研究团队实现了在 4 英寸(1 英寸=2.54cm)晶圆上有机电路的全光刻加工，制造出有机逻辑电路元件[图 5.32(d)]、有机薄膜晶体管阵列和柔性有机薄膜晶体管阵列[图 5.32(f)]。晶体管集成密度最高可达 1.1×10^5units/cm^2[图 5.32(e)]，远高于传统印刷工艺的有机薄膜晶体管集成度，为高密度有机电路和集成系统的精准制造提供了新材料和工艺途径。

5.2.3.2　高响应度光电探测器件

光电探测器件是利用物质的光电效应实现光电能量转换，将光信号转换成电信号的传感器。光电传感的基本原理包括：光生伏特效应、光电导效应、光热电效应、光辐射热电效应和光致栅压效应等。其中，光热电效应和光辐射热电效应过程属于热过程；其他原理则是吸收光子能量，无须经历热过程直接产生电信号。高响应度光电探测器件大多采用光致栅压效应(光栅效应)原理[98]。光栅效应就是在光照条件下，半导体内部产生的电子或者空穴被界面或者材料内部存在的缺陷或杂质捕获，被捕获的电荷会停留在这类陷阱态中，短时间内难以回复至初始状态。不同于流动的载流子，这类被捕获的电荷难以直接参与电流信号传输，反而会产生局部电场，对半导体材料进行掺杂，改变载流子浓度，从而产生电流信号响应。半导体具有电学信号放大效应，少量的捕获电荷会引起半导体载流子浓度的显著改变，从而使光栅效应能够很大程度上提高光电探测器件的光响应度。

光栅效应与光敏材料的表界面相关。大的表界面积有利于积累更多的电荷，从而显著提高光响应度。为了构建高响应度光电探测器件，主要策略为构筑具有大比表积的多孔结构或二维结构的光敏材料。为此，魏大程课题组合成了烯烃键连接的具有多孔共轭结构的共价有机框架材料(oCOFs)。其中，oCOF-TFPA 材料由 2,4,6-三甲基-1,3,5-三嗪(TMT)单体和三(4-甲酰基苯基)胺的 Knoevenagel 缩合反应合成制备[99,100][图 5.33(a)]。三苯胺具有强给电子能力，可与三嗪单元形成良好的电子给体-受体结构[101]，有利于光生载流子的分离。同时，电荷能够被 oCOF-TFPA 薄膜的多孔结构捕获，有利于增强光生效应。因此，基于 oCOF-TFPA 的光电探测器在 365 nm 的紫外光照下响应度与探测度分别达到了 23.20 mA/W 与 1.01×10^{10} Jones[102][图 5.33(d)]。

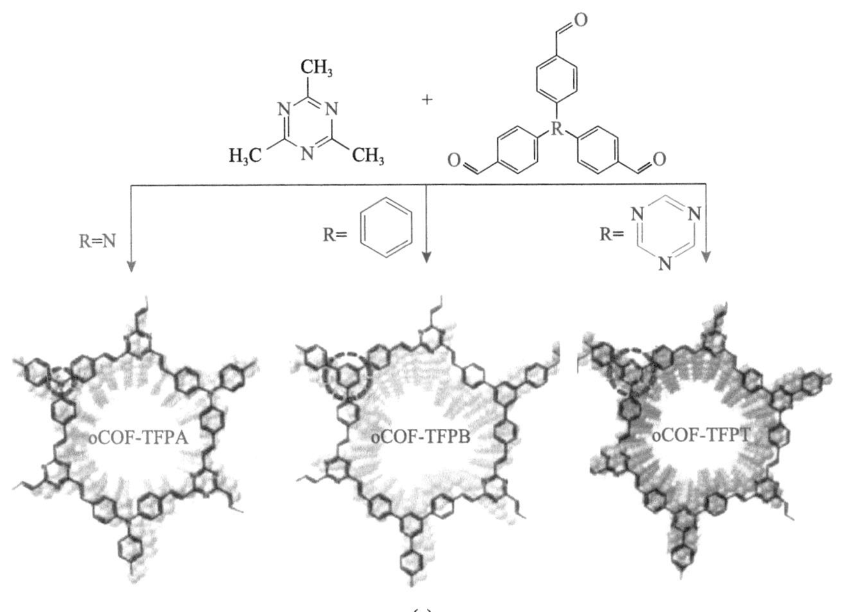

(a)

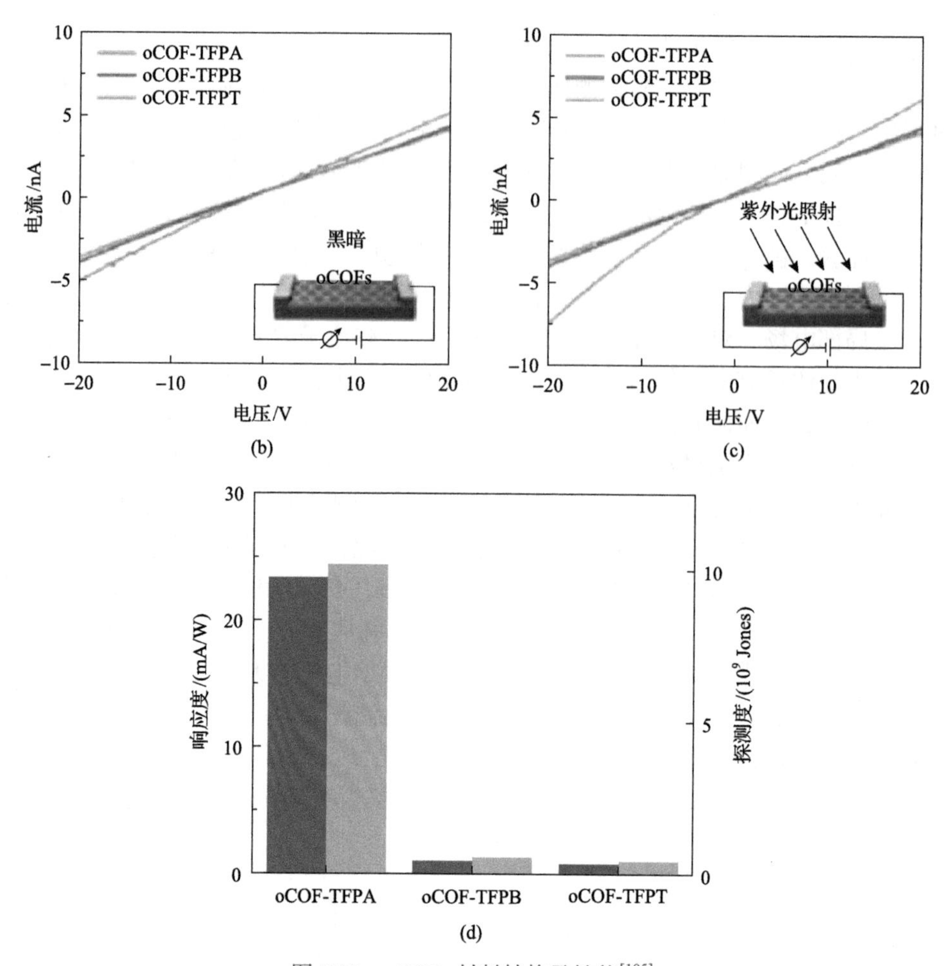

图 5.33　oCOFs 材料结构及性能[105]

(a)三种不同结构的 oCOFs 材料结构合成示意图；(b)黑暗中三种 oCOF 器件对应的 *I-V* 测试曲线；(c)光照下三种 oCOFs 器件对应的 *I-V* 测试曲线；(d)三种 oCOFs 材料的紫外光响应度以及探测率

此外，魏大程课题组研发了基于二维晶体结构的光电探测器。研究发现二维分子晶体的晶体结构与厚度相关。当晶体厚度减小时，分子层间相互作用会减弱，晶体结构会在更大程度上受到衬底和分子层内相互作用的影响。由于衬底和共轭分子作用力较弱，SiO_2/Si 表面晶体厚度减小形成紧密的分子堆积和连续的电子云分布，有利于电场作用下光生电荷的分离和运输；同时，二维分子晶体具有更大的表界面积，有利于电荷积累，从而显著增强光栅效应调控作用[图 5.34(a)]。因此，随着晶体厚度减小，二维 1,4-二(4-甲基苯乙烯基)苯(p-MSB)分子晶体的光电探测器在 254 nm 光照下的光响应度达到了 2.74×10^4 A/W[图 5.34(c)]，是有机晶体或有机薄膜紫外光电探测器的最佳值之一[103]。

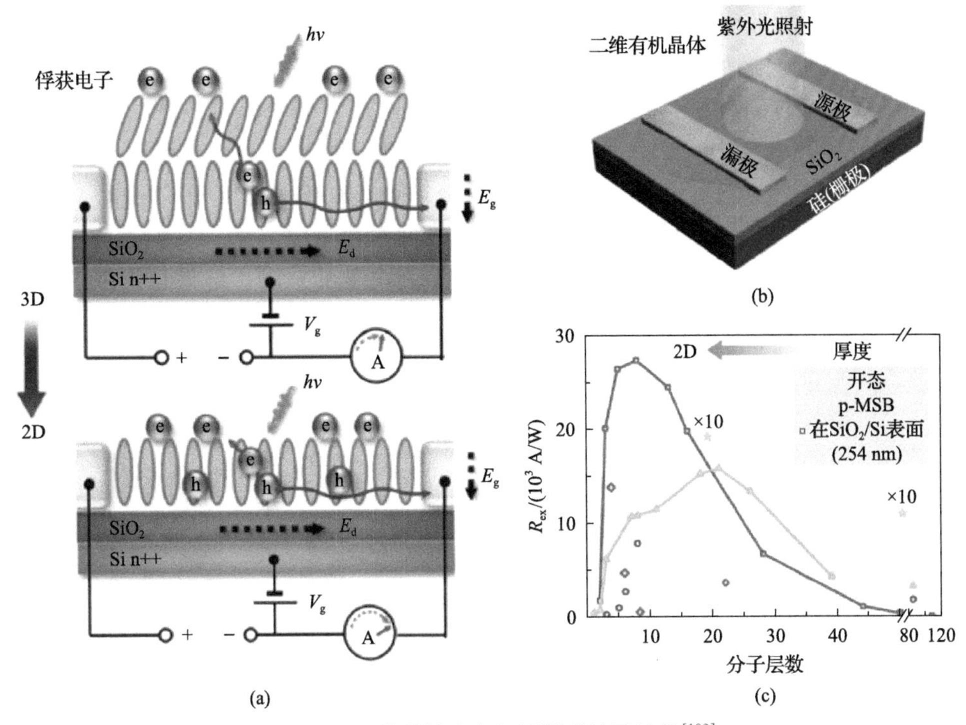

图 5.34 二维结构光电探测器结构及性能[103]

(a) 光电响应增强机理示意图；(b) 基于二维有机晶体的光电探测器结构示意图；(c) 254nm 紫外光下器件光响应度

5.2.3.3 高灵敏化学生物传感器件

光电功能高分子材料具有优异的柔韧性和生物兼容性，被广泛应用于化学生物传感。电学传感器件结构包括目标识别元件以及信号转换平台[104]。选择对特定化学刺激产生高灵敏度、快速响应和强特异性信号的物质作为目标识别元件；而信号转换平台则将目标识别元件产生的生物、化学变化转化成易于检测的电学信号。其中，场效应晶体管传感器通过表面探针修饰，将探针与分析物特异性化学作用转变为导电沟道电信号响应，具有无标记、快速、高灵敏度等优点[105,106]。特别是，近年来基于石墨烯等二维共轭材料的晶体管传感器得到广泛研究，推动了该领域的发展。石墨烯等二维共轭材料一方面具有优异的导电性能，另一方面厚度为单原子或单分子厚度，使得载流子完全暴露在外界环境中，具有远高于普通块体材料的敏感性能。魏大程课题组研发了基于石墨烯、二维聚噻吩等材料的场效应晶体管传感器，通过材料表面探针分子的结构设计，实现了金属离子、自由基、有机小分子、蛋白质、核酸等标志物的快速高灵敏检测[107,108]。

自由基与人类疾病相关，是一种至关重要的生物标志物。其中，羟基自由基(·OH)是已知反应性最强的化学物质之一，可破坏 DNA 碱基并介导细胞膜 Ca^{2+}

通道的氧化还原改变。然而，·OH 寿命很短，只有 10^{-6}s 量级，很容易转变成其他物质，很难通过场效应晶体管检测。为此，研发了一种基于内剪切反应的石墨烯场效应晶体管传感器(图 5.35)，在其表面修饰金纳米颗粒，并以 Au—S 键在金纳米颗粒表面固定原卟啉分子。当加入带电金属离子，金属离子会与原卟啉分子发生络合反应，从而对石墨烯产生电掺杂。在检测过程中，·OH 自由基与 Au—S 键发生氧化剪切反应，从石墨烯表面释放带电离子，发生去掺杂，引起石墨烯沟道的电流变化，从而实现对·OH 自由基的检测，最低检测浓度达到 10^{-9} mol/L[109]。

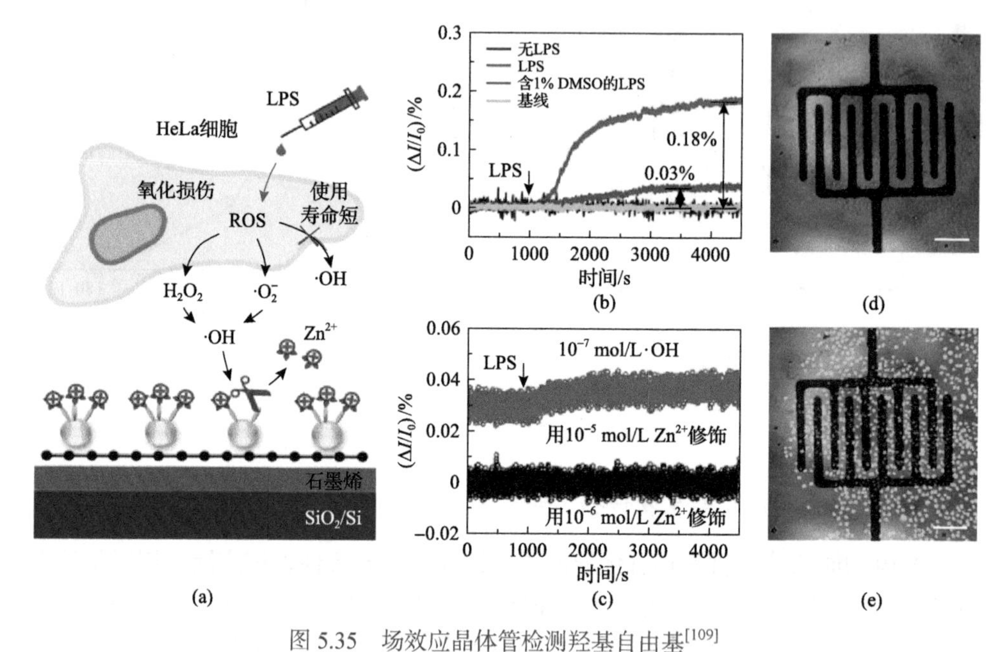

图 5.35 场效应晶体管检测羟基自由基[109]

(a)场效应晶体管检测细胞产生的·OH 示意图；(b)HeLa 细胞释放·OH 的电流响应曲线；(c)半定量检测 HeLa 细胞释放·OH 的浓度；(d)，(e)器件表面 HeLa 细胞释放·OH 的光学显微镜及荧光显微镜图片

此外，晶体管传感器还能应用于病毒核酸、蛋白的快速高灵敏检测。魏大程课题组提出了一种由 DNA 分子自组装而成的“分子机电系统”(MolEMS)[图 5.36(a)][110]，该系统是通过外电场驱动，精准调控分子识别和信号转化过程的微型装置。该分子机电系统组装到石墨烯场效应晶体管上，一方面，其刚性底座有助于避免污染物的非特异性吸附；另一方面，外电场驱动柔性适配体悬臂发生运动，使得传感过程更加贴近晶体管沟道，灵敏度显著提升。不需要复杂耗时的核酸提取和扩增过程，该石墨烯晶体管传感器能够实现生物样本中新型冠状病毒核酸(RNA 和 cDNA)的超灵敏检测，检出限最低达 20 拷贝每毫升，响应时间小于 4 min。使用该装置检测了 87 例鼻咽拭子样本，能够准确地区分来自新冠肺

炎患者、发热门诊阴性病人、甲/乙流感病人和健康人的样本[图 5.36(b)]。魏大程课题组还开发了基于刺突蛋白修饰[70]和多抗体组合修饰(图 5.37)[112]的石墨烯场效应晶体管，分别实现了新型冠状病毒抗体和抗原的高灵敏检测，并应用于混合样本检测，显示出在精准防控中的巨大应用价值。

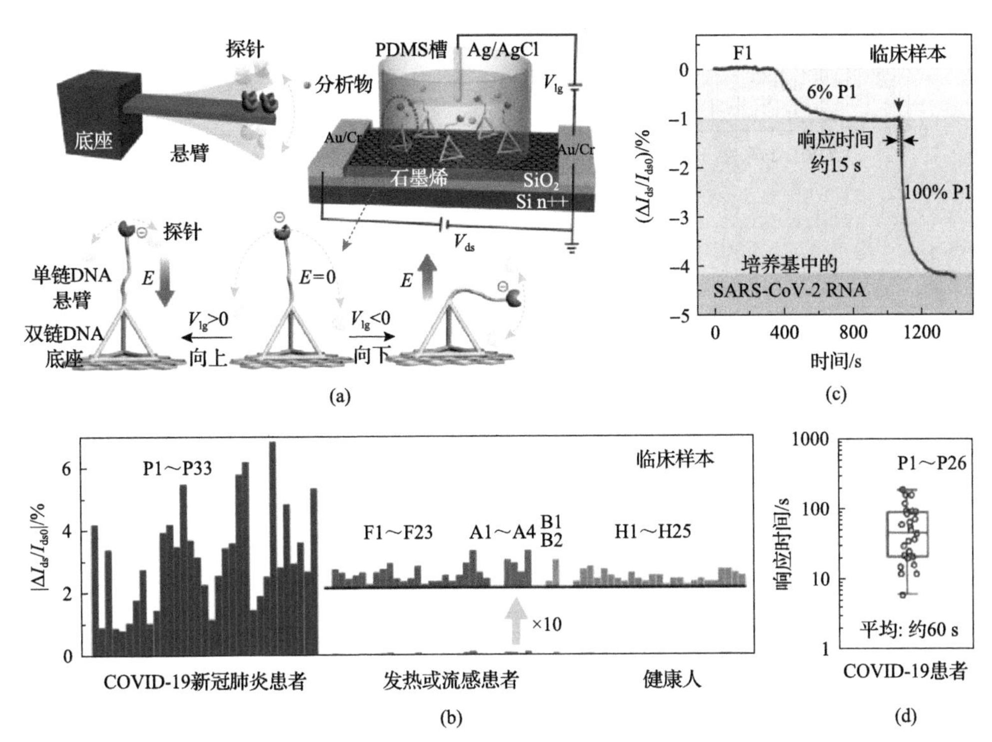

图 5.36　用于生物检测的“分子机电系统”（MolEMS）结构及性能[110]

(a)微机电系统(MEMS)及 MolEMS 生物检测原理图；(b)基于 MolEMS 的晶体管传感器用于新冠病毒核酸临床样本检测的结果；(c)，(d)MolEMS 新冠病毒核酸检测电流响应曲线及响应时间统计

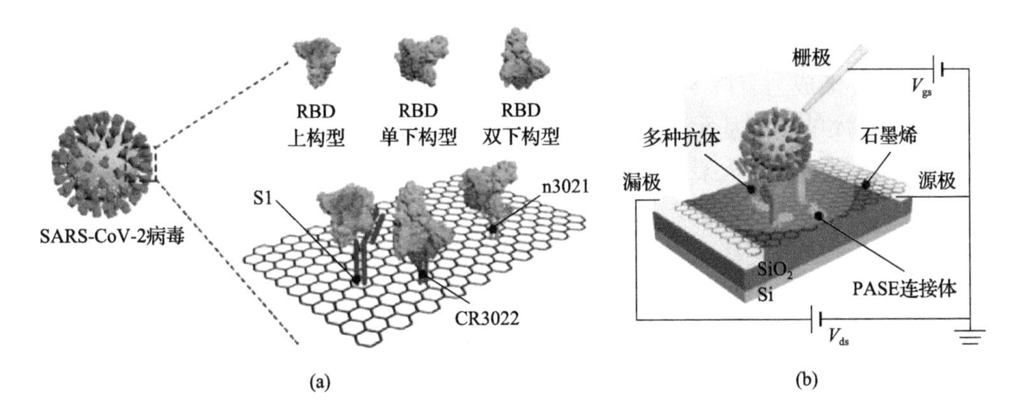

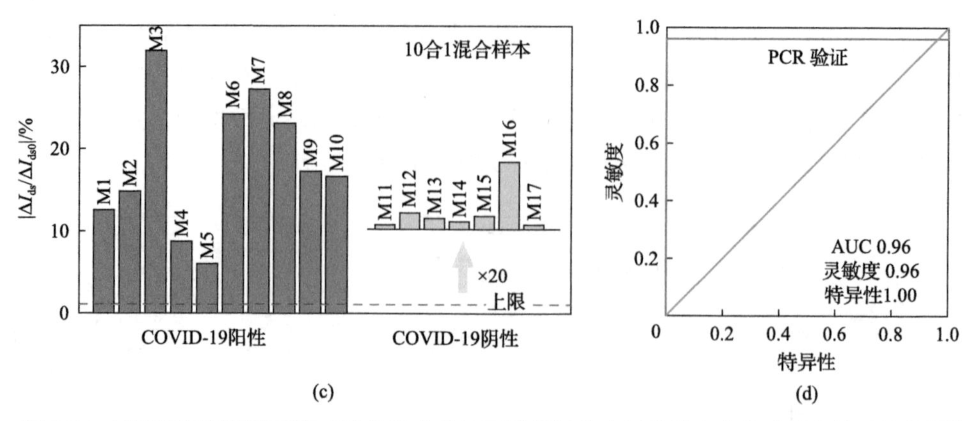

图 5.37 用于检测新冠病毒的多抗体组合修饰石墨烯场效应晶体管生物传感器结构及性能[112]

(a)，(b)用于新冠病毒抗原检测的多抗体组合修饰石墨烯场效应晶体管生物传感器原理及器件结构示意图；(c)，(d)新冠病毒抗原 10 合 1 混合临床样本检测的结果

5.3 高分子在能量转换和存储中应用的研究

本节将介绍高分子在能量转换和存储中应用的研究进展，在太阳能转换中，关注于共价有机框架的设计、合成以及在光催化分解水产氢和光热转换中的应用；在电催化中，介绍了具有局域微结构活性区电催化剂材料的合成、特点、原位表征技术以及适用的电催化反应；在能量存储的应用中，着重介绍了石墨烯的规模化制备技术，包括超高浓度石墨烯的水相剥离、三维石墨烯结构的构建、高质量石墨烯和超大片氧化石墨烯的宏量制备等。

5.3.1 共价有机框架在太阳能转换中的应用

5.3.1.1 共价有机框架(COF)简介

共价有机框架(covalent organic framework, COF)是一类结晶的多孔高分子材料[113]，正逐渐成为有机半导体领域的研究热点。在这类材料中，具有特定几何构型和功能基团的构筑基元通过动态共价键连接[114]，并遵循预设计的拓扑结构构筑成二维层叠层大分子框架或是具有互穿结构的三维大分子框架[115]，由此形成结构明确的有序晶体结构[116]。与传统的聚合物和其他分子框架相比，共价有机框架完全由有机单元定向连接而成，因此可以研究其构效关系。随着研究的发展，共价有机框架材料不仅可以利用其丰富的孔道结构，在吸附与分离[117-119]等领域表现出优异的性能，而且已发展成为一个高分子材料功能化设计的平台，推动一系列光、电功能高分子的合成与发展，在多相催化[120,121]、传感[122,123]、生物医疗[124,125]等领域展现出巨大的应用潜力。复旦大学高分子科学系的郭佳教授团队长期致力于有机多孔高分子的研究，特别是晶态二维共价有机框架材料的设计、合成以及在光能转换应用方面的探索，发展了一系列具有光催化活性、光热转换特性的共价有机框架半导体材料，将其应用于分解水产氢、诊疗一体化、界面蒸发器等太阳能转换领域，显示了共价有机框架作为高分子新材料的发展潜力和应用价值。

基于动态化学的理念，共价有机框架的合成常常采用可逆化学反应，发展了一系列不同的成键方式(图 5.38)，大致可以分为硼酸酯和硼酸酐类[126]、席夫碱类[127]、三嗪类[128]、碳碳双键类[129]、聚酰亚胺类[130]等几个大类。在经典的共价有机框架合成方法上，常采用溶剂热法[131]，即在耐热玻璃管中加入反应的混合溶剂、单体和催化剂，通过多次的冻融脱气过程，脱除反应体系的空气，然后封闭玻璃管，在特定温度下反应 3～7 天。在此基础上，又先后开发了包括微波法[132]、离子热法[133]、机械研磨法[134]以及界面聚合[135]等一系列合成共价有机框架的方法体系。

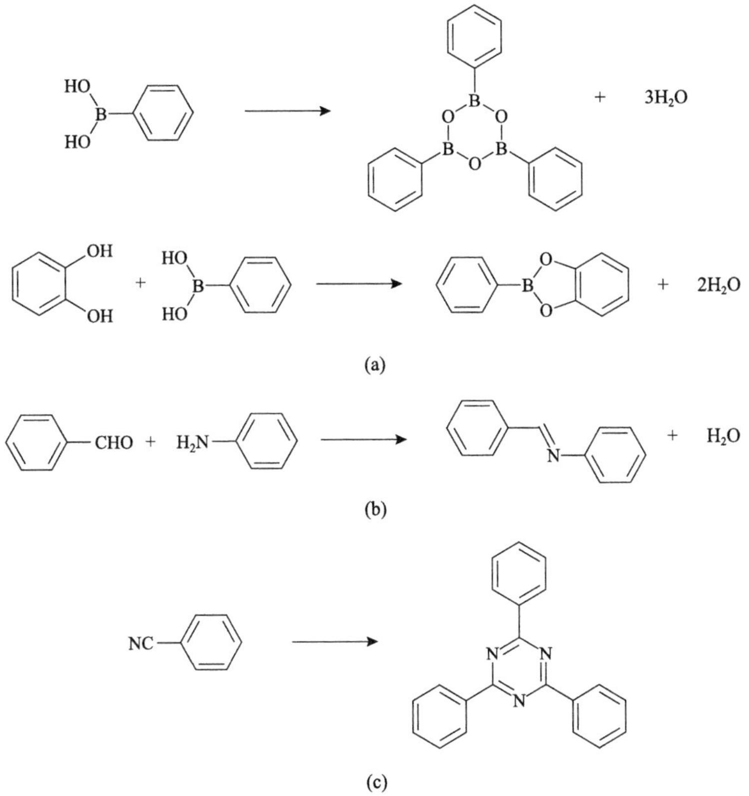

(a)

(b)

(c)

(d)

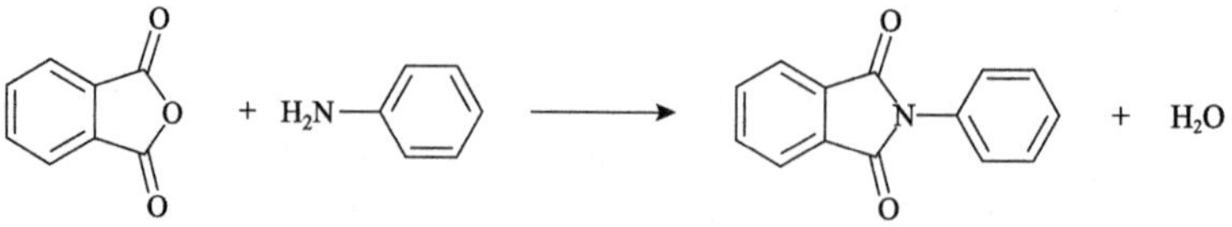

(e)

图 5.38 共价有机框架的合成反应[115]

(a)硼酸酯和硼酸酐类共价有机框架；(b)席夫碱类共价有机框架；(c)三嗪类共价有机框架；(d)碳碳双键类共价有机框架；(e)聚酰亚胺类共价有机框架

在光、电功能领域中，基于酮-烯胺键连接的二维共价有机框架开展了较多的研究。由于酮-烯胺键一方面具有在酸、碱或极性溶剂中的化学稳定性，另一方面也具有不同的功能特点，例如金属络合性质、电化学活性等，因此受到广泛关注[136]。此类共价有机框架是由 2,4,6-三羟基苯-1,3,5-三甲醛与氨基单体通过席夫碱反应获得，在共价有机框架的形成过程中，发生了分子内的质子转移，先形成的醇-亚胺键会进一步异构化为酮-烯胺键[137]。由于不影响框架上的原子位置，因此该互变异构过程保持了共价有机框架结构的多孔性及结晶性[138]。在已报道的研究中，酮-烯胺连接的二维共价有机框架合成往往采用席夫碱的反应条件，即使用乙酸水溶液作为催化剂，使醛基质子化形成氧鎓离子，便于氨基亲核进攻，脱水形成亚胺连接键，并在其解离-键合的可逆过程中，增强共价有机框架的结晶结构，然而由于发生异构化以后，酮-烯胺键不具备可逆的反应性质，因此影响了此类共价有机框架的结晶性和多孔性[139]。

由此，郭佳教授团队提出使用有机碱作为催化剂来构筑酮-烯胺式共价有机框架的策略[139]，大幅度提高其结晶性和多孔性。与乙酸催化剂不同，吡咯烷可以与2,4,6-三羟基苯-1,3,5-三甲醛反应，先形成含氮鎓盐的中间产物，比酸催化形成的氧鎓盐具有更为活泼的亲电取代性，因此可以与氨基单体发生效率更高的可逆交换过程，促进结晶结构的修复和完善(图 5.39)。该催化反应过程增强了晶体生成过程中的动力学可控性，因此可以在更短的制备时间里得到具有更好结晶性与多孔性的共价有机框架，并且适用于不同的氨基单体。由此构筑的高质量酮-烯胺共价有机框架展现了突出的光功能特性。相比于三维互穿结构的共价有机框架，二维叠层结构的共价有机框架具有更加丰富的构筑基元、化学反应和合成方法，因此在设计共价有机框架基半导体材料方面具有灵活可调的能带隙和能带结构，由此发展了与之相应的功能和应用。

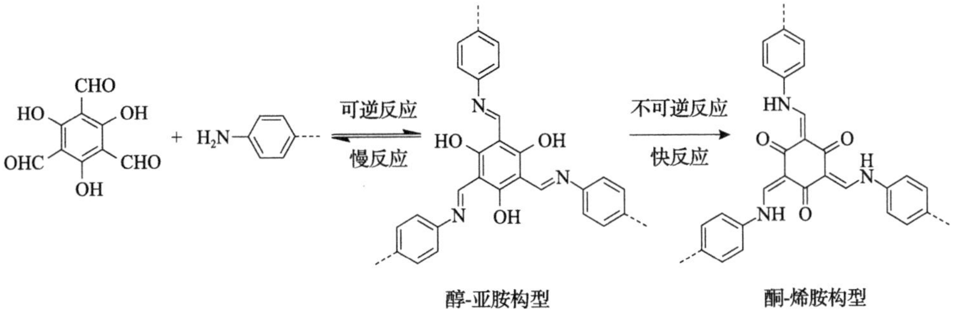

CHO HO OH OHC CHO OH + H_2N 可逆反应 慢反应 HO OH N OH 不可逆反应 快反应 HN O O H N NH O

醇-亚胺构型 酮-烯胺构型

(a)

OH OHC CHO HO OH CHO H N OH N HO OH N N O N O O N

Tp 亚胺离子 I II

NH_2

N OH N HO OH N NH O N H O O HN

III IV

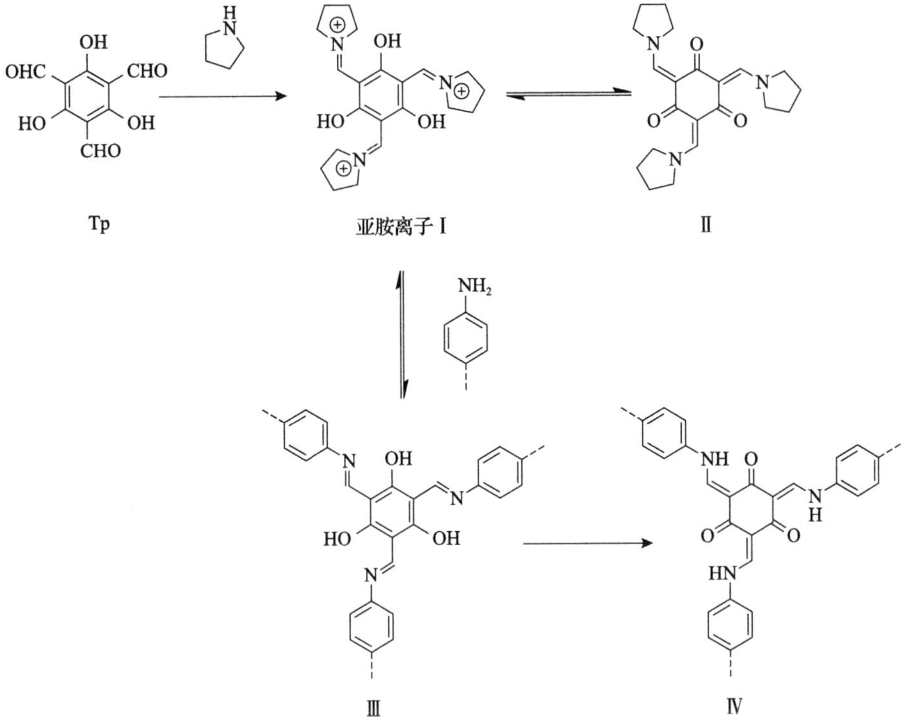

(b)

图 5.39 有机碱催化构筑酮-烯胺式共价有机框架[139]

(a) 异构化形成酮-烯胺键连接的共价有机框架；(b) 吡咯烷的催化机理

5.3.1.2 可见光催化分解水产氢

在国家双碳目标的牵引下，利用太阳能实现光催化分解水产氢是可持续的、绿色清洁能量转换和存储的重要方式之一，也是可持续发展领域中一个重要的基础研究课题。自从 1972 年 Fujishima 等人首次利用 TiO_2 成功实现光电催化分解水以来[140]，该领域一直受到研究者的广泛关注。其中关于无机半导体催化剂的研究报道较多，相较而言，有机半导体材料具有宽光谱吸收性质、灵活可调的能带结构、简单多样的加工形式和来源广泛、成本低的特点，然而有机材料一般介电常数较低，长程有序性不够，由此限制了激子的解离和光生电荷的传导，表现出催化效率不高的普遍问题[141]。不同于传统高分子光催化剂，共价有机框架材料具有延展的 π 共轭体系、较好的吸光性质、快速的电子传递特性以及可调的能带结构，正成为新型光催化材料的设计平台。

模拟自然光合作用是发展人工光合成的基础，它是通过光催化等途径将太阳能转化为化学能的过程，其中水分解制氢是重要的人工光合成反应之一。氢气的能量密度高，燃烧后生成水，没有污染，是理想的能源载体。实现高效的分解水制氢，开发光催化剂是核心，它不仅需要具备吸收光能的特点，而且可以负载助催化剂来接受光生电荷，提供催化活性位点产氢。光催化剂具有半导体性质，其分解水产氢的原理包括以下三个过程：首先吸收能量大于带隙的光子，使半导体材料上的电子激发跃迁至导带，在价带留下空穴，形成电子-空穴对；其次，产生的电子-空穴对分离并迁移，该过程需要抑制光生电荷的再复合；最后，分离的光生电子和空穴迁移到催化活性位点，分别与吸附的反应物发生氧化还原反应。水分解要同时满足热力学和动力学条件，在热力学上，要求光催化剂的能带隙大于 1.23 eV，同时其价带顶电位要比水氧化电位更正，而导带底电位比质子还原电位更负；在动力学上，要克服产氢和产氧的反应活化能。常常使用助催化剂来降低产氢反应需要的活化能，并加入光生空穴的牺牲剂，避免需要更高活化能的水氧化反应，由于牺牲剂存在的反应要比完全分解水更为容易，从而提高产氢半反应的光催化活性[142]。

郭佳教授团队围绕可见光催化分解水产氢的半反应，基于二维共价有机框架材料的功能特点，在分子水平上合理设计和精确调控共价有机框架结构和电子性质，从而发展了一系列策略来提高共价有机框架的光催化产氢活性。

1. 长链穿插稳定二维共价有机框架的叠层结构促进光催化活性

在光催化分解水产氢的反应中，激子的解离和光生电荷的迁移在有机光催化剂材料中尤为关键，在无序的共轭高分子材料中，较低的介电常数使得光生电荷的迁移距离较短，容易发生电子和空穴的复合[143]。因此具有高度结晶性的二维共价有机框架结构不仅展现了共轭高分子在光能吸收方面的优势，而且可以在二维大分子框架内以及层叠层的平面间传输光生电荷，表现出优异的光电导性质。但是，研究表明共价有机框架在长时间的光催化循环后常常会失去有序的结构特征[144]，这使得层与层之间的相互作用力减弱，原先趋于平面延展的共轭框架逐渐发生扭转，破坏了分子内的大 π 体系。而框架中共轭结构的长度对于载流子迁移至关重要，显然这种扭转的结构对光催化效率不利。因此，有必要在光催化过程中维持二维共价有机框架的叠层排列结构，从而保持 π 电子在平面框架和层间的离域距离，提高光催化过程中的光电性质。

郭佳教授团队采用了线性聚乙二醇(polyethylene glycol, PEG)填充二维共价有机框架孔道来稳定并增强层间堆叠的相互作用，从而提高光催化过程中的光生载流子迁移，促进共价有机框架光催化分解水产氢的性能[145]。如图 5.40(a)所示，在溶剂热条件下合成了含有苯并噻二唑单元的酮-烯胺式二维共价有机框架(BT-COF)，以吡咯烷作为催化剂，形成了高度结晶的叠层二维大分子框架，对应于(100)面的晶区尺寸达到约 45 nm，具有与理论模型相一致的孔道尺寸和均一的孔径分布，BET 比表面积达到 1471 m^2/g。这样高度有序的多孔结构有利于在一维

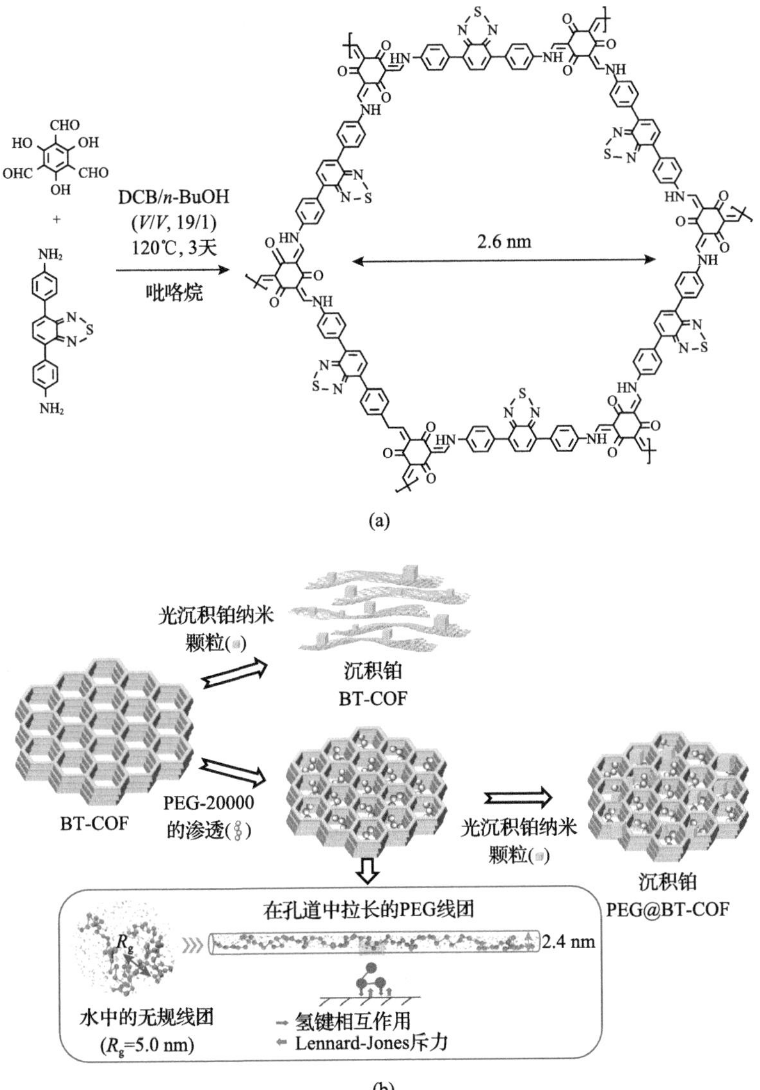

(a)

(b)

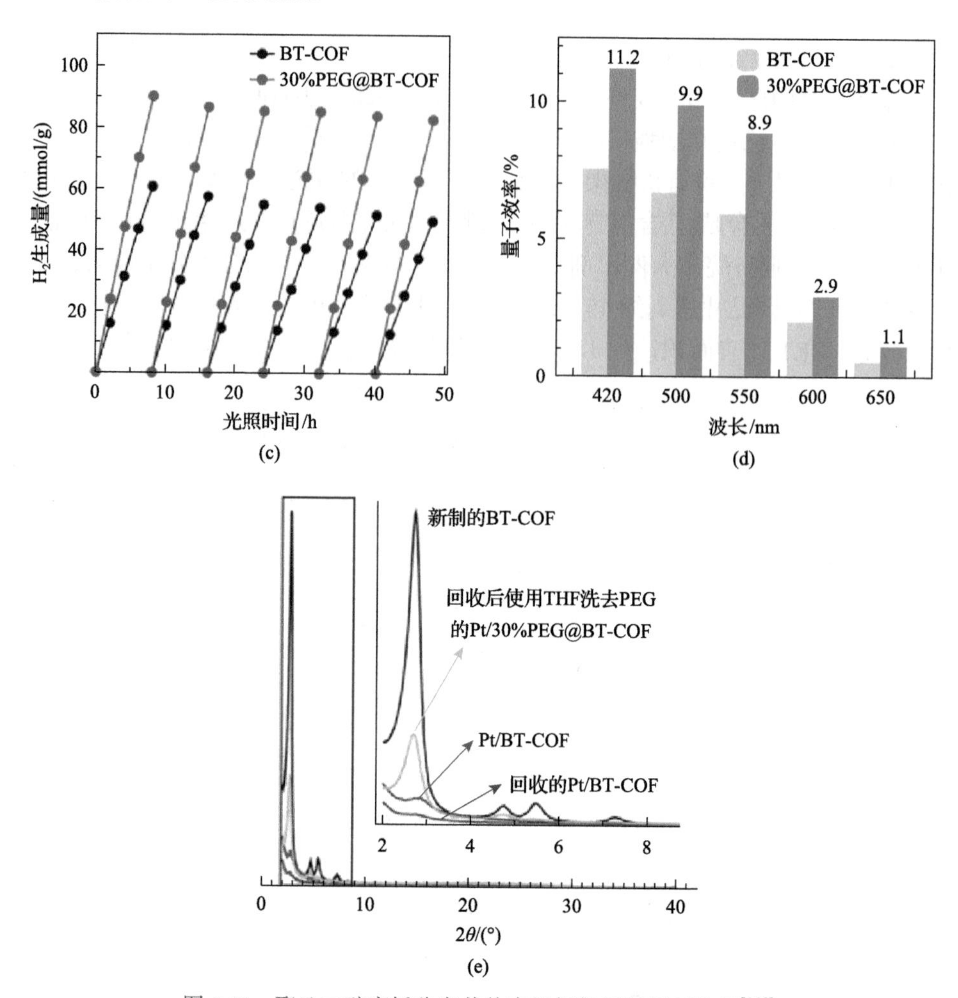

图 5.40 聚乙二醇穿插稳定共价有机框架层间相互作用[145]

(a) BT-COF 的合成路线；(b) 光沉积 Pt 纳米粒子对 BT-COF 和 PEG@BT-COF 结构的影响示意图；(c) 可见光分解水产氢的长循环测试；(d) BT-COF 和 PEG@BT-COF 的表观量子效率比较；(e) 光催化循环 48h 后回收样品的粉末 X 射线衍射图谱

开放的孔道阵列中填充聚合物。在减压退火的条件下，可在 BT-COF 中负载分子量为 2 万的聚乙二醇长链(PEG@BT-COF)。通过二维核磁谱和广角 X 射线散射证明了线型聚乙二醇受限在孔道中，并且在最大聚乙二醇填充量时仍保持了绝大部分的 BT-COF 晶态结构，对应于(100)面的晶区尺寸为 38.4nm。采用粗粒化模型，明确了聚乙二醇以拉伸的构象受限于共价有机框架的一维孔道内，并且通过氢键牢牢稳定了共价有机框架多层堆叠结构，由此说明当使用最大量的聚乙二醇填充 BT-COF 的一维孔道，就可形成最多的穿插结构来稳定二维共价有机框架的结晶性。

当聚乙二醇穿插在 BT-COF 孔道中，对于共价有机框架自身的吸光性质和能带结构没有影响，仅增加了共价有机框架的亲水性。如图 5.40(b) 所示，在光催化测试中，没有聚乙二醇稳定的 BT-COF 在光沉积 Pt 纳米粒子时，叠层结构就已被破坏。在光催化反应中，BT-COF 的产氢速率和表观量子效率仅为 7.70 mmol/(h·g) 和 6.5%(420 nm)，并且长循环中产氢速率下降了 21%。而更加稳定的 PEG@BT-COF，其产氢速率提高到 11.14 mmol/(h·g)，表观量子效率在 420 nm 处也增加到 11.2%，而且在 48 h 的长循环实验中，产氢速率仅下降 8%。

在光催化反应后，回收的 BT-COF 仅保存了一半的晶区尺寸，而回收的 PEG@BT-COF 能很好保持原来的结晶性。由此在光物理测试中，PEG@BT-COF 显示了更大的光电流、更小的阻抗和更长的激子寿命，说明 PEG@BT-COF 孔道内的聚乙二醇能够在光催化过程中增强层间作用力，稳定 π-π 堆叠结构，从而促进载流子的迁移，延长激子寿命，最终提高光催化产氢性能。这一策略同样适用于其他种类共价有机框架来提高光催化产氢性能，并且有望进一步发展出聚合物染料敏化的共价有机框架基光催化体系。

2. 引入电子转移模块增强光生电荷迁移效率

在光催化反应中，半导体自身的电荷传导能力是重要的性质之一，相比于无机光催化剂，高分子材料由于较低的介电常数，往往激子或光生电荷的转移距离较短，即使在高度结晶的二维共价有机框架体系中，提高材料的传导能力也一直是主要的研究方向。在共价有机框架主体框架上引入给体-受体的单元可以促进激子解离，提高光生电荷迁移能力。然而，一些具有推拉电子效应的构筑单元也是经典的染料分子，例如苯并噻二唑基元。这些染料分子一方面可以作为电子受体单元，另一方面具有荧光发射能力，因此苯并噻二唑基元在二维共价有机框架的叠层结构中，易于在激发态下形成激基缔合物，由此产生了电子陷阱，削弱共价有机框架的光还原能力[146]。郭佳教授团队采用三组分共聚的策略[147]，调控了苯并噻二唑基元在共价有机框架框架中的含量，发现在较低含量下，不利于激基缔合物的生成，使得苯并噻二唑单元作为电子受体，促进光生电荷的迁移，由此相比于仅使用苯并噻二唑单元合成的 BT-COF，展现出了更高的光催化产氢性能，达到 9.84 mmol/(h·g)。

除了构建给受体的体系，也可以引入电子转移媒介(electron transfer mediator, ETM)提高光生电荷的迁移性质。电子转移媒介常用于两相反应中，维持在化学反应动态平衡中电子转移的稳定，提高反应效率[148]。将电子转移媒介固定到二维共价有机框架的框架上，可以提高材料自身的光生电子迁移能力，有效解决有机半导体材料传导能力弱的问题。紫精及其衍生物因出色的给-受电子能力而受到科研人员们的广泛关注[149]，将其作为电子转移媒介，可在共价有机框架上促进光生电子快速转移至催化活性位点。

郭佳教授团队发展了在共价有机框架中引入紫精类的环化联吡啶季铵盐作为电子转移媒介的策略[150]。首先合成具有顺式联吡啶单元的酮-烯胺键连接的二维共价有机框架，然后通过季铵盐化的后修饰方法，把不同长度的二溴烷烃环化连接到顺式的联吡啶基元上，获得了具备电子转移媒介的二维阳离子共价有机框架。由于环化联吡啶季铵盐自身的静电排斥作用与空间位阻作用，使得在后修饰过程中，电子转移媒介倾向于以“自隔离”的形式被固定在共价有机框架上。因此通过控制反应程度，可以避免相邻层上出现堆叠的电子转移媒介单元，由此抑制了它们得到光生电子后相互形成稳定的双极子结构，保证了光催化产氢反应中长效的电子转移能力。

如图 5.41(a)所示，将未修饰的共价有机框架和环化联吡啶季铵盐小分子简单混合作为对比样，与具备电子转移媒介单元的共价有机框架体系比较在长循环中可见光催化分解水产氢的速率。游离态的小分子电子转移媒介会在光催化反应进行过程中得到大量的光生电子而转变为阳离子自由基态，在溶液中会与其他游离的电子转移媒介分子组装，形成稳定的双极子结构，从而失去电子转移功效[图 5.41(d)]，因此在反应 4 h 后体系的产氢速率会显著下降[图 5.41(b)]。相对而言，电子转移媒介固定在共价有机框架上后将无法形成双极子结构，因此在 12 h 的光催化循环中，阳离子共价有机框架始终保持稳定的光催化产氢速率。进一步发现，在离子化程度约 20%时，二碳环化的联吡啶季铵盐共价有机框架具有最佳的电子/空穴分离效率[图 5.41(c)]，与其他季铵盐化程度的共价有机框架对比，此时共价有机框架导带上的激发态电子具有最大的热力学驱动力。此外，改变环化联吡啶季铵盐上的碳链长度，能对共价有机框架的电子转移能力产生影响，相

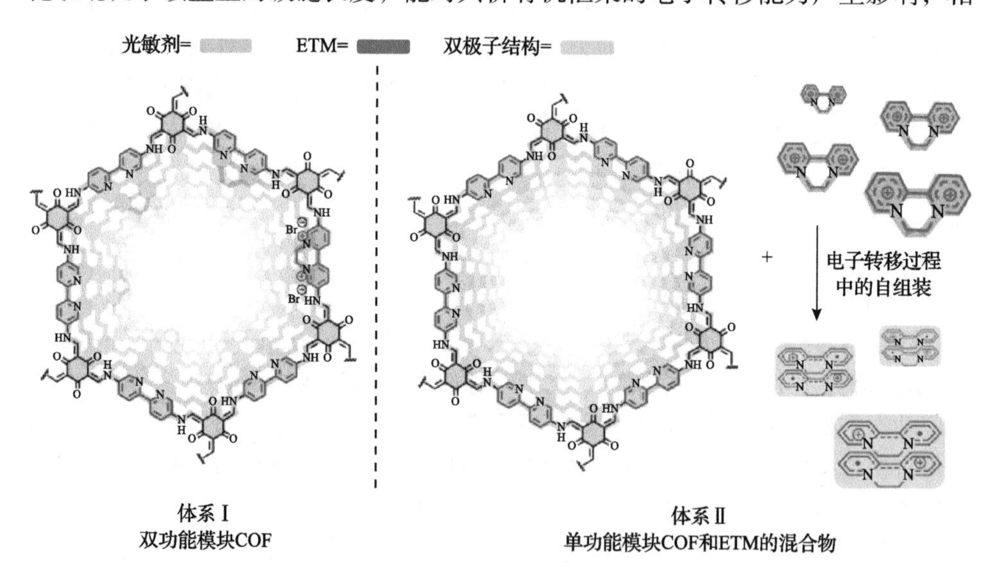

(a)

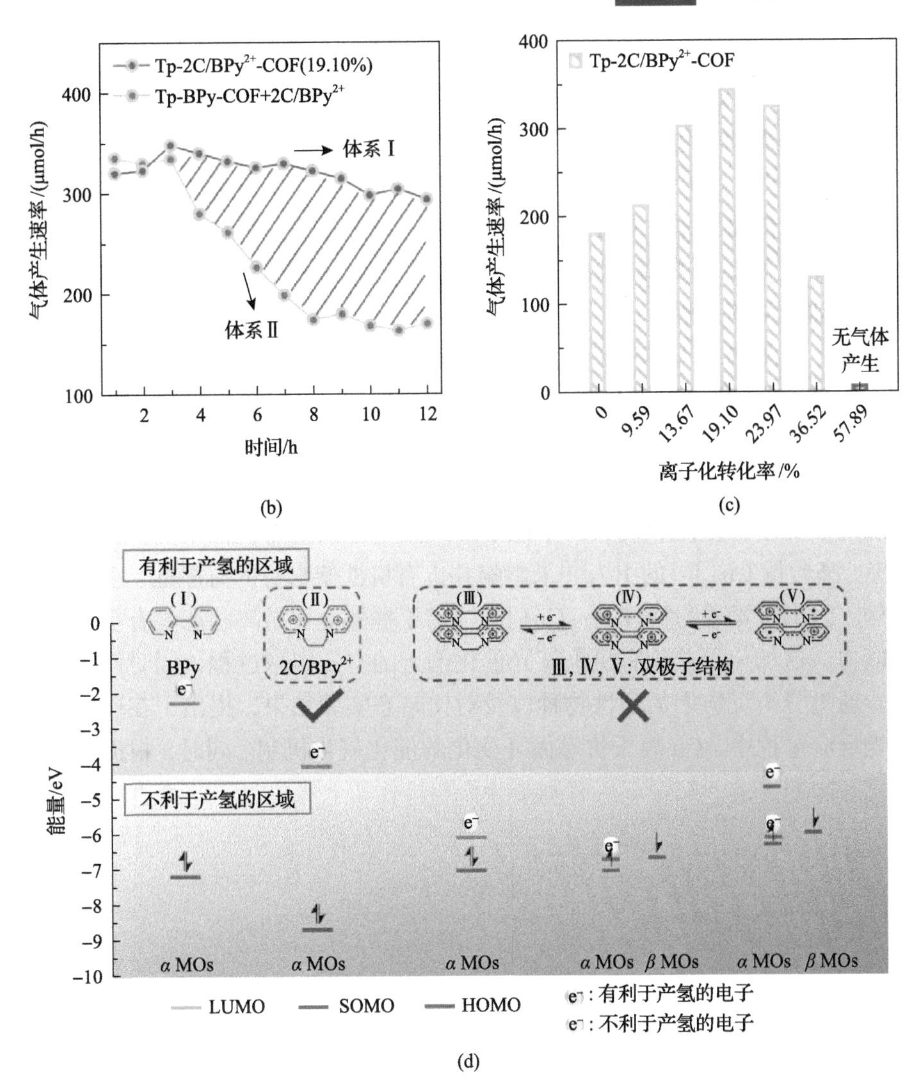

图 5.41 引入电子转移模块增强光催化产氢[150]

(a) 体系 Ⅰ：一体化的双模共价有机框架示意图，体系 Ⅱ：未修饰共价有机框架与电子转移媒介小分子混合；(b) 两个体系的产氢实验对比图；(c) 不同季铵盐化程度共价有机框架的产氢速率；(d) 计算联吡啶、二碳环化联吡啶季铵盐及其双极子结构的分子轨道能级

较于三碳与四碳环化季铵盐基元，具有二碳环化季铵盐的共价有机框架显示了最佳的载流子迁移速率，相应地拥有最高的产氢速率。最终在一系列优化条件下，Tp-2C/BPy^{2+}-COF (19.10%) 光催化产氢速率可以达到 33.4 mmol/(h·g)，在 420 nm 下的表观量子效率为 12%。

3. 手性共价有机框架对映选择牺牲剂提高光催化反应动力学

合理设计光催化体系，不仅需要考虑光能的捕获和吸收，而且还要优化氧化还原反应的动力学。为了促进析氢反应，研究者常在体系内引入贵金属助催化剂(如 Pt、Pd)来降低还原的反应能垒，提高产氢的反应效率[151]；而在氧化半反应中，常使用牺牲剂消耗光生空穴，从而抑制光生电子和空穴的再复合，提高光生电子的累积和转移[152]，用于参加还原产氢的半反应。因此，从优化水分解反应动力学入手来设计光催化体系，也是很有效的研究思路。在自然界中酶催化以高效的反应动力学闻名[153]，那么将类酶的仿生催化思路引入光催化剂设计中，将有助于光催化反应动力学的过程。

由此，如图 5.42(a)～(c)所示，郭佳教授团队采用带有氨基的手性调节剂，通过席夫碱反应的置换过程，合成了具有整体手性结构的酮-烯胺键连接的共价有机框架，并进一步在共价有机框架上络合 Cu(Ⅱ)离子[154]。在与金属配位的过程中，共价有机框架发生了异构化，从酮-烯胺连接键转变为醇-亚胺结构，增强了与金属离子的络合作用，使其以单原子形式固定在共价有机框架上，且含量超过10wt%。高含量 Cu(Ⅱ)的引入并未影响共价有机框架自身的有序性、多孔性和能带结构。以半胱氨酸为牺牲剂，Cu(Ⅱ)锚定于框架上比游离状态具有更强的催化氧化能力，这加速了共价有机框架光催化剂上的空穴提取过程，同时使析氢速率提高。通过分析反应中的活性物种以及对比暗态实验结果，提出了在连续的暗反应和光反应过程中，Cu 离子价态循环变化的催化氧化机制。同时，根据激发态计算结果，中间态的一价 Cu 也有利于共价有机框架上光生电子的跨边转移，而这一跨边电子转移量受框架边长的影响，进而影响光生电子参与析氢反应。

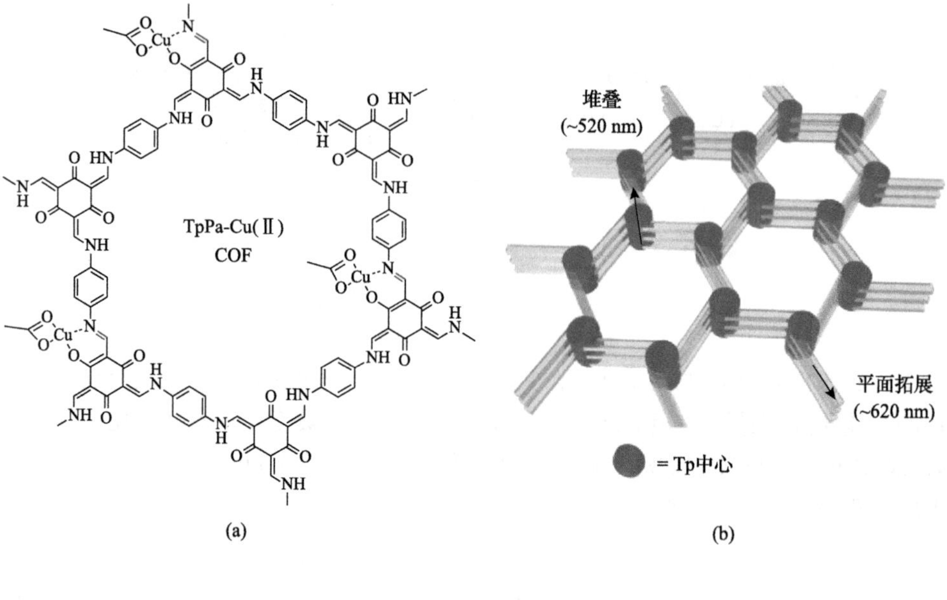

(a)

(b)

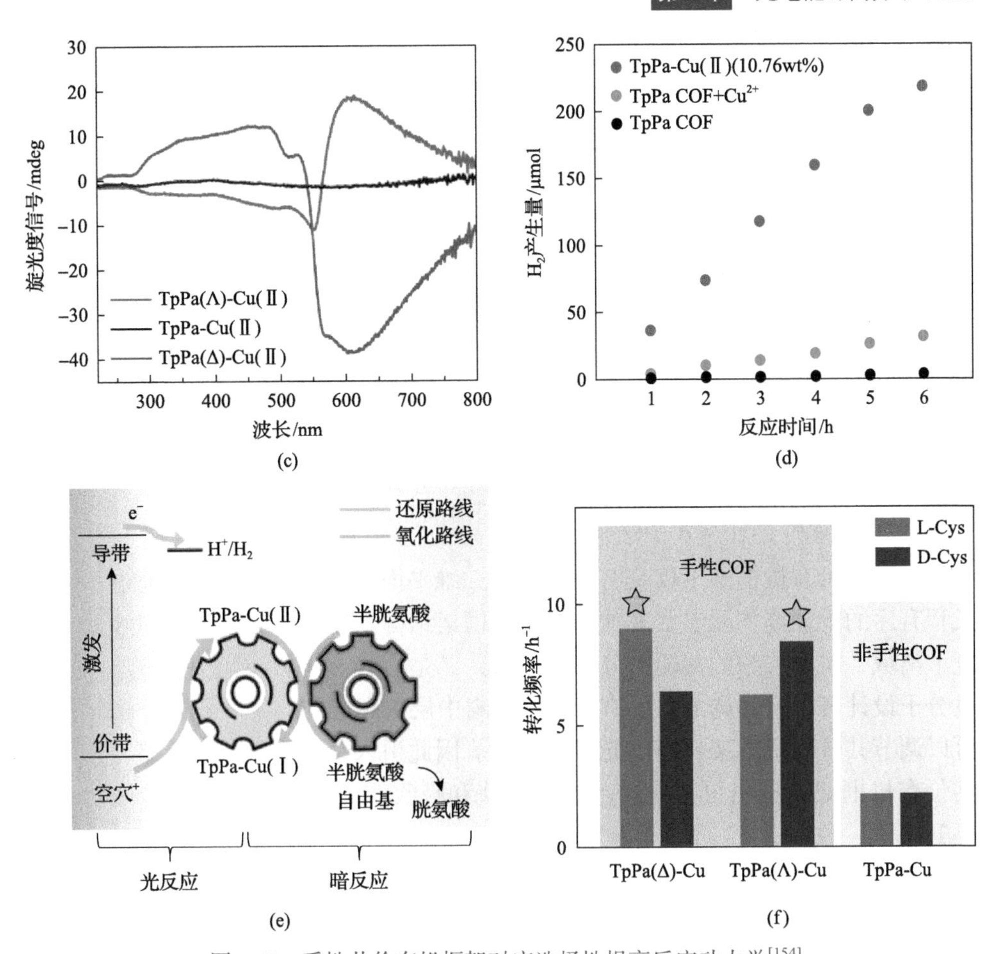

图 5.42　手性共价有机框架对应选择性提高反应动力学[154]

(a) TpPa-Cu(Ⅱ)COF 的结构式；(b) 手性框架结构示意图；(c) 手性 TpPa-Cu(II) 的旋光度表征；(d) 可见光下 TpPa-COF 和 TpPa-Cu(Ⅱ)的产氢速率测试；(e) TpPa-Cu(Ⅱ)催化机制示意图；(f) 手性 TpPa-Cu(Ⅱ)在手性牺牲剂条件下的牺牲剂氧化转化频率

当采用手性的半胱氨酸作为牺牲剂时，可以与手性共价有机框架光催化剂实现对映选择性匹配，从而通过将其固定在共价有机框架上，大大优化了空穴消耗半反应的动力学，进而提高了光生电子的析氢反应效率[图 5.42(d)～(f)]。在可见光催化分解水的反应中，可实现无贵金属条件下的较大析氢速率，达到了 14.72mmol(/g·h)。这一思路也同样适用于其他手性牺牲剂(如抗坏血酸)，或是贵金属 Pt 作为助催化剂的情况下。此外，在没有助催化剂的情况下，酮-烯胺键连接的共价有机框架自身具有析氢的活性位点，通过理论计算明确了析氢位点位于层间相邻的氧原子上，而手性共价有机框架具有平行堆叠的结构，这样使得相邻层的氧原子位置更接近，从而有利于降低析氢过程的反应能垒。

5.3.1.3 近红外光响应的光热转换

光热转换是高效利用长波段太阳能资源的重要方式，是物质吸收光能并将其转换为热能的过程，包括基态电子接收能量后跃迁到激发态和激发态电子通过非辐射跃迁的方式回到基态两个步骤[155]，产生的热能可以用于光热治疗[156]、光热协同催化[157]、界面光蒸汽转换[158]、海水淡化[159]等领域。二维共价有机框架材料的平面内高度共轭和有序的层叠层结构提高了激发态电子的离域尺度，使其具有高效的光吸收性能。此外，通过结构设计，可以在共价有机框架中周期性引入电子给受体功能基元，达到抑制辐射跃迁、增强共价有机框架材料光热转换性能的目标。基于以上研究思路，郭佳教授团队设计合成了一系列具有光热转换能力的二维共价有机框架材料，可应用于光热治疗、界面光蒸汽转换等领域。

1. 核壳结构 COF 微球的光热转换

二维共价有机框架不仅具有周期性的二维平面大分子框架，而且通过平面间长程有序的单轴堆积能够实现独特的晶型框架结构。这使得 π 电子可以在两个尺度上离域，一是二维的共轭大分子框架内，二是沿着 π–π 相互作用的叠层间。通过分子设计可以有效调节共价有机框架材料中层内和层间的 π-π 相互作用，从而可以调节共价有机框架材料的光吸收性质。因此引入窄带隙的功能策略，使二维共价有机框架表现出更宽光谱范围的捕获和吸收能力，有利于光热转换效率的提升。

郭佳教授团队基于动态共价键诱导分子结构重排的方法，将无定形的高分子框架转变成具有高度有序排列的共价有机框架[160]。如图 5.43(a)所示，采用了四氧化三铁纳米簇为模板，通过醛胺缩合反应在其表面包覆一层无定形的聚亚胺壳层，进一步通过亚胺键的可逆修复，可使壳层的无定形高分子框架转变为结晶的共价有机框架结构，同时保持了微球的形态和粒径分布。这种方法不仅提出了一种可控制备共价有机框架纳米材料的新思路，而且也为共价有机框架的生物医用打下了基础。

在进一步的研究中发现，当二维高分子框架形成重叠堆积的结构时，有利于芳香环 π 轨道叠加以形成柱状排列。这种层间的 π–π 相互作用增强了共价有机框架对可见光和近红外光的吸收[图 5.43(b)]。结合计算和实验结果发现，对于相同的框架结构，酮-烯胺连接的共价有机框架要比亚胺键连接的共价有机框架，具有更加平面化的分子结构，有利形成更稳定的堆积结构，提高光吸收能力。如图 5.43(c)所示，在单波段近红外光辐照下，其光热效率可以达到 21.5%。这一工作证明了提高二维共价有机框架材料重叠堆积的有序性并增强层间的 π 电子相互作用是提高此类框架高分子光热性质的有效策略。

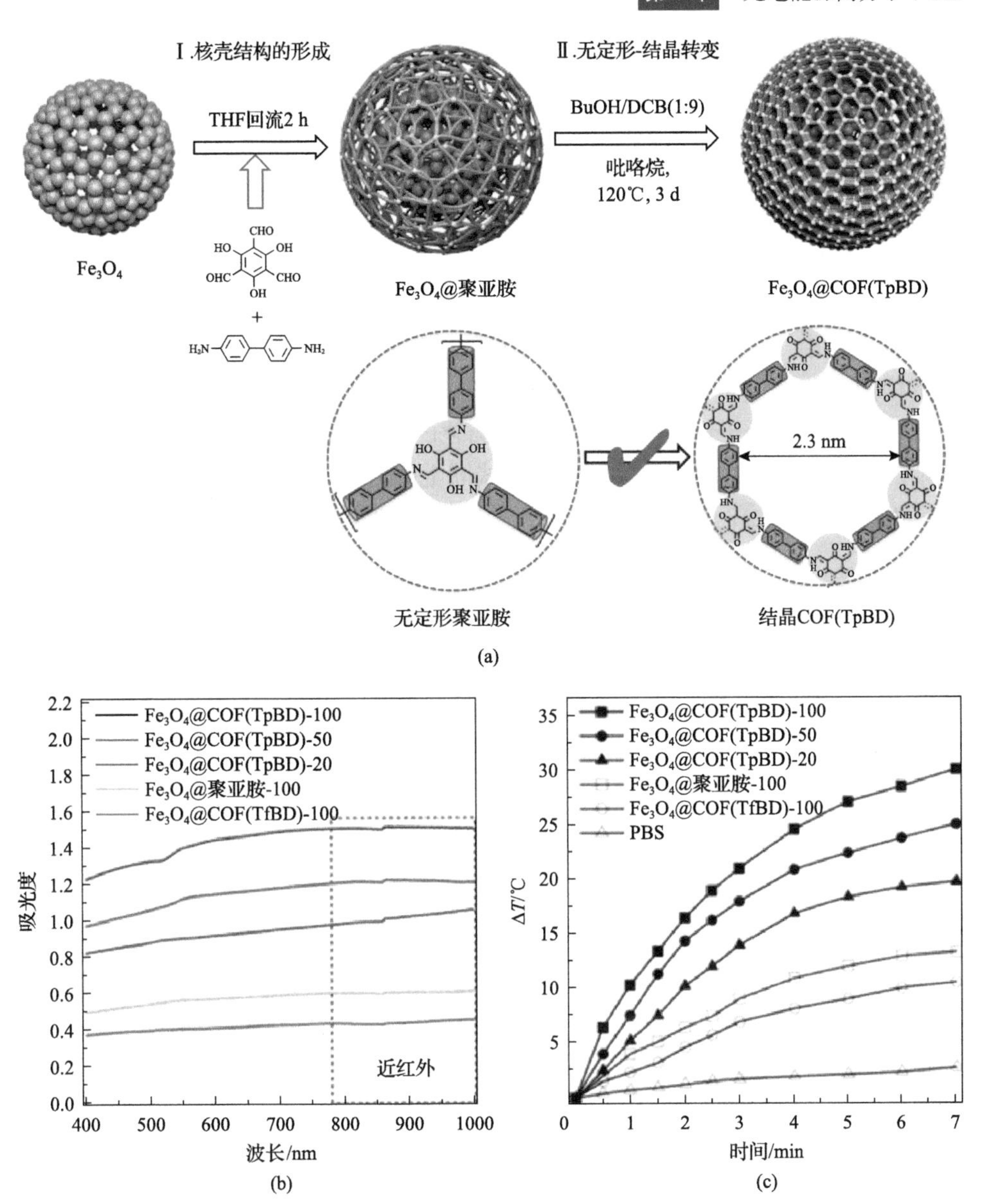

图 5.43 核壳结构共价有机框架微球的光热转换[160]

(a)通过无定形-结晶互转化过程制备亚胺连接共价有机框架复合微球的示意图；(b)复合微球在 PBS 缓冲液中的紫外-可见光吸收光谱；(c)785 nm 激光照射 7 min 后共价有机框架复合微球的温度变化

2. 具有光热转换性能的阳离子自由基型共价有机框架

基于共轭高分子设计光热转换材料，除增强层间 π–π 相互作用外，还可以在共轭主链上引入离子化的自由基，产生能级较低的单独占据分子轨道(SOMO)，由此显著窄化能带宽度，拓宽吸光范围，增强以非辐射跃迁形式进行的光热转换。

形成共轭离子化自由基的关键是提高其稳定性，在以往的合成策略中常通过超分子组装设计成折叠体[161]、二聚体[162]、超分子有机骨架[163]等结构形成双极子来提高自由基的稳定性。通过共价有机框架的长程堆积序列也可以稳定离子型自由基，然而如何合成构筑基元间具有较强静电作用的晶态结构，具有一定的挑战[164]。

环化季铵盐化联吡啶分子是紫精类衍生物，可通过还原反应得到阳离子自由基。郭佳教授团队基于这一性质，采用溶剂热的合成法(图 5.44)，通过席夫碱反应构筑了具有 2,2'-联吡啶单元的高结晶性二维共价有机框架，证明了在乙酸催化的反应过程中，不仅有利于形成共价有机框架的晶态结构，而且使得反式联吡啶结构向更稳定的单阳离子顺式构象转变，并且形成的共价有机框架层叠层有序堆积也可抑制分子内旋转，保证了平面化的顺式联吡啶构象[165]。由此采用后修饰的方法，可以将二溴乙烷偶联在顺式联吡啶上形成环化季铵盐，使得中性共价有机框架转化为带正电荷的阳离子型共价有机框架，通过反应条件优化，可在

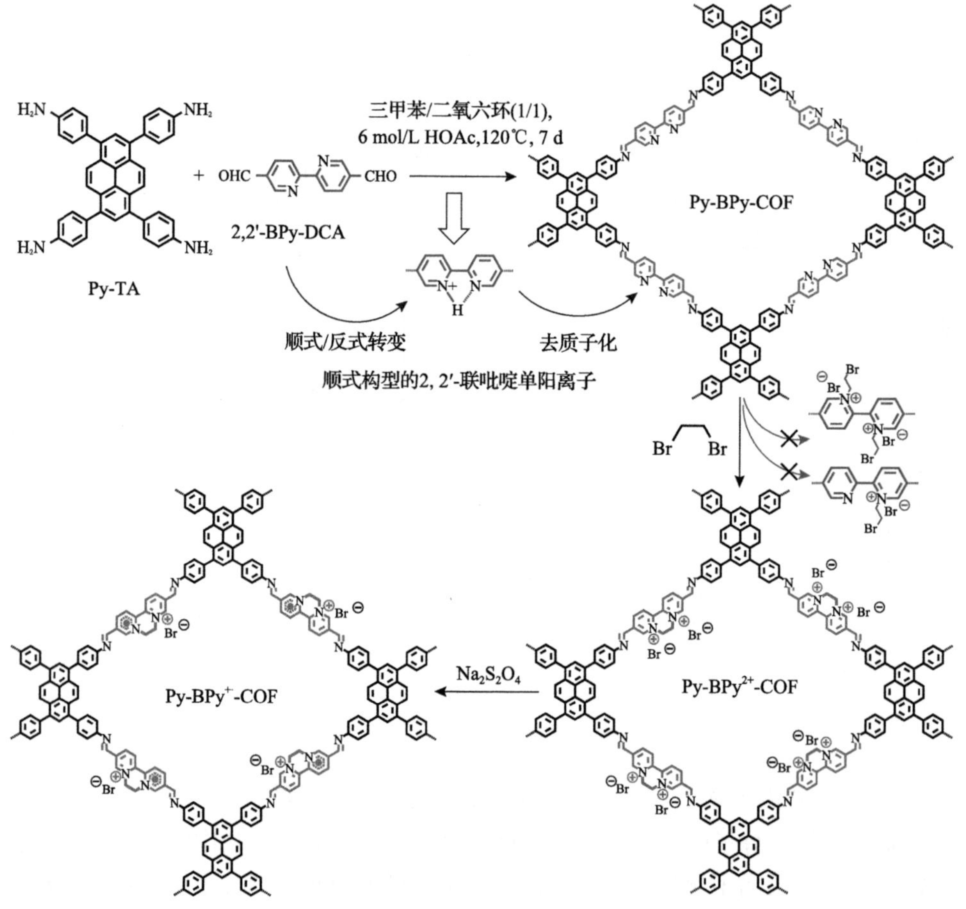

图 5.44　两步后修饰法合成具有阳离子自由基的 Py-BPy-COF[165]

保证阳离子共价有机框架具有较好结晶性和多孔性的同时，达到最大 72.7%的季铵盐化程度。最后使用连二亚硫酸钠还原共价有机框架结构中的环式联吡啶季铵盐，形成了带有稳定阳离子自由基的二维共价有机框架。长程有序的叠层结构不仅固定了 π-π 双极子稳定结构，而且阳离子自由基在分子内离域的同时，也借助于层间 π-电子偶合作用形成柱状排列的双极子结构，这使得层间的电荷转移显著增强。

通过理论计算得知，阳离子自由基态的环式联吡啶季铵盐会在最高占据分子轨道上形成单独占据分子轨道，而两者的能级差对应于近红外区间的吸收。因此，在高浓度、高度有序排列的阳离子自由基共价有机框架材料中，近红外区间的吸收显著增强，研究表明在近红外 Ⅰ 区（808 nm）与 Ⅱ 区（1064 nm）处的光热转换效率可分别高达 63.8%与 55.2%，相比之下含有阳离子自由基的无定形聚合物只有 19%～30%的光热转换效率，模型小分子更是仅有 3.7%的光热转换效率。如此高热量的产生取决于在共价有机框架结构中阳离子自由基长程有序的堆积，增强了电子转移和偶极相互作用。此外，由于无定形聚合物中反式 2,2′-联吡啶占优，因此影响了环状季铵盐化及其阳离子自由基的产生，继而使其光吸收能力以及光热转换效率都不理想。

由于此种共价有机框架材料在近红外 Ⅰ 区与 Ⅱ 区都具备显著的光热效应，因此在材料表面化学修饰聚乙二醇后，展现了在体内的光声成像和热成像的应用潜力，通过细胞毒性研究、药代动力学分析、组织分布测试以及动物体内肿瘤治疗效果研究，表明了该共价有机框架具有较好的光热治疗效果，并体现了高渗透长滞留效应、良好的生物相容性和可代谢排出体外的性质。

3. 具有光热转换性质的两性离子型共价有机框架

通过在共轭高分子上引入离子基团，可以增强主链上的推拉电子效应，促进给受体间的电荷转移，有利于光热转换。将这一设计原则引入二维共价有机框架的构筑上，会进一步放大这种构效关系。然而，在构筑离子化共价有机框架时，往往会由于共价有机框架分子平面间强烈的静电排斥作用，导致结晶性较差且二维层间错位或被剥离[166]。因此，采用一步的“自下而上”合成具有高结晶性和高离子含量的共价有机框架是亟待解决的研究难点，限制了其进一步的应用发展[167]。

方酸菁是一类具有两性离子结构的有机近红外染料[168]，由方酸与胺类物质通过脱水缩合反应而得。如图 5.45（a），（b）所示，郭佳教授团队采用多元聚合的策略来调控两性离子型方酸菁共价有机框架的结晶过程，以方酸和芘四苯胺为构筑基元，通过引入电中性的对苯二甲醛分散框架中的电荷，在溶剂热条件下合成以亚胺键和方酸菁连接的异质化框架。通过调控方酸和对苯二甲醛的投料比，可实现对共价有机框架中离子含量的连续性调控[169]。当方酸含量达到 85%时，可获得主要由方酸菁连接且结晶性良好的共价有机框架,其具有 AA 堆叠模式和单一孔径分布，并有优异的化学稳定性和热稳定性。这一结果证明了在方酸与胺的缩聚体系中引入电中性的二醛单体，可以通过框架上不带电荷的组分来削弱共价有机框架结晶过程中的静电相互作用，从而获得稳定的长程有序叠层结构，制备出具有高离子含量和高结晶性的方酸菁共价有机框架。在 808 nm 激光照射下，方酸菁共价有机框架展现出比亚胺键链接的框架和无定形聚合物更优的产热性能。

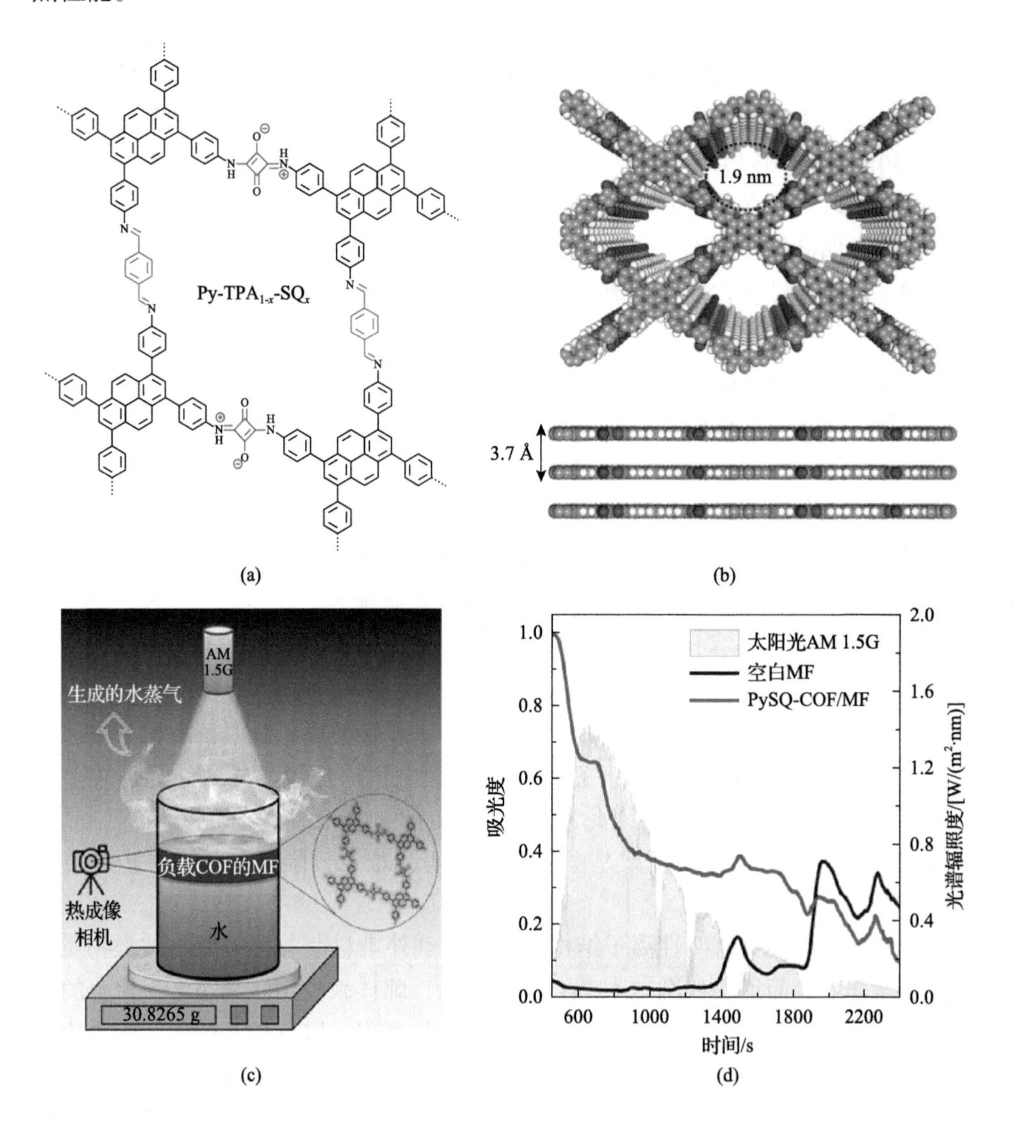

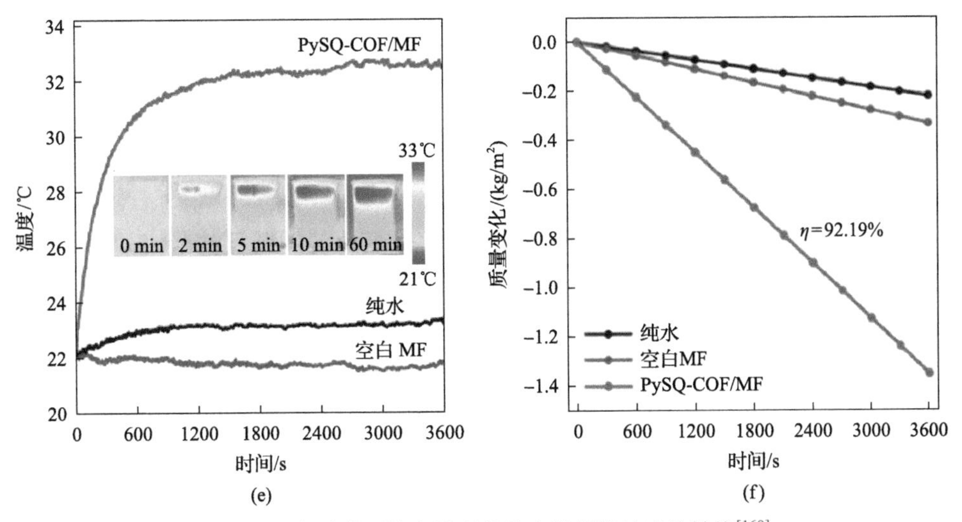

图 5.45　方酸菁两性离子型共价有机框架的光热转换[169]

(a) PySQ-COF 的结构式；(b) PySQ-COF 的层间距示意图；(c) 界面光蒸汽转换体系示意图；(d) PySQ-COF/MF 和空白密胺树脂泡沫的漫反射光谱对比；(e) 1 个标准太阳光辐射下 PySQ-COF/MF 的温度变化及热量分布(纯水中)；(f) 水蒸发量随时间的变化(纯水中)

基于以上性质，方酸菁共价有机框架可作为太阳光吸收体和光热转换材料。以商用密胺树脂泡沫为基材，制备了自漂浮的界面光热蒸发器[图 5.45(c)]。方酸菁共价有机框架的高比表面积和开放式的贯通孔道，可以提供畅通的水输送路径和蒸汽逸散路径。在 1 个标准太阳光辐射下，体系在纯水中的水蒸发速率为 1.35 kg/(m^2·h)，光蒸汽转换效率为 92.19%[图 5.45(d)～(f)]。同时，该体系在天然海水中也能保持较高的水蒸发速率，在海水淡化方面展现出广阔的应用前景。

5.3.1.4　展望

共价有机框架是近年来高分子学科以及材料领域发展的热点，受到科研工作者的广泛关注和深入研究，因此，无论是在单体设计、反应研究、合成策略等方面，还是在功能开发和应用拓展方面，都取得了长足的进步，特别是在功能开发上，已经从简单的多孔利用发展到基于晶态结构特征的光、电、磁等方面的性质探索，因此共价有机框架正在作为一个功能高分子设计的新平台，将快速推动有机材料在能源环境领域的应用发展。然而作为新材料，对其构效关系的研究仍需要开展大量工作，尤其围绕共价有机框架的晶态结构，从周期性的原子框架以及长程有序的堆叠序列中深入理解光子、电子、质子等在其中的协同作用，将有助于指导共价有机框架的设计及其性能的进一步提高。

5.3.2　电催化剂合成策略——局域微结构活性区的应用

本节将重点介绍电催化剂合成策略——局域微结构活性区的应用，首先概述该策略的特点和应用，然后以该策略合成的材料作为主线，重点讨论基于研究局域微结构活性区材料的特点而开发的原位表征技术以及适用的电催化反应。最后对该合成策略的应用做出了展望。

5.3.2.1 局域微结构活性区的概述

随着全球范围内环境污染、温室效应与气候变化等问题日益严峻，二氧化碳减排成为各国的共识，开发清洁能源环保技术是研究的重心[170,171]。其中水电解和二氧化碳电还原技术，是发展和利用清洁能源、实现“零碳排放”能源供给循环的关键所在[172,173]。然而水电解中的阳极析氧反应和二氧化碳电还原反应都涉及多步电子转移，在动力学上较为迟缓，因此需要提供额外的能量克服反应能垒[174]。同时，二氧化碳电还原还受竞争的析氢反应的影响，转化为多碳产物的选择性较低[175]。上述反应的动力学过程受电催化剂性质[176]、界面微环境[177]、物质传递[178]、外场作用[179]等诸多因素影响，这些问题严重制约了“电能-化学能”转化效率的进一步提升。因此设计与合成具有高活性、高选择性和高稳定性的新型电催化剂是该领域的核心科学问题，其中电催化剂的活性位点对其催化性能的影响极为重要，要实现电催化的高活性、高选择性和高稳定性，就要设计出具有高效活性位的催化剂。

传统的催化剂设计与合成策略主要有：晶面调控、合金结构调控、限域调控、载体调控等。利用这些设计策略虽然可以得到各式各样的催化剂，但是由于这些调控方法对催化剂活性位点的认识尚不明晰，大多数研究仍将活性位点看作是孤立的元素及原子，并未充分考虑活性原子近邻几个配位壳层的区域内原子间的相互作用，使得这些调控方法的维度单一，无法实现催化反应位点活性的最优化，导致催化剂的性能无法满足实际应用需求，从而限制了催化剂的广泛应用，因此需要探明催化剂进行反应时的微观反应机制，从根本上理清催化机制与反应机理，从而来指导设计和开发低成本、高催化活性的电催化剂体系。

张波课题组基于前人研究的局限性及自身工作积累，提出了“局域微结构活性区”的催化剂设计策略（图 5.46），该策略从原子和电子水平出发，采用低温溶胶凝胶法合成了原子级共混的电催化剂材料，并利用先进的原位表征方法，研究了活性中心与其周围局域微环境一体化系统在反应中的演变，以及催化剂与吸附中间态的相互作用和演变，确定了催化反应路径等基础关键科学问题。这一概念不仅避免了传统单一稳定催化位点认知中存在的局限，也将局域微环境的作用囊括其中，实现了对催化剂及其催化过程更加完善的认识。本节主要综述了近五年来张波课题组基于局域微结构活性区策略所做的工作，包括基于该策略合成的性能优良的材料，为研究各个材料特性而开辟的原位研究方法以及在诸多电催化反应中的应用，最后针对该材料合成策略做了展望。

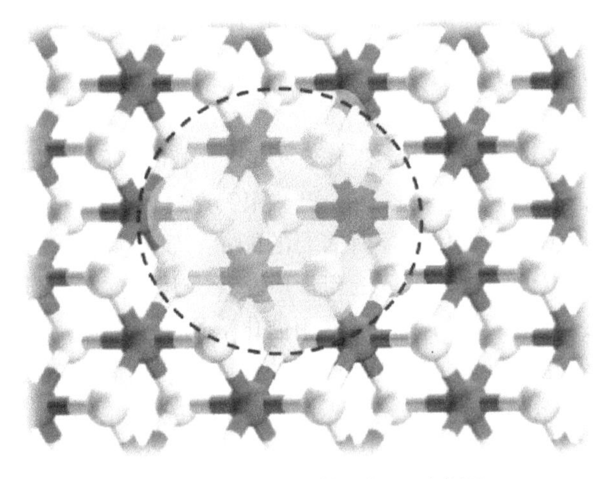

图 5.46 局部微结构活性区示意图
不同颜色的球代表不同的原子，活性区在红色虚线内

5.3.2.2 低温溶胶凝胶法简介及应用

传统的晶态材料由于金属氧化物晶格参数不匹配，无法实现多元金属原子级均匀分散，极大限制了多金属协同作用，因而张波课题组开发了可以合成原子级均匀分散的多金属催化剂的普适性合成策略，采用改进的低温溶胶凝胶法可以将任意元素进行共混，形成原子间相互作用的多金属化合物，实现了多元金属在原子尺度的局域复合微结构和高效协同效应。

这种低温溶胶凝胶法的特点是金属离子前驱体以均匀的方式混合，并以受控的速度水解，从而实现原子的均匀性(图 5.47)。具体来说，首先将氯化物溶解在有机溶剂中，同时制备去离子水和有机溶剂的混合溶液，并将上述所有溶液进行冰浴，冷却 2 h。然后将金属盐前驱体溶液与有机溶剂-水混合物混合，同时缓慢

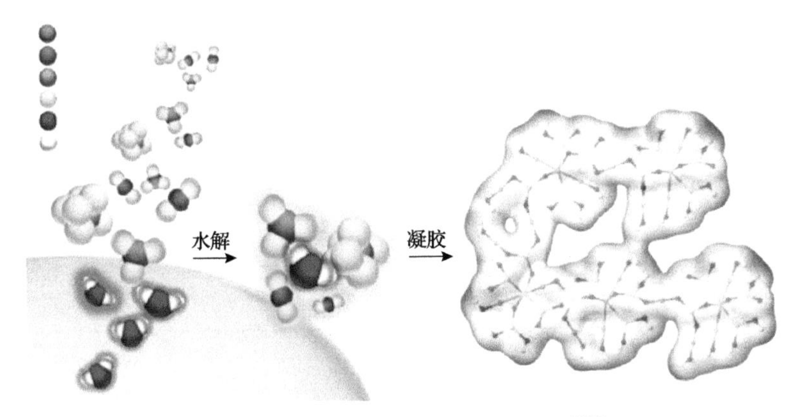

图 5.47 凝胶结构的制备过程示意图[170]

加入环氧丙烷形成凝胶。将湿凝胶老化一段时间以促进金属离子网络形成，然后浸泡在丙酮中，并定期更换丙酮 5 天，最后用二氧化碳超临界法干燥凝胶得到目标产物。

这种方法在张波课题组的很多工作都得到应用和验证。例如他们实现了利用高价态的金属原子 X(X=钨、钼、铌、钽、钼钨)来优化 3d 金属(铁、钴、镍)位点在析氧反应过程中发生氧化循环所需要的能量，实现局域电荷分布重构，使产氧催化反应形成了以低氧化态循环的新反应路径，从而大幅降低产氧反应能垒，产生更低的产氧过电位，将所制备镍铁钼催化剂用于实际的工业电解槽体系，其质量活性比商业镍催化剂高 17 倍[180]；另外在镍基催化剂中掺杂钨，利用钨掺杂剂调节了镍原子的局部电荷分布，实现了更多 3d 空轨道的活性中心原子，这些活性中心原子使晶格氧参与催化反应中，使反应沿着能垒更低的新反应路径进行，大幅提升了尿素氧化催化反应活性[181]。这一策略首次在原子尺度上实现了原子半径迥异的多元过渡金属元素均匀分散，为构建不同元素间在原子尺度高效局域相互作用奠定了实验和理论基础。

5.3.2.3 原位表征技术的开发

基于上述背景，为了系统地研究电催化剂活性区的局部微观结构，张波课题组与上海同步辐射光源近常压 X 射线光电子能谱线站和高通量软 X 射线吸收谱线站进行合作，开发了电化学原位 X 射线吸收光谱谱学测试池和原位近常压 X 射线光电子能谱谱学测试池[图 5.48(a)，(b)]。电解池采用膜电极模式，并通过 O 型环与相应的密封设计将电解液密封在原位电解池中，利用聚合物电解质的离子导电能力构成超高真空下的原位电化学体系，从而开展原位电化学谱学测试。电

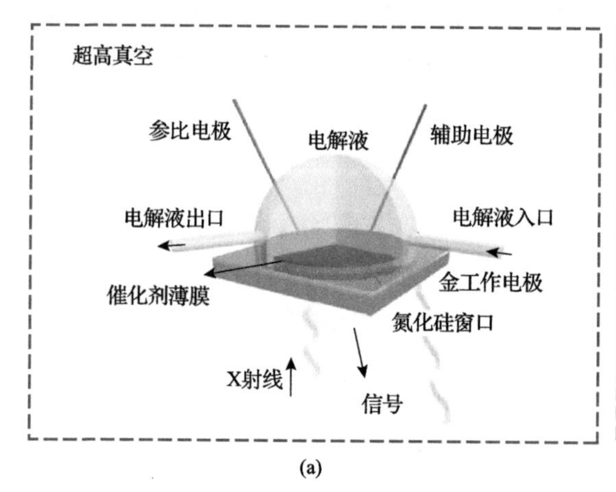

(a)

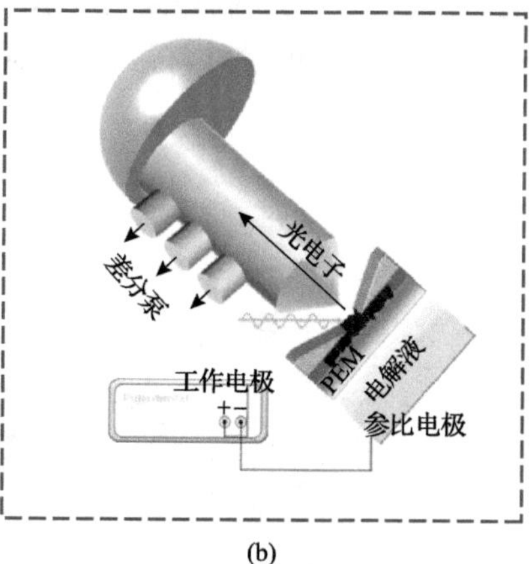

(b)

图 5.48 原位表征技术

(a)原位 X 射线吸收光谱谱学测试池；(b)原位近常压 X 射线光电子能谱谱学测试池

化学池对电极与样品台和能量分析器接地，在工作电极上施加电压。光子能量预计使用 735～1135 eV 以分辨表面物种。测试过程中，腔体中通入 0.1～0.5 mbar (1 bar=10^5 Pa)的水蒸气给膜电极样品表面补水作为反应物。使用电化学工作站外加电势，样品首先进行循环扫描清洁表面，随后在开路电压下采集 X 射线光电子能谱/X 射线光电子能谱图谱作为初始状态[180-188]。之后改变电势，电势分别为 0.8→1.0→1.2→1.4→1.6→1.8→2.0 V 可逆氢电极并在外加电势下采谱，每个电位采集完毕后，采集金 4f 轨道在该电势下的谱图，用作电位和能量校正。最终获取膜电极体系下析氧反应的原位信息

张波课题组结合了传统的原位硬 X 射线谱采集催化剂中 4d 或 5d 金属原子 K 边、L_3 边 X 射线吸收近边结构谱和扩展 X 射线吸收精细结构谱，经傅里叶变换与小波变换拟合求取催化剂第一壳层及第二壳层配位数、键长等微结构变化的实验信息。在他们已发表的文章中，利用 X 射线吸收光谱技术研究了铁-钴-钨三元体系中金属原子的相互作用，揭示了复合金属电催化析氧机理。明确指出在析氧反应过程中，受高价金属(钼和钨)调控的铁-钴 3d 金属活性区更倾向于以低氧化态存在[图 5.49(a)]，从而使催化剂拥有更低的析氧过电位[180]。在他们另一项工作中，通过小波变换可以看出，钌-铱的散射信号同时出现在钌 K 边和铱 L_3 边，这表明了钌与铱之间存在着强相互作用。进一步通过傅里叶小波变换显示了钌-氧键和铱-氧键的键长相比于氧化钌和氧化铱有明显的变化，形成了钌-氧-铱活性区[图 5.49(b)，(c)]。总而言之，锶和铱的引入调控了钌的电子结构，得到的钌-氧-铱局域结构从而抑制了晶格氧参与反应，提高了催化剂的稳定性[184]。

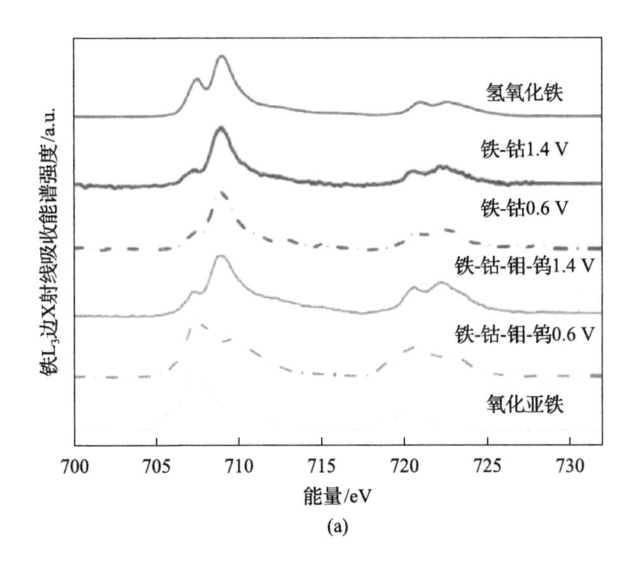

(a)

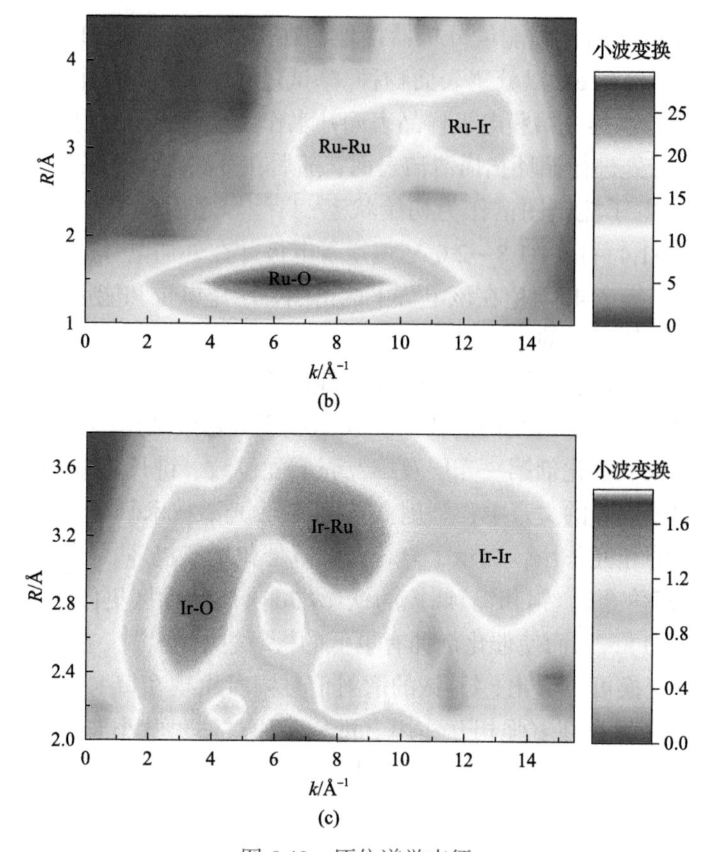

图 5.49 原位谱学表征

(a)铁 L 边软 X 射线吸收谱图[180]；(b)钌 K 边小波变换图；(c)铱 L_3 边小波变换图[184]

除此之外，张波课题组也改进较为成熟的原位红外、电化学原位拉曼等谱学装置，应用于膜电极体系的研究，并从多角度揭示了电催化剂-聚合物电解质界面的析氧反应过程与稳定机制，这方面的讨论，已总结于课题组撰写的综述文章[188]。

5.3.2.4 局部微结构活性区概念的催化应用

1. 电催化析氧反应

析氧反应作为重要的阳极反应，可与析氢反应、氧还原反应、二氧化碳/一氧化碳还原反应和氮还原反应等多种阴极反应耦合，在电化学储能以及能量转换中发挥着极其重要的作用[1]。目前，氧化铱和氧化钌因其优异的析氧反应催化活性和稳定性，已普遍被认为是最有效的析氧反应电催化剂。但是，铱和钌都是贵金属，稀缺并且成本高，极大地限制了它们在规模化开发中的应用。因此，研究人员努力致力于开发高性能和地球丰富的电催化剂。作为一种有效的策略，张波课题组提出了一种“局部微观活性区”的概念，发展了一种活性区域内活性位点协同调控的方法，该策略加深了对材料-结构-催化的认识，为高性能电催化剂的制备及其工业应用奠定了基础[175, 180-189]。

例如，他们发展了一种通过引入高价过渡金属钨、钼、铌、钽、铼和钼钨来调控铁、钴和镍的氧化循环，得到了更低的析氧反应过电势，且已成功应用于工业级的碱性水电解电堆中[图 5.50(a)～(c)]，与工业电解水广泛使用的析氧反应催化剂相比，质量活性提高了 17 倍[180]。这得益于多金属局域结构调控的 3d 金属活性位，在产氧催化反应中倾向于以低氧化态循环，新反应路径大幅降低产氧反应能垒，产生更低的产氧过电位。此外，他们开发了一种锶-钌-铱三元氧化物催化剂，该材料在酸性电解质中具有较高的 OER 活性和稳定性[15]。锶-钌-铱三元氧化物显示优异的析氧反应活性，其在 10 mA/cm^2 时的过电势仅为 190 mV，并且在 1500 h 的长效测试中保持稳定[图 5.50(d)～(f)]，且过电势衰减低于 225 mV。这充分说明局部微结构活性区的策略对于最大限度地减少贵金属，提高析氧反应活性和稳定性具有十分重要的贡献。

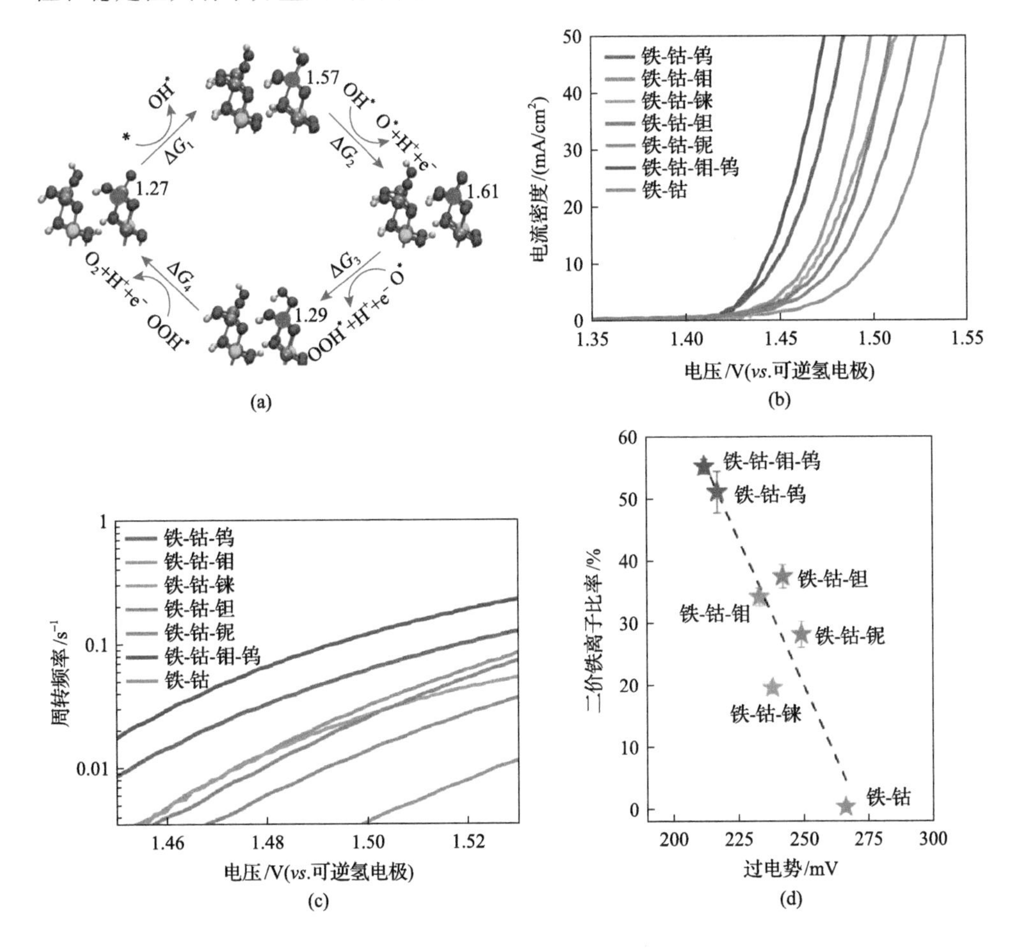

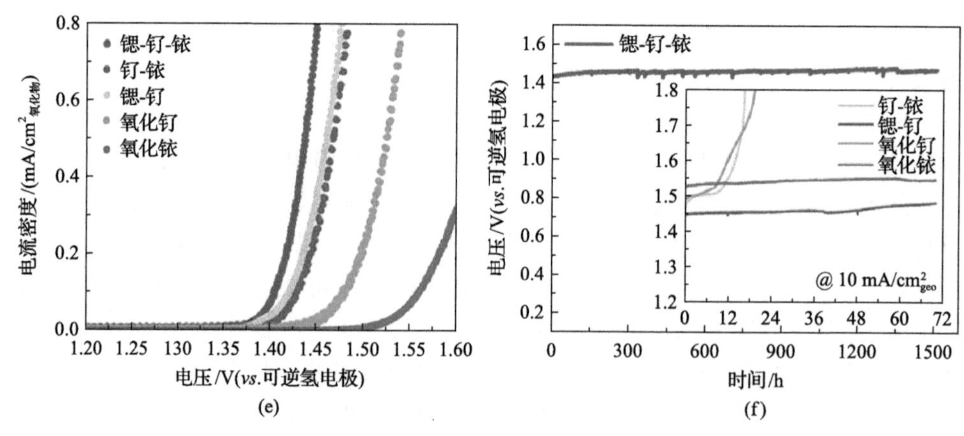

图 5.50　析氧反应机理及电化学性能测试[184]

(a) 铁钴-X（X=钨、钼、铼、钽、铌）催化剂的析氧反应循环；(b) 析氧反应极化曲线；(c) 铁钴-X（X=钨、钼、铼、钽、铌）催化剂转换频率与电位关系曲线；(d) 铁钴-X（X=钨、钼、铼、钽、铌）催化剂在电流密度 10 mA/cm² 下的过电位与二价铁离子比值的关系[180]；(e) 锶钌铱、钌铱、锶钌、氧化钌和氧化铱催化剂的比表面积归一化后的线性扫描伏安曲线；(f) 锶钌铱与对照样品在 10 mA/cm² 下的稳定性测试

2. 尿素氧化反应

尿素氧化反应是决定尿素基的能量转换技术性能的半反应，其热力学势(0.37 V)低于析氧反应(1.23 V)。在大多数的尿素氧化反应电催化剂中，由于在尿素氧化反应催化中的展现出良好的性能，镍是报道最多的金属元素。

张波课题组使用共沉淀法合成制备了镍-氧化钨二元电催化剂[181]。该催化剂成功调控了镍活性位的电荷分布情况，并实现了高活性的尿素电氧化过程。尿素氧化反应测试中，当电压为 1.6 V 时周转频率达 0.11 s^{-1}，同时获得 440 mA/ cm² 电流密度［图 5.51(a)～(c)］。此外，将其耦合到二氧化碳电解槽中，二氧化碳电还原的电池电压降低至 2.16 V，同时产物一氧化碳的法拉第效率高达 98%。在另一

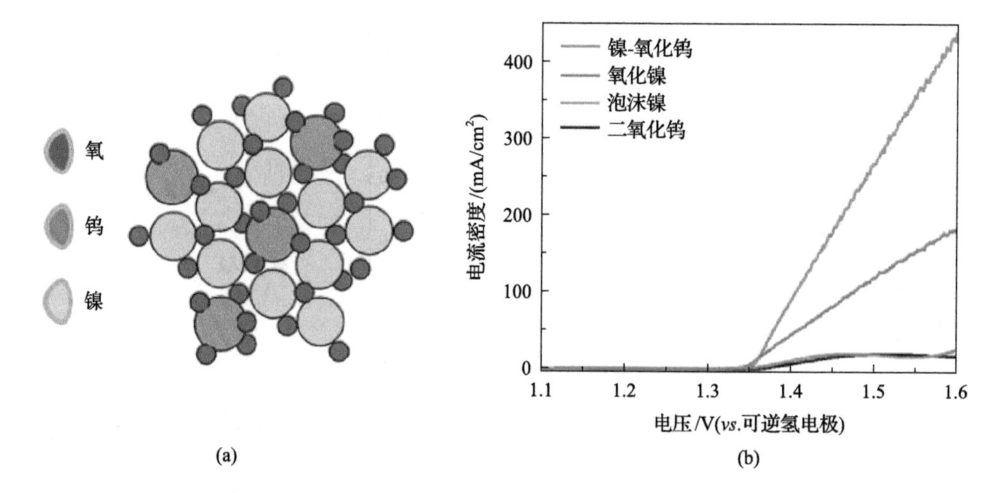

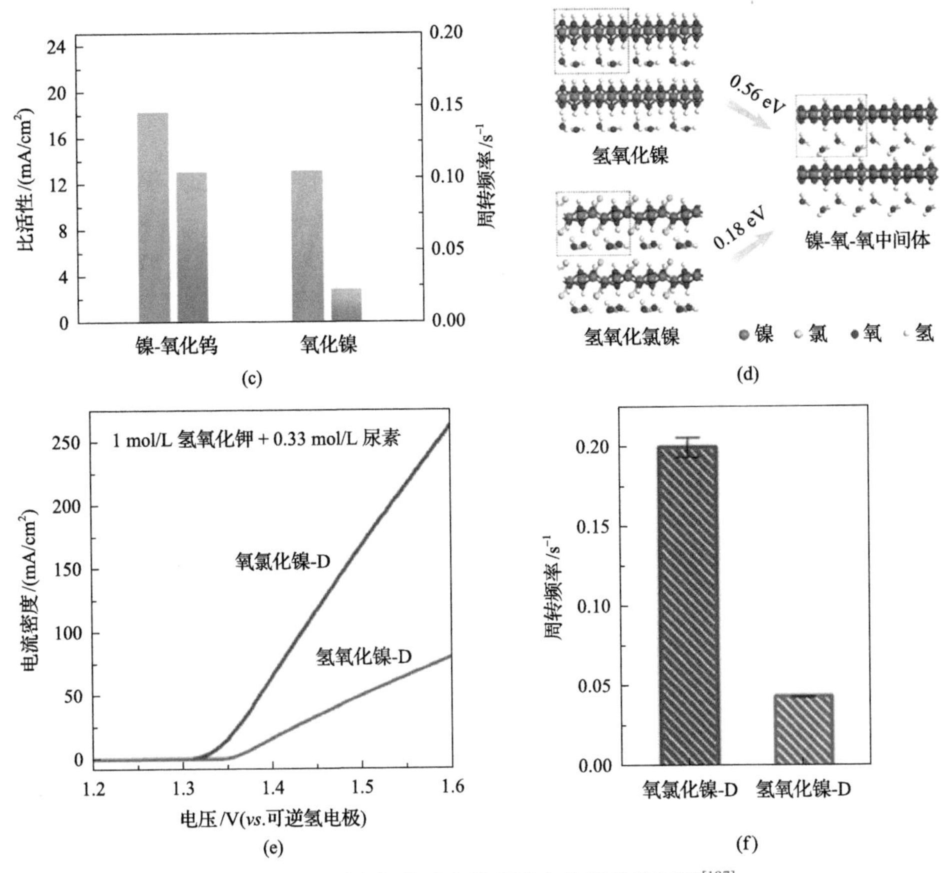

图 5.51 尿素氧化反应机理及电化学性能测试[187]

(a)镍-氧化钨模型；(b)尿素氧化反应极化曲线；(c)镍-氧化钨和氧化镍催化剂的比活度(左边纵坐标为电化学活性面积归一化电流密度)和周转频率图(右边纵坐标以总镍原子数计算)[181]；(d)氢氧化镍和氢氧化氯镍到氧-氧-镍模型的形成能图；(e)氧氯化镍-D 和氢氧化镍-D 催化剂在含 0.33mol/L 尿素的 1 mol/L 氢氧化钾水溶液电解质中玻碳电极上的线性扫描伏安曲线；(f)周转频率的对比[在 1.6 V(*vs.* 可逆氢电极)]

项工作中[187]，提出了四价镍离子活性位点上的晶格-氧参与尿素氧化反应机制[图 5.51(d)～(f)]。由于构建了高四价镍离子-氧活性区，所制备的催化剂表现出高电流密度[264 mA/cm^2, 1.6 V(*vs.* 可逆氢电极)]，优于目前的尿素氧化反应催化剂。

3. 电催化二氧化碳还原反应

电催化二氧化碳还原转化为具有高价值的化学产品是一种实现碳循环以及清洁能源的可持续利用的可行性替代方法。然而，由于小分子二氧化碳固有的惰性，二氧化碳电还原反应是一个需要克服高能垒的过程，同时伴随析氢竞争反应。因此，为了提高二氧化碳电还原反应催化活性，开发新型电催化剂至关重要。值得注意的是，局部微观结构活性区策略为合成高性能二氧化碳电还原反应电催化剂提供了一种新的可能[175,190]。

张波课题组通过电化学还原氯化氧铋纳米片，合成了具有 p 轨道离域活性区、层间键长压缩的 p 轨道定域铋催化剂[图 5.52(a)][191]。所制备的离域化的铋催化剂催化二氧化碳还原产甲酸反应电流得到了数量级的提升：在高的二氧化碳压力下，p 轨道定域铋催化剂的部分电流密度达到 500 mA/cm^2，甲酸的法拉第效率高达 91%，产率达到 391 mg/(h·cm^2)。这是由于压缩层间铋-铋的键长可以调控铋 p 轨道的离域化程度，进而调控其催化活性。对于具有高价值的碳氢化合物产物(如甲烷和乙烯)，他们还开发了两种表面结构可控的铜纳米催化剂，显示了超高的甲烷(83%)或乙烯(93%)选择性[图 5.52(b)，(c)][192]。结合表征结果，发现在低配位 0 价铜位点上强吸附的桥式吸附一氧化碳易于加氢生成甲烷，而在 0 价铜位点上桥式吸附一氧化碳与在 1 价铜位点上线性吸附一氧化碳共存易于耦合生成乙烯。上述活性区策略对高性能二氧化碳/一氧化碳电还原反应催化剂的设计具有指导意义。

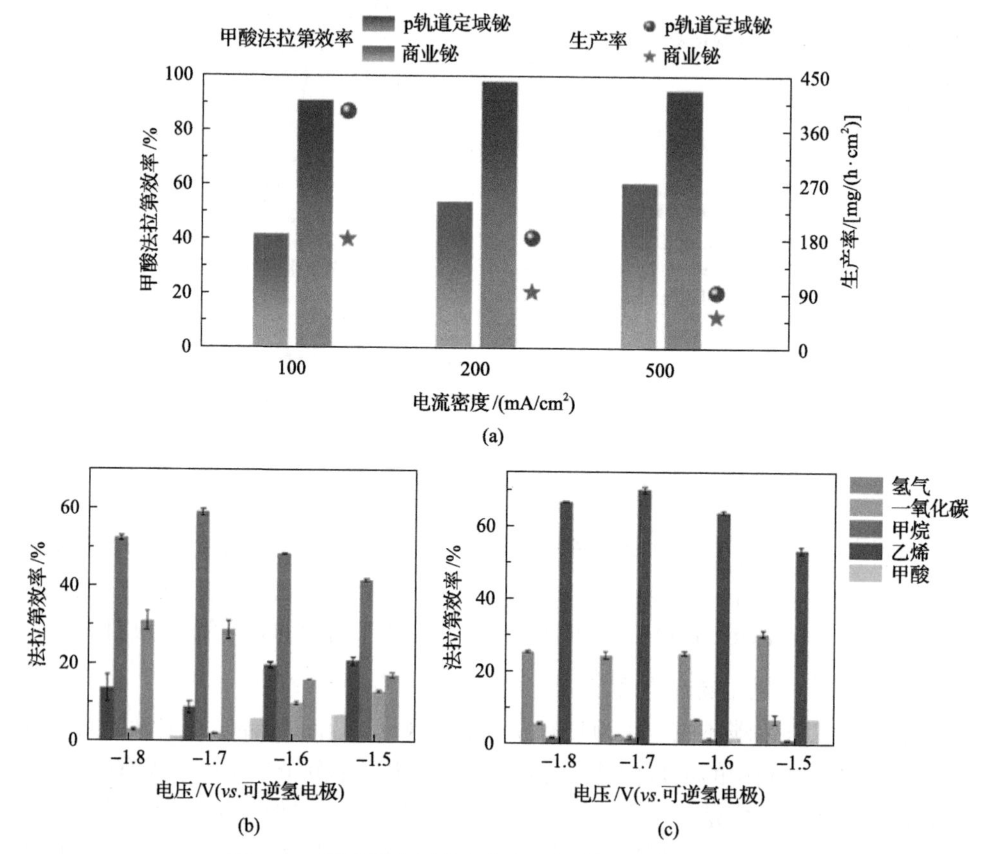

图 5.52　不同催化剂的电催化二氧化碳还原性能测试

(a) p 轨道定域铋和商业铋的二氧化碳电还原反应的法拉第效率和电流密度[191]；(b) 产甲烷-铜和(c)产乙烯-铜上还原产物的法拉第效率分布随外加电位的变化[192]

5.3.2.5 展望

总的来说，张波课题组对局部微结构活性区的策略进行了系统的研究，将传统中注重的活性位点扩展到活性位点及其周围局部微环境的综合系统，并且在该原子级分散的多种金属的复合催化剂的合成方法，活性中心微环境的原位探索，以及反应界面微观结构的构建等方面取得了令人振奋的成果。然而对于不同催化剂局部微结构活性区的探索仍有很多挑战，首先是对催化过程的理解还相对肤浅，需要开发更多的原位谱学方法来表征催化过程。其次是工业化应用程度不高，需要进一步优化催化剂性能尤其是在大规模器件上的活性与稳定性以及降低催化剂成本。最后为了实现非晶结构，合成方法需要更加多样化和广泛化。

因此，在未来的工作中，最重要的是开发合成低成本高性能的非晶态催化剂的方法。在这方面，将无机催化剂与高分子材料结合可能是一种有潜力的解决方法。催化剂的性能很大程度上取决于结构和形貌。已经有许多研究表明，在合成催化剂的过程中高分子材料能够更好地辅助控制孔径和交联度，大幅增加比表面积。此外，高分子材料不仅可以用作模板来制备纳米多孔结构，还可以用作封盖剂来调节催化剂的大小和形状，从而使得催化剂的形态更加灵活多变。随后再通过构建多种原位电化学表征方法，以揭示局部微观结构活性区与催化剂性能的关系以及催化活性中心与吸附之间的相互作用，从而解决关键性的基础科学问题。此外，工业化器件的工艺和性能优化也是未来研究工作中不可缺少的一部分，争取早日实现低成本、高稳定性的催化剂工业化。

5.3.3 石墨烯在能量存储中的应用

5.3.3.1 差异化石墨烯规模化制备的研究背景

由芳香性碳原子构成的二维原子层碳材料即石墨烯自 2004 年被 Geim 等人通过微机械剥离法成功制备以来，已经成为诸多领域的研究热点[193-195]。石墨烯特有的结构和电子特性，例如强面内共价键作用、原子级厚度、超高比表面积 (2630 m^2/g)、电子的相对论粒子特性等[196-198]，使其在力学、电学、热学、光学等方面展现出优于其他材料的性质[199]。石墨烯是凝聚态科学研究的合适材料，也能用于构筑高性能电子/光电器件、制备多功能复合材料[200-203]。石墨烯将推动产业升级，甚至可能带来新的应用领域。当前，石墨烯的基础研究已相对完善，但产业化进程仍有许多问题需要解决，如何使石墨烯走出实验室，实现规模化应用成为科学界和产业界都关心的共同话题[195,196]。

石墨烯是未来关键基础材料，被“中国制造 2025”重点提及，也为世界各国所重视。石墨烯有望为复合材料、新能源、人工智能、集成电路、数字通信等产业提供重要支撑。目前，石墨烯产业正处于关键成长期，世界各国竞相发展，努力抢占技术制高点。随着石墨烯下游新能源、新材料等应用领域的不断扩展，石墨烯需求量也随之扩大，市场规模显著增长。虽然经过十余年发展，目前市场上能提供的石墨烯种类、质量和供应量仍极为有限，大多采用氧化还原技术制得高缺陷含量的还原氧化石墨烯，其制备工艺路线长、环保压力大、产品质量波动显著、价格居高不下、缺乏与下游产品的兼容性等诸多问题仍是制约石墨烯产业发展的关键瓶颈。

石墨烯是一种二维大分子，其片层尺寸、层数、缺陷分布等显著影响产物的固有性质和下游产品的生产、结构性能和应用。这意味着建立面向不同应用需求的差异化石墨烯制备方法对成功实现下游产品应用将是决定性的[204]。剥离本体石墨是制备高质量石墨烯及其衍生物，实现规模化生产的主要途径。虽然石墨层间弱的范德瓦耳斯力使片层能通过剪切、空化等方式剥开，但是剥离石墨烯存在的高表面能、易于聚集、应力诱导尺寸裁剪等问题使差异化石墨烯难以实现规模化生产的原因，例如低缺陷、无助剂石墨烯，超大片氧化石墨烯等[205-208]。如何有效削弱石墨层间的范德瓦耳斯相互作用、抑制剥离石墨烯的团聚、降低应力造成的尺寸裁剪，并实现石墨烯材料的差异化制备，是石墨烯规模化制备中亟须解决的关键难点问题，同时也是制约石墨烯产业化的瓶颈之一。

卢红斌课题组以差异化石墨烯规模化制备为出发点，开发出非分散水相剥离、石墨室温 1000 倍快速膨胀-剥离、碳正离子催化层间氧气释放诱导石墨膨胀、限域液相膨胀、扩散控制石墨氧化、静态氧化-晶体溶胀等系列方法，获得包括低缺陷无助剂石墨烯水相分散液、无缺陷大尺寸石墨烯、无缺陷石墨烯块体材料、超大片氧化石墨烯在内的系列差异化石墨烯产品。以此为基础，开发出高性能石墨烯散热膜、石墨烯复合材料、石墨烯超级电容器、石墨烯框架材料等多种产品，并拥有自主知识产权。上述研究进展克服了石墨烯制备中成本高、工艺烦琐、储存和运输等关键问题，解决了差异化石墨烯规模化制备中的核心问题。

5.3.3.2　超高浓度石墨烯的水相剥离

由石墨制备石墨烯的方法主要包括化学法和物理法。化学法首先用强氧化剂对石墨进行氧化得到氧化石墨，随后对氧化石墨进行剥离得到氧化石墨烯，并进一步经化学还原得到还原氧化石墨烯。由于氧化所造成的芳香性结构破坏难以被完全修复，所得到的还原氧化石墨烯含有大量的缺陷。物理法则是在合适的溶剂或含有助剂的体系中，通过超声、剪切、球磨等机械作用，实现石墨的剥离得到石墨烯。由物理法得到的石墨烯虽然晶格结构相对完整，但是产率较低，且机械作用过程会造成石墨烯尺寸的减小，从而影响质量。此外，物理法还存在高能耗以及有机溶剂污染等问题，制约了石墨烯的规模化生产。

针对上述问题，卢红斌课题组从调控石墨片层固有结构出发，提出非分散策略实现少缺陷石墨烯的无助剂水相剥离[209]。该方法在不显著破坏石墨晶格的前提下，在石墨片层上引入少量可电离基团，从而在层间引入排斥作用，在提高石墨烯剥离效率的同时，抑制剥离石墨烯片层的聚集[图 5.53(a)]。本方法可将石墨烯

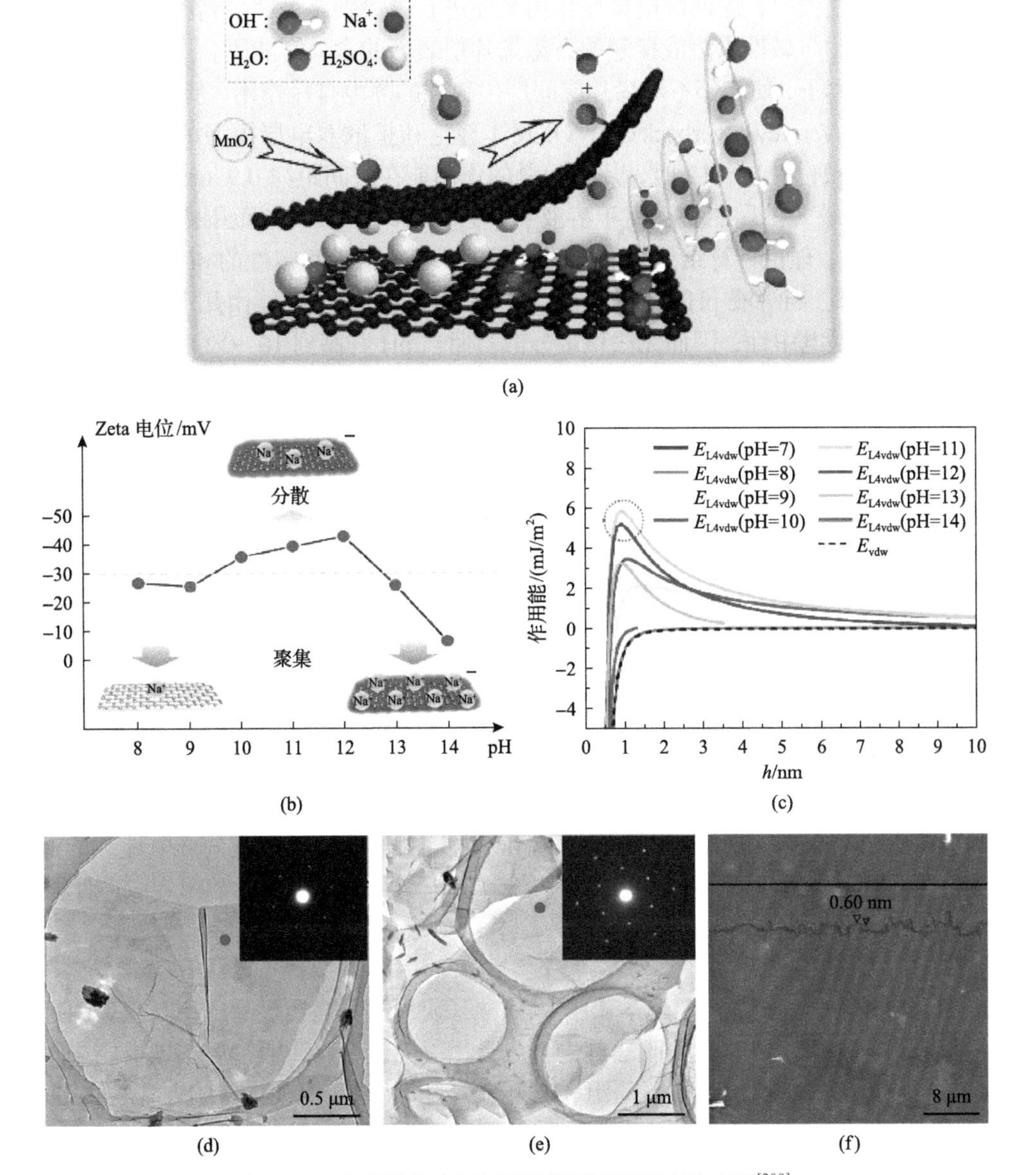

图 5.53 非分散策略制备石墨烯原理图及产物表征[209]

(a)极少量可电离官能团诱导的剥离机理图；(b)石墨烯水溶液稳定性随溶液 pH 变化的原理示意图；(c)溶液 pH 不同时作用能与层间距的关系曲线；单层(d)和少层(e)石墨烯的透射电子显微镜图；(f)剥离石墨烯的原子力显微镜图

液相分散浓度由<1 wt%提高至前所未有的 25 wt%以上。提出的石墨烯水相剥离技术具有超低成本(<0.1 元/g，低于导电炭黑售价 0.3～0.6 元/g)、单层石墨烯产率 90%以上[图 5.53(d)～(f)]，且可实现超高浓度液相剥离[即制备时固含量为 5 wt%(质量分数)]，石墨烯晶格完整性好(电导率高于 10^4 S/m)。

在剥离过程中，层间静电排斥作用是促进石墨烯剥离、抑制剥离片层堆叠的主要驱动力。与碱性水溶液接触的石墨烯片层表面的含氧官能团会发生电离生成带负电的阴离子，使相邻石墨烯片层间产生较强的静电排斥作用。基于 Deijaguin-Landau and Verwey-Overbeck(DLVO)胶体理论和扩散双电层模型的理论计算表明，当溶液 pH 在 11～12 时，片层间总的作用能在层间距约 0.9 nm 处出现约为 5.3 mJ/m^2 的最大排斥能垒，高于溶液 pH 在 7～10 和 13～14 范围内的作用能垒[图 5.53(c)]。理论计算结果与无助剂石墨烯水相分散液稳定性的 pH 依赖性一致[图 5.53(b)]。当溶液 pH 为 8～9 时，石墨烯表面的含氧官能团几乎无法电离，石墨烯片层呈电中性，因而无法稳定分散。而当 pH 升高到 10～12 时，含氧官能团逐渐被电离，石墨烯表面呈电负性，在水中能稳定分散。当 pH 升高到 13～14 时，官能团电离饱和，同时高离子强度将压缩双电层中的扩散层，因而石墨烯片会发生沉淀。

利用上述水相剥离方法的优势，在不加 H_2O_2 的条件下，可以从插层石墨直接得到石墨烯-二氧化锰复合物。将复合物用作超级电容器电极材料，其电容在 1 mV/s 的扫速下可达 795.3 F/g。还利用石墨烯水溶液稳定性的 pH 依赖性，构建出多层次结构石墨烯-二氧化锰组装体，其电容在 1 mV/s 的扫速下提升至 1190.5 F/g。

基于水相剥离技术，进一步开发出无机碱介导的分散路径，实现纤维素/石墨烯水相分散液的一体化制备[210]。结构均一的分散液能通过湿法纺丝技术制备出连续的复合纤维。无机金属离子在石墨烯表面的吸附抑制了 π-π 相互作用，提高了两亲性纤维素分子链在石墨烯片间的扩散能力，最终形成疏松堆砌的纤维结构。均匀分散的石墨烯同时提高纤维的强度和韧性，并且赋予其一定的导电性。纤维素的亲水性使复合纤维展现出吸湿溶胀性，其电学性能具有灵敏的湿度响应性。

5.3.3.3 高质量石墨烯的宏量制备

除液相剥离法外，石墨化学膨胀-剥离法是宏量制备高质量高产率石墨烯的另一种有效方法。石墨化学膨胀法首先合成石墨层间化合物，通过插层剂反应层间气体释放的方式扩大石墨的层间距。如 Liu 课题组[211]采用气相扩散的方式将 $FeCl_3$ 插入石墨层间，通过 H_2O_2 与三氯化铁间的化学反应释放氧气来制备少层石墨烯。Tour 课题组[212]通过发烟硫酸-过硫酸铵体系与石墨的自发反应释放氧气，实现石墨的膨胀。然而，$FeCl_3$ 插层需要在 380℃下反应 24 h，耗能大且无法工业放大；发烟硫酸-过硫酸铵体系虽能在常温下实现石墨的膨胀，但得到的石墨烯片厚度为

10～35 nm，无法满足实际要求。

针对上述问题，卢红斌课题组提出低能耗的室温插层-膨胀法制备高质量石墨烯[图 5.54(a)][213]。本方法以 CrO_3 为插层剂，通过 H_2O_2 与 CrO_3 间的氧化还原反应，实现石墨在室温条件下的自发插层和均匀膨胀。相对原料石墨，化学膨胀石墨能实现超过 1000 倍的体积膨胀[图 5.54(c)～(f)]，且晶格结构保持完整。化学膨胀石墨更易剥离出石墨烯，产率超过 70%。所得石墨烯尺寸有 75%以上超过 6 μm，约 20%超过 10 μm[图 5.54(b)]，其中最大的石墨烯横向尺寸为 15 μm。石墨烯的 C/O 比为 28，电导率超过 1.17×10^5 S/m。

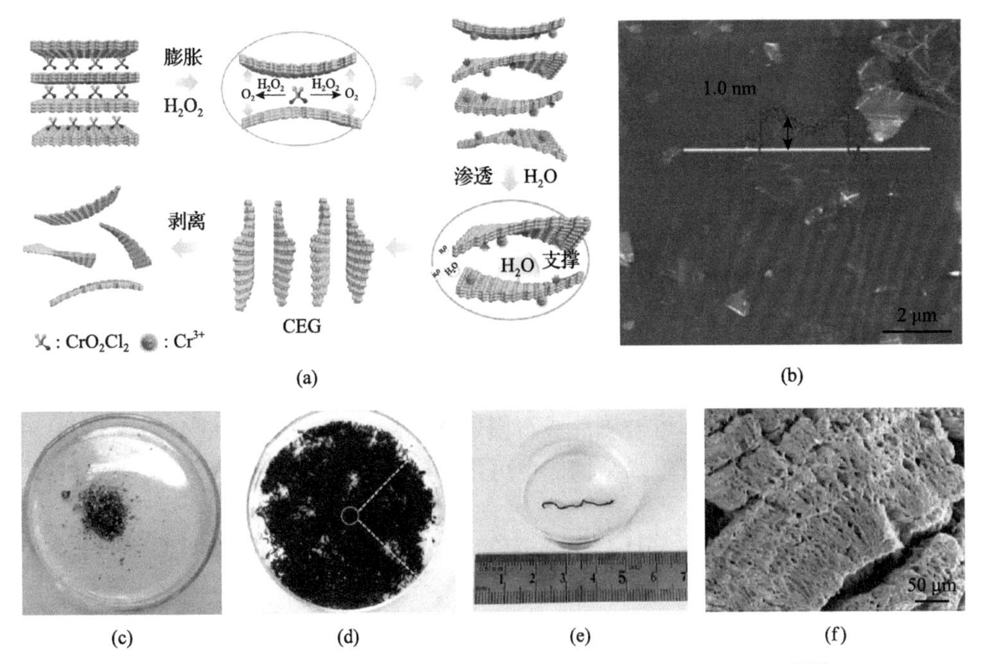

图 5.54 室温膨胀——膨胀法法制备石墨烯原理图及产物表征[213]

(a)室温条件下膨胀-剥离石墨的示意图；(b)剥离石墨烯的原子力显微镜图；(c)鳞片石墨图片；(d)，(e)化学膨胀石墨图片；(f)化学膨胀石墨的场发射扫描电子显微镜图

将 CrO_3 插层的石墨层间化合物浸入 H_2O_2 溶液时，边缘位置的插层剂(CrO_2Cl_2 和 CrO3)最先溶解在水中，生成 $H_2Cr_2O_7$ 和 H_2CrO_4(CrO_4^{2-}在酸作用下转变为 $Cr_2O_7^{2-}$)，随后 $Cr_2O_7^{2-}$与 H_2O_2 反应生成 O_2。在 O_2 作用下，CrO_3 插层的石墨层间化合物的边缘位置发生错位，O_2 像锲子一样将插层物边缘的相邻石墨烯片层撑开。层间距的增加使 H_2O_2 更容易向层间扩散，与层间的插层剂反应并释放出 O_2，扩大片层间距。如此不断地渗入—反应—撑开使层间 O_2 最终来不及逸出，石墨发生膨胀。在此过程中，$Cr_2O_7^{2-}$与 H_2O_2 反应后会形成 Cr^{3+}，并能通过电荷转移作用吸附在石墨烯片上，增加疏水性石墨烯片的亲水性，从而促进更多分子通过撑开

的通道向插层物内部扩散。

以上述室温膨胀法为基础，卢红斌课题组进一步开发出层间限域生长法，合成出三维石墨烯-氢氧化镍超级电容器材料[214]。该方法没有石墨烯剥离的复杂操作，同时能够防止石墨烯片重新聚集。此外，化学膨胀后石墨烯片层的晶格结构保持完好，使复合材料具有优良的导电性，有助于电荷传输。电极材料在 1 A/g 的充放电速率下展现出 1450 F/g 的比电容。

5.3.3.4 三维石墨烯结构的构建及其应用

三维石墨烯是由单层或少层石墨烯组装而成的三维多孔连续结构。三维石墨烯既保留石墨烯本身的优异性质，又拥有连续的多孔结构，因而在诸多领域有广阔的应用前景。比表面积和晶格完整性是决定三维石墨烯性能的两个主要因素。三维石墨烯主要通过两种方法制得：基于模板诱导的化学气相沉积技术以及以氧化石墨烯为前驱体的水热或化学还原组装法。然而，已报道的三维石墨烯制备方法多数包括多步反应，需要消耗大量的能源，制作周期长，同时存在严重的环境风险，这些都极大地限制了三维石墨烯的大规模应用。

针对上述问题，卢红斌课题组提出一种通过碳阳离子催化层间氧释放的方式，在常温常压下实现三维石墨烯结构体及石墨烯纳米片的高产率制备[图 5.55(a)][215]。所得三维石墨烯的比表面积超过 1000 m^2/g，晶格结构保持完好。通过简单机械作用，三维石墨烯结构体即可被剥离成石墨烯纳米片，产率接近 100%[图 5.55(b)～(d)]。此外，所得三维石墨烯结构体也可用作碳骨架，直接制备高性能复合材料。

$$nC+mH_2SO_4+\frac{1}{2}H_2O_2 \longrightarrow C_n^+ \cdot HSO_4^- \cdot (m-1)H_2SO_4+H_2O \tag{5.1}$$

$$C_n^+ \cdot HSO_4^- \cdot (m-1)H_2SO_4+\frac{1}{2}H_2O_2 \longrightarrow nC+mH_2SO_4+\frac{1}{2}O_2\uparrow \tag{5.2}$$

将式(5.1)与式(5.2)相加得：

$$H_2O_2 \xrightarrow{C,\ H_2SO_4} H_2O+\frac{1}{2}O_2\uparrow \tag{5.3}$$

$$H_2O_2+2e^-+2H_3^+O \longrightarrow 4H_2O \tag{5.4}$$

$$O_2+2e^-+2H_3^+O \longrightarrow H_2O_2+2H_2O \tag{5.5}$$

在反应过程中，浸没在 H_2SO_4 和 H_2O_2 混合液中的石墨首先形成一阶石墨层间化合物(GIC)。H_2O_2 随后氧化碳层，生成碳阳离子[反应式(5.1)]。碳阳离子进一步氧化 H_2O_2，产生氧气[反应式(5.2)]。反应式(5.1)与反应式(5.2)结合后得到反应式(5.3)。可以看出，石墨在混合液中的膨胀过程实际来源于石墨催化诱导的 H_2O_2 分解，石墨则是电荷转移的载体。石墨层间化合物的形成使净电荷能在碳层表面分散，促进催化过程所需的电荷转移作用。基于反应式(5.1)和反应式(5.2)中的半反应得到的反应式(5.4)与反应式(5.5)，可以进一步用能斯特方程计算石墨在化学膨胀过程中的平衡电势。计算得到的结果与实验测试结果的趋势一致。H_2O_2 的氧化与还原两个竞争反应导致过化学势的存在，使测量值落在两条理论曲线之间。

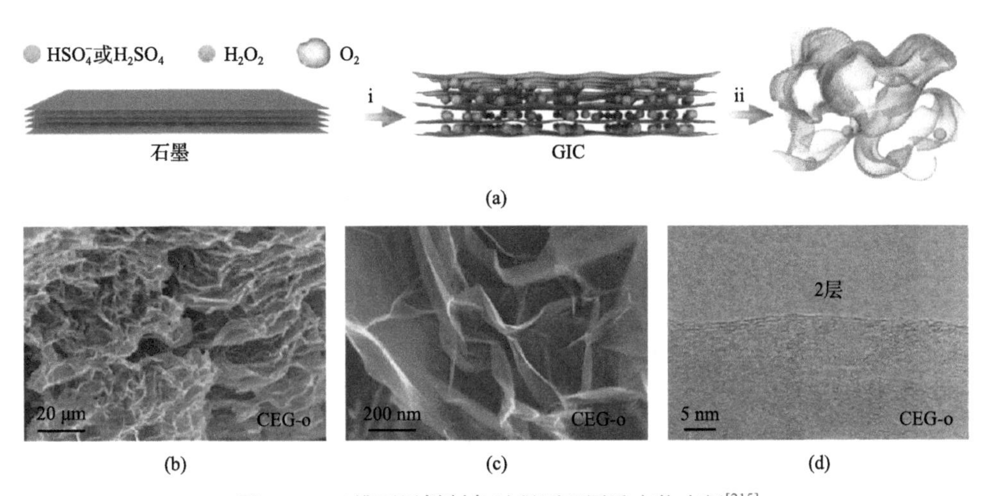

图 5.55　三维石墨烯制备过程原理图及产物表征[215]

(a)石墨烯三维结构体的制备方法；(b)石墨烯三维结构体的扫描电子显微镜图片；(c)石墨烯三维结构体放大后的扫描电子显微镜图；(d)石墨烯三维结构体边缘位置的场发射透射电子显微镜图

基于上述催化膨胀技术，卢红斌课题组采用宽度远小于长度和深度的反应容器作为膨胀容器，限制膨胀产物的片层取向，得到沿宽度方向高度取向的化学膨胀石墨气凝胶[216]。进一步通过浇筑环氧树脂的方法制备石墨烯气凝胶/环氧树脂复合材料。得到复合材料在填料含量仅有 1.75 wt%时垂直方向热导率高达 4.14 W/(m·K)，是其水平方向热导率的近 8 倍，是纯环氧树脂垂直方向热导率的近 10 倍。经过高低温循环与高温测试，证实了复合材料具有非常好的耐高温性能，使用寿命长；通过红外热成像检测，证实了复合材料在实际应用中的良好散热效果。

5.3.3.5　超大片氧化石墨烯规模化制备技术

氧化石墨烯除了作为前驱体用于制备还原氧化石墨烯，本身就是独特的功能性二维纳米材料。与小尺寸氧化石墨烯相比，超大片氧化石墨烯拥有更大的纵横比，更少的片间连接，更好的取向性能和片层间相互作用，使得由超大片氧化石墨制得的材料有更好的性能。然而，如何低成本、高效、大规模地制备超大片氧化石墨烯仍然是一个巨大挑战。总体来说，有两个主要因素制约了超大片氧化石墨烯的制备：石墨在氧化及剥离过程中的尺寸裁剪和纯化过程中严重的凝胶现象。超大片氧化石墨烯拥有更大的排斥体积，能在更低浓度先形成凝胶，因为纯化过程中的凝胶行为更突出。

针对上述问题，卢红斌课题组从调控原料结构的角度出发，提出了通过提高氧化剂扩散速率，实现无裁剪超大片氧化石墨烯的制备[图 5.56(a)][217]。基于 CrO_3 插层-膨胀体系首先对原料鳞片石墨进行可控化学膨胀，随后在一个温和的反应条件下对膨胀产物进行氧化，经过简单的筛网过滤，即可分离出无杂质的超大片氧化石墨烯。制备过程不涉及离心分离等复杂处理过程，氧化剂用量少且溶剂可以循环利用。由于氧化过程没有机械作用，产物基本保持了石墨原料的尺寸，平均尺寸超过 120 μm[图 5.56(c)，(d)]，片层最大面积超过 100000 μm^2，是目前报道的最大值。超大片氧化石墨烯刮涂形成的薄膜经过氢碘酸还原后，电导率达到了 672.6 S/cm，远高于已有报道。

本方法无须进行片层尺寸筛分，可以通过改变原料石墨的尺寸实现不同尺寸氧化石墨烯的制备。另外，本方法氧化剂用量远远低于已有文献，可以大大降低操作风险。而且由于氧化过程中无搅拌作用，石墨层间化合物和制备的超大片氧化石墨烯都可以通过 200 目的网筛直接从体系中分离出来，不仅有助于酸性溶液的回收利用，而且可优化氧化石墨烯的纯化工序。

上述方法虽然能获得超大尺寸氧化石墨烯，其中的 CrO_3 插层步骤无疑会带来潜在的环境风险，制约规模化生产。此外，由上述方法得到的氧化石墨结构无法稳定存在，微弱的机械扰动就会导致剥离，且没有长程有序结构。卢红斌课题组进一步提出静态氧化-可控晶体溶胀的方法制备超大尺寸氧化石墨烯，转化率可达 100%[图 5.56(b)][218]。与常规氧化方法不同，他们首先通过静态氧化的方式，得到与鳞片石墨形貌相似的高结晶度初始氧化石墨[图 5.56(d)，初始氧化石墨指氧化后没有经过水洗的产物]。动力学研究表明，静态氧化法不仅不会降低石墨的氧化速率，其氧化速率甚至略大于常规氧化方法。在随后的纯化过程中，初始氧化石墨会发生溶胀，但不会发生剥离，最终形成手风琴结构的三维有序宏观结构体。这种溶胀的氧化石墨结构在弱外界机械作用的条件下能稳定存在。与传统方法相比，初始氧化石墨能通过自发沉积方式实现纯化，无须离心、过滤等方式，整个纯化过程小于 1h。纯化后的氧化石墨通过温和的机械作用可剥离出超大片氧化石墨烯，平均尺寸为 108μm，最大尺寸可达 256μm。由于其大的纵横比，超大片氧化石墨烯的水相分散液在 0.2mg/mL 下就能形成液晶，并且在较低浓度下出现凝胶现象。这些特征使得超大片氧化石墨烯可以通过水热组装法得到长程有序的宏观石墨烯材料。此外，通过真空过滤得到的氧化石墨烯纸具有优异的机械性能，并且在还原后有高导电率。

卢红斌课题组进一步从未剥离的溶胀氧化石墨三维结构体出发，提出了一种

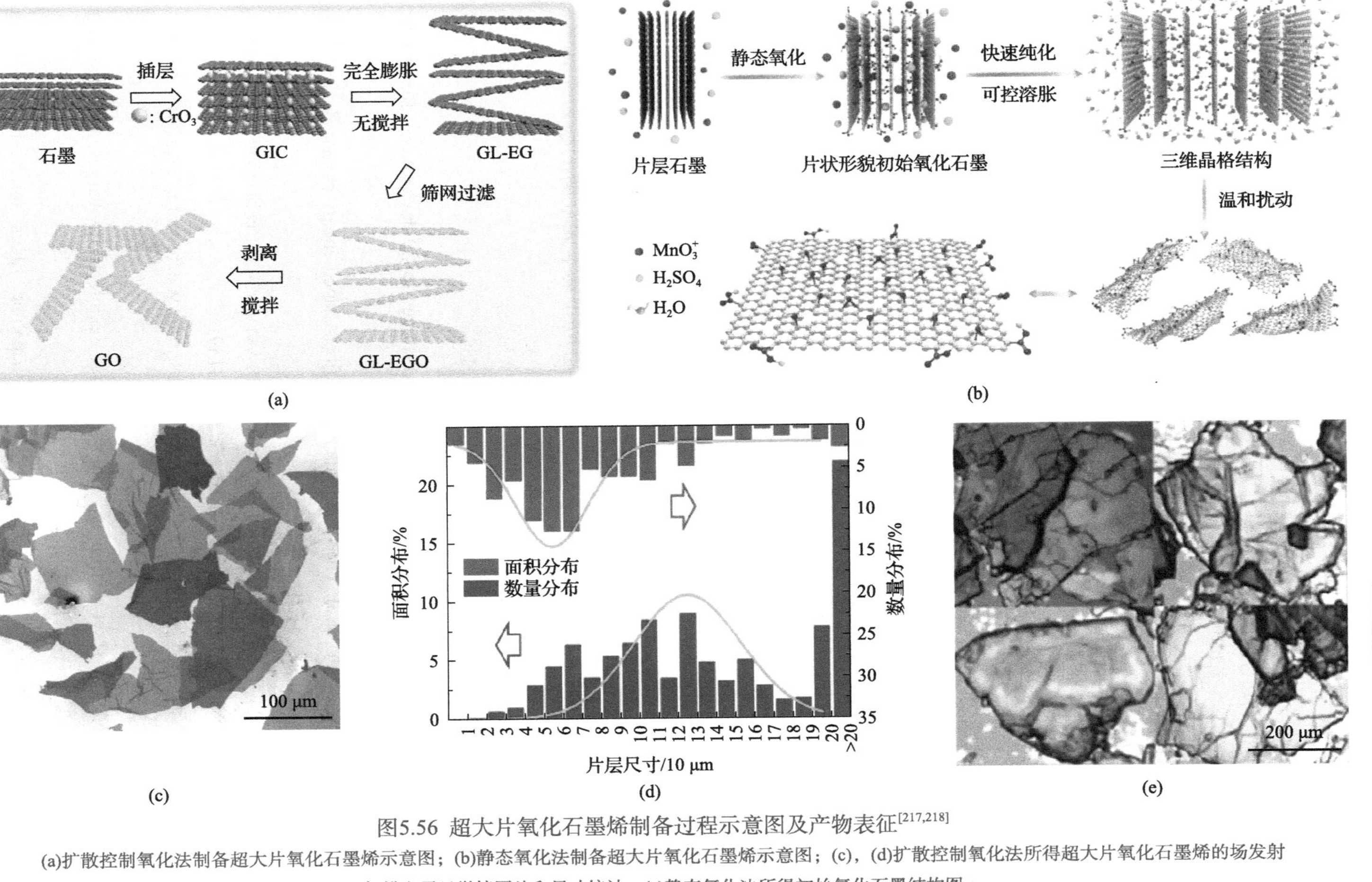

图5.56 超大片氧化石墨烯制备过程示意图及产物表征[217,218]

(a)扩散控制氧化法制备超大片氧化石墨烯示意图；(b)静态氧化法制备超大片氧化石墨烯示意图；(c)，(d)扩散控制氧化法所得超大片氧化石墨烯的场发射扫描电子显微镜图片和尺寸统计；(e)静态氧化法所得初始氧化石墨结构图

简单、高效制备具有超大层间距且结构精确可控的手风琴结构石墨烯框架材料的方法[219]。通过向溶胀的层状氧化石墨的层间引入聚醚胺分子链交联相邻氧化石墨片层并同步还原氧化石墨烯，制备了手风琴结构石墨烯框架材料。研究发现所制备手风琴结构石墨烯框架材料由周期性平行排列的石墨烯片层和层间共价键链接两个相邻片层的聚醚胺分子链构成。层间聚醚胺分子链的构象状态及链尺寸决定了手风琴结构石墨烯框架材料的层间距，通过引入大尺寸的聚醚胺分子链可以制备超大层间距的石墨烯框架材料，平均层间距可达 8.9 nm；同时，大量共价连接聚醚胺分子的存在使得这类框架材料具有非常好的结构稳定性。在此基础上，他们提出了四种调控手风琴结构石墨烯框架层间距和组成的策略，分别为调节聚醚胺浓度、聚醚胺分子量、溶剂含量和溶剂种类，并对每一种调控策略进行了详细深入的分析和研究。通过这些调控策略不仅可以调节手风琴结构石墨烯框架的组成，还可以在非常宽范围内实现手风琴结构石墨烯框架的层间距的精确可控调节，以满足不同应用环境的需要。

综上，卢红斌课题组从调控石墨片层固有结构出发，发展出一系列差异化石墨的规模化制备方法。提出非分散水相剥离策略，在不显著破坏石墨晶格结构的前提下，通过向石墨片层引入可电离基团，在石墨层间引入静电排斥作用促进石墨烯剥离，同时抑制剥离片层堆叠。发展出室温插层-膨胀和碳正离子催化层间氧释放两种化学膨胀方法，实现石墨超过 1000 倍的体积膨胀，获得基本无缺陷的石墨烯片层和石墨烯三维结构体。开发出扩散控制氧化和静态氧化技术，抑制氧化过程中应力集中造成的尺寸材料和剥离引起的凝胶化，获得片层尺寸基本无裁剪的超大片氧化石墨烯。

参考文献

[1] Sun H, Zhang Y, Zhang J, et al. Energy harvesting and storage in 1D devices. Nat. Rev. Mater., 2017, 2(6): 1-12.

[2] Liao M, Ye L, Zhang Y, et al. The recent advance in fiber-shaped energy storage devices. Adv. Electron. Mater., 2019, 5(1): 1800456.

[3] Ren J, Wang Y, Sun X, et al. Research progress of fiber-shaped electrochemical energy storage devices (in Chinese). Chin. Sci. Bull., 2020, 65: 3150-3159.

[4] Xu X, Xie S, Zhang Y, et al. The rise of fiber electronics. Angew. Chem. Int. Ed., 2019, 58 (39): 13643-13653.

[5] Zhang Z, Liao M, Lou H, et al. Conjugated polymers for flexible energy harvesting and storage. Adv. Mater., 2018, 30(13): 1704261.

[6] Ren J, Li L, Chen C, et al. Twisting carbon nanotube fibers for both wire-shaped micro-supercapacitor and micro-battery. Adv. Mater., 2013, 25(8): 1155-1159.

[7] He J, Lu C, Jiang H, et al. Scalable production of high-performing woven lithium-ion fiber batteries. Nature, 2021, 597(7874): 57-63.

[8] Liao M, Wang C, Hong Y, et al. Industrial scale production of fiber batteries using solution-extrusion. Nat. Nanotechnol., 2022, 17(4): 372-377.

[9] Zhang Y, Wang Y, Wang L, et al. A fiber-shaped aqueous lithium-ion battery with high power density. J. Mater. Chem. A, 2016, 4(23): 9002-9008.

[10] Fang X, Weng W, Ren J, et al. A cable-shaped lithium sulfur battery. Adv. Mater., 2016, 28 (3): 491-496.

[11] Guo Z, Zhao Y, Ding Y, et al. Multi-function flexible aqueous sodium ion batteries with high safety. Chem., 2017, 3(2): 348-362.

[12] Liao M, Wang J, Ye L, et al. A high-capacity aqueous zinc-ion battery fiber with air-recharging capability.J. Mater. Chem. A,2021, 9(11): 6811-6818.

[13] Liao M, Wang J, Ye L, et al. A deep-cycle aqueous zinc-ion battery containing an oxygen-deficient vanadium oxide cathode. Angew. Chem. Int. Ed., 2020, 59 (6): 2273-2278.

[14] Wang J, Liao M, Huang X, et al. Enhanced cathode integrity for zinc-manganese oxide fiber batteries by a durable protective layer. J. Mater. Chem. A, 2022, 10(18): 10201-10208.

[15] Zhang Y, Wang L, Guo Z, et al. High-performance lithium-air battery with a coaxial-fiber architecture. Angew. Chem. Int. Ed., 2016, 55(14): 4487-4491.

[16] Ye L, Cheng X, Liao M, et al. Deformation-tolerant metal anodes for flexible sodium-air fiber batteries. eScience, 2022, 2(6): 606-614.

[17] Xu Y, Zhang Y, Guo Z, et al. Flexible, stretchable and rechargeable fiber-shaped zinc-air battery based on cross-stacked carbon nanotube sheets. Angew. Chem. Int. Ed., 2015, 54(51): 15390-15394.

[18] Xu Y, Zhao Y, Zhang Y, et al. An all-solid-state fiber-shaped aluminum-air battery with flexibility, stretchability and high electrochemical performance. Angew. Chem. Int. Ed., 2016, 55(28): 7979-7982.

[19] Shi X, Zuo Y, Zhai P, et al. Large-area display textiles integrated with functional systems. Nature, 2021, 591(7849): 240-245.

[20] Shi X, Chen P, Peng H. Making large-scale, functional, electronic textiles. Nature, 2021, 593: 10.1038/d41586-021-00945-9.

[21] Sun H, Jiang Y, Xie S, et al. Integrating photovoltaic conversion and lithium-ion storage into a flexible fiber. J. Mater. Chem. A, 2016, 4(20): 7601-7605.

[22] Chen C, Feng J, Li J, et al. Functional fiber materials to smart fiber devices. Chem. Rev., 2023, 123(2): 613-662.

[23] Ye L, Hong Y, Liao M, et al. Recent advances in flexible fiber-shaped metal-air batteries. Energy

Storage Mater., 2020, 28: 364-374.

[24] Zhao Y, Mei T, Ye L, et al. Injectable fiber battery for all-region power supply *in vivo*. J. Mater. Chem. A, 2021, 9(3): 1463-1470.

[25] Mei T, Wang C, Liao M, et al. Biodegradable and rechargeable fiber battery. J. Mater. Chem. A, 2021, 9 (16): 10104-10109.

[26] Wang M, Xie S, Tang C, et al. Making fiber-shaped Ni//Bi battery simultaneously with high energy density, power density and safety. Adv. Funct. Mater., 2020, 30(3): 1905971.

[27] Pan S, Lin H, Deng J, et al. Novel wearable energy devices based on aligned carbon nanotube fiber textiles. Adv. Energy Mater., 2014, 5(4): 1401438.

[28] Weng W, Sun Q, Zhang Y, et al. Winding aligned carbon nanotube composite yarns into coaxial fiber full batteries with high performances. Nano Lett., 2014, 14(6): 3432-3438.

[29] Liao M, Sun H, Zhang J, et al. Multicolor, fluorescent supercapacitor fiber. Small, 2018, 14 (43): 1702052.

[30] Wang L, Wu Q, Zhang Z, et al. Elastic and wearable wire-shaped lithium-ion battery with high electrochemical performance. Angew. Chem. Int. Ed., 2014, 53(30): 7864-7869.

[31] Lin H, Weng W, Ren J, et al. Twisted aligned carbon nanotube/silicon composite fiber anode for flexible wire-shaped lithium-ion battery. Adv. Mater., 2014, 26(8): 1217-1222.

[32] Pan Z, Sun H, Pan J, et al. The creation of hollow walls in carbon nanotubes for high-performance lithium-ion batteries. Carbon, 2018, 133: 384-389.

[33] Weng W, Lin H, Chen X, et al. Flexible and stable lithium-ion batteries based on three-dimensional aligned carbon nanotube/silicon hybrid electrodes. J. Mater. Chem. A, 2014, 2(24): 9306-9312.

[34] Li L, Wang L, Ye T, et al. Stretchable energy storage devices based on carbon materials. Small, 2021, 17(48): 2005015.

[35] Zhang Z, Deng J, Li X, et al. Super-elastic supercapacitors with high performances during stretching. Adv. Mater., 2015, 27(2): 356-362.

[36] Zhang Y, Bai W, Cheng X, et al. Flexible and stretchable lithium-ion batteries and supercapacitors based on electrically conducting carbon nanotube fiber springs. Angew. Chem. Int. Ed., 2014, 53(52): 14564-14568.

[37] Zhao Y, Zhang Y, Sun H, et al. A self-healing aqueous lithium-ion battery. Angew. Chem. Int. Ed., 2016, 55(46): 14384-14388.

[38] Deng J, Zhang Y, Zhao Y, et al. A shape-memory supercapacitor fiber. Angew. Chem. Int. Ed., 2015, 54(51): 15419-15423.

[39] Chen X, Lin H, Deng J, et al. Electrochromic fiber-shaped supercapacitors. Adv. Mater., 2014, 26(48): 8126-8132.

[40] Gao Z, Liu P, Fu X, et al. Flexible self-powering textile by bridging photoactive and electrochemically active fiber electrodes. J. Mater. Chem. A, 2019, 7(24): 14447-14454.

[41] Cheng X, Pan J, Zhao Y, et al. Gel polymer electrolytes for electrochemical energy storage. Adv. Energy Mater., 2018, 8(7): 1702184.

[42] Lu Y, Ding Y F, Wang J Y, et al. Research progress in isoindigo-based polymer field-effect transistor materials. Chin. J. Org. Chem., 2016, 36(10): 2272-2283.

[43] Yang J, Chen J Y, Sun Y L, et al. Design and synthesis of novel conjugated polymers for applications in organic field-effect transistors. Acta. Polym. Sin., 2017, 7: 1082-1096.

[44] Noriega R, Rivnay J, Vandewal K, et al. A general relationship between disorder, aggregation and charge transport in conjugated polymers. Nat. Mater., 2013, 12(11): 1038-1044.

[45] Lan Y K, Huang C I. Charge mobility and transport behavior in the ordered and disordered states of the regioregular poly (3-hexylthiophene). J. Phys. Chem. B, 2009, 113(44): 14555-14564.

[46] Peng J, Han Y C. Recent advances in conjugated polythiophene-based rod-rod block copolymers: From morphology control to optoelectronic applications. Giant, 2020, 4: 100039.

[47] Yin Y, Zhai D L, Chen S W, et al. Controlling the condensed structure of polythiophene and polyselenophene-based all-conjugated block copolymers. Acta. Polym. Sin., 2020, 51(5): 434-447.

[48] Pan S, Zhu M J, He L Z, et al. Transformation from nanofibers to nanoribbons in poly (3-hexylthiophene) solution by adding alkylthiols. Macromol. Rapid. Comm., 2018, 39(11): 1800048.

[49] Pan S, He L Z, Peng J, et al. Chemical-bonding-directed hierarchical assembly of nanoribbon-shaped nanocomposites of gold nanorods and poly (3-hexylthiophene). Angew. Chem. Int. Ed., 2016, 128(30): 8828-8832.

[50] Chen S W, Zhu S Y, Lin Z Q, et al. Transforming polymorphs via meniscus-assisted solution-shearing conjugated polymers for organic field-effect transistors. ACS Nano, 2022, 16(7): 11194-11203.

[51] Pan S, Peng J, Lin Z Q. Large-scale rapid positioning of hierarchical assemblies of conjugated polymers via meniscus-assisted self-assembly. Angew. Chem. Int. Ed., 2021, 133(21): 11857-11863.

[52] Wang Y, Cui H N, Zhu M J, et al. Tailoring phase transition in poly (3-hexylselenophene) thin films and correlating their crystalline polymorphs with charge transport properties for organic field-effect transistors. Macromolecules, 2017, 50(24): 9674-9682.

[53] Yang H, Xia H, Wang G W, et al. Insights into poly (3-hexylthiophene)-*b*-poly (ethylene oxide) block copolymer: Synthesis and solvent-induced structure formation in thin films. J. Polym. Sci.

Pol. Chem., 2012, 50(24): 5060-5067.

[54] Chen S W, Li L X, Zhai D L, et al. Cocrystallization-promoted charge mobility in all-conjugated diblock copolymers for high-performance field-effect transistors. ACS Appl. Mater. Interfaces, 2020, 12(52): 58094-58104.

[55] Xia H, Ye Z, Liu X F, et al. Synthesis, characterization, and solution structure of all-conjugated polyelectrolyte diblock copoly (3-hexylthiophene)s. RSC Adv., 2014, 4(38): 19646-19653.

[56] Yang X B, Ge J, He M, et al. Crystallization and microphase morphology of side-chain cross-linkable poly (3-hexylthiophene)-block-poly [3-(6-hydroxy) hexylthiophene] diblock copolymers. Macromolecules, 2016, 49(1): 287-297.

[57] Cui H N, Yang X B, Peng J, et al. Controlling the morphology and crystallization of a thiophene-based all-conjugated diblock copolymer by solvent blending. Soft Matter, 2017, 13(31): 5261-5268.

[58] Zhu M J, Kim H J, Jang Y J, et al. Toward high efficiency organic photovoltaic devices with enhanced thermal stability utilizing P3HT-*b*-P3PHT block copolymer additives. J. Mater. Chem. A, 2016, 4(47): 18432-18443.

[59] Zhu M J, Pan S, Wang Y, et al. Unravelling the correlation between charge mobility and cocrystallization in rod-rod block copolymers for high-performance field-effect transistors. Angew. Chem. Int. Ed., 2018, 130(28): 8780-8784.

[60] Chen S W, Zheng H, Liu X F, et al. Tailoring co-crystallization over microphase separation in conjugated block copolymers via rational film processing for field-effect transistors. Macromolecules, 2022, 55(23): 10405-10414.

[61] Ge J, He M, Qiu F, et al. Synthesis, cocrystallization, and microphase separation of all-conjugated diblock copoly (3-alkylthiophene)s. Macromolecules, 2010, 43(15): 6422-6428.

[62] Ge J, He M, Xie N, et al. Microphase separation and crystallization in all-conjugated poly (3-alkylthiophene) diblock copolymers. Macromolecules, 2015, 48(1): 279-286.

[63] Zhai D L, Zhu M J, Chen S W, et al. Effect of block sequence in all-conjugated triblock copoly (3-alkylthiophene)s on control of the crystallization and field-effect mobility. Macromolecules, 2020, 53(14): 5775-5786.

[64] Li L X, Zhan H, Chen S W, et al. Interrogating the effect of block sequence on cocrystallization, microphase separation, and charge transport in all-conjugated triblock copolymers. Macromolecules, 2022, 55(17): 7834-7844.

[65] AlSalhi M S, Alam J, Dass L A, et al. Recent advances in conjugated polymers for light emitting devices. Int. J. Mol. Sci., 2011, 12(3): 2036-2054.

[66] Feng L H, Zhu C L, Yuan H X, et al. Conjugated polymer nanoparticles: Preparation, properties, functionalization and biological application. Chem. Soc. Rev., 2013, 42: 6620-6633.

[67] Shi X, Zuo Y, Zhai P, et al. Large-area display textiles integrated with functional systems. Nature, 2021, 591(7849): 240-245.

[68] Wua Y W, Qina A J, Tang B Z. AIE-active polymers for explosive detection. Chinese Journal of Polymer Science, 2017, 35(2): 141-154.

[69] Han T H, Lee Y B, Choi M R, et al. Extremely efficient flexible organic light-emitting diodes with modified graphene anode. Nature Photonics, 2012, 6: 105-110.

[70] Ma X, Tian H. Stimuli-responsive supramolecular polymers in aqueous solution. Acc. Chem. Res., 2014, 47: 1971-1981.

[71] Xu Y C, Bu T L, Li M J, et al. Non-conjugated polymer as an efficient dopant-free hole-transporting material for perovskite solar cells. Chem. Sus. Chem., 2017, 10: 2578-2584.

[72] Xu J, Wang S H, Wang G J N, et al. Highly stretchable polymersemiconductor films through the nanoconfinement effect. Science, 2017, 355: 59-64.

[73] Kabir S, Yang D, Kayani A B A, et al. Solution-processed VO_2 nanoparticle/ polymer composite films for thermochromic applications. ACS Appl. Nano Mater., 2022, 5: 10280-10291.

[74] Long X J, Ding Z C, Dou C D, et al. Polymer acceptor based on double B←N bridged bipyridine(BNBP) unit for high-efficiency all-polymer solar cells. Adv. Mater., 2016, 28: 6504-6508.

[75] 何田田, 朱亮亮. 单一分子发色团的多重发光调控研究进展. 化学反应工程与工艺, 2023, 39(1): 81-90.

[76] Niembro S, Vallribera A, Moreno-Manas M. Star-shaped heavily fluorinated aromatic sulfurs: Stabilization of palladium nanoparticles active as catalysts in cross-coupling reactions. New J. Chem., 2008, 32(1): 94-98.

[77] Wu H W, Hang C, Li X, et al. Molecular stacking dependent phosphorescence-fluorescence dual emission in a single luminophore for self-recoverable mechanoconversion of multicolor luminescence. Chem. Commun., 2017, 53(18): 2661-2664.

[78] Wu H W, Wu B, Yu X Y, et al. Self-twisting for macrochirality from an achiral asterisk molecule with fluorescence-phosphorescence dual emission. Chinese chemical letters, 2017, 28(11): 2151-2154.

[79] Wu H W, Zhou Y Y, Yin L Y, et al. Helical self-assembly-induced singlet-triplet emissive switching in a mechanically sensitive system. J. Am. Chem. Soc., 2017, 139: 785-791.

[80] Wu H W, Zhao P, Li X, et al. Tuning for visible fluorescence and near-infrared phosphorescence on a unimolecular mechanically sensitive platform via adjustable CH-π interaction. ACS Appl. Mater. Interfaces, 2017, 9: 3865-3872.

[81] Jia X Y, Shao C C, Bai X, et al. Photoexcitation-controlled self-recoverable molecular aggregation for flicker phosphorescence. PNAS, 2019, 116: 4816-4821.

[82] Shen S, Baryshnikov G, Yue B B, et al. Manipulating crystals through photoexcitation-induced molecular realignment. J. Mater. Chem. C, 2021, 9: 11707-11714.

[83] Gu J, Yue B B, Baryshnikov G V, et al. Visualizing material processing via photoexcitation-controlled organic-phase aggregation-induced emission. Research, 2021: 9862093.

[84] Yue B B, Jia X Y, Baryshnikov G V, et al. Photoexcitation-based supramolecular access to full-scale phase-diagram structures through in situ phase-volume ratio phototuning. Angew. Chem. Int. Ed., 2022, 61: e202209777.

[85] Li Z Y, Wang Y J, Baryshnikov G, et al. Lighting up solid states using a rubber. Nat. Commun., 2021, 12: 908.

[86] Li A Z, Li Z Y, Zhang M, et al. Gel materials with rubber-rubbing-chromic luminescence: A portable tool for on-spot composing highly encrypted information. Adv. Optical Mater., 2022, 10: 2102146.

[87] Xing Y, Li Z Y, Baryshnikov G V, et al. Water molecular bridge-induced selective dual polarization in crystals for stable multi-emitters. Chem. Sci., 2022, 13: 6067-6073.

[88] Xu Y, Liu C, Khim D, et al. Development of high-performance printed organic field-effect transistors and integrated circuits. Phys. Chem. Chem. Phys., 2015, 17(40): 26553-26574.

[89] Kim S, Sojoudi H, Zhao H, et al. Ultrathin high-resolution flexographic printing using nanoporous stamps. Sci. Adv., 2016, 2(12): e1601660.

[90] Kang B, Ge F, Qiu L, et al. Effective use of electrically insulating units in organic semiconductor thin films for high-performance organic transistors. Adv. Electron. Mater., 2017, 3: 1600240.

[91] Chang J S, Facchetti A F, Reuss R. A circuits and systems perspective of organic/printed electronics: Review, challenges, and contemporary and emerging design approaches. IEEE J. Em. Sel. Top. C., 2017, 7(1): 7-26.

[92] Grau G, Subramanian V. Dimensional scaling of high-speed printed organic transistors enabling high-frequency operation. Flexible Printed Electron, 2020, 5(1): 014013.

[93] Sakanoue T, Mizukami M, Oku S, et al. Fluorosurfactant-assisted photolithography for patterning of perfluoropolymers and solution-processed organic semiconductors for printed displays. Appl. Phys. Express, 2014, 7(10): 101602.

[94] Kim M J, Lee M, Min H, et al. Universal three-dimensional crosslinker for all photopatterned electronics. Nat. Commun., 2020, 11(1): 1520.

[95] Chen R, Wang X, Wei D, et al. A comprehensive nano-interpenetrating semiconducting photoresist toward all-photolithography organic electronics. Sci. Adv., 2021, 7(25): eabg0659.

[96] Liang Q, Jiao X, Yan Y, et al. Separating crystallization process of P3HT and OIDTBR to construct highly crystalline interpenetrating network with optimized vertical phase separation.

Adv. Funct. Mater., 2019, 29(47): 1807591.

[97] Kim S K, Guymon C A. Effects of polymerizable organoclays on oxygen inhibition of acrylate and thiol-acrylate photopolymerization. Polymer, 2012, 53(8): 1640-1650.

[98] Ding X S, Chen L, Honsho Y, et al. An n-channel two-dimensional covalent organic framework. J. Am. Chem. Soc., 2011, 133(37): 14510-14513.

[99] Zhang F, Wei S C, Wei W W, et al. Trimethyltriazine-derived olefin-linked covalent organic framework with ultralong nanofibers. Sci. Bull., 2020, 65(19): 1659-1666.

[100] Lyu H, Diercks C S, Zhu C H, et al. Porous crystalline olefin-linked covalent organic frameworks. J. Am. Chem. Soc., 2019, 141(17): 6848-6852.

[101] Rettig W. Charge separation in excited-states of decoupled systems-TICT compounds and implications regarding the development of new laser-dyes and the primary processes of vision and photosynthesis. Angew. Chem. Int. Edit., 1986, 25(11): 971-988.

[102] Guo Q Y, Ji H Y, Wei D C. Olefin-linked covalent organic frameworks with twisted tertiary amine knots for enhanced ultraviolet detection. Chinese Chem. Lett., 2022, 33(5): 2621-2624.

[103] Cao M, Zhang C, Wei D C, et al. Enhanced photoelectrical response of thermodynamically epitaxial organic crystals at the two-dimensional limit. Nat. Commun., 2019, 10: 756.

[104] Liu j, Cao Z, Lu Y. Functional nucleic acid sensors. Chem. Rev., 2009, 109:1948-1998.

[105] Ji D Z, Guo M Q, Wei D C, et al. Electrochemical detection of a few copies of unamplified SARS-CoV-2 nucleic acids by a self-actuated molecular system. J. Am. Chem. Soc., 2022, 144, 13525-13537.

[106] Wu Y G, Ji D Z, Wei D C, et al. Triple-probe DNA framework-based transistor for SARS-CoV-2 10-in-1 pooled testing. Nano Lett., 2022, 22, 3307-3316.

[107] Wang X J, Kong D R, Wei D C, et al. Rapid SARS-CoV-2 nucleic acid testing and pooled assay by tetrahedral DNA nanostructure transistor. Nano Lett., 2021, 21(22): 9450-9457.

[108] Kong D R, Wang X J, Wei D C, et al. Direct SARS-CoV-2 nucleic acid detection by Y-shaped DNA dual-probe transistor assay. J. Am. Chem. Soc., 2021, 143(41): 17004-17014.

[109] Wang Z, Yi K Y, Wei D C, et al. Free radical sensors based on inner-cutting graphene field-effect transistors. Nat. Commun., 2019, 10: 1544.

[110] Wang L Q, Wang X J, Wei D C, et al. Rapid and ultrasensitive electromechanical detection of ions, biomolecules and SARS-CoV-2 RNA in unamplified samples. Nat. Biomed. Eng., 2022, 6(3): 276.

[111] Kang H, Wang X J, Wei D C, et al. Ultrasensitive detection of SARS-CoV-2 antibody by graphene field-effect transistors. Nano Lett., 2021, 21(19): 7897-7904.

[112] Dai C H, Guo M Q, Wei D C, et al. Ultraprecise antigen 10-in-1 pool testing by multiantibodies transistor assay. J. Am. Chem. Soc., 2021, 143(47): 19794-19801.

[113] Huang N, Wang P, Jiang D. Covalent organic frameworks: A materials platform for structural and functional designs. Nat. Rev. Mater., 2016, 1(10): 16068.

[114] Liu R, Tan K T, Gong Y, et al. Covalent organic frameworks: An ideal platform for designing ordered materials and advanced applications. Chem. Soc. Rev., 2021, 50(1): 120-242.

[115] Geng K, He T, Liu R, et al. Covalent organic frameworks: Design, synthesis, and functions. Chem. Rev., 2020, 120 (16):8814-8933.

[116] Ding S Y, Wang W. Covalent organic frameworks (COFs): From design to applications. Chem. Soc. Rev., 2013, 42(2): 548-568.

[117] Huang N, Wang P, Addicoat M A, et al. Ionic covalent organic frameworks: Design of a charged interface aligned on 1D channel walls and its unusual electrostatic functions. Angew. Chem. Int. Ed., 2017, 56(18): 4982-4986.

[118] Li Z, Li H, Guan X, et al. Three-dimensional ionic covalent organic frameworks for rapid, reversible, and selective ion exchange. J. Am. Chem. Soc., 2017, 139(49): 17771-17774.

[119] Doonan C J, Tranchemontagne D J, Glover T G, et al. Exceptional ammonia uptake by a covalent organic framework. Nat. Chem., 2010, 2(3): 235-238.

[120] Medina D D, Sick T, Bein T. Photoactive and conducting covalent organic frameworks. Adv. Energy Mater., 2017, 7(16): 1700387.

[121] Pachfule P, Acharjya A, Roeser J, et al. Diacetylene functionalized covalent organic framework (COF) for photocatalytic hydrogen generation. J. Am. Chem. Soc., 2018, 140(4): 1423-1427.

[122] Ding X, Guo J, Feng X, et al. Synthesis of metallophthalocyanine covalent organic frameworks that exhibit high carrier mobility and photoconductivity. Angew. Chem. Int. Ed., 2011, 50(6): 1289-1293.

[123] Ding X, Feng X, Saeki A, et al. Conducting metallophthalocyanine 2D covalent organic frameworks: the role of central metals in controlling π-electronic functions. Chem. Commun., 2012, 48(71): 8952-8954.

[124] Bai L, Phua S Z F, Lim W Q, et al. Nanoscale covalent organic frameworks as smart carriers for drug delivery. Chem. Commun., 2016, 52(22): 4128-4131.

[125] Zhang G, Li X, Liao Q, et al. Water-dispersible PEG-curcumin/amine-functionalized covalent organic framework nanocomposites as smart carriers for in vivo drug delivery. Nat. Commun., 2018, 9(1): 2785.

[126] Huang N, Zhai L, Coupry D E, et al. Multiple-component covalent organic frameworks. Nat. Commun., 2016, 7(1): 12325.

[127] Fang Q, Gu S, Zheng J, et al. 3D microporous base functionalized covalent organic frameworks for size-selective catalysis. Angew. Chem. Int. Ed., 2014, 53(11): 2878-2882.

[128] Li Z, Feng X, Zou Y, et al. A 2D azine-linked covalent organic framework for gas storage

applications. Chem. Commun., 2014, 50(89): 13825-13828.

[129] Jin E, Asada M, Xu Q, et al. Two-dimensional sp^2 carbon-conjugated covalent organic frameworks. Science, 2017, 357:673-676.

[130] Duan H, Li K, Xie M, et al. Scalable synthesis of ultrathin polyimide covalent organic framework nanosheets for high-performance lithium-sulfur batteries. J. Am. Chem. Soc., 2021, 143(46): 19446-19453.

[131] Xu L, Ding S Y, Liu J, et al. Highly crystalline covalent organic frameworks from flexible building blocks. Chem. Commun., 2016, 52(25): 4706-4709.

[132] Makhseed S, Samuel J. Hydrogen adsorption in microporous organic framework polymer. Chem. Commun., 2008(36): 4342-4344.

[133] Kuhn P, Antonietti M, Thomas A. Porous, covalent triazine-based frameworks prepared by ionothermal synthesis. Angew. Chem. Int. Ed., 2008, 47(18): 3450-3453.

[134] Chandra S, Kandambeth S, Biswal B P, et al. Chemically stable multilayered covalent organic nanosheets from covalent organic frameworks via mechanical delamination. J. Am. Chem. Soc., 2013, 135(47): 17853-17861.

[135] Dey K, Pal M, Rout K C, et al. Selective molecular separation by interfacially crystallized covalent organic framework thin films. J. Am. Chem. Soc., 2017, 139(37): 13083-13091.

[136] DeBlase C R, Silberstein K E, Truong T-T, et al. β-Ketoenamine-linked covalent organic frameworks capable of pseudocapacitive energy storage. J. Am. Chem. Soc., 2013, 135: 16821.

[137] Biswal B P, Chandra S, Kandambeth S, et al. Mechanochemical synthesis of chemically stable isoreticular covalent organic frameworks. J. Am. Chem. Soc., 2013, 135: 5328-5331.

[138] Chong J H, Sauer M, Patrick B O, et al. Highly stable keto-enamine salicylideneanilines. Org. Lett., 2003, 5: 3823-3826.

[139] Wang R, Kong W, Zhou T, et al. Organobase modulated synthesis of high-quality β-ketoenamine-linked covalent organic frameworks. Chem. Commun., 2021, 57: 331-334.

[140] Fujishima A, Honda K. Electrochemical photolysis of water at a semiconductor electrode. Nature, 1972, 238(5358): 37-38.

[141] Wang Y, Vogel A, Sachs M, et al. Current understanding and challenges of solar-driven hydrogen generation using polymeric photocatalysts. Nat. Energy, 2019, 4(9): 746-760.

[142] Banerjee T, Gottschling K, Savasci G, et al. H_2 evolution with covalent organic framework photocatalysts. Acs Energy Lett., 2018, 3(2): 400-409.

[143] Huang W, He Q, Hu Y, et al. Molecular heterostructures of covalent triazine frameworks for enhanced photocatalytic hydrogen production. Angew. Chem. Int. Ed., 2019, 131, 8768-8772.

[144] Pachfule P, Acharjya A, Roeser J, et al. Diacetylene functionalized covalent organic framework (COF) for photocatalytic hydrogen generation. J. Am. Chem. Soc., 2018, 140: 1423-1427 .

[145] Zhou T, Wang L, Huang X, et al. PEG-stabilized coaxial stacking of two-dimensional covalent organic frameworks for enhanced photocatalytic hydrogen evolution. Nat. Commun., 2021, 12: 3934.

[146] Solomon L A, Sykes M E, Wu Y A, et al. Tailorable exciton transport in doped peptide-amphiphile assemblies. ACS Nano., 2017, 11: 9112-9118.

[147] Zhou T, Huang X, Mi Z, et al. Multivariate covalent organic frameworks boosting photocatalytic hydrogen evolution. Polym. Chem., 2021, 12: 3250-3256.

[148] Zhao Y, Swierk J R, Megiatto J D, et al. Improving the efficiency of water splitting in dye-sensitized solar cells by using a biomimetic electron transfer mediator. Proc. Natl. Acad. Sci. USA, 2012, 109: 15612-15616.

[149] Li G, Zhang B, Wang J, et al. Electrochromic poly(chalcogenoviologen)s as anode materials for high-performance organic radical lithium-ion batteries. Angew. Chem. Int. Ed., 2019, 58: 8468-8473.

[150] Mi Z, Zhou T, Weng W, et al. Covalent organic frameworks enabling site isolation of viologen-derived electron-transfer mediators for stable photocatalytic hydrogen evolution. Angew. Chem. Int. Ed., 2021, 60: 9642-9649.

[151] Ming J, Liu A, Zhao J, et al. Hot π-electron tunneling of metal-insulator-COF nanostructures for efficient hydrogen production. Angew. Chem. Int. Ed., 2019, 58: 18290.

[152] Yang W, Godin R, Kasap H, et al. Electron accumulation induces efficiency bottleneck for hydrogen production in carbon nitride photocatalysts. J. Am. Chem. Soc., 2019, 141: 11219-11229.

[153] Dydio P, Key H M, Nazarenko A, et al. An artificial metalloenzyme with the kinetics of native enzymes. Science, 2016, 354: 102-106.

[154] Weng W, Guo J. The effect of enantioselective chiral covalent organic frameworks and cysteine sacrificial donors on photocatalytic hydrogen evolution. Nat. Commun., 2022, 13: 5768.

[155] Zhao L, Liu Y, Xing R, et al, Supramolecular photothermal effects: A promising mechanism for efficient thermal conversion. Angew. Chem. Int. Ed., 2020, 59: 3793-3801.

[156] Chen Q W, Liu X H, Fan J X, et al. Self-mineralized photothermal bacteria hybridizing with mitochondria-targeted metal-organic frameworks for augmenting photothermal tumor therapy. Adv. Funct. Mater., 2020, 30: 1909806.

[157] Guo Y, Huang Y. Zeng B, Photo-thermo semi-hydrogenation of acetylene on Pd1/TiO_2 single-atom catalyst. Nat. Commun., 2022, 13: 2648.

[158] Zhou L, Li X, Ni G W, et al. The revival of thermal utilization from the sun:Interfacial solar vapor generation. Natl. Sci. Rev., 2019, 6: 562-578.

[159] Zhang C, Liang H Q, Xu Z K. Harnessing solar-driven photothermal effect toward the

water-energy nexus. Adv. Sci., 2019, 6: 1900883.

[160] Tan J, Namuangruk S, Kong W, et al. Manipulation of amorphous-to-crystalline transformation: Towards the construction of covalent organic framework hybrid microspheres with NIR photothermal conversion ability. Angew. Chem. Int. Ed., 2016, 55: 13979-13984.

[161] Spanggaard H, Prehn J, Nielsen M. B, et al. Multiple-bridged bis-tetrathiafulvalenes: New syntheticm protocols and spectroelectrochemical investigations. J. Am. Chem. Soc., 2000, 122: 9486.

[162] Wang Y, Frasconi M, Liu W G, et al. Folding of oligoviologens induced by radical-radical interactions. J. Am. Chem. Soc., 2015, 137: 876.

[163] Zhang K D, Tan J, Hanifi D, et al. Toward a single layer two-dimensional honeycomb supramolecular organic framework in water. J. Am. Chem. Soc., 2013, 135: 17913.

[164] Wang L, Zeng C, Xu H, et al. A highly soluble, crystalline, covalent organic framework compatible with device implementation. Chem. Sci., 2019, 10: 1023.

[165] Mi Z, Yang P, Wang R, et al. Stable radical cation-containing covalent organic frameworks exhibiting remarkable structure-enhanced photothermal conversion. J. Am. Chem. Soc., 2019, 141: 14433-14442.

[166] Bi S, Zhang Z, Meng F, et al. Heteroatom-embedded approach to vinylene-linked covalent organic frameworks with isoelectronic structures for photoredox catalysis. Angew. Chem. Int. Ed., 2022, 61: e202111627.

[167] Li Z, Liu Z W, Mu Z J, et al. Cationic covalent organic framework based all-solid-state electrolytes. Mater. Chem. Front., 2020, 4: 1164.

[168] Ajayaghosh A. Chemistry of squaraine-derived materials: Near-IR dyes, low band gap systems, and cation sensors. Acc. Chem. Res., 2005, 38: 449.

[169] Ding N, Zhou T, Weng W, et al. Multivariate synthetic strategy for improving crystallinity of zwitterionic squaraine-linked covalent organic frameworks with enhanced photothermal performance. Small, 2022, 18: 2201275.

[170] Zhang B, Zheng X L, Voznyy O, et al. Homogeneously dispersed multimetal oxygen-evolving catalysts contributions to accelerating atmospheric CO_2 growth from economic activity, carbon intensity, and efficiency of natural sinks. Science, 2016, 352(6283): 333-337.

[171] Whipple D T, Kenis P J. Prospects of CO_2 utilization via direct heterogeneous electrochemical reduction. J. Phys. Chem. Lett., 2010, 1: 3451-3458.

[172] Dresselhaus M S, Thomas I L. Alternative energy technologies. Nature, 2001, 414: 332-337.

[173] Chu S, Majumdar A. Opportunities and challenges for a sustainable energy future. Nature, 2012, 488 (7411): 294-303.

[174] Seh Z W, Kibsgaard J, Dickens C F, et al. Combining theory and experiment in electrocatalysis:

Insights into materials design. Science, 2017, 355(6321): eaad4998.

[175] Li S Y, Ma Y W, Zhao T C, et al. Polymer-supported liquid layer electrolyzer enabled electrochemical CO_2 reduction to CO with high energy efficiency. ChemistryOpen, 2021, 10(6): 639-644.

[176] Zhang J, Zhang Q, Feng X. Support and interface effects in water-splitting electrocatalysts. Adv. Mater., 2019, 31(31): e1808167.

[177] Shao Y, Markovic N M. Prelude: The renaissance of electrocatalysis. Nano Energy, 2016, 29: 1-3.

[178] Gojković S L. Mass transfer effect in electrochemical oxidation of methanol at platinum electrocatalysts. J. Electroanal. Chem., 2004, 573(2): 271-276.

[179] Yao J, Huang W, Fang W, et al. Promoting electrocatalytic hydrogen evolution reaction and oxygen evolution reaction by fields: Effects of electric field, magnetic field, strain, and light. Small Methods, 2020, 4(10): 2000494.

[180] Zhang B, Wang L, Cao Z, et al. High-valence metals improve oxygen evolution reaction performance by modulating 3d metal oxidation cycle energetics. Nat. Catal., 2020, 3: 985-992.

[181] Wang L P, Zhu Y J, Wen Y Z, et al. Regulating the local charge distribution of Ni active sites for urea oxidation reaction. Angew. Chem. Int. Ed. , 2021, 60(19): 10577-10582.

[182] Wen Y Z, Liu C, Huang R, et al. Introducing Brønsted acid sites to accelerate the bridging-oxygen-assisted deprotonation in acidic water oxidation. Nat. Commun., 2022, 13: 4871.

[183] Huang R, Wen Y Z, Peng H S, et al. Improved kinetics of OER on Ru-Pb binary electrocatalyst by decoupling proton-electron transfer. Chin. J. Catal. , 2022, 43(1): 130-138.

[184] Wen Y Z, Chen P N, Wang L, et al. Stabilizing highly active Ru sites by suppressing lattice oxygen participation in acidic water oxidation. J. Am. Chem. Soc., 2021, 143 (17): 6482-6490.

[185] Zhang L S, Yuan H Y, Wang L P, et al. The critical role of electrochemically activated adsorbates in neutral OER. Sci. China Mater., 2020, 63: 2509-2516.

[186] Zhang L S, Wang L P, Wen Y Z, et al. Boosting neutral water oxidation through surface oxygen modulation. Adv. Mater., 2020, 32(31): 2002297.

[187] Zhang L S, Wang L P, Lin H, et al. A lattice-oxygen-involved reaction pathway to boost urea oxidation. Angew. Chem. Int. Ed., 2019, 58(47): 16820-16825.

[188] Bian J J, Wei C Y, Wen Y Z, et al. Regulation of electrocatalytic activity by local microstructure: Focusing on catalytic active zone. Chem. Eur. J., 2022, 28(8): e202103141.

[189] Wang L , Wen Y Z, Ji Y, et al. The 3d-5d orbital repulsion of transition metals in oxyhydroxide catalysts facilitates water oxidation. J. Mater. Chem. A, 2019, 7(24): 14455-14461.

[190] Ni F L, Yang H, Wen Y Z, et al. N-modulated Cu^+ for efficient electrochemical carbon monoxide reduction to acetate. Sci. China Mater., 2020, 63(12): 2606-2612.

[191] He S S, Ni F L, Ji Y J, et al. The p-orbital delocalization of main-group metals to boost CO_2

electroreduction. Angew. Chem. Int. Ed., 2018, 130(49): 16346-16351.

[192] Bai H P, Cheng T, Li S Y, et al. Controllable CO adsorption determines ethylene and methane productions from CO_2 electroreduction. Sci. Bull., 2021, 66(1): 62-68.

[193] Zhang H. Ultrathin two-dimensional nanomaterials. ACS Nano, 2015, 9(10): 9451-9469.

[194] Novoselov K S, Geim A K, Morozov S V, et al. Electric field effect in atomically thin carbon films. Science, 2004, 306(5696): 666-669.

[195] Tan C, Cao X, Wu X J, et al. Recent advances in ultrathin two-dimensional nanomaterials. Chem. Rev., 2017, 117(9): 6225-6331.

[196] Li Z, Liu Z, Sun H, et al. Superstructured assembly of nanocarbons: fullerenes, nanotubes, and graphene. Chem. Rev., 2015, 115(15): 7046-7117.

[197] Geim A K, Novoselov K S. The rise of graphene. Nat. Mater., 2007, 6(3): 183-191.

[198] Geim A K, Graphene: Status and prospects. Science, 2009, 324(5934): 1530-1534.

[199] Fiori G, Bonaccorso F, Iannaccone G, et al. Electronics based on two-dimensional materials. Nat. Nanotechnol., 2014, 9 (10): 768-779.

[200] Ariga K, Lee M V, Mori T, et al. Two-dimensional nanoarchitectonics based on self-assembly. Adv. Colloid Interfac., 2010, 154(1-2): 20-29.

[201] Novoselov K S, Geim A K, Morozov S V, et al. Two-dimensional gas of massless Dirac fermions in graphene. Nature, 2005, 438(7065): 197-200.

[202] Williams J R, DiCarlo L, Marcus C M. Quantum hall effect in a gate-controlled p-n junction of graphene. Science, 2007, 317(5838): 638-641.

[203] Abanin D A, Levitov L S. Quantized transport in graphene p-n junctions in a magnetic field. Science, 2007, 317(5838): 641-643.

[204] Coleman J N, Lotya M, O'Neill A, et al.Two-dimensional nanosheets produced by liquid exfoliation of layered materials. Science, 2011, 331(6017): 568-571.

[205] Paton K R, Varrla E, Backes C, et al. Scalable production of large quantities of defect-free few-layer graphene by shear exfoliation in liquids. Nat. Mater., 2014, 13(6): 624-630.

[206] Nicolosi V, Chhowalla M, Kanatzidis M G, et al. Liquid exfoliation of layered materials. Science, 2013, 340 (6139): 1226419.

[207] Niu L, Coleman J N, Zhang H, et al. Production of two-dimensional nanomaterials via liquid-based direct exfoliation. Small, 2016, 12(3): 272-293.

[208] Mounet N, Gibertini M, Schwaller P, et al. Two-dimensional materials from high-throughput computational exfoliation of experimentally known compounds. Nat. Nanotechnol., 2018, 13(3): 246-252.

[209] Dong L, Chen Z, Zhao X, et al. A non-dispersion strategy for large-scale production of ultra-high concentration graphene slurries in water. Nat. Commun., 2018, 9: 76.

[210] Pan S, Wang S, Liu P, et al. Stable cellulose/graphene inks mediated by an inorganic base for the fabrication of conductive fibers. J. Mater. Chem. C, 2021, 9(17): 5779-5788.

[211] Geng X, Guo Y, Li D. Interlayer catalytic exfoliation realizing scalable production of large-size pristine few-layer graphene. Sci. Rep., 2013, 3: 1134.

[212] Dimiev A, Ceriotti G, Metzger A, Chemical mass production of graphene nanoplatelets in～100% yield. ACS Nano, 2016, 10(1): 274-279.

[213] Lin S, Dong L, Zhang J, et al. Room-temperature intercalation and～1000-fold chemical expansion for scalable preparation of high-quality graphene. Chem. Mater., 2016, 28(7): 2138-2146.

[214] Dong L, Zhang L, Lin S, et al. Building vertically-structured, high-performance electrodes by interlayer-confined reactions in accordion-like, chemically expanded graphite. Nano Energy, 2020, 70: 104482.

[215] Zhang J, Zhao X, Li M, et al. High-quality and low-cost three-dimensional graphene from graphite flakes via carbocation-induced interlayer oxygen release. Nanoscale, 2018, 29 (37): 17638-17646.

[216] Li M, Liu J, Pan S, et al. Highly oriented graphite aerogel fabricated by confined liquid-phase expansion for anisotropically thermally conductive epoxy composites. ACS Appl. Mater. Interfaces, 2020, 12(24): 27476-27484.

[217] Dong L, Chen Z, Lin S, et al. Reactivity-controlled preparation of ultralarge graphene oxide by chemical expansion of graphite. Chem. Mater., 2017, 29(2): 564-572.

[218] Zhang J, Liu Q, Ruan Y, et al. Monolithic crystalline swelling of graphite oxide: A bridge to ultralarge graphene oxide with high scalability. Chem. Mater., 2018, 30(6): 1888-1897.

[219] Ruan Y, Zhao Z, Zhang J, et al. Alternately aligned 2D heterostructures enabled by d-spacing accessible, highly periodic accordion-like graphene oxide frameworks. Sci. China Mater., 2021, 64(6): 1457-1467.

第 6 章　高分子加工

本章将重点介绍两类新型高分子材料的制备和加工技术，首先概述光子晶体材料的研究进展，包含高分子微球的制备技术和光子晶体的加工技术，继而总结和展望光子晶体的应用；然后基于微电子封装材料的研究进展，介绍了光电子封装材料、LED 和 OLED 器件用封装材料以及显示用光学透明压敏胶等的结构与性能。

6.1　三维光子晶体材料研究进展

6.1.1　光子晶体概述

光子晶体(photonic crystal, PC)是具有不同折光指数的材料在空间周期性排列形成的有序结构，由于其结构尺寸与可见光波长匹配，因此对光具有特殊的调控功能。光子晶体材料可以在特定方向上阻止特定频率(波长)光的传播，因而具有光子带隙(photonic band gap, PBG)。自 1987 年 Yablonovitch 和 John 从理论上阐释了三维周期性电介质材料具有光子带隙的能力以来[1,2]，其在传感、检测、显示、太阳能电池等领域展现了巨大的应用潜力，近年来光子晶体材料成为一个重要的研究领域。

自然界中常见的天然光子晶体是蛋白石(opal)，它是由纳米级别的均匀二氧化硅微球有序排列而成，在阳光下显示绚丽的颜色。人们将单分散微球组装形成的三维有序结构也称为蛋白石结构。在此基础上，以蛋白石结构为模板，在微球间隙填充另外一种材料并刻蚀掉原有微球，可以形成三维有序孔状结构，被称为反蛋白石(inverse opal)结构。

光子晶体根据其不同折光指数材料在空间的排列方式可以分为一维(1D)、二维(2D)和三维(3D)光子晶体[3]，如图 6.1 所示。

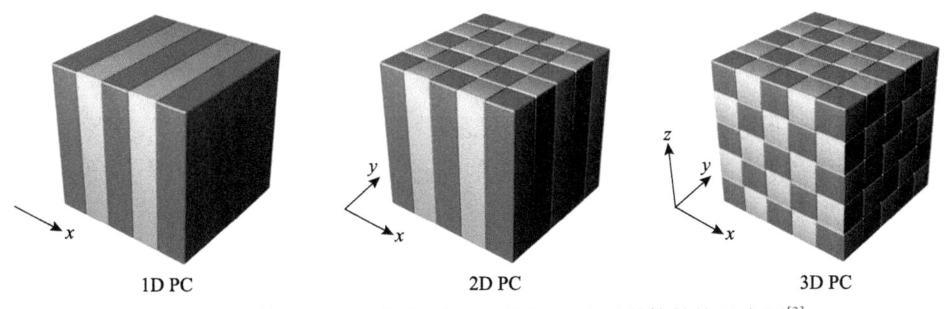

图 6.1　一维(1D)、二维(2D)、三维(3D)光子晶体结构示意图[3]

1. 一维光子晶体

一维光子晶体，即多层膜材料。它是由具有不同折光指数的多层超薄薄膜堆积而成，是最为简单的光子晶体结构。一维光子晶体可应用于光学材料中，用以提高太阳能电池的效率，改善发光二极管的色纯度以及优化激光器的性能等。一维光子晶体的周期性多层结构一般是通过旋涂、浸涂或逐层沉积组装在平面基板上。近年来，通过多层共挤出技术制备的一维光子晶体薄膜也得到了快速发展，目前市场上的彩虹膜(也称七彩膜、炫彩膜、幻彩膜)就是通过这种方法制备的。

2. 二维光子晶体

二维光子晶体包含二维胶体晶体和二维阵列。二维胶体晶体，也被称为单层胶体晶，通常是胶体颗粒在固体基板上的二维组装，即在垂直方向仅有一个粒子的高度，但在横向上可以延展。二维胶体晶体的堆积形式有密堆积和非密堆积。密堆积时每个粒子与其直接相邻粒子紧密接触，非密堆积指的是其中相邻粒子被间隙隔开。密堆积型二维光子晶体已被广泛研究，Asher 课题组[4]开发出了第一款用于分子识别和化学传感用的二维光子晶体。他们通过在水银表面上密布单层微球，制备了密堆积二维聚苯乙烯微球阵列，二维微球阵列可以衍射 80%的入射光。将二维阵列转移到水凝胶薄膜表面，水凝胶体积随着特定分析物而变化，阵列间距也随之发生变化，从而改变二维阵列衍射波长。该二维光子晶体具有超高的衍射效率，可制备用于裸眼识别分析物浓度的可视化二维传感器。

3. 三维光子晶体

与二维光子晶体不同，三维光子晶体可以在空间三个方向上延伸，将胶体晶体单层在空间和复杂性上进一步扩展。在过去的 30 年中，这种三维胶体结构吸引了各个领域和学科学者的广泛兴趣。单分散微球组装成规则三维有序结构的魅力促进了化学、物理、生物和工程学方面的大量研究和应用开发。例如，通过层叠层(layer-by-layer)过程可以将形成于空气/液体界面中的单层膜逐步转移到基板上，多张单层膜逐渐累积形成三维光子晶体[5]，三维光子晶体结构也可以在空气/水界面上生长，然后待水蒸发后转移到固体基材上[6]。

6.1.2 单分散微球制备技术

目前，三维光子晶体主要以单分散微球作为组装单元来制备，单分散微球的品质在很大程度上决定了光子晶体材料的性能。为此，本部分重点介绍单分散微球的制备方法及技术进展。

6.1.2.1 单分散微球的制备技术简介

微球的特性可以通过尺寸、成分和结构三个要素来描述，这些特征也与它的物理化学性质密切相关。其中，微球的粒径和均匀性是微球最重要的特征，而单分散性是对微球外观(包括形态和尺寸)均匀性的描述。微球产品制备的稳定性通常以数均粒径(d_{ave})和描述数均粒径分布的变异系数(CV)作为检测指标，具体如式(6.1)和式(6.2)所示。

$$d_{ave}=\frac{\sum_N d_i}{N} \tag{6.1}$$

$$CV=\frac{\sqrt{\sum_N\left(d_i-d_{ave}\right)^2 / N}}{d_{ave}} \tag{6.2}$$

式中，d_i 为每个参与测量统计的微球直径；N 为所统计微球的数目。在高性能微球的制备领域中，良好的单分散性是微球实现其高附加值的基础和研究的首要目标。常规情况下，微球粒径的变异系数要小于0.05(即5%以内)才会被认为是单分散的，在光电显示和标准计量领域有时严苛至小于0.03。由于先制备多分散微球，然后筛分获得单分散微球的技术路线烦琐且效率极低，所以从单体或前驱体出发制备单分散微球的技术对降低成本和提高微球品质极为重要，相关制备方法的研究近年来方兴未艾。

在成分与结构方面，单分散微球一般仅限于无定形的有机或无机非金属材料，例如应用最广泛的聚苯乙烯和二氧化硅，而对于在光子学、电子学和催化等领域的应用，更有价值的是金属和半导体材料。

6.1.2.2 单分散聚合物微球的制备技术

单分散聚合物微球大多采用聚合方法制备，典型的聚合方法包括常规乳液聚合、无皂乳液聚合、分散聚合、沉淀聚合、细乳液聚合、微乳液聚合和种子乳液聚合等。此外，还可以采用合成高分子或天然高分子为原料，通过乳化-固化、溶液自组装或喷雾干燥等方法使其在液滴中凝聚而形成微球，但除微流控和微孔膜乳化技术以外，采用高分子前体很难获得单分散的微球产物。

1. 常规乳液聚合

常规乳液聚合(emulsion polymerization)一般用来制备亚微米级的聚合物微球，其体系一般包括油溶性单体、水、乳化剂和水溶性引发剂。由于乳液聚合往往基于胶束成核或水相成核，单体液滴只是为胶束提供聚合单体的仓库，较短的成核时间使其容易获得单分散的微球。微球的粒径与单体浓度正相关、与乳化剂的浓度负相关。例如，汪长春课题组[7]以苯乙烯、丙烯酸乙酯、甲基丙烯酸异丁酯为单体，以十二烷基硫酸钠为乳化剂，以过硫酸钠为引发剂，通过乳液聚合制备了粒径分别为 205 nm、183 nm 和 153 nm 的单分散多层微球(图 6.2)，并采用热压技术制备光子晶体薄膜，可以显示各种鲜亮的结构色彩。

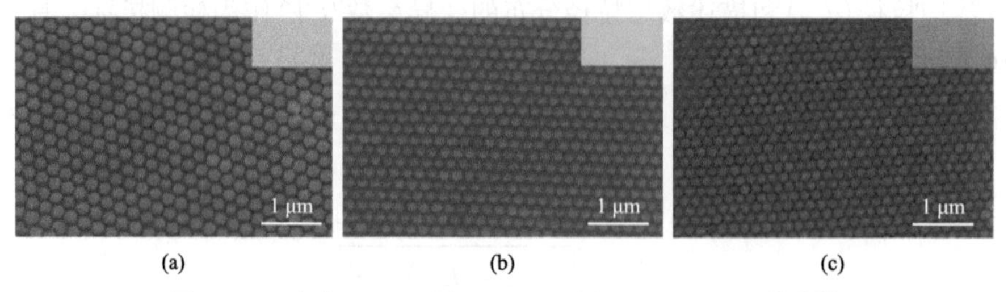

图 6.2 尺寸为 205 nm (a)、183 nm (b) 和 153 nm (c) 单分散 PS@PEA@PiBMA-co-PEA 微球的电镜照片[7]

插图为对应的粉红、绿、蓝色的光子晶体宏观薄膜照片，尺寸为 10 mm×6 mm

2. 细乳液聚合

细乳液聚合(mini-emulsion polymerization)是一种通过液滴成核形式来制备聚合物微球的技术。单体液滴尺寸一般在 500 nm 以下，其机理相当于纳米容器中的本体聚合或溶液聚合。由于助乳化剂的高效空间分离作用，成核和聚合的唯一地点就是单体液滴。细乳液聚合体系是热力学亚稳态的，不但需要较强的剪切或超声作用来获得细小的液滴，还要求高效的助乳化剂来避免 Ostwald 熟化产生的体系失稳。细乳液聚合制备微球的主要优势在于可以在液滴中原位包埋疏水的功能性物质，制备各种复合结构微球。比如，Schreiber 等[8]以苯乙烯为单体，以十六烷为助稳定剂，通过细乳液聚合法成功将铂、铟、锌、铬等金属络合物包埋在所制备的系列聚合物微球中。

3. 微乳液聚合

微乳液聚合(microemulsion polymerization)是基于高浓度乳化剂和低浓度单体的乳液体系，制备效率总体较低，制备的聚合物微球尺寸一般不会大于 50 nm。微乳液聚合体系与乳液聚合体系的主要区别是它不存在单体液滴，所有的单体都溶解在胶束或连续相内，引发剂在水相分解为自由基后被增溶胶束捕捉而发生胶束成核，然后在成核胶束内生长成微球。因为微乳液聚合体系中的粒子数量并非不变，而是随着单体转化率的提高而一直增长，所以微球产物的尺寸分布并不会很窄[9]。

4. 沉淀聚合

沉淀聚合(precipitation polymerization)一般用于制备亚微米级的单分散聚合物微球，最大的特征是聚合前的原料(单体、引发剂、稳定剂等)都可以溶解在溶剂中，呈现均相的溶液，而反应开始后，高分子链析出形成微球并悬浮在体系中。沉淀聚合的反应机理是单体在溶剂中聚合至临界链长后沉淀析出成核，然后核继续吸附连续相中的单体或寡聚物生长成球。近年来发展起来的回流沉淀聚合

(reflux-precipitation polymerization)就是一种高效制备单分散微球的典型例子。该方法不但制备效率较高，微球尺寸也非常均匀，适合制备单分散聚合物微球。例如，汪长春课题组[10]使用甲基丙烯酸作为单体、二乙烯基苯为交联剂，可以制备各种纳米尺寸的聚合物微球(图 6.3)。

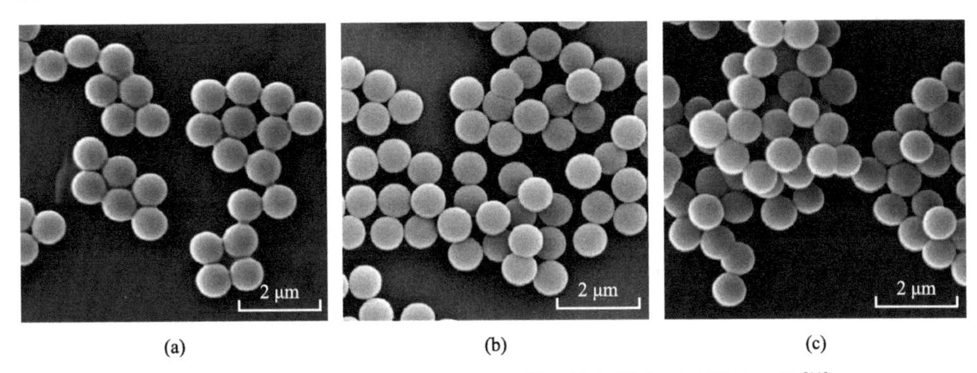

图 6.3 不同 DVB 交联度的 PMAA 微球的扫描电子显微镜照片[10]

(a) 20%；(b) 40%；(c) 60%

5. 无皂乳液聚合

无皂乳液聚合(soap-free emulsion polymerization)也是一种典型的单分散聚合物微球制备技术，相比常规乳液聚合，其反应体系中不加乳化剂或仅加入低于临界胶束浓度的乳化剂。无皂乳液聚合体系中亲水性引发剂的离子基团足以让微球稳定分散于水中，其成核机理与沉淀聚合相近，聚合反应在水相中引发，链增长至临界链长后析出成核，再吸附单体及寡聚链逐步长大。由于此体系可以加入水溶性的共聚单体，无皂乳液聚合很适合于制备表面带各类亲水性功能基团的微球。例如，Kai 等[11]以甲基丙烯酸甲酯、丙烯酸乙酯和丙烯酸为单体，过硫酸铵为引发剂，碳酸氢铵为调节剂，用无皂乳液聚合的方式合成了表面具有不同羧基含量的共聚物微球，避免了乳化剂对产物微球表面的污染。Shao 等[12]也用过硫酸钾在无乳化剂的情况下引发聚合制备了单分散的聚苯乙烯微球，并在聚酯织物上通过重力自组装成光子晶体，赋予织物表面明亮的结构颜色。

6. 分散聚合

分散聚合(dispersion polymerization)可以认为是一种特殊的沉淀聚合，因为分散聚合会使用一些分散稳定剂(聚乙烯醇、聚乙烯基吡咯烷酮等)。通常来说，分散聚合之所以可以合成微米级的单分散微球，是因为分散剂对微球的稳定性非常好，优于小分子乳化剂的稳定作用。例如，Song 等[13]研究了分步加入单体对分散聚合制备交联聚苯乙烯微球的尺寸及单分散性的影响，发现只要将成核阶段与生长阶段分开，就可以获得单分散性极佳的微米级微球，而且这种方法还可以方便地推广到制备表面羧基官能化的聚苯乙烯微球。

7. 其他聚合物微球制备技术

种子乳液聚合(seeded emulsion polymerization)是以前面描述的任何一种方式制备的均一微球为种子进行的微球制备方法。其聚合机理一般是让种子微球先充分吸收单体，溶胀平衡后再进行聚合反应，因此只有当种子微球单分散性好，且让每个种子吸收单体的效率相近，最终才能得到单分散的大尺寸微球，但是有限的溶胀速率和溶胀度一定程度上会限制种子聚合法的制备效率。Okubo 等[14]开发的动态溶胀法(dynamic swelling method)使用 1.8 μm 的聚苯乙烯微球种子，在−1℃/min 的缓慢降温下，使苯乙烯单体把种子均匀溶胀至 7.7 μm，又通过额外加水的方式限制了引发剂和单体在介质中的溶解度，最后升温引发聚合制备高度均一的微球。此外，种子聚合尤其适合调控聚合物微球的形貌，可通过控制相分离或聚合速度的方法获得不同形貌的微球，例如多孔微球、碗状微球等(图 6.4)[15]。

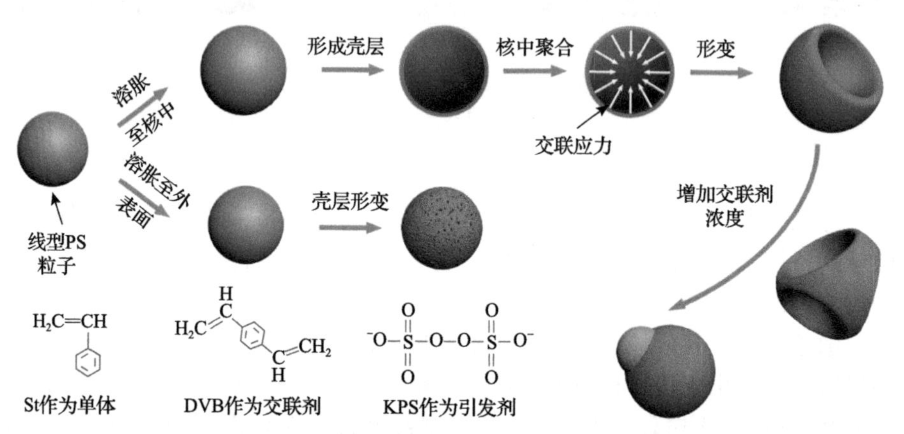

图 6.4　不同条件下的种子乳液聚合得到的 PS 微球的结构演变示意图[15]

微孔膜乳化技术(microporous membrane emulsification technique)也是一种新的微球制备技术，是通过精确控制的压力将原料通过一定孔径的微孔膜压入连续相，借助连续相的温和流场使均一的液滴从膜上脱落，进而反应得到单分散微球，其中，分散相与微孔膜的界面张力控制是获得单分散微球的重要影响因素。近年来 Ma 课题组[16]就针对 O/W 体系、W/O 体系以及 W/O/W 体系，发展了常规膜乳化法与快速膜乳化法，并进一步适配了相应的固化技术用于制备均一的聚合物微球。

微流控(microfluidics)技术[17]是另一种单分散微球制备技术，可以通过机械手段控制互不相溶的油水两相流速，在微管路中调节液体间的表面张力和剪切力产生单分散的液滴，而后固化为尺寸分布极窄的微球。如果使用引发剂和单体制备液滴，可以通过加热或紫外光照射的方式将其聚合为微球；如果通过高分子溶液制备液滴，则可以通过溶剂挥发或扩散的方式除去溶剂得到微球。此外，还可以使用温度诱导形成凝胶微球，一般适合琼脂糖和明胶这类天然的生物大分子。

6.1.2.3 单分散无机微球的制备技术

无机微球品类繁多，制备技术多样。由于其优秀的机械强度、良好的热稳定性和尺寸稳定性，在多个领域的应用都备受关注。比较常见的无机微球包括二氧化硅(SiO_2)微球、四氧化三铁(Fe_3O_4)微球、二氧化钛(TiO_2)微球、硫化锌(ZnS)微球、二氧化铈(CeO_2)微球和碳(C)微球等。

对于大部分单分散无机微球来说，制备原理都是基于沉淀反应。沉淀反应要求胶体粒子的前驱物在体系中生成初级粒子，初级粒子尺寸极小且表面能较高，达到临界的过饱和度后便不断聚集成核，新的初级粒子随后以吸附、沉积或化学偶联的方式在粒子核上不断生长，直至消耗完溶液中的前驱物，最后生成分散于体系中的微球产物。因此，在反应过程中避免新核的生成对单分散的无机微球制备至关重要。换言之，就是要控制无机物前驱体的浓度以调节初级粒子不要二次超过体系的过饱和上限，抑制二次成核的发生，这是 Lamer[18]早在 1945 年就提出的普适规则(图 6.5)。

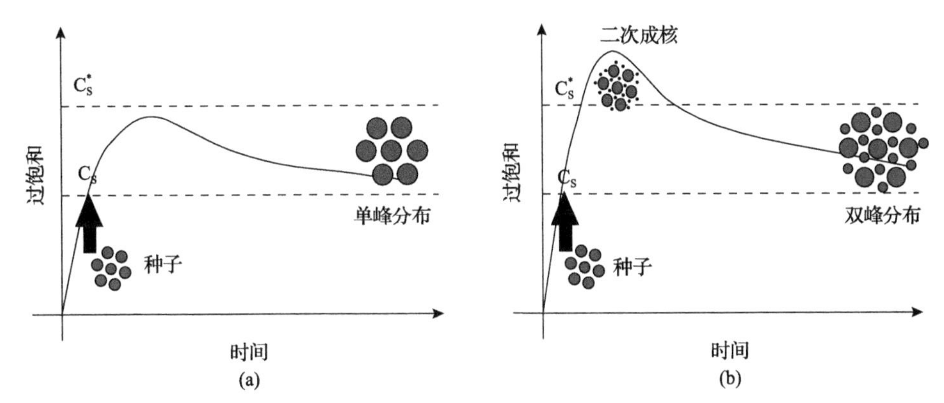

图 6.5 种子生长法在溶胶-凝胶沉淀体系中制备大尺寸的单分散微球的示意图[18]
重点在于通过控制溶液中初级粒子的形成，促进种子的生长并抑制二次粒子的生成

1. 二氧化硅微球

1956 年，Kolbe 发展了二氧化硅胶体粒子的制备方法。1968 年，Stöber 等[20]系统地研究了溶胶凝胶法制备二氧化硅粒子的制备机理。后来，大量研究致力于改进 Stöber 法来制备具有窄尺寸分布、可控大小和形状以及各种表面性质的二氧化硅微球材料。由于该法工艺简单、条件温和、成本低、产物微球单分散性好，逐渐成为制备二氧化硅微球的经典路线。由于溶胶凝胶法控制二氧化硅微球的机制比较复杂，目前大部分研究仍基于 Lamer 模型[18]对沉淀反应的描述，严格控制体系中的成核与生长阶段以制备单分散的微球。由于正硅酸乙酯在短链醇中溶解性良好，聚合过程中能发生均相成核，所以一般通过控制体系的碱性强弱和单体

浓度，保证成核后微粒数量不再变化，而生长阶段尽量不与成核阶段相重叠，从而保证产物二氧化硅微球的单分散性。

2. 二氧化钛微球

通过在醇溶液中水解钛前驱体(丁醇钛、异丙醇钛、乙醇钛等)可以制备由无定形的 TiO_2 纳米颗粒凝聚成的胶体微球。因为传统的有机钛前驱体水解速度过快，早期制备单分散的二氧化钛微球是一项挑战。Xia 等[21]发现乙二醇可以显著降低钛醇盐的水解速率，从而能分开调节溶胶凝胶过程中微球的成核和生长阶段，达到制备单分散的 TiO_2 微球的目的。他们将钛酸四丁酯与乙二醇充分反应后，加入到含有少量水(约 0.3%)的丙酮中，可以快速地制备单分散的乙二醇酸钛胶体微球，进一步通过空气氛围下的高温煅烧，可以转变为单分散的 TiO_2 微球。

3. 硫化锌微球

制备单分散 ZnS 微球通常是以硫代乙酰胺为硫离子前驱体，在酸性的硝酸锌水溶液中加热沉淀制备[22]。Han 等[23]在此基础上加入了适量聚乙烯吡咯烷酮(PVP)作为结构导向剂和稳定剂，在 50～500nm 的范围内调控了 ZnS 微球的粒径。近年来，Wang 等[24]也报道了通过乙酸锌和硫脲作为前驱体，在水溶液中高温回流制备单分散 ZnS 微球的路线。其机理是过量的硫脲溶解后能与体系中的 Zn^{2+}稳定配位形成络合物，高温时体系中氧化生成的 S^{2-}离子再抢夺并结合 Zn^{2+}生成 ZnS 纳米微晶，Zn^{2+}-硫脲配体的形成和 S^{2-}均衡的释放速率可以控制 ZnS 纳米微晶的成核和聚集，从而生成单分散的 ZnS 微球。在该路线中，仅需通过控制反应时间就可以在 40～200nm 范围内调控 ZnS 微球的粒径。而作为结构导向剂和稳定剂的 PVP 还可以在后续烧结过程中原位转化为碳，由于其对光的强吸收，可以获得结构色饱和度高的光子晶体。

4. 二氧化铈微球

单分散 CeO_2 微球一般是以六水合硝酸铈为前驱体，在乙二醇中通过高温氧化还原反应制备[25]。与 ZnS 微球的制备方法类似，Itoh 等[26]也提出通过加入一定量的 PVP 来稳定 CeO_2 微球或调节其尺寸分布。Liang 等[27]在硝酸铈的多元醇溶液热解过程中引入丙酸作为结构导向剂，制备了带有 5 nm 介孔的 CeO_2 微球。Ge 等[28]将基于六水合硝酸铈的制备体系进一步放大，在单锅中成功制备了 14.7 g 的单分散 CeO_2 微球(图 6.6)，其尺寸能通过改变硝酸铈和 PVP 的浓度在 90～180 nm 调控。

5. 碳微球

碳微球通常可以采用便捷的高温碳化法制备，因此选用的碳基聚合物微球前驱体较为广泛，常见的有聚苯乙烯微球和酚醛树脂微球。例如，Wang 等[29]先在 80℃的水溶液中将间苯二酚和甲醛进行聚合制备单分散的酚醛树脂微球，然后在 700℃以上的氮气氛围中充分碳化，制备得到完美球形和高度均匀的碳微球，而且

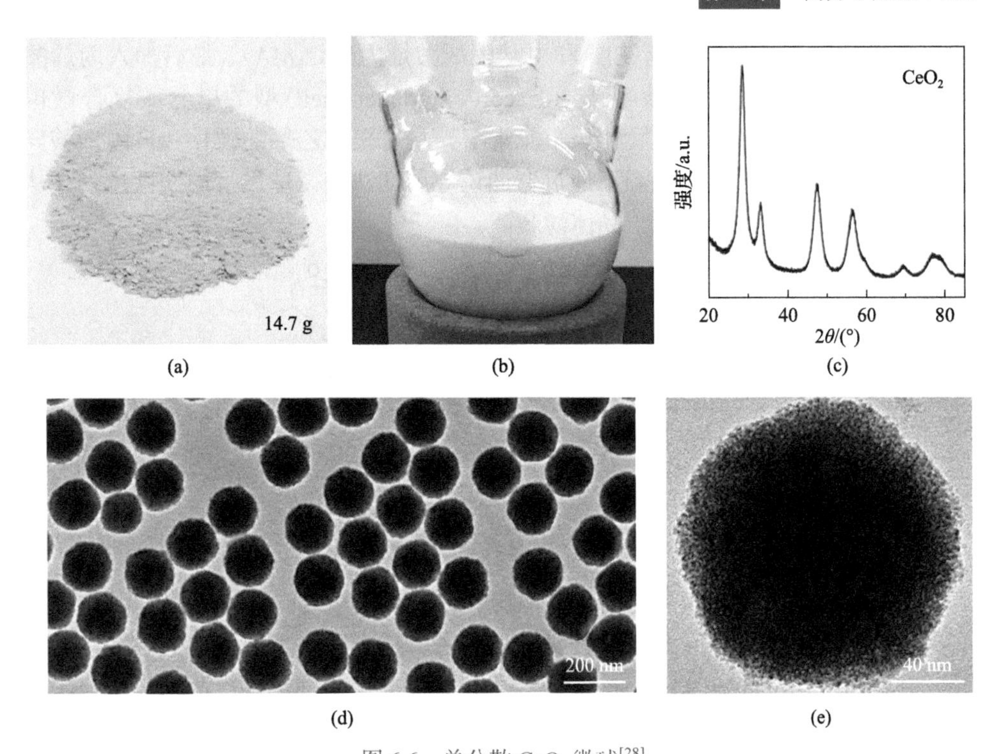

(a) (b) (c)

(d) (e)

图 6.6 单分散 CeO_2 微球[28]

(a)干燥的 CeO_2 微球粉末；(b)反应溶液中未洗涤的 CeO_2 微球分散液；(c)微球粉末的 XRD 图谱；(d)，(e)微球的 TEM 照片

还可以通过改变碳化条件获得不同孔隙结构。此外，还可以通过水热反应或高温热解某些碳氢化合物的方法制备碳微球，比如葡萄糖[30]、均三甲苯[31]、苯乙烯[32]等，这些碳微球的石墨化外壳大多具有很多悬挂键，赋予了其很高的吸附活性和化学反应活性。

6.1.2.4 单分散复合微球的制备技术

复合微球一般是根据不同的应用需求将两种或两种以上的材料结合制备而成的，其能够同时充分发挥各组分的优势，克服单一材料使用时的不足，实现微球材料的高性能化与多功能化。如果使用具有较好单分散性的初始核，并在复合的过程中保证温和且均匀的反应环境，复合微球的单分散性就会保持。随着制备技术的不断发展，复合微球的结构样式繁多，往往还具有多种特殊的组成与形貌，如 Yolk-Shell 型微球、Janus 微球、草莓状微球等。

1. 逐步乳液聚合技术制备复合微球

采用逐步乳液聚合技术，可以制备各种结构的聚合物复合微球。比如，汪长春课题组通过逐步乳液聚合技术，先制备交联的单分散聚苯乙烯(PS)微球，然后向体系中加入丙烯酸乙酯(EA)和甲基丙烯酸烯丙酯(AMA)，最后加入丙烯酸异辛酯(2-EHA)可以制备核-夹层-壳(core-interlayer-shell)型的单分散复合微球(图 6.7)[33]。这种复合微球尺寸分布非常窄，具有聚苯乙烯的硬核和聚丙烯酸异辛酯的软壳，因此可以在室温下通过弯曲诱导剪切法使微球进行周期性排列，从而获得高度规整的大面积光子晶体薄膜。

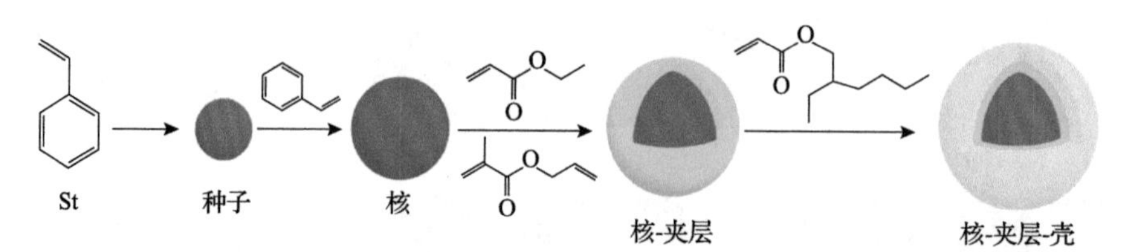

图 6.7 逐步乳液聚合技术制备单分散核壳结构微球的示意图[33]
微球具有核-夹层-壳(PS@PEA@ P2-EHA)结构

2. 基于静电相互作用制备复合微球技术

为了改变复合微球表面电荷或分散稳定性、沉积活性材料或者保护内核微粒不受外界环境干扰，核壳型微球是研究者们最广泛采用的复合微球构建方式。层层自组装(layer by layer self-assembly)技术是利用相反电荷的静电吸附作用，在微球核的表面通过交替沉积具有不同电性的聚合物来包覆壳层的方法。例如，Zahr 等[34]通过在表面带负电荷的荧光聚苯乙烯微球表面逐层沉积聚赖氨酸、硫酸乙酰肝素和壳聚糖，制备了具有复合壳层的微球，用以研究巨噬细胞的体外摄取能力。类似地，Kanahara 等[35]也利用静电吸附作用，将表面带正电的氨基修饰聚苯乙烯微球与 20 nm 左右的负电性金纳米微球在水溶液中相互作用，通过调节分子量和直径来制备各种形态的复合微球。

3. 原位化学反应制备复合微球

在聚合物微球表面或内部原位生成无机颗粒也是制备复合微球的常见方法之一。Ugelstad 等[36]开发的通过种子溶胀来制备微米级磁性聚苯乙烯微球的方法非常著名，他们对种子溶胀聚合后的聚苯乙烯微球进行一定的硝化反应，使微球内部的聚合物链带上硝基，再通过硝基与亚铁离子的吸附作用将亚铁离子导入微球内部，最后通过碱性条件下的氧化和热处理等方式，将亚铁离子转化为铁氧化物(具磁性的 Fe_3O_4 或 γ-Fe_2O_3)。以这种原理发展制备而来的磁性复合微球产品 Dynabead®已经被广泛用于免疫检测领域。在聚合物微球表面进行化学修饰(比如磺化、氨基化、聚多巴胺等)，然后可以通过柠檬酸钠原位还原氯金酸来制备具有金壳层的复合微球[37]，通过正丁胺原位还原银离子或银氨离子来制备具有银壳层的复合微球[38]。Breen 等[39]发现在带有羧基的聚苯乙烯微球表面很容易修饰并均匀沉积 70 nm 左右的 ZnS 壳层，制备单分散的 PS@ZnS 核壳微球，他们还进一步通过热解去除聚苯乙烯核来获得高折射率的单分散 ZnS 空心微球。

4. 沉积包覆技术制备复合微球

以无机微球为球核，包覆其他材料作为壳层来制备复合微球的方法也较为常见。从制备或包覆工艺来看，亲和性较好的壳层材料可以直接对球核进行包覆，反应中的驱动力主要来源于体系中表面能的降低。比如，四氧化三铁表面对二氧化硅的亲和力很好，因此无须额外的表面处理，可通过正硅酸四乙酯碱性条件下的溶胶凝胶过程，在四氧化三铁磁性微球表面包覆二氧化硅壳层[40]。

另一方面，可以将引发剂或活性双键导入无机微球的表面，使得后续单体的聚合在球核表面发生。目前最常用的就是以乙烯基三乙氧基硅烷(VTES)[41]或3-(甲基丙烯酰氧)丙基三甲氧基硅烷(MPS)[42]等硅烷偶联剂处理球核，再引发苯乙烯类或丙烯酸类单体原位聚合包覆。Ge 等[43]报道了一套制备单分散球形和非球形 Fe_3O_4@SiO_2@PS 复合微球的乳液聚合通用工艺，通过调控聚合中的溶胀和相分离过程，可以制备同心或偏心磁性复合微球。

6.1.3 3D 光子晶体制备及加工技术

自从光子晶体的概念被提出以来，其制备方法便得到了物理学家和化学家广泛的关注。其中，自组装方法已被深入研究，该方法可以获得三维有序的单分散球体阵列，即所谓的胶体晶体或人工蛋白石，以及反蛋白石(三维有序大孔材料)结构[44]。

利用单分散微球制备光子晶体的过程类似于原子的结晶过程，微球在“结晶”时不如原子结晶容易，驱动力较弱。因此，光子晶体的制备方法通常都是利用各种外场提供驱动力来诱导微球的有序组装，主要包括毛细力、离心力、电/磁场和剪切力等。迄今为止，研究者已经提出了多种方法来实现光子晶体的构筑，主要是针对二氧化硅或聚苯乙烯微球。提出的第一种方法是利用二氧化硅微球胶体分散液的自然沉降法，微球在重力作用下从分散液中沉降并排列组装成有序结构的光子晶体。虽然该方法的制备过程在所有方法中最为简便，无须控制外界条件(例如温度、湿度等)和外加设备，但自然沉降过程中由于微球还存在布朗运动，很容易产生缺陷。因此，研究者在此基础上做出了很多改进，开发了基于各种力场的诱导方法来有效组装微球形成光子晶体，下面将进行简单的分类阐述。

6.1.3.1 毛细力诱导组装法

毛细力诱导组装法过程简单，将微球分散液直接滴在基板上，通过分散液的挥发引起的毛细力实现规整组装过程。毛细力来源于界面张力，会驱动微球在液体表面有序聚集组装。这也是为什么分散液在干燥过程中通常会在其表面先观察到结构颜色，但样品在干燥后期很容易出现开裂，还会存在“咖啡环效应”，所得到的光子晶体通常不是特别均匀。

与上述方法中基板水平放置不同，垂直沉积法（vertical deposition）[45]是将基板垂直插入分散液中。该方法是基于液体（通常是水或乙醇等溶剂）蒸发过程中的毛细管力驱动的微球在垂直基底、分散液和空气之间形成的弯液面区域的规整排列。Norris 等[46]研究了溶剂流动对该过程的影响，弯液面表面的蒸发会在液体中引起流动，从而推动微球向表面运动。一旦一些微球在基板上排列好，它们之间的空间就形成了液体流动的通道，通道在不同的晶体方向上是不同的，晶体方向可以增强特定方向的驱动力。具有特定取向的晶种可以确定最终的取向并形成 fcc 晶格[47]。垂直沉积法中光子晶体的厚度随溶剂的蒸发而逐渐增加，直到达到平衡。该厚度由弯液面特性决定，弯液面特性又取决于温度、蒸发速率（环境湿度和蒸气压等）、液体的表面张力和胶体浓度。因此，可以通过调控和优化上述条件调节薄膜厚度和改善晶体的质量[48]。利用垂直沉积法可以得到较好的光子晶体，对于聚合物微球，甚至可以用于直径大于 1 μm 的体系。但是该方法对于粒径较大的二氧化硅微球却不适用，因为二氧化硅的密度大，较大的二氧化硅微球在分散液中容易沉降。

Ozin 等[49]对垂直沉积法进行了改进，提出了等温加热蒸发诱导自组装法（isothermal heating evaporation-induced self-assembly, IHEISA）。IHEISA 采用精确控制的均匀加热方式，将二氧化硅微球的分散液加热至 79.8℃以产生对流，从而保持微球在弯月面的垂直沉积过程中能够处于悬浮状态。与以前的方法相比，此方法具有多个优点，它能够快速沉积出高质量的二氧化硅胶体晶体薄膜，厚度可控，对球体尺寸没有限制。他们提出了制备结构完美和高光学质量的二氧化硅胶体晶体薄膜的三个关键协同因素：①制备的二氧化硅微球需要具有高度的单分散性，多分散性指数要优于 2%；②微球中要尽可能减少微量小球或大球的存在，事实证明，大球对多分散性指数的影响虽然小，但对薄膜的整体有序排列却有很大的影响；③组装过程需要保持等温加热。虽然该方法解决了原来垂直沉积法组装二氧化硅微球粒径受限制的问题，但只能在非常狭窄的一组实验参数下工作。

6.1.3.2 离心力诱导组装法

通过离心或者旋涂操作，可以使单分散微球在离心力的诱导作用下组装成有序结构。Jiang 等[50]开发出一种通过旋涂制备大尺寸二氧化硅光子晶体的方法。这种方法可以快速（数分钟）制备大尺寸（晶圆尺寸）平面人工蛋白石结构。二氧化硅微球浸没在非挥发性单体中，在旋涂后对单体进行光聚合使得薄膜具备良好的力学性能。选择性地蚀刻微球或者聚合物可以产生具有光子晶体特性的多孔结构，即反蛋白石结构。在该方法的基础上，Mihi 等[51]使用挥发性溶剂以非常均匀的方式将光子晶体的最终厚度控制在一层至几层，几分钟之内就可以在大尺寸上获得高均匀度的蛋白石结构。尽管该方法制备得到的晶体质量低于利用垂直沉积法得到的样品，但是旋涂作为一种成熟的工艺技术，在制造方面具有优势，这对光子晶体的快速制备具有一定意义。

6.1.3.3 电/磁场诱导组装法

电/磁场诱导组装法是利用带电或者磁性微球在电场或者磁场作用下，发生定向运动而组装成有序结构来制备光子晶体。Zhang 等[52]通过电场作用组装了较大面积的胶体晶体，在施加电场之前，胶体微球均匀分散在水中，施加电场后，电场感应导致的流体流动将微球传输到电极表面[53]，微球进一步自组装形成六方晶型结构，组装的驱动力取决于胶体微球之间的相互作用及其局部浓度。

磁场作为一种重要的物理场也可以驱动磁性粒子的运动，磁场诱导的有序纳米组装可以赋予材料各向异性和其他新颖的性能。比如，Zhao 课题组[54]开发了一种制备高电荷的核壳磁性纳米颗粒，在磁场驱动下可快速组装成具有良好稳定性和明亮结构颜色的光子晶体。外部磁场的方向和强度可以无接触控制磁性纳米粒子的动态有序性。

6.1.3.4 剪切力诱导组装法

近年以来，胶体晶体的剪切力诱导组装法[55]吸引了研究者的广泛关注，该方法的突出优点是可以制备大尺寸光子晶体薄膜。研究报道表明，用这种方法制备的光子晶体可在面心立方(fcc)和六方紧密堆积(hcp)排列之间进行切换[56]。甚至有研究者运用简单的操作诸如手或者小块橡皮在固体基底上摩擦也可以实现微球的有序排列，制备出高度优化的干燥胶体晶体而不会产生裂纹[57]。在众多剪切力诱导组装方法中，熔融剪切诱导组装法[58,59]、振荡剪切诱导组装法[60.61]和低分子介导剪切诱导组装法具有高效组装大面积光子晶体的潜力，下面将进行简单介绍。

1. 熔融剪切诱导组装法

熔融剪切诱导组装法(melt-shear induced ordering)指的是在熔融状态下，依靠熔体流动带来的剪切力诱导微球进行有序组装的方法。2001 年，Hellmann 等[62]通过单轴压缩的过程快速制备了柔性三维光子晶体薄膜。与沉积法中通常使用的刚性微球不同，薄膜的构筑单元是具有硬核软壳结构的微球，即刚性的聚苯乙烯(PS)核和柔软的聚丙烯酸乙酯(PEA)弹性壳。单分散核壳微球由逐步乳液聚合制备得到，将乳液破乳干燥，然后将聚合物物料单轴压缩，在温度为 170℃，压力为 50 bar(1 bar=10^5 Pa)下压制即可得到有色薄膜。由于软壳在高温下会融合成连续的基质，因此这些微球在高温下可以像聚合物熔体一样流动，但刚性交联核确保其在熔体中结晶的有序性。所制备的薄膜与弹性体一样柔软，可以可逆地变形。该方法解决了沉积法存在的耗时长且制备尺寸小(厚度小于 50 μm，面积为数平方厘米)的问题，可以在 1 min 组装厚度达毫米级别、面积为 100 cm^2 的薄膜，适合制备大尺寸的光子晶体薄膜。

2003 年，Hellmann 等[63]在后续工作中深入研究了该方法制备的柔性人工蛋白石薄膜的结晶质量和光学性能。2004 年，他们还发现[64]，虽然熔融剪切诱导法可以制备大面积的胶体晶体薄膜，且薄膜具有宏观取向的 fcc 晶格，但是该方法也存在一个缺点，薄膜在靠近表面具有较好的有序性，在薄膜中间部分依然存在未被规整的无序状态。2007 年，他们提出了紫外光固化的策略，交联了聚合物薄膜[65]，使得拉伸变色过程具有可逆性。2011 年，他们通过改变核壳材料之间的折光指数差（Δn）调控光子晶体薄膜的光学性能[66]，随着 Δn 从 0.045 到 0.18 的变化，薄膜的颜色和光谱存在显著差异。

在上述方法的基础上，其他研究者也进行了拓展研究[67-69]。Gallei 等[70]合成由交联聚甲基丙烯酸甲酯为核，聚丙烯腈/聚苯乙烯为壳的核壳微球，研究了微球的尺寸、单分散性以及核壳比等因素的影响，发现对于利用熔融剪切诱导组装光子晶体薄膜的核壳微球最佳条件是核粒径为 218 nm，核壳粒径为 276 nm。随后，Baumberg 等[71,72]在熔融剪切诱导组装法的基础上，发展出了边缘诱导旋转剪切组装法（edge-induced rotational shearing, EIRS），该方法可以制备可重现的高度均匀的样品。另外，他们发现将一小部分碳纳米颗粒颜料引入光子晶体晶格的空隙中不但不会破坏晶体质量，而且随着碳的浓度增加，蛋白石的颜色饱和度显著增加，可大大增强所观察到的结构色的强度和色度。这些弹性薄膜的尺寸可放大至产业化规模，使其在大面积光子器件等应用领域极具吸引力。

2. 振荡剪切诱导组装法

2000 年，Kumacheva 等[61]利用振荡剪切技术快速制备了大尺寸三维光子晶体，通过调控不同幅度或频率的振荡剪切力应用于微球薄膜中，以找到“共振”条件，在此条件下，微球的最佳排列得以实现。他们使用含有荧光刚性核和较柔软的非荧光壳的核壳乳胶颗粒。在退火过程中，形成壳的聚合物软化，流动并形成基质，而刚性核则保持完整。通过监控嵌入聚合物薄膜中核颗粒的排列来表征晶体生长各阶段的有序程度。2016 年，Zhao 等[73]提出了弯曲诱导振荡剪切（bending-induced oscillatory shear, BIOS）法，通过将硬核微球排列于软壳形成的基质中，在不断振荡剪切中带动基质移动从而剪切硬核微球规整排列，展示了直接组装堆叠在一起的聚合物纳米颗粒形成的大面积柔性光子晶体薄膜，为可规模化制造光子材料开辟了道路。如图 6.8 所示[74]，他们利用 BIOS 法将不同尺寸的微球混合在一起制备得到不同的颜色，提供了一种调节薄膜光谱的新方法。薄膜中微球主要显示六方密堆积，最密堆积的方向与剪切方向平行。他们证明了 BIOS 法能够在微球粒径呈多分散的系统中诱导结晶，而这是以前胶体自组装系统中无法实现的。

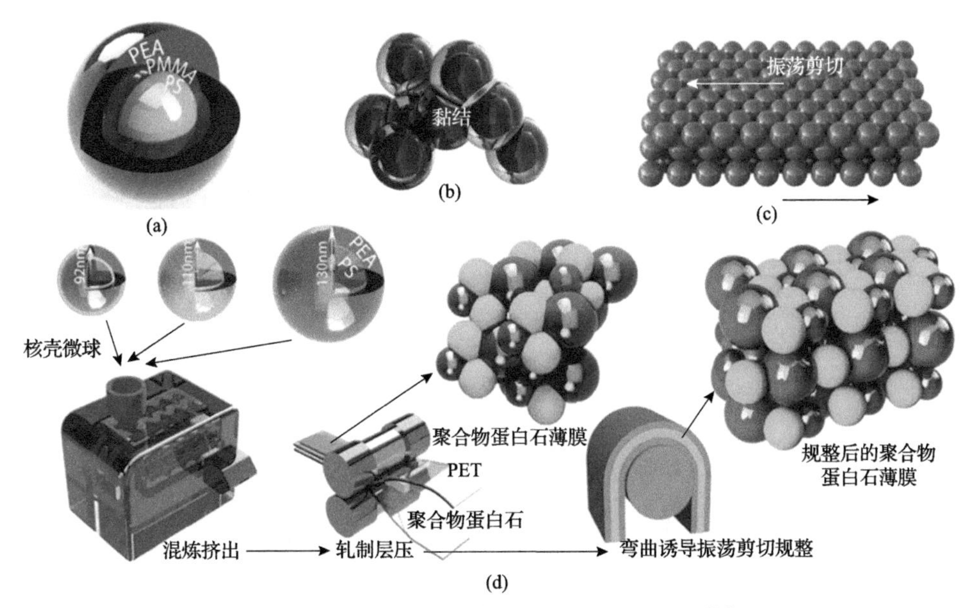

图 6.8 大面积柔性光子晶体薄膜的制备过程[74]

(a)核壳结构(PS-PMMA-PEA)微球示意图；(b)粒子间短程黏结键作用示意图；(c)利用振荡剪切技术制备光子晶体示意图；(d)基于挤出、薄膜化和振荡剪切过程制备各种色彩光子晶体示意图

3. 低分子介导剪切诱导组装法[75-78]

在前面发展的方法中，采用的是较高温度的熔融加工技术，能耗较高，光子晶体薄膜缺陷多，局部缺陷难于控制。为此，汪长春课题组发展了低分子介导剪切诱导组装法[75,76]，在低黏度的功能分子介导下，依据剪切诱导胶体微球组装原理，实现室温智能光子晶体制备，并对其应用展开了研究。比如，他们设计并制备了低黏度功能分子/核壳微球混合物，使用弯曲诱导规整设备，在室温下实现由低黏度功能分子介导的核壳微球光子晶体薄膜的制备。然后，将功能分子设计为可光固化单体，利用紫外光固化技术，实现周期性纳米结构的永久性固定。

在功能分子介导核壳微球组装技术基础上，他们又提出了双辊成膜法(DRF)[77]。首先制备了 DEGMEMA/PS@P(DEGMEMA-*co*-EA)混合物，然后通过双辊加工使核壳微球在剪切力作用下快速组装成晶体结构，实现了室温、快速、大面积制备光子晶体薄膜(图 6.9)。进一步，基于功能分子介导技术，他们还制备了乙基紫精电致变色电解液/PS@PEA 核壳微球混合物[78]，模仿自然界中青蛙皮肤变色原理，结合结构色和色素色改变颜色，制备了 ITO 玻璃基板光子晶体电致变色器件。使用三种不同尺寸的 PS@PEA 粒子构成具有不同结构色的光子晶体电致变色器件，对比度、响应时间和循环稳定性测试均证明，该器件具有良好的电致变色性能。

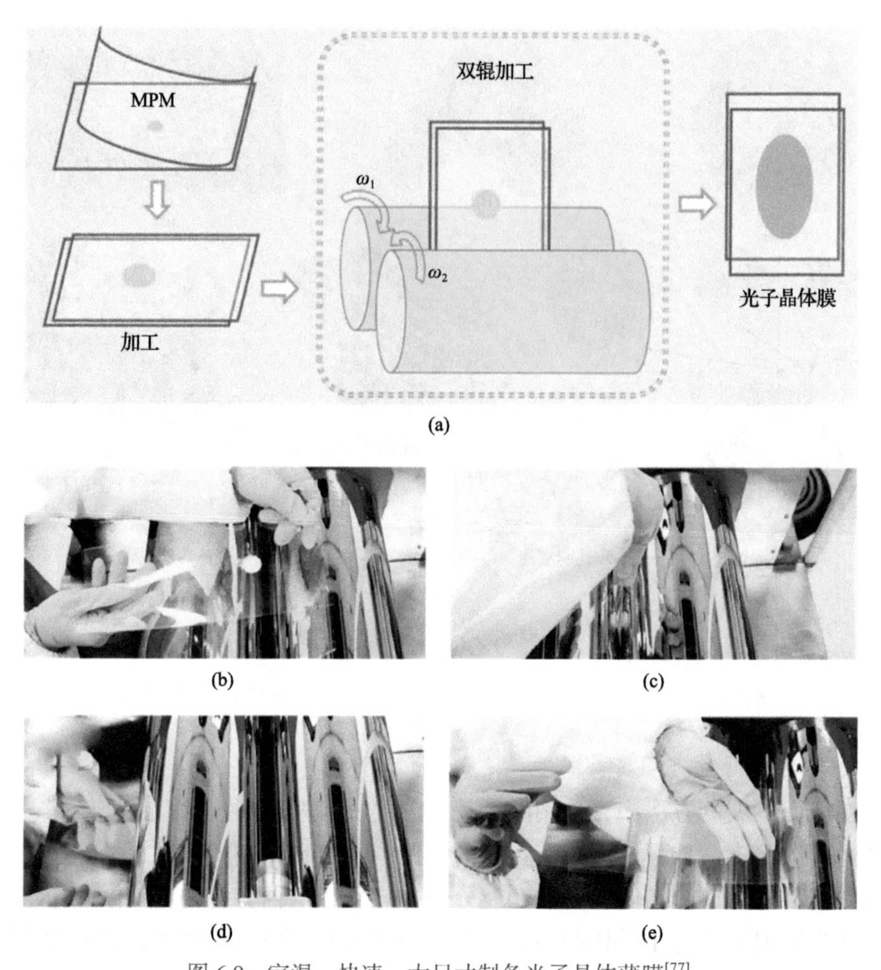

图 6.9 室温、快速、大尺寸制备光子晶体薄膜[77]

(a)采用双辊成膜技术制备光子晶体薄膜示意图；(b)～(e)室温及 15 Hz 条件下制备的绿色光子晶体薄膜光学照片

6.1.4 三维光子晶体的性能调控技术

光子晶体是一种重要的功能材料，可以通过光学活性组分和响应技术来改变其物理色彩。光子晶体的特点之一是它们光谱中的特征反射峰(即对应的光子禁带)易于改变。光子晶体中光学特征峰类似于 X 射线粉末图案中的衍射峰，但其位置在亚微米范围而不是原子尺寸范围。根据布拉格公式[式(6.3)]可知，反射光的波长与入射角度、折光指数和晶格周期有关。

$$\lambda = 2n_{\mathrm{eff}} d \sin\alpha \tag{6.3}$$

式中，λ代表光子晶体的反射峰波长；n_{eff} 为有效折光指数；d 代表晶格常数或晶格周期；α 为入射光线与(111)晶面的夹角。

通过合理的材料设计，光子晶体的颜色可以通过外部物理和化学刺激可逆地调控。这些刺激包括溶剂和染料等分子的渗透、施加的电场或磁场、应力变形、光照、温度变化、pH变化以及特定的分子相互作用。光子晶体中可调控性即通过施加外部刺激来改变入射角、折光指数和晶格周期中任意一个参数或多个参数来可逆地改变其光学性能。

6.1.4.1 入射角

因为构成光子晶体的晶格平面具有多样性，所以在大多数的研究中，均会把入射角保持不变从而保证观察或者光谱检测的是同一个晶面的光学信息，这样可以消除随角变色效应的影响。但是，在另外一些应用场景中，也能利用随角变色效应展示色彩效果，通过调控基底的倾斜角度从而改变观察光子晶体的角度，即改变了入射角。例如，Kim等[79]开发了一种简单且可靠的方法来创建具有梯度结构色和各向异性的光子晶体。梯度周期性的光子纳米结构是通过在黑色微球上重复沉积了二氧化硅和二氧化钛薄层得到。通过在光子晶体结构下方沉积磁性层，可以进一步使微球具有磁响应性。磁化的目的是为了能够使用外部磁场对微球取向(也即入射角)进行精细控制。通过外界磁场改变微球的取向使得在相同入射方向产生相对于微球的不同入射角，从而实现多种结构颜色。因此，结构颜色能根据入射角进行调控。

6.1.4.2 折光指数

折光指数的改变通常可以通过在光子晶体中引入不同组分来实现，例如微球的间隙填充溶剂、液晶或者纳米粒子悬浮液等。Sato 等[80]通过将光响应性液晶(PLC)渗透到反蛋白石结构膜中来制备可调控带隙的光子晶体。图 6.10 显示了PLC 渗透到直径为 260 nm 的二氧化硅反蛋白石结构中，反射光谱发生了明显的变化。黑线表示 PLC 渗透之前的反射光谱，峰位置在 410 nm。当 PLC 渗入反蛋白石结构膜中的空隙后，反射光谱变为棕色线，410 nm 处的峰消失，在 600 nm 和 630 nm 处出现两个宽峰。原来的空气被液晶所代替，折光指数发生了改变，其反射峰也相应改变。UV 光照射后，液晶结构发生变化，反射光谱也随之发生改变(红色线)。

6.1.4.3 晶格周期

晶格周期的调控是最常用也是研究最为广泛的，可以通过温度、电/磁场和力等外界刺激而方便实现。

1. 温度调控

温度调控通常在光子晶体构筑单元中引入温敏性材料，其在不同温度下会产

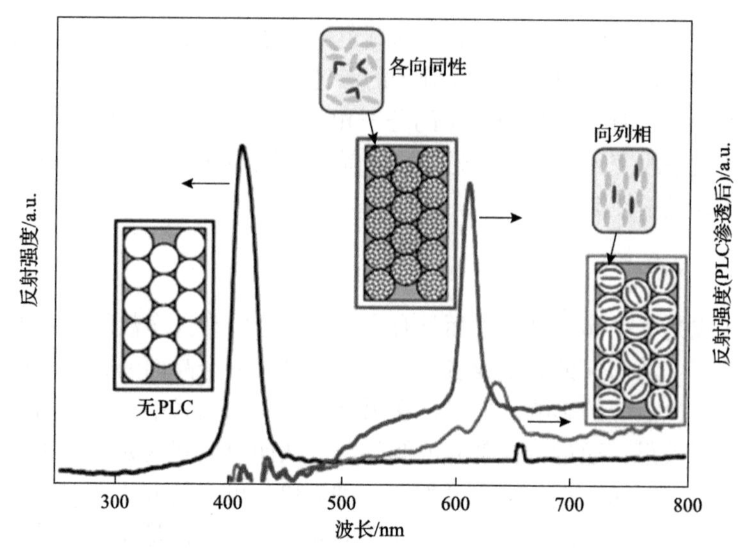

图 6.10　直径为 260nm(黑色线)反蛋白石结构光子晶体的反射光谱，填充液晶混合物的光子晶体反射光谱(褐色线)和 UV 光照射后的反射光谱(红色线)[80]

插图是液晶在不同状态时的取向

生体积的收缩和膨胀，从而引起晶格周期的改变。Kanai 等[81]报道了可以通过改变凝胶网络中温敏性聚 *N*-异丙基丙烯酰胺(PNIPAM)和非温敏性的聚 *N*-羟甲基丙烯酰胺(PNMAM)的混合比例来控制胶体光子晶体的温敏性，从而调控其晶格周期。他们制备了由 NIPAM 和 NMAM 以各种混合比组成的共聚物水凝胶光子晶体薄膜，并研究了薄膜的尺寸和反射波长随温度的变化。当 NMAM 摩尔分数高于 0.4 时，反射波长表现出对温度的线性依赖性。Zhang 等[82]提出了一种简便的方法来交联微凝胶胶体晶体，从而实现快速而可逆的温度调控。PNIPAM 微凝胶颗粒的表面具有可聚合的乙烯基，先通过自组装制备高度有序的胶体晶体，然后，通过光引发交联表面的乙烯基来锁定有序结构。当温度变化时，可以在整个可见光范围内微调水凝胶的颜色和反射波长。

2. 电场调控

为了将电刺激转换为光学性能，目前主要采用两种调控策略：电化学响应和胶体悬浮液的电泳组装。Ozin 等[83]报道了高性能电活性反蛋白石结构凝胶光子晶体，其中电解质可自由渗透到纳米孔晶格中。当电活性聚合物凝胶被电化学氧化和还原时，晶格周期分别膨胀和收缩，相应的反射波长可以从紫外到可见光，一直到近红外。最近，汪长春课题组[84]也合成了直径可控的单分散二氧化硅微球，通过蒸发诱导自组装，将单分散二氧化硅微球在碳酸丙烯酯中分散并浓缩，制备了液体光子晶体浆料。微球体积分数为 15%、25%、35%和 45%时，液态光子晶体的反射峰分别为 720 nm、633 nm、559 nm 和 508 nm。然后，将液体光子晶体浆料灌注封装于ITO电极之间，制备了电场响应结构色光子晶体器件，该器件电场响应迅速，动态变色效果明显，可逆性好(图 6.11)，证明了电致变色光子晶体在显示和传感设备中应用的广阔前景。

图 6.11 不同电极间距下(20 μm、50 μm、150 μm)枫叶图案电致变色器件在电压从 0 V 增至 3.5 V 时的色彩变化照片[84]

样品均使用 SiO_2 体积分数为 25%的液态光子晶体浆料(图案尺寸：1.5 cm×1.5 cm)

3. 磁场调控

磁场调控是指在变化的磁场控制下，磁性粒子会根据磁场的分布变化而呈现不同的排列，由于粒子之间的间距发生改变，从而晶格周期也随之发生变化。比如，Zhao 等[85]合成了 Fe_3O_4@PSSMA 微球，并通过改进的 Stöber 方法合成了 Fe_3O_4@PSSMA@SiO_2 微球。制备微球的水分散液可以在外部磁场下形成磁响应光子晶体。在外部磁场的控制下，胶体可以自组装成高度有序阵列，并通过吸引力(磁性)和粒子间排斥(静电)力的平衡得以稳定。微球的周期性排列赋予了光子禁带特性，位于带隙内特定波长的光被禁止传播并被反射。该性质使纳米粒子在有外部磁场的情况下呈现生动可调的结构颜色。

为了解决此类光子晶体的应用问题，汪长春课题组也对此体系进行了深入研究[86]。首先，通过优化的溶剂热法，合成了直径可控的近单分散四氧化三铁微球。在恒定的磁场强度下，分散液的光子禁带随尺寸增长呈现明显的红移趋势，而对于平均尺寸固定的四氧化三铁微球，其光子禁带随外磁场的增强呈现明显的蓝移趋势。针对磁响应型液态光子晶体不易成型和受限于溶液状态使用不便的问题，他们采用直写打印技术设计了基于可固化连续相的油包水型乳液，将四氧化三铁微球的乙二醇分散液以微液滴形式乳化并保护在可固化的 PDMS 前驱体中，制备了磁响应复合油墨。分散相的微观液滴的尺寸越大，乳液的宏观结构色饱和度越高。复合油墨的良好触变性允许其被装载于 3D 打印机料筒中，通过挤出式直写打印制备预设图案器件。器件在固化成型后仍能对变化的磁场表现出动态的结构色响应，响应速度快，可逆性良好，颜色鲜艳(图 6.12)。该研究为制备磁场下动态可逆结构色固态器件提供了具有普适性的新策略，提升和拓宽了磁响应型光子晶体的应用便利性和可行性。

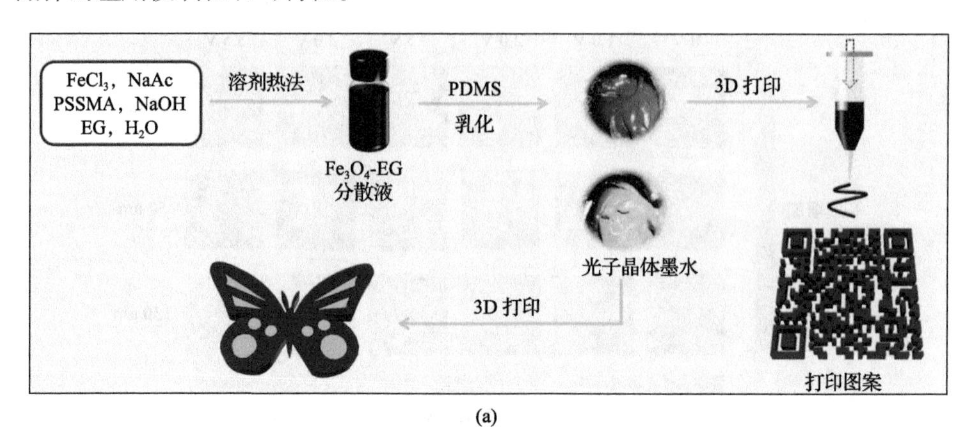

(a)

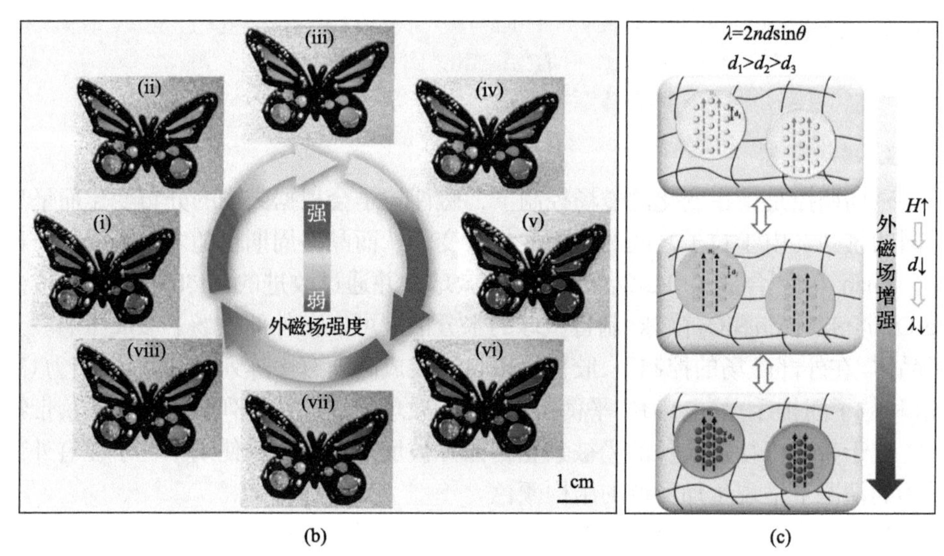

(b) (c)

图 6.12 3D 打印磁性复合油墨及其磁响应过程[86]

(a)磁性光子晶体油墨的制备路线及 3D 打印二维码和双色蝴蝶图案的示意图；(b)使用两种不同的光子晶体油墨采用 3D 打印技术获得的蝴蝶图案在不同磁场强度下的循环变色照片；(c)光子晶体油墨及固化后的器件结构色调控的微观原理图

4. 力场调控

当被外界施加压力或拉力作用时，光子晶体材料会发生宏观形变，其晶格周期也会相应改变，从而引起光学性能的变化。为了研究胶体晶体的力致变色特性，人们开发了各种材料和工艺的组合。例如，在密堆积的胶体晶体或蛋白石结构的空隙中填充弹性体[87]，复合材料显示出应变引起的色移，通过选择性光固化光子晶体薄膜，可在拉伸过程中显示预设的图案。但是由于拉伸引起密堆积的胶体粒子重排，因此应变和色移会受到限制。另一种方法是由嵌在弹性体中的紧密排列气孔组成反蛋白石，该结构会随着应力发生很明显的体积变化，从而使得颜色产生较大变化[88]。

近年来，Hong 等[89]报道了一种通过构建经由胶体晶体阵列物理交联的水凝胶系统来制备高度可拉伸的光子晶体材料的方法。光子水凝胶(ACG)包括线型聚丙烯酰胺及作为交联剂和增强剂并均匀分布的胶体微球，高度均匀的增强剂可显著提升凝胶的机械强度，可在较大的光谱范围内可逆地调节其结构颜色。同时，ACG 的高光学质量、高弹性和可直接打印的能力使得其具有开发光子柔性材料的潜力。

汪长春课题组采用刚性核和高弹性壳组成的核壳微球，通过剪切规整技术制备了力致变色光子晶体薄膜，该薄膜可以通过拉伸在整个可见光范围内色移，并显示了很好的线性关系(图 6.13)[90]。近年来，Kim 等[91]通过模仿变色龙的结构来

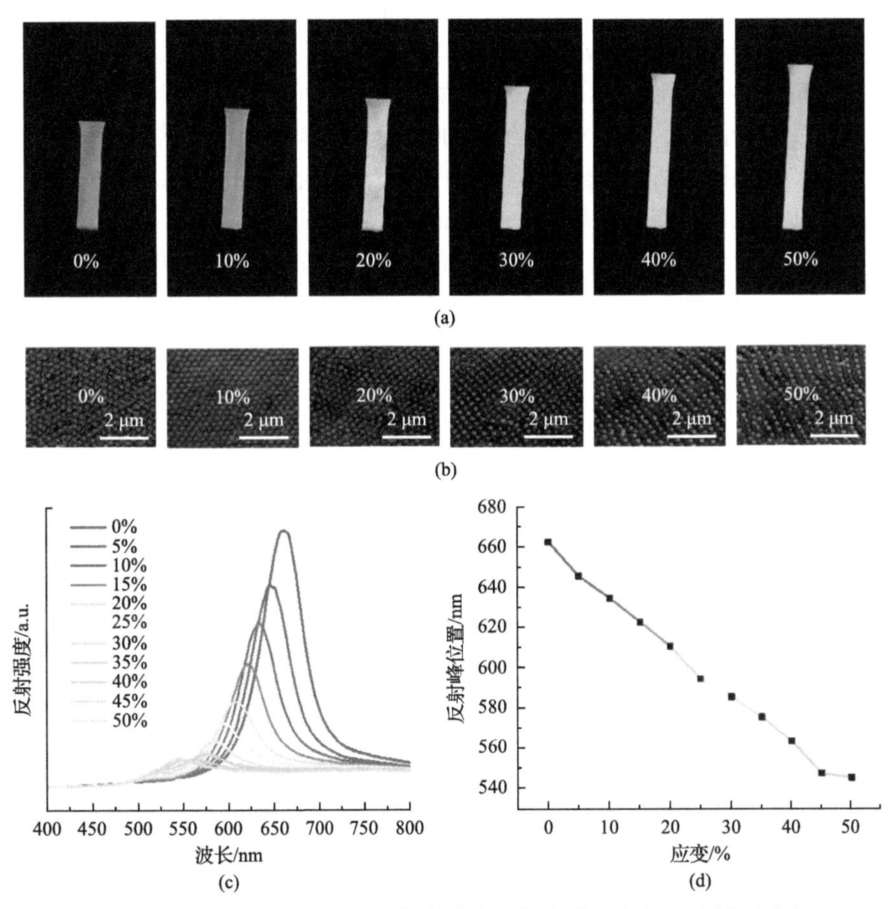

图 6.13　弹性光子晶体薄膜在不同拉伸状态下的光学照片(a)、电镜照片(b)、反射光谱(c)和主峰迁移趋势图(d)[90]

其中(a)图中标尺为 0.5cm

设计力致变色弹性体，其中包含非紧密排列的二氧化硅微球阵列，二氧化硅微球分散在橡胶前体中，通过在表面形成溶剂化层而使得颗粒间产生排斥力。弹性复合材料表现出明显的反射颜色，当薄膜拉伸至70%的应变时，该颜色会在整个可见光范围内发生色移。

6.1.5 光子晶体应用

光子晶体中规整的纳米结构与光相互作用的独特方式使它们在传感、防伪和显示领域具有很多潜在的应用。

6.1.5.1 传感检测

在过去的二十多年中，人们一直高度关注光子晶体在传感检测领域的应用[92,93]。为了达到预期目标，人们需要设计和制造出在外部刺激下发生显著变化的系统，这样光学信号会随着外界刺激的改变而变化，从而实现传感检测。Asher 等[94]在1997年报道了一项开创性的研究，在水凝胶基质中利用聚苯乙烯微球形成的周期性排列构建光子晶体，并在水凝胶中添加分子识别剂来实现传感功能。当水凝胶基质中有特定的被分析物(金属离子或葡萄糖)存在时，会因为渗透压的变化而发生体积变化，从而改变光子晶体的晶格周期，因此其颜色将相应地改变。该过程中光学响应的变化幅度取决于分析物的浓度，变化程度甚至可以直接通过肉眼观察。该方法在随后的几年中被 Asher 和其他课题组采用，他们采用聚合物/水凝胶复合材料或是其他周期性蛋白石结构及反蛋白石结构来实现传感检测[95,96]。近期汪长春课题组在相关领域也进行了研究，采用可规模化的制备技术，制备了乙醇敏感光子晶体薄膜，其对乙醇蒸气响应非常灵敏，色彩变化可以裸眼直接观察(图6.14)[93]。此外，人们基于光子晶体材料，已经发展出可以检测葡萄糖[97]、湿度[98]、生物制剂[99]等的光学传感器。

6.1.5.2 防伪识别

假冒商品在全球范围内不断增长，几乎影响到从消费品到人类健康的任何可销售商品。防伪对消除假冒产品至关重要。Kim 等[100]使用喷墨打印机制造的单层自组装光子晶体(SAPC)表现出较弱的结构颜色和多个彩色全息图，由于该技术难以复制，因此可用于防伪使用。白色背景下的 SAPC 在日光下是隐蔽的，但是在智能手机闪光灯和黑色背景的强光照射下，颜色得以呈现，展现出很好的防伪特性。此外，他们还证明了 SAPC 会根据视角和图案密度产生不同的 RGB 值，从而增强其加密能力。由喷墨打印机设计的结构色不仅会产生光学全息图，便于对许多物品和产品进行简单认证，而且还能实现高安全性的防伪技术。

最近，采用弯曲诱导规整技术(BIOT)，汪长春课题组也制备了一种复合光子

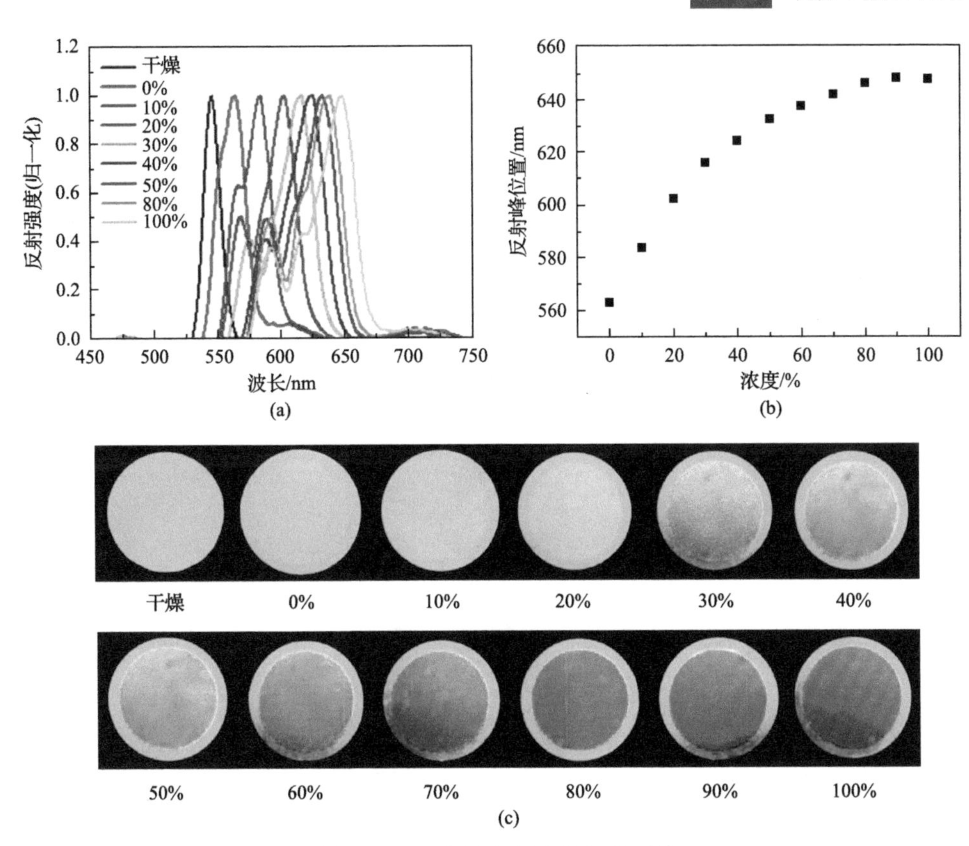

图 6.14　乙醇敏感光子晶体薄膜[93]

(a)绿色光子晶体薄膜对于不同浓度乙醇溶液在 10℃下饱和蒸气响应的反射光谱变化趋势；(b)对应不同浓度乙醇饱和蒸气下光子晶体薄膜的反射峰和(c)对应的光学照片

晶体自粘防伪标签[101]。该技术首次实现了微米级微胶囊粒子和纳米级构筑单元的规则组装，从而将微胶囊粒子的热致变色效果和光子晶体的随角变色性相结合，当不同图案的热印章放在热致变色光子晶体薄膜上时，会产生多角度的热致变色效果。与之不同的是，如果只将热敏变色印油与光子晶体薄膜简单复合，则无法产生热致变色与随角变色的叠加效果。此种光子晶体自粘防伪标签通过将温敏变色微胶囊粒子(变色温度为 31℃，由黑色变为红色)与光子晶体复合，可以实现透明性的转变，因此可将其直接贴在或覆盖在物品表面，通过手碰触自粘标签传递热刺激，可以产生从不透明到透明的变化(图 6.15)，实现信息的显示。此种转变可逆且可稳定变化 1000 次以上，相比于用水凝胶做成的热致变色光子晶体，该类热致变色光子晶体的稳定性和耐用性都大幅度提高。

6.1.5.3　智能显示

当今世界信息丰富多彩，开发能够动态显示复杂信息的智能技术变得越来越

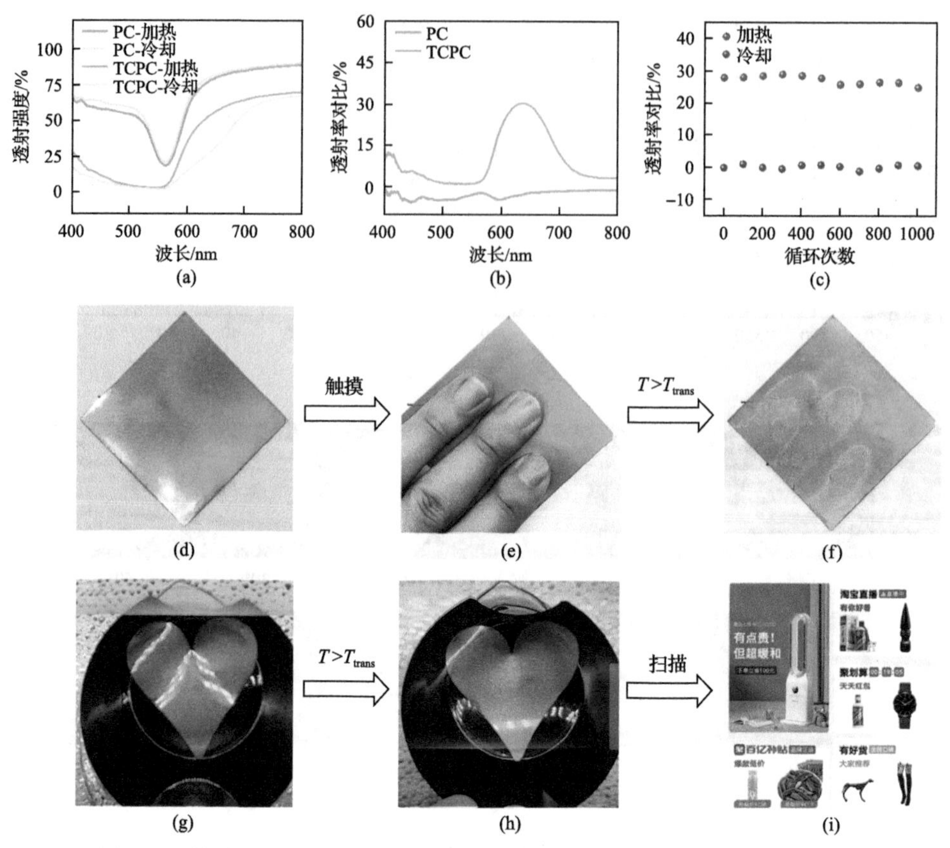

图 6.15　热致变色光子晶体的透射光谱及其在信息加密领域的应用展示[101]

重要。目前，智能显示吸引了人们强烈的研究兴趣。智能显示需要具有高反射率和对比度，从而可以在各种环境中都能提供可见性，特别是在太阳光下也能清晰可见，而传统发射或背光装置的性能在阳光下都不甚理想。只要结构不被破坏，光子晶体呈现的结构色便可以保持不褪色且显现出高鲜映度，从而提升显示器的级别和颜色质量。

近年来，Zhang 等[102]发展了通过基于液滴的微流控策略制备新型球形胶体光子晶体，该材料具有增强的色彩饱和度和可调的结构色彩。他们首先合成了甲基紫精功能化的二氧化硅胶体微球，然后将其用于制备微滴中的球形胶体光子晶体。由于甲基紫精吸收了非相干散射光，因此球形胶体光子晶体的反射光谱中的反射峰与背景强度之比增加，从而得到增强的饱和度和明亮的结构颜色。通过改变填充介质和二氧化硅之间的折射率对比可以调节球形胶体光子晶体的光学性能，球形胶体光子晶体在低折光指数介质中显示绿色，在高折光指数介质中显示红色，并且在不同角度观察具有不同的显示效果。这种技术提供了一种全新的方法来调整球形胶体光子晶体的结构颜色，且构建的智能显示器表现出良好的动态光学显示效果。

最近，汪长春课题组也制备了一种基于二氧化硅微球的电致变色显示器件，将薄膜压敏电阻与电压转换模块连接在电致变色光子晶体器件的电极上，就可以构建压力响应的结构色变色模型器件(图 6.16)[84]。当薄膜压敏电阻不受压力时，电压转换模块不输出电信号，电致变色器件展现为自然状态下的橙红色；当手指施压于电阻上时，电压转换模块能够输出 0～3.3 V 的相应直流电压，从而引起电致变色器件颜色的转变。

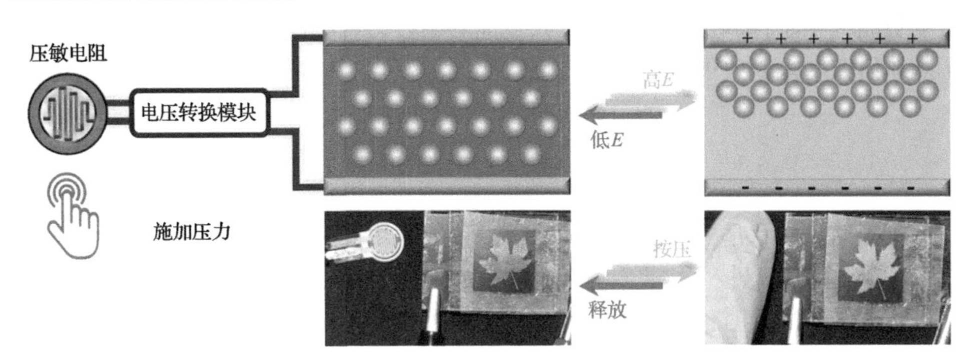

图 6.16　压力响应光子晶体变色器件的电路布置简图和反复按压释放时触发的显示单元结构色响应的实际照片[84]

6.1.6　总结和展望

上面综述了 3D 光子晶体的制备及调控方法的最新进展，阐述了颜色改变这一直观现象背后的调控机理以及构建新型刺激响应光子晶体的基本途径。重点描述了微球和 3D 光子晶体的制备技术，以及如何通过施加外界刺激对光子晶体的入射角、折光指数和晶格周期进行调控。基于不同的刺激响应方式，介绍了最新的研究体系及其制备方法。但显然不是所有的光子晶体体系都能被归类到上述分类中，比如生物分子(如蛋白质、葡萄糖和 DNA 等)响应的聚合物光子晶体，本节并没有涉及。并且，还有许多非常有潜力的体系，比如温敏单体主要介绍了聚 *N*-异丙基丙烯酰胺，但其实还有许多温敏聚合物值得研究。目前温敏体系主要是基于水体系，这给实际应用带来了一定的限制，设计新的无水温敏体系也将是一个研究重点。

自光子晶体概念被提出来的几十年间，国内外众多领域的研究者对光子晶体体系开展了广泛而深入的研究，已经从基础理论研究为主导逐渐转向实际应用为主导。研究者们开发了许多新兴的技术和新颖的制备方法，推动了各类光子晶体材料研究的快速发展，并使其在智能显示、防伪材料、可穿戴产品、智能光电器件以及传感器等领域展示了广泛的应用前景。

总体而言，光子晶体研究近年来得到了快速发展，但依然需要创新性研究将此类材料推向应用。然而，在真正走向市场之前，还有许多挑战和问题等待进一步解决：①规模性制备的可行性。所选取的构筑材料、制备方法和技术需要适应实际应用场景的要求，而不仅仅是简单在实验室进行理想化的测试；②成本问题。一个非常复杂的方法，就算在科学上很有价值，但往往很难走向实际应用。因此，设计一个简单稳定而又可大规模化生产的智能响应光子晶体材料的制备方法仍然是一个重要的课题。除此之外，构建响应更快，检测限更低，响应范围更广，灵敏度更高，稳定性和可逆性更好，以及能够结合多种响应的体系是智能响应性光子晶体研究的未来发展方向。

6.2 微电子封装材料的结构与性能研究

电子信息技术是当今世界创新速度最快、通用性最广、渗透性最强的高技术之一[103]。电子信息技术水平和信息化能力是国家创新能力的突出体现，发展电子信息产业是实现新时代中国特色社会主义伟大胜利目标提出的要求。微电子技术是电子信息产业的基础和心脏，微电子封装领域是我国电子信息技术发展中行业知识产权“空心化”与“卡脖子”的重灾区。随着后摩尔时代的来临，先进微电子封装材料已经成为推动电子信息技术发展的关键力量，甚至成为超越摩尔定律的关键赛道(图 6.17)[104-108]，集成电路在制造环节中的创新能力和价值越来越强。研究开发高性能、高可靠性微电子封装材料，明确其结构与性能之间的关系，实现传统封装向先进封装材料转变，对我国电子信息技术的发展具有重要意义。

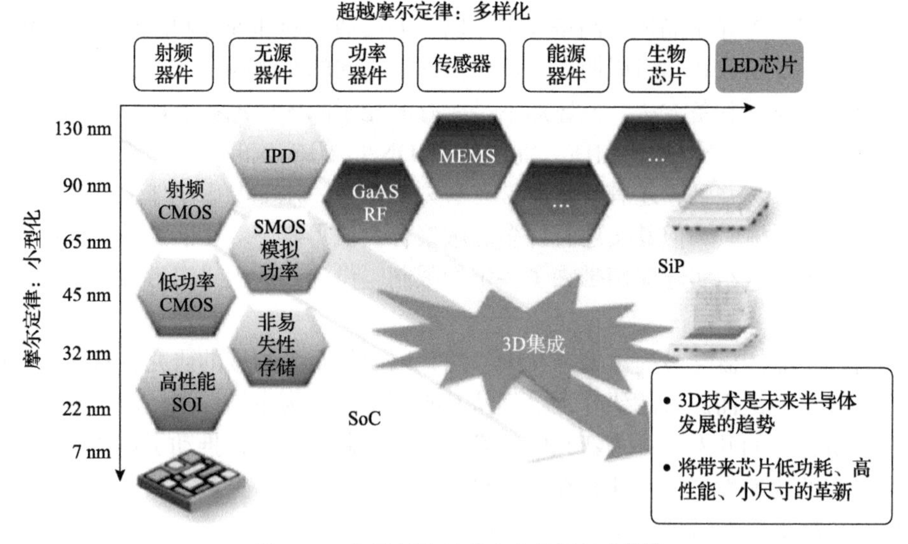

图 6.17 电子封装技术未来发展趋势[104]

广义的微电子封装是指将半导体、电子器件所具有电子的、物理的功能，转变为适用于机器或系统的形式，并使之为人类社会服务的科学与技术。狭义的微电子封装则是从芯片入手，利用膜技术及细微连接技术，将半导体元器件及其他构成要素在框架或基板上布置、固定即连接、引出接线端子，并通过可塑性绝缘介质灌封固定，构成整体主体结构的工艺[109]。微电子封装的目的是将多规格、多功能的元件补强、密封、扩大，以便与外电路实现可靠的电气连接，并得到有效的机械、绝缘等方面的保护[110]。回顾发展的历史，微电子封装技术经历了真空管时代(20 世纪 50 年代以前)、三极管时代(20 世纪 60 年代)、随后依次进入集成电路时代(integrated circuit, IC, 20 世纪 70 年代)，大规模集成电路时代(large-scale integrated circuit, LSI, 20 世纪 80 年代)，甚大规模集成电路(very large scale integration, VLSI, 20 世纪 90 年代)和超大规模集成电路(ultra large scale integration, ULSI, 21 世纪初)。在微电子封装技术的发展历程中，先后经历了两次重大的技术变革。第一次变革出现在 20 世纪 70 年代前半期，由针脚插入式封装技术(through hole mounting technology)过渡到周边端子(peripheral lead)型封装的表面贴装技术(surface mounting technology)。第二次技术变革发生在 20 世纪 90 年代中期，出现了球阵列封装(ball grid array，BGA)技术。如今，微电子封装领域正在酝酿第三次重大技术变革(图 6.18)，具体的呈现形态仍未可知。相信随着研究的进一步深入，微电子封装领域发展的轮廓将会日渐清晰[109]。

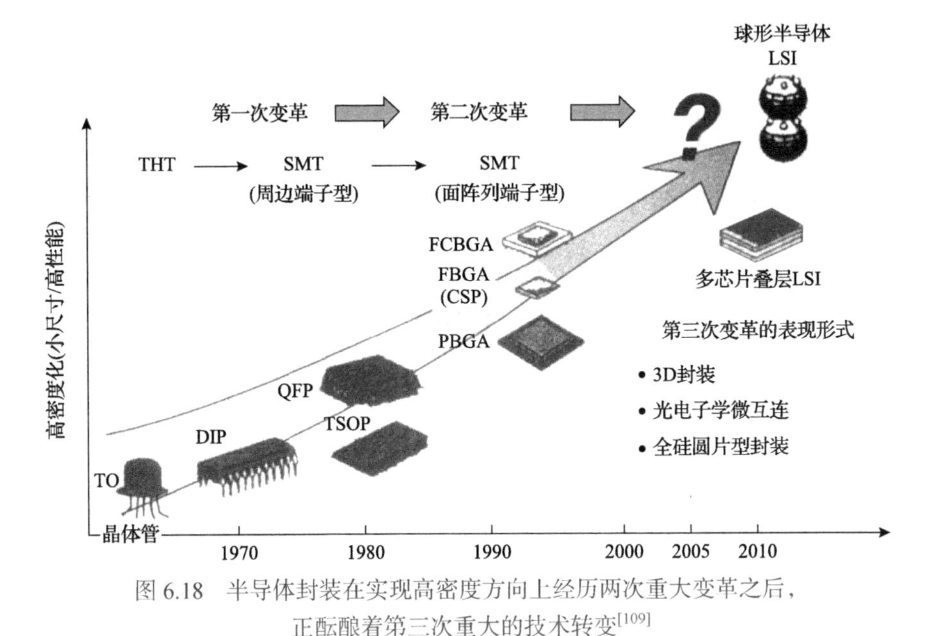

图 6.18 半导体封装在实现高密度方向上经历两次重大变革之后，正酝酿着第三次重大的技术转变[109]

从微电子封装材料的发展趋势来看，高分子封装材料在先进封装体系中扮演着越发重要的角色。从封装材料的化学组成来看，环氧树脂、环氧-酚醛树脂、环氧-有机硅复合物、有机硅树脂、聚氨酯、丙烯酸酯和聚酰亚胺等都在微电子封装领域具有重要应用场景[111-117]。随着元器件高集成化和高速化的发展，电子设备系统价格的降低和数字化、低碳环保、消费电子轻量化的应用端需求，高分子材料逐渐占据微电子封装领域的主导地位。近年来，微电子封装领域的学科内涵得到不断丰富和补充，特别是随着柔性电子学与显示技术的飞速发展，针对液晶显示器(liquid crystal display, LCD)等大型器件的封装需求骤增，针对光学透明压敏胶的研究也成为微电子封装需要考虑的内容，电子封装的研究深度得到了极大拓展[118-121]。先进微电子封装技术成为新能源、人工智能与高性能计算、柔性电子学、医疗技术等前沿关键领域的重要支撑。

同时也需要清晰地认识到，我国在微电子封装领域中的前沿技术依然与国外先进水平存在明显差距。近年来，随着国际大环境日趋复杂，不稳定性、不确定性明显增加，发达国家在微电子封装领域的优势加速扩大。我国微电子封装领域的发展应尊重产业发展规律，需要持续投入，政策支撑与企业立足于市场的研发形成合力，更有力地提升我国在后摩尔时代的竞争力。

6.2.1 光电子封装材料的类型、性能要求及可靠性

光电子器件被广泛应用于各类电子产品中，常见的光电子器件包含(有机)发光二极管(LED & OLED)、半导体激光器、光学传感器、光纤器件、光学检测器等。如今，液晶显示器等大型复杂器件的封装，成为研究的新热点。相较于传统的 IC 封装，光电子器件封装除了要满足 IC 封装的性能要求与可靠性，还需要满足光电子器件工作时的光学、电气要求。这使得针对光电子器件的封装更具挑战，对高性能、高可靠性的先进封装材料需求日益增加(图 6.19)[122]。例如，在传统 IC 封装中，二氧化硅微粉作为功能性填料可显著降低有机封装材料的热膨胀系数(coefficient of thermal expansion, CTE)、提升阻燃性同时降低材料吸湿性。然而，由于二氧化硅微粉会影响光学性能，使得其在光电子领域的应用受限。

从封装材料的化学构成来看，环氧树脂、环氧-酚醛树脂、环氧-有机硅复合物、有机硅树脂、聚氨酯、丙烯酸酯和聚酰亚胺等高分子材料都在不同应用场景被使用。其中，环氧树脂由于其黏接强度与力学性能高、固化方式灵活且收缩率低、化学稳定性好、电气绝缘性好等优点，被广泛应用于光电子封装的各个领域；同时，有机硅树脂由于其优异的耐高温性能、低模量、低收缩和低吸水性，在高亮度 LED(HBLED)封装中备受关注[123-125]；丙烯酸酯类材料由于良好的光学性能，优异的初黏力、剥离强度、耐候性，在显示器封装领域占据优势地位。随着电子封装材料领域的不断发展，通过物理、化学，乃至工艺对封装材料的性能调整，使其满足高性能、高可靠性光电子封装的应用需求[126,127]。

图 6.19　LED 器件截面图[122]

从封装材料的具体作用来看，其可分为黏接剂、填充剂和包封剂、热管理材料等。国际知名胶黏剂公司汉高(HENNKEL)在其电子封装解决方案中(图 6.20)，通过印制电路板形象给出了不同的电子封装材料具体的使用情况[128]。

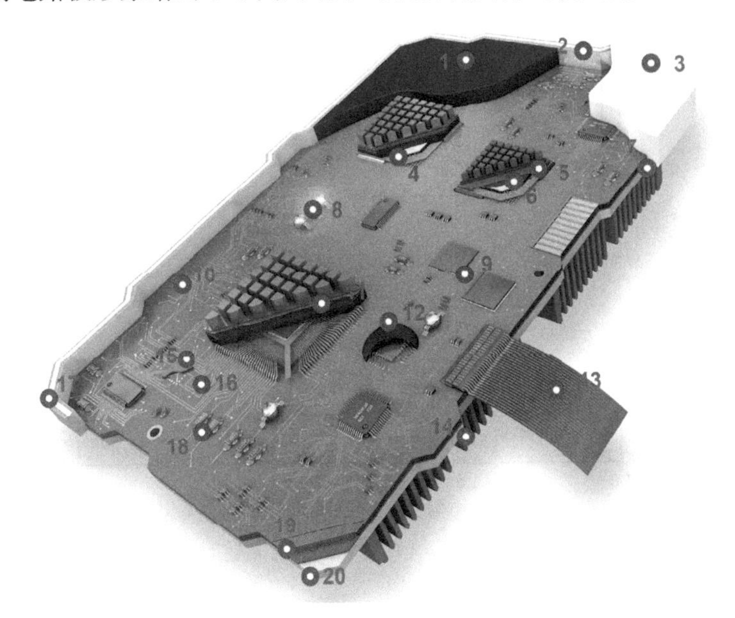

图 6.20　汉高公司的电子封装解决方案

1.灌封胶；2.密封胶；3.低压模塑；4.非导电膏；5.导热垫；6.顶部密封材料和包封剂；7.导热胶 1；8.导热胶 2；9.CSP 底部填充剂(四角补强)；10.保形涂层；11.液态缝隙填充剂；12.顶部密封材料和包封剂；13.印刷电子墨水；14.相变(HI-FLOW)材料和润滑脂；15.表面贴装黏合剂；16.导电胶；17.衬垫；18.焊接材料；19.绝缘金属基底；20.导电黏接薄膜

下面以 LED & OLED 为例，介绍光电子器件层次的挑战与问题。

1) 光引出率(light extraction)

光引出率源于LED芯片与封装材料的折射率不匹配，光线在器件中积累。这不仅会降低器件亮度，还能增加器件内部的热量累积，从而加剧器件的热老化。光线在LED芯片和封装材料界面传播时，会发生折射和部分反射。在界面处的临界角 θ_c 遵循Snell公式：

$$\theta_c = \sin^{-1}\left(\frac{n_2}{n_1}\right)$$

式中，n_1、n_2 分别为LED芯片与封装材料的折射率。如果LED器件发出光线的入射角大于临界角，则会发生全反射，这将显著降低光引出率。因此，增加临界角对于提升LED器件的光引出率尤为关键。一般来说，LED芯片的折射率为2.5～3.5，而常用于LED封装的环氧树脂与有机硅材料的折射率为1.4～1.6。Mont等通过计算建立了LED器件光引出率与封装材料折射率的关系(图6.21)，高折射率封装材料对提升LED器件光引出率有重要意义[129]。

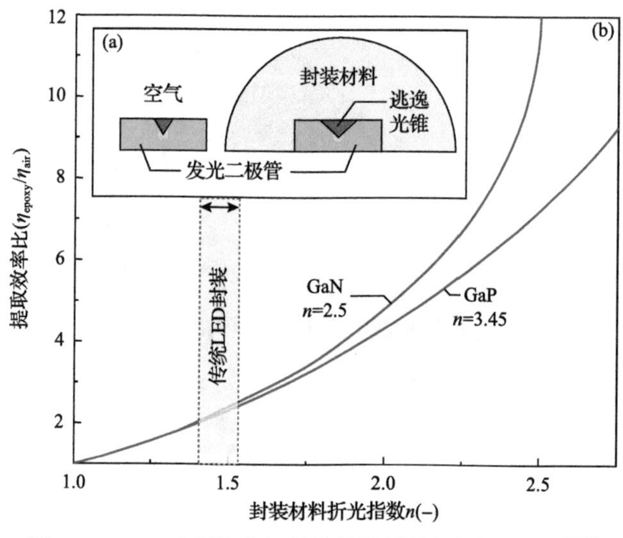

图6.21 LED光提取率与封装材料折射率之间的关系[129]

2) 热老化与紫外老化(thermal & UV aging)

LED器件处于工况时，LED芯片与引线框架之间具有很高的结温(>120℃)，封装材料在高温环境下极易发生热老化；封装材料会由于受到LED器件自身发出和环境中的UV光而导致紫外老化。老化后的LED器件性能与可靠性将大幅度下降。

3) 应力与离层(stress and delamination)

在LED器件生产制备与实际工作中，内应力会不可避免的产生，当内应力过大时，器件中将会发生明显的离层。离层可能发生在 LED 芯片与封装材料之间、支架与封装材料之间或是 LED 芯片与黏接点之间。从内应力产生的机理上来看，封装材料主要有以下三个途径：固化过程中的体积收缩及变化；冷热循环/冲击时热膨胀系数不匹配；水汽、溶剂等吸收、脱除导致的体积变化。目前，表面贴装技术被广泛应用于 LED 器件制备过程中。LED 器件将会被加热到 240～260℃，在回流焊工艺中，各类材料之间的热膨胀系数差异而导致的热应力将被显著放大(图 6.22)。LED 芯片(chip)与树脂(resin)材料之间的热应力可以由下式计算得到：

$$\sigma = \int E_{\mathrm{r}}(T)\left[\alpha_{\mathrm{r}}(T) - \alpha_{\mathrm{c}}(T)\right]\mathrm{d}T$$

式中，$\alpha(T)$为热膨胀系数；E_{r}为树脂材料的杨氏模量。相较于树脂材料，芯片自身的热膨胀系数可以忽略不计，内应力主要来自封装树脂材料的热应力，即$\alpha_{\mathrm{r}}(T) \gg \alpha_{\mathrm{c}}(T)$；

$$\sigma = \int E_{\mathrm{r}}(T)\alpha_{\mathrm{r}}(T)\mathrm{d}T$$

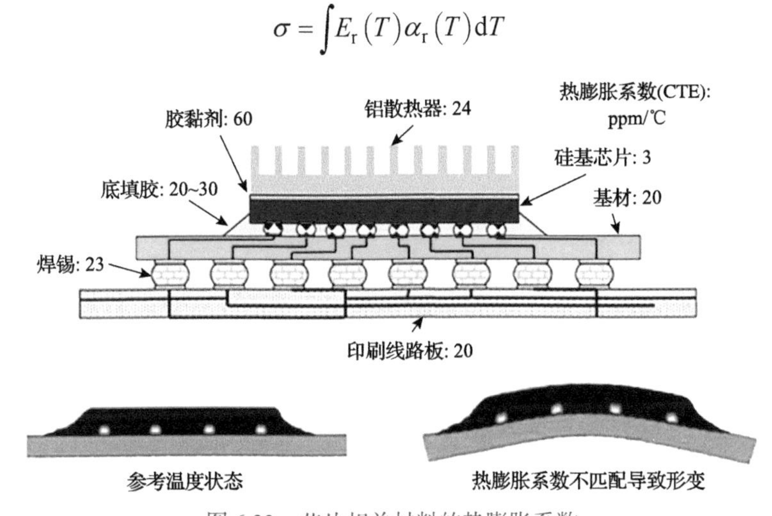

图 6.22　芯片相关材料的热膨胀系数

封装材料吸收的湿气也会在回流焊的高温下迅速蒸发，瞬间产生高的内部蒸气压，导致器件的应力与离层，发生“爆米花”现象[130]。

下面以液晶显示屏的封装为例，介绍显示用光学透明压敏胶所面临的问题与挑战：

1)光学透明性

光学透明压敏胶的光学性能对液晶显示屏显示效果有显著影响，透过率影响显示器亮度，折射率影响色彩饱和程度，雾度影响显示清晰度[131-133]。目前的光学透明压敏胶往往不能完全满足所有的光学指标，难以同时实现高亮度、高清晰度、高色彩饱和度。

2)应力与显示不良(Mura 效应)

与 LED 器件的封装类似，光学透明压敏胶固化过程中的体积收缩同样会产生内应力，固化产生的应力将会传递给面板中的液晶分子，导致其发生形变，点亮后成为“Mura”缺陷(图 6.23)。在贴合过程中，光学胶受力取向，如应力松弛不当，也会造成“Mura”缺陷[134]。

图 6.23　光学胶水固化导致的 Mura 缺陷

3)气泡与贴合失效

光学透明压敏胶在与液晶显示屏面板贴合过程中，若存在微量的空气，经过脱泡处理后依然会有所残留，将可能形成气泡。同时，液晶显示器在长时间使用后，在水汽和高温作用下，部分胶体发生老化，产生气泡(图 6.24)，严重时发生贴合失效[135]。

图 6.24　液晶显示器周边气泡

根据以上问题与挑战，高性能、高可靠性光电子封装材料要满足以下性能要求：良好的光学性能与电气性能、高折射率、良好的耐热耐紫外老化性、低热膨胀系数和固化收缩率、低吸湿性等；对于光学透明压敏胶，需要满足优异的各项光学指标、低固化收缩率、合适的黏接强度。

6.2.2 LED 及 OLED 器件用封装材料的结构与性能研究

基于前述背景，本节将视角具体落实到 LED 及 OLED 器件用封装材料的结构与性能研究，本节研究视角不仅在解决电子封装领域中的基本科学问题，还关注高性能电子 LED 及 OLED 器件封装材料的可持续性与可循环性，特别是生物基材料在电子封装材料的潜在应用。

6.2.2.1 环氧固化行为与封装材料性能之间的构效关系

印刷电路板(printed circuit board)是电子产品中的主要部件，其质量和可靠性对 OLED 器件来说至关重要。环氧预浸料(epoxy prepreg)是目前生产印刷电路板的主要原材料。储存老化对环氧预浸料的性能产生显著影响，进而影响印刷电路板的耐湿热老化性，以及 LED 和 OLED 器件的可靠性。

余英丰课题组结合多种表征手段，研究了环氧预浸料在储存老化过程中的化学和物理性质的变化，从而建立环氧预浸料的储存老化的质量监控体系，并成功应用于实际。研究表明，中红外光谱(mid-IR)可以很好地表征环氧预浸料固化前后的官能团变化。环氧基团的特征吸收峰(4530 cm^{-1})和苯环的特征吸收峰(4620 cm^{-1})具有良好的分辨率且苯环可作为环氧基团反应过程中的内标。使用中红外光谱对环氧预浸料在 100℃的恒温固化过程进行原位追踪(图 6.25)，随着固化时间的增加，环氧基团的峰强度均匀降低，而苯环的强度基本不变，表明中红外光谱可以对环氧预浸料的存储老化过程进行有效的监控追踪[136]。

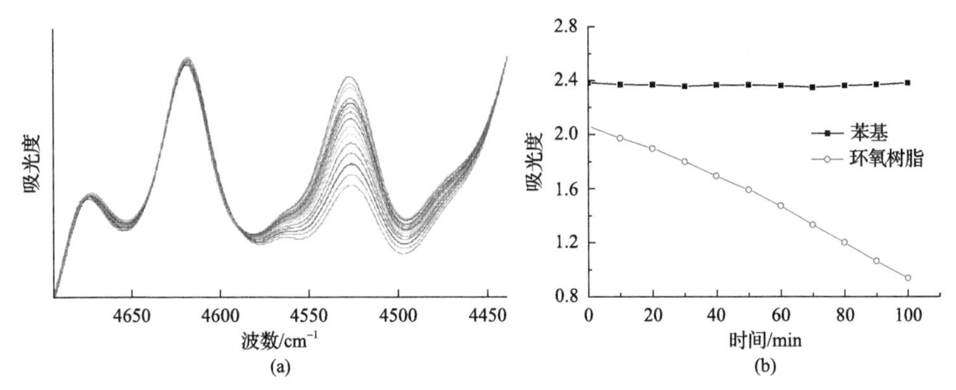

图 6.25 100℃下固化的样品 b 的原位等温 NIR 研究[136]

(a) NIR 光谱；(b) 苯基和环氧树脂峰面积随固化的演变

考虑到实际工艺体系中使用的环氧预浸料往往为复杂体系，为了进一步探究环氧树脂的固化行为，寻找其中具有普适性的方法与规律。余英丰课题组建立了双酚 A 二缩水甘油醚(DGEBA)-固化剂氨苯砜(DDS)模型，此模型组分与固化过程可精确控制。对比多种表征手段，动态力学分析(DMA)不但可以清晰表征固化体系的玻璃化转变温度与转化率(图 6.26)，同时可以提供更多精细的结构-性能关系，如交联密度、二级松弛过程和表观活化能等[137]。

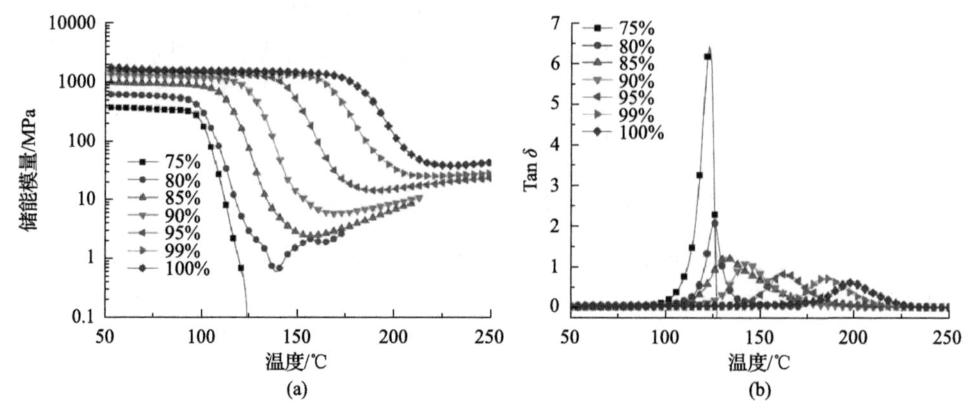

图 6.26 固化转化率对 DGEBA-DDS 热力学性质的影响[137]

(a)储能模量；(b)α 转变

环氧树脂中的极性基团赋予了环氧树脂良好的力学性能，但同时增加了其与水汽的亲和性，吸水老化后环氧树脂的机械性能、电气性能等都会受到严重影响，对应电子封装器件的可靠性将显著下降。通过称重法、二维红外光谱进一步研究了双酚 A 二缩水甘油醚(DGEBA)-固化剂氨苯砜(DDS)模型不同转化率的吸水情况(图 6.27)。实验表明低温吸水时，水分子主要通过形成两个氢键 S_2 型水分子扩散进环氧网络，随着转化率提高，体系极性增加，吸水率随之提高；在高温吸水时，高温有利于氢键解离过程，水分子主要通过 S_0 型自由水分子完成，吸水行为主要由高分子链的解缠结能力控制，随着转化率增大，交联密度提高，高分子链调整能力下降，吸水率随之下降[137]。

改性环氧树脂构筑高性能封装材料与高可靠性 LED 器件。余英丰课题组采用氢化双酚 A 型环氧树脂(HBADGE)改性脂环族环氧树脂(ECC)封装材料，通过引入柔性链段来提高 LED 封装器件性能(图 6.28)。实验结果表明，柔性环氧链段的引入会降低体系的热膨胀吸收和平衡吸水率；体系的固化活化能增加而玻璃化转变温度降低，但依然可以维持在 150℃以上。柔性环氧链段的引入改善了封装材料的回流焊模量与热膨胀系数，有效改善了体系的热应力。然而，在老化实验中，体系的耐热氧老化、UV 老化、湿热老化性能等随着柔性环氧链段的引入逐渐劣化，降低了封装材料的光学性能，进而影响 LED 器件的光学性能。因此，要综合考虑封装材料各项性能，开发性能均衡的高性能、高可靠性封装材料[138]。

余英丰课题组进一步通过双材料板弯曲试验连续地原位跟踪和测量环氧树脂在固化和降温过程中的内应力变化(图 6.29)，数据表明环氧树脂在固化过程中由于聚合体积收缩产生的内应力很小，封装体系的主要内应力来源于环氧树脂与基板材料的热膨胀系数不匹配而产生的热应力。环氧树脂从固化温度降低到室温的过程中，经过玻璃化转变温度区后，内应力急剧下降。

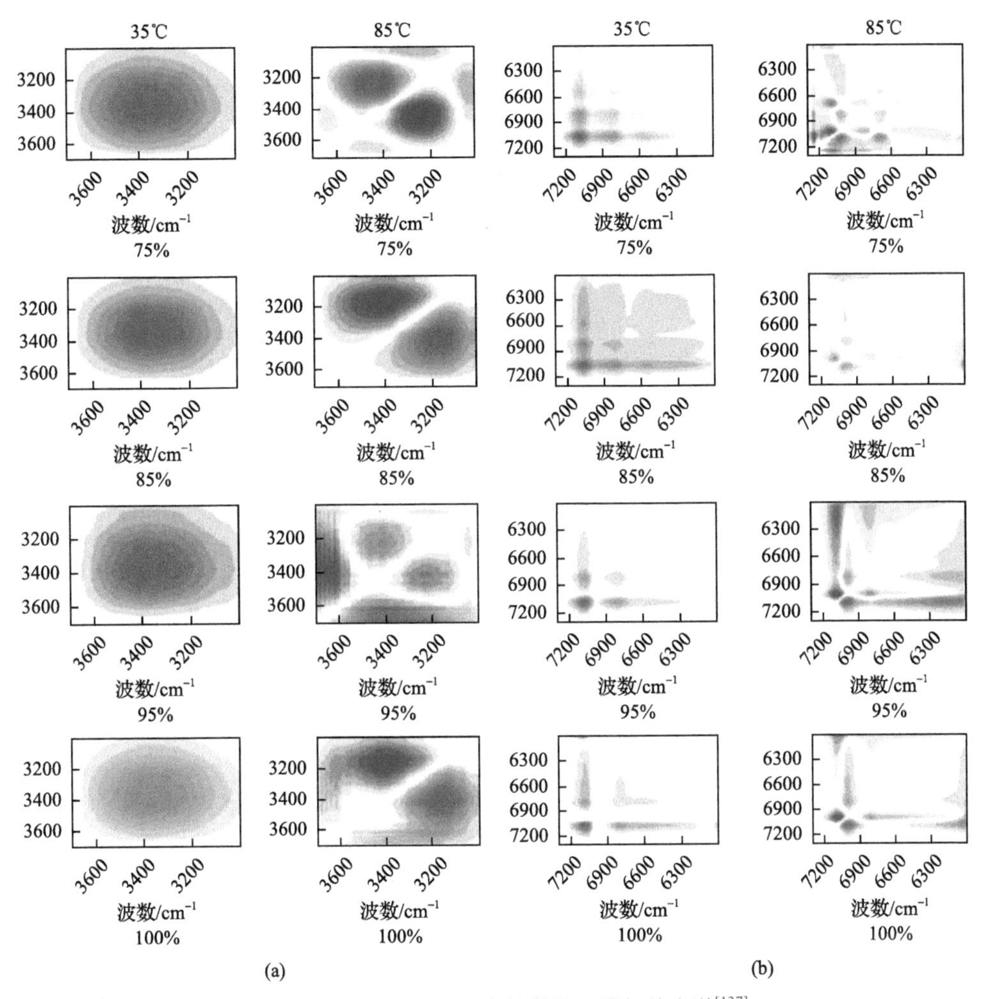

图 6.27 DGEBA-DDS 水扩散的二维相关光谱[137]

余英丰课题组利用苯基甲基有机硅与脂环型环氧树脂进行共聚改性，并用酸酐作为固化剂得到封装材料。通过将有机硅引入环氧结构中，提升了封装材料的耐热性、耐候性与搭接剪切强度。同时有机硅改性的环氧树脂具有更低的交联密度与平衡吸水率，使其在可靠性实验中表现出更优性能。当有机硅含量过多时，体系的热性能下降，玻璃化转变温度降低，10 wt%有机硅改性的环氧树脂表现出最优的综合性能[140](图 6.30)。

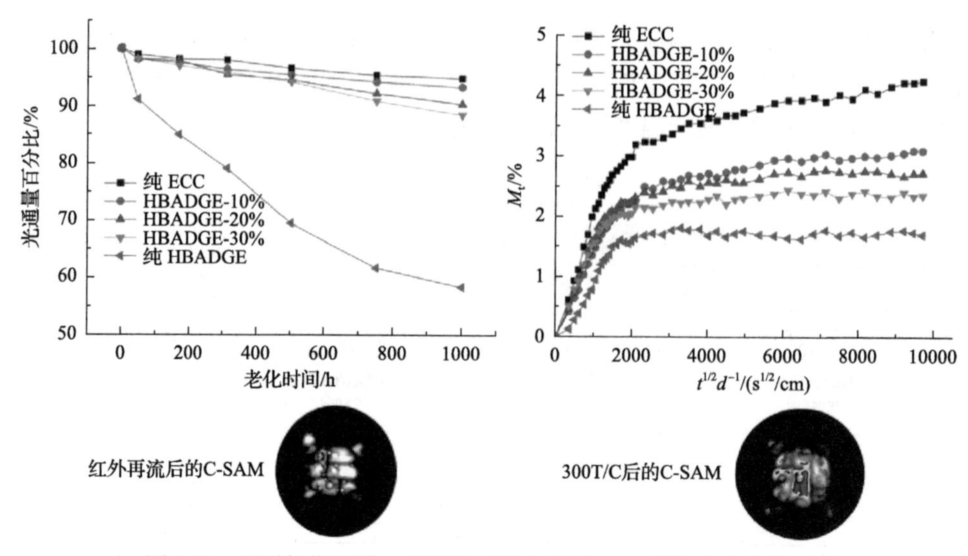

图 6.28　不同氢化双酚 A 型环氧树脂含量下 LED 器件老化曲线、封装材料吸水曲线、LED 器件可靠性实验结果[138]

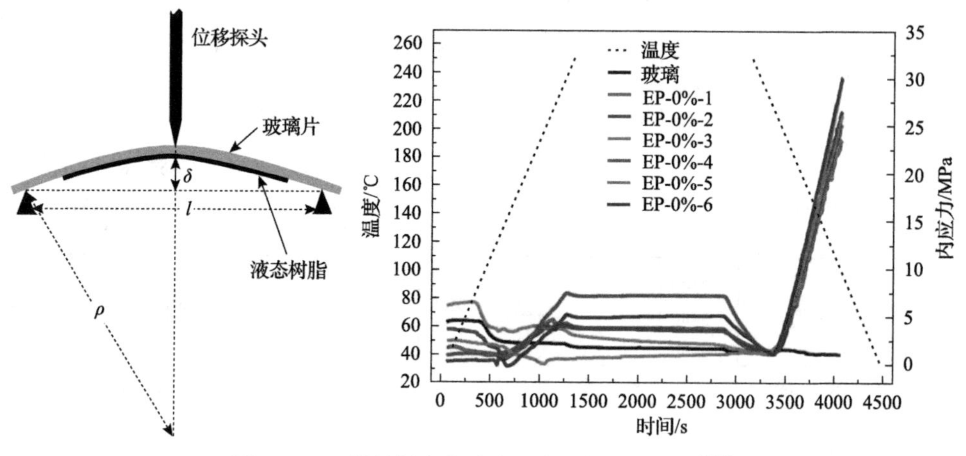

图 6.29　双材料板弯曲试验示意图与实验结果[139]

余英丰课题组研究了 LED 器件中固晶胶类型、环氧硅烷偶联剂与光扩散剂含量对 LED 器件性能与可靠性的影响(图 6.31)。实验结果表明低固化收缩率、低热膨胀系数和高导热系数的固晶胶有利于 LED 器件的可靠性；环氧硅烷偶联剂与光扩散剂的用量分别为 0.80 wt%、3%时 LED 器件的可靠性最佳。

余英丰课题组通过向环氧树脂封装材料中添加硅微粉的方式以提高 LED 器件的可靠性。通过降低封装材料的热膨胀系数和吸水率，从而避免回流焊过程中产生“爆米花现象”，减少体系由于吸收膨胀而产生湿应力以及热膨胀系数不匹配而产生热应力。首先考察了硅微粉含量对环氧树脂性能的影响(图 6.32)，随着

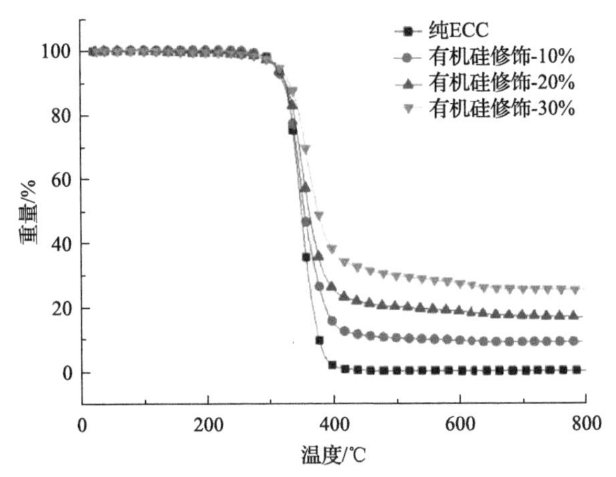

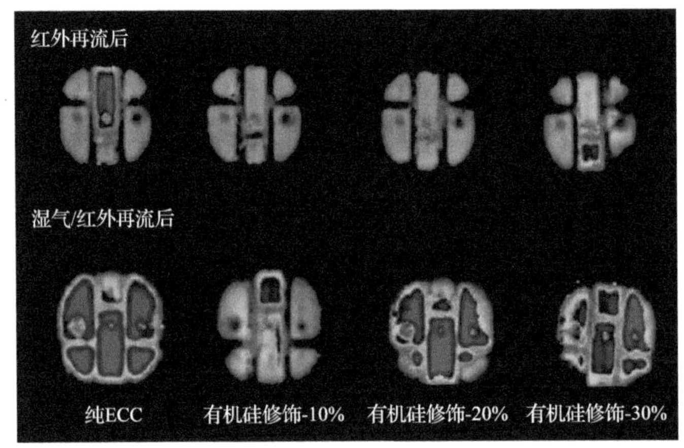

图 6.30 有机硅改性环氧的储能模量与封装后器件的扫描声学显微照片[140]

样品编号	1	2	3
偶联剂添加量	0.00%	0.40%	0.80%
破坏情况 (C-SAM)	完全破坏	介于1，3之间	部分破坏

图 6.31 不同偶联剂含量下封装材料的扫描声学显微照片[141]

硅微粉含量由 10 wt%逐渐增加至 60 wt%，体系的热膨胀系数与吸水率随着降低，模量提高、热稳定性提高，固化活化能下降。填料含量的增加对体系的玻璃化转变温度和硬度影响不大，但紫外-可见光区的透过率降低。

余英丰课题组进一步探究了不同种类填料对封装材料的影响。分别采用四种无机硅微粉和一种有机填料，包括：结晶石英粉、方石英粉、熔融硅微粉、球型

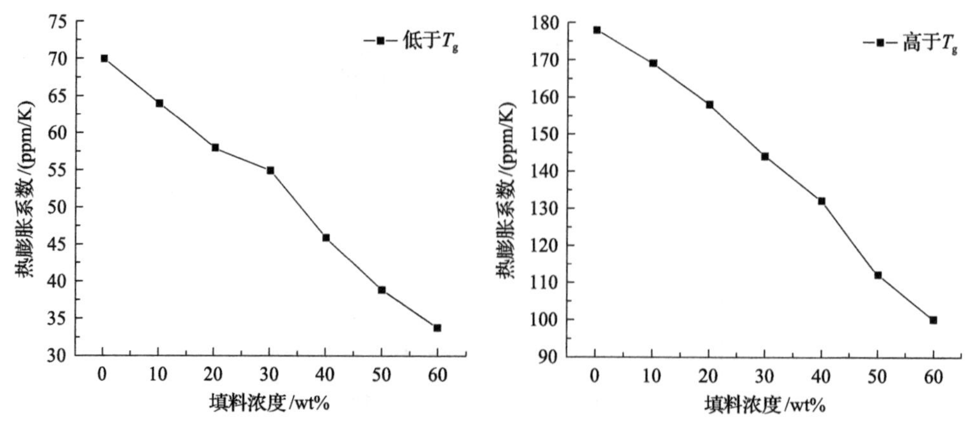

图 6.32　不同填料含量下树脂的热膨胀系数[141]

硅微粉，以及有机球型硅微粉，加入环氧封装材料中，同时封装 LED 器件，进行相应的可靠性测试。通过实际工业使用的 LED 器件建立可靠性评价体系，对封装材料进行工况下可靠性评估。可靠性测试表明(图 6.33)，封装后的 LED 器件在经历高温高湿、高温回流焊、冷热冲击后，封装材料与支架之间未出现开裂或离层等失效。在吸水性实验中添加无机硅微粉的体系，均表现出降低的平衡吸水率与扩散系数；硅微粉填料的使用均可降低材料的热膨胀系数，其中结晶石英粉、熔融硅微粉与球型硅微粉表现最佳，在玻璃化温度以上与玻璃化温度以下均可降低体系的热膨胀系数[141]。

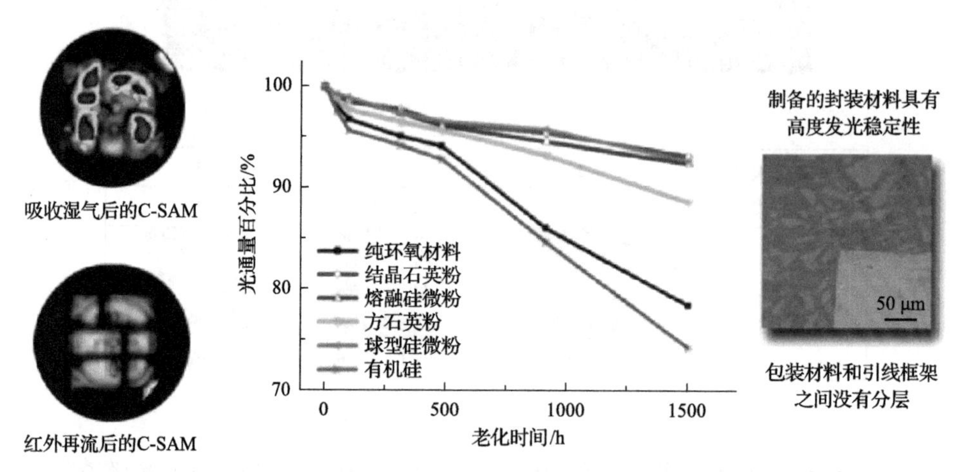

图 6.33　不同种类填料对 LED 器件性能的影响与扫描声学显微照片[141]

6.2.2.2　生物基改性环氧树脂构筑绿色高性能电子封装材料

从可再生资源中提取生物基化学物质是缓解化石燃料短缺问题的重要策略之一。腰果壳油是通过对腰果壳榨取得到的棕褐色产物进行热解或经临界二氧化碳处理而得到的生物基化学物质，此外，腰果壳油不能食用，大量使用不会对人类食物链造成影响。腰果酚(图 6.34)是腰果壳油中应用最广泛的组分，作为一种可再生的芳烃生物基化学物质，分子结构中含有一个酚羟基和间位饱和度为 0～3 的十五碳长链[142-144]。

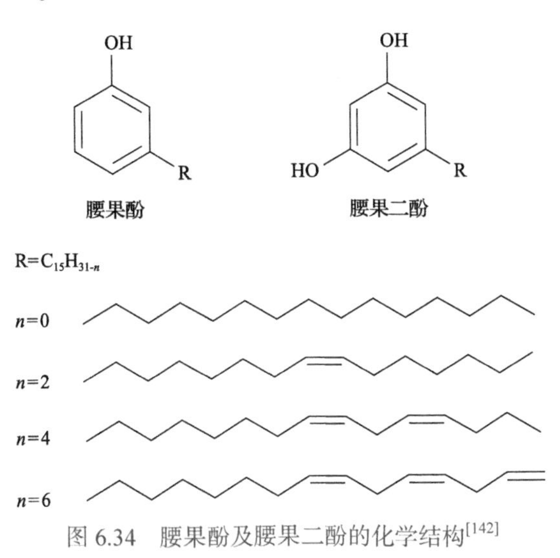

图 6.34 腰果酚及腰果二酚的化学结构[142]

余英丰课题组合成了三种不同官能度的腰果酚基环氧/环硫，腰果酚与环氧氯丙烷反应得到的单官能度环氧(cardanol epoxy, CEO)、腰果酚与卡酚混合物(卡酚含量为 36wt%)酚羟基醚化得到的官能度为 1.3 的腰果酚-卡酚环氧(cardanol-cardol, CCEO)，腰果酚酚羟基醚化，侧链双键氧化得到的多官能团腰果酚环氧(multifunctional cardanol epoxy)，随后三种环氧树脂分别与硫脲反应得到腰果酚基环硫树脂(图 6.35)。由于环硫基团活性大于环氧基团，腰果酚基环硫树脂的固化

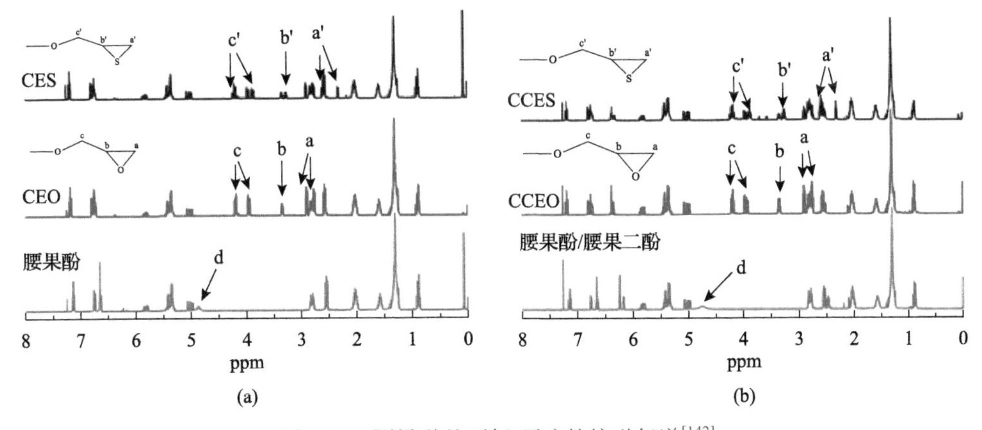

图 6.35 腰果酚基环氧/环硫的核磁氢谱[142]

速率大于相应环氧树脂；随着官能度的增加，体系反应速度增加，放热量降低[142]。

考虑到腰果酚基环氧/环硫含有十五碳长柔性侧基，导致固化后难以形成高交联密度的交联网络，形成的材料玻璃化转变温度与力学强度较低，无法作为电子封装中的基体树脂使用。腰果酚基环氧/环硫更适宜作为环氧树脂的生物基柔性改性剂，提高基体环氧的韧性、抗腐蚀性等。余英丰课题组进一步将腰果酚基环氧/环硫与双酚 A 缩水甘油醚反应(图 6.36)。实验结果表明，腰果酚基环硫树脂的强度优于对应环氧树脂，腰果酚-卡酚环氧/环硫作为改性剂表现出最好的综合性能。

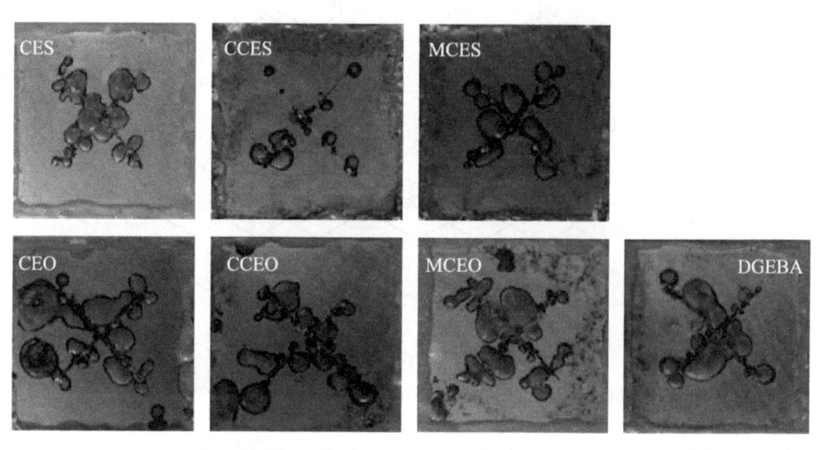

图 6.36 腰果酚基环氧/环硫改性环氧 Machu 腐蚀实验结果[142]

余英丰课题组以腰果酚、多聚甲醛、苯酚等为原料，合成了一系列腰果酚基酚醛、苯酚酚醛环氧固化剂。将得到的腰果酚基新型环氧固化剂与环氧树脂 DEN438 等摩尔量反应，探究吸水行为的变化(图 6.37)。实验结果表明，腰果酚基衍生物固化环氧树脂的吸水过程不是传统的 Fickian 过程，而是非常规吸水过

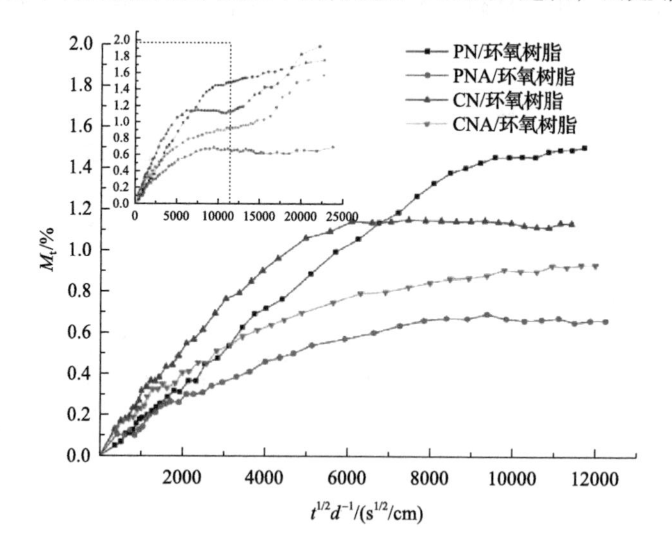

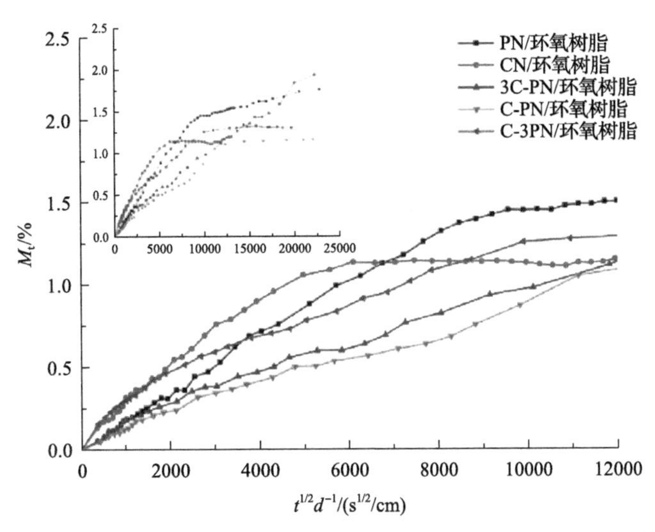

图 6.37　基于腰果酚基新型环氧固化剂得到环氧树脂的吸水性实验[143]

程。经过二阶段吸水处理后，将第一阶段的平台期作为平衡吸水率，并计算对应的扩散系数。在高温与低温环境下，腰果酚基-苯酚酚醛作为固化剂得到的环氧树脂(C-PN/Epoxy)展现出低吸水性和低扩散系数，实现了极性与自由体积的平衡[143]。

余英丰课题组以腰果酚和 *N*-(4-羟基苯基)马来酰亚胺(HPM)为原料，按不同比例合成了一系列新型腰果酚基改性剂(CA-HPM)。将其与酚醛环氧树脂和线型酚醛树脂固化剂等共混后进行热固化(图 6.38)。CA-HPM 对环氧树脂的热性能、黏结性能和热机械性能等综合性能起到了显著的调控作用。相较于传统固化体系，CA-HPM 固化体系的固化活性略有下降，玻璃化转变温度明显降低，热稳定性保持在较高水平，与金属界面的黏结力增强。在 CA-HPM 添加量为 10 wt%时，体系具有较低的吸水率与扩散系数，CA-HPM 固化剂为环氧树脂固化材料提供了平衡的综合性能，并将为广泛的生物质材料的电子封装应用提供更大的可能性[144]。

6.2.3　显示用光学透明压敏胶的结构与性能关系

压敏胶(pressure sensitive adhesives)采用指触压力就能使胶黏剂立即达到黏结任何被粘物光洁表面的目的；与此同时，如果从被粘物黏结表面揭去时，胶黏剂不污染被粘物表面。此黏结过程对压力非常敏感。从实用角度来看，压敏胶具有四类实用黏结性能，分别为初黏力(tack, *T*)、黏合力(adhesion, *A*)、内聚力(cohesion, *C*)、黏基力(keying, *K*)。理想状态下，四种实用黏结性能的大小排序应为 $T < A < C < K$[145]。类似于 LED 器件等光电子器件显示，显示用光学透明压敏胶(optically clear pressure sensitive adhesives)不但要满足基本的连接与可靠性需求，对光学性能具有极高要求。由于显示器的显示效果与光学胶密切相关，在保证可靠性的前提下，光学透明压敏胶的光学性能甚至成为第一位考虑的关键性

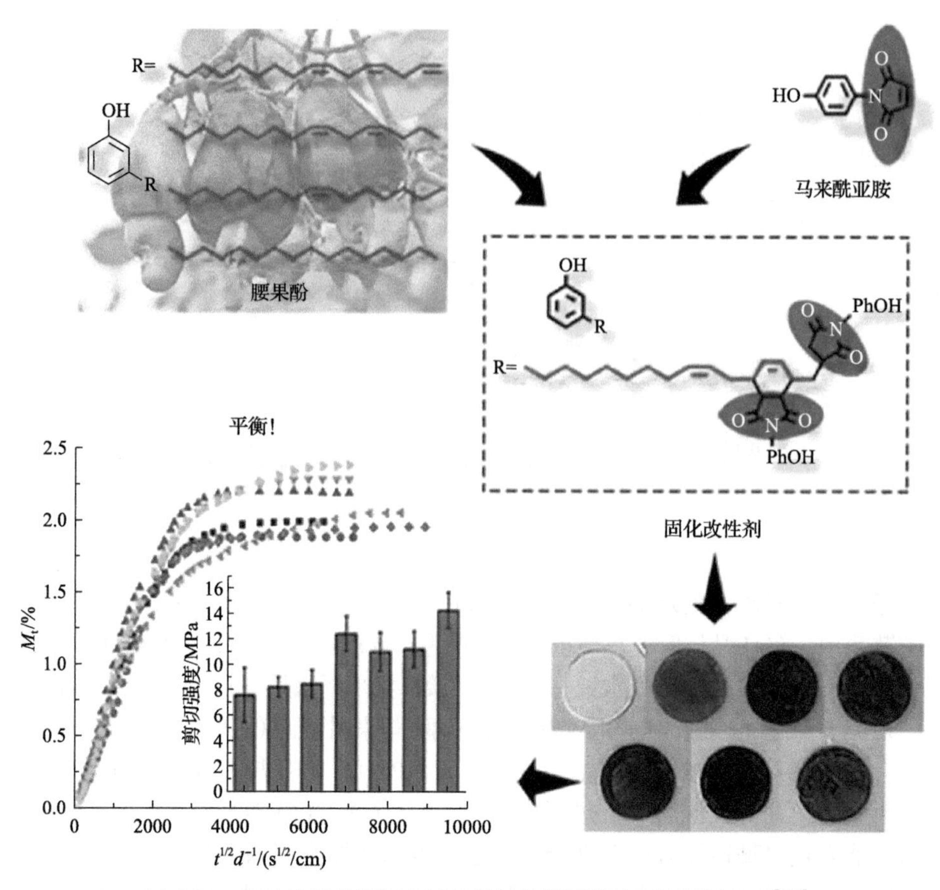

图 6.38 基于腰果酚基新型环氧获得性能平衡的环氧树脂材料[144]

能，胶体在紫外-可见光区的透过率、雾度和光衰等多种光学性能都将作为着重考量的性能指标。从高分子材料的角度来看，光学透明压敏胶的本质是高分子黏弹体，对光学透明压敏胶的性能调控均可转变为高分子黏弹性的问题，流变学表征是对压敏胶材料黏弹行为最有力的剖析手段[145-148]。从产业发展角度来看，目前光学透明压敏胶的高端领域均被美国、日本等发达国家的知名公司(3M，日东电工)垄断，我国在此领域有较大的发展空间。

余英丰课题组[148]合成了一系列可 UV 固化的聚氨酯-丙烯酸酯预聚物，并与丙烯酸异辛酯共聚，得到了对应的聚氨酯改性的丙烯酸酯压敏胶模型。聚氨酯-丙烯酸酯预聚物的引入降低了体系的固化收缩率，提高了光固化配方的可加工性。他们讨论了聚氨酯预聚物中聚氨酯结构、预聚物平均官能度对光学透明压敏胶光学性能与黏结性能的影响。对于光学性能而言，所有制备的光学透明压敏胶在紫外-可见吸收区的透过率均大于 92%(图 6.39)，雾度均小于 1%，具有良好的光学性能。压敏胶雾度随着聚氨酯-丙烯酸酯预聚物中软段链长增加而降低，随体系平均官能度增加而增加。这可能是由于软段含量增加降低了聚氨酯分子之间的硬段相互作用，减少了小的硬段聚集区对光的散射；预聚物平均官能度增加将会导致交联点附近的硬段相互作用聚集程度增加。

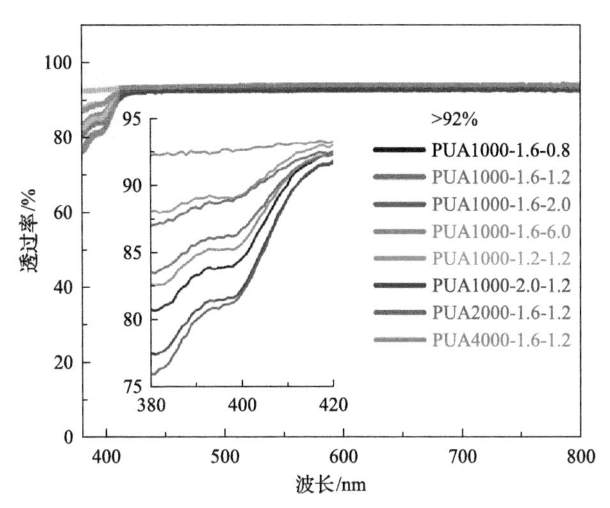

图 6.39 聚氨酯改性的丙烯酸酯压敏胶的紫外-可见透过光谱[148]

在平均官能度一致的情况下，随着聚氨酯预聚物中聚醚链段长度增加，体系中极性的氨基甲酸酯含量降低，剥离强度与初黏强度降低，体系模量降低，光学性能提高；压敏胶体系黏结性能随着预聚物平均官能度增加而快速降低。对压敏胶进行频率扫描，建立起聚氨酯改性的丙烯酸酯压敏胶模型的黏弹窗口(图 6.40)。

从聚氨酯改性的丙烯酸酯压敏胶模型中选取黏结强度最高的光学透明胶应用于液晶显示器的全贴合，并与传统的框贴进行显示效果对比。经过贴合后，光学

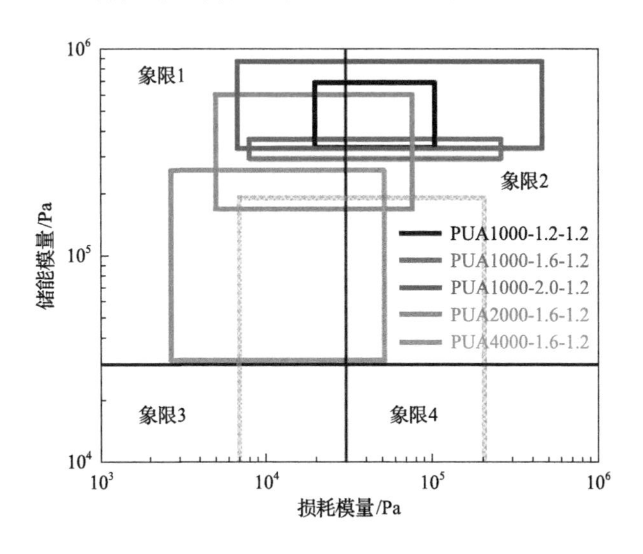

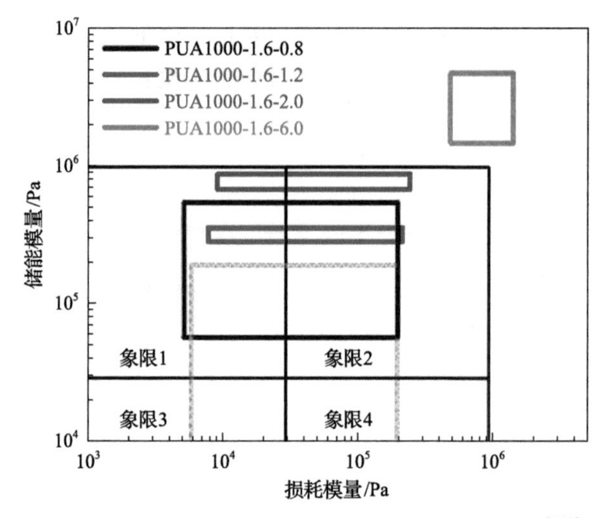

图 6.40 聚氨酯改性的丙烯酸酯压敏胶的黏弹窗口[148]

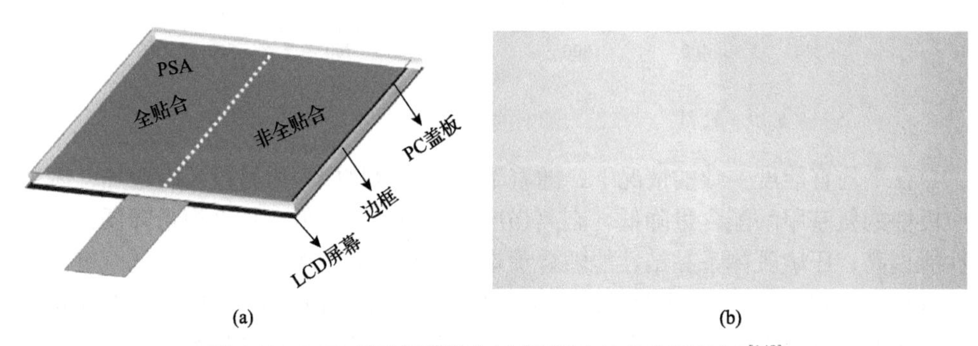

图 6.41 LCD 显示屏幕贴合示意图(a)与白光画面(b)[148]

透明胶接触的部分未发现明显的“Mura”不良区，相较于传统框贴，液晶显示器的显示效果明显提升(图 6.41)。

参 考 文 献

[1] Yablonovitch E. Inhibited spontaneous emission in solid-state physics and electronics. Phys. Rev. Lett., 1987, 58(20): 2059-2062.

[2] John S. Strong localization of photons in certain disordered dielectric superlattices. Phys. Rev. Lett., 1987, 58(23): 2486-2489.

[3] Nucara L, Greco F, Mattoli V. Electrically responsive photonic crystals: A review. J. Mater. Chem. C, 2015, 3(33): 8449-8467.

[4] Zhang J T, Wang L, Luo J, et al. A. 2-D array photonic crystal sensing motif. J. Am. Chem. Soc., 2011, 133(24): 9152-9155.

[5] Reculusa S, Ravaine S. Synthesis of colloidal crystals of controllable thickness through the

Langmuir-Blodgett technique. Chem. Mat., 2003, 15(2): 598-605.

[6] Im S H, Lim Y T, Suh D J, et al. Three-dimensional self-assembly of colloids at a water-air interface: A novel technique for the fabrication of photonic bandgap crystals. Adv. Mater., 2002, 14(19): 1367-1369.

[7] Wu P, Shen X, Schafer C G ,et al. Mechanochromic and thermochromic shape memory photonic crystal films based on core/shell nanoparticles for smart monitoring. Nanoscale, 2019, 11(42): 20015-20023.

[8] Schreiber E, Ziener U, Manzke A, et al. Preparation of narrowly size distributed metal-containing polymer latexes by miniemulsion and other emulsion techniques: Applications for nanolithography. Chem. Mat., 2009, 21(8): 1750-1760.

[9] Carver M T, Dreyer U, Knoesel R, et al. Kinetics of photopolymerization of acrylamide in AOT reverse micelles. J. Polym. Sci. Pol. Chem., 1989, 27(7): 2161-2177.

[10] Jin S, Pan Y J, Wang C C. Reflux precipitation polymerization: A new technology for preparation of monodisperse polymer nanohydrogels. Acta Chim. Sin., 2013, 71: 1500-1504.

[11] Kang K, Kan C Y, Du Y, et al. Control of particle size and carboxyl group distribution in soap-free emulsion copolymerization of methyl methacrylate-ethyl acrylate-acrylic acid. J. Appl. Polym. Sci., 2004, 92(1): 433-438.

[12] Shao J, Zhang Y, Fu G, et al. Preparation of monodispersed polystyrene microspheres and self-assembly of photonic crystals for structural colors on polyester fabrics. J. Text. Inst., 2014, 105(9): 938-943.

[13] Song J, Chagal L, Winnik M A. Monodisperse micrometer-size carboxyl-functionalized polystyrene particles obtained by two-stage dispersion polymerization. Macromolecules, 2006, 39(17): 5729-5737.

[14] Okubo M, Shiozaki M. Production of micron-size monodisperse polymer particles by seeded polymerization utilizing dynamic swelling method with cooling process. Polym. Int., 1993, 30(4): 469-474.

[15] Meng X, Qiu D. Fabrication of monodisperse asymmetric polystyrene particles by crosslinking regulation in seeded emulsion polymerization. Polymer, 2020, 203: 122799.

[16] Wei Y, Gong F, Cui Y, et al. Research progress of sustained-release microspheres prepared by membrane emulsification technique. Chinese Journal of Pharmaceuticals, 2018, 49(10): 1341-1352.

[17] Pullagura B K, Amarapalli S, Gundabala V. Coupling electrohydrodynamics with photopolymerization for microfluidics-based generation of polyethylene glycol diacrylate (PEGDA) microparticles and hydrogels. Colloid Surf. A-Physicochem. Eng. Asp., 2021, 608: 125586.

[18] Umberger J Q, Lamer V K. The Kinetics of diffusion controlled molecular and ionic reactions in Solution as determined by measurements of the quenching of fluorescence. J. Am. Chem. Soc., 1945, 67(7): 1099-1109.

[19] Kim J M, Chang S M, Kong S M, et al. Method for mono-dispersed large spherical particles of silica for LCD spacer. Mol. Cryst. Liquid Cryst., 2008, 492(1): 245-256.

[20] Stöber W, Fink A, Bohn E. Controlled growth of monodisperse silica spheres in the micron size range. J. Colloid Interface Sci., 1968, 26(1): 62-69.

[21] Jiang X, Herricks T, Xia Y. Monodispersed spherical colloids of titania: Synthesis, characterization, and crystallization. Adv. Mater., 2003, 15(14): 1205-1209.

[22] Hosein I D, Liddell C M. Homogeneous, core–shell, and hollow-shell ZnS colloid-based photonic crystals. Langmuir, 2007, 23(5): 2892-2897.

[23] Han M G, Shin C G, Jeon S, et al. Full color tunable photonic crystal from crystalline colloidal arrays with an engineered photonic stop-band. Adv. Mater., 2012, 24(48): 6438-6444.

[24] Wang X, Wang Z, Bai L, et al. Vivid structural colors from long-range ordered and carbon-integrated colloidal photonic crystals. Opt. Express, 2018, 26(21): 27001.

[25] Izu N, Uchida T, Matsubara I, et al. Formation mechanism of monodispersed spherical core–shell ceria/polymer hybrid nanoparticles. Mater. Res. Bull., 2011, 46(8): 1168-1176.

[26] Itoh T, Izu N, Matsubara I, et al. ^{13}C CP/MAS NMR study of cross-linked poly (vinylpyrrolidone) on surface of cerium oxide nanoparticles. Chem. Lett., 2008, 37(11): 1116-1117.

[27] Liang X, Xiao J, Chen B, et al. Catalytically stable and active CeO_2 mesoporous spheres. Inorg. Chem., 2010, 49(18): 8188-8190.

[28] Fu Q, Zhu H, Ge J. Electrically tunable liquid photonic crystals with large dielectric contrast and highly saturated structural colors. Adv. Funct. Mater., 2018, 28(43): 1804628.

[29] Wang S, Li W, Zhang L, et al. Polybenzoxazine-based monodisperse carbon spheres with low-thermal shrinkage and their CO_2 adsorption properties. J. Mater. Chem. A, 2014, 2(12): 4406.

[30] Sun X, Li Y. Colloidal carbon spheres and their core/shell structures with noble-metal nanoparticles. Angew. Chem.-Int. Edit., 2004, 43(5): 597-601.

[31] Pol V G, Motiei M, Gedanken A, et al. Carbon spherules: Synthesis, properties and mechanistic elucidation. Carbon, 2004, 42(1): 111-116.

[32] Jin Y Z, Gao C, Hsu W K ,et al. Large-scale synthesis and characterization of carbon spheres prepared by direct pyrolysis of hydrocarbons. Carbon, 2005, 43(9): 1944-1953.

[33] Li H, Wu P, Zhao G, et al. Fabrication of industrial-level polymer photonic crystal films at ambient temperature based on uniform core/shell colloidal particles. J. Colloid Interface Sci.,

2021, 584: 145-153.

[34] Zahr A S, Davis C A, Pishko M V. Macrophage uptake of core-shell nanoparticles surface modified with poly (ethylene glycol). Langmuir, 2006, 22(19): 8178-8185.

[35] Kanahara M, Shimomura M, Yabu H. Fabrication of gold nanoparticle-polymer composite particles with raspberry, core-shell and amorphous morphologies at room temperature via electrostatic interactions and diffusion. Soft Matter, 2014, 10(2): 275-280.

[36] Ugelstad J, Mórk P C, Kaggerud K H, et al. Swelling of oligomer-polymer particles. New methods of preparation. Adv. Colloid Interface Sci., 1980, 13(1-2): 101-140.

[37] Rahman Z U, Wei N, Feng Y, et al. Synthesis of hollow mesoporous TiO_2 microspheres with single and double Au nanoparticle layers for enhanced visible-light photocatalysis. Chem.-Asian J., 2018, 13(4): 432-439.

[38] Zhu W, Wu Y, Yan C, et al. Facile synthesis of mono-dispersed polystyrene (PS)/Ag composite microspheres via modified chemical reduction. Materials, 2013, 6(12): 5625-5638.

[39] Breen M L, Dinsmore A D, Pink R H, et al. Sonochemically produced ZnS-coated polystyrene core-shell particles for use in photonic crystals. Langmuir, 2001, 17(3): 903-907.

[40] Lu Y, Yin Y, Mayers B T, et al. Modifying the surface properties of superparamagnetic iron oxide nanoparticles through A sol-gel approach. Nano Lett., 2002, 2(3): 183-186.

[41] Wang H, Shi T, Zhai L. Preparation of core-shell poly (acrylic acid)/polystyrene/SiO_2 hybrid microspheres. J. Appl. Polym. Sci., 2006, 102(2): 1729-1733.

[42] Haldorai Y, Lyoo W S, Noh S K, et al. Ionic liquid mediated synthesis of silica/polystyrene core-shell composite nanospheres by radical dispersion polymerization. React. Funct. Polym., 2010, 70(7): 393-399.

[43] Ge J, Hu Y, Zhang T, et al. Superparamagnetic composite colloids with anisotropic structures. J. Am. Chem. Soc., 2007, 129(29): 8974-8975.

[44] Stein A, Li F, Denny N R. Morphological control in colloidal crystal templating of inverse opals, hierarchical structures, and shaped particles. Chem. Mat., 2008, 20(3): 649-666.

[45] Jiang P, Bertone J F, Hwang K S, et al. Single-crystal colloidal multilayers of controlled thickness. Chem. Mat., 1999, 11(8): 2132-2140.

[46] Norris D J, Arlinghaus E G, Meng L L, et al. Opaline photonic crystals: How does self-assembly work?. Adv. Mater., 2004, 16(16): 1393-1399.

[47] Gasperino D, Meng L L, Norris D J,et al. The Role of fluid flow and convective steering during the assembly of colloidal crystals. J. Cryst. Growth, 2008, 310(1): 131-139.

[48] Lozano G, Miguez H. Growth dynamics of self-assembled colloidal crystal thin films. Langmuir, 2007, 23(20): 9933-9938.

[49] Wong S, Kitaev V, Ozin G A. Colloidal crystal films: Advances in universality and perfection. J.

Am. Chem. Soc., 2003, 125(50): 15589-15598.

[50] Jiang P, Mcfarland M J. Large-scale fabrication of wafer-size colloidal crystals, macroporous polymers and nanocomposites by spin-coating. J. Am. Chem. Soc., 2004, 126(42): 13778-13786.

[51] Mihi A, Ocana M, Miguez H. Oriented colloidal-crystal thin films by spin-coating microspheres dispersed in volatile media. Adv. Mater., 2006, 18(17): 2244-2249.

[52] Zhang K Q, Liu X Y. In situ observation of colloidal monolayer nucleation driven by an alternating electric field. Nature, 2004, 429(6993): 739-743.

[53] Stiles P J, Regan H M. Transient cellular convection in electrically polarized colloidal suspensions. J. Colloid Interface Sci., 1998, 202(2): 562-565.

[54] Zhang Y L, Wang Y, Wang H, et al. Super-elastic magnetic structural color hydrogels. Small, 2019, 15(35): 1902198.

[55] Ackerson B J, Pusey P N. Shear-induced order in suspensions of hard-spheres. Phys. Rev. Lett., 1988, 61(8): 1033-1036.

[56] Amos R M, Rarity J G, Tapster P R, et al. Fabrication of large-area face-centered-cubic hard-sphere colloidal crystals by shear alignment. Phys. Rev. E, 2000, 61(3): 2929-2935.

[57] Khanh N N, Yoon K B. Facile organization of colloidal particles into large, perfect one- and two-dimensional arrays by dry manual assembly on patterned substrates. J. Am. Chem. Soc., 2009, 131(40): 14228-14230.

[58] Schafer C G, Winter T, Heidt S, et al. Smart polymer inverse-opal photonic crystal films by melt-shear organization for hybrid core-shell architectures. J. Mater. Chem. C, 2015, 3(10): 2204-2214.

[59] Vowinkel S, Boehm A, Schafer T, et al. Preceramic core-shell particles for the preparation of hybrid colloidal crystal films by melt-shear organization and conversion into porous ceramics. Mater. Des., 2018, 160: 926-935.

[60] Haw M D, Poon W C K, Pusey P N. Direct observation of oscillatory-shear-induced order in colloidal suspensions. Phys. Rev. E, 1998, 57(6): 6859-6864.

[61] Vickreva O, Kalinina O, Kumacheva E. Colloid crystal growth under oscillatory shear. Adv. Mater., 2000, 12(2): 110-112.

[62] Ruhl T, Hellmann G P. Colloidal crystals in latex films: Rubbery opals. Macromol. Chem. Phys., 2001, 202(18): 3502-3505.

[63] Ruhl T, Spahn P, Hellmann G P. Artificial opals prepared by melt compression. Polymer, 2003, 44(25): 7625-7634.

[64] Ruhl T, Spahn P, Winkler H, et al. Large area monodomain order in colloidal crystals. Macromol. Chem. Phys., 2004, 205(10): 1385-1393.

[65] Viel B, Ruhl T, Hellmann G P. Reversible deformation of opal elastomers. Chem. Mat., 2007, 19(23): 5673-5679.

[66] Spahn P, Finlayson C E, Etah W M, et al. Modification of the refractive-index contrast in polymer opal films. J. Mater. Chem., 2011, 21(24): 8893-8897.

[67] Finlayson C E, Spahn P, Snoswell D R E, et al. 3D bulk ordering in macroscopic solid opaline films by edge-induced rotational shearing. Adv. Mater., 2011, 23(13): 1540-1544.

[68] Schlander A M B, Gallei M. Temperature-induced coloration and interface shell cross-linking for the preparation of polymer-based opal films. ACS Appl. Mater. Interfaces, 2019, 11(47): 44764-44773.

[69] Kredel J, Gallei M. Compression-responsive photonic crystals based on fluorine-containing polymers. Polymers, 2019, 11(12): 2114.

[70] Schlander A M B, Gallei M. Temperature-induced coloration and interface shell cross-linking for the preparation of polymer-based opal films. ACS Appl. Mater. Interfaces, 2019, 11(47): 44764-44773.

[71] Pursiainen O L J, Baumberg J J, Ryan K, et al. Compact strain-sensitive flexible photonic crystals for sensors. Appl. Phys. Lett., 2005, 87(10): 101902.

[72] Pursiainen O L J, Baumberg J J, Winkler H, et al. Shear-induced organization in flexible polymer opals. Adv. Mater., 2008, 20(8): 1484-1487.

[73] Zhao Q B, Finlayson C E, Snoswell D R, et al. Large-scale ordering of nanoparticles using viscoelastic shear processing. Nat. Commun., 2016, 7: 11661.

[74] Zhao Q B, Finlayson C E, Schaefer C G, et al. Nanoassembly of polydisperse photonic crystals based on binary and ternary polymer opal alloys. Adv. Opt. Mater., 2016, 4(10): 1494-1500.

[75] Shen X Q, Du J Y, Sun J X, et al. Transparent and UV blocking structural colored hydrogel for contact lenses. ACS Appl. Mater. Interfaces, 2020, 12: 39639-39648.

[76] He J, Shen X Q, Li H T, et al. Scalable and sensitive humidity-responsive polymer photonic crystal films for anticounterfeiting application. ACS Appl. Mater. Interfaces, 2022, 14: 27251-27261.

[77] Shen X Q, Wu P, Schäfer C G, et al. Ultrafast assembly of nanoparticles to form smart polymeric photonic crystal films: A new platform for quick detection of solution compositions. Nanoscale, 2019, 11: 253-1261.

[78] Huang H W, Li H T, Shen X Q, et al. Gecko-inspired smart photonic crystal films with versatile color and brightness variation for smart windows. Chem. Eng. J., 2022, 429: 132437.

[79] Lee S Y, Choi J, Jeong J-R, et al. Magnetoresponsive photonic microspheres with structural color gradient. Adv. Mater., 2017, 29(13): 1605450.

[80] Kubo S, Gu Z-Z, Takahashi K, et al. Control of the optical properties of liquid crystal-infiltrated

inverse opal structures using photo irradiation and/or an electric field. Chem. Mat., 2005, 17(9): 2298-2309.

[81] Sugiyama H, Sawada T, Yano H, et al. Linear thermosensitivity of gel-immobilized tunable colloidal photonic crystals. J. Mater. Chem. C, 2013, 1(38): 6103-6106.

[82] Chen M, Zhou L, Guan Y, et al. Polymerized microgel colloidal crystals: Photonic hydrogels with tunable band gaps and fast response rates. Angew. Chem.-Int. Edit., 2013, 52(38): 9961-9965.

[83] Puzzo D P, Arsenault A C, Manners I.,et al. Electroactive inverse opal: A single material for all colors. Angew. Chem.-Int. Edit., 2009, 48(5): 943-947.

[84] Fang Y Q, Li H T, Wang X L, et al. In situ dynamic study of color-changing in liquid colloidal crystals for electrophoretic displays. ACS Appl. Nano Mater., 2022, 5: 11249-11261.

[85] Zhang Y L, Wang Y, Wang H, et al. Super-elastic magnetic structural color hydrogels. Small, 2019, 15(35): 1902198.

[86] Fang Y Q, Fei W W, Shen X Q, et al. Magneto-sensitive photonic crystal ink for quick printing of smart devices with structural colors. Mater. Horizons, 2021, 8: 2079-2087.

[87] Sun X, Zhang J, Lu X, et al. Mechanochromic photonic-crystal fibers based on continuous sheets of aligned carbon nanotubes. Angew. Chem.-Int. Edit., 2015, 54(12): 3630-3634.

[88] Arsenault A C, Clark T J, Von Freymann G, et al. From colour fingerprinting to the control of photoluminescence in elastic photonic crystals. Nat. Mater., 2006, 5(3): 179-184.

[89] Chen J Y, Xu L R, Yang M J, et al. Highly stretchable photonic crystal hydrogels for a sensitive mechanochromic sensor and direct ink writing. Chem. Mat., 2019, 31(21): 8918-8926.

[90] Wu P, Shen X Q, Schäfer C G, et al. Mechanochromic and thermochromic shape memory photonic crystal films based on core/shell nanoparticles for smart monitoring. Nanoscale, 2019, 11:20015-20023.

[91] Lee G H, Choi T M, Kim B, et al. Chameleon-inspired mechanochromic photonic films composed of non-close-packed colloidal arrays. ACS Nano, 2017, 11(11): 11350-11357.

[92] Tessier P M, Velev O D, Kalambur A T, et al. Assembly of gold nanostructured films templated by colloidal crystals and use in surface-enhanced Raman spectroscopy. J. Am. Chem. Soc., 2000, 122(39): 9554-9555.

[93] Shen X Q, Wu P, Schafer C G, et al. Ultrafast assembly of nanoparticles to form smart polymeric photonic crystal films: A new platform for quick detection of solution compositions. Nanoscale, 2019, 11(3): 1253-1261.

[94] Holtz J H, Asher S A. Polymerized colloidal crystal hydrogel films as intelligent chemical sensing materials. Nature, 1997, 389(6653): 829-832.

[95] Alexeev V L, Das S, Finegold D N, et al. Photonic crystal glucose-sensing material for

noninvasive monitoring of glucose in tear fluid. Clin. Chem., 2004, 50(12): 2353-2360.

[96] Lee Y J, Pruzinsky S A, Braun P V. Glucose-sensitive inverse opal hydrogels: Analysis of optical diffraction response. Langmuir, 2004, 20(8): 3096-3106.

[97] Nakayama D, Takeoka Y, Watanabe M, et al. Simple and precise preparation of a porous gel for a colorimetric glucose sensor by a templating technique. Angew. Chem.-Int. Edit., 2003, 42(35): 4197-4200.

[98] Barry R A, Wiltzius P. Humidity-sensing inverse opal hydrogels. Langmuir, 2006, 22(3): 1369-1374.

[99] Wu L Y, Ross B M, Lee L P. Optical properties of the crescent-shaped nanohole antenna. Nano Lett., 2009, 9(5): 1956-1961.

[100] Nam H, Song K, Ha D, et al. Inkjet printing based mono-layered photonic crystal patterning for anti-counterfeiting structural colors. Sci. Rep., 2016, 6(1): 30885.

[101] Li H T, Zhu M J, Tian F, et al. Polychrome photonic crystal stickers with thermochromic switchable colors for anti-counterfeiting and information encryption. Chem. Eng. J., 2021, 426:130683.

[102] Zhang J, Meng Z J, Liu J, et al. Spherical colloidal photonic crystals with selected lattice plane exposure and enhanced color saturation for dynamic optical displays. ACS Appl. Mater. Interfaces, 2019, 11(45): 42629-42634.

[103] 江泽民.新时期我国信息技术产业的发展. 上海交通大学学报, 2008, 10: 1589-1607.

[104] 陈志文, 梅云辉, 刘胜, 等. 电子封装可靠性: 过去、现在及未来. 机械工程学报, 2021, 57(16): 248-268.

[105] 黄庆红.电子元器件封装技术发展趋势.电子与封装, 2010, 10(06): 8-11.

[106] 张翼,薛齐文,王云峰.微电子封装的发展历史和新动态. 机械工程与自动化, 2016(01): 215-216.

[107] 王若达.先进封装推动半导体产业新发展.中国集成电路, 2022, 31(04): 26-29.

[108] 郭本海,王鹏辉,崔文海,等.考虑关键核心技术发展的我国集成电路产业政策效力研究.科技进步与对策, 2023, 40(03): 41-51.

[109] 田民波. 高密度封装基板. 北京: 清华大学出版社, 2003.

[110] C.A.哈珀. 电子组装制造——芯片. 电路板. 封装及元器件(精). 北京: 科学出版社, 2005.

[111] Wong-Stringer M, Game O S, Smith J A, et al. High-performance multilayer encapsulation for perovskite photovoltaics. Adv. Energy Mater., 2018, 8(24): 1801234-1801244.

[112] Scandurra A, Zafarana R, Tenya Y, et al. Chemistry of green encapsulating molding compounds at interfaces with other materials in electronic devices. Appl. Surf. Sci., 2004, 235(1-2): 65-72.

[113] Tong L, Feng Y, Sun X, et al. High refractive index adamantane-based silicone resins for the encapsulation of light-emitting diodes. Polym. Adv. Technol., 2018, 29(8): 2245-2252.

[114] Wang Y, Yin Z, Xie Z, et al. Polysiloxane functionalized carbon dots and their cross-linked flexible silicone rubbers for color conversion and encapsulation of white LEDs. ACS Appl. Mater. Interfaces, 2016, 8 (15): 9961-9968.

[115] Park J H, Baek S D, Cho J I, et al. Characteristics of transparent encapsulation materials for OLEDs prepared from mesoporous silica nanoparticle-polyurethane acrylate resin composites. Compos. Part B Eng., 2019, 175: 107188-107193.

[116] Park Y C, Shim H R, Jeong K, et al. A solvent-free, thermally curable low - temperature organic planarization layer for thin film encapsulation. Small, 2022: 2206090-2206098.

[117] Huo J, Yu Y. Effect of charge transfer and chain stacking on the optical and thermal properties of polyimides derived from sulfone and amide-containing dianhydride. High Perform. Polym., 2019, 31 (4): 394-408.

[118] Lim D, Baek M J, Kim H S, et al. Carboxyethyl acrylate incorporated optically clear adhesives with outstanding adhesion strength and immediate strain recoverability for stretchable electronics. Chem. Eng. J., 2022, 437: 135390-135400.

[119] Lee J H, Park J, Myung M H, et al. Stretchable and recoverable acrylate-based pressure sensitive adhesives with high adhesion performance, optical clarity, and metal corrosion resistance. Chem. Eng. J., 2021, 406: 126800-126807.

[120] Koo J H, Kim D C, Shim H J, et al. Flexible and stretchable smart display: Materials, fabrication, device design, and system integration. Adv. Funct. Mater., 2018, 28 (35): 1801834-1801856.

[121] Back J H, Kwon Y, Cho H, et al. Visible-light-curable acrylic resins toward UV-light-blocking adhesives for foldable displays. Adv. Mater., 2022: 2204776-2204786.

[122] Lu D, Wong C P, et al. Materials for advanced packaging. New York: Springer, 2009.

[123] Lim K Y, Kim D U, Kong J H, et al. Ultralow water permeation barrier films of triad a-SiN_x:H/n-SiO_xN_y/H-SiO_x structure for organic light-emitting diodes. ACS Appl. Mater. Interfaces, 2020, 12 (28): 32106-32118.

[124] Kim D, Jeon G G, Kim J H, et al. Design of a flexible thin-film encapsulant with sandwich structures of perhydropolysilazane layers. ACS Appl. Mater. Interfaces, 2022, 14 (30): 34678-34685.

[125] Li H, Ma Y, Huang Y. Material innovation and mechanics design for substrates and encapsulation of flexible electronics: A review. Mater. Horiz., 2021, 8 (2): 383-400.

[126] Feldstein M M, Dormidontova E E, Khokhlov A R. Pressure sensitive adhesives based on interpolymer complexes. Prog. Polym. Sci., 2015, 42: 79-153.

[127] Droesbeke M A, Aksakal R, Simula A, et al. Biobased acrylic pressure-sensitive adhesives. Prog. Polym. Sci., 2021, 117: 101396-101406.

[128] 汉高中国. https://www.henkel-adhesives.com/cn/zh/industries/electronics.html.

[129] Mont F W, Kim J K, Schubert M F, et al. High-refractive-index TiO_2-nanoparticle-loaded encapsulants for light-emitting diodes. J. Appl. Phys., 2008, 103(8): 083120-083126.

[130] Alpern P, Lee K C, Dudek R, et al. A simple model for the mode I popcorn effect for IC packages. Microelectron. Reliab., 2000, 40 (8-10): 1503-1508.

[131] Wang Y, Bai Y, Yue L, et al. Synthesis of photo - crosslinked hybrid fluoropolymer and its application as releasing coating for silicone pressure - sensitive adhesives. J. Appl. Polym. Sci., 2020, 137(4): 48322-48331.

[132] Baek S S, Jang S H, Hwang S H. Construction and adhesion performance of biomass tetrahydro-geraniol-based sustainable/transparent pressure sensitive adhesives. J. Ind. Eng. Chem., 2017, 53: 429-434.

[133] Barrios C A. Pressure sensitive adhesive tape: A versatile material platform for optical sensors. Sensors, 2020, 20 (18): 5303-5318.

[134] Jin S, Ji C, Yan C, et al. TFT-LCD mura defect detection using DCT and the dual-γ piecewise exponential transform. Precis. Eng., 2018, 54: 371-378.

[135] Pauluth D, Tarumi K. Optimization of liquid crystals for television. J. Soc. Inf. Disp., 2005, 13 (8): 693-702.

[136] Yu Y, Su H, Gan W. Effects of storage aging on the properties of epoxy prepregs. Ind. Eng. Chem. Res., 2009, 48 (9): 4340-4345.

[137] Wang H, Liu Y, Zhang J, et al. Effect of curing conversion on the water sorption, corrosion resistance and thermo-mechanical properties of epoxy resin. RSC Adv., 2015, 5(15): 11358-11370.

[138] Chen Z, Liu Z, Shen G, et al. Effect of chain flexibility of epoxy encapsulants on the performance and reliability of light-emitting diodes. Ind. Eng. Chem. Res., 2016, 55(28): 7635-7645.

[139] Zhang J, Li T, Wang H, et al. Monitoring extent of curing and thermal–mechanical property study of printed circuit board substrates. Microelectron. Reliab., 2014, 54(3): 619-628.

[140] Wen R, Huo J, Lv J, et al. Effect of silicone resin modification on the performance of epoxy materials for LED encapsulation. J. Mater. Sci. Mater. Electron., 2017, 28 (19): 14522-14535.

[141] Li T, Zhang J, Wang H, et al. High-performance light-emitting diodes encapsulated with silica-filled epoxy materials. ACS Appl. Mater. Interfaces, 2013, 5(18): 8968-8981.

[142] Lv J, Liu Z, Zhang J, et al. Bio-based episulfide composed of cardanol/cardol for anti-corrosion coating applications. Polymer, 2017, 121: 286-296.

[143] Liu Z, Huo J, Yu Y. Water absorption behavior and thermal-mechanical properties of epoxy resins cured with cardanol-based novolac resins and their esterified ramifications. Mater. Today

Commun., 2017, 10: 80-94.

[144] Chen M, Liu L, Wang G, et al. Synthesis and property study of novel maleimide-cardanol based modifiers for epoxy resins. J. Appl. Polym. Sci., 2022, 139(40): e52956-52970.

[145] 杨玉昆, 吕凤亭. 压敏胶制品技术手册. 北京: 化学工业出版社, 2004.

[146] Sun S, Li M, Liu A. A review on mechanical properties of pressure sensitive adhesives. Int. J. Adhes. Adhes., 2013, 41: 98-106.

[147] Mazzeo F A. Characterization of pressure sensitive adhesives by rheology. TA Instruments Report RH082, 2002: 1-8.

[148] Wang G, Zhou Z, Chen M, et al. UV-curable polyurethane acrylate pressure-sensitive adhesives with high optical clarity for full lamination of TFT-LCD. ACS Appl. Polym. Mater., 2023, 5(3): 2051-2061.

第 7 章　高分子发展新方向

本章将重点介绍近些年来高分子发展的新方向，首先概述了高分子材料的机械力学研究，包括超高强度的高分子材料的发展以及机械力响应高分子的功能性应用；然后围绕高分子的精准研究方向，重点讨论了先进透射电子显微镜技术及其表征和微结构化嵌段高分子材料的精确研究；最后在储能领域中，介绍了高分子在有机储能电池的新发展和能源高分子融合人工智能的新技术。

7.1　高分子材料的机械力学研究

7.1.1　超高强度高分子材料的开发

超高强度材料，尤其是人工合成的超高强度高分子材料在航空航天、运动器材、交通运输等多个领域都发挥着极其重要的作用，一直是领域内的研究热点。一般来说，此类材料都为具有超高拉伸强度的轻量化纤维，如凯夫拉、碳纤维、超高分子量聚乙烯等，被做成织物广泛应用于复合材料中。此类材料与常规聚合物有所不同，其机械性能受内部分子排列有序度的影响极深，故而在加工过程中需要非常苛刻而精细的拉丝与纺织工艺[1,2]。这些复杂度很高的工艺在很大程度上推高了材料成本，因而阻止了其在工业界的广泛应用。

与线型聚合物不同的是，平面型聚合物仅需一步组装即可得到宏观的三维结构，从而极大地简化了加工过程，降低了材料的使用成本。此外，二维聚合物还可同时在两个维度上提供强度，因而其比强度(强度与质量之比)是相同情况下一维纤维的两倍[3]。基于以上优势，二维聚合物将是超强合成材料的最佳选择。

二维聚合物的概念最早在 20 世纪 30 年代被提出，此后这类高分子的合成获得了学术界的持续关注[4-6]。为了将可自由平动和转动的聚合单体束缚在二维空间内进行反应，近年来的反应策略基本都集中在两个方向：在反应体系中引入二维模板，将单体约束在相界面上进行聚合[7]；以及将热力学不稳定的产物在高温高压下重结晶，通过反复的结构重组得到二维晶体[8]。但是这两种方法都有严重缺陷，前者的合成效率极低，而后者无法得到稳定产物，故而极大地限制了材料的工业应用[9]。因此，只有不添加模板、不引入弱化学键的溶液直接聚合才能真正实现二维聚合物材料的大规模生产和应用。

均相不可逆二维聚合中最大的问题来自于两个方面，分别是分子生长的尺度效应[10]和缺乏结构纠错[9]。假设在同一个反应体系中，二维生长和三维生长自由竞争且互不干扰，那么片状的二维高分子在生长时，其生长速率与分子周长上的反应活性位点数成正比，即与单体数量的 0.5 次方($i^{1/2}$)成正比；而无序生长的三维球状分子，其生长速率则与单体数量的 2/3 次方成正比(图 7.1)。这说明从动力学角度看，二维生长无法与三维生长竞争。同时，已有的二维高分子片段中，每个单键都可自由旋转，将不可避免地造成面外生长。在没有结构纠错机制的情况下，这些错误的连接将使有序的二维分子不可逆地转为无序的三维分子。

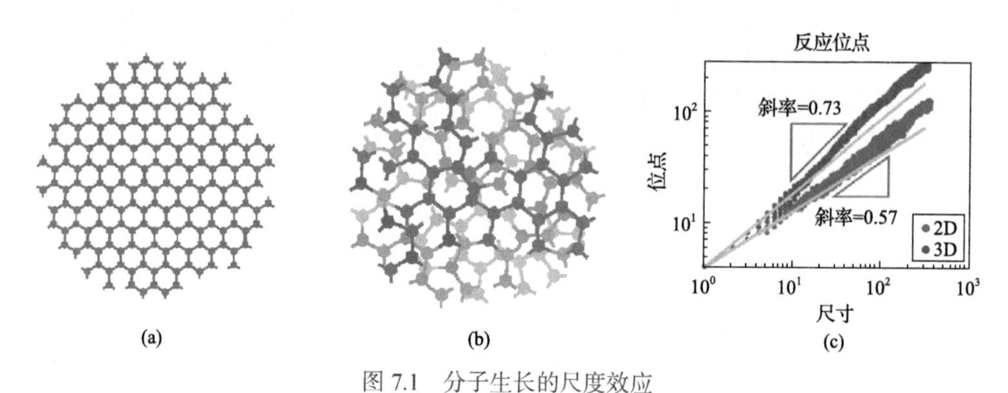

图 7.1　分子生长的尺度效应

(a)圆盘状二维分子与三维球状分子；(b)示意图；(c)二维生长和三维生长的动力学对比，实线为理论模拟结果，点状数据为蒙特卡罗模拟结果。数据引自参考文献[11]

2018 年，Sandoz-Rosado 等人设计了一种二维聚酰胺材料——石墨酰胺[3]。此材料有着很强的分子间氢键作用，可视为二维版凯夫拉。分子动力学模拟显示，石墨酰胺可达到数倍于凯夫拉的超高比模量[0.454(GPa·m^3)/kg]和比强度[0.06(GPa·m^3)/kg]。然而，由于其拥有难以实现的二维结构，以及分子内部的巨大位阻，此假想材料没有被合成出来。

2022 年，曾裕文等人认为不可逆二维聚合可以通过自催化和转动受限这两种合成策略实现[10]。在自催化中，二维片段通过快速的自我复制击败三维生长；而转动受限则是通过引入次级轨道作用来限制自由旋转，使分子各部分共平面。在后续研究中[11]，曾裕文课题组通过化学动力学模拟证实了两者的可能性，不管是单独还是协同作用，反应都可以得到高产率的二维聚合物。相对来说，转动受限比自催化更高效，仅需中等的面内/面外反应概率比就可反转二维与三维生长的选择性。

基于以上考虑，曾裕文课题组通过合理的反应设计实现了二维缩聚，不仅选择合适的单体以降低空间位阻，选用酰胺作为连接基团以限制分子的内部旋转，同时还引入了 Lewis 碱性位点以改善产物的溶解性和可加工性[图 7.2(a)]。反应操作简单，仅需将原料加入溶剂中混合搅拌即可，且可放大，重复性好。所得的二维聚芳酰胺被命名为 2DPA-1，在三氟乙酸中有非常好的溶解性，方便后续的加工。产物的二维属性被其与单体类似的厚度(3.69Å±0.27Å)所证实，表明分子没有经历面外生长[图 7.2(b),(c)]。

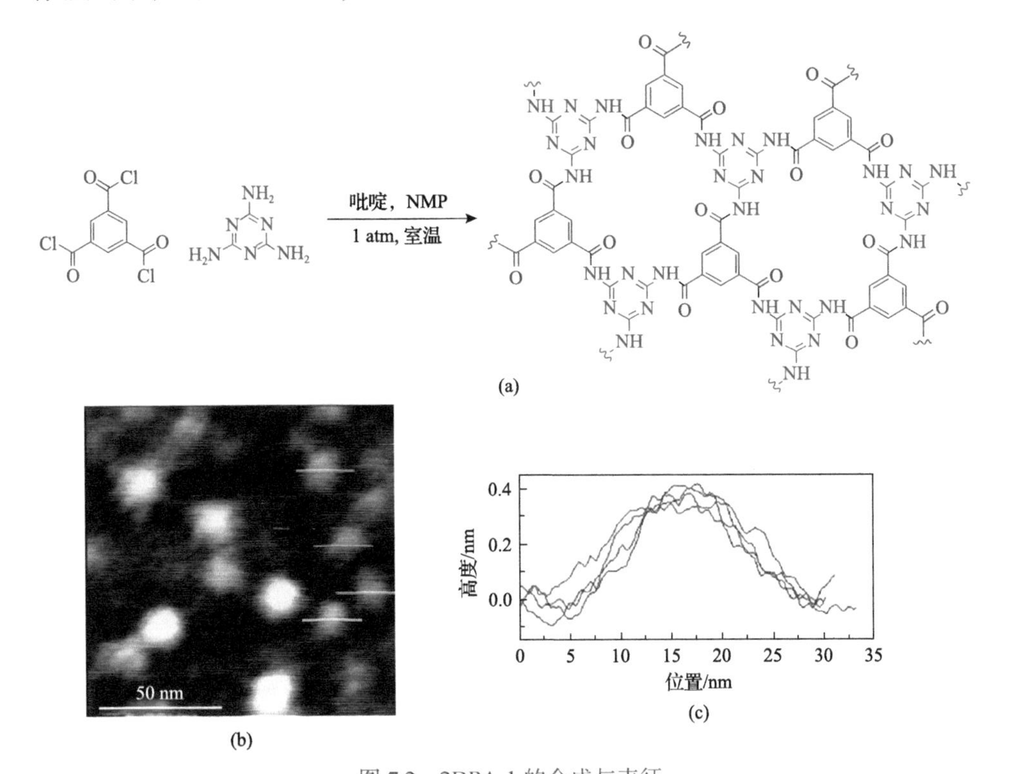

图 7.2 2DPA-1 的合成与表征

(a)2DPA-1 的合成路径；(b)2DPA-1 的 AFM 单分子图像及其高度数据(c)，数据引自参考文献[10]

2DPA-1 展示出了非常强的氢键作用倾向，可形成高度取向的平行互锁分子堆积结构，通过简单旋涂即可得到均质、无孔洞的纳米薄膜。该纳米薄膜表面非常平整(粗糙度<0.5 nm)，可转移，当底物为多孔结构时可横跨孔洞形成自支撑结构，并用于纳米压痕法[12]进行强度测量。有趣的是，在力曲线的尽头薄膜不经历突然的破裂，而是持续的撕裂。此结果与常规二维材料完全不同[12]，显示出材料强度对内部缺陷的不敏感性[13]。经过大量测试所得到的 2DPA-1 拉伸模量为(12.7±3.8) GPa，此结果为常规聚合物(如聚碳酸酯、环氧树脂)的 3～4 倍；同时，其屈服强度为(0.49±0.06) GPa，大约是钢材的两倍[图 7.3(a)]。考虑到材料密度仅为钢材的 1/6，这意味着其比强度相当于钢的 12 倍。研究还发现 2DPA-1 纳米薄膜有极好的气体阻隔性能，经测量，其空气渗透率不高于迄今最不透气的聚合物材料(EVOH)的 1/22.8[14]。

材料的表面亲和力在很大程度上决定了其在复合材料中的应用潜力。对于石墨烯、碳纳米管等范德瓦耳斯力材料，其复合材料由于在受力时很容易发生界面滑移[15]而无法被使用。为了考察此项性能，研究人员将 2DPA-1 和聚碳酸酯(PC)

的复合膜卷绕成纤维[15]，并通过常规拉伸测试分析其宏观力学响应[图 7.3(b)]。实验发现仅 6.9% 2DPA-1 的加入就可将纤维的模量提升 72%，强度也从 110 MPa 提升至 180 MPa[图 7.3(c)]。同时，模量的提升与 2DPA-1 的添加比例成正比，说明其与 PC 之间有足够的表面黏附力，使得两者可以同时且独立地应对外界拉力[图 7.3(d)]。

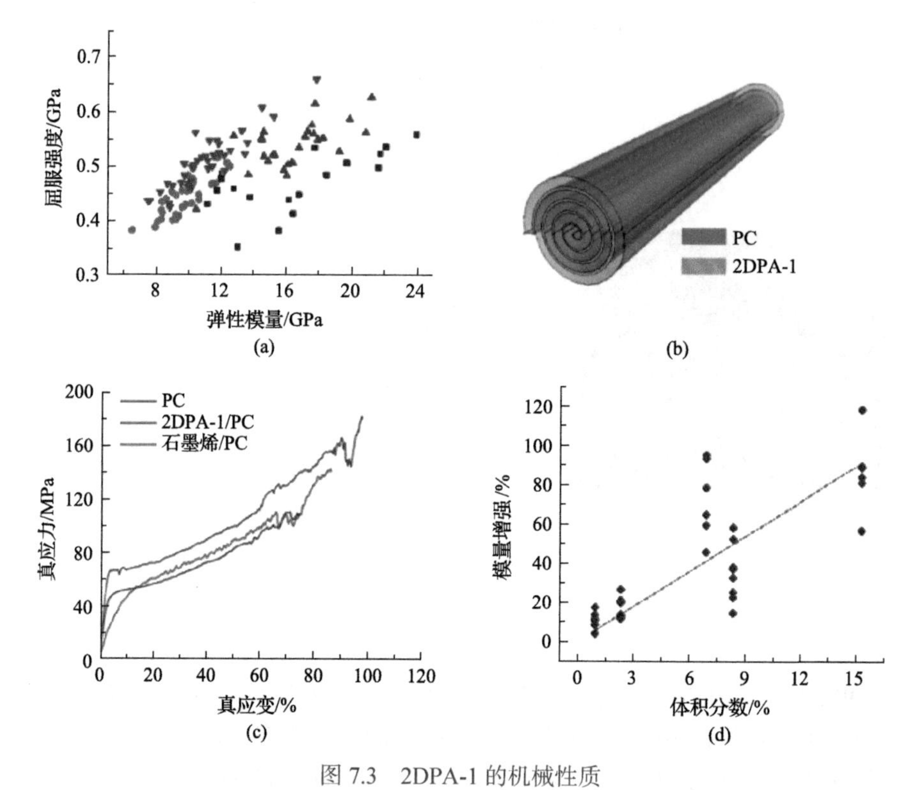

图 7.3 2DPA-1 的机械性质

(a) 二维杨氏模量对屈服强度图；(b) 复合纤维的示意图；(c) 不同纤维的应力-应变曲线；(d) 复合纤维模量提升与 2DPA-1 含量的线性关系。数据引自参考文献[10]和[15]

展望与挑战

近年来，超强聚合物领域取得了一系列重要进展。平面化带来的维度优势不仅使二维高分子获得两倍于一维聚合物的比强度，还能极大地简化加工流程，降低工艺成本。此外，其特殊的分子堆积形式还给材料带来了一些前所未有的性质，如超平整表面、超低的气体渗透率、对缺陷不敏感性，以及高材料韧性等。

然而，现阶段学术界对二维超强聚合物的探索仍停留在初期阶段。首先，不仅缺少清晰的理论用于预测特定的反应单体是否可以实现二维聚合，也无法对现有反应给出更清晰的机理和动力学细节。此外，二维聚合物的机械强度与分子尺寸高度相关，而对其的调控路线尚不清晰。其次，材料的结构-强度关系尚未被建立。根据预测，材料的机械性能可通过调控氢键强度而进一步被优化，但这其中结构、氢键、强度三者之间的关系还不明确。最后，考虑到材料具有多种特别的性质，其巨大的应用潜力仍有待开发。

总之，将反应单体控制在二维中聚合为人们提供了一类具有全新拓扑结构的平面型高分子，其兼具常规二维材料优异的机械性能与一维聚合物的低成本和可加工性，不仅可用作结构材料，还可在多个领域中作为功能材料使用。此类材料作为新的研究方向，有可能在未来成为众多领域的规则改变者。

7.1.2 机械力响应型高分子材料的先进功能拓展

千海课题组建立于 2021 年 11 月，以开发新颖的力敏分子和拓展新型聚合物结构承力载体作为课题组的研究兴趣，他们不断向实现先进且高效的机械力化学反应的应用目标前进。在此过程中，探索宏观和微观结构变化之间的奥秘，开发机械力响应的智能材料和装备，解决分子机器学、有机合成化学和能源可持续利用方面的挑战。本节将聚焦高分子力化学的核心——力敏分子，简述高分子力化学学科的研究进展。

7.1.2.1 （高分子）力化学的发展史

从史前时期钻木取火到古代磨麦成粉[16]，人类就产生了将机械力应用于化学的智慧；公元前四世纪，亚里士多德的学生发现研磨朱砂可以提取汞的现象[17]；到 19 世纪 20 年代，法拉第系统地研究了研磨置换各种金属[18]。这些现象蕴含着一门将机械能转化为化学能的学科。1919 年，Ostwald 首次在《普通化学手册》（*Handbuch der allgemeinen Chemie*）中提出“机械力化学”一词，并讨论了不同形式能量之间的关系，其中就包括机械能和化学能的耦合[19]。然而，要详细解释机械能如何与化学变化相耦合是相当具有挑战性的[20]。

为了解高分子链中的力致化学反应性，高分子力化学应运而生[21]。其最初发现是源于高分子材料的机械降解。20 世纪 30 年代，高分子化学之父 Hermann Staudinger 观察到在咀嚼橡胶时其分子量降低，并用球磨聚苯乙烯验证了主链 C—C 键断裂的猜想[22]。约十年后，Kauzmann 和 Eyring 提出了机械力压制反应能垒的理论[23]。20 世纪 50 年代，Melville 和 Murray 发现超声剪切力可以使溶液中聚合物发生降解[24]。Sohma 则通过电子自旋共振光谱证实了降解时自由基的存在[25]。之后，Encina 和同事偶然发现，过氧化键的存在可以促进聚合物机械降解[26]。2005 年前后，Moore[27]、Craig[28]和 Sijbesma[29]几个课题组先后开创性地将含有弱键的分子引入聚合物并研究了其机械力作用下特定键的断裂。对于以上分子，Ken Caster 博士在 2006 年初的军事论坛上首次提出“mechanophores”（力敏团）的概念[30]。在 21 世纪以前，高分子力化学聚焦于“破坏性”化学，如聚合物降解。

近些年，该学科逐渐从“破坏性”向“产出性”化学转变[31]。力敏团的合理设计为选择性和产出性化学转化开辟了途径，并推动了先进应用的发展(图 7.4)。因此，本节将聚焦产出性的力敏团及其功能，包括发光与变色、结构重排、改变反应途径、产生活性种、释放、催化、降解和门控化学应用(图 7.5)。

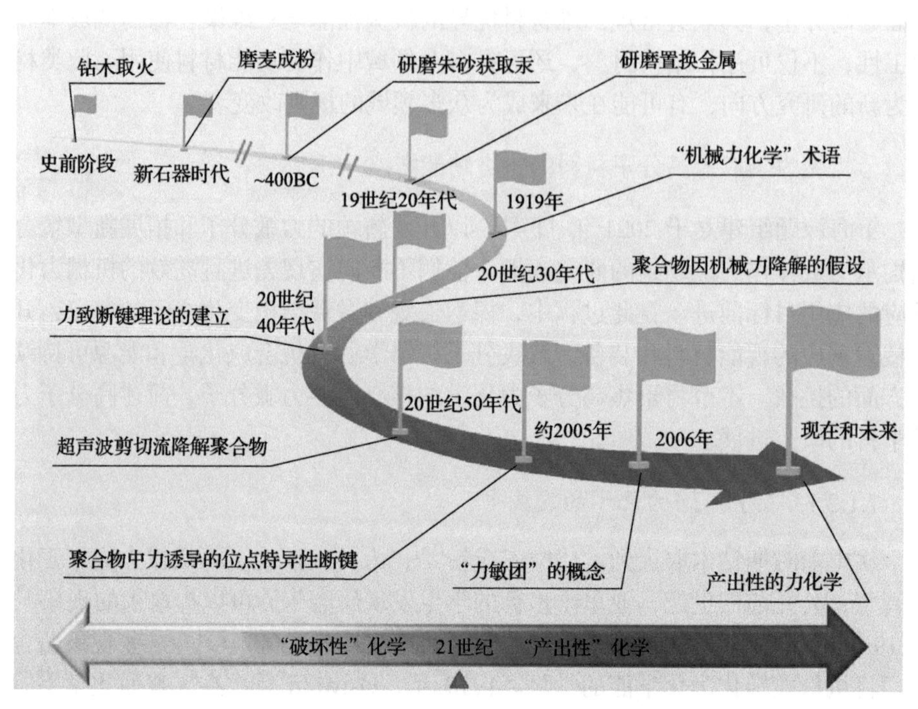

图 7.4　高分子力化学发展史中的重要事件

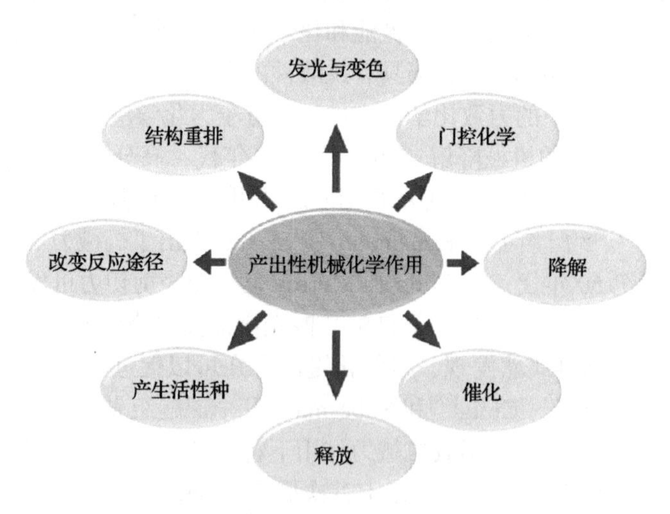

图 7.5　力敏团的产出性力化学功能

7.1.2.2 产出性的力化学功能

1. 发光与变色

高分子力化学中力敏团的光学性质变化的行为是相对常见的，也是最容易实现的一个功能。这些变化分为三类：①紫外吸收变化：螺(硫)吡喃[31]、萘吡喃[32]、噁嗪[33]、罗丹明[34]、梯烯[35]，各种产生稳定自由基的前驱体等[36]；②受激发光：轮烷[37]、香豆素二聚体[38]、蒽-马来酰胺加合物[39]、苯并噁唑[40]、亚铜-吡啶甲酸酯配合物[41]、二硫代马来酰亚胺[42]、肉桂酸二聚体[43]等；③化学发光(少数)：1, 2-二氧杂环丁烷衍生物[44]。上述力敏团通过键的断裂和(或)构型与构象的改变直接产生生色团，或者通过力激活后伴随的化学反应[45]、能量转移[45,46]等间接地产生颜色变化。在机械力作用下呈现光学性质变化的力敏团对研究聚合物力学特性有独特作用[30, 47]。其中噁嗪就是千海课题组目前成功开发的一类快速响应性和区域选择性的力敏团，解决了大多数力敏团的响应滞后性和不可逆性的问题(图 7.6)。

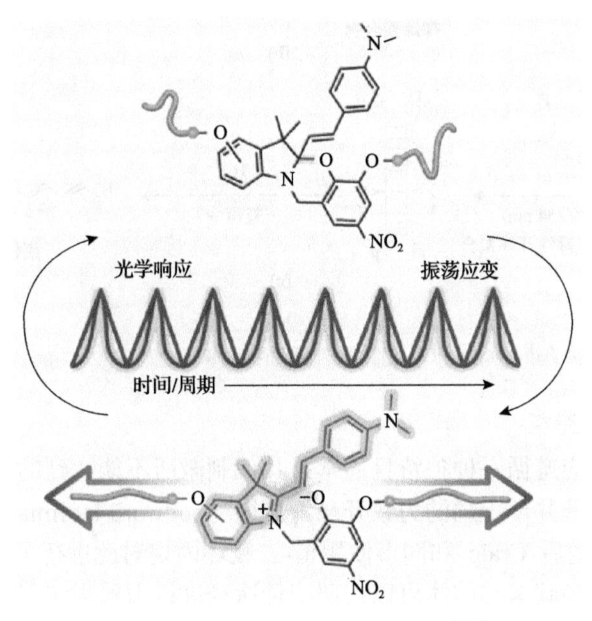

图 7.6 噁嗪的原位力致变色反应[33a]

2. 结构重排

大多数力敏分子的激活常伴有结构重排，从而给分子或材料带来出乎意料的功能和结构。Moore 及同事报道了螺吡喃和环丁烷的力致开环反应，分别用于变色和分子加成[33a,48]。Craig 课题组从卤代环丙烷衍生物的力致开环反应中获得了一系列 2,3-二卤代烷烃产物[图 7.7(a)][45b,49]。微观上，开环的环丙烷或环丁烯衍生物使聚合物链得到了延伸[50]，释放的微观结构应变被证实可以提高材料强度[51]，使水凝胶变硬[52]，或改变材料玻璃化转变温度[53]。另外，烯烃分子可以与交联剂反应，从而提高材料的强度[54]，Boulatov 和 Weng 证明了这点[31]。最近，立方烷在力致激活时产生一种无法通过加热得到的产物[55]。Yan 及同事利用结构重排策略创新性地从聚梯烯合成了聚乙炔半导体[图 7.7(b)][35]；通过改变聚合物前体，他们成功合成了一种用任何其他方法都无法获得的氟化聚乙炔[图 7.7(c)][56]。

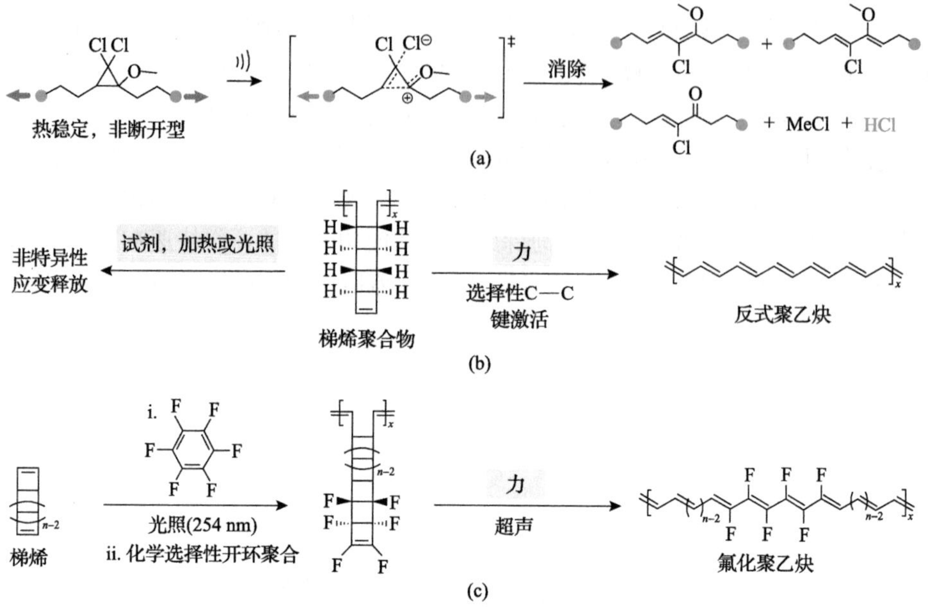

图 7.7　力致分子结构重排

(a)卤代环丙烷聚合物的力致开环反应[48b]；通过力致结构重排策略合成聚乙炔(b)[35]和氟化聚乙炔(c)[56]的过程

3. 改变反应途径

力激活的反应遵循一种独特且通常是其他刺激所不能达到的途径。Moore 及其同事首次证明苯并环丁烯的力致开环不遵循 Woodward-Hoffmann 轨道对称性规则(图 7.8)[57]，随后 Craig 和同事使用偕-二氟环丙烷对此进行了补充[58]。De Bo 发现了一个氮杂环碳卡宾前体可以按照三种途径进行力致裂解[59]，而产物的分布是由后过渡态分叉理论所决定的[60]。Liu 等人报道了一种力诱导的非统计动态效应的新机制，以阐明环丁烷立体异构体力致开环的产物分布[61]。

4. 产生活性种

伴随力化学反应，一系列活性物种(如自由基、离子和中性分子等)随之产生。有些活性种显示出力致变色性质[37]，有些可以引发聚合反应[36e]。Gong 及其同事展示了在双网络水凝胶中，力诱导产生的自由基可以与单体发生聚合反应(图 7.9)，从而伴随模量的提高[62]。为了增加自由基的浓度，他们向双网络水凝胶中引入一

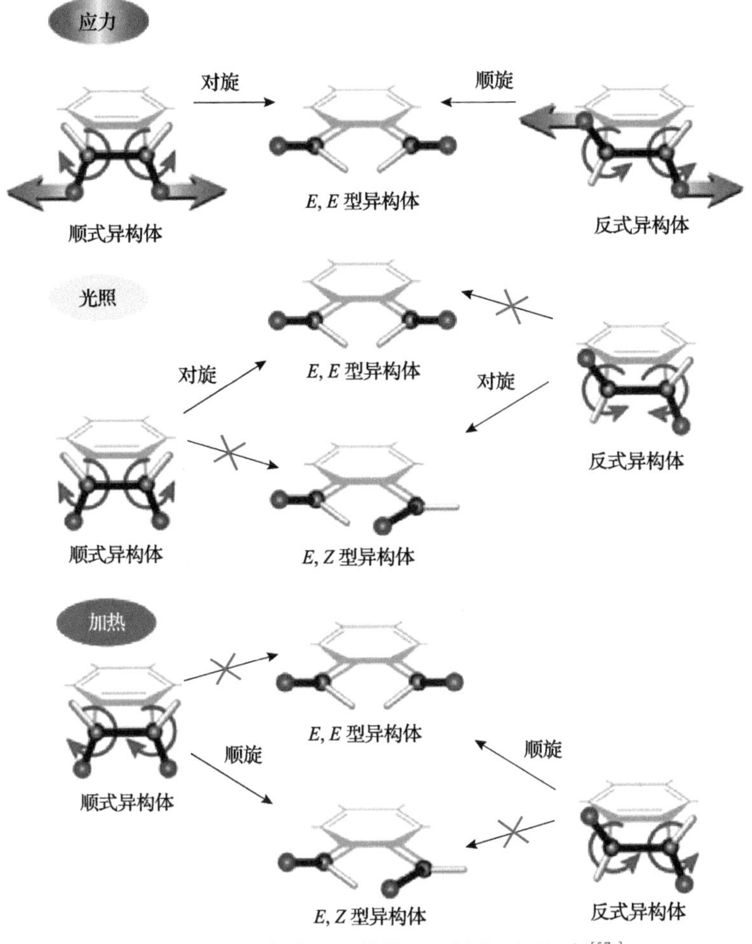

图 7.8 不同刺激下，苯并环丁烯的开环机制[57a]

种基于偶氮的力敏交联剂[63]。Giannantonio 等人首次证明了在超声剪切力下 Fe^{2+} 可以从二茂铁中被释放[64]。随后，Tang 和 Craig 系统地研究了茂类金属的力诱导释放机制[65]。Sijbesma 则通过机械力释放的氮杂环碳卡宾引发不稳定的二氧杂环戊酮化学发光[66]。

5. 释放

力致释放中性小分子是高分子力化学的另一大亮点。常见的策略是通过力致逆向 Diel-Alder(rDA)反应。Boydston 通过弹性激活技术从 rDA 产物中释放呋喃[图 7.10(a)][67]。此技术也被用于释放苯基三唑二酮[68]、氮杂环碳卡宾[69]和一氧化碳[70]。其中，一氧化碳的释放还可以通过拉伸降冰片二烯类化合物实现[71]。该释放过程伴随着聚集诱导发光增强的现象。Robb 采用 rDA 反应释放不稳定的糠基碳酸酯，通过进一步级联反应释放载体分子[图 7.10(b)][72]。Göstl 及其同事采

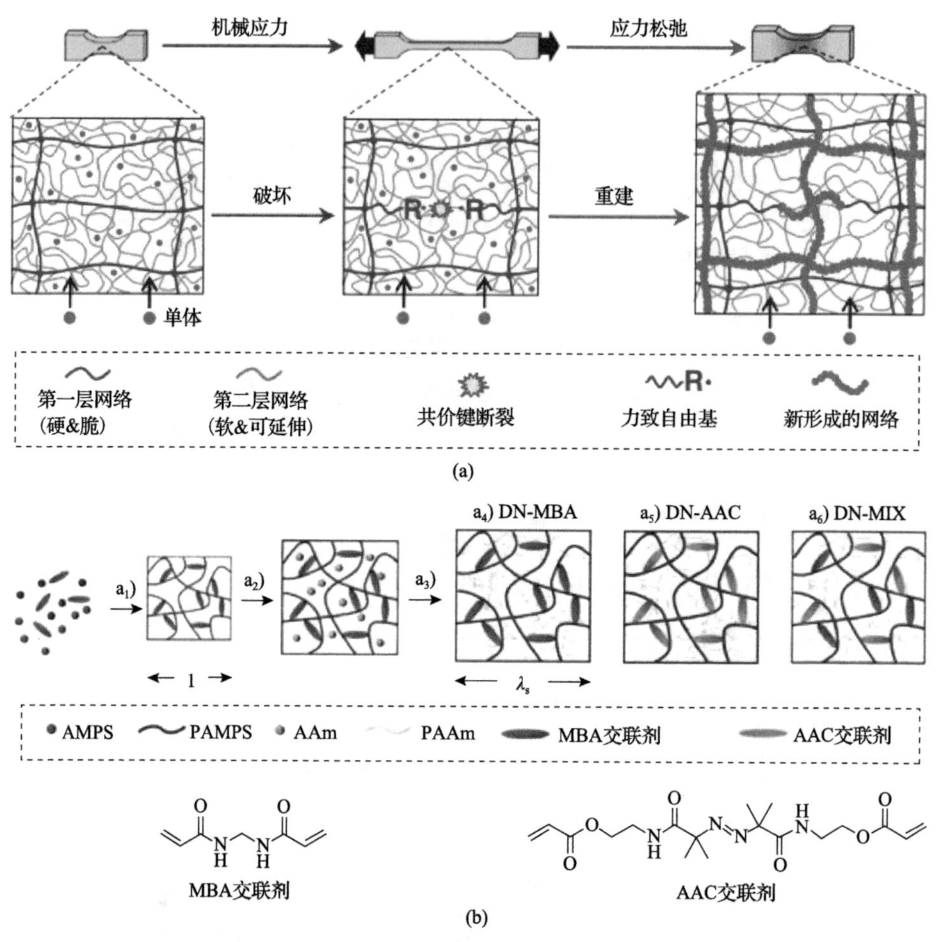

图 7.9　在偶氮交联剂不存在(a)[62]和存在(b)[63]下，力致自增强的双网络水凝胶示意图

用力诱导产生的硫醇来触发荧光和药物分子的释放[73]。同时还可以结合各种载体，如纳米颗粒、超分子笼等，研究力引发的药物释放[74]。最近，Otsuka 团队报道了一种过氧化物力敏团，在力刺激下释放荧光小分子[75]。Moore 和 Craig 开发了释放氯化氢的不同力敏团[45b,76]。

6. 催化

近些年，力致催化过程受到广泛关注。Sijbesma 在这方面做了开创性的工作，如银-氮杂环碳卡宾配合物和钌-氮杂环碳卡宾配合物被机械力激活后，分别用于催化酯交换和烯烃复分解反应(图 7.11)[77]。随后，各种具有潜在催化能力的力敏团被开发出来，包括用于点击反应的铜-氮杂环碳卡宾配合物[78]、用于烯烃硅氢化的铂络合物[79]、用于氢化的聚合物接枝的金纳米颗粒[80]和用于调节氧化加成的钯-二膦[81]。但目前所报道的催化剂多为金属络合物。

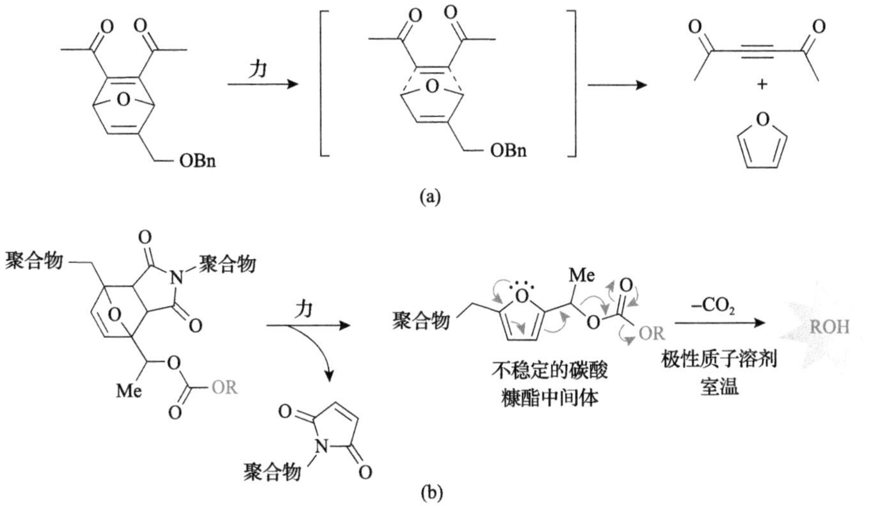

力 → OBn → OBn

(a)

聚合物 聚合物 力 聚合物 Me OR 聚合物 Me OR $-CO_2$ ROH

不稳定的碳酸糠酯中间体

极性质子溶剂 室温

(b)

图 7.10 力致小分子释放

(a)通过弹性激活技术从 rDA 产物中释放呋喃[67]；(b)力触发级联反应释放小分子[72]

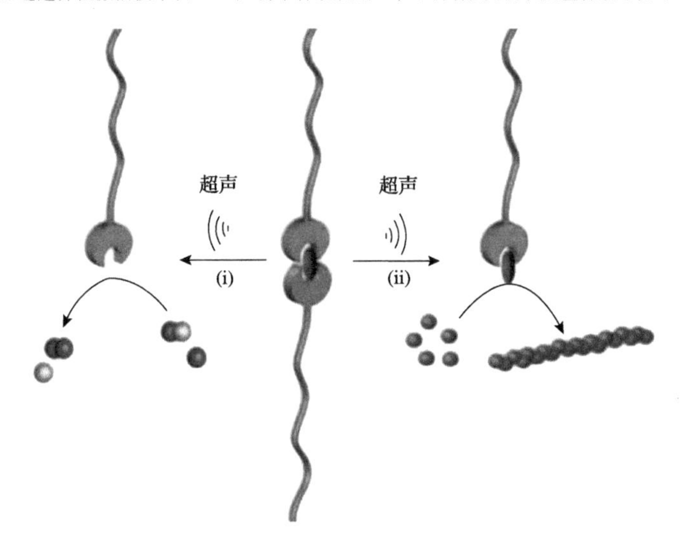

图 7.11 超声诱导的力化学催化酯交换(i)和聚合(ii)的机理[77]

7. 降解

在可持续科学中，研究聚合物的机械降解是一个热门课题。在力作用下，传统聚合物通过非特异性键断裂分解成低聚物或单体，但进一步将其转化为特定的单体或化学原料，需要额外的化学回收策略[82]。虽然，大量研究尝试将力敏团引入聚合物中，试图改变聚合物的降解方式，但遗憾的是，前期只有少数报道：一是聚邻苯二甲醛在力引发下发生头尾解聚生成单一分布的产物[83]；二是力激活生成的 1,3-环辛二烯衍生物，缓慢转变成双内酯小分子实现聚合物降解[84]。最近，

Wang 通过机械门控策略利用高聚合上限温度(T_c)的聚合物制备低 T_c 的聚(2,5-二氢呋喃)，最终实现降解(图 7.12)[85]。

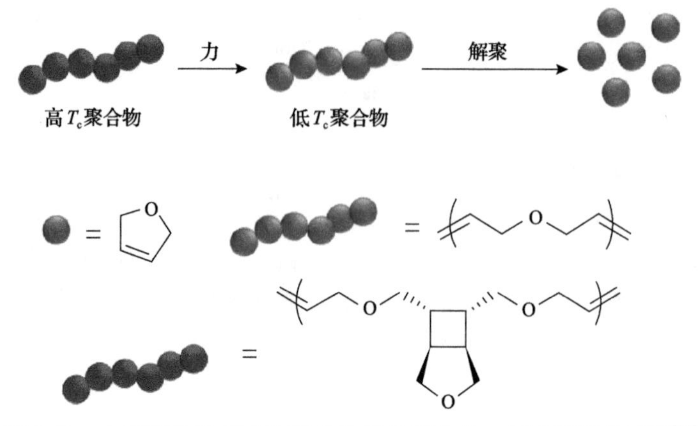

图 7.12 力诱导高 T_c 聚合物转化为低 T_c 聚合物，随之解聚的过程[85]

8. 门控化学

通过整合力敏团与其他功能分子组分实现某些性质的机械门控调节。例如，将力敏环丁烷与多种可降解基团，如酯[86]、缩醛[87]和乙烯基醚[88]进行结合，实现机械门控的可降解行为。Boulatov 和 Craig 采用力敏环丁烷实现环丙烷力化学活性的控制[89]。Otsuka 通过光调控二芳基乙烯基力敏团的力化学活性(图 7.13)[90]。反之，Robb 课题组则通过力化学的策略来调节二芳基乙烯分子的光反应活性[91]。

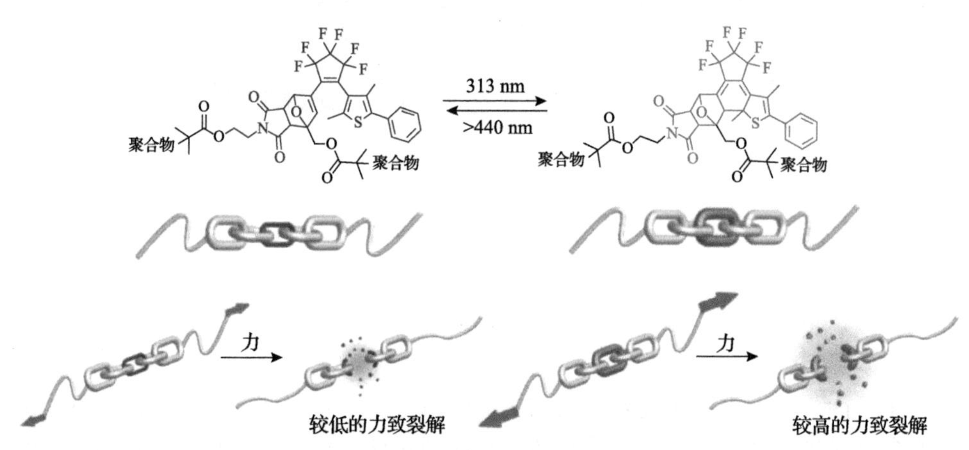

图 7.13 光调控二芳基乙烯基力敏团力化学活性的示意图[90]

9. 结语

在过去的二十年中，力敏团在高分子力化学中受到了广泛关注，预示着该学科依旧是年轻有活力的。除以上所介绍的八个方面，力敏团全新的功能属性有待继续挖掘；另外，高分子力化学作为一门交叉学科，有望解决其他研究领域的关键问题。不得不指出，在高分子力化学领域中仍存在巨大挑战。例如，如何将聚合物宏观形变与微观结构变化联系起来；如何调节力敏材料中的力传导效率以实现精准的力激活；力化学反应的动力学是如何受机械力负载参数的影响；是否有一种更准确和简便的模拟方法来预测力化学反应性等。为了解决这些领域内外的问题和挑战，人们可能会问高分子力化学家应该具备哪些特征。怀揣好奇心、保持创造力、接受多学科合作，并心存感激的人将不断使这一领域保持青春，充满活力。

7.2 高分子材料的精确表征

7.2.1 高分子材料先进透射电子显微镜精确表征

高分子材料的发展需要建立在对材料的微观结构、形成机制和外场响应行为的深入理解上。而这些重要信息的获取，离不开先进的原位高分辨成像技术。透射电子显微镜(transmission electron microscope, TEM)是材料高分辨表征的核心技术。然而高分子材料经常形成于溶液环境中，同时对于电子辐照较为敏感；而常规的 TEM 技术不仅需要真空环境，而且高分辨的 TEM 观测必须使用较大的电子辐照量。因此传统的 TEM 技术很难对水合的或溶液中的高分子材料进行高分辨原位观测，只能通过环境腔来提供一定的湿度。近年来，冷冻透射电子显微镜(cryogenic transmission electron microscope, cryoTEM)和液腔透射电子显微镜(liquid cell transmission electron microscope, LCTEM)两种先进透射电子显微镜表征技术的发展，为高分子材料的精确表征提供了崭新的可能性。在本节中，将对这两种技术近期在高分子材料精确表征领域取得的进展进行简单的回顾，同时对于其未来的发展方向进行展望。

1. 冷冻透射电子显微镜技术

冷冻透射电子显微镜技术是 Jacques Dubochet 教授等人于 1981 年发明的革命性的先进表征方法[92]，于 2017 年获得了诺贝尔化学奖[93]。该技术的基本原理是对薄层溶液样品进行快速冷冻，形成不具有晶体衍射信号的、玻璃化的冰层，从而允许最大限度地保持样品在溶液中的真实形态并进行高分辨观测(图 7.14)。该技术使用的低温可以减少样品所受的电子辐照损伤，同时通常使用<50 $e^-/Å^2$ 的低电子剂量来进一步保护样品。结合冷冻电子断层成像(cryogenic electron tomography, cryoET)技术[94]或单颗粒分析(single particle analysis, SPA)技术[95]，可以对样品实现三维 cryoTEM 成像。此外，通过在多个反应时间点采样，该技术可以对溶液反应的动力学过程实现准原位观测，时间分辨率可达到一分钟以下[96]。

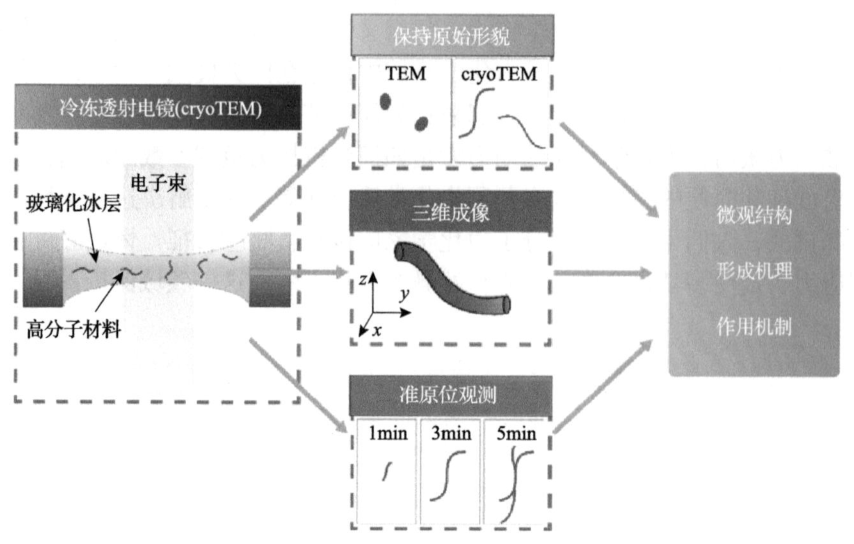

图 7.14　冷冻透射电子显微镜观测高分子材料的基本原理

近年来，随着直接电子探头和能量过滤器等设备的不断发展以及数据分析手段的改进，cryoTEM 的观测分辨率和灵敏度有了长足的进步，如英国剑桥分子生物学实验室的 Sjors Scheres 等人利用单颗粒分析技术，实现了对脱铁铁蛋白 0.12 nm 的三维空间分辨率[99]。同时结合冷冻超薄切片技术和冷冻聚焦离子束切削技术，一些常规难以观测的大型样品如生物组织、细胞等也可以进行高分辨 cryoTEM 观测[100]。在这些进展的基础上，研究人员不仅在结构生物学领域取得了一系列重要成果，在高分子材料的结构表征和自组装机制研究等方面也不断取得新的重要进展，如以色列魏茨曼研究院的 Boris Rybtchinski 等人利用 cryoET 技术揭示了铁蛋白结晶过程中的聚集成核过程[101]，荷兰埃因霍温理工大学的 Meijer 等人利用 cryoTEM 揭示了二元高分子系统在稀释过程中特殊的凝胶-溶胶-凝胶-溶胶转变过程的微观机制[102]，比利时布鲁塞尔大学的 Mike Sleutel 等人利用 cryoTEM 揭示了葡萄糖异构酶蛋白的成核结晶过程等[103]。复旦大学高分子科学系的陈国颂老师团队也利用 cryoTEM 结合单颗粒分析技术，解析了蛋白四聚体自组装纳米管的三维结构[104]。徐一飞课题组利用 cryoTEM 技术，阐明了极性高分子作用下，碳酸钙形成的“液相前驱物”实质上是由无定形纳米团簇组成的[图 7.15(a)～(d)][97]；同时揭示了矿化胶原蛋白纤维中，镶嵌着单轴有序的羟基磷灰石晶体，而这种有序性来自于胶原纤维中纳米孔隙的限域效应[图 7.15(e)，(f)][98]。然而 cryoTEM 技术的一个显然的限制，就是无法对溶液过程进行实时观测。而液腔透射电子显微镜技术则很好地弥补了这一缺陷。

2. 液腔透射电子显微镜技术

液腔透射电子显微镜技术(liquid cell transmission electron microscope, LCTEM)

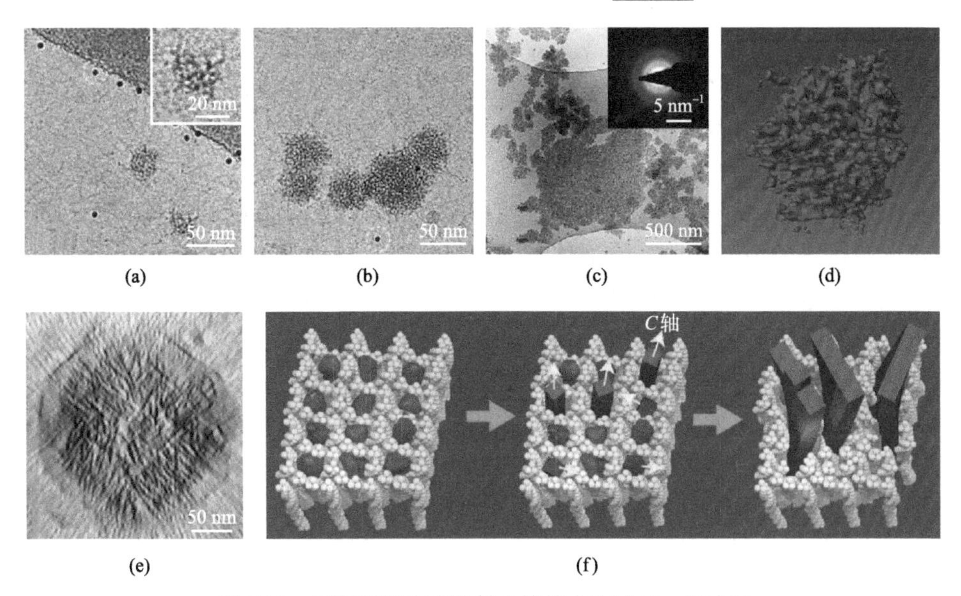

图 7.15　近期利用冷冻透射电镜技术取得的一些成果

(a)～(c)在双链 DNA 作用下形成的碳酸钙纳米团簇自组装过程的 cryoTEM 照片；(d)纳米团簇自组装体的 cryoET 三维重构；(e)矿化胶原蛋白纤维的 cryoET 切片图；(f)基于限域效应的胶原蛋白矿化过程模型。(a)～(d)摘自文献[97]，(e)和(f)摘自文献[98]，并获得了 Nature Springer 出版社的转载许可

的发明最早可以追溯到 1944 年[105]，美国斯坦福大学的 I M Abrams 和 J W McBain 利用厚度为 50 nm 的火棉胶薄膜将金胶体颗粒封装在铂微腔中进行 TEM 观测。但由于水层对电子的强烈散射以及胶体颗粒较快的布朗运动，获得的观测效果并不理想。近年来，随着 TEM 自身观测能力的发展以及微加工工艺的进步，LCTEM 重新引发了研究人员的广泛关注。2003 年，美国 IBM 公司的 F. M. Ross 等人首次使用氮化硅纳米薄层将溶液样品封装于微腔中[图 7.16(a)]，从而观测到了铜团簇的成核生长过程[106]。这一封装方法允许向微腔中添加溶液，并对溶液进行加热、

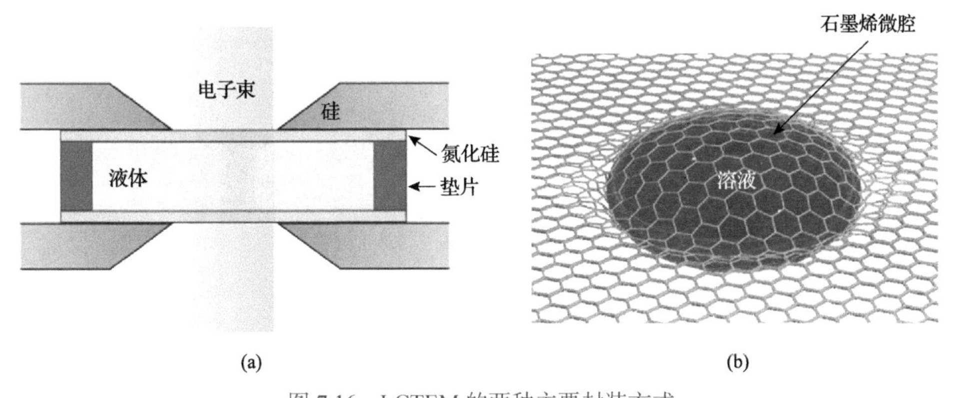

图 7.16　LCTEM 的两种主要封装方式

(a)氮化硅窗口封装；(b)石墨烯微腔封装法

外加电极等处理，因此很快发展成为 LCTEM 观测的主流方法，不仅被应用于无机材料生长过程的研究，在高分子领域也取得了一系列重要进展[107]。但该方法的主要问题是电子透过率仍然过低，因此限制了观测分辨率。

2004 年石墨烯的发现[109]带动了另一种 LCTEM 封装技术——石墨烯微腔的发展[图 7.16(b)]。该封装技术的基本原理是利用石墨烯层间的范德瓦耳斯力和石墨烯自身优良的力学性质，将液体牢固地封装在石墨烯微腔中，并利用石墨烯良好的电子透过率，对溶液样品进行高分辨观测。同时研究发现石墨烯可以有效降低电子辐照对样品带来的损伤，因此特别适合于软物质材料的观测[110]。石墨烯微腔 LCTEM 最早于 2012 年由韩国科学技术院的 Lee Jeong Yong 以及美国加州伯克利大学的 A Zettl 和 A Paul Alivisatos 共同提出，被用于观测铂纳米颗粒在溶液中的生长过程，实现了原子级别的分辨率[111]。韩国蔚山科学技术院的 Steve Granick 对该技术进行了优化并应用于软物质的观测，取得了 PEO 单分子链的观测[112]、单链 DNA 形成双链结构过程的观测等一系列重要进展(图 7.17)[108]。另外美国哈佛大学的 David Weitz 以及德国萨尔大学的 Niels de Jonge 等人也将石墨烯微腔应用于细胞微管[110]和流感病毒[113]等生物样品的原位观测。到目前为止，石墨烯微腔的制备工艺已逐渐成熟，并发展出了可添加液体的新型封装技术，未来在高分子软物质材料研究中应该有更加广阔的应用[114]。

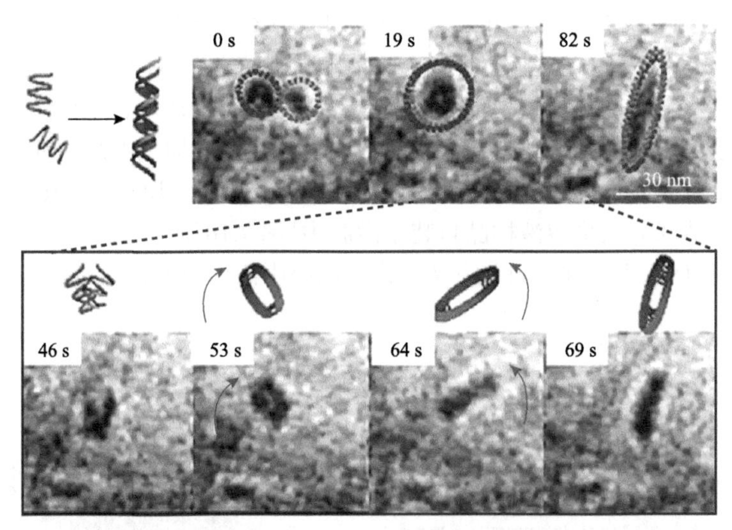

图 7.17 使用石墨烯 LCTEM 观测到的单链 DNA 转变为双螺旋结构的过程

图片摘自引用文献[108]，并获得了美国国家科学院院刊的转载许可

3. 高分子材料透射电子显微镜表征展望

为了进一步满足高分子材料精确表征的需求，以冷冻透射电子显微镜和液腔透射电子显微镜为核心的相关技术还将进一步发展，一些未来的研究方向包括

(图 7.18) 如下方面。

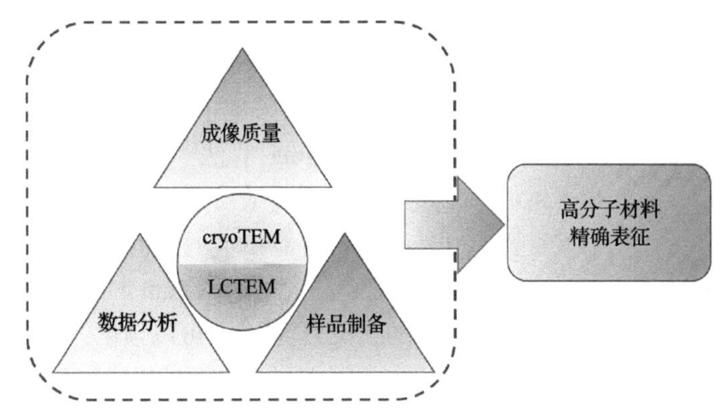

图 7.18 冷冻透射电子显微镜/液腔透射电子显微镜的未来发展方向

为了进一步满足高分子材料精确表征的需求，以冷冻透射电子显微镜和液腔透射电子显微镜为核心的相关技术还将进一步发展，一些未来的研究方向包括(图 7.18) 如下方面。

(1) 成像质量的进一步优化

运用球差校正技术，许多无机样品的透射电子显微镜分辨率已经可以达到 50 pm[115]，但由于高分子材料能够承受的电子辐照剂量有限，这一分辨率仍然很难达到。对于冷冻、液体样品，由于冰层/水层对电子的散射，分辨率会进一步下降[116]。为了提升高分子软物质材料冷冻/液体样品的分辨率，研究人员在电子源、电子探头、能量过滤装置等硬件方面不断进行了优化[99]。更加值得注意的是球差校正和色差校正这两种技术的应用。球差校正技术对于厚度<50 nm 的冷冻/液体样品的分辨率提升尤为明显，而色差校正技术则可以有效提升厚样品的分辨率和对比度，对于冷冻/液体样品的成像更为重要[117]。此外，近期也有研究利用叠层成像(ptychography)技术，克服冷冻电子显微镜成像过程中高频信号的损失，从而提高成像分辨率[118]。随着这些先进技术的进一步进展和推广，高分子材料的透射电子显微镜成像分辨率有望提升到 1Å 以下，这将揭示相关材料在原子尺度的结构信息，从而揭示高分子聚合/解聚过程、结晶过程、变构过程等大量微观过程的细节机理。

(2) 数据分析手段的提升

近年来，数据分析手段的进展尤其是人工智能技术的进步给多个研究领域带来了革命性的变化。如在结构生物学领域，人工智能不仅可以准确预测蛋白质折叠[119]，同时也被广泛地应用于冷冻透射电子显微镜单颗粒分析的数据采集和分析过程中，极大减少了研究人员所需耗费的时间[120]。最近断层扫描数据的分析中也逐渐引入了人工智能技术，但主要集中在局部断层扫描平均(subtomogram averaging, STA）数据的分析[121]。值得注意的是，单颗粒分析和局部断层扫描平均两种技术均只适用于存在多个全同颗粒的情况，因此主要针对蛋白质等生物样品，对于大多数高分子样品并不适用。最近有一些工作将人工智能技术应用于单个样品的断层扫描数据分析中，从而弥补断层扫描采集中的数据缺失，提高成像质量[122, 123]。通过结合压缩感知（compressed sensing）算法[124, 125]，未来有望在使用更少电子剂量的情况下获得更加高质量的断层扫描结果，这对于研究高分子材料的三维形貌和元素分布至关重要。此外，人工智能技术近来也被用于分析液腔电子显微镜所采集的动态数据，如美国加州伯克利大学的 A Paul Alivisatos 等近来利用深度学习技术分析了溶液中纳米颗粒的扩散行为[126]。可以预见，这些数据分析技术的进步将尤其有助于高分子材料的相关研究，为该领域提供崭新的机遇。

（3）样品制备工艺的进步

冷冻透射电子显微镜和液腔透射电子显微镜对于高分子材料的原位高分辨表征带来了重要的推动作用，而这两种技术的核心事实上是独特的样品制备工艺。样品制备工艺的进一步发展，将会进一步推动这两种技术在高分子材料表征领域的应用。对于冷冻透射电子显微镜来说，一些研究热点问题包括样品厚度控制和稳定性提高[127]、制样流程的自动化[128]、厚样品的冷冻减薄方法[129]、有机溶剂的玻璃化处理方法[130]等，而对于液腔透射电子显微镜来说，问题集中于液层的厚度控制和制备方法的简易化上[114,131]。另一个有趣的研究方向是 cryoTEM 和 LCTEM 的联用。如前所述，这两种技术具有高度的互补性。cryoTEM 可以对样品实现分子尺度的三维高分辨观测，但该技术无法实时追踪样品的演化过程；而 LCTEM 可以对样品在溶液中的动力学过程进行实时观测，然而该技术对软物质的分辨率较低，同时也无法进行三维成像。如何实现 cryoTEM 和 LCTEM 的联用，从而弥补两种技术各自的缺陷，是电子显微镜方法学领域的前沿问题。近年来，一些工作尝试将这两种技术结合起来，如荷兰埃因霍温理工大学的 Joseph Patterson 等利用 cryoTEM 和 LCTEM 共同观测了嵌段共聚物囊泡的形成过程以及沸石的脱硅过程等[132,133]。然而这些工作使用的是由氮化硅窗口封装方法，并未对同一样品实现冷冻-解冻处理。使用石墨烯纳米微腔来实现对同一样品的 cryoTEM-LCTEM 联用是一个可行的方向。

4. 小结

综上所述，冷冻透射电子显微镜和液腔透射电子显微镜这两种先进技术在高分子材料的精确表征中得到了越来越广泛的应用，并且取得了一系列重要进展。可以预见，未来随着成像质量、数据分析技术以及样品制备工艺的进一步发展，这两种技术将得到越来越广泛的应用，从而协助解决高分子材料研究中的一些瓶颈问题。

7.2.2 微结构化嵌段高分子材料的精确研究

高分子材料的宏观性能不仅取决于组成分子的化学性质，而且与其分子的多层次聚集态组装微观结构也有密切的关系。嵌段高分子由两/多亲性嵌段通过共价化学键链接而成；分子经由微观相分离可在熔体、溶液、薄膜等多种状态下组装形成涵盖以层状结构、柱状结构、管状网络结构、球状结构等为基本要素的丰富多彩的微观有序结构[134,135]。除了组装结构种类多样的特点外，嵌段高分子组装微观结构的特征尺寸可涵盖从瓶刷嵌段高分子体系的介观尺寸(约 100s nm)[136]到大相互作用系数(x 值)/少重复单元(N 值)体系的微观尺寸(<10 nm)[137]。结构种类的多样性以及结构特征尺寸的可调性，使得嵌段高分子在光子晶体[138]、高性能离子/电子传输[139]、先进储能[140]、半导体器件[141]等诸多应用领域成为一类构建微结构化功能材料的理想软物质体系，吸引了众多研究者数十年的持续关注。然而当前，对微结构化嵌段高分子材料的真正大规模产品化开发应用尚不成功，一个重要的制约因素是在产业规模上对于嵌段高分子组装结构的精确调控以及对相关材料的大规模可靠制备无法开展。在自然条件下，嵌段高分子组装形成的各类有序结构的单一晶粒大小在数微米至数十微米尺度，同时，在这些晶粒中充满了各类结构缺陷；这造成基于微观结构的性能无法在材料中有效可控的长程有序表达，从而使得实际材料的宏观性能劣于理论性能。在无机材料(诸如半导体硅材料等)的研发中，对于材料分子层面化学纯度的精确控制、对于材料加工工艺的精确调控以及对于材料微观结构的精确认知，构成了当前现代化工业生产的基础。而与之相比，作为具有重要应用前景的嵌段高分子材料，无论分子化学特性/纯度、加工工艺的精进以及组装结构的精确认知都有待进一步系统化发展。嵌段高分子的精确合成、材料的精确加工处理、组装结构的精确表征(图 7.19)是真正使微结构化嵌段高分子材料能够市场化应用的必由之路。

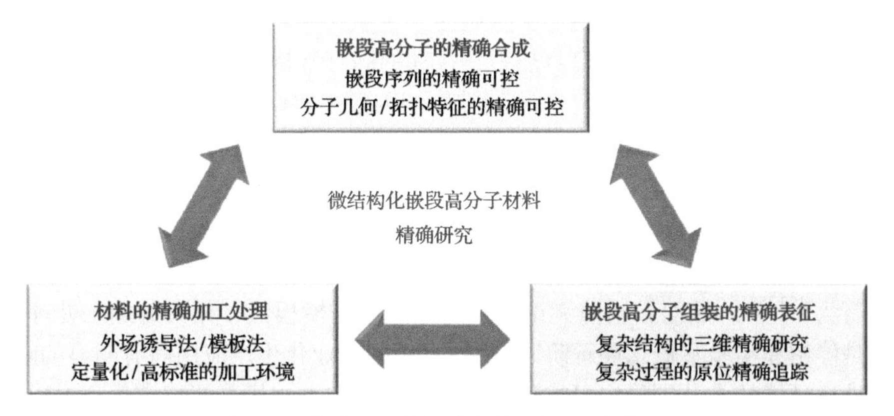

图 7.19 微结构化嵌段高分子材料的精确研究

对于一类材料分子层面的精确调控是现代化应用材料的基础，例如单晶硅片作为半导体器件制造的重要原料，其材料制造纯度要求达到99.9999%。嵌段高分子作为一类人工合成软物质材料，单个分子往往由成百上千个原子组成；其在分子形状、尺寸、组分等方面具有天然的复杂性，为在研究与生产上对分子的精确合成带来了重大挑战。近年来，随着合成技术与分离技术的发展，精确合成嵌段高分子材料取得了一系列成果。对于嵌段高分子分子层面的精确调控大体可分为两个方面：高分子链上嵌段序列的精确可控，以及高分子整体几何/拓扑形貌的精确可控。犹如具有精确序列的生物大分子(例如DNA、多肽链等)一样，当前，一系列工作通过选择性优化的合成方法，将不同的嵌段通过可控的方式运用化学共价键链接起来，得到人工的序列可控嵌段高分子，相关材料在信息存储、选择性催化、生物相互作用等诸多领域具有重要应用前景[142-144]。除了组分序列的调控外，对高分子几何/拓扑构型的调控也是高分子材料精确合成的一个重要方面。已有研究工作表明，在保持嵌段高分子基本分子参数(例如相互作用系数、体积分数等)不变的情况下，对于分子几何/拓扑特性的调控可以有效调节相应材料微观组装行为以及材料热学、传导等宏观性能[145-147]。当前对于嵌段高分子精确合成的努力方兴未艾，随着相关合成以及分离技术的发展，高纯度、精确序列、精确几何/拓扑形貌的新型嵌段高分子定将为相关材料的应用打下坚实的物质基础。

除了对于材料分子层面的精确可控外，材料的精确加工处理也对材料的实用化应用具有重要影响。同样以半导体产业为例，要求严格的超净间以及环环相扣的复杂工艺，是相关电子器件能够大规模可靠生产的重要保障。相较于通过原子/小分子形成的有序结构，嵌段高分子通过分子组装形成的结构具有更大尺寸的基本构成单元、更长的基本构成单元弛豫时间以及更弱的构成单元间的相互作用力；这些特征使得嵌段高分子组装结构形貌更容易受各类因素的影响，为相关微结构化材料的规模化稳定生产制备带来了挑战。在尽量排除外界不必要的环境扰动的情况下，对于嵌段高分子材料加工处理的一个重要核心便是借助可控有序的外界影响因素，促使高分子克服自身热力学扰动的固有干扰，诱导高分子可控组装形成高质量的特定微纳结构[148]。外界调控影响因素主要可以分为两类：即外场与模板。研究表明通过外加电场、磁场、剪切力等外场因素，可以有效地影响组装结构的种类、取向、缺陷分布等[149-151]。除了外场以外，模板也被广泛运用于加工处理嵌段高分子材料，并表现出对于材料组装行为调控的重大应用潜力。通过采用具有特定尺寸、对称性、表面化学特性的模板，可以有效地调控嵌段高分子的组装行为[152,153]。然而，当前无论是外场诱导还是模板法，相关的加工处理更多的还是停留在实验室概念展示阶段，距离真正的产业化生产应用尚有明显的距离；对于外场环境的大范围稳定可控运用，对于模板的大规模高效稳定生产，以及定量化/高标准的加工环境的建立都需要大量系统化的优化工作。

通过分子组装所形成的微观结构作为嵌段高分子材料性能来源的重要核心，对其组装结构形貌及组装过程的精确表征研究也是应用嵌段高分子材料的重要基础。在对高分子组装的研究当中，诸如 X 射线小角散射、透射电子显微镜二维投影成像等传统的研究手段被广泛使用。这些表征手段往往提供的是多重结构特征平均化、叠加化的信息。当所研究的体系较为简单时(比如简单的层状结构)，这些表征手段是高效实用的；然而当所研究体系中的结构特征在三维空间上较为复杂时，这些表征手段却无法提供全面翔实的结构细节信息。这极大地制约了研究者对于相应复杂超分子组装行为的了解。对于高分子复杂组装结构，三维重构表征是一类实用有效的研究方式。当前，研究者已将光学显微镜三维重构、X 射线衍射三维重构、透射电子显微镜三维重构等诸多技术应用于高分子组装结构的研究当中，取得了一系列的进展[154]。除了上述技术外，近年来聚焦离子束-扫描电子显微镜三维重构也被成功应用于嵌段高分子组装结构的精确研究[155-157]。该方法联用聚焦离子束刻蚀与电子束扫描成像：通过使用平行于样品表面的聚焦离子束刻蚀样品取得新鲜的平整表面，使用垂直于样品表面的电子束对新鲜样品表面进行成像，之后再次使用聚焦离子束刻蚀出新鲜界面(刻蚀掉表面 2～3nm 厚度的样品)以供电子束成像，以此往复，可以得到成百上千张样品不同深度的扫描电子显微镜照片。当将这些扫描电子显微镜照片通过校准叠加后，研究者便可以得到样品内纳米组装结构的三维空间信息。在这个过程中，所有结构信息都在实空间内被充分采集，所做三维重构不需任何假设/拟合成分，同时每次成像都是新鲜样品表面，避免了电子多次照射后对材料结构的破坏。聚焦离子束-扫描电子显微镜三维重构技术可以对嵌段共聚物分子组装形成的有序结构进行大范围、高解析度的三维表征，为对组装结构晶胞内信息的精确研究提供了可能。通过三维重构，研究者们可以系统地研究一系列嵌段高分子复杂组装结构的三维结构特征，同时也对这些嵌段高分子组装结构内的各类缺陷(比如孪晶界面、点状缺陷等)进行了详细的表征研究(图 7.20)。除了对于组装结构在空间尺度上的高分辨率研究，对于组装过程在时间维度上的研究也至关重要。对于一个复杂组装过程的原位精确追踪将极大地促进研究者对于相关体系的理解。各类原位技术(例如 X 射线原位表征[158]、电子显微镜原位表征[159]、光学显微镜原位表征[160]等)被广泛地应用于组装过程的研究中，取得了一系列成果。然而当前各类技术仍然面临着分辨率、软物质样品在高能束流下的损坏等问题的困扰。对于广泛实现高分子组装过程的高分辨率、无损、实空间原位观测仍然需要高分子标记合成、样品制备技术、先进观测技术等方面的协同发展。对于嵌段高分子组装结构在空间尺度上的精确三维重构研究以及相关组装过程在时间尺度上的原位研究，将为理解结构特点、结构形成原因以及微观结构-宏观性能关联规律打下坚实的基础。

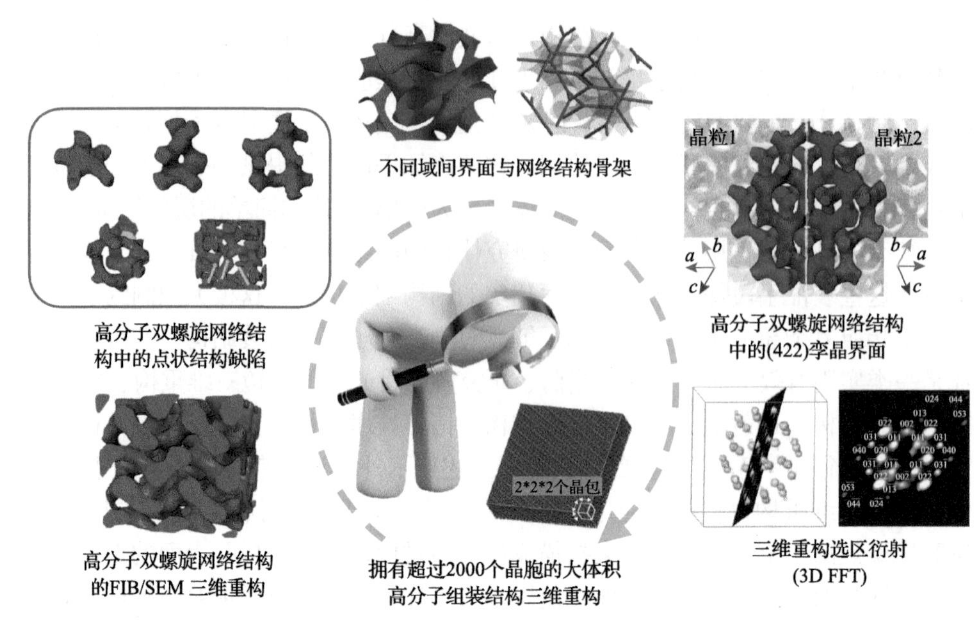

图 7.20　运用聚焦离子束-扫描电子显微镜三维重构对嵌段高分子组装结构进行精确研究

嵌段高分子是一类经过数十年发展却仍然生机勃勃的软物质材料体系，当前已到了将实验室中展现出的众多优异可能性切实转换到规模化、实用化应用的关键阶段。这就为材料的合成、材料的加工以及材料特性的理解带来了更高的要求。通过化学、物理、加工学科的协同推进发展，将精确合成、精确加工、精确表征有机地结合，将有力地推动嵌段高分子现代化、规模化、实用化的应用，将相关材料推进成为媲美半导体材料的一类重要的软物质材料应用平台。

7.3　高分子材料在储能中的应用

7.3.1　基于有机高分子的电化学储能材料

锂电池已被广泛用于各类电子设备、智能终端和电动汽车，被认为是未来各类交通工具、电网储能、机器人等应用的重要供能选择。因其对解决能源环境问题和对人类社会发展的巨大贡献，锂电池技术获得了 2019 年诺贝尔化学奖。锂电池的研究是在世界范围内具有战略意义的课题，我国将其纳入了《能源发展“十四五”规划》的创新重点专项，大力资助高能量密度锂电池的研发。预计截至 2060 年，全球电化学储能装置的装机容量将从目前的 0.164 GW 提升至 1000 GW，提升幅度达到 300 倍[图 7.21(a)][161.162]。锂电池技术基于无机过渡金属氧化物正极和层状石墨负极。这些过渡金属天然丰度有限，无法满足人类社会对储能容量的巨大需求。随着电池的更广泛应用，电池成本也会大幅上升。大规模使用目前的锂电池既不环保，也不符合可持续发展的要求。此外，过渡金属氧化物材料的制备和电池生产造成了二氧化碳排放，占人类社会对全球变暖影响的 30%～50%[163,164]。因此，发展可持续的替代性电池技术和新型储能材料是能源领域的核心问题。有机储能电池使用不含过渡金属离子的有机分子作为活性材料，一般由碳、氧、氢、氮等高丰度元素组成。有机活性材料还具有理论容量高、对环境友好、结构可灵活设计调控以及安全性高等优点，因而被认为是未来储能电池体系中的重要部分[图 7.21(b)]。

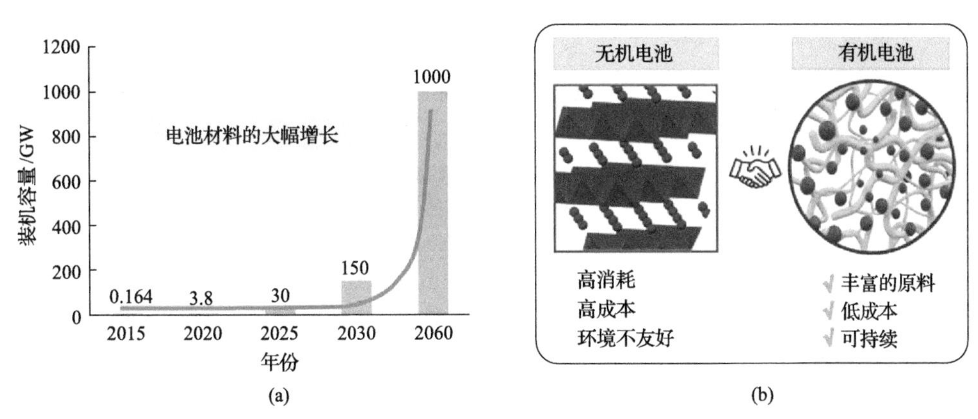

图 7.21　2020～2060 年全球电化学储能体系装机容量预测(a)及无机和有机储能电池互补(b)

自 1969 年至今，研究人员已经发现并合成设计了多种具有电化学活性的有机储能材料，包括羰基化合物、有机自由基、有机硫化合物、亚胺化合物、腈类和偶氮化合物等[163]。然而，这些有机活性材料在储能电池应用中均存在短板性问题，包括溶解于电解液、氧化还原反应稳定性差、容量有限、导电性差、电压低等，制约了它们的实际应用(图 7.22)。其中，有机材料溶解于电解液是各类有机材料的共性和核心问题，造成了容量的快速衰减和副反应的发生。

有机储能材料易溶解的问题可通过设计聚合物和加入在电解液中难以电离的离子键实现，但是这些组分的引入会增加有机材料的分子量，降低材料的容量[165]。因此，开发兼顾高容量和抗溶解性的有机活性材料是有机储能技术重要的发展方向。本节展望了一种新型有机高分子活性材料设计思路，设计活性基团，在发生氧化还原反应时同时实现锂离子的结合和释放以及分子的电化学聚合和解聚，兼顾高容量和抗溶解性质。如图 7.23(a)所示，在电池放电后，活性分子处于脱锂态，形成不溶于电解液的高分子材料；而在充电后，活性分子解聚并结合锂离子，形成含锂小分子，相应离子键在电解液中难以电离，因而不被溶解。这种新型材料的含锂态可通过经典的有机合成反应获得，具备宏量制备的技术条件。此外，这类材料可与高性能的商用石墨负极配对[166]，解决目前有机电池体系循环寿命、能量密度和制备工艺的问题[图 7.23(b)]。目前的有机电池研究主要将有机材料与锂

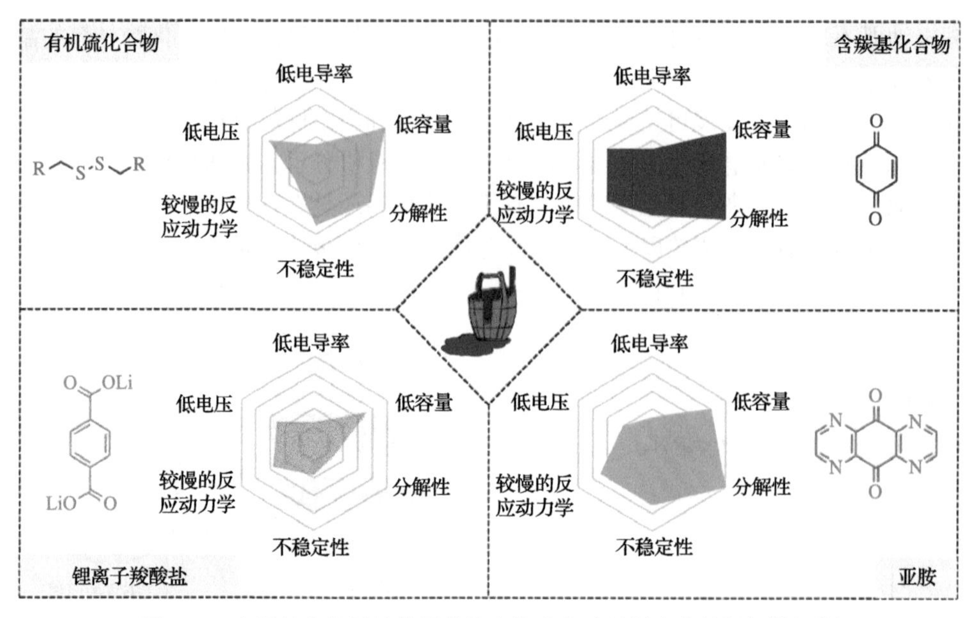

图 7.22　主要的有机活性分子结构和作为电池材料存在的短板性问题

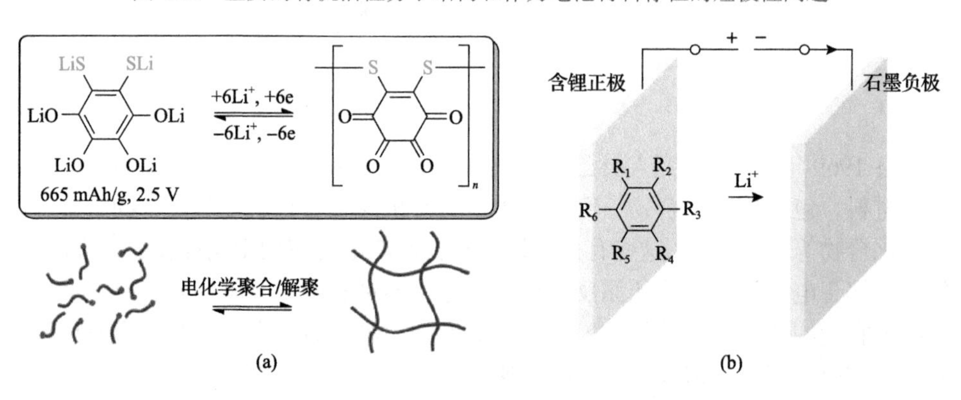

电池体系	含Li	循环寿命	能量密度	成本
有机正极-锂金属	√	×	340 Wh/kg	×
有机正极-有机负极	×	√	120 Wh/kg	×
含锂正极-石墨	√	√	250 Wh/kg	√

(c)

图 7.23　含锂有机高分子在电池中的应用

(a)基于有机高分子-含锂小分子转换的有机活性材料设计，活性位点兼具发生氧化还原反应活性和电化学聚合/解聚的能力，保证在脱锂态形成不溶于电解液的高分子材料，含锂态形成在电解液中难以电离的离子键，兼顾了有机材料的高容量和抗溶解性质；(b)可聚合的含锂小分子可直接与商用石墨负极配对，解决传统有机正极材料不含锂，难以进行配对的问题；(c)含锂有机正极-石墨负极电池相比有机正极-锂金属负极电池和全有机电池在循环寿命、能量密度以及制造价格方面的优势

金属负极配对，由金属负极提供锂离子。然而，锂金属负极高度不安全且循环寿命短，尚未被实际应用。全有机电池体系则面临不含锂离子的问题，在实际生产中面临巨大困难[167]。含锂小分子正极和石墨负极的配对体系可构筑兼具高能量密度、长循环寿命和低制备成本的有机电池，并且避免了过渡金属离子的使用，保留了有机电池对环境友好、具有可持续性的核心优势[图 7.23(c)]。

这类新型有机电池研究有三点关键科学问题。①基于有机高分子-含锂小分子转换的活性材料设计合成及其高效电化学转化机制。有机电极材料需要具有高比容量、快速反应动力学和稳定可逆的电化学转化过程，以实现电池的高能量密度、高倍率和长寿命循环。如何精准设计分子内多活性中心和官能团相互作用实现性能要求，是有机正极材料设计的核心科学问题。理解电化学反应中的官能团转化规律和动力学过程，是设计高性能有机材料的关键。②电极/电解液界面的离子输运调控和稳定化策略。商用碳酸酯电解液存在锂离子在电极/电解液界面脱溶剂过程困难、离子传输低效的问题，这造成了电池极化和容量大幅降低，界面副反应导致电池循环寿命衰减。设计电解液并借助先进表征手段探究电解液溶剂化结构和固-液界面分子相互作用机制，对于提升有机电池的界面离子输运和稳定性具有重要意义。③长寿命有机全电池体系的构筑。传统有机正极不含锂，与石墨等高性能负极匹配存在较大挑战。含锂有机正极与石墨负极的高效匹配，需要对电池结构进行设计，包括正极含碳量、正负极质量比、活性材料与电解液质量比等，并设计有机分子保护的石墨负极，引导界面处锂离子的均匀分布和界面稳定性，抑制高倍率下析锂并提升库仑效率。通过评估大容量高能量密度单体电池的综合电化学性能和安全性，优化电池体系设计。相应的关键技术问题如下。①有机材料的宏量制备与电极涂覆技术。合成含锂态小分子并设计电化学聚合/解聚方法是研究的核心技术问题，相关方法鲜有文献报道，需要对有机分子进行创新设计和探索验证。设计温和低成本高效锂化反应，也是分子精准合成需要发展的关键技术。形成含锂有机材料宏量制备技术，优化电极结构设计和涂覆工艺，制备高面容量高电导率的电极用于软包电池组装。②适配于有机材料的电解液精准合成。对于有机电池体系，需要精准设计分子结构，以保证有机材料在电解液中不存在溶解现象且界面相容，宽温条件下同时实现高离子电导率和高效脱溶剂化过程。合理使用先进表征手段探索界面形成机理与其稳定性构效关系，也是该领域的技术难点和重要方向。③有机全电池的组装工艺技术。含锂有机正极-石墨负极电池体系有别于传统基于不含锂正极的有机电池结构，因此电极容量的匹配、电解液用量与电池容量比、石墨负极的界面保护，以及全电池首圈效率的提升和可能的补锂技术都需要进行工艺技术的探索和优化。针对上述关键科学和技术问题，需开展如下研究。①基于有机高分子-含锂小分子转换的活性材料的设计和精准制备。设计具有氧化还原活性的官能团和共轭骨架，利用有机合成方法构建分子。

提高分子内氧化还原反应中心占比，将正极材料比容量提升至 500 mAh/g 以上；在骨架与活性中心官能团间构建共轭相互作用，通过键能的调节实现高倍率（6*C*）充放电；耦合多重有机锂键，实现氧化还原反应的高转化率和高可逆性，保障稳定循环[168]；设计脱锂时产生键连反应的活性中心对，实现有机小分子脱锂后聚合，防止活性材料溶解。开发温和低成本的锂化反应方法，研究规模化精准制备工艺。通过原位/非原位的谱学和电子显微镜表征手段，对分子电化学转化机制和快速反应动力学过程进行探究，提出此类材料的设计策略[169,170]。②电解液开发和界面调控。通过溶剂分子结构设计，实现良好的离子电导率（≥ 1.5 mS/cm）；促进脱溶剂化过程和锂离子在界面处的传导；利用电解液分子在电极表面分解，形成高性能保护膜，提升电极/电解液界面稳定性。借助同步辐射 X 射线多模态表征技术，探索电解液溶剂化结构和固液界面分子相互作用机制，揭示溶剂化结构-电极界面稳定性-电池性能构效关系[171]。③有机正极和石墨的高效耦合以及高性能全电池构筑。设计有机正极结构，实现高载量（≥ 10 mg/cm^2，≥ 4 mAh/cm^2）电极制备，电极具有良好的机械稳定性和电子输运性；减少软包电池电解液用量，提升电池能量密度；提升石墨负极的库仑效率和界面稳定性，提升电池长循环性能；改善负极界面处锂离子分布的均一性和界面离子输运，抑制电池极化和高倍率下析锂；优化设计全电池结构，提升电池综合性能；组装大容量（≥ 6 Ah）高能量密度（≥ 250 Wh/kg）单体电池，评估有机电池综合电化学性能和安全性；分析软包电池设计制备过程中影响电池一致性的关键因素，提出最优工艺参数。

7.3.2 能源高分子融合人工智能新技术

能源高分子材料是可以广泛地应用于能源储存与转化器件中的高分子材料。近年来迫切发展的清洁能源器件包括二次电池、燃料电池、超级电容器、光敏太阳能电池、海水净化薄膜等，它们不仅给人类的生活提供了便利，同时也对高分子学科的发展提出了挑战[172]。在能源高分子材料中，受到众多关注的包括天然和人工合成的带电高分子材料，也可以称其为聚电解质材料[173]。如图 7.24（a）所示，聚电解质材料可以分为聚阳离子、聚阴离子以及其复合材料。聚阳离子型的电解质主要包括主链或者侧链中含有铵根、吡啶、咪唑等基团的高分子；聚阴离子型的电解质主要包括主链或者侧链中含磺酸根、羧酸根、磷酸根等基团的高分子；聚电解质复合材料包括功能性离子液体或溶剂与特种聚电解质材料的复合材料。为了开发以不同应用为导向的能源器件，需要在聚电解质的结构设计方面推陈出新，同时在材料的凝聚态结构和微观形貌控制等方面进一步深入地探究。在材料设计和制备方面，由于带电基团种类的限制，开发人工合成的聚电解质材料受到限制；除此之外，在高分子科学发展的几十年间，针对聚电解质材料的理论研究也是非常稀缺的，仍然需要研究者投入大量的时间，包括对聚电解质材料中离子传输、结合能、Bjerrum 长度、德拜长度、扩散等热力学和动力学的特性进行实验和理论研究的结合；更为重要的是，为了实现材料在实际器件中的应用，进一步深入地了解和控制这些材料的凝聚态结构、微观形貌以及宏观特性也是至关重要和不可或缺的[174]。

作为人工智能的核心，机器学习新技术的出现对人类生活和科技发展具有重要的意义[175]。如图 7.24(b)所示，机器学习技术主要可以分为非监督学习、监督学习和强化学习。非监督学习可以有效地应用于探究数据之间的相关性、数据的聚类与降维的分析。通过非监督学习可以对数据本身的结构有进一步的了解，挖掘数据特征参数的相关性，进而找到数据组本身的规律和得出有效的结论[176]。监督学习包括回归和分类两个学习任务，依托各种统计学的理论方法，比如线性回归、支持矢量机器、随机森林、K 最相邻、神经网络模型与越来越多的新理论，通过监督学习，可以在已知数据的基础上对未知的数据点进行预测和分析。强化学习利用不断迭代的深化学习提高模型的准确率，比如近期讨论较多的生成式对抗网络(generative adversarial networks)，就是基于机器学习的基础上，加入生成组和辨别组进行不断的博弈，以达到最后的分析模拟的平衡。在了解人工智能技术的基础上，还有特别值得关注的是，计算和模拟方法在人工智能的应用中是不可或缺的，这里主要讨论的包括第一性原理计算与分子动力学模拟，都是人工智能在材料科学中实现有效应用的基石[177, 178]。在高分子领域中应用人工智能技术的关键挑战就是如何提高数据的完整性和可靠性。高分子学科本身就是非常广泛的学科，要得到高分子材料本身的数据库也具有极大挑战，除了通过实验手段得

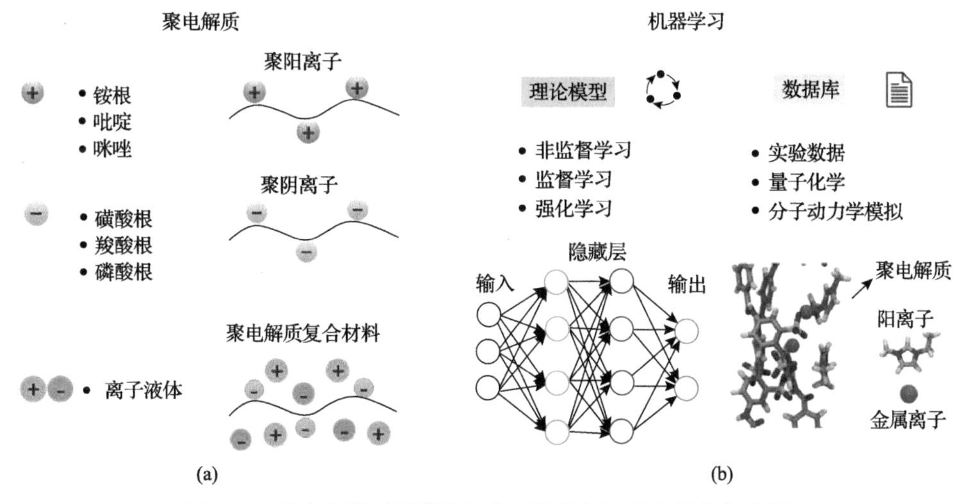

图 7.24 聚电解质材料研发与人工智能新技术的融合和应用

(a) 聚电解质材料的分类；(b) 人工智能技术中的理论模型方法和数据库的来源以及在聚电解质材料中的应用和融合方法

到数据，结合第一性原理和计算机模拟方法，可以提出并且建立高分子材料的标准数据库，为未来人工智能在高分子科学中的应用奠定基础[179-183]。

未来在能源高分子中融入人工智能的新技术是重要并且关键的发展方向。这里通过讨论四个实际应用实例让大家了解如何通过人工智能的新方法在分子结构、微观结构、凝聚态特性等方面探究聚电解质以及其复合材料的相关性质。

1. 利用分子模拟和第一性原理结合人工智能的新技术，计算和模拟聚电解质材料在不同尺度下的形貌特征与物理化学性质

如上面提到的，聚电解质材料的理论研究非常有限，利用第一性原理辅助分子动力学模拟，可以计算聚电解质材料在不同种类和不同浓度盐溶液中的热力学和动力学行为。通过对比全刚性的聚对苯二甲酰联苯二胺磺酸（PBDT）和全柔性的聚磺酸苯乙烯（PSSNa），利用分子动力学模拟去计算拥有不同刚/柔性聚电解质材料在溶液中的均方回转半径、Bjerrum 长度、德拜长度、反离子的数密度与分布特征、离子的传导、结合能和扩散速率等特性[184]，计算得出的结果用来提出和制定聚电解质材料链特性的衡量尺度。在这个衡量标准和高通量计算的基础上，再利用人工智能预测和类比得出其他不同聚电解质材料的相关特性，进而对聚电解质材料的结构进行有目标的设计。

2. 利用人工智能有效筛选可以与聚电解质材料结合的功能性离子液体

聚电解质和离子液体的复合材料在高安全性和高能量密度的二次电池以及燃料电池中有广泛的应用[185]。作为离子聚合物复合材料中的重要组成部分，具有高离子电导率和高电化学窗口的离子液体可以有效满足聚电解质材料在不同应用中的需求。通过在聚电解质材料中引入离子液体，可以有效地控制材料的力学性能、结构特征、离子传导、电导率等性质。利用机器学习的监督学习和非监督学习，汪莹课题组可以筛选出满足特定需求的离子液体[186]。关于离子液体的数据库，现在讨论较多的是 NIST ILThermo 数据库，但是该数据库的数据大部分来自于文献中，数据的质量和标准化仍然需要提高。利用第一性原理，他们可以通过计算正离子和负离子的能量、HOMO、LUMO 以及偶极矩等性质结合离子液体厂商（IoliTec）以及 ILThermo 数据库的实验数据进行预测与验证，得出同时具有高离子电导率和高电化学窗口的离子液体。这些离子液体可以作为下一代二次电池和燃料电池中离子聚合物复合材料的备选材料。

3. 利用计算模拟结合人工智能预测离子与聚电解质材料的相互作用能，可以制备功能性的复合聚合物电解质材料，实现二次电池高安全性高能量密度的聚合物复合电解质材料

现阶段聚电解质材料和金属离子（碱金属、多价过渡金属）或者非金属离子的相互作用，在很多情况下可以被特定地用来实现某些特殊的性能。例如近年来，

汪莹课题组发现结合离子液体、锂盐和刚性液晶聚电解质材料(如聚对苯二甲酰联苯二胺磺酸 PBDT),控制材料中的离子种类和聚合物的含量可以制备一系列具有高热稳定性、高电导率、高电化学窗口的聚合物电解质复合材料[187-189]。这系列材料在可充电二次电池中作为聚合物固态电解质材料,突破了当前固态电解质材料的发展瓶颈,包括相对较低的离子电导率和易碎难以加工的力学性能。通过第一性原理高通量的计算模拟,得到不同的离子和聚电解质材料的结合能以及配位能力,这些性质与二次电池中电解质的性能息息相关。在高通量计算的基础上,通过人工智能的监督学习和非监督学习,不仅可以预测金属离子在聚电解质和离子液体体系的传输速率与力学性能,还可以最优化复合材料中不同组分的排列组合方式和方法。

4. 利用人工智能预测二次可充电电池的循环和使用寿命,同时通过贝叶斯最优化的方法提出能源器件最优化设计和制备的方案[190]

通过调控聚合物离子液体体系中聚合物的含量、离子液体的种类、电池的电化学特征和外在的循环条件等,针对聚电解质材料和离子液体等材料的复合体系,利用优化实验的数据采集和人工智能的方法建立电池的数据库。再通过数据库和人工智能的方法,挖掘体系中的特殊性质,为下一步材料和器件的设计和改性提出更有效的方案和可行的策略。

综上所述,能源高分子和人工智能技术的有效结合和共同发展是未来高分子研究的新方向,值得更多研究与关注。与此同时,建立聚电解质和离子液体的数据库是当前迫切发展的研究方向,通过第一性原理和分子动力学的模拟方法,完善离子液体和聚电解质材料性能的数据库可以系统性地了解和加强对聚电解质体系以及其离子复合材料的认知。通过在聚电解质中引入更多的人工智能的新理论和技术,可以有助于创造更多新型的能源高分子材料,以及发现更多的应用方式。最终加深学科的交叉和融合,把机器学习从书本上应用于实际的科学研究中,充分发挥学科的互补性和实现多学科的共同发展。

参考文献

[1] Weyland H G.The Effect of anisotropy in wet spinning poly(*p*-phenyleneterephthalamide). Polym. Bull., 1980, 3(6-7): 331-337.

[2] Roenbeck M R, Sandoz-Rosado E J, Cline J, et al. Probing the internal structures of Kevlar® fibers and their impacts on mechanical performance. Polymer, 2017, 128: 200-210.

[3] Sandoz-Rosado E, Beaudet T D, Andzelm J W, et al. High strength films from oriented, hydrogen-bonded "graphamid" 2D polymer molecular ensembles. Sci. Rep., 2018, 8(1): 3708.

[4] Sakamoto J, van Heijst J, Lukin O, et al. Two-dimensional polymers: Just a dream of synthetic Chemists?. Angew. Chem. Int. Ed., 2009, 48(6): 1030-1069.

[5] Gee G, Rideal E K. Reaction in monolayers of drying oils I-The oxidation of the maleic anhydride compound of β-elaeostearin. Proceedings of the Royal Society of London. Series A-Mathematical and Physical Sciences, 1935, 153(878): 116-128.

[6] Kissel P, Erni R, Schweizer W B, et al. A two-dimensional polymer prepared by organic synthesis. Nat. Chem., 2012, 4(4): 287-291.

[7] Stupp S I, Son S, Lin H C, et al. Synthesis of two-dimensional polymers. Science, 1993, 259(5091): 59-63.

[8] Cote A P, Benin A I, Ockwig N W, et al. Porous, crystalline, covalent organic frameworks. Science, 2005, 310(5751): 1166-1170.

[9] Kandambeth S, Dey K, Banerjee R. Covalent organic frameworks: Chemistry beyond the structure. J. Am. Chem. Soc., 2019, 141(5): 1807-1822.

[10] Zeng Y, Gordiichuk P, Ichihara T, et al. Irreversible synthesis of an ultrastrong two-dimensional polymeric material. Nature, 2022, 602(7895): 91-95.

[11] Zhang G, Zeng Y, Gordiichuk P, et al. Chemical kinetic mechanisms and scaling of two-dimensional polymers via irreversible solution-phase reactions. J. Chem. Phys., 2021, 154 (19): 194901.

[12] Lee C, Wei X, Kysar J W, et al. Measurement of the elastic properties and intrinsic strength of monolayer graphene. Science, 2008, 321 (5887): 385-388.

[13] Griffith A A. The phenomena of rupture and flow in solids. Philos. Trans. R. Soc. Lond. A, 1921, 221: 163-198.

[14] Leterrier Y. Durability of nanosized oxygen-barrier coatings on polymers. Prog. Mater. Sci., 2003, 48(1): 1-55.

[15] Liu P, Jin Z, Katsukis G, et al. Layered and scrolled nanocomposites with aligned semi-infinite graphene inclusions at the platelet limit. Science, 2016, 353(6297): 364-367.

[16] (a) Huang H-T. Science and civilisation in China: Volume 6, Biology and biological technology, Part 5, Fermentations and food science. Cambridge University Press, 2000, 6: 463. (b) Tian X, Wang Z, Wang X, et al. Mechanochemical effects on the structural properties of wheat starch during vibration ball milling of wheat endosperm. Int. J. Biol. Macromol., 2022, 206: 306-312.

[17] Harris K D. How grinding evolves. Nat. Chem., 2013, 5(1): 12-14.

[18] Haley R A, Mack J, Guan H. 2-in-1:Catalyst and reaction medium. Inorg. Chem. Front., 2017, 4(1): 52-55.

[19] Ostwald W, Drucker C. Die chemische Literatur und die Organisation der Wissenschaft, in Handbuch der allgemeinen Chemie, Akademische Verlagsgesellschaft m. b. H., Leipzig, 1919, 70-77.

[20] Do J-L, Friščić T. Mechanochemistry: A force of synthesis. ACS Cent. Sci., 2017, 3(1): 13-19.

[21] Chen Y, Mellot G, van Luijk D, et al. Mechanochemical tools for polymer materials. Chem. Soc. Rev., 2021, 50(6): 4100-4140.

[22] Staudinger H, Heuer W. Über hochpolymere Verbindungen, 93. Mitteil.: Über das Zerreißen der Faden-Moleküle des Poly-styrols. Berichte der deutschen chemischen Gesellschaft (A and B Series), 1934, 67(7): 1159-1164.

[23] Kauzmann W, Eyring H. The viscous flow of large molecules. J. Am. Chem. Soc., 1940, 62(11): 3113-3125.

[24] Melville H, Murray A. The ultrasonic degradation of polymers. Trans. Faraday Soc., 1950, 46: 996-1009.

[25] Sohma J. Mechanochemistry of polymers. Prog. Polym. Sci., 1989, 14 (4): 451-596.

[26] Encina M, Lissi E, Sarasua M, et al. Ultrasonic degradation of polyvinylpyrrolidone: Effect of peroxide linkages. J. Poly. Sci.: Poly. Lett. Ed., 1980, 18(12): 757-760.

[27] Berkowski K L, Potisek S L, Hickenboth C R, et al. Ultrasound-induced site-specific cleavage of azo-functionalized poly (ethylene glycol). Macromolecules, 2005, 38(22): 8975-8978.

[28] Yount W C, Loveless D M, Craig S L. Small-molecule dynamics and mechanisms underlying the macroscopic mechanical properties of coordinatively cross-linked polymer networks. J. Am. Chem. Soc., 2005, 127(41): 14488-14496.

[29] Paulusse J M, Sijbesma R P. Reversible mechanochemistry of a PdII coordination polymer. Angew. Chem., Int. Ed., 2004, 43(34): 4460-4462.

[30] Li J, Nagamani C, Moore J S. Polymer mechanochemistry: From destructive to productive. Acc. Chem. Res., 2015, 48(8): 2181-2190.

[31] (a) Davis D A, Hamilton A, Yang J, et al. Force-induced activation of covalent bonds in mechanoresponsive polymeric materials. Nature, 2009, 459(7243): 68-72. (b) Zhang H, Gao F, Cao X, et al. Mechanochromism and mechanical-force-triggered cross-linking from a single reactive moiety incorporated into polymer chains. Angew. Chem., 2016, 128(9): 3092-3096.

[32] Robb M J, Kim T A, Halmes A J, et al. Regioisomer-specific mechanochromism of naphthopyran in polymeric materials. J. Am. Chem. Soc., 2016, 138(38): 12328-12331.

[33] (a) Qian H, Purwanto N S, Ivanoff D G, et al. Fast, reversible mechanochromism of regioisomeric oxazine mechanophores: Developing in situ responsive force probes for polymeric materials. Chem, 2021, 7(4): 1080-1091. (b) Qi Q, Sekhon G, Chandradat R, et al. Force-induced near-infrared chromism of mechanophore-linked polymers. J. Am. Chem. Soc., 2021, 143(42): 17337-17343.

[34] (a) Wang Z, Ma Z, Wang Y, et al. A novel mechanochromic and photochromic polymer film: When rhodamine joins polyurethane. Adv. Mater., 2015, 27(41): 6469-6474. (b) Wu M, Li Y, Yuan W, et al. Cooperative and geometry-dependent mechanochromic reactivity through

aromatic fusion of two rhodamines in polymers. J. Am. Chem. Soc., 2022, 144(37): 17120-17128.

[35] Chen Z, Mercer J A, Zhu X, et al. Mechanochemical unzipping of insulating polyladderene to semiconducting polyacetylene. Science, 2017, 357(6350): 475-479.

[36] (a) Imato K, Irie A, Kosuge T, et al. Mechanophores with a reversible radical system and freezing-induced mechanochemistry in polymer solutions and gels. Angew. Chem., 2015, 127(21): 6266-6270. (b) Sumi T, Goseki R, Otsuka H. Tetraarylsuccinonitriles as mechanochromophores to generate highly stable luminescent carbon-centered radicals. Chem. Commun., 2017, 53 (87): 11885-11888. (c) Ishizuki K, Oka H, Aoki D, et al. Mechanochromic polymers that turn green upon the dissociation of diarylbibenzothiophenonyl:The missing piece toward rainbow mechanochromism. Chem. Eur. J., 2018, 24 (13): 3170-3173. (d) Sakai H, Sumi T, Aoki D, et al. Thermally stable radical-type mechanochromic polymers based on difluorenylsuccinonitrile. ACS Macro Lett., 2018, 7(11): 1359-1363. (e) Verstraeten F, Göstl R, Sijbesma R. Stress-induced colouration and crosslinking of polymeric materials by mechanochemical formation of triphenylimidazolyl radicals. Chem. Commun., 2016, 52(55): 8608-8611.

[37] Sagara Y, Karman M, Verde-Sesto E, et al. Rotaxanes as mechanochromic fluorescent force transducers in polymers. J. Am. Chem. Soc., 2018, 140(5): 1584-1587.

[38] Kean Z S, Gossweiler G R, Kouznetsova T B, et al. A coumarin dimer probe of mechanochemical scission efficiency in the sonochemical activation of chain-centered mechanophore polymers. Chem. Commun., 2015, 51(44): 9157-9160.

[39] Göstl R, Sijbesma R. π-extended anthracenes as sensitive probes for mechanical stress. Chem. Sci., 2016, 7(1): 370-375.

[40] Karman M, Verde-Sesto E, Weder C. Mechanochemical activation of polymer-embedded photoluminescent benzoxazole moieties. ACS Macro Lett., 2018, 7(8): 1028-1033.

[41] Filonenko G A, Lugger J A, Liu C, et al. Tracking local mechanical impact in heterogeneous polymers with direct optical imaging. Angew. Chem. Int. Ed., 2018, 57(50): 16385-16390.

[42] Karman M, Verde-Sesto E, Weder C, et al. Mechanochemical fluorescence switching in polymers containing dithiomaleimide moieties. ACS Macro Lett., 2018, 7(9): 1099-1104.

[43] Li M, Zhang H, Gao F, et al. A cyclic cinnamate dimer mechanophore for multimodal stress responsive and mechanically adaptable polymeric materials. Polym. Chem-UK., 2019, 10(7): 905-910.

[44] Chen Y, Spiering A, Karthikeyan S, et al. Mechanically induced chemiluminescence from polymers incorporating a 1, 2-dioxetane unit in the main chain. Nat. Chem., 2012, 4(7): 559-562.

[45] (a) Li Z A, Toivola R, Ding F, et al. Highly sensitive built-in strain sensors for polymer composites: Fluorescence turn-on response through mechanochemical activation. Adv. Mater., 2016, 28(31): 6592-6597. (b) Lin Y, Kouznetsova T B, Craig S L. A latent mechanoacid for time-stamped mechanochromism and chemical signaling in polymeric materials. J. Am. Chem. Soc., 2019, 142(1): 99-103.

[46] Yang F, Yuan Y, Sijbesma R P, et al. Sensitized mechanoluminescence design toward mechanically induced intense red emission from transparent polymer films. Macromolecules, 2020, 53(3): 905-912.

[47] (a) Calvino C, Neumann L, Weder C, et al. Approaches to polymeric mechanochromic materials. J. Polym. Sci. Pol. Chem., 2017, 55(4): 640-652. (b) Ghanem M A, Basu A, Behrou R, et al. The role of polymer mechanochemistry in responsive materials and additive manufacturing. Nat. Rev. Mater., 2021, 6(1): 84-98.

[48] (a) Potisek S L, Davis D A, Sottos N R, et al. Mechanophore-linked addition polymers. J. Am. Chem. Soc., 2007, 129(45): 13808-13809. (b) Kryger M J, Munaretto A M, Moore J S. Structure-mechanochemical activity relationships for cyclobutane mechanophores. J. Am. Chem. Soc., 2011, 133(46): 18992-18998.

[49] Bowser B H, Craig S L. Empowering mechanochemistry with multi-mechanophore polymer architectures. Polym. Chem-UK., 2018, 9(26): 3583-3593.

[50] Wang S, Panyukov S, Rubinstein M, et al. Quantitative adjustment to the molecular energy parameter in the Lake–Thomas theory of polymer fracture energy. Macromolecules, 2019, 52(7): 2772-2777.

[51] Tian Y, Cao X, Li X, et al. A polymer with mechanochemically active hidden length. J. Am. Chem. Soc., 2020, 142(43): 18687-18697.

[52] Wang Z, Zheng X, Ouchi T, et al. Toughening hydrogels through force-triggered chemical reactions that lengthen polymer strands. Science, 2021, 374(6564): 193-196.

[53] Black Ramirez A L, Ogle J W, Schmitt A L, et al. Microstructure of copolymers formed by the reagentless, mechanochemical remodeling of homopolymers via pulsed ultrasound. ACS Macro Lett., 2012, 1(1): 23-27.

[54] Barbee M H, Wang J, Kouznetsova T, et al. Mechanochemical ring-opening of allylic epoxides. Macromolecules, 2019, 52(16): 6234-6240.

[55] Wang L, Zheng X, Kouznetsova T B, et al. Mechanochemistry of cubane. J. Am. Chem. Soc., 2022, 144(50): 22865-22869.

[56] Boswell B R, Mansson C M, Cox J M, et al. Mechanochemical synthesis of an elusive fluorinated polyacetylene. Nat. Chem., 2021, 13(1): 41-46.

[57] (a) Hickenboth C R, Moore J S, White S R, et al. Biasing reaction pathways with mechanical

force. Nature, 2007, 446(7134): 423-427. (b) Ong M T, Leiding J, Tao H, et al. First principles dynamics and minimum energy pathways for mechanochemical ring opening of cyclobutene. J. Am. Chem. Soc., 2009, 131(18): 6377-6379.

[58] Lenhardt J M, Ong M T, Choe R, et al. Trapping a diradical transition state by mechanochemical polymer extension. Science, 2010, 329(5995): 1057-1060.

[59] Nixon R, De Bo G. Three concomitant C-C dissociation pathways during the mechanical activation of an *N*-heterocyclic carbene precursor. Nat. Chem., 2020, 12(9): 826-831.

[60] Chen Z, Zhu X, Yang J, et al. The cascade unzipping of ladderane reveals dynamic effects in mechanochemistry. Nat. Chem., 2020, 12(3): 302-309.

[61] Liu Y, Holm S, Meisner J, et al. Flyby reaction trajectories: Chemical dynamics under extrinsic force. Science, 2021, 373(6551): 208-212.

[62] Matsuda T, Kawakami R, Namba R, et al. Mechanoresponsive self-growing hydrogels inspired by muscle training. Science, 2019, 363(6426): 504-508.

[63] Wang Z J, Jiang J, Mu Q, et al. Azo-crosslinked double-network hydrogels enabling highly efficient mechanoradical generation. J. Am. Chem. Soc., 2022, 144(7): 3154-3161.

[64] Di Giannantonio M, Ayer M A, Verde-Sesto E, et al. Triggered metal ion release and oxidation: Ferrocene as a mechanophore in polymers. Angew. Chem. Int. Ed., 2018, 57(35): 11445-11450.

[65] (a) Sha Y, Zhang Y, Xu E, et al. Generalizing metallocene mechanochemistry to ruthenocene mechanophores. Chem. Sci., 2019, 10(19): 4959-4965. (b) Zhang Y, Wang Z, Kouznetsova T B, et al. Distal conformational locks on ferrocene mechanophores guide reaction pathways for increased mechanochemical reactivity. Nat. Chem., 2021, 13(1): 56-62.

[66] Clough J M, Balan A, van Daal T L, et al. Probing force with mechanobase-induced chemiluminescence. Angew. Chem., Int. Ed., 2016, 55 (4): 1445-1449.

[67] Larsen M B, Boydston A J. "Flex-activated" mechanophores: Using polymer mechanochemistry to direct bond bending activation. J. Am. Chem. Soc., 2013, 135 (22): 8189-8192.

[68] Gossweiler G R, Hewage G B, Soriano G, et al. Mechanochemical activation of covalent bonds in polymers with full and repeatable macroscopic shape recovery. ACS Macro Lett., 2014, 3(3): 216-219.

[69] Shen H, Larsen M B, Roessler A G, et al. Mechanochemical release of N-heterocyclic carbenes from flex-activated mechanophores. Angew. Chem., 2021, 133(24): 13671-13675.

[70] Nijem S, Song Y, Schwarz R, et al. Flex-activated CO mechanochemical production for mechanical damage detection. Polym. Chem-UK., 2022, 13(27): 3986-3990.

[71] Sun Y, Neary W J, Burke Z P, et al. Mechanically triggered carbon monoxide release with turn-on aggregation-induced emission. J. Am. Chem. Soc., 2022, 144(3): 1125-1129.

[72] Hu X, Zeng T, Husic C C, et al. Mechanically triggered small molecule release from a masked furfuryl carbonate. J. Am. Chem. Soc., 2019, 141(38): 15018-15023.

[73] (a) Shi Z, Wu J, Song Q, et al. Toward drug release using polymer mechanochemical disulfide scission. J. Am. Chem. Soc., 2020, 142(34): 14725-14732. (b) Shi Z, Song Q, Göstl R, et al. Mechanochemical activation of disulfide-based multifunctional polymers for theranostic drug release. Chem. Sci., 2021, 12 (5): 1668-1674.

[74] (a) Huo S, Zhao P, Shi Z, et al. Mechanochemical bond scission for the activation of drugs. Nat. Chem., 2021, 13(2): 131-139. (b) Küng R, Pausch T, Rasch D, et al. Mechanochemical release of non - covalently bound guests from a polymer - decorated supramolecular cage. Angew. Chem. Int. Ed., 2021, 60(24): 13626-13630.

[75] Lu Y, Sugita H, Mikami K, et al. Mechanochemical reactions of bis(9-methylphenyl-9-fluorenyl) peroxides and their applications in cross-linked polymers. J. Am. Chem. Soc., 2021, 143(42): 17744-17750.

[76] Diesendruck C E, Steinberg B D, Sugai N, et al. Proton-coupled mechanochemical transduction: A mechanogenerated acid. J. Am. Chem. Soc., 2012, 134 (30): 12446-12449.

[77] Piermattei A, Karthikeyan S, Sijbesma R P. Activating catalysts with mechanical force. Nat. Chem., 2009, 1(2): 133-137.

[78] Michael P, Binder W H. A mechanochemically triggered "click" catalyst. Angew. Chem. Int. Ed., 2015, 54(47): 13918-13922.

[79] Wei K, Gao Z, Liu H, et al. Mechanical activation of platinum–acetylide complex for olefin hydrosilylation. ACS Macro Lett., 2017, 6(10): 1146-1150.

[80] Wu S, Wang T, Xu H. Regulating heterogeneous catalysis of gold nanoparticles with polymer mechanochemistry. ACS Macro Lett., 2020, 9(9): 1192-1197.

[81] Wang L, Yu Y, Razgoniaev A O, et al. Mechanochemical regulation of oxidative addition to a palladium(0) bisphosphine complex. J. Am. Chem. Soc., 2020, 142(41): 17714-17720.

[82] Feng L, Cui C, Li Z, et al. Kinetics of catalyzed thermal degradation of polylactide and its application as sacrificial templates. Chin. J. Chem., 2022, 40(23): 2801-2807.

[83] Diesendruck C E, Peterson G I, Kulik H J, et al. Mechanically triggered heterolytic unzipping of a low-ceiling-temperature polymer. Nat. Chem., 2014, 6(7): 623-628.

[84] Lin Y, Kouznetsova T B, Chang C-C, et al. Enhanced polymer mechanical degradation through mechanochemically unveiled lactonization. Nat. Commun., 2020, 11(1): 4987.

[85] Hsu T-G, Liu S, Guan X, et al. Mechanochemically accessing a challenging-to-synthesize depolymerizable polymer. Nat. Commun., 2023, 14(1): 225.

[86] Lin Y, Kouznetsova T B, Craig S L. Mechanically gated degradable polymers. J. Am. Chem. Soc., 2020, 142(5): 2105-2109.

[87] Hsu T-G, Zhou J, Su H-W, et al. A polymer with "locked" degradability: Superior backbone stability and accessible degradability enabled by mechanophore installation. J. Am. Chem. Soc., 2020, 142(5): 2100-2104.

[88] Yang J, Xia Y. Mechanochemical generation of acid-degradable poly(enol ether)s. Chem. Sci., 2021, 12(12): 4389-4394.

[89] Wang J, Kouznetsova T B, Boulatov R, et al. Mechanical gating of a mechanochemical reaction cascade. Nat. Commun., 2016, 7(1): 13433.

[90] Kida J, Imato K, Goseki R, et al. The photoregulation of a mechanochemical polymer scission. Nat. Commun., 2018, 9(1): 3504.

[91] Hu X, McFadden M E, Barber R W, et al. Mechanochemical regulation of a photochemical reaction. J. Am. Chem. Soc., 2018, 140(43): 14073-14077.

[92] Dubochet J, McDowall A, Vitrification of pure water for electron microscopy. J. Microsc., 1981, 124(3): 3-4.

[93] Cressey D, Callaway E. Cryo-electron microscopy wins chemistry Nobel. Nature, 2017, 550(1): 167.

[94] Doerr A.Cryo-electron tomography. Nat. Methods, 2017, 14(1): 34.

[95] Lyumkis D. Challenges and opportunities in cryo-EM single-particle analysis. J. Biol. Chem., 2019, 294(13): 5181-5197.

[96] Patterson J P, Xu Y, Moradi M-A, et al. CryoTEM as an advanced analytical tool for materials chemists. Acc. Chem. Res., 2017, 50(7): 1495-1501.

[97] Xu Y, Tijssen K C H, Bomans P H H, et al. Microscopic structure of the polymer-induced liquid precursor for calcium carbonate. Nat. Commun., 2018, 9(1): 2582.

[98] Xu Y, Nudelman F, Eren E D, et al. Intermolecular channels direct crystal orientation in mineralized collagen. Nat. Commun., 2020, 11(1): 5068.

[99] Nakane T, Kotecha A, Sente A, et al. Single-particle cryo-EM at atomic resolution. Nature, 2020, 587(7832): 152-156.

[100] Kadan Y, Tollervey F, Varsano N, et al. Intracellular nanoscale architecture as a master regulator of calcium carbonate crystallization in marine microalgae. Proc. Natl. Acad. Sci. U.S.A., 2021, 118(46): e2025670118.

[101] Houben L, Weissman H, Wolf S G, et al. A mechanism of ferritin crystallization revealed by cryo-STEM tomography. Nature, 2020, 579(7800): 540-543.

[102] Su L, Mosquera J, Mabesoone M F J, et al. Dilution-induced gel-sol-gel-sol transitions by competitive supramolecular pathways in water. Science, 2022, 377(6602): 213-218.

[103] Van Driessche A E S, Van Gerven N, Bomans P H H, et al. Molecular nucleation mechanisms and control strategies for crystal polymorph selection. Nature, 2018, 556 (7699): 89-94.

[104] Li Z, Chen S, Gao C, et al. Chemically controlled helical polymorphism in protein tubes by selective modulation of supramolecular interactions. J. Am. Chem. Soc., 2019, 141(49): 19448-19457.

[105] Abrams I M, McBain J W A Closed cell for electron microscopy. Science, 1944, 100(2595): 273-274.

[106] Williamson M J, Tromp R M, Vereecken P M, et al. Dynamic microscopy of nanoscale cluster growth at the solid-liquid interface. Nat. Mater., 2003, 2(8): 532-536.

[107] Wu H, Friedrich H, Patterson J P, et al. Liquid-phase electron microscopy for soft matter science and biology. Adv. Mater., 2020, 32(25): 2001582.

[108] Wang H, Li B, Kim Y-J, et al. Intermediate states of molecular self-assembly from liquid-cell electron microscopy. Proc. Natl. Acad. Sci. U.S.A., 2020, 117(3): 1283-1292.

[109] Novoselov K S, Geim A K, Morozov S V, et al. Electric field effect in atomically thin carbon films. Science, 2004, 306(5696): 666-669.

[110] Keskin S, De Jonge N. Reduced radiation damage in transmission electron microscopy of proteins in graphene liquid cells. Nano Lett., 2018, 18(12): 7435-7440.

[111] Yuk J M, Park J, Ercius P, et al. High-resolution EM of colloidal nanocrystal growth using graphene liquid cells. Science, 2012, 336(6077): 61-64.

[112] Nagamanasa K H, Wang H, Granick S. Liquid-cell electron microscopy of adsorbed polymers. Adv. Mater., 2017, 29(41): 1703555.

[113] Park J, Park H, Ercius P, et al. Direct observation of wet biological samples by graphene liquid cell transmission electron microscopy. Nano Lett., 2015, 15(7): 4737-4744.

[114] Park J, Koo K, Noh N, et al. Graphene liquid cell electron microscopy: Progress, applications, and perspectives. ACS nano, 2021, 15(1): 288-308.

[115] Erni R, Rossell M D, Kisielowski C, et al. Atomic-resolution imaging with a sub-50-pm electron probe. Phys. Rev. Lett., 2009, 102(9): 096101.

[116] De Jonge N, Ross F M. Electron microscopy of specimens in liquid. Nat. Nanotechnol., 2011, 6(11): 695-704.

[117] De Jonge N, Houben L, Dunin-Borkowski R E, et al. Resolution and aberration correction in liquid cell transmission electron microscopy. Nat. Rev. Mater., 2019, 4(1): 61-78.

[118] Zhou L, Song J, Kim J S, et al. Low-dose phase retrieval of biological specimens using cryo-electron ptychography. Nat. Commun., 2020, 11(1): 2773.

[119] Jumper J, Evans R, Pritzel A, et al. Highly accurate protein structure prediction with AlphaFold. Nature, 2021, 596(7873): 583-589.

[120] Wu J G, Yan Y, Zhang D X, et al. Machine learning for structure determination in single-particle cryo-electron microscopy: A systematic review. IEEE Trans Neural Netw Learn

Syst, 2021.

[121] Liu Y T, Zhang H, Wang H, et al. Isotropic reconstruction for electron tomography with deep learning. Nat. Commun., 2022, 13(1): 6482.

[122] Staniewicz L, Midgley P A. Machine learning as a tool for classifying electron tomographic reconstructions. Advanced Structural and Chemical Imaging, 2015, 1(1): 1-15.

[123] Ding G, Liu Y, Zhang R, et al. A joint deep learning model to recover information and reduce artifacts in missing-wedge sinograms for electron tomography and beyond. Sci. Rep., 2019, 9(1): 1-13.

[124] Leary R, Saghi Z, Midgley P A, et al. Compressed sensing electron tomography. Ultramicroscopy, 2013, 131: 70-91.

[125] Botifoll M, Pinto-Huguet I, Arbiol J. Machine learning in electron microscopy for advanced nanocharacterization: Current developments, available tools and future outlook. Nanoscale Horiz., 2022, 7(12): 1427-1477.

[126] Jamali V, Hargus C, Ben-Moshe A, et al. Anomalous nanoparticle surface diffusion in LCTEM is revealed by deep learning-assisted analysis. Proc. Natl. Acad. Sci. U.S.A., 2021, 118(10): e2017616118.

[127] Naydenova K, Jia P, Russo C J. Cryo-EM with sub–1 Å specimen movement. Science, 2020, 370(6513): 223-226.

[128] Ravelli R B G, Nijpels F J T, Henderikx R J M, et al. Cryo-EM structures from sub-nl volumes using pin-printing and jet vitrification. Nat. Commun., 2020, 11(1): 2563.

[129] Schaffer M, Pfeffer S, Mahamid J, et al. A cryo-FIB lift-out technique enables molecular-resolution cryo-ET within native *Caenorhabditis elegans* tissue. Nat. Methods, 2019, 16(8): 757-762.

[130] Matatyaho Ya'akobi A, Talmon Y. Extending cryo-EM to nonaqueous liquid systems. Acc. Chem. Res., 2021, 54(9): 2100-2109.

[131] Keskin S, Kunnas P, De Jonge N. Liquid-phase electron microscopy with controllable liquid thickness. Nano Lett., 2019, 19(7): 4608-4613.

[132] Ianiro A, Wu H, Van Rijt M M, et al. Liquid-liquid phase separation during amphiphilic self-assembly. Nat. Chem., 2019, 11(4): 320-328.

[133] Wu H, Li T, Maddala S P, et al. Studying reaction mechanisms in solution using a distributed electron microscopy method. ACS nano, 2021, 15(6): 10296-10308.

[134] Bates C M, Bates F S. 50th anniversary perspective: Block polymers-pure potential. Macromolecules, 2017, 50: 3-22.

[135] Lotz B, Miyoshi T, Cheng S Z D. 50th anniversary perspective: Polymer crystals and crystallization: Personal journeys in a challenging research field. Macromolecules, 2017, 50:

5995-6025.

[136] Verduzco R, Li X Y, Pesek S L, et al. Structure, function, self-assembly, and applications of bottlebrush copolymers. Chem. Soc. Rev., 2015, 44: 7916-7916.

[137] Sinturel C, Bates F S, Hillmyer M A. High Chi-low N block polymers: how far can we go?. ACS Macro. Lett., 2015, 4: 1044-1050.

[138] Kolle M, Lee S. Progress and opportunities in soft photonics and biologically inspired optics. Adv. Mater., 2018, 30: 1702669.

[139] Yan L, Rank C, Mecking S, et al. Gyroid and other ordered morphologies in single-ion conducting polymers and their impact on ion conductivity. J. Am. Chem. Soc., 2020, 142: 857-866.

[140] Werner J G, Rodriguez-Calero G G, Abruna H D, et al. Block copolymer derived 3-D interpenetrating multifunctional gyroidal nanohybrids for electrical energy storage. Energ. Environ. Sci., 2018, 11: 1261-1270.

[141] Bates C M, Maher M J, Janes D W, et al. Block copolymer lithography. Macromolecules, 2014, 47: 2-12.

[142] Meier M A R, Barner-Kowollik C. A new class of materials: sequence-defined macromolecules and their emerging applications. Adv. Mater., 2019, 31: 1806027.

[143] Perry S L, Sing C E. 100th anniversary of macromolecular science viewpoint: Opportunities in the physics of sequence-defined polymers. ACS Macro. Lett., 2020, 9: 216-225.

[144] Shi Q Q, Yin H, Song R D, et al. Digital micelles of encoded polymeric amphiphiles for direct sequence reading and *ex vivo* label-free quantification. Nat. Chem., 2002. 15: 257-270.

[145] Walsh D J, Guironnet D. Macromolecules with programmable shape, size, and chemistry. Proc. Natl. Acad. Sci. U. S. A., 2019, 116: 1538-1542.

[146] Gan Z H, Zhou D D, Ma Z, et al. Local chain feature mandated self-assembly of block copolymers. J. Am. Chem. Soc., 2022, 145: 487-497.

[147] Lin Z W, Yang X, Xu H, et al. Topologically directed assemblies of semiconducting sphere rod conjugates. J. Am. Chem. Soc., 2017, 139, 18616-18622.

[148] Hu H Q, Gopinadhan M, Osuji C O. Directed self-assembly of block copolymers: A tutorial review of strategies for enabling nanotechnology with soft matter. Soft Matter, 2014, 10: 3867-3889.

[149] Gopinadhan M, Choo Y W, Kawabata K, et al. Controlling orientational order in block copolymers using low-intensity magnetic fields. Proc. Natl. Acad. Sci. U. S. A., 2017, 114: E9437-E9444.

[150] Yavitt B M, Fei H F, Gayathri K, et al. Long-range lamellar alignment in diblock bottlebrush copolymers via controlled oscillatory shear. Macromolecules, 2020, 53: 2834-2840.

[151] Nickmans K, Schenning A P H J. Directed self-assembly of liquid-crystalline molecular building blocks for sub-5 nm nanopatterning. Adv. Mater., 2018, 30: 1703713.

[152] Bita I, Yang J K W, Jung Y S, et al. Graphoepitaxy of self-assembled block copolymers on two-dimensional periodic patterned templates. Science, 2008, 321: 939-943.

[153] Ren J X, Segal-Peretz T, Zhou C, et al. Three-dimensional superlattice engineering with block copolymer epitaxy. Sci. Adv., 2020, 6(24): eaaz 0002.

[154] Reddy A, Feng X Y, Thomas E L, et al. Block copolymers beneath the surface: Measuring and modeling complex morphology at the subdomain scale. Macromolecules, 2021, 54: 9223-9257.

[155] Feng X Y, Burke C J, Zhuo M J, et al. Seeing mesoatomic distortions in soft-matter crystals of a double-gyroid block copolymer. Nature, 2019, 575: 175-179.

[156] Feng X Y, Guo H, Thomas E L. Topological defects in tubular network block copolymers. Polymer, 2019, 168: 44-52.

[157] Feng X Y, Zhuo M J, Guo H, et al. Visualizing the double-gyroid twin. P Proc. Natl. Acad. Sci. U. S. A., 2021, 118: e2018977118.

[158] Gu X, Gunkel I, Hexemer A, et al. An in situ grazing incidence X-ray scattering study of block copolymer thin films during solvent vapor annealing. Adv. Mater., 2014, 26: 273-281.

[159] Ianiro A, Wu H L, Rijt M M J, et al. Liquid-liquid phase separation during amphiphilic self-assembly. Nat. Chem., 2019, 11: 320-328.

[160] Qiang Z, Wang M Z. 100th anniversary of macromolecular science viewpoint: enabling advances in fluorescence microscopy techniques. ACS Macro. Lett., 2020, 9: 1342-1356.

[161] Tarascon J M, Armand M. Issues and challenges facing rechargeable lithium batteries. Nature, 2001, 414(6861): 359-367.

[162] Dunn B, Kamath H, Tarascon J-M. Electrical energy storage for the grid: A battery of choices. Science, 2011, 334(6058): 928-935.

[163] Lu Y, Chen J. Prospects of organic electrode materials for practical lithium batteries. Nat. Rev. Chem., 2020, 4(3): 127-142.

[164] Kim J, Kim Y, Yoo J, et al. Organic batteries for a greener rechargeable world. Nat. Rev. Mater., 2022, 8(1): 54-70.

[165] Lyu H, Sun X-G, Dai S. Organic cathode materials for lithium-ion batteries: Past, present, and future. Adv. Energy Sustainability Res., 2021, 2(1): 2000044.

[166] Xu K. Nonaqueous liquid electrolytes for lithium-based rechargeable batteries. Chem. Rev., 2004, 104(10): 4303-4317.

[167] Lin D, Liu Y, Cui Y. Reviving the lithium metal anode for high-energy batteries. Nat. Nanotechnol., 2017, 12(3): 194-206.

[168] Gao Y, Yan Z, Gray J L, et al. Polymer-inorganic solid-electrolyte interphase for stable lithium

metal batteries under lean electrolyte conditions. Nat. Mater., 2019, 18(4): 384-389.

[169] Gao Y, Rojas T, Wang K, et al. Low-temperature and high-rate-charging lithium metal batteries enabled by an electrochemically active monolayer-regulated interface. Nat. Energy, 2020, 5(7): 534-542.

[170] Gao Y, Wang D, Li Y C, et al. Salt-based organic-inorganic nanocomposites: Towards a stable lithium metal/$Li_{10}GeP_2S_{12}$ solid electrolyte interface. Angew. Chem., Int. Ed., 2018, 57(41): 13608-13612.

[171] Shadike Z, Lee H, Borodin O, et al. Identification of LiH and nanocrystalline LiF in the solid–electrolyte interphase of lithium metal anodes. Nat. Nanotechnol., 2021, 16(5): 549-554.

[172] Peng H, Sun X, Weng W, et al. Energy Harvesting Based on Polymer. Polymer Materials for Energy and Electronic Applications, Eds. Academic Press, 2017: 151-196.

[173] Zhu T, Sha Y, Yan J, et al. Metallo-polyelectrolytes as a class of ionic macromolecules for functional materials. Nat. Commun., 2018, 9(1): 4329.

[174] Muthukumar M.50th aniversary prospective: A prospective on polyelectrolyte solutions. Macromolecules, 2017, 50(24): 9528-9560.

[175] Butler K T, Davies D W, Cartwright H, et al. Machine learning for molecular and materials science. Nature, 2018, 559(7715): 547-555.

[176] Zhang Y, He X, Chen Z, et al. Unsupervised discovery of solid-state lithium ion conductors. Nat. Commun., 2019, 10(1): 5260.

[177] Dral P O. Quantum chemistry in the age of machine learning. J. Phys. Chem. Lett., 2020, 11(6): 2336-2347.

[178] Noé F, Tkatchenko A, Müller K-R, et al. Machine learning for molecular simulation. Annu. Rev. Phys. Chem., 2020, 71(1): 361-390.

[179] Nørskov J K, Bligaard T, Rossmeisl J, et al. Towards the computational design of solid catalysts. Nat. Chem., 2009, 1(1): 37-46.

[180] Curtarolo S, Hart G L, Nardelli M B, et al. The high-throughput highway to computational materials design. Nat. Mater., 2013, 12(3): 191-201.

[181] Ceder G., Computational materials science: Predicting properties from scratch. Science, 1998, 280(5366): 1099-1100.

[182] Fung V, Zhang J, Juarez E, et al. Benchmarking graph neural networks for materials chemistry. Npj Comput. Mater., 2021, 7(1): 84.

[183] Hu Q, Chen K, Liu F, et al. Smart materials prediction: Applying machine learning to lithium solid-state electrolyte. Materials(Basel, Switzerland), 2022, 15(3): 1157.

[184] Wang Y, Gao J, Dingemans T J, et al. Molecular alignment and ion transport in rigid rod polyelectrolyte solutions. Macromolecules, 2014, 47(9): 2984-2992.

[185] Ueki T, Watanabe M. Macromolecules in ionic liquids: Progress, challenges, and opportunities. Macromolecules, 2008, 41(11): 3739-3749.

[186] Li K, Wang J, Song Y, et al. Machine learning-guided discovery of ionic polymer electrolytes for lithium metal batteries. Nat. Commun., 2023, 14(1): 2789.

[187] Wang Y, Chen, Y, Gao J, et al. Highly conductive and thermally stable ion gels with tunable anisotropy and modulus. Adv. Mater., 2016, 28(13): 2571-2578.

[188] Wang Y, He Y, Yu Z, et al. Double helical conformation and extreme rigidity in a rodlike polyelectrolyte. Nat. Commun., 2019, 10(1): 801.

[189] Wang Y, Zanelotti, C. J, Wang X, et al. Solid-state rigid-rod polymer composite electrolytes with nanocrystalline lithium ion pathways. Nat. Mater., 2021, 20(9): 1255-1263.

[190] Attia P M, Grover A, Jin N, et al. Closed-loop optimization of fast-charging protocols for batteries with machine learning. Nature, 2020, 578(7795): 397-402.